国外煤矿冲击地压防治与采掘工程岩层控制

史元伟　齐庆新　古全忠　编译

煤炭工业出版社

·北　京·

内 容 提 要

本书是在深入研究和筛选国外先进采煤国家关于煤矿冲击地压防治、回采巷道和长壁工作面岩层控制方面的先进理论研究和实践成果的基础上，经过精心翻译、整理和修改而成。主要内容包括：国外冲击地压防治理论与技术，德国煤矿回采巷道岩层控制，美国、英国、法国、澳大利亚和南非煤矿回采巷道岩层控制，德国、美国、俄罗斯和波兰煤矿长壁工作面岩层控制等。

本书不但注重理论知识的呈现，而且重视先进技术、设备和现场实践的介绍，具有很高的理论水平和实用价值，是煤矿工程技术人员、相关研究人员和高等院校师生的重要参考用书。

前　　言

本书综合编译了国外先进采煤国家在井工开采条件下关于冲击地压防治、回采巷道和长壁工作面岩层控制方面的研究和技术实践成果。其中，德国、俄罗斯、乌克兰的地质条件与中国很多矿区的地质条件类似。美国、英国、澳大利亚、南非等国的煤矿在冲击地压发生环境方面与我国部分矿区的煤矿相近。

对于冲击地压，德国在深入进行力学分析的基础上，侧重于研发可靠的技术手段（如钻屑法及其优化）和监测仪器；乌克兰在冲击地压发生机理和预测方面有独特的研究；波兰则建立了较完善的冲击地压监测系统及预测防治技术；美国通过采取塑性煤柱、合理布置巷道及科学确定开采顺序来预防冲击地压；加拿大和南非金属矿建立了较完善的监测系统和分析软件；澳大利亚发展了矿震灾害评估预测方法（SHS）。

德国在深部开采技术和巷道岩层控制技术方面处于领先地位，包括：对各类支架（拱形支架和锚杆）在实验室进行全面力学性能试验；对锚杆支护巷道的变形和锚杆载荷进行全面监测；对可伸长锚杆的结构进行研究并开展现场试验；取得了在大断面、深部不稳定岩层中采用多种联合支架的技术经验；普遍推广了巷旁充填和架后充填配套技术与工艺。

美国、英国、澳大利亚和南非等国在巷道岩层稳定性分类、塑性煤柱设计、锚杆支护理论、锚杆支护参数优化、锚杆结构及安装工艺选择等方面较为先进，包括水平地应力对顶板的破坏机制研究、锚杆受载工况研究、主动锚索桁架的应用等。

对于长壁工作面，德国和美国在生产集中化、强力机械化和工作面全面自动化研究方面先行一步，达到了较高的技术水平。俄罗斯和波兰在顶板分类、难垮落顶板预处理，特别是水力定向压裂技术应用，以及支护阻力优化方面取得的成果值得重视。俄罗斯学者提出的工作面覆岩离层极限跨度、初次来压和二次断裂步距的计算方法具有较大的学术和实用价值。美国对近距离煤层开采相互影响有较丰富的研究成果。

他山之石，可以攻玉。我国煤矿处于复杂的地质条件下，且不少矿区已经进入深部开采，所遇到的地质和技术挑战前所未有。为了实现煤矿安全高效开采，我们应在不断总结自身经验的同时，认真研究国外的先进理论和技术，以少走弯路，努力赶超国外先进水平。

在岩层控制领域，我国工程技术和研究人员的理论水平和研究能力并不逊色，但总体上，在制造工艺、新产品的开发研制和推广及知识产权的保护方面还有待提高。

本书是根据近年来国外关于冲击地压防治和采掘工程岩层控制方向的重要著作和文献编译而成的，参考了《德国硬煤矿井煤层巷道岩层控制》（作者 Dr. Ing. Peter 和 C. W. Stephan 等）等文献资料。陆士良教授在本书编译过程中提供了宝贵指导。另外，国家国际科技合作专项项目——基于自震式微震监测的冲击地压预警技术合作研究（2011DFA61790）为本书的出版提供了资金支持，在此一并表示衷心感谢！

本书的编译工作主要是由史元伟研究员完成的，包括英文、德文、俄文的资料选译、分析等。齐庆新博士重点对冲击地压资料进行了选译、分析，并对全书进行了审查。古全忠博士重点对美国和澳大利亚的有关资料进行了收集和选译，并对全书进行了审查。由于我们的专业理论和外语水平有限，本书难免存在一些错误和不足之处，欢迎批评指正。

编译者

二〇一三年六月

目　　录

CONTENTS

第一章 国外冲击地压防治理论与技术

本章介绍国外冲击地压防治理论和技术的重要成果。各国根据自己的地质技术特征，选择了不同的技术途径。

德国在理论和实验的基础上，制定了以钻屑法和卸压钻孔为核心的冲击地压防治法规，并推广应用。同时，又研制了多种监测仪器作为辅助手段。其首创的钻屑法实验室三维模拟，对了解冲击地压发生机理有重要参考意义。

乌克兰和俄罗斯学者对冲击地压的发生机理有独到的研究，提出了一系列预测指标和防治途径，如实行无煤柱开采设计、开采解放层、弱化顶板和卸压，以及在回采工作面通过控制煤层的脆性破坏过程来预防冲击地压，并利用冲击地压的能量割煤等。

波兰发展了冲击地压的监测和评价技术，方法包括监测评价法、应力分析法和矿山压力与地质评价法，研究内容包括岩层运动规律研究、动力现象预测、断层和地质构造分析、钻屑法等。冲击地压的防治原则是：预防为主，综合防治。防治分为长期和短期两个阶段。

美国东西部矿区防治冲击地压的基本途径均是优先采用两巷塑性煤柱系统。多煤层开采中通过改善巷道布置和开采顺序，避免引起应力集中，例如选择合理开采方向、避免孤岛煤柱等。

美国学者对有色金属矿山（如科达伦矿区）冲击地压防治进行了深入研究，研究内容包括该矿区三种类型的冲击地压（应变冲击、矿柱冲击和滑移冲击）的发生机理和条件。防治冲击地压的主要技术措施包括改善支护、卸压爆破、减缓工作面推进速度等。其战略方法是改善开采设计，包括首先开采无冲击危险的煤层、充填采空区、避免保留小煤柱、上行开采等。

澳大利亚东西部矿井都安装了矿震监测系统。实践和分析认为，地应力与开采引起的附加应力叠加形成的高应力是引发冲击地压的主要因素。同时，地质构造特征在能量释放、引起微震事件和冲击地压破坏方面起着重要作用。提出了推广使用微震监测系统和实施三个步骤的防治战略，定量评估和应对冲击地压和微震事件的风险。最佳的风险控制技术包括改善支护技术、改变爆破工艺、调整开采方法等。

澳大利亚西部矿井研发了矿震危害评价尺度（SHS），可预测近期的冲击地压和其危害等级，有较强的实用性和科学性，值得重视。

南非金矿开采深度已达 2.5～4 km。研究表明，任何开采引起的矿震几乎都与工作面爆破采矿活动耦合。研究表明，减少冲击地压事故的途径是减少采矿引起的能量释放，如采用部分采出、充填采空区、沿矿脉走向保留矿柱、改善支护系统、预爆破处理等技术。

南非与日本提出了 5 年合作研究项目“缓减矿井地震危险的观测研究”，研究内容包括完善矿震监测系统、加强近震源观测、研究岩体力学性质和地震产生的机制，以提高对矿震危险的评估水平，减小深井和高应力区地震危险。

加拿大研制了可靠、高效的全波形矿震监测系统。矿震监测技术成为在开采影响下岩体工况特征的远距离接收和分析工具。利用先进软件进行数据分析，包括绘制破坏区的极点分布，确认矿震活动与地质构造的关系。通过分析矿震能量在P波（纵波）和S波（剪切波）之间的分配，来评估参与微震源的剪切与非剪切变形组分的比例，从而评估推进中的工作面的围岩破坏类型。

本章也介绍了挪威学者关于地下工程（主要是隧道）岩石破坏准则的研究成果。其表征岩体强度的岩体指数（RM_i）可以直接用于岩体稳定性分析。以 RM_i/σ_θ 表示的强度因子可以判断巷道周围某处是否过载。

第一节　德国冲击地压防治

一、德国冲击地压发生和研究概况

德国鲁尔矿区冲击地压发生较多。1910—1978 年有记载的冲击地压共发生了 283 次。该矿区煤层抗压强度 10～20 MPa，开采深度 590～1100 m，85%的冲击地压发生在采深 850～1000 m，最大抛出量达 2000 m^3。随着开采深度的增大，冲击地压的防治任务更加艰巨。

多年来德国在防治冲击地压方面进行了深入研究，制定了严格的法规，冲击地压灾害事故显著减小。1995—2005 年冲击地压事故发生次数如图 1—1 所示。

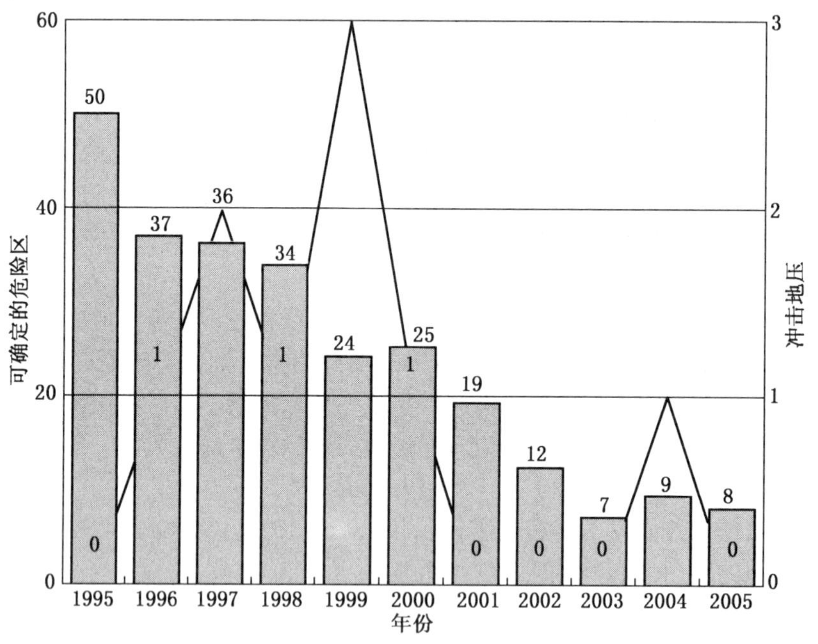

图 1—1　冲击危险区（框图）和冲击地压事故历年发生次数（折线图）

1. 冲击地压的概念

1）按工程结构破坏程度分类

冲击地压是采掘空洞围岩积聚的弹性变形能的突然释放，常导致围岩抛射、工程结构破坏，甚至人员伤亡。抛出的岩石可来自底板、两帮和顶板。根据工程结构破坏程度可将冲击地压分为3类。

轻型：采掘工程结构轻度损坏，可以在不停产的情况下对工程结构进行修理。

中型：工程结构损坏严重，部分支架、构件完全破坏，巷道断面缩小，一般需要中断生产。

重型：工程结构已经破坏，必须更换新的支架，并影响到其他工程结构。

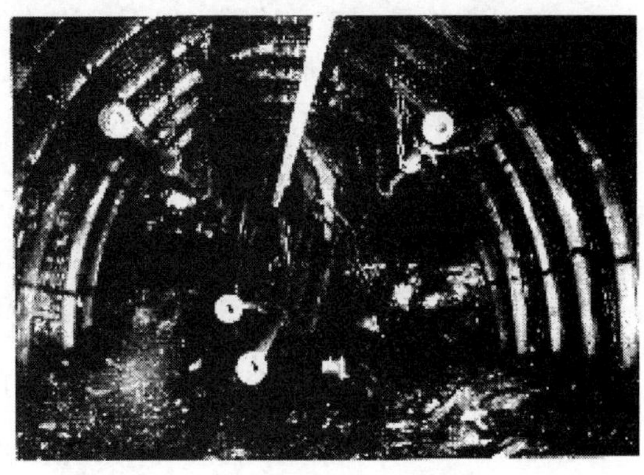

图1－2　在鲁尔矿区Ida煤矿发生的冲击地压（采深950 m）

冲击地压一般会造成人员伤亡，但分类不应涉及是否有人员伤亡。轻型冲击地压也可能引起人员伤亡，而重型则未必发生，关键是看发生事故时人员是否在场。重型冲击地压如图1－2所示。煤层从两侧向中间同时抛出，并伴随瓦斯突出（20 h内突出40000 m^3），巷道仍有残余断面。

在图1－3中，左图是煤层巷道发生中等冲击，右帮煤体抛出近2 m，支架严重变形。右图属于轻型冲击，回采工作面煤壁向刨煤机通道突进0.6 m，输送机向第一排支架挤压。

图1－3　中型冲击地压（左）和轻型冲击地压（右）

图1－4中，上部煤层厚度为3.5 m，由于断层向下错动8 m，在构造应力影响下，底板岩石向回采巷道底板突然拱起。

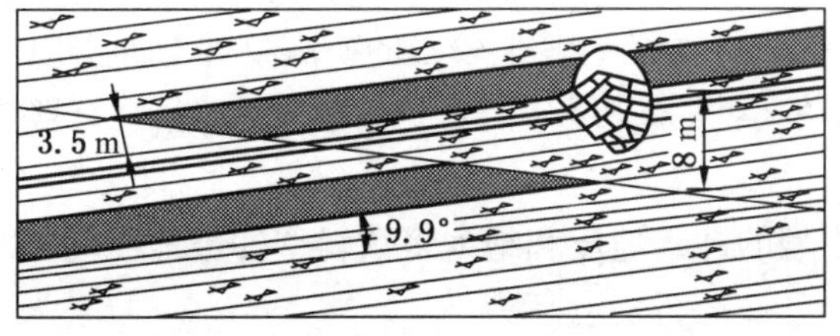

图1－4　回采巷道底板发生的岩石冲击（采深1100 m）

2）冲击地压与矿山地震（以下简称“矿震”）

矿震是因采矿活动中岩层的卸压而引起的可以感知的岩层震动。人在井下和地面可以感知，有时则是借助于地震监测系统测出。其发生频率远高于井下发生冲击地压的频率。矿震大多是岩层受采矿影响的反应，理论上属于弹性范围的卸压反应，一般可以通过地震监测站确定矿震发生的位置。

矿震烈度一般采用 LOKAR 地震值（M_L）表征，它与地震能量 W 的关系按下式表示：

$$\lg W = 4.8 + 1.5M_L$$

LOKAR 地震值与能量 W 的关系见表 1－1。

表 1－1　LOKAR 地震值与能量 W 的关系

M_L	1.0	1.2	1.5	2.0	2.5	2.8	3.0	3.4	4.0	5.0
W/J	2.0×10^6	3.9×10^6	1.1×10^6	6.3×10^7	3.5×10^7	1.0×10^8	2.0×10^8	7.9×10^8	6.3×10^9	2.0×10^{10}

每次冲击地压均会引起矿震，但轻型甚至中型冲击地压引起的矿震很弱，地面的地震监测站有时也难以监测到。

在鲁尔矿区，从 1935—1939 年发生的 1941 起矿震事件中，有 1264 起与冲击地压有关。从 1981—1989 年，鲁尔矿区记录的冲击地压事件共 22 起，而矿震事件有 5158 起，见表 1－2。

表 1－2　鲁尔矿区冲击地压与矿震事件（1981—1989 年）

年份	冲击地压事件				矿震事件			
	合计/起	中型/起	重型/起	最大震级	合计/起	震级大于 2 的事件/起	震级大于 2.5 的事件/起	最大震级
1981	1			0.7	657	51	3	2.8
1982	5			1.7	987	52	6	2.8
1983	3		1	3.0	517	45	6	3.0
1984	7	2		2.4	613	11	1	2.8
1985	2	1	1	2.5	476	13	2	2.9
1986					501	26	4	2.9
1987	2	1		2.3	477	34	1	2.5
1988	2	1	1	2.9	471	32	2	2.9
1989					459	19	2	2.7
总计	22	5	3		5158	283	27	

由表中可以看出，1983 年发生的最大冲击地压事件（$M_{Lmax}=3.0$）与 1988 年发生的最大矿震事件（$M_{Lmax}=2.9$）相关，其他较强的矿震事件与冲击地压并不相关（1986 年未发生冲击地压事件，却发生了 2.9 级矿震，这可能是特例）。一般来说，冲击地压与矿震存在以下紧密关系：

（1）所有重型和中型的冲击地压和绝大多数轻型冲击地压均同时记录有矿震。

（2）冲击地压愈强，矿震级别愈高。

实例如下：

①发生重型冲击地压事件 3 起，矿震级别分别为：2.5、2.9、3.0。

②发生中型冲击地压事件 4 起，矿震级别分别为：1.6、2.3、2.3、2.4。

③发生轻型冲击地压事件 15 起，矿震级别为：0.7～1.8。

有些轻型冲击地压不会对地表产生影响，例如仅抛出 2～4 m^3 煤块至巷道空间。

3）冲击地压和煤与瓦斯突出

(1) 显现特征。

煤与瓦斯突出是在含瓦斯煤层的应力超过其强度极限时发生的指向采掘空洞的快速流动或抛射现象。气体主要是矿井瓦斯，有时是二氧化碳。破坏的煤块，可以像液体一样随时间流动，有些情况下甚至将附近的重型设备抛射出去。较大的突出，可能抛出的煤量达数千吨；较小的突出，仅有部分煤块抛出。突出的气体，最多时可达 100000 m^3，较少的仅 1000 m^3。发生煤与瓦斯突出的煤层，一般含有较多的气体，例如 9 m^3/t 以上。当瓦斯达到 20 m^3/t 或以上时，应视为危险煤层。煤层的强度低于围岩，其强度低的原因之一是受构造弱化。此外，煤与瓦斯突出常常是在冲击地压发生的同时发生，即冲击地压首先发生，而突出是伴生的。在鲁尔矿区，最大的瓦斯突出是伴随冲击地压发生的，如图 1－2 所示。

煤矿最大的瓦斯突出发生在钾盐岩层中。1953 年在德国中部的 Kalsaz 煤矿发生了 100000 t 钾盐和 100000 m^3 瓦斯突出。突出是在人行道的切口进行爆破时发生的。突出危险带在钾盐岩层中呈不规则分布。图 1－5 显示了盐岩与瓦斯突出的过程。

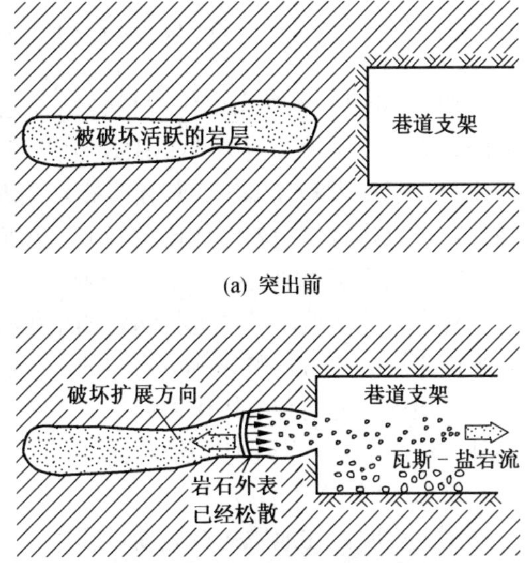

图 1－5　盐矿发生瓦斯突出机理

在巷道或工作面前方高应力区存在含有高压而有突出危险的岩层带，当巷道或工作面推进到与其相遇时，形成了高压盐岩与瓦斯释放的通道，从而引发链式反应，直至盐岩与瓦斯向自由空间突然抛射。

有些煤矿的瓦斯突出危险来自砂岩层。当砂岩层的空隙率超过 10%时就可能形成危险层。测定表明，这些空隙内的压力超过 7 MPa。这些区域成为瓦斯突出的危险区。

(2) 区别。

冲击地压和煤与瓦斯突出两种动力显现的主要区别如下：

冲击地压：主要是弹性能的释放，破坏很剧烈，震动较强烈；煤保持大块之间的连接；发生地点在后退式巷道侧帮。

瓦斯突出：主要是瓦斯能的释放，破坏较慢，震动较弱；含瓦斯的煤或岩石抛出；煤从大块变为碎粉；发生在推进中的煤壁（巷道端头或工作面）。

(3) 煤与瓦斯突出的数值模拟。

模拟表明，煤与瓦斯突出的条件之一是瓦斯含量很大的软煤处于高应力区且被夹持在硬煤之间。当工作面推进使硬煤厚度减小时发生突出，如图 1－6 所示。

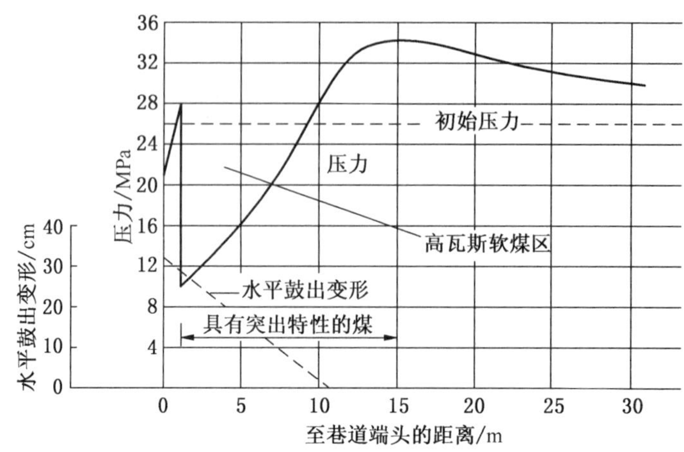

图 1—6　煤与瓦斯突出煤层的支承压力分布与煤层水平推移

图 1—6 是这种情况的定量模拟结果之一。图中，近煤壁的第一个压力峰值是硬煤形成的；第二个压力峰值为 34 MPa，距煤壁 17 m。该处软煤区已处于极限应力区，其黏结强度与岩层压力和气体压力相比过小，随着煤壁推进，失去平衡而喷发。通过打煤层卸压钻孔，可以将软煤中的气体压力释放，从而可避免突出发生。

2. 冲击地压发生条件的力学分析

对发生冲击地压矿区进行测定的结果表明，引起冲击地压的主要常规力学参数为：未开采前岩层的应力；破坏前后岩体的力学特性；岩体的弹性常数，特别是弹性模数。

岩层中的瓦斯和液体压力应在岩体强度的分析中同时考虑。岩体的绝对应力可以采用多种方法测定，特别是应力解除法。

1）未开采岩体的应力

测定表明，在地质构造运动过程中，形成了水平应力高于岩层重量形成的垂直压力。在北欧、中欧、北美和南非的测定成果表明：

（1）岩层的垂直应力基本上接近于岩层重量形成的压力，且偏差不大；

（2）最大应力并非总是垂直应力或水平应力；

（3）水平应力并非各方向均等；

（4）在同一地点，水平应力大多等于垂直应力的 0.5～3 倍。

实测表明，水平应力与垂直应力的比值变化范围很大，为 0.3～11.5。

图 1—7 中的阴影线是地表以下 3000 m 内测定的平均比值的变化区间。

德国鲁尔矿区的测定表明：最大水平应力垂直于断层，为 34 MPa；最小水平应力平行于断层，为 18 MPa。

2）采掘工程周围附加应力

采掘工程周围形成的支承压力是由覆盖层压力与采掘工程产生的附加应力构成的。德国在工作面前方回采巷道安设钻孔液压枕，检测、记录随工作面推进液压枕压力的变化，将记录的压力减去安装时的初压力（初撑力），即获得工作面前方附加垂直压力。三个煤层工作面前方的附加应力分布如图 1—8、图 1—9 和图 1—10 所示。

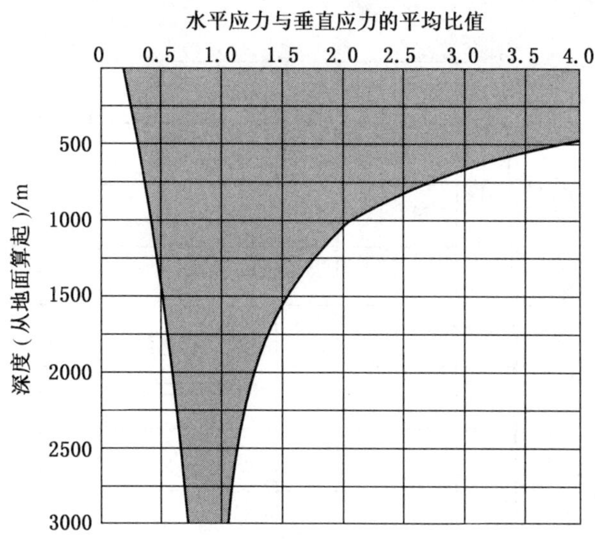

图 1—7　水平应力与垂直应力的平均比值的变化区间（阴影线是主要测量成果）

图 1—8 中，煤层厚度为 1.1 m，开采深度为 1350 m，该工作面的相邻工作面尚未开采，也未受到邻近煤层开采的影响。顶板为厚度 8 m 的无节理砂岩，底板为致密砂页岩。工作面日推进 1.6 m。最大垂直应力 31 MPa，处于回采工作面前方 3 m 内。此煤层具有煤与瓦斯突出倾向，曾采用煤柱注水和钻孔卸压等措施。

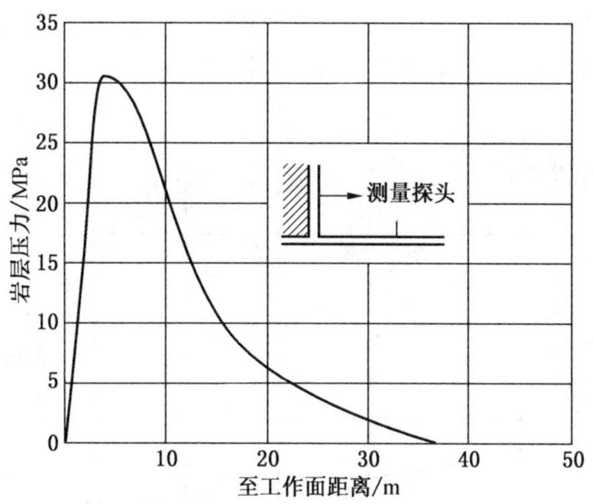

图 1—8　Anthrazit 煤层工作面前方附加压力分布

图 1—9 显示了 Gustav 煤层工作面前方实测附加应力分布。该煤层厚度 2.1 m，开采深度 900 m，顶底板围岩为页岩。液压枕从工作面前方 65 m 处开始测量压力变化。工作面前方 23 m 附加压力迅速增大。压力峰值 40 MPa，处于回采工作面前方 3 m 处。与覆盖

层压力叠加，总支承压力峰值为 63 MPa。

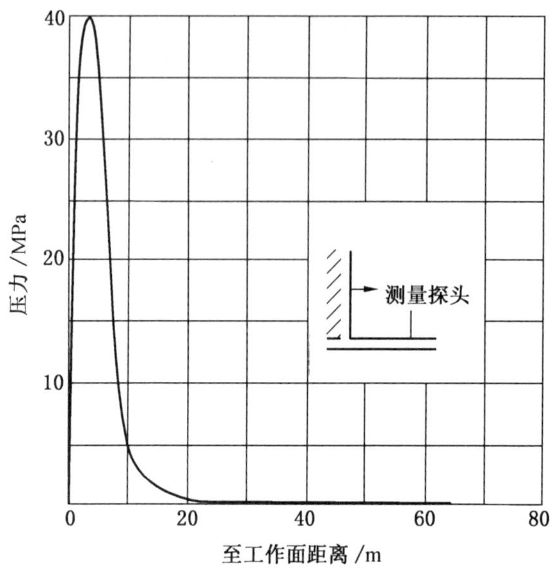

图 1—9　Gustav 煤层工作面前方实测附加应力分布

图 1—10 中，工作面开采深度为 860 m，煤层厚度为 1.6 m。图中显示了不同的附加应力分布。在测量位置 7，最大应力峰值 40 MPa，距煤壁 5 m（相当于 3M，M 为采高），如果考虑两倍的覆盖层压力（理论分析解，巷道周边的切向正应力为两倍覆盖层压力），此处的总支承压力为 83 MPa。而测量位置 5 测得垂直应力为 26 MPa，且应力峰值距工作面煤壁 40 m。该工作面顶板为厚砂岩，有冲击倾向。曾进行过钻孔监测和钻孔卸压。测量位置 7 处于冲击危险区，而测量位置 5 则无此危险。

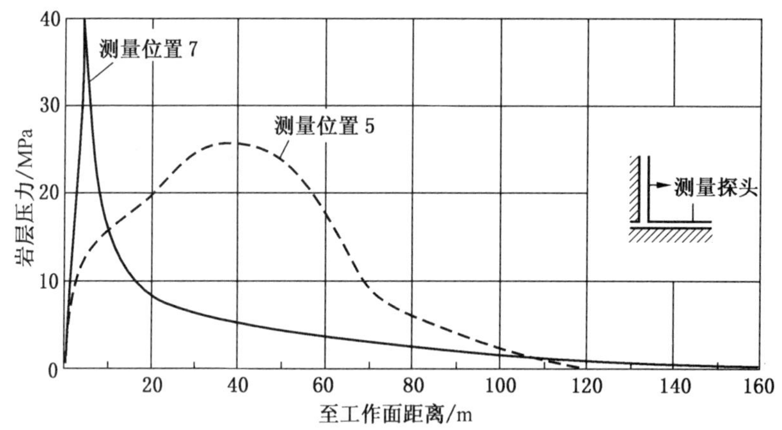

图 1—10　Sunshine（阳光）煤层工作面前方附加应力分布

3）巷道围岩破坏特征

当巷道掘进和支护后，围岩开始变形，如果应力超过围岩强度，变形将继续向围岩深部延伸，并形成松动破坏区，如图 1－11 所示。巷道围岩从各个方向压向巷道周边，直至弹性围岩径向压力低于松动破坏区形成的阻力，变形停止。在径向压力减小的过程中，形成弹性变形圈（图中的外阴影线），而松动圈的压力和扩容变形由巷道支架承担。

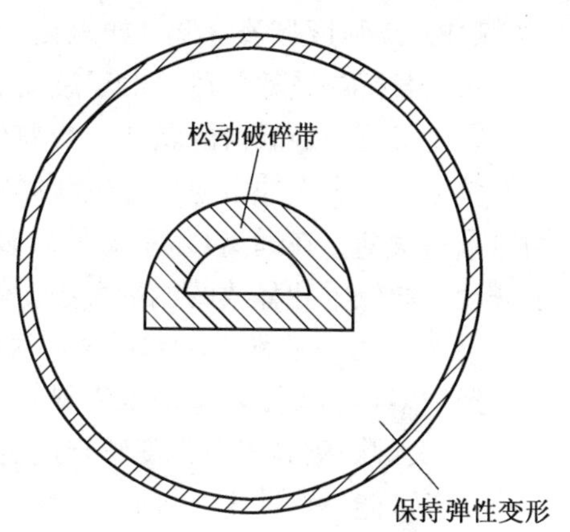

图 1－11　巷道周围的封闭破坏圈

中等强度的岩石和软岩，这个变形过程较缓慢，可持续数周、数月甚至一年以上。但脆性岩石破坏发展很迅速，常常是不稳定的，甚至是冲击式的，以致出现冲击地压或煤与瓦斯突出。图 1－12 和图 1－13为这两种破坏的实例。

图 1－12 为围岩中等强度的煤层巷道，巷道顶板断裂，底板折起，两帮鼓出，但过程平缓，形成巷道残余断面。

图 1－12　巷道底板鼓起的渐进式破坏

图 1－13　底板和煤层在短期内鼓出

图 1－13 显示了一种在数小时直至一天内发生的少有的很大变形破坏的过程。巷道底板在 24 h 内鼓起 0.8 m，而此后的 27 天内增加了 1 m，巷道两帮鼓出 0.5 m，巷道底板主要是厚度 2 m 的页岩折曲鼓起。

二、冲击地压的发生条件

1. 冲击地压专家布劳依那的观点

在数值模拟计算、实验室试验和现场观测研究的基础上，德国著名学者布劳依那认为：

（1）冲击地压经常发生在顶板近煤层的坚硬厚岩层中，且其处于开采支承压力区条件下。

（2）冲击地压经常发生在割煤过程中，或在此后很短的时间内。这个过程中，围岩应力变化很快。

（3）德国鲁尔矿区烟煤煤层，从气煤到瘦煤，在足够的岩层压力下几乎都会发生冲击地压。这与鲁尔矿区的围岩有关，因为大部分煤矿围岩均为厚层砂岩，它参与了弹性能集聚和释放过程。

（4）导致岩体破坏常见的 3 种载荷类型：

①静载荷：静载荷形成的应力远大于抗压强度，这种情况出现在附加应力显著增大

（如煤柱）或强度显著降低（如风化）时。

②动载荷或波动载荷：由于震动引起破坏，如爆破、地震或构造区的应力变化。

③动载荷与静载荷的联合：当静载荷超过煤岩强度时，如发生震动，将可能立即诱发冲击破坏。很多次冲击地压发生在爆破之后，有时发生地点甚至远离爆破点。例如一个长期停采的煤壁，在远离其 30 m 处爆破后诱发了冲击地压。动载荷引起的冲击地压，取决于震动源的位置和释放的能量大小。但一般说来，静载荷超过煤岩强度是首要条件。

2. 对冲击地压发生条件认识的深化

经过多年的实践，德国工程界对于冲击地压的发生规律有了进一步的认识。

1）关键因素是岩石强度和岩层压力

对于可能发生冲击地压的判断，关键因素是岩石强度和岩层压力。前者随开采深度的增大而增大。但此处并无恒定的梯度，而是取决于多种因素的影响，例如围岩的生长环境等。图 1－14 为不同地质条件下细砂岩强度随深度的变化。

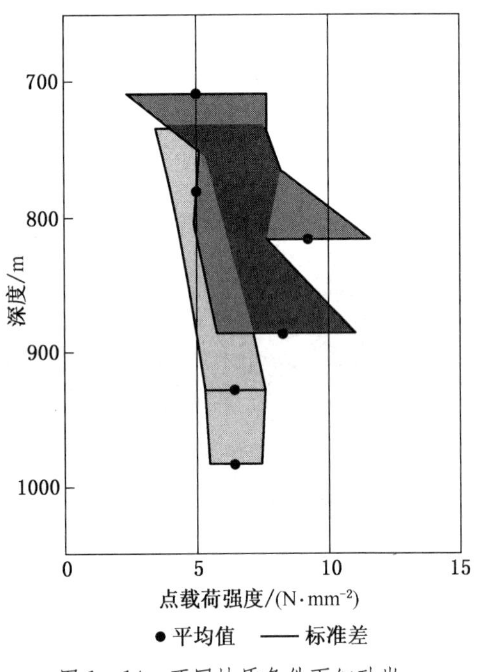

图 1－14 不同地质条件下细砂岩强度随深度的变化

由图 1－14 可以看出，不同形成环境的各组岩石强度随深度增加的梯度有明显差别。而且在同一深度的各组，其强度也有显著不同。因此，单纯根据岩性结构估计其强度会带来很大的偏差，而需要通过对钻孔岩芯的具体实验和 SRD 方法分析确定岩石性质。多年来，德国专业机构已经连续地扩展了关于岩芯强度和变形特性的数据库，由此获得了与各种岩石强度相关的平均值。

2）深部开采的影响大于几何因素的影响

最近几年，对引起冲击危险的判断有了一定的变化。过去认为的典型条件，例如导致岩层应力增高的终采线、煤层边角等，现在已不再是唯一的前提条件。没有特别的几何因素会导致应力显著增高。原因是开采深度的增大本身已经形成高应力，几何因素仅与深度因素叠加，造成煤层的非正常应力环境。

与深部开采有关，致密岩层不再仅仅是德国波鸿矿区研究岩层冲击危险的重点，而根据最近几年的经验，地质年代较轻的煤层也出现了冲击危险。

三、实验室模拟试验和岩石力学试验

1. 煤层冲击地压发生条件的实验室模拟

20 世纪 90 年代，德国埃森采矿研究院通过实验室在不等压三轴条件下对煤块进行了试验钻孔模拟，对冲击地压发生的机理有了新的认识。

图 1－15 为试验装置。将从现场取样的煤块放置在钢制箱体内，其侧部和底部均被钢框架约束，上部进行轴向加载。框架一侧有一小孔，可进行对煤块的钻进试验，并收集记录钻孔煤粉量。这样可在煤块三向受力情况下模拟现场的钻屑工艺过程。侧部载荷也可以

借助于液压枕进行调节和控制。煤块尺寸一般为 8 cm×8 cm、高 5 cm，也可以选取 15 cm ×15 cm、高 15 cm 的。钻孔直径可选 3～16 mm。

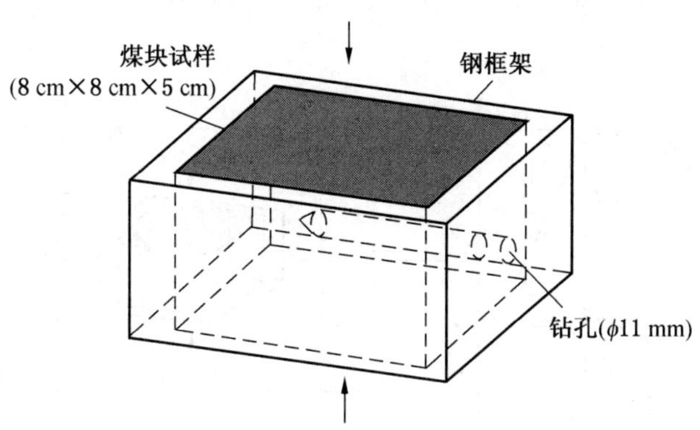

图 1—15　在高压力下的煤块钻屑法试验

图 1—16 为一个试验实例。垂直载荷 156 MPa，钻孔直径 11 mm。横坐标为钻孔持续时间，长度 8 cm 的煤块，钻孔持续时间为 40 s。纵坐标显示了压力机的垂直压力。图中显示了钻孔过程中发生了 4 次冲击，并伴有响声，每次响动时，出现压力的突然下降。垂直压力从 156 MPa 最后下降到 60 MPa，煤块仍处于稳定状态。在此期间的钻孔煤粉量为 40 g，是无冲击情况下的 4 倍。

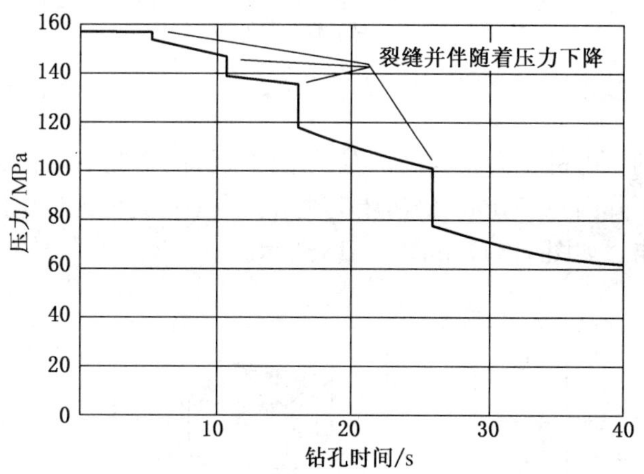

图 1—16　测试钻孔钻进中煤块出现的冲击载荷

这 4 次载荷突然下降，意味着在煤块中出现了冲击地压，相当于井下巷道掘进中出现了 4 次冲击和 3 次较大的断面缩小。

试验表明，德国大多数煤层，在垂直应力达到 80 MPa 后，均有可能出现这种冲击现象。但不同的煤种，试验中的反映有显著差别。在 4 个无烟煤煤层的试验中，钻进中仅出现应力迅速下降而无冲击的现象。

当加载压力可变时，钻孔煤粉量取决于卸压措施和压力机的初始压力与最终压力的比值。这是一个可信的结果，因为此比值相应于自由释放的能量比值。在某些情况下它也受到钻孔直径与试块尺寸之比值的影响。图 1—17 显示了多次试验的结果。压力机的初始压力在 80～160 MPa 之间，钻孔直径分别为 3、6、11、16 mm。由图可见，压力机最终压力与初始压力之比 p_e/p_o 与钻孔煤粉量 Q 关系密切（回归曲线的剩余标准差为 0.5%，相关系数为 97%）。

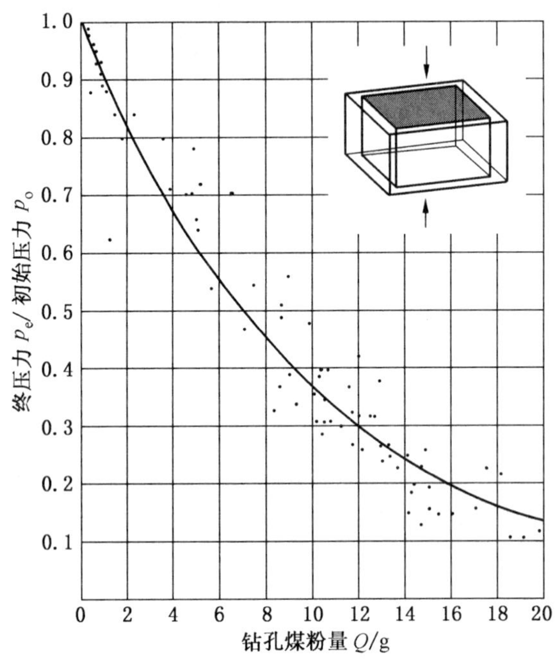

图 1—17 试验台钻孔煤粉量与压力下降（试块尺寸 8 cm×8 cm、高度 5 cm）

发生钻孔冲击的压力机压力相当高，在采用伺服机的情况下，初始压力 80 MPa，在钻进过程中，压力下降到 60 MPa，仍然产生冲击。当钻进速度为恒定值时，持续 60 MPa 的压力下仍出现冲击，如图 1—17 和图 1—18 所示。

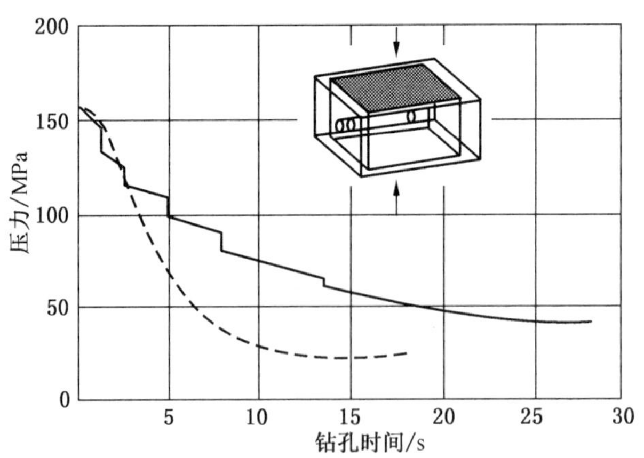

图 1—18 不同煤种钻进过程中应力变化比较

显然，在岩层压力 60～80 MPa 的情况下，可能发生钻孔冲击。

采用无烟煤试块（采自 4 个煤层）进行试验的结果有另一些特点：试验过程中出现迅速卸压而无冲击发生。

图 1－18 中，试验机采用了特制的位移控制装置，钻进中保持试验台基座的距离不变。实线为肥煤试块，出现了 5 次冲击，在达到稳定时的持续时间是 29 s，最终压力为 40 MPa，钻孔煤粉量为 48 g，无冲击时为 10 g。虚线是无烟煤试块，卸压过程持续 19 s，最低压力为 20 MPa，钻孔煤粉量达 85 g。其中，无烟煤的单轴抗压强度为 13 MPa，肥煤为 8.4 MPa。

事实上，现场无烟煤煤层从未出现过冲击地压，尽管其开采深度已近 1500 m，且围岩为砂岩。可能的原因是其具有快速连续卸压的特性。

2. 煤岩体破坏特征的实验室试验

德国 G. Brauener 在埃森采矿研究院进行的试验和现场测量研究分析，深化了对岩石破坏过程的认识。

1）围压的影响

实验室岩石试验表明，岩石的破坏强度和破坏特征首先与围岩应力状态有关。如图 1－19所示，在单轴压力下，试件表现为脆性破坏（曲线Ⅰ），且极限应力较低，而随着围压增大，试件的极限强度随之增大，并表现出一定的塑性特征（曲线Ⅱ）。当围压进一步增大时，岩石的极限应力和变形显著增大，出现了岩石强化（曲线Ⅲ）。因此可以说，岩石的大变形未必一定与卸压破坏相联系，而与围压条件有关。

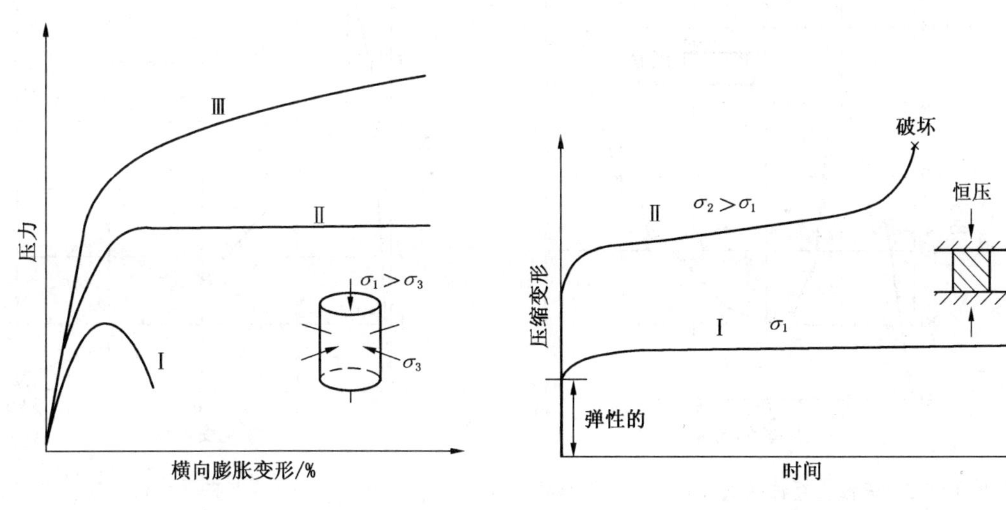

图 1－19　三轴围压下的岩石变形　　图 1－20　长期加载的蠕变特性

2）加载时间的影响

图 1－20 显示了岩石在长期加载过程中的蠕变特征。在一定载荷下可能表现为弹性可逆的（如曲线Ⅰ），在载荷较大时，会出现加速变形（曲线Ⅱ）直至破坏。这意味着岩石（煤）的强度随加载时间增加而有所降低。图 1－21 显示了硬煤单轴抗压强度随加载时间增加而逐渐减小的特性。长期强度约 5 MPa，普通正常加载则达到 8.5 MPa。相似的影响是加载速度对试块破坏载荷的影响，快速加载比正常加载在更大的载荷下岩石发生破坏。

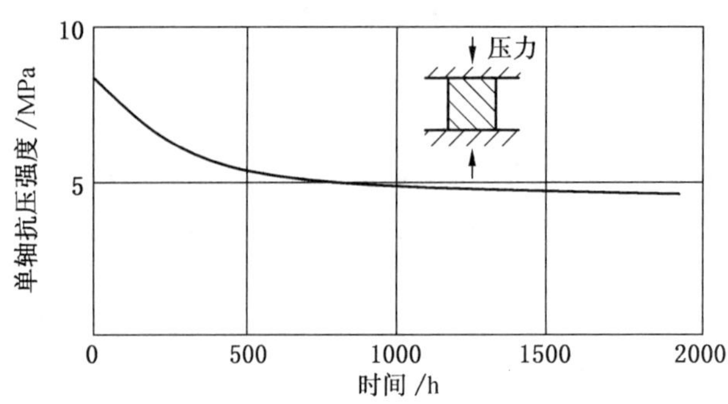

图 1—21　加载时间对煤块抗压强度的影响

3）试件尺寸的影响

图 1—22 显示了试件尺寸对其变形特征的影响。图为长方形试件的变形特性。试件的长度和宽度相等，且等于其高度的 5 倍。当压缩变形率达到 12%时，第一极限应力峰值达 90 MPa。然后为减压过程，其横向变形达到石块初始高度的 20%。继续加载，出现了应力强化过程，表现为极限应力持续增大，最后横向变形达到初始高度的约 50%。这种特性与试块很小的高宽比有关。

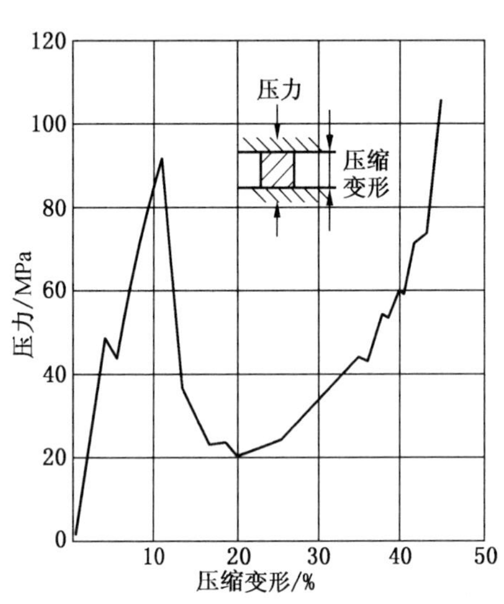

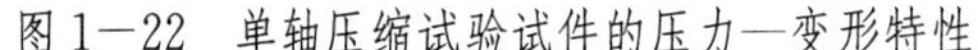
图 1—22　单轴压缩试验试件的压力—变形特性

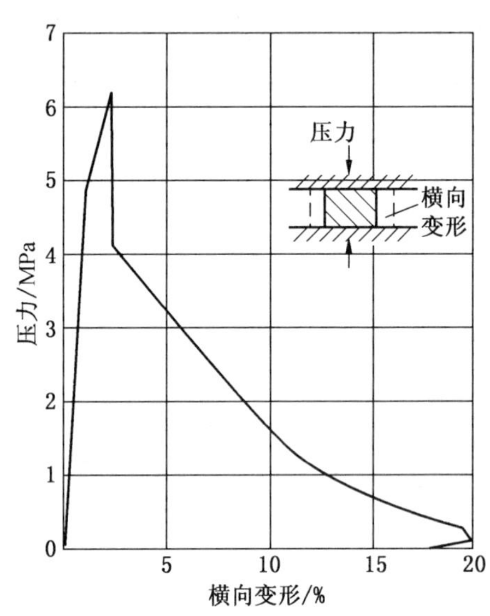

图 1—23　煤样的变形破坏特性

图 1—23 中试件宽度和长度为 8 cm×8 cm、高度为 5 cm。在加载过程中，峰值强度达到 6 MPa；在卸载过程中，试件显著松散，但仍保持整体，直至最终变形达到试件初始高度的 20%，此时残余强度很小。

这些试验表明，如果煤岩体处于三维应力状态，且应力差不大，则难以发生脆性破坏；如果煤岩体一侧或两侧裸露，失去侧部约束，则有可能发生脆性破坏。

这些试验主要反映了围压条件、加载时间和几何尺寸对煤岩块或煤岩体破坏特征的影响。

四、冲击地压防治

1. 试验钻孔的效应和临界煤粉量

在岩石应力作用下，钻孔过程中或者出现钻杆被夹持，或者出现较高的煤粉量。这里涉及在钻孔过程中形成的冲击式破坏带，包括钻孔收缩。在继续钻进中，形成新的断面，钻孔周围的破坏带继续扩大、延伸，产生更多的煤粉。这种钻孔的快速缩小，相似于冲击地压显现。试验钻孔的效应取决于煤体破坏圈极快速扩大的能力和高三维应力的作用。多年来，试验钻孔是用手动操作的机器来实现的，当达到一定的钻孔煤粉量后，就采取大钻孔钻进进行卸压的措施。

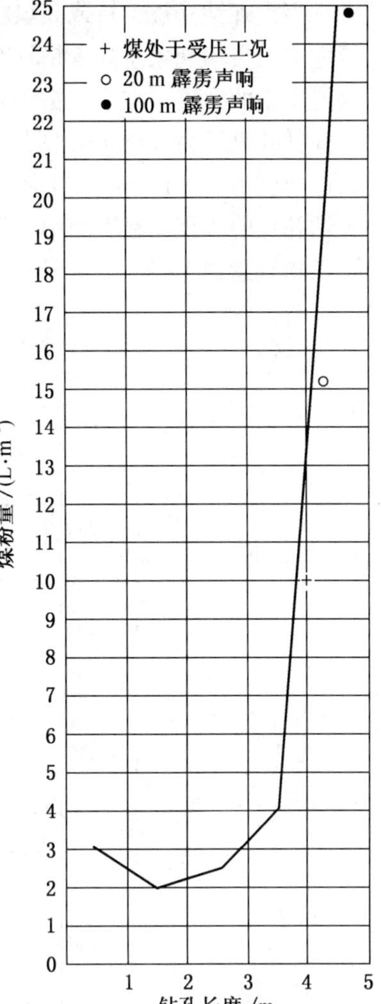

图 1—24　在高岩层压力下的试验钻孔煤粉量变化

图 1—24 是直径为 46 mm 的试验钻孔成果。在钻进 2～3 m 后，钻孔煤粉量急剧增大，并伴随着尖爆声响，这显示在钻孔深度 4 m 处开始进入高应力区，并发生了小型的钻孔冲击地压。钻孔煤粉量从 4 L/m 增加到 25 L/m。近年来，德国在试验钻孔煤粉量超过临界值 7 L/m 时就停止钻进。

与此相对比，如图 1—25 所示，钻孔（直径 95 mm）卸压后，卸压区煤粉量显著减少，也未出现持续和强烈的尖爆声响。该煤层厚度 4 m，在钻进前 8 m 内，未显示有高岩层压力，在此大直径下，煤粉量仅保持在 10～20 L/m。这表明，高应力已向深部转移。当钻进深度超过 8 m 后，开始过渡到高应力带，该处出现煤粉量增大和尖爆声，在深度 9 m 处煤粉量达到 11 m^3/m，最大值达到 16 m^3/m。此钻孔在持续 12 h 内总共获得 70 m^3 的煤粉量。大量煤粉的排出显示了卸压的效果，证明此处已无冲击危险。

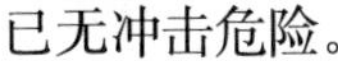

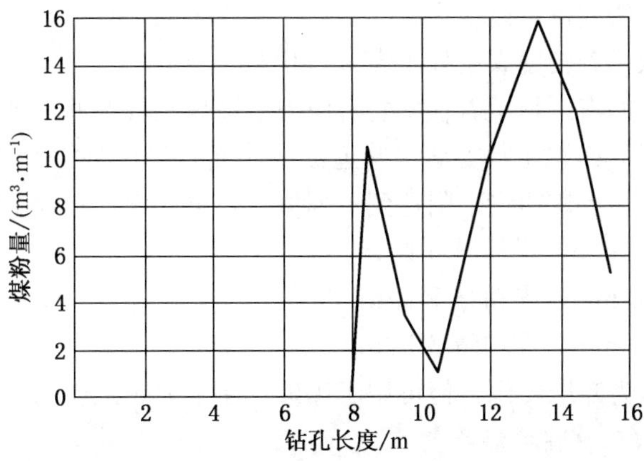

图 1—25　卸压钻孔内煤粉量的分布（德国 G. Brauener）

当出现钻杆被夹持或高煤粉量的趋向时，可以认为在此很小的钻孔深部有发生冲击地压危险，夹持现象意味着钻杆在钻进方向开始受到拉力。为此应当进行轴向力测定，以便保持正常的钻进。在手工钻进时可使用电—力转换的轴向力接收器进行测定。图 1－26 中试验钻孔直径为 50 mm，图的纵坐标为钻进过程中钻杆承受的压力，横坐标为钻进时间。钻进速度为 0.5 m/min。上图为正常情况，轴向压力为 700 N，煤粉量仅为 4 L，仅略高于钻孔煤的体积。在下图中，钻进初期即处于高应力区，钻杆受到的拉力达到 560 N，钻孔煤粉量达到 16 L。

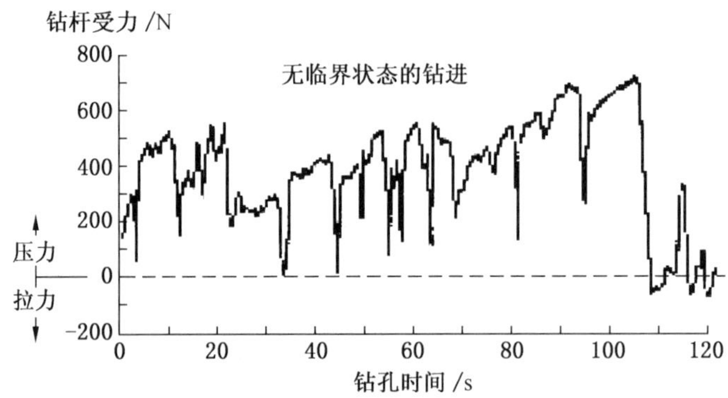

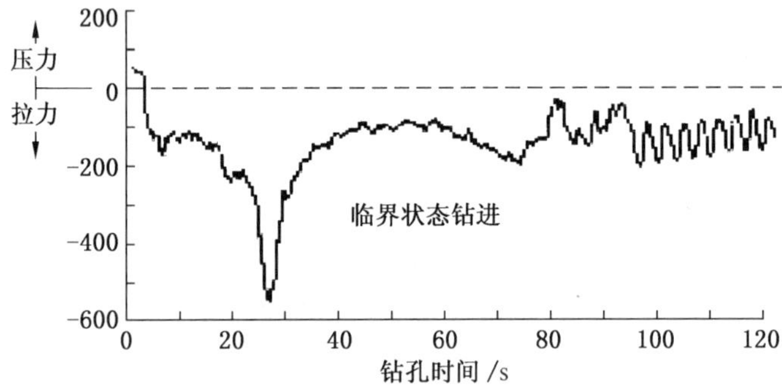

图 1－26　试验钻孔过程中的轴向压力和拉力

通过试验钻孔的研究，可以认为：

（1）高煤粉量意味着较硬煤层处于高应力状态。

（2）钻孔发生了冲击，预示着在此岩石应力下该煤层具有冲击破坏的危险。

在德国鲁尔矿区，如果在距支架（巷道或工作面）3M（M 为煤层高度）处处于高岩石应力带和试验钻孔临界煤粉量下限达到下列值时，可认为存在发生冲击地压的危险：

（1）钻孔直径 42 mm，煤粉量 6 L/m；

（2）钻孔直径 46 mm，煤粉量 7 L/m；

（3）钻孔直径 50 mm，煤粉量 8 L/m。

试验钻孔不可作为卸压使用，但可用于爆破、注水和测试使用。

2. 卸压钻孔的效应及临界煤粉量

大直径卸压钻孔应当更深地钻入高压力带，可能排出更多的煤粉量，扩大了破坏区和松动区，使相应范围煤层载荷降低，从而解除了冲击地压危险。卸压钻孔引起破坏区迅速扩大，并及时排出大量煤粉。如果没有这种破坏特性，卸压钻孔的效果难以实现。具体地说，如果工作面靠近，钻孔周围压力增高，已有钻孔很可能被压紧闭合而形成较小的破坏带，并排出较小的煤粉量。在此情况下，难以达到卸压效果。

卸压钻孔的效果，可以借助于液压枕测定。它布置在钻孔以下 1 m、煤层深度 5 m 处。如图 1－27 所示，钻孔总深度为 12 m。在开始钻进前，垂直压力为 25 MPa，已保持数天。钻进过程中压力有所增大，最大值达 33 MPa，处于孔深 11 m 处。此时，距孔底 5 m 和钻孔附近 1 m 处，垂直压力增大了 8 MPa。这意味着，在卸压钻孔钻进过程中，巷道附近的压力也可能增加。但在钻深 11 m 钻孔结束前 10 min，压力迅速下降了 26 MPa。在完成钻孔后，共排除煤粉量 3500 L，表明达到了卸压效果。在钻孔钻进结束时，压力传感器显示的压力仅为 5 MPa。

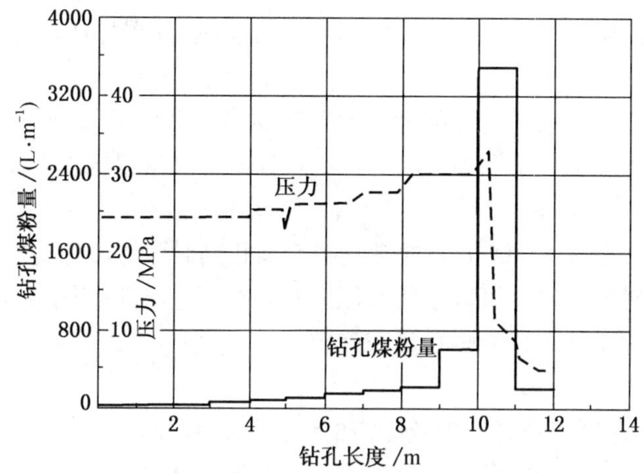

图 1－27　卸压钻孔的煤粉量和压力变化

需要注意：根据经验，钻孔卸压的效果并不能无条件地持续。随着时间的延续，特别是有新的回采工作面影响时，此煤层部分也可能重新处于冲击地压危险中。

对于大直径钻孔，如卸压钻孔，其可比临界煤粉量为：

(1) 钻孔直径 95 mm，煤粉量约 30 L/m；

(2) 钻孔直径 145 mm，煤粉量约 70 L/m；

(3) 钻孔直径 200 mm，煤粉量约 140 L/m。

3. 主要卸压措施

(1) 卸压钻孔。

由于在高应力区钻孔有可能出现钻杆被夹持甚至断裂的问题，因此对钻孔设备提出严格的要求：可远距离操作的钻架、压气驱动、高转速。钻杆直径 95～200 mm，一般采用钻杆直径 95 mm、钻头直径 98 mm，或者钻杆直径 140 mm、钻头直径 143 mm。卸压钻孔的位置与方向和试验钻孔相同，一般在煤层厚度的下部 1/3 处。钻孔深度不小于试验钻孔，一般取 3 m+A（A 为推进度）或 4M（M 为煤层厚度）。卸压钻孔煤粉量在直径 95 mm 的钻杆时为 10～20 L/m。

(2) 卸压注水。

向煤层进行压力注水，可使采掘工程周围的煤层产生裂隙或弱化。一般用于在试验钻孔时发现其处于临界状态的条件下。如采用高压注水，可减少注水时间。建议的注水压力为 35～40 MPa，流量 80 L/min；在两个试验区，初始压力为 20～38 MPa，终止压力为 9～20 MPa，注水时间为 7～20 min，平均注水量每孔为 750 L。卸压效果需要通过进行邻近钻孔来检验。如果发现此钻孔一侧已经被注水所湿润，则需要再打新的检测钻孔进行检验。

经验显示，卸压注水效果的持续时间少于卸压钻孔和卸压爆破。

(3) 卸压爆破。

卸压爆破的药包，要求爆破时不出现抛出事件。爆破松动后，应出现两个效应：一个是震动引起的松动效应，可使一定距离（例如 30 m）范围内不会发生冲击地压；另一个效应是在下一个爆破地点形成裂隙。一般习惯是采用 3 级强爆炸药，爆炸速度为 1500 m/s，密度为 1.2 kg/cm^3。

为避免爆破时出现抛扔，需要测量邻近孔口的第一个药包的位置。当煤层厚度在 2 m 以下时，深度不小于 $2M$；当煤层厚度大于 2 m 时，药包位置应在 3 m 以上。按规则，最多可装 32 个药包。

卸压爆破的安全距离为 100 m，通常是多个钻孔同时引爆，等待时间为 30 min。卸压爆破在围岩对水敏感的条件下可以取代卸压注水，在掘进端头使用效果较好。卸压爆破的效果需要通过再打试验钻孔检验煤粉量来确定。

4. 防治策略

1) 根据钻孔岩芯试验资料，确定必需的试验钻孔和监测措施

为了判断一个采区的冲击危险，需要查明煤层顶板和底板硬厚岩层的分布。为此需选取适当的钻孔密度，进行岩芯强度试验，从而可建立顶板和底板岩层力学特性平面分布图。通过这些地质分析，有可能确定所必需的试验钻孔和监测措施。例如，在此地质资料评价的基础上，可以对一个巷道必需的冲击危险试验钻孔措施进行初步确定，这就有可能显著降低防治成本。除了关注地质资料外，还需要检测显示可能的冲击危险的其他基本指标，如由试验钻孔获得的钻孔噪声的发展变化特征、围岩与煤层接触条件，以及巷道端头或煤壁的分布等信息。

2) 将冲击地压划分为两种危险区并采取不同防治策略

冲击地压防治基本上要区分：可能的冲击危险区和可以确定的冲击危险区。

可能的冲击危险区是指根据鲁尔矿区提供的对照检验表，对已有资料进行分析判断后，认为是有可能发生冲击危险的采掘工程。该对照检验表包括了所有的有关冲击地压发生和可能发生的地质和几何影响因素。根据此表，如果判断无冲击危险，则一般不需要采取试验钻孔等措施，仅有少数例外。

判断为有可能发生冲击的采掘工程，防治的一般规则是：在推进中的煤壁或岩壁进行试验钻孔监测，而在固定的煤（岩）帮，除了试验钻孔外，还需多次采用钻杆法（检测是否有夹持）试验。只有通过这些试验后未发现冲击危险，才可以减少监测措施。在具体条

件下，采用何种措施，应根据冲击危险等级确定。

德国在 1995—2005 年间，约有 253 个区域被发现为可能的冲击危险区。在该区域，当通过试验钻孔发现有高应力区时，可确定该区域确有冲击危险。1995—2005 年，此类区域有 24 个。由于监测和防治措施严格而有效，因此实际发生的冲击地压事故很少。

对于这些确定的冲击危险区，通过卸压措施可将高应力区转移到深部安全区。其中，仅 9%通过试验钻孔进行了再监测。

总之，德国的经验是：掌握准确的知识和关于可能有冲击危险与确定有冲击危险的区别，对采取何种防治措施有决定性意义。

3）建立专业管理研究机构与生产部门合作，减小防治费用

采取试验钻孔和卸压措施的煤矿与管理机构、测量部门紧密联系和合作，具有重要意义。目前这方面的专业对话与交流主要在确定必需的试验钻孔和卸压措施方面，以便与生产计划协调并符合井下安全许可条例。这样，一方面可以直接减少试验钻孔措施及相关成本，另一方面可使试验钻孔措施集中并立即实行，同时也可保证工作人员的安全。其目的是，使日益增加的试验钻孔等措施减少到必要但安全的程度。参加此工作的人员可以从冲击地压防治专业单位的数据库中获得过去各矿区实行过的卸压和试验钻孔措施方面的信息。

4）钻屑法的标准化

由德国发展的钻屑法至今仍是官方批准的唯一防治冲击地压的法规性实用方法。其有关参数已经标准化。

(1) 对试验钻孔长度的要求。

如图 1—28 所示，对不同位置的试验钻孔长度提出不同的要求。推进的巷道端头，要求钻孔长度 $3M+A$（中部）和 $1.4\times3M$（两个对角）；巷道两帮为 $3M$（预计的危险区，每日打试验钻孔）、$4M$（远离端头，每周监测 1 次）。其中，M 为煤层厚度，A 为掘进工作面日进度。

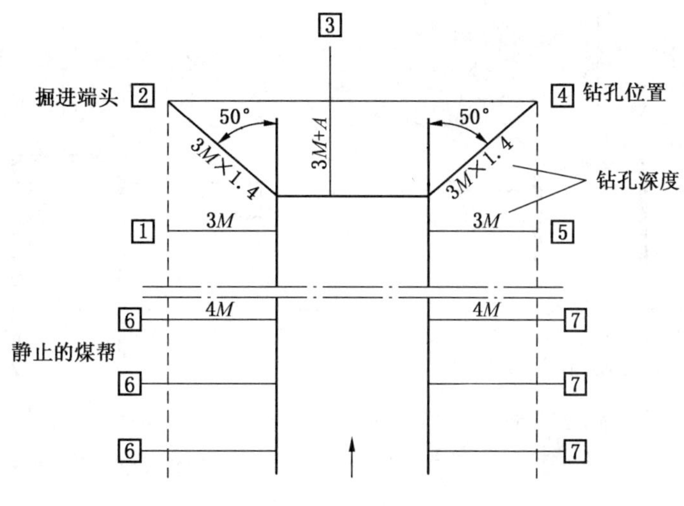

图 1—28　试验钻孔在掘进巷道中的布置

(2) 对危险区的判断。

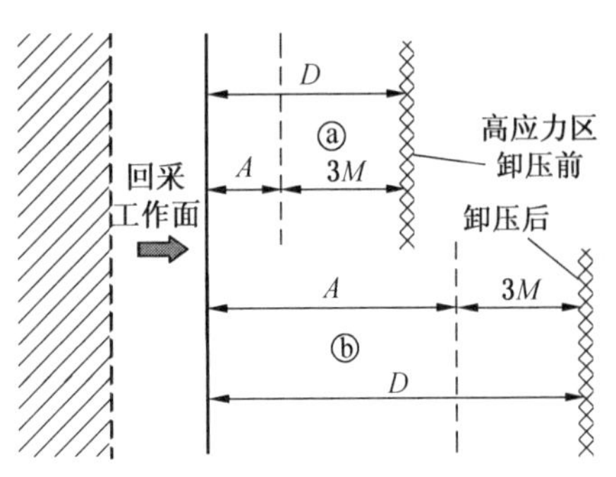

图 1－29　卸压钻孔深度与工作面推进度

如果钻屑量超过 8 L/m，且有以下附加信息：煤壁有变形、20～100 m 范围内有响声、钻孔过程中有卡钻或钻杆被吸入现象，或者钻屑量超过 15 L/m 而无其他信息，并通过其他钻孔得到确认，则可认为该区有冲击危险。应在该高应力区采取卸压措施，同时要适当减小掘进速度，保证处于试验钻孔的 3*M* 范围内。

(3) 卸压深度。

对于正在推进的工作面或巷道端头，在推进后（或割煤后），仍应保持 3*M* 的无危险区。如果钻孔深度略大于 3*M*，则应减小日推进度，或者在较深的范围内卸压，如图 1－29 所示。

图中，临界展开深度用 *D* 表示，在第一种情况下ⓐ，工作面容许日进度 $A=D-3M$；然后检验前方是否有高应力区，再推进。在第二种情况下ⓑ，日推进距离 *A*，在割煤之前，应在 $D=3M+A$ 的深度内进行卸压。

(4) 卸压钻孔和后续检验钻孔。

图 1－30 显示了卸压钻孔和后续检验钻孔的布置和深度。当 3 个卸压钻孔进行卸压后，需要至少钻进 4 个后续检验钻孔进行卸压效果的检验。

图 1－31 显示了五钻孔类型的卸压钻孔和后续检验钻孔的布置和深度。如果巷道左侧的 2 个试验钻孔煤粉量低于临界值，意味着左侧无冲击地压危险，则需要对其他 3 个钻孔进行卸压，右侧与推进方向成直角的卸压钻孔深度至少应为 4*M*。

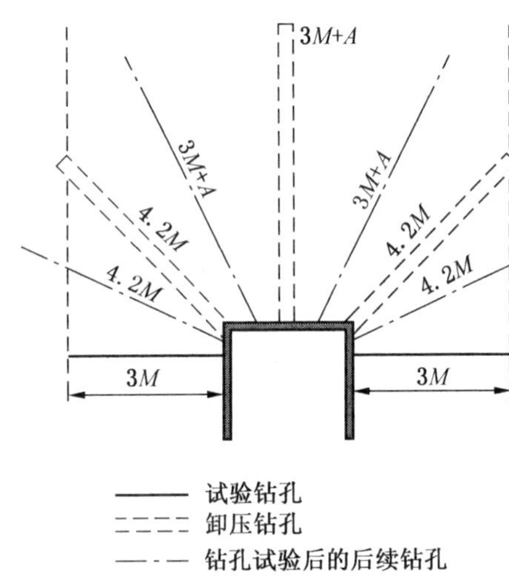

图 1－30　掘进工作面端头卸压和后续检验钻孔（在规定深度）的布置情况 1（三钻孔类型）

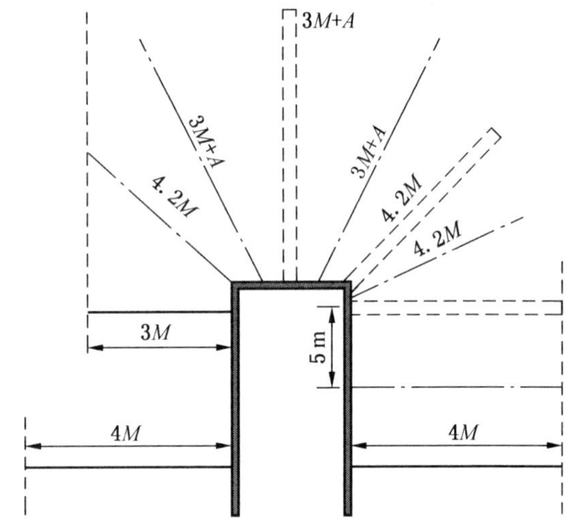

图 1－31　掘进端头卸压和后续检验钻孔的布置情况 2（五钻孔类型）

(5) 试验钻孔和卸压措施的工作步骤。

①布置试验钻孔：重点在回采工作面煤壁或掘进巷道端头。

②确定危险区：如果试验钻孔的煤粉量超过临界值，则可确定巷道或工作面的危险区。

③采取卸压措施：主要是借助于卸压钻孔将冲击地压危险区过渡为非危险区。

④检验卸压效果：在钻孔卸压区再一次打试验钻孔，成为后试验钻孔，检验钻孔煤粉量是否处于安全范围内。

由此可将钻孔进行分类：

①试验钻孔：检测钻屑量，判断是否有冲击危险的钻孔。

②监控钻孔：相当于试验钻孔的补充钻孔，用于确认试验钻孔的结果。

③后期检验钻孔：卸压钻孔完成后打的钻孔，用以检验卸压效果。

④中间附加钻孔：如果掘进速度超过预期日进度 A，需要补加试验钻孔。

如果煤层中有薄夹层，则在钻进中这些夹层被破碎而加入煤粉中，导致钻屑量超过临界值。在此情况下，应与管理机构和专业单位协商，确定新的临界钻屑量。

（6）卸压效果的检验步骤。

卸压措施也许得不到满意效果，特别当高应力处于起初并不危险的位置，该处附近有一个或多个固定的高压力带存在时。因此需要进行卸压后的检验，参见实例图 1－32。

例如，对巷道煤帮左帮和右帮打试验钻孔①，间距取 10 m，钻孔深度取 $4M$。试验发现煤粉量处于非临界状态，决定继续打试验钻孔②，而在深度 $3M$ 处发现煤粉量处于临界状态。为确认此帮处是否处于临界状态，在间距为 5m 处打试验钻孔③，发现该处仍处于临界状态。于是需要采取卸压措施，卸压钻孔④（阴影线）在原试验钻孔③处钻进，它距控制点 20 m。钻孔深度为 $4M$，同时测定钻孔煤粉量。为检验卸压效果，在其附近钻进后期检验钻孔⑤及最后的试验钻孔①，以检验此中间区域是否有危险。第二个卸压钻孔⑥，在巷道另一侧（右帮）钻进，以便确定在左侧巷道帮卸压后，高应力是否转移到对侧（右帮）。为确认两帮的卸压效果，需要再钻进检验钻孔⑦。

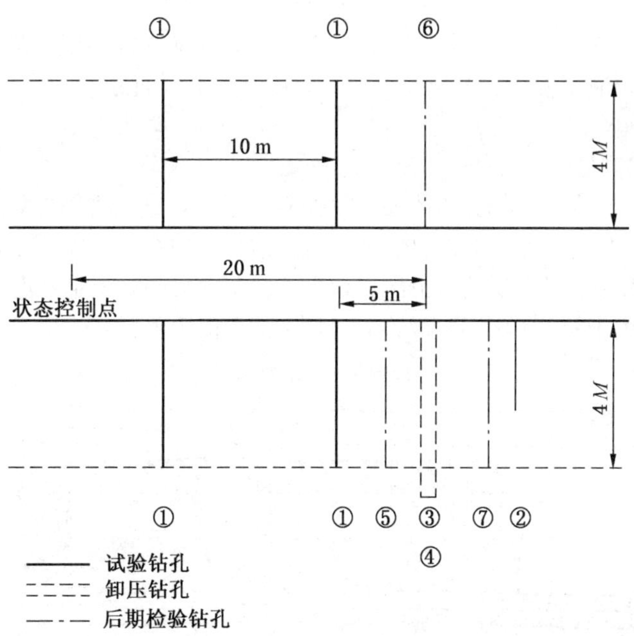

图 1－32　试验钻孔、卸压钻孔和后期检验钻孔的顺序

以上步骤可简要总结为：

①所有 10 m 间距的试验钻孔均未发现煤粉量超标；

②10 m 以外，试验钻孔在深度 3*M* 处发现煤粉量超标；

③后退 5 m，打补充试验钻孔，在 3*M* 处也发现煤粉量超标；

④在同一位置钻进卸压钻孔，深度 4*M*；

⑤后退 2～3 m，打后期检验钻孔，深度 4*M*；

⑥在巷道对侧，打卸压钻孔，深度 4*M*；

⑦在卸压钻孔以外，再打检验钻孔，深度 4*M*。

(7) 煤层钻孔卸压爆破的效果实例。

当用钻屑法发现钻孔煤粉量超过临界值后，应及时打卸压钻孔，进行松动爆破，以形成卸压区，降低煤层的集中应力。图 1—33 为利用钻孔进行卸压爆破的效果。

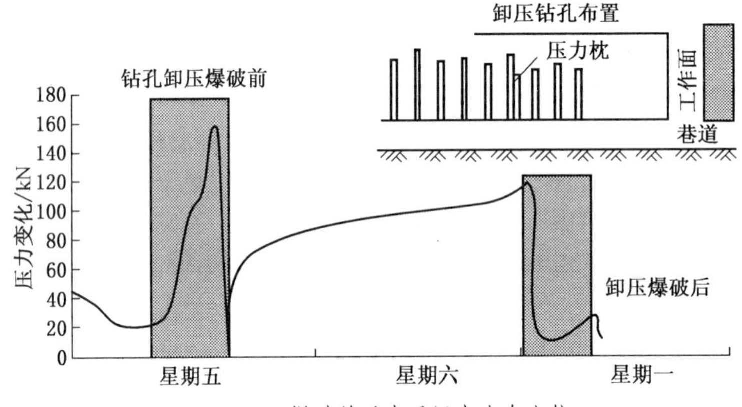

图 1—33　爆破前后支承压力分布比较

图 1—33 显示，卸压爆破在周五进行，当时工作面前方岩层压力较高（160 kN），爆破后 2 天，即周一，液压枕压力显著降低（120 kN），工作面处于安全状态。

5. 附加监测仪器

1) 塑料转管探测器

当煤层巷道应力较高时，钻孔将收缩，钻孔断面减小，直至将钻杆夹持。该探测器最简单而快速的安装方法是将长度达 3*M* 的塑料管插入钻孔，如图 1—34 所示，在塑料管端部安装一个固定器，以阻止塑料管从孔口滑出。如果孔内湿度较高，固定器也可安装在孔口。

此种方法一般用于钻屑量小于 6 L/m，且巷道煤帮声响发生在 20 m 内的条件下。

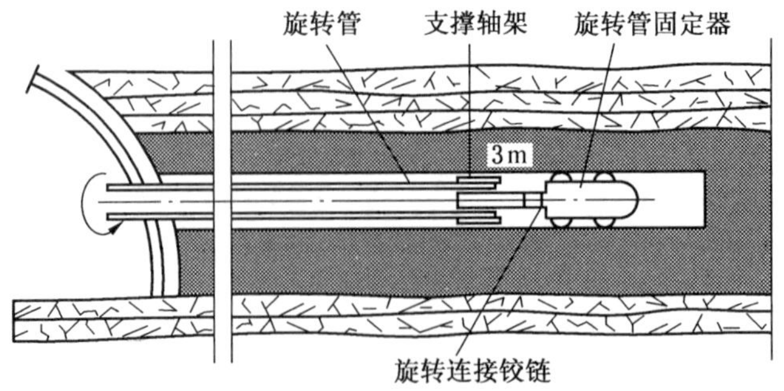

图 1—34　一次性塑料转管探测器（旋转管外径 25 mm、最小壁厚 2 mm）

图 1—35 为可多次使用的塑料管探测器。它安置在距孔口 50～100 mm 的位置。如果发现塑料管探测器用手不能转动，则意味着该钻孔变形较大，应在此钻孔附近再打钻孔，即监控钻孔。进行钻屑法试验，如果发现钻屑超过临界值，则应采取卸压措施（如卸压钻孔）进行卸压。

图 1—35　可多次使用的塑料管探测器

这种探测器，可在进行试验钻孔之前对煤层应力状况做早期简易测试。

2）振动探测器

图 1—36 为带有塑料圆盘固定装置的振动探测器，它分为内外管两部分。当钻孔变形使得外管不能转动时，具有往复滑动或振动功能的内管便成为钻孔变形状况的探测器。当内管也不能往复滑动时，意味着该钻孔变形强烈，应增打监控钻孔进行钻屑法试验，以确定是否有冲击危险。

这种探头的优点是，可以长时间工作，且可以多次使用。

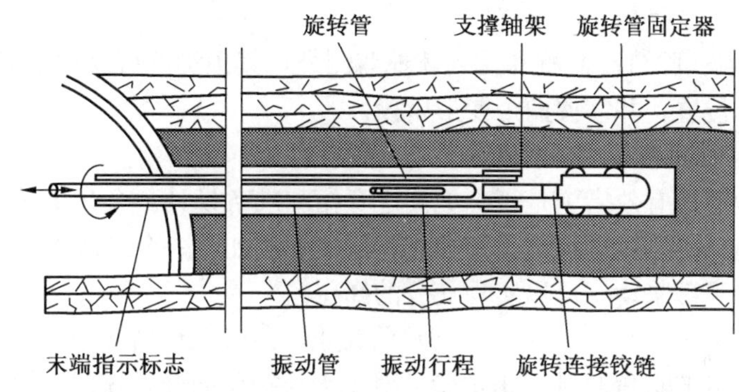

图 1—36　带有塑料圆盘固定装置的振动探测器（旋转管外径 25 mm、最小壁厚 2 mm）

当仪器在有自然发火倾向的煤层中使用时，旋转管与孔壁之间的缝隙应采用聚氨酯泡沫充填、密封，以防止附加的空气运动效应。在此情况下，外管不能再作为探测器使用，而仅靠内管起探测作用。

3）巷道变形探头

在巷道两帮可用巷道变形探头（简称为 BV 探头）监测围岩应力状况。它可以直接监测钻孔变形、显示和将数据传输到地面，不需要就地监测。该仪器用于不能进行正常监测但又必须要进行监测的地方，例如风道、人员难以通行的工程（如井筒），以及必须长期监测的工程。

图 1—37 显示的变形探头由 3 个不同直径依次镶砌的内外套管组成。各套管之间绝缘。所有套管均具有防潮湿和污染的功能。该仪器有电源供电，当套管变形后，其电阻发生变化，信号传递给数据接收站并借助于远距离传输系统进一步传输到地面，进行数据处理分析。

钻孔变形首先引起外管与中间套管的接触阻力变化（变形第一阶段），进一步的变形引起中间套管与内套管接触阻力的变化（变形第二阶段）。

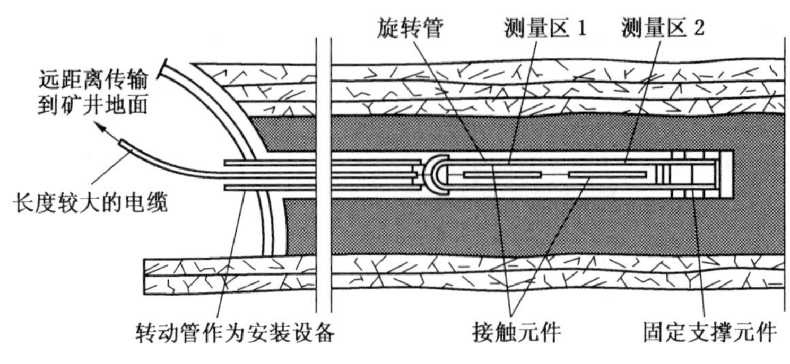

图 1—37　巷道变形探头

BV 探头 1：有两个测量剖面，一个距孔口 3 m，另一个距孔口 4 m。在观测中，可能缓慢地出现不同的临界压力显现，并向煤帮靠近：

①变形第一阶段在距孔口 4 m 处，或变形第一阶段在距孔口 3 m 处。

②变形第二阶段在距孔口 4 m 处，或变形第二阶段在距孔口 3 m 处。

BV 探头 2：仅监测距孔口 3 m 处。

BV 探头的优点：除自动监测和无人就地监测外，其预测的可靠性明显高于转管探测。可以同时监测两个位置，并掌握两个变形阶段。

6. 减小冲击危险的前提

减小冲击危险的最有效措施是正确地制定开拓和准备设计。合理的采准设计，不仅有可能减少卸压措施，也有可能将试验钻孔减到最少。例如，一个采深 1450 m 的贫煤煤层，通过对其保护层的下部采动，可以实现充分的卸压。

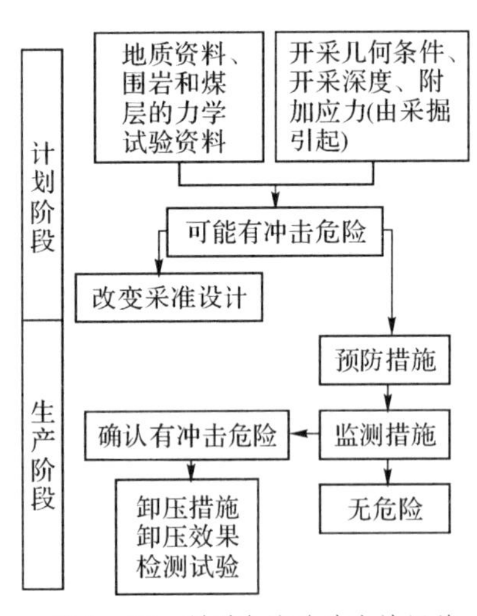

图 1—38　判别和防治冲击地压的工作流程

到目前为止，高效工作面开采，尚未出现明显的冲击危险。对于无保护层的开采煤层，根据岩层压力和围岩特性，必要时应采取相应的卸压措施。在此类条件下，至少可以采取抽样试验方法进行试验钻孔分析。在合理的采准设计下，有可能降低试验钻孔的成本。DSK（德国鲁尔公司）资助的研究机构正在研究硬岩层在开采影响下的破坏机制。

图 1—38 显示了设计和生产阶段防治冲击地压的工作流程。要点是：根据地质资料、围岩和煤层的力学试验资料、开采深度和开采几何条件，确定是否有冲击危险。如果有冲击危险，则应改变开采设计，或者采取措施。通过监测措施，出现两种可能性：无危险，则不再采取措施；如有冲击危险，则应采取卸压措施（如卸压钻孔），然后再进行试验钻孔检测，确定冲击危险是否解除。

专业机构与煤矿进行的有关冲击地压防治的经验交流，包括如何避免形成高应力区等，对防治和减少冲击地压具有重要意义。

7. 关于是否可以偏离冲击地压防治规范的判断和展望

占优先地位的方式是根据冲击地压防治规范以及相关的生产性建议进行有关工程。

1）判断

如果判断有冲击危险的生产点的信息足够，则采取的基本措施有可能偏离冲击地压防治规范，但必须满足的前提是保证人员的安全和工作面及巷道的完整。为此要求煤矿与冲击地压防治单位紧密合作，并取得当地政府主管部门的支持。

2）展望

①随着开采深度的增加和与此有关的岩层压力增大，开采几何形状已经不再是引起冲击危险的单一因素。它也可能由于不利的地质因素，例如围岩中含有坚硬岩层，也可能由于过度致密的架后充填而产生。2004 年发生的造成人员伤害的冲击地压就明显地反映了这一点。

②随着开采深度的增加以及机械设备尺寸的加大，要求较大的巷道断面，特别是二次利用的巷道，要求有较稳定坚固的支护。这反过来又要求对于冲击地压防治应采取更充分的预先措施。经验表明，强力的支护结构，包括合理致密的架后充填，有利于改善应力分布。

③需要进一步研究的是：一方面要求巷道支架有足够的稳定性，另一方面又要求具有冲击危险性的受载煤壁能够缓慢地向巷道空间推移变形，而不发生突然破坏。

④日益增大的矿震危险，在一定情况下可能通过开采形成的破坏和卸压过程而消除。现在已有可能确立矿震与冲击地压之间的密切关系。矿震可能使应力转移至工作面前方。通过试验钻孔，曾发现冲击危险区处于工作面煤壁前方 10～50 m 处，这对于确定矿震位置具有重要意义。因此，在一定的地质和几何边缘条件下，通过试验钻孔可确定应力峰值位置。

8. 与工作面冲击地压防治有关的声发射规律

冲击地压研究所曾进行了声发射监测。在井下安装了 32 个地音探头，选取了 16 个，将其记录传输到地面处理，包括确定每个声发射事件的电脉冲强度、持续时间等。图 1－39 显示了卸压钻孔期间记录的声发射事件（黑点）。分析表明，钻孔卸压期间，其附近声发射频率明显增大。

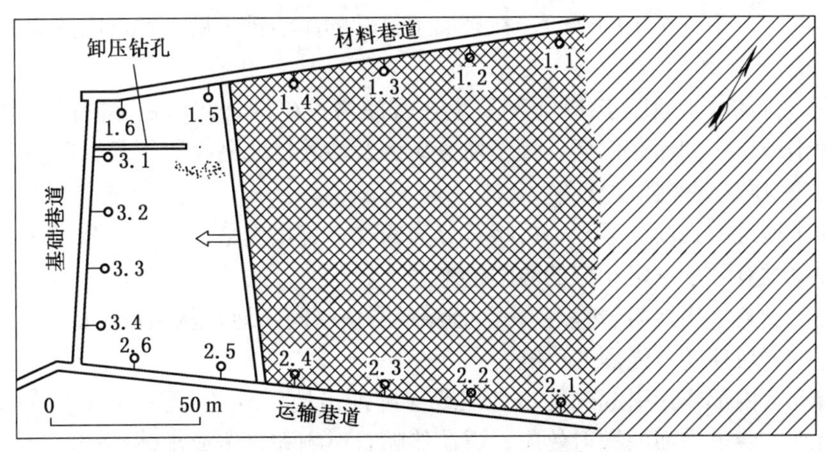

图 1－39　进行钻孔卸压期间记录的声发射事件

图 1—40 显示了工作面靠近时，前方顶板声发射频率随观测时间的变化。图中，白色为低于阈值的平均最大信号振幅，黑色表示高于阈值的平均最大信号振幅。

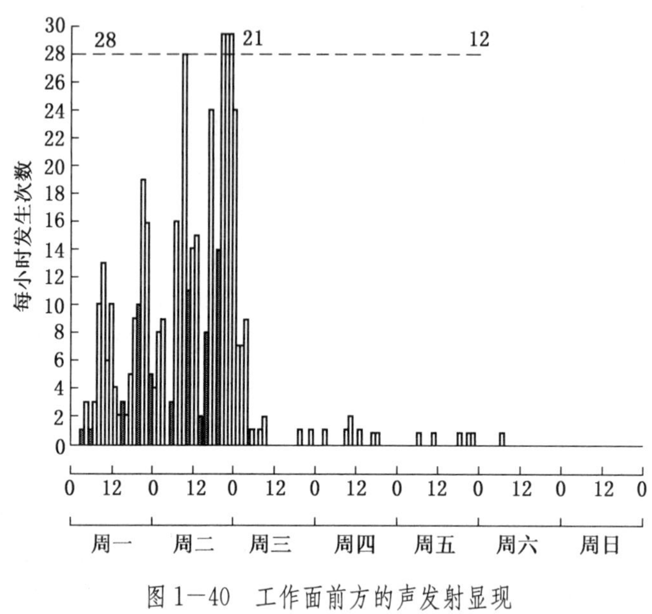

图 1—40 工作面前方的声发射显现

当设置在回风巷的地音探头处于工作面前方 26～21 m 时，每小时的声发射次数（频率）急剧增多，但当工作面靠近测点距离小于 21 m 后，声发射次数突然减小。这表明，地音探头起先处于应力集中区，然后进入煤体破坏区。

第二节 苏联和波兰冲击地压研究与防治

一、苏联冲击地压研究

苏联约有 9 个矿区发生过冲击地压，1947—1979 年共发生冲击地压 675 次，具有冲击倾向的煤层共 700 个（至 1980 年）。在采取了科学的防治措施后，冲击次数大为减小。

1. 冲击地压分类

在苏联，首例冲击地压于 1944 年发生在吉泽洛夫矿区。此后在不同的矿区发生了各种形式的冲击地压，如库兹巴斯、顿巴斯等矿区及沙岭、北乌拉尔等金属矿区。

1） 冲击地压显现和强度分类

根据冲击地压的强度和显现，可将其分为四类：突出剥落、震动、微型冲击、实质性冲击。这种分类有利于制定相应的防治措施。

(1) 突出剥落（煤炮与岩炮）：一部分煤或岩块（间断地）从高应力的煤或岩体剥落。剥落或抛落的岩块伴随着强烈的声响。

(2) 震动（内部作用引起的冲击地压或深部冲击地压）：显现为煤或岩体深部发生的破坏，未出现向巷道表面的抛射效应。震动伴随着声响和岩体或煤体震动，出现煤尘及煤（岩）块从巷道表面掉落。

(3) 微型冲击：破坏程度和范围较小的冲击。

(4) 实质性冲击：是煤柱或煤（岩）体破坏后的快速流动。显现的形式是大量的煤或岩石向巷道内抛出，并伴随着强烈的声响，产生大量煤尘，围岩震动，震动可传递到地表，其半径范围可达 5～10 km。

实际上，一般记录的仅是实质性冲击（第四种），其他情况一般不作记录，尽管其数量很多，但一般对人员、巷道和机械装备无直接的危险。

2）实质性冲击地压按发生地点分类

实质性冲击地压按发生地点可以分为 7 组。根据煤层及其支承压力条件可以判断，也可以根据煤体破坏与煤柱形状及煤体边缘条件的关系进行预测（图 1－41）。

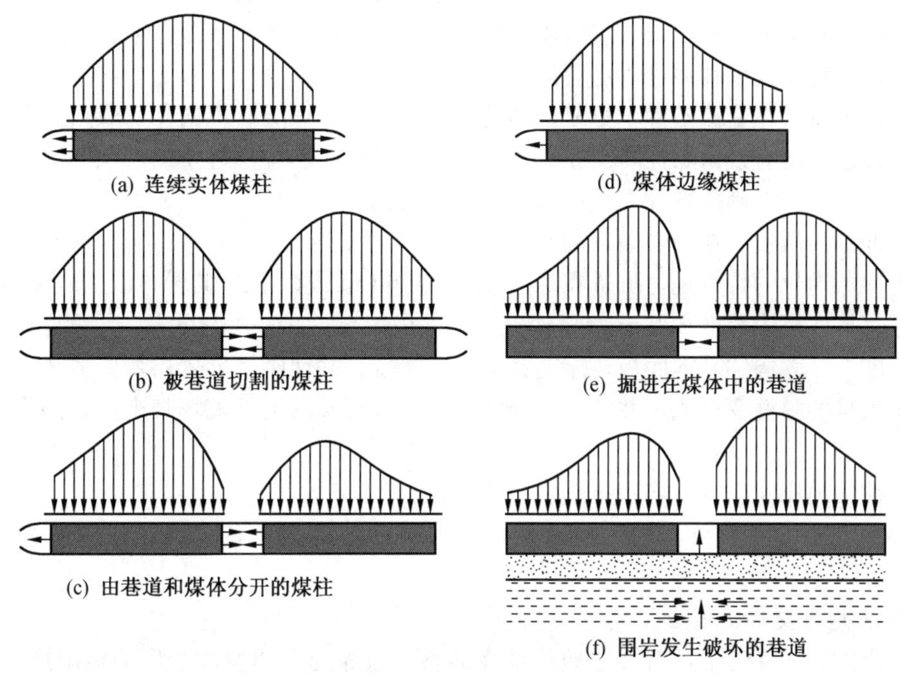

图 1－41 冲击地压考虑其受载条件和发生地点的分组

(1) 冲击地压发生在连续实体煤柱。

它出现在开采小煤柱过程中，煤柱两侧被采空区包围。其显现特征是有很强的破坏力。破坏的煤带有细粉尘，分布在煤层围岩边缘。冲击发生时有很大的顶底板移近（有时达到几十厘米）。有时在煤柱上方或其部分出现裂缝岩体。震动常以 3～5 级地震形式出现，可在距发生地点 5～10 km 处测到。

很强的冲击力是由于下列因素的作用：煤柱的挤压和顶底板夹持效应；煤柱具有高的承受支承压力的能力；煤柱核心集聚了较大的位能；煤柱处于极限应力状态。

(2) 冲击地压发生在被巷道切割的煤柱中。

这类冲击发生过很多次。煤柱破坏主要发生在巷道一侧，很少出现向采空区方向的抛扔。当巷道断面被破坏或被抛扔的煤块填满后，冲击将会减缓或停止。围岩移近一般不会超过几厘米。这一类冲击，也可能出现强烈的煤尘和围岩震动，靠近顶板出现裂缝，向煤体深部延伸。未观测到围岩的严重破坏。

(3) 冲击地压发生在由巷道和煤体分开的煤柱中。

煤层的破坏仅发生于煤柱，一般不向煤体中扩展。最大的破坏力和煤的抛射发生在准备巷道，并伴随着冒顶。此组冲击地压多数发生在回采工作面靠近超前掘进的巷道中（在此，主要的危险是长壁工作面采用阶段或盘区后退式开采）。

(4) 冲击地压发生在煤体边缘。

它大多数发生在回采工作进行期间。当工作面以下行顺序开采阶段或盘区时，冲击地压最大的危险地点：当回风巷用煤柱护巷时，是工作面中部；当采用无煤柱开采（回风巷不留护巷煤柱）时，是工作面上部；当工作面前方有煤层巷道时，可能是工作面上部或下部区段。此组冲击地压，90%发生在回采工作进行期间。采煤机截深愈大，或爆破法采煤时同时爆破的长度愈长和浅眼数量愈多，冲击地压发生的概率和冲击力也愈大。

(5) 冲击地压发生在掘进煤层巷道中。

这类冲击发生在受载条件十分复杂的情况下，特别是煤层巷道向相邻煤层的采空区方向掘进，且该煤层有残留煤柱时。在煤柱影响区，也可能出现掘进中的煤层巷道下沉。巷道掘进中经常伴随着剥落式冲击地压甚至小型冲击地压。

(6) 冲击地压发生在围岩破坏的巷道。

此类冲击地压的特点是，掘进在深度 700～1000 m 或以上的煤层巷道围岩突然破断。如果巷道直接底板为厚度 3.5 m 的强砂岩层，且在砂岩层下面为泥页岩，厚度达 3～4 m，则在大深度下，软弱的基本底板岩层向巷道方向挤压，并使刚性砂岩层弯曲成条带。砂岩层积聚了大量的弹性变形能，并倾向于脆性破坏。砂岩层的突然破坏带来围岩的强烈震动和声响。

(7) 冲击地压发生在砂岩中掘进岩石巷道。

此类冲击地压大多数表现为巷道侧帮突然破断，特别是在石英砂岩中掘进新的巷道时。

2. 冲击地压发生机理

在一定的开采深度下，有冲击地压危险的煤层边缘处于弹塑性变形的极限应力状态。处于载荷作用下的煤层边缘，如果其变形速度大于塑性变形可能达到的最大速度，而煤层发生弹性变形，在这种情况下（或其他条件）煤层可能发生脆性破坏。

众所周知，脆性破坏，不仅仅是在支承压力增长时可能发生，而且是由于很快地失去了侧部支撑，以某种方式使得煤层单元卸载。

从物理学方面，冲击地压可以定义为：靠近巷道的煤层或岩石的极限应力区发生的脆性破坏。脆性破坏发生在这种条件下：在煤层的某部分，应力的变化速度超过极限应力的松弛速度。

在复杂应力状态下，煤层状态是否为脆性破坏的指标是：

$$N=V_1/V_2$$

式中 V_1——研究区段煤或岩层的应力变化速度；

V_2——在同一区段煤层的最大（极限）应力松弛速度。

当 $N>1$ 时将发生脆性破坏，因而发生冲击地压。

冲击地压发生是由于“侧部岩—煤”完整系统的平衡发生了破坏。在此情况下，这个系统的各组成元件在变形和冲击地压的相互作用下的特征如图 1—42 所示。

在区域 B，由于“侧部岩—煤”平衡系统遭到破坏而发生了震动式挤出。震动式变形是煤体内部高压核心（处于假塑性状态）的压力和对此压力的来自煤柱和煤体边缘部分的阻力（由于煤层接触面的摩擦阻力和楔入效应所产生）之间的平衡被顺序破坏和平衡恢复的过程。实测发现，区域 B 向采空侧的移动量大于建立静力平衡必需的值。这是由于滑移时的动摩擦因数小于静摩擦因数所致。

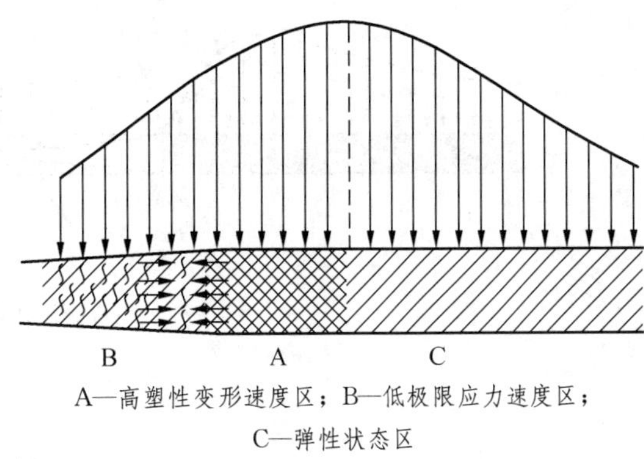

A—高塑性变形速度区；B—低极限应力速度区；C—弹性状态区

图 1—42　煤层边缘的应力状态

由于 B 区发生了推压挤出，在部分或整个 A 区瞬时出现了侧部阻力的急剧降低，从而导致脆性指标值的瞬时增长，进而导致整个 A 区或其部分具备了煤的脆性破坏条件。在此情况下，煤层和围岩中积聚的弹性压缩能转变为动能，这导致对 B 区的进一步推压挤出。

此外，在复杂应力状态下的煤层变形导致煤层体积增大（扩容），由此也产生了对 B 区的推挤压力。

在足够的推挤压力作用下，B 区将产生连续位移，而在 A 区发生的煤的雪崩式破坏过程将转变为冲击地压。如果在 B 区发生震动式推压后，在 A 区不大的部分发生脆性破坏，则在此情况下，冲击地压以震动形式出现，破坏过程结束。

积聚在顶底板围岩中的弹性压缩能，也以冲击地压形式显现出来。在 A 区煤层破坏瞬间，早期压缩的邻近于破坏源的侧部围岩发生瞬时膨胀。岩石的膨胀以震荡形式出现而迅速衰减，引起了煤体在接触面变化而成为煤尘。煤尘的形成，急剧降低了接触面的摩擦阻力（实际上，煤层与顶板接触面的摩擦力可能降为零），从而减轻了煤层顶板的进一步推压和破坏。

围岩震动对煤的破坏还有一个重要特点，即在顶底板围岩瞬时冲击时，破坏了的煤由于惯性而发生的持续挤压量要大于实际的围岩移近量，因而在冲击地压发生后，在煤与顶板围岩之间出现了裂缝，其高度可达 0.2～0.5 m，深度可达若干米。如果发生煤柱破坏，则缝隙将会沿整个煤柱面分布。

围岩出现冲击地压的区段如图 1—43 所示。

导致冲击地压的主要因素可以分为两组：矿山地质因素和矿山技术因素。

矿山地质因素主要有：煤层的结构和厚度；煤层和直接顶底板围岩的强度和变形特性；紧邻煤层上下岩石分层的结构、厚度和强度特性；煤层倾角；开采深度，地质构造特征和性质。

矿山技术因素有：在相邻煤层保留煤柱；用巷道开拓煤层；采用了房式或房柱式开采系统；两个长壁回采工作面相向开采；开采高应力煤柱等。

导致冲击地压的矿山地质特性在于：煤层具有单一的均质结构，厚度沿走向和倾斜变化，缺乏弱分层和页岩夹层，煤层的主要构成是弹性模数高的各种硬煤，煤层厚度变化在 0.6～10 m 之间。在其他条件相同的情况下，厚度增加会导致冲击危险增大。煤层抗压强度变化在 5.5～25 MPa 之间。

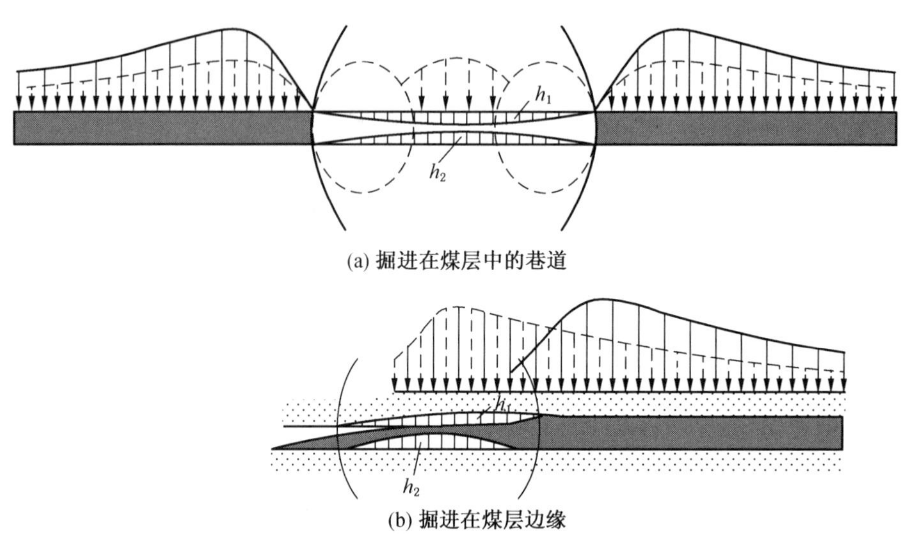

(a) 掘进在煤层中的巷道

(b) 掘进在煤层边缘

h_1、h_2—分别为由于围岩弹性膨胀引起的顶板和底板位移；
虚线—在冲击地压发生前的支承压力和卸载压力；实线—在冲击地压发生后的支承压力和卸载压力

图 1—43　围岩出现冲击地压的区段

有冲击危险的煤体的一般性质：有很大的弹性变形，其残余变形不大，即使在施加很大载荷也是如此。因此，有冲击危险的煤体可以积聚很大的势能。在对有冲击危险的煤样进行加压时，它会像突然发生微型冲击一样，变成很多碎片。

在其他条件相同的情况下，煤层的冲击危险随直接顶底板的强度增加而增大。直接顶如果是高强度砂岩厚层（单轴抗压强度 100～250 MPa)，这是最不利的，随着顶底板硬岩厚度的增加，其冲击危险会增大。在一般情况下，当硬顶板岩层处于煤层上方，垂直距离 12～15 m 时，会观测到冲击地压发生。

冲击地压显现可出现在缓倾斜、倾斜和急倾斜煤层。在其他条件相同的情况下，缓倾斜煤层的冲击危险更大。此外，缓倾斜煤层冲击地压发生的范围较大，并带有很大的破坏力。

地质构造区对煤层的冲击危险有很大影响。冲击地压可能发生在不同种类的褶曲和断层区，随其地质形成时间和产状而不同。岩石的性质和高应力区在很大程度上决定了地质破坏的特征。

开采深度也是冲击地压的影响因素之一。特别是在煤层和其围岩的构造破坏区，深度因素更为重要。在苏联，冲击地压发生在开采深度 200～250 m。

在可比条件下，煤层冲击危险在这种区段增大：该区段煤是均质硬煤，具有很高的脆性特征，其直接顶底板为厚砂岩，开采深度中等或煤层为较大的缓倾斜煤层，在煤层和其围岩中有复杂和较大的构造破坏区。

冲击地压与煤与瓦斯突出有以下共同和不同之处：

共同之处在于：都是矿山地质和矿山技术因素复杂相互作用的结果；都出现在有很大势能存储能力的煤中；煤层的危险随着厚强顶底板岩石（砂岩、石灰岩）的增加而增大；

多发生在褶曲和断层破坏区。

从微观影响因素分析，它们的不同之处在于：瓦斯不能积存在有冲击地压产生的活跃区，在含瓦斯煤层中，冲击地压仅仅是由于强烈的瓦斯突出而伴生的；冲击危险煤层在结构上和物理力学性质上与煤与瓦斯突出有明显的区别。

3. 煤层冲击危险预测

煤层冲击危险预测是进行采掘工作时预防冲击地压问题的组成部分。它应能预测或确定在进行采掘工程时受载较高的煤层的一些区段或带的冲击危险程度。如果预知了煤层的冲击危险程度，就可以采取具体的冲击地压综合防治措施。在直接进行采矿工作的区段，应能实现冲击危险的就地预测。在生产矿井，采空区之间设置了很多护巷煤柱，应能预测这些煤柱发生冲击地压的时间和地点。

首先应确定煤层是否存在冲击危险，然后预测进行采掘工程时的冲击危险。有三种方法可以用来确定煤层的冲击危险因素：

一是查明煤层在掘进和回采时的冲击危险性。本方法基于确定实际的冲击危险标志。这些标志发生在采煤机割煤、钻眼和爆破工作时。随着截煤宽度和开采深度的增大，剥落、震动和微冲击的强度会增大。

二是巷道侧壁煤层力学性质的比较试验方法。基本方法在于：冲击危险煤层具有较简单的结构、较高的硬度和弹性。在煤层受载接近破坏载荷的80%时，优先表现为弹性变形，相反，在无冲击危险的煤层更可能出现塑性变形。因此，靠近暴露面处不可能储存很大的位能。在进行煤层力学性质试验时，应采用测量研究院设计的压力试验设备。

三是确定煤层岩石组分和瓦斯含量的方法。该方法的实质是，煤的强度和弹性实际上取决于其变质程度和岩石组分。此外，煤的强度和弹性有一定的联系。煤层潜在的冲击危险可以用冲击危险指标 P 估计。

$$P = (E_y/E_п) \times 100\ \%$$

式中　E_y——弹性相对变形；

$E_п$——完全相对变形。

如果 $P > 70\%$，则认为煤层具有潜在的冲击危险。

在进行采矿工作时，冲击地压最危险的地点是残留煤柱、采空区的煤层区段、处于邻近已采煤层残留煤柱上部或下部的煤层区段。

对于回采工作面和工作面前方掘进巷道，可能在深度 $2H_0$ 或更大的深度出现冲击危险。H_0 为在井田范围内或井田的区段给定矿层发生冲击地压的最小深度。下列巷道，在 $4H_0$ 范围内有冲击危险：布置在采空区边缘的巷道、掘进在支承压力影响区以外的煤层巷道、掘进在顶板或底板中的岩石巷道。

如果回风巷道采取无煤柱护巷，则冲击地压最危险的区域是工作面上部；如果带式输送机运输巷保留煤柱，则工作面下部是最危险的。在可比条件下，对于所有开采深度，最危险的是靠近回采工作面的区域，即支承压力影响区，该处存在恒定变化的载荷（发生循环性的加载和卸载）。

1）煤层部分区段冲击危险程度预测

此预测基于对在具体矿山技术条件下煤层某区段的载荷，即在工作面和巷道边缘区的冲击危险。这意味着需要知道在最大支承压力带的支承压力（应力）强度和最大支承压力至煤层边缘的距离。

现今，还没有可靠的方法测定处于极限应力状态下的煤层应力。因此只能用对最大支承压力带相对地（间接）估计支承压力的方法。基本规律是：在最大载荷范围内，煤层应力愈高，距煤层暴露面愈近，则该区段冲击危险愈大。

测量研究院（ВНИМИ）设计了估计煤层某区段冲击危险程度的综合方法，用于进行局部区域预测，由此可以间接估计支承压力带的应力强度，特别是确定一系列指标：在煤层边缘钻深孔获得的钻屑量和粒度、深孔周围的地音强度、对深孔端面和孔壁的压模压入力的差值、煤的天然湿度变化、煤的电导率变化。综合这些指标，可以相对地估计煤层边缘的应力强度。定量指标的变化按下列形式：

在向煤体深部钻深孔的过程中，孔的边缘遭受了支承压力，进而出现了煤向极限应力状态的转变。钻孔区段的应力愈高，则转变为极限应力的煤的体积也愈大。结果，在最大支承压力带观测到煤粉量多、高频度的地音发射、钻孔直径增加、煤粉粒度增大。在强烈的应力区段，钻孔端面和孔壁发生了脆性破坏，与此有关，煤受到的磨损较小。

随着煤层应力增大，对钻孔壁和端头的压入力也相应增加，但是这种规律仅仅在深孔端头和孔壁尚未过渡到极限应力状态之前观测到。在最大支承压力区，压模的压入压力急剧减小。原因是在较大的支承压力作用下压模下的煤由于弹性能的作用已经破坏，压模压入了已经局部破坏和弱化的煤体中。

具有冲击危险的煤层的重要特点是具有高孔隙率，这决定了它具有很高的湿度。在支承压力区应力发生变化时，将引起湿度的重新分布。这意味着，当湿度变化时，煤层边缘的载荷已发生了变化。在煤层边缘的支承压力愈大，湿度愈小。相似的规律在煤的电导率变化时也观测到了。

对冲击危险按若干指标进行评价时，关于冲击危险程度方面的所有指标应彼此吻合。确定冲击危险一般是从最危险的区段开始进行。

有了冲击危险评价的定量指标后，按每个指标用诺模图确定煤层冲击地压危险等级（程度）。为此，ВНИМИ 建立了矿井冲击地压危险预测和防治措施法规（1971）。

按煤层区段的冲击地压危险程度，分为 4 类：

（1）Ⅰ——高危险；

（2）Ⅱ——区段有冲击危险；

（3）Ⅲ——无直接发生冲击地压的危险；

（4）Ⅳ——区段无冲击地压危险。

分类Ⅰ的区段一般不包括暂时未进入无冲击危险状态的巷道。在此情况下应采取补充措施，保证工作人员的安全。分类Ⅱ的区段，巷道同样可能进入有危险状态。分类Ⅲ的区段则应定期对煤层进行冲击危险检测。

必须始终注意，在评价煤层区段（在具体受载条件下）的冲击危险时，上述所有指标中最主要的是在煤层中钻浅孔和深孔发生的状况。钻孔过程伴随的显现可以清楚地反映煤的状态。

应用于实际矿井工作中的局部区域预测方法应该是必需的和简单的。在这些方法中，最有前景的方法是通过煤的电导率变化来进行区域预测的方法，它不需要深入钻孔中检测。

2）冲击地压发生地点和时间的预测

冲击地压常有两种类型：采掘工作直接引起的冲击地压和远离采掘活动地点发生的冲击地压。第一种类型的冲击是由于矿井开采煤层在一定区段载荷重新分布的结果；第二种类型的冲击是由于随着时间的延续，一个或若干个煤柱支持能力丧失所致。

第一种类型的冲击发生在直接进行采掘工程的地点；在时间上大多数（90%）贯穿了整个生产过程。例如，在完成采煤机割煤和进行钻眼爆破工作期间。

第二种类型的冲击发生在残留煤柱的支承点和煤体边缘。但是要确定在何处会发生冲击地压是很困难的。同时，确定在具体条件下冲击地压发生的时间也很困难。这是由于载荷重新分布发生在矿井煤层大的范围内。

4. 防治冲击地压的基本方法

1）降低煤体的矿山压力

降低有冲击危险煤层的矿山压力的基本方法是预先开采保护层。

在所有情况下，进行采掘工作均不应容许在煤层和其部分区段出现高度应力集中。这意味着，煤层的开拓、掘进和开采系统应该是结构简单的，并避免在煤层内保留煤柱和煤层的局部区段突出在采空区。

在冲击危险煤层，最可接受的是应用无煤柱技术准备井田、盘区、块段和水平。这样的无煤柱准备与开采系统应采用长壁和直线工作面。特别是，任何工作面前方的准备巷道均不应平行工作面布置。同样应避免工作面向采空区推进。

在采矿工作的设计阶段，应避免：巷道切割煤层；阶段或盘区工作面相向开采；在已经开采的相邻煤层形成的支承压力带进行回采。

在应力集中区进行开采时，顶板管理方法有着重要影响。采用垮落法管理顶板时，应不容许出现大的悬顶或在具有大支撑能力的液压支柱上放顶。与垮落法相比，采用完全的密实的采空区充填可以减小工作面前方支承压力值。

2）降低近暴露面煤层积聚位能的能力

在进行采掘工作时，有时候难以避免保留煤柱。采用走向长壁或仰斜（俯斜）长壁，需要在工作面前方维护准备巷道，从而也可能发生冲击地压。回采工作面和准备巷道端头，冲击地压危险始于一定的开采深度。在所有情况下必须引导煤柱和工作面边缘进入无冲击危险状态。

如果没有可能利用预先开采解放层的方法，则应采取可改变煤层力学性质的方法，如药壶爆破、煤层预注水、钻大直径卸压深孔，都可促进煤层松动，降低其近暴露面处积聚位能的能力。

是否能成功地应用上述方法松动煤体边缘和煤柱，取决于是否能对该方法的工艺技术和参数做出正确的选择。工作面前方松动保护条带的宽度应能避免冲击地压的发生。这意味着，在使用采煤机和掘进机时，应避免切割处于高应力的煤层。对于正在推进的工作面和巷道，松动深度 Z 应满足：

$$Z=B+b$$

式中　B——松动保护条带宽度，m；

　　b——一个或若干个循环（当不是每个循环均进行松动工艺时）的推进度，m。

在其他条件相同的情况下，松动保护条带的宽度取决于煤层厚度。例如，在吉泽洛夫矿区，当开采煤层厚度从 0.5 m 增加到 3 m 时，松动条带的宽度，对于回采工作面应从 2 m 增大到 7 m，对于准备巷道则应从 1 m 增加到 5 m。

如果对护巷煤柱边缘进行松动，则松动保护条带宽度取决于煤柱宽度。在其他条件相同的情况下，煤柱宽度愈小，则必需的松动保护条带愈大。例如，如果煤柱宽度小于 0.4L（L 为支承压力显现长度）且煤层厚度从 0.5 m 增加到 3 m，则松动保护条带宽度应从 4 m 增加到 14.5 m。

过去若干年，在吉泽洛夫等矿区论证了确定药壶爆破合理参数的方法。这些参数包括深孔（浅孔）长度、孔间距、炸药装药量、同时进行爆破的深孔数量和深孔合理的布置系统等。

采用煤层注水时，平均可降低煤的强度和弹性模数 20%～25%。在此情况下，煤层弹性能的密度（它促进弹性能的积聚）约降低 60%。煤层注水量的控制可以通过定期检测由浅孔取出的煤样的湿度来进行。

采用深孔卸压法时，钻孔直径为 300 mm，间距为 1.0～0.5 m。深孔长度应根据具体条件确定，一般为：松动保护条带长度加上掏槽宽度（一昼夜巷道推进距离）。

3）控制脆性破坏过程

可借助于控制煤层的脆性破坏过程预防冲击地压。应该注意的是，不仅可以利用工作面煤壁的挤压过程，而且在采煤机割煤和浅眼爆破过程中更主动地利用煤的脆性破坏效果，其最终目的是利用冲击地压的能量采煤。

煤层的破坏和能量容积取决于以下因素：煤层的力学性质、厚度和倾角；开采深度；围岩组分；采煤机的截割深度和速度或浅眼爆破深度；矿山机械结构形式和在煤层的布置；浅眼布置系统。

在采煤过程中可以通过改变上述参数控制煤的破坏过程。如上所述，这些参数是：割煤深度、截割速度、采煤机滚筒形式、采煤机滚筒在煤层的布置。截深影响的实质是，随着截深的增大，从煤层和围岩中释放的弹性能量也相应增多。如果改变采煤机或其他采煤机械截盘长度，使得释放的煤体能量满足在整个厚度上安全地破煤而不再需要爆破工艺。

利用采煤机滚筒的截割速度同样可以调节煤的弹性能释放时间。在采煤机割煤之前，煤的边缘部分可能以渐进的形式，或者以瞬时震动或轻微冲击及冲击的形式进入极限应力状态。这些均取决于煤的应力的重新分布。此重新分布可以由煤的受载速度来决定。而煤的受载速度取决于采煤机的传送速度和煤层在塑性变形受载下的卸载速度。

在实践中可以通过减小采煤机传送速度而实现在工作面和巷道安全采煤。

采煤机采煤过程中，能量容积实质上取决于滚筒的利用形式和在煤层中的布置。通过选择滚筒的有利形式，改变其布置，以及利用煤层的高应力，可以达到减小采煤机能量消耗的目标。煤层不仅应视作惰性材料，被截割、破碎等，而且应视为可以被利用的自然系统。它可以存储足够的位能，用来破坏另一个系统（煤壁）。煤层在这个方面被广泛利用，可为高效和安全采煤铺平道路。

具有合理滚筒参数和工艺制度的采煤机仅仅可以作为控制煤层脆性破坏过程的基础。

总之，可以认为，目前已经有了足够可靠的预测冲击危险程度的手段和预防措施。

冲击地压也是金属矿面临的迫切问题，特别是开采深度达到 700～1000 m 时。但金属矿预防冲击地压的措施和方法与煤矿有差别，有其独特之处。

二、波兰冲击地压防治

1. 波兰冲击地压防治技术总体分析

波兰是欧洲的产煤大国，按照欧洲其他国家保护资源和环保的要求，其烟煤产量从原来的 400 Mt 减少到现在的不足 100 Mt。煤矿数量原有 70 个，现存 37 个，矿工人数从 38.7 万人减少到约 12 万人。最近几年，波兰对煤矿进行了整合，形成了煤炭联合公司和焦煤公司两大煤炭集团，在 37 个煤矿中，有 22 个煤矿为冲击地压矿井、30 个煤矿为高瓦斯矿井。波兰煤矿的开采条件复杂，矿井的各种自然灾害严重，历史上曾发生过各种矿井灾害事故，目前威胁矿井安全的主要灾害是瓦斯、冲击地压和高温。波兰是世界上冲击地压灾害较为严重的国家，也是系统研究冲击地压最早的国家之一。

冲击地压是波兰煤矿的重大灾害。随着采深的增加，冲击地压愈来愈严重。冲击强度一般在 10^5～10^9 J（焦耳）。1971—1982 年共发生冲击 251 次，巷道破坏 120 km，参见表 1－3。

表 1－3　波兰不同采深冲击地压发生情况表

采深/m	1971—1975 年		1976—1980 年		1981 年		1982 年	
	次　数		次　数		次　数		次　数	
	合计	%	合计	%	合计	%	合计	%
301～400	2	1.8	—	—	—	—	—	—
401～500	6	5.5	—	—	1	3.6	1	5.5
501～600	30	27.5	14	14.6	2	7.1	3	16.7
601～700	33	30.3	14	14.6	9	32.1	5	27.8
701～800	32	29.4	40	41.7	12	42.9	9	50
801～900	6	5.5	28	29.1	4	14.3	—	—
合　计	109	100	96	100	28	100	18	100

波兰自 20 世纪 60 年代出现冲击地压现象以来，就开始了冲击地压监测和治理方面的研究工作，其冲击地压监测技术与装备一直处于世界前列，历年来冲击地压事故不断减小。图 1－44 为波兰上西里西亚矿区冲击地压事故和产量的逐年变化。

波兰具有完善的煤矿安全管理体系和严格的矿山法律法规，多年来，其安全管理和煤矿事故控制都处在世界较先进的水平。特别是在治理冲击地压灾害方面，无论是技术、装备，还是管理制度，都具有丰富的经验。

2. 波兰防治冲击地压技术与装备的发展

为了防治矿井冲击地压灾害，所有具有冲击危险的矿井均装备了冲击地压监测系统。另外，为治理瓦斯和高温热害，波兰煤矿装备了瓦斯抽放和监测系统，一方面加强对瓦斯的抽放和涌出量的实时监测，保证在地面监测站就可了解和控制井下具体位置的瓦斯浓度，必要时实施断电与撤人等；另一方面重点提高矿井的通风能力，通过增加矿井风量，达到排放瓦斯、降低工作面温度的目的。通过这些主要措施，使煤矿安全状况得到了改善。目前，波兰煤矿每年的各类事故死亡人数为 10～30 人，煤炭百万吨死亡率约为 0.25。

波兰生产的冲击地压监测设备除波兰国内煤矿和铜矿使用外，还远销俄罗斯、乌克兰、南非、捷克和中国等国家。

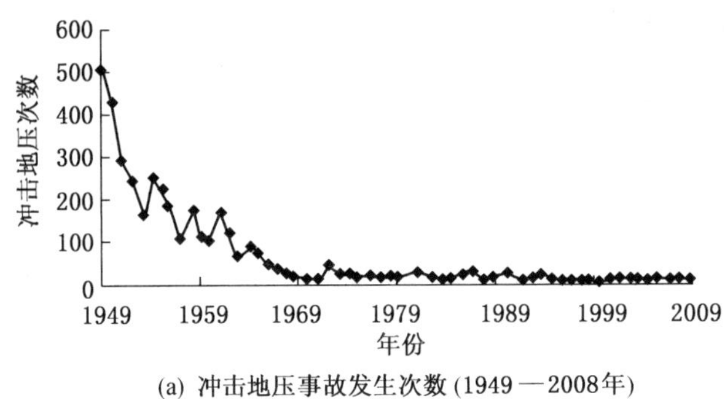

(a) 冲击地压事故发生次数 (1949—2008年)

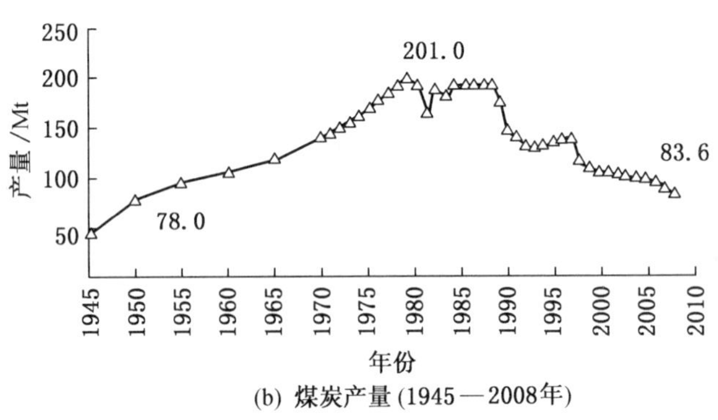

(b) 煤炭产量 (1945—2008年)

图 1—44　上西里西亚矿区冲击地压事故发生次数和煤炭产量

1）理论研究

理论研究工作由波兰采矿研究总院、矿业大学等单位承担，波兰采矿研究总院是世界上最早研究冲击地压的单位之一。该研究院是国家采矿技术最高等的研究机构，主要从事矿井设计、矿井设备选型、巷道布置及工作面支护技术的研究以及环境保护与经济的研究。该院早期工作围绕冲击地压发生的成因和机理、岩石冲击性能和标准分类、冲击地压预测预报方法、预测与治理防治规程、监测设备制造标准、现场施工标准制定等开展。目前，波兰采用的冲击地压预测方法主要包括钻屑法、地球物理方法（地音与微震）及综合预测法，包括合理开采设计、顶板断裂爆破、顶板岩层定向水力压裂等。

2）冲击地压监测装备和技术

波兰冲击地压监测装备和技术主要有如下几种：

（1）ARAMIS 微地震监测系统。共有 5 代产品，从最早的 SAK 和 SYLOK 系统到现在的 ARAMIS M/E，煤矿都在使用。煤矿对监测系统的使用原则是设备只要能够正常工作，就一直使用。

其中 ARAMIS/M 主要监测整个矿井范围内微震的发生和定位，确定每次震动的能量，给出震源位置图。图 1—45 为 ARAMIS/M 系统构成示意图。该系统主要包括 ARAMIS/M 数据储存和通信装置（包括磁盘、带有脉冲和电压限制器的电源以及 IBM/PC 处理器的光电连接器）、用于数据处理与分析的 IBM/PC 和装备 GPS 的卫星时钟表、DTSS

地震信号数字传输仪、微震传感器等 4 个部分，分别用来完成对微震信号的采集、传输与处理。

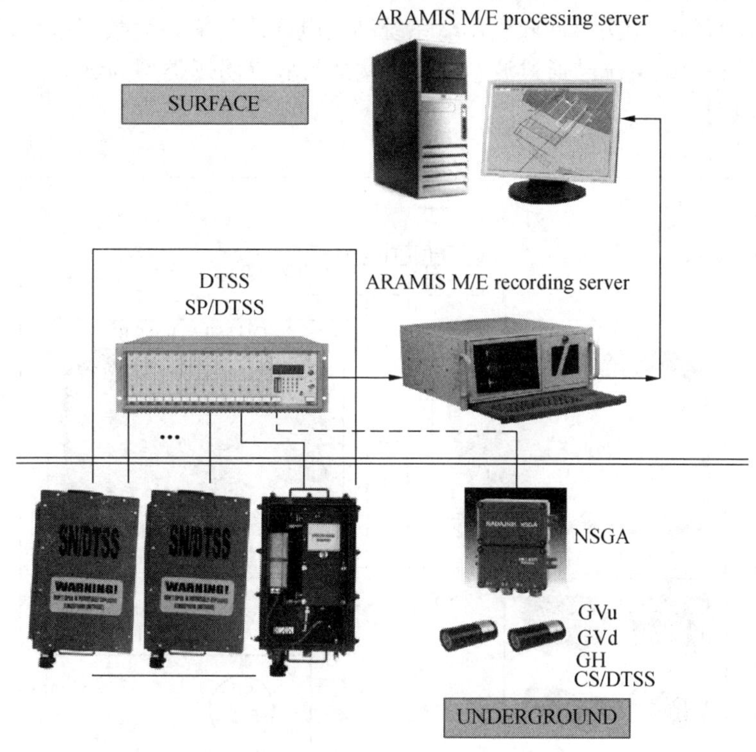

图 1－45　ARAMIS/M 系统构成示意图

（2）ARES/5 地音监测系统。是 EMAG 研究中心开发的新型监测系统，用于监测工作面周围岩层的破裂，目前处于试用阶段，只有一个矿使用。另外，原系统输出的是模拟信号，不能与 ARAMIS M/E 系统兼容，如果采用地音监测系统 ARES－5/E，需要另外铺设电缆，单独处理信息。

ARES/5 地音监测系统主要用于工作面范围内微地音信号的采集并进行准确定位，以评价冲击危险性。ARES/5 系统主要包括传感器、DTSS 信号处理器、数据处理计算机及分析软件等几部分。ARES/5 系统的主要性能和技术指标为：

①通道数：1 个测站可配备 8 个，共可配 8×8＝64 个通道；

②传感器类型及频率范围：速度型震动传感器，28～1500 Hz；

③信号传输方式：模拟信号传输，电流信号；

④其他与 ARAMIS/SA 相同。

图 1－46 为 ARES/5 系统构成图。

（3）GEOTOMO 应力层析监测系统。该系统为回采工作面前方应力层析监测系统，在工作面上下巷安设探头，通过采集采煤工作面煤层的振动信号，监测前方煤体抗干扰波的密度变化情况，并通过后处理软件可以分析工作面煤体应力集中区、断层赋存、煤层夹矸情况等内容。系统探头为低频微震探头，每 2 个为 1 组，垂直方向探头频率为 4～

150 Hz、水平方向为 14～150 Hz。1 个安装在顶板（垂直方向），1 个安装在煤层（水平方向），在工作面上下巷对应安设，第 1 组探头距离工作面最远为 10 m，巷道内探头间距为 5～8 m。系统设计为 32 个测量通道，水平方向 16 个、垂直方向 16 个。探头布置越密集，监测结果越精确。探头可回收复用。系统利用电话线传输，为数字型传输方式，最大传输距离为 10 km。该系统已通过波兰防爆机构的检验（防爆类型为 EXial），可在任何瓦斯等级的矿井使用。

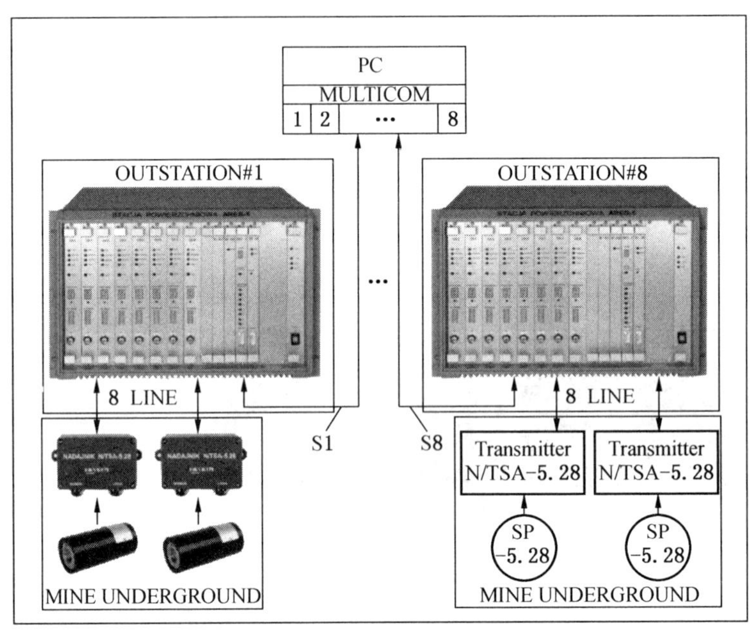

图 1-46　ARES/5 系统构成

（4）地层 CT 透视技术。这是波兰中央采矿研究院和 EMAG 研究中心最近正在研究的利用采煤机作为震源的声波透视工作面周围应力场变化的新技术，目前处于实验室研究阶段。

3. 冲击地压的监测和评价技术

波兰冲击地压监测的技术水平主要体现在微地震监测和钻屑法监测方面，其优势在微地震监测技术方面。目前，主要是根据微矿震事件的平面定位和能量大小进行冲击地压的预测预报，震源的水平定位精度较高，但垂直方向的定位问题仍然没有得到很好的解决。冲击地压防治与矿井生产技术条件密切相关，其预测预报在一定程度上尚需参照经验。

2006 年，波兰联合煤炭公司 14 个矿井全年发生的能量大于 10 kJ 的冲击地压事件超过 3 万个，随着采深的增大还有增加的趋势。

冲击地压的评价技术主要包括以下几种：

（1）监测评价法：采用相似条件工作面微震监测、地音监测、应力监测等，对待采工作面冲击地压的危险性进行评价。

（2）应力分析法：采用震源分析、数值计算等方法，确定应力异常区域。

（3）矿山压力与地质评价法：岩石物理力学性质测试、岩层运动规律研究、动力现象预测、断层和地质构造分析、钻屑法等。

（4）地质测量法：地表沉陷与冲击地压关系研究、巷道变形与压力观测等。

4. 煤矿冲击地压的管理机构和防治策略

煤矿设立专门的冲击地压监测、调度和治理队伍，并且将冲击地压监测站放在调度室里，形成生产调度、瓦斯调度和冲击地压调度 3 个调度台。公司里设专门的冲击地压监管机构。另外，详细记录每次冲击地压的数据，能量大于 10 kJ 的事件必须上报煤炭公司，发现有冲击危险信息，调度台直接宣布井下撤人。

矿井有一套冲击地压的详细管理制度，调度台有记录冲击地压事件的台账，监测动态和历史记录都非常规范。

防治的原则是：预防为主，综合防治。波兰煤矿冲击地压的防治分为长期和短期两个阶段：长期治理的内容包括防治冲击地压的开采设计、开采方式和顺序、开采解放层参数研究、支护设计与技术等。短期治理的内容包括调整开采工艺、对危险区进行卸压等，主要有大钻孔卸压、高压注水、深孔爆破、断顶断底等方法。通过调整和控制各种生产工艺因素，本着预防为主的原则，提前主动对冲击危险区进行超前处理。

在冲击地压防治方面，波兰对冲击地压的监测和防治一直很重视，从国家到地方各层面，在煤矿安全防控规模和综合系统研究上较深入，体系较完备。对灾害的预防是从宏观到微观，从设计、建井、综合系统研究入手，避免了顾此失彼和短期行为。具体采取的模式是国家采矿研究总院制定标准，EMAG 中心等相关科研单位按照标准设计制造相关设备，煤矿按照国家标准要求完善监测设备。从开采设计、生产监测、主动防治等方面，积极开展各项冲击地压防治工作。通过几十年来不间断的研究和实践，各个煤矿在冲击地压防治方面培养了一批专门人才，并形成了适应本矿特点、相对较为完美的冲击地压防治技术。但是，波兰对冲击地压的分析有一个缺点：与岩层运动的关系研究不够紧密。

5. 波兰上西里西亚矿区的冲击地压及防治

1）概况

波兰上西里西亚矿区的冲击地压灾害给安全和生产带来严重威胁。矿区中的 Jastrzebie 煤矿是新开发的，由于开采强度大和地质条件复杂，近年来已经出现过危险的冲击。该煤矿断层较多，最大落差为 12 m，岩体为泥岩和砂岩。其中，510 煤层主要是厚砂岩。煤层顶板以上 20 m 处为厚度 90～110 m 的砂岩，单轴抗压强度 35～97 MPa。煤层以上 130 m 为已采区但有残留煤体和尖角煤柱，它对 510 煤层开采有显著影响。510 煤层厚度为 10～12.1 m，采用两分层长壁开采。第一分层有 4 个工作面，其中两个处于地表保护煤柱内而采用水砂充填。保护煤柱以外的煤层采用垮落法开采，开采深度 700 m。

2）冲击地压灾害的形成

在开采期间，Jastrzebie 煤矿曾预计将发生 8 次冲击地压，实际上并没有发生。煤层的致密度较小，难以积聚足够的弹性能，但其上覆硬砂岩以震荡形式释放了能量。并且仅当下部煤层开采范围足够大时，上部 510 煤层才会对下部煤层产生威胁。为了防止冲击地压，煤矿采取了防治技术措施，包括微震法、地音法、震动剖面法、钻屑法以及卸压爆破和煤体注水等措施。

从 1989 年 1 月至 1991 年 1 月底，该矿共记录了 1695 次矿震，其中 507 次的能量超过 10 kJ。在 1989 年与 1990 年交替期间发生了很强的矿震，为此采取了一系列防治措施，包括在砂岩中钻深孔进行卸压爆破及将 8 号长壁工作面停采以减小开采面积等。

3）利用地震技术对卸压效果进行评估

510 煤层的一部分 W1 和 W2 开采地质条件复杂，断层延伸到 4 个长壁工作面，增加了矿震危险。为此，对砂岩顶板进行了系统的卸压爆破，以形成裂隙，弱化其岩层。为检测其效果，采用了地震剖面技术和微震监测系统。

（1）地震剖面技术。

在该煤矿利用地震剖面技术评估岩体的危险状态。其原理是：利用地震波速与岩体应力之间的物理关系，高应力岩体中观测到的波速将增大（正异常），而低应力岩体则波速减小（负异常）。在现场条件下，参照波速水平 v_0 是在缺少对岩体天然应力状态干扰的情况下确定的。矿井利用地震剖面技术测量确定应力的基本目的是测量在煤层中折射的纵波（P 波）的传播速度，对其进行分析，并研究其与开采和地质环境的关系。

完成这个任务是借助于记录在岩体中人工激发的地震波信号特征。一般是用锤击法，将接收器安装在钻孔内或者安装在打入煤层或未破碎岩体的金属楔上。几何参数、位置取决于地质和开采条件及测量工艺。

地震测量一般是沿着巷道侧帮进行。对于每个剖面，在传播器的起点和终点诱发地震波，利用接收器系统记录地震波形，接收器间距 2～5 m。地震监测器按 10～15 m 的步距移动。

为了保证记录质量，测量工作中选取了适当的设备。设备应有足够的记录频率宽度（数百至 1000 Hz），精度大于 10 s，尺寸小，重量轻。

现场数据的解释程序的基本原则是基于对波速区的运动和动力分析。通常解释步骤包括：

①确定首波到达时间和随后的波形特征；

②对于每次地震波传播，测量绘制其收敛的时间一距离图；

③从时间—距离图确定每一组地震波的传播速度；

④计算波速的绝对和相对测量误差；

⑤绘制沿每个地震波测量剖面平均传播速度分布的图表；

⑥从图表上区分高速波（正异常）和低速波（负异常）区域；

⑦描述已发现的区域，估算其高应力强度等级或卸压程度等级。

（2）卸压爆破工艺。

卸压爆破钻孔在长壁工作面以 45°钻向砂岩顶板。在潜在的冲击危险条件下，钻孔装药量为 50 kg、平均装药深度为 60 m。2～4 个钻孔同时点火引爆。在爆破前后均进行了地震剖面观测。

研究结果分析：当 4 个钻孔共 200 kg 的炸药爆破后，地震测得 2×10 kJ 的能量，爆破后应力从 24%增加到 40%。研究决定再进行爆破。在工作面采空区上方，向顶板钻 2 个孔，装药 200 kg，爆破后记录的能量为 2×10 kJ，而地震测得的应力下降 50%。卸压爆破的有效性也为支架载荷测定所证实。卸压爆破取得有利成果。每次地震监测均探测到应力下降约 50%，诱发地震能量为 10 kJ。

（3）结论。

①在复杂的开采和地质条件下，当上覆岩层留有残留尖角煤柱并且为致密坚硬厚岩层

时，预防冲击地压的有效手段是在采空区上方的有冲击危险的顶板进行卸压爆破。

②爆破前，应对岩层进行地质研究，包括分析爆破后岩层破坏的可能性和考虑井下观测的经验。

③在爆破前后进行地震剖面测量，以确定释放的能量和震动位置。

6. 定向水力压裂技术的应用

波兰研发的定向水力压裂技术在冲击地压防治方面的应用，取得较好效果。

1）定向水力压裂技术开发的背景

波兰煤矿开采条件较为复杂，大多数煤矿煤层埋藏深度大，煤层顶板坚硬且厚度大，地质构造复杂多变，因此，冲击地压成为波兰煤矿各种灾害之首。多年来，波兰采矿界的科研和工程技术人员研究开发了较为完整的冲击地压预测预报和治理技术，取得了显著成效。但对于坚硬厚层顶板条件下发生的冲击地压，治理往往效果不显著。造成这种结果的原因是开采后顶板大面积悬露使附近煤岩体形成较高的应力集中而引发冲击地压。这种情况下的有效措施是对顶板进行“断顶”，促使顶板及时垮落，降低集中应力，解除冲击地压。而以往采用的向顶板注水或普通的高压压裂注水往往效果不理想。为此，波兰采矿界研究开发了可使坚硬顶板定向压裂、破坏其完整性、促使其及时分层分块垮落的顶板定向水力压裂新技术。

2）定向水力压裂工艺

水力压裂，也称水压致裂。第一步，利用普通钻头，在需压裂的坚硬顶板上打孔。根据围岩硬度等条件，孔径可为 40～120 mm，孔深也可在 8～20 m，孔的角度可根据所需压裂面角度的变化而变化。第二步，换上特殊的可开槽钻头，在钻孔的底部开一个直径约为孔径一倍的楔形槽。最后，将 1.2 m 长的特殊封孔胶管尾部与普通高压胶管连接，插入已开槽的钻孔的适当位置，用高压注水泵注入高压水，水压在 10～60 MPa。一般在十几秒钟后，顶板沿钻孔底部楔形槽开裂，裂隙面积逐渐扩大，一般可达 20 m 直径的范围。定向水力压裂断顶示意如图 1－47 所示。顶板开裂线沿着切槽方向，始终与钻孔轴线垂直。

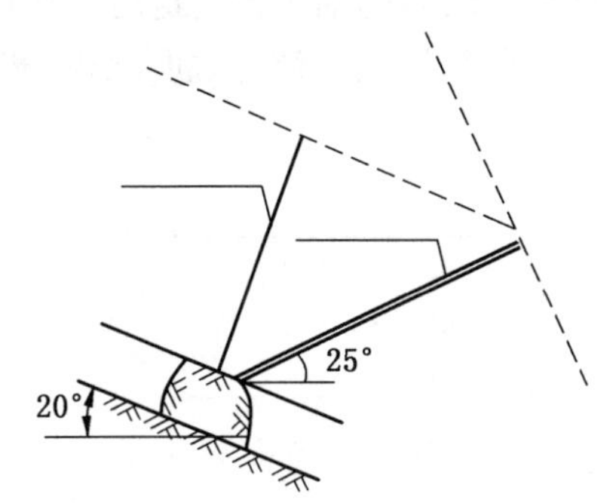

(a) 从巷道向顶板和采空区侧顶板钻深孔并切槽，形成两条断顶线

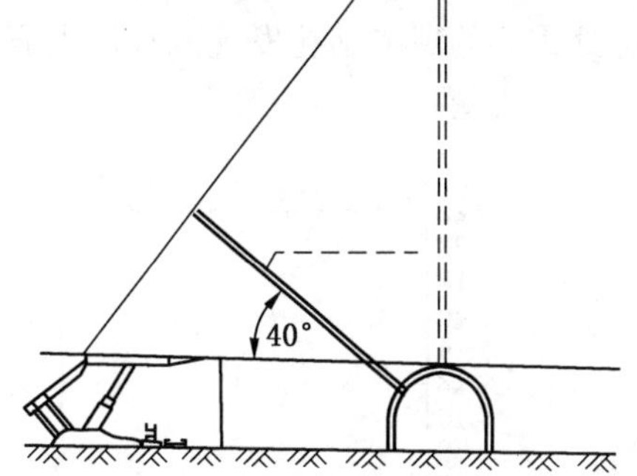

(b) 从工作面前方巷道向控顶区后方钻深孔并切槽断顶

图 1－47　定向水力压裂钻孔布置

压裂钻孔布置如图 1－48 所示。切槽钻孔可以从回采工作面和两侧的回采巷道指向采空区上方不同深度，以便在采空区上方断顶。

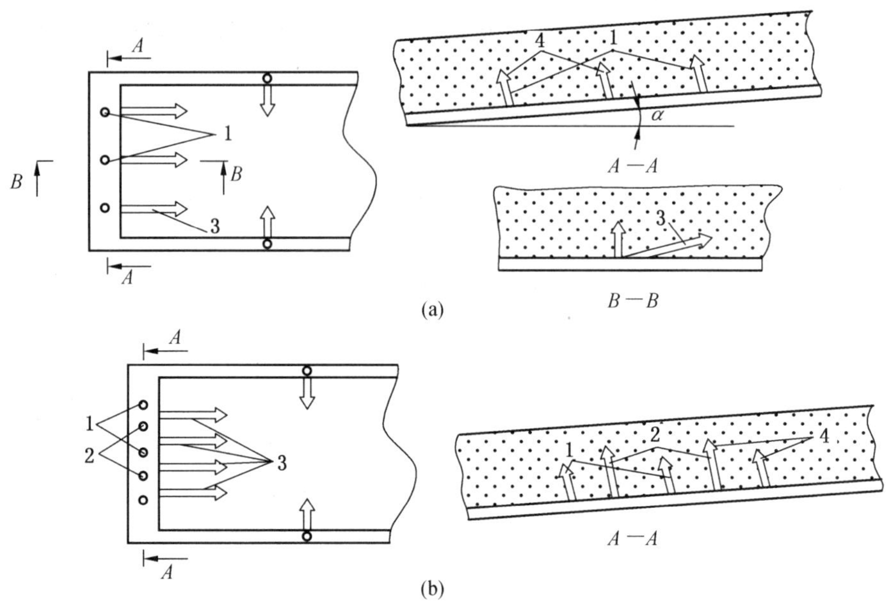

1、2、3、4—切槽钻孔

图1—48 压裂钻孔布置示意图

3. 定向水力压裂实例

波兰维绍拉煤矿采深700 m，顶板为厚度25 m的砂岩，冲击地压和煤与瓦斯突出很严重，为此采用了定向水力压裂技术。注水孔深度13 m，孔径40 mm，注水压力随时间的变化如图1—49所示。当高压水进入楔形槽后，在环槽尖端出现急剧的应力集中，当大于岩层压裂强度时，岩体首先在切槽尖端开裂。在水压作用下，裂缝延伸。图1—49中，Ⅰ点表示在注水7 s后泵压达到峰值14.3 MPa，岩层突然开裂，可听到断裂声响，压力开始下降至9 MPa（Ⅱ点），然后又开始有所上升至Ⅲ点，压裂范围扩大。这时，在比切槽钻孔更远处布置的观测钻孔发现流水，水流开始浑浊，然后逐渐变清，说明顶板的开裂范围已经超过此观测孔。

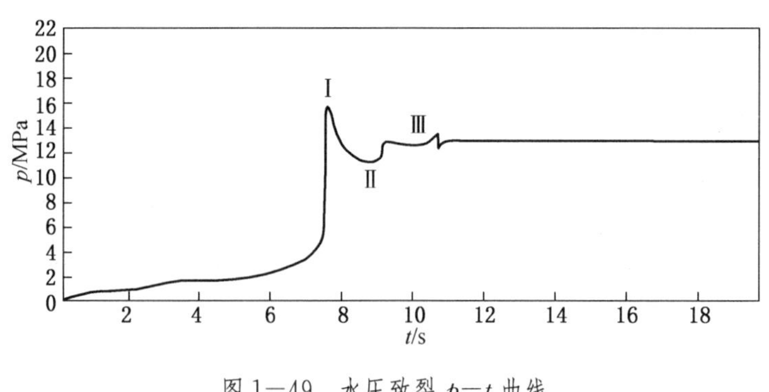

图1—49 水压致裂 p—t 曲线

另一个雅斯矛斯矿，定向压裂钻孔深度十多米，钻孔间距30 m，压裂曲线如图1—50

所示。当水压达到 30 MPa 时出现了破裂声响，表明达到了破裂压力。随后压力下降，然后又波动上升，压力峰值达到 32 MPa，表明随压力水的渗入出现了新的破裂面。此后压力下降，并保持在 26 MPa 的水平。冲击地压监测系统显示，在未使用定向水力压裂技术之前，能量达到 10^4 J，而使用压裂技术后，降至 10^3 J，冲击地压危险显著降低。

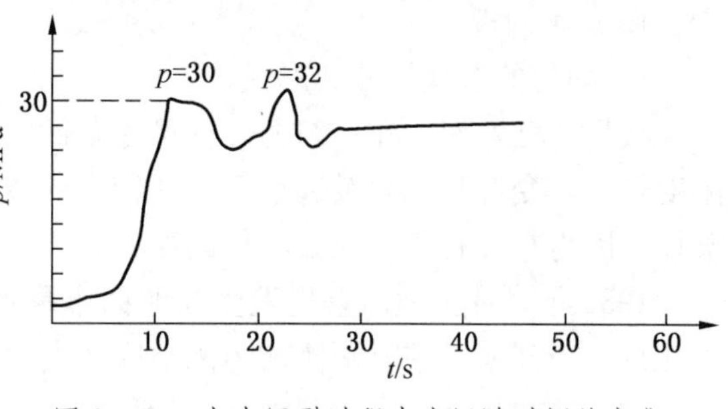

图 1—50　水力压裂过程中水压随时间的变化

总体上说，波兰利用水力定向压裂技术处理厚砂岩顶板悬顶造成的应力集中取得显著效果，该技术被推广到俄罗斯等国。

第三节　美国冲击地压防治技术与实践

一、美国冲击地压防治技术

美国有 5 个主要地下采煤矿区。其中，西弗吉尼亚州（WV）南部 Appalachia 区、肯塔基州（KY）东部、弗吉尼亚州（VA）西南是多煤层开采的重要矿区。Appalachia 区已经开采 150 多年，目前已经有大约 70％的资源被采完，其上、下部煤层及相邻采空区已成蜂窝状。Appalachia 区的中心区长壁开采已经有很长的历史，包括第一个机械化工作面在内的 10 个长壁工作面的产量仍占全部产量的近 20％。其中，有 3 个工作面是开采深度最大的煤层，其上下部没有大的开采活动，其他工作面均处于多层煤开采环境。

美国西部是今后最主要的多煤层开采地区，包括犹他州、科罗拉多州、怀俄明州，约 95％的产量来自井工煤矿的 13 个长壁工作面。其中，约一半为多煤层开采。

在西部多煤层长壁开采区，由于覆盖层很深，顶底板岩石坚硬，出现了冲击地压并导致伤亡事故。为了减小冲击危害事故，西部很多煤矿长壁工作面采用了塑性屈服煤柱等。

此外，房柱法开采仍占有一定的比重，但冲击地压危险及灾害较多。在 2007 年 8 月 6 号，Crandall Canyon 矿在回收已服务多年的保安煤柱时，地面测定到约 3.9 级的冲击地压发生，当即导致 6 个工人死亡。在救援过程中，又发生的冲击地压导致 3 个救护人员死亡和 6 人受伤。

美国煤矿冲击地压灾害已经有 90 多年，在冲击地压发生机理和防治技术方面取得部分成功。以下介绍部分冲击地压防治技术，主要从开采设计和顺序方面分析。

冲击地压是来自煤壁、顶板或底板的突发性灾害。在相似的条件下，冲击地压常以复杂的路径出现，因而很难预测和防治。工程上的防治措施是缓和这些动力破坏的影响。多年来，主要是从矿山开采设计（如煤柱尺寸和巷道布置）和开采顺序上创新，以达到安全开采有冲击倾向的煤层。煤的冲击风险评估，需要熟悉此问题的工程师和专业管理人员，理解和查明那些历史上证明有效的防治措施。以下定性的防治冲击地压的措施将按房柱法和长壁开采分别介绍。

1. 房柱法开采

1）均匀的煤柱尺寸和形式

很早就已发现，在均匀的煤柱尺寸条件下发生冲击地压的可能性较小。大尺寸的煤柱刚度较大，变形和收敛量远小于尺寸较小的链式煤柱。当它被开采后，很容易发生突然性破坏。因为它具有积聚很大能量的能力。在房柱法开采时采取均匀的煤柱尺寸较为有利。

1982 年，冲击地压首先发生在西弗吉尼亚州（WV）南部的 Olga 煤矿，造成 2 名矿工死亡。当开采煤柱时两侧均为采空区。发生事故时，煤柱被开采分割为若干个不同尺寸的柱体，其中包括一个达到临界的大尺寸煤柱、1 个临界的小尺寸煤柱，以及 9 个塑性煤柱。当回收大尺寸临界煤柱时发生了冲击地压，如图 1－51 所示。

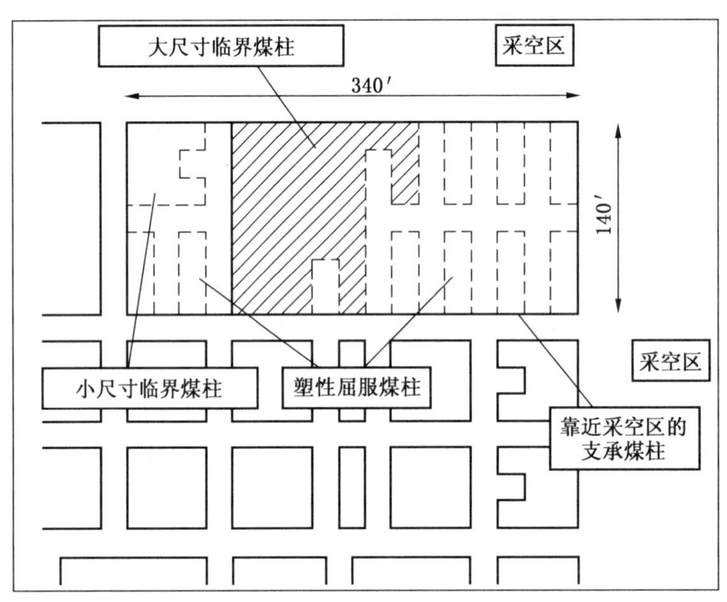

图 1－51　大临界尺寸煤柱周围被靠近采空区的小尺寸临界煤柱和塑性煤柱包围

2）均匀的开采线

肯塔基州（KY）东部在开采初期发生的冲击地压，大多发生在非均匀的后退式煤柱开采线上（此非均匀的开采线是由局部应力集中导致的煤柱屈服深度不同引起的）。观测经验确认，应避免出现煤柱线—点的形式，此时，这种块段性的开采导致了超高的支承压力叠加和应力集中在靠近采空区边缘的煤柱线—点区域。C－2 煤矿 1996 年 11 月发生的 2 人死亡、6 人受伤的冲击地压事故，就是这样的一个例子。该处煤柱处于两侧为采空区包围的应力叠加和集中区段。这些收敛的煤柱线被认为是这次冲击地压发生的原因之一，如图 1－52 所示。发生在加拿大 Springhill 矿的煤层冲击证明了这一点。从 1958 年开始，一系列的煤层冲击被认为是相邻的三个工作面交错布置所致。为纠正这个错误，改变了三个长壁盘区的开采顺序，直到形成一个很长的开采线——三个长壁工作面在同一条线上。但不幸的是，调整后三个工作面齐头并进，导致了随后于 1958 年 10 月发生的煤层突出型冲击地压，造成 74 名矿工死亡。煤层突出的主要原因是三个工作面开采引起的采空区跨度太大而导致顶板大面积灾难性垮落。

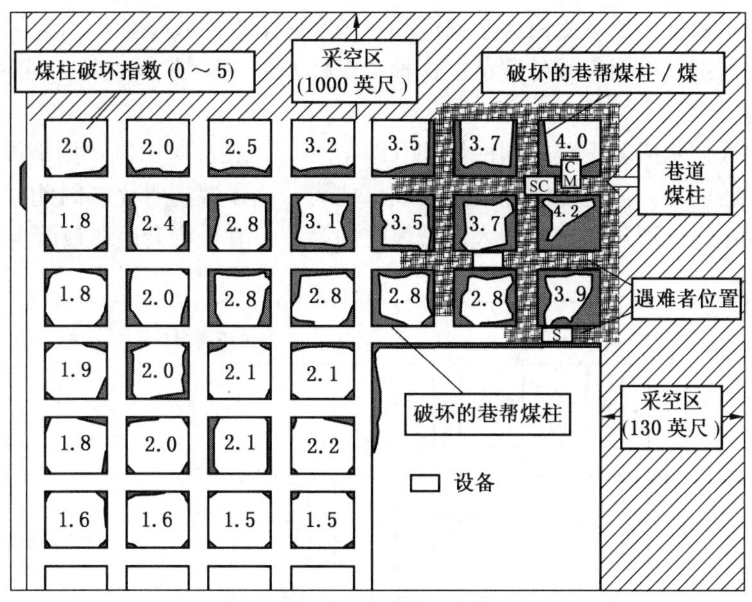

图1—52　C—2煤矿发生冲击地压时的开采线（该处具有回收煤柱前线，冲击地压发生在交叉口应力集中区）

3）震动切割法（Bump—Cut）

当回收煤柱处于很高的应力且链式煤柱处于临界尺寸时，建议从煤柱边缘向煤柱核心掘进20英尺。这种方法的起源未知，但是Appalachian中部煤田的旧矿图显示在20世纪60年代就已被采用。震动切割应该是后退式回采煤柱时的第一刀。典型的顺序是，对中心的临界煤柱首先进行掘进切割，这样两侧的煤柱就会处于塑性状态。如果煤柱处于高应力，则可借助于此法，有控制地将载荷转移到相邻煤柱上。这种方式相当于在连续采煤机割煤将煤柱全部回收前将煤柱卸压。Utan矿区的Deer creek煤矿就是利用这种方法，使很多高应力临界煤柱得以卸压，如图1—53所示。

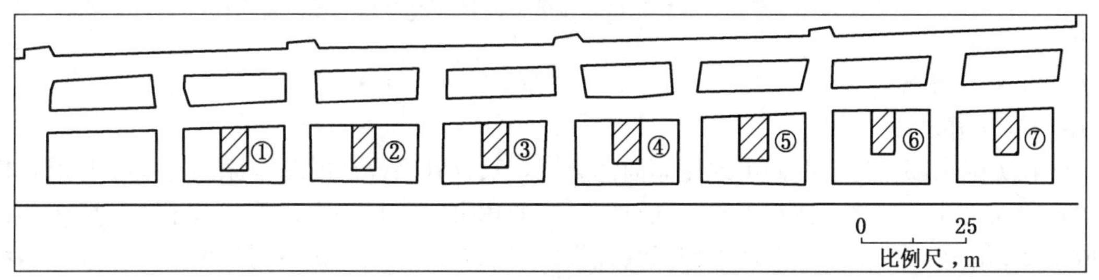

图1—53　煤柱卸压法（震动切割法）实例

4）保护煤柱分割（窄煤柱法）

有些平硐开拓的煤矿，在开采后期为了最大限度地开采，开始向着初始煤矿巷道方向回采。为了保护开采区段的主要巷道，而保留了安全保护煤柱。大多煤柱至少为一侧甚至两侧与采空区相邻。有的学者建议在远离全断面开采的前方，首先将保护煤柱分割成小窄煤柱。这些保护煤柱一般承受由大巷掘进和老采空区附近回收煤柱而引起的较高应力。煤柱回收又会给保护煤柱引起额外载荷。这种窄煤柱开采方法是20世纪50年代在Gary 2号井开始应用的。

这些煤柱被切割成若干链式塑性煤柱（图1—54）。在高应力区，用窄煤柱开采时一般不会形成很高的应力。但这些煤柱由于形成煤柱线，往往遭到弱化。因此，窄煤柱外围必须靠近采空区边界。通过设计，切入保护煤柱的第一刀时，将会遭遇最严重的临界应力。

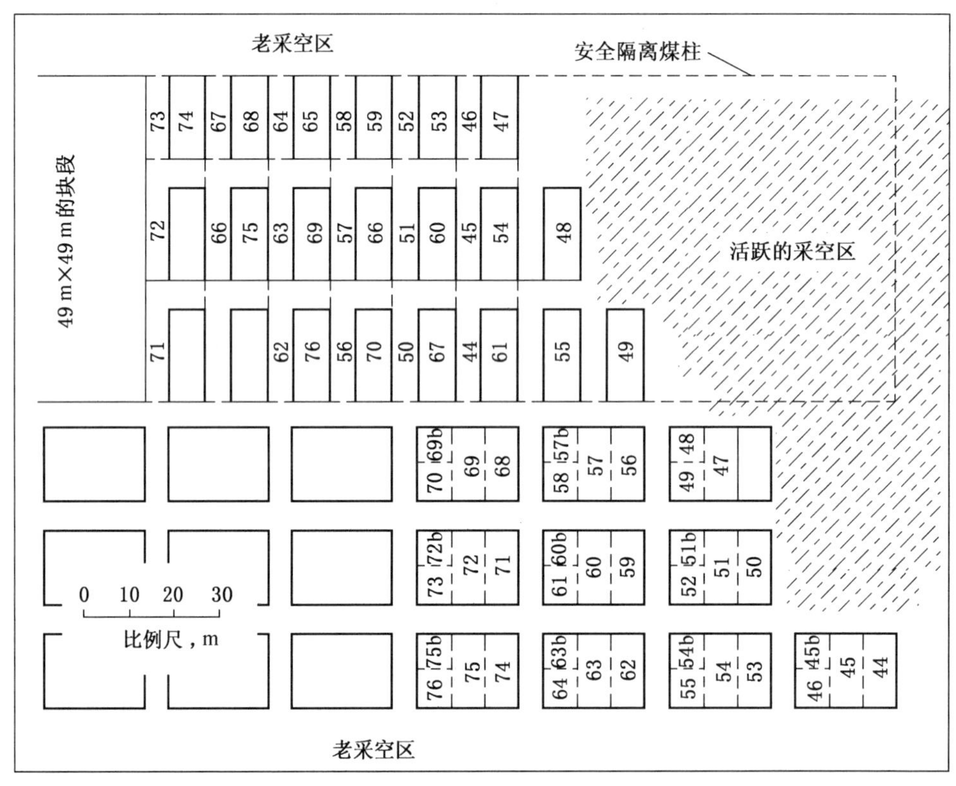

图1—54　用窄煤柱方法的典型开采顺序（数字表示开采顺序号）

2. 长壁开采

1）巷道设计

在美国东部，对于有冲击地压倾向的煤层，长壁开采设计的基本原则是改变巷道煤柱的形状和尺寸。矿井瓦斯在采空区和总回风巷的积聚一直是一个挑战。对于高瓦斯矿，采取了多巷掘进，以为工作面和总回风巷提供较多的新鲜风流。煤柱则是为了保证巷道的稳定风流供应，从而使新鲜空气进入工作面端头和稀释从长壁采空区进入总回风巷的瓦斯到可接受的水平。同时煤柱还分担部分作用于本工作面的顶板载荷，减小冲击地压危险。

初始的长壁巷道系统是由2～3排链式煤柱组成的（图1—55a），而防治冲击地压的首次实践是利用屈服—链式—链式煤柱系统（图1—55b），以保护在尾巷或其附近工作的工人。此屈服煤柱是用来卸载并减少尾巷角落的冲击灾害的发生。屈服—链式—屈服煤柱设计（图 1—55c）是使屈服煤柱靠近进风巷/运输巷和尾巷，以减小对这些高运输区的冲击危险。屈服—承载—屈服煤柱的设计（图 1—55d）是利用承载煤柱保护临近采空区的长壁工作面。

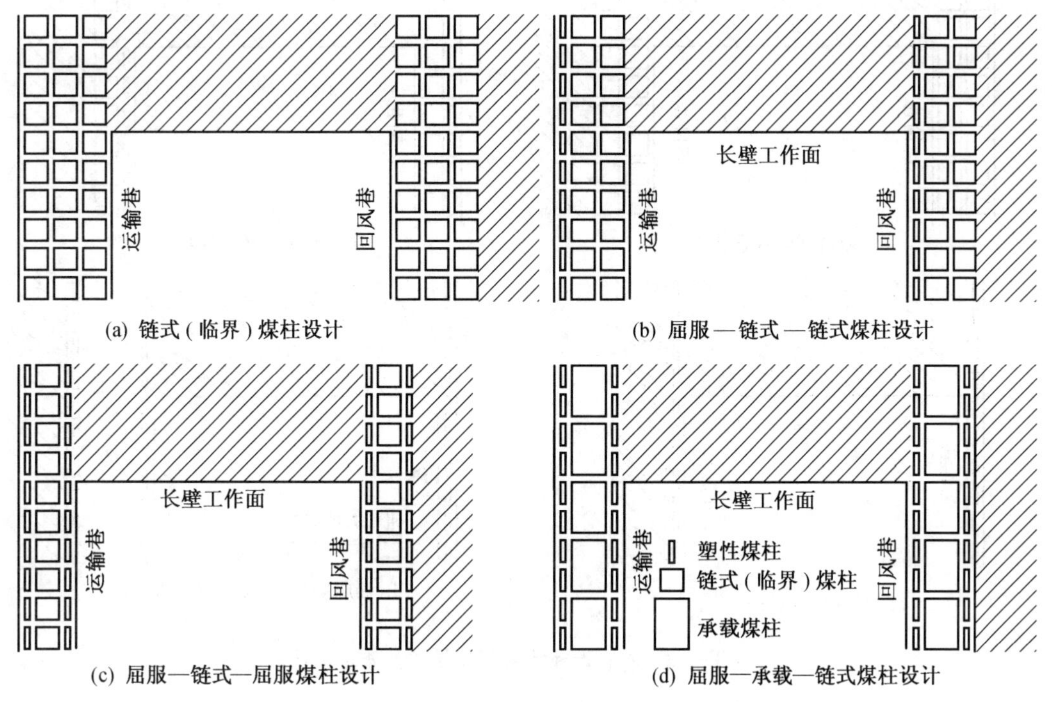

图 1—55　有高瓦斯和煤突出倾向的矿井巷道和煤柱布置

2）顺槽的屈服—保护煤柱设计

20 世纪七八十年代，随着长壁工作面开采技术的发展，出现了一些创新性的防治冲击地压的设计。科罗拉多州的 Mid—Continent 煤矿开始采用长壁工作面推进略滞后于顺槽掘进头的设计。这种方法是前进式长壁回采法的改进，通过减少顺槽掘进以利于控制突出型冲击灾害。犹他州的 Sunnyside 矿和原美国矿山管理局合作，试验了单一巷道系统，这套系统减少了长壁开采的主要冲击源——巷道煤柱。但是，美国西部主要用于减少突出的设计是两巷屈服煤柱系统。屈服煤柱的一个潜在缺点是容许支承应力转移到长壁工作面，从而导致工作面突出。

在西部浅部开采中，传统的方法是双排链式煤柱（图 1—56a），但在有冲击倾向的煤矿，这是不适当的。因为在长壁工作面通过后，链式煤柱有发生冲击危险的潜在倾向。有些煤矿在尾巷旁采用了一排屈服煤柱（图 1—56b），以减小这一区域潜在的冲击危险。但这一方法不能消除进风巷/运输巷的冲击危险。在 Sunnyside 煤矿，进风巷和尾巷都采用屈服煤柱（图 1—56c）以减少煤柱发生突出冲击。此设计现在用于很多西部深井。但当深度超过 2000 英尺（610 m）时，工作面冲击频率就会增加。为应对这种趋势，Andalex 煤矿采用了在已采区与新采区尾巷之间留保护煤柱的设计（图 1—56d）。这种屈服煤柱—保护煤柱设计已被几个深部开采的矿井采用，作为减少长壁工作面突出的方式。保护煤柱宽度 300 英尺（91.5 m）到 600 英尺（183 m）。

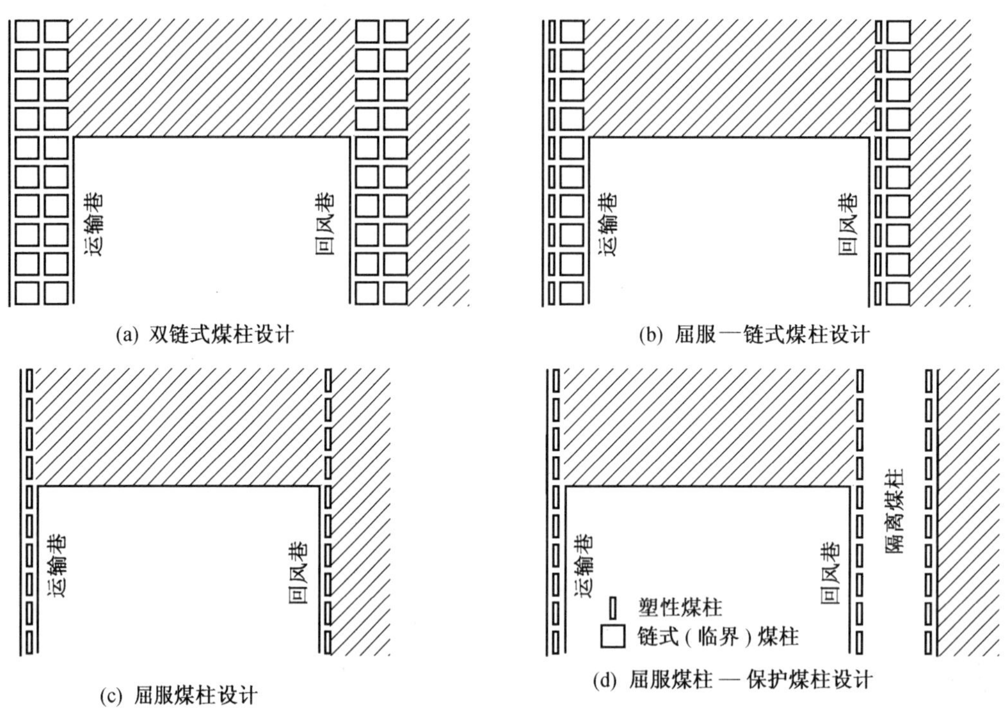

图 1—56　有自燃和冲击倾向煤矿的巷道设计

3）多煤层开采相互影响的控制

多煤层开采的相互影响主要有两个类型：

下部首先开采（上行开采顺序）：应力集中是由于上部煤层开采形成的。

上部首先开采（下行开采顺序）：已采的下部煤层可引起上部煤层的应力集中和岩层沉降引起的岩石破坏。

其中，在上部开采时比下部开采时遇到更困难的岩层控制问题，特别是孤岛煤柱比一侧为连续体的煤柱问题大很多。

多煤层开采早就被认为是导致煤帮突出型冲击的一个因素。1970 年 1 月，在 Moss 2 号矿的长壁工作面发生了第一次突出。随后的 7 月，在同一个矿的相邻房柱式盘区发生了第二次突出。这两次突出都是在开采通过从残余煤柱到采空区的转换区域（上部开采遗留下的）发生的，如图 1—57 所示。引起冲击地压共同的原因是在上部开采遗留下的大残留煤柱下部进行开采。

另一个实例是 1977 年 11 月发生在 Moss 3 号矿切割开采一个煤层（UpperBanner）的承载煤柱（它直接处于上煤层 Thick tiller 孤岛承载煤柱的下方）时发生的冲击地压，如图 1—58 所示。

这些实例说明，在上部煤层的下方开采比在其上方开采更易发生冲击地压，特别是在上部煤层有残留煤柱的条件下。

4）隔离和避开冲击危险区的实践

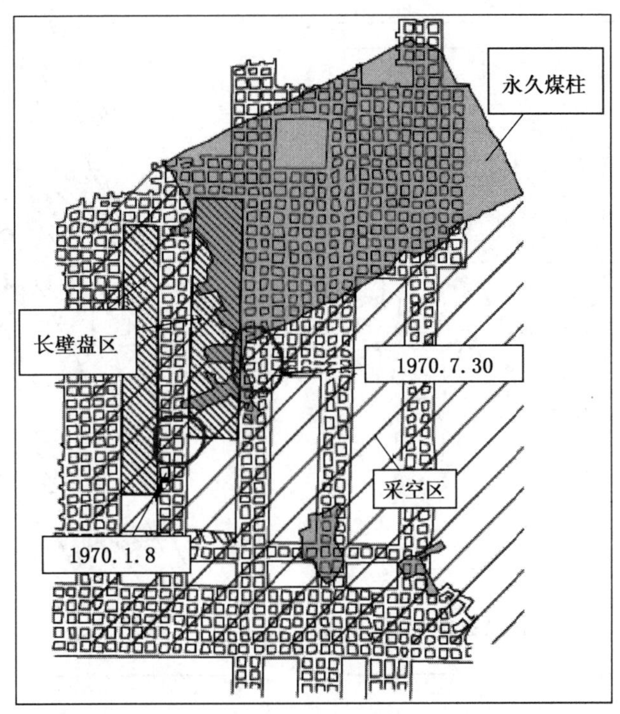

图 1－57　与长壁开采和房柱法开采有关的冲击地压（在 Moss 2 煤矿）和上煤层的残留煤柱与采空区下开采位置

当地质条件已经查明，并且认为发生冲击地压的可能性很大时，最好的措施就是避开这个区域。当意识到灾害的发生是由于特殊的地质非连续体或者遭遇到不利的多层煤开采布置时，采取隔离和避开此区域的措施是必要的。与之相关的实例是发生在肯塔基州 Lynch 37 煤矿的冲击地压。在工作面开采时发现了有砂岩冲刷条带与采区若干区段交叉。此砂岩冲刷条带在此区域内相对较窄并且处于煤层上方 1 英尺（0. 31 m）以内。但当长壁工作面达到第一个砂岩冲刷条带位置时，发生了强烈的冲击地压，如图 1－59 所示。

为了绕开砂岩冲刷条带，第二个长壁工作面和第一个长壁工作面在相邻区段进行开采。但当工作面推进到靠近砂岩冲刷条带时，仍发生了冲击。该矿主要的防治措施是绕开砂岩冲刷条带。很多冲击地压均发生在地质断层、岩脉等附近。

5）管理措施

当冲击地压措施不足以避免冲击地压时，应采取管理措施，例如将工人撤离，或佩戴防护工具，以及设置防护栏等。

二、美国西部矿区冲击地压防治实践

1. 屈服煤柱系统

对美国西部有冲击地压倾向的深部开采煤矿，曾提出两个要求：必须优先使用屈服煤柱系统；修改的设计要保证必需的产量。

在犹他州煤矿中心区，有很强的冲击地压倾向，与此有关的地质因素是：

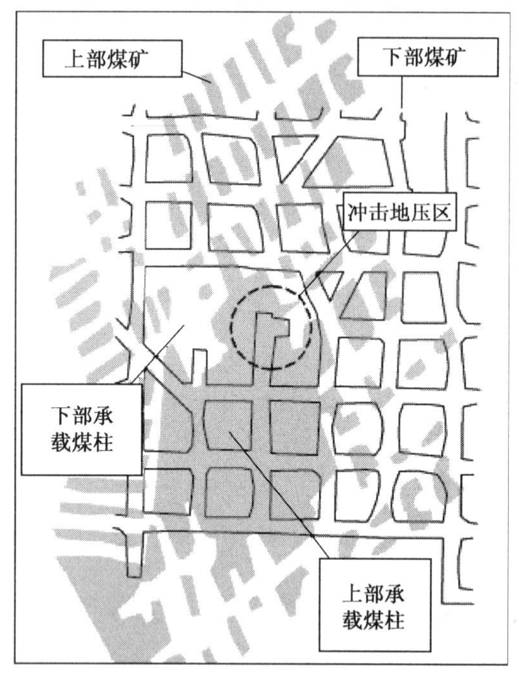

图 1—58 冲击地压发生在正处于上部大的孤岛承载煤柱下方时（Moss 3 号矿）

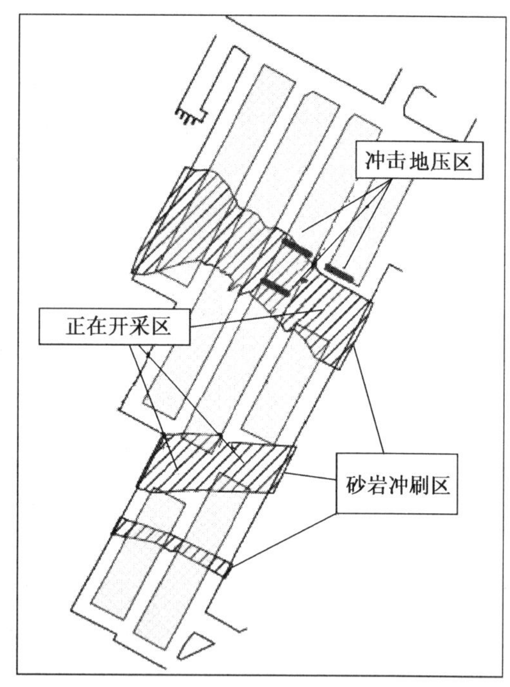

图 1—59 长壁工作面通过砂岩冲刷条带和两次冲击地压位置

（1）很厚和致密的上覆岩层，很容易形成岩桥，导致高应力集中，且有很多引起高应力集中的开采几何（煤柱）条件。

（2）直接顶板和底板为很强的砂岩、石灰岩，它们对煤层形成夹持载荷并阻滞其破坏。

（3）煤层强度很高，无或很少有夹层，有突然破坏的倾向。

在长壁开采之前，Sunnside 煤矿采用窄的屈服煤柱以减小煤柱冲击破坏的频率和强度。当采区内煤柱宽度为 7.6～10.7 m 时，煤柱冲击频率显著减小。然而，大量屈服煤柱导致顶板的下沉和不稳定，促使了由房柱法向顶板容易控制的长壁开采方法的转变。房柱法关于应用屈服煤柱的经验，被推广到长壁开采的链式煤柱设计方面。根据 32 年的长壁开采观测，两个关键因素有可能控制煤柱冲击的危险：一是采用窄屈服煤柱，二是减小回采巷道的总宽度。较宽的煤柱，如宽度为 13.7 m，一般在承受长壁开采形成的支承压力时难以控制。主要问题是：强烈的和不可预见的煤柱冲击；与冲击相关的顶板冒落和底板鼓起。但如果煤柱宽度减小到 9.1 m 或更小，则可以处于正常的屈服煤柱状态。这项设计已在犹他州的煤矿普遍采用。

在屈服煤柱条件下，同时限制长壁工作面两巷回采巷道的宽度，这是改善顶底板稳定性的关键措施。两巷系统（一条运输巷和一条回风巷）还可以显著减少必需的支架。目前采深超过 600 m 的长壁采区已广泛采用两巷系统。2002 年，犹他州煤矿已经有 52%的长壁工作面产量来自这种两巷系统。

此外，两巷系统可减小对横贯巷道的掘进量，增加掘进速度。这是犹他州的煤矿长壁工作面产量领先的重要原因。

2. 开采深度的挑战和应对方案

1）尾巷角部应力集中

回采巷道采用塑性煤柱系统，工作面侧部支承压力使得回风巷道角部缺乏有效的保护。塑性煤柱系统的成功在于它可以使支承压力远离巷道煤柱，从而避免应力集中的危害。或者将支承压力移向采区边缘，如果载荷可以分布在较大的范围内，就基本上能避免煤柱冲击。但是工作面和采区尾巷（风巷）角部冲击危险却增大了。

采区尾巷角部的冲击危险很大程度上取决于支承压力强度。开采深度是影响支承压力的基本因素。数值模型研究了开采深度从 300 m 增加到 900 m 时支承压力对采区的作用关系，即采区角部应力集中和潜在的冲击危险随深度的增大而增加的特征。Criff 矿区的经验表明，当开采深度达到 600～750 m，在多煤层开采时，支承压力在采区内达到了引起冲击危险的水平。根据地质条件的不同，此深度会有变化，有些采区在采深 365 m 时即已出现煤柱冲击。

2）采区中间安全煤柱

20 世纪曾经分别在三个不同的原准备放弃的采区进行后退式回采时发生了工作面冲击地压。这些区域均采用回采巷道全屈服煤柱系统。其中一个采区决定保留采区中间安全煤柱继续回采，即在两个采区之间保留安全煤柱（图 1－60）。其他两个工作面在推进到接近已采区时中止回采。

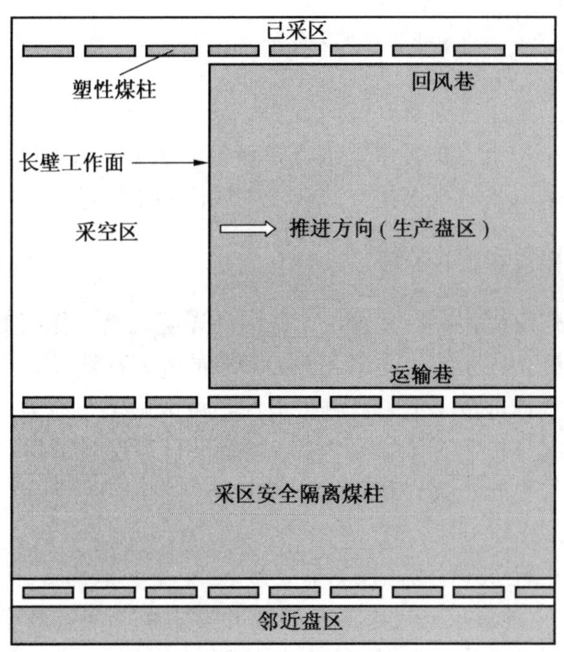

图 1－60　利用两巷系统保留采区中间煤柱的平面布置图

3）塑性—弹性支承—塑性煤柱回采系统

为了防止冲击地压的发生，曾研究试验了三巷系统，即塑性—刚性—塑性煤柱设计，保留的中间煤柱起支承作用，如图 1－61 所示。如果其中间支承（弹性）煤柱尺寸适当，可以提高对冲击地压的防护。这种系统广泛应用于其他浅部开采、冲击危险不严重的采区。而在 Alabama 区采用了塑性—弹性—塑性的四巷系统。

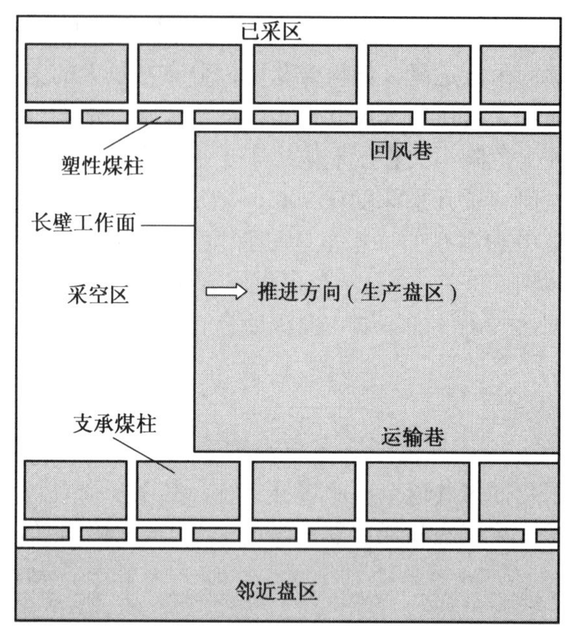

图 1—61　长壁工作面采区塑性—支承（刚性）煤柱三巷系统

在犹他州煤矿，当采深达到 900 m 时，为了保持巷道稳定和防护支承压力，支承煤柱的宽度需要达到 120 m 以上。但其主要缺点是显著增加了巷道掘进量和联络巷支护费用以及煤炭损失，并由于采取非屈服煤柱，而有发生煤柱冲击的危险。

三、冲击地压的微震和地音监测

美国首次在犹他州煤矿，在有冲击地压倾向的煤层长壁工作面对开采诱发的地音（岩层声发射）进行了监测。该系统由井下和地面布置的地音探测仪，通过光纤网络等手段对开采煤层周围的微震事件进行了适时监测。借此，可以确定与应力重新分布和采空区上方岩层变形有关的岩层破坏机制。该煤层为 Castlegate D 煤层，采高 2.4～3 m，顶板岩层主要是砂岩，底板为泥质页岩、页岩和砂岩。

1. 监测仪器布置

在井下和地面共布置 23 个地音探测器（井下 14 个、地面 9 个），垂直范围 0.8 km，水平范围 2.2 km。井下地音仪通过电缆连接到井下主机，经过数字化处理后传输到地面中央计算机，计算机对 6 个月的数据进行分析处理。

2. 微震事件的分析

微震事件频度与工作面推进度及长度的关系：第一阶段工作面共推进 300 m，此期间，声发射频度较低，平均每天 5 次；第二阶段工作面推进长度从 300～900 m，声发射频度每天 28 次；第三阶段工作面长度从 165 m 扩大到 245 m，此期间微震事件显著增加，平均每天 64 次，如图 1—62 所示。

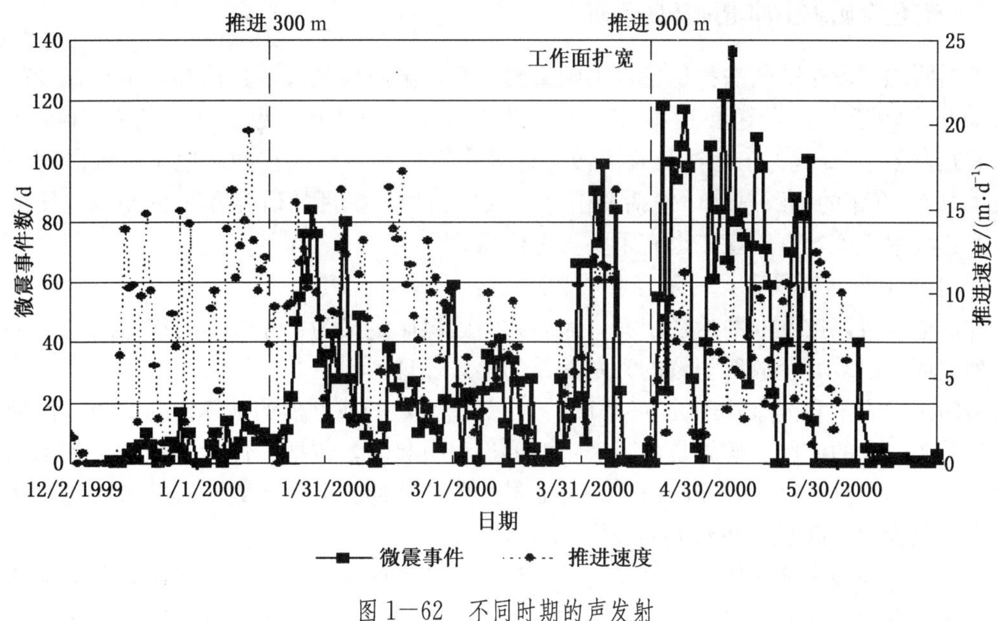

图 1—62　不同时期的声发射

采区 2 工作面最后区段声发射位置分布与工作面煤壁位置关系如图 1—63 所示。

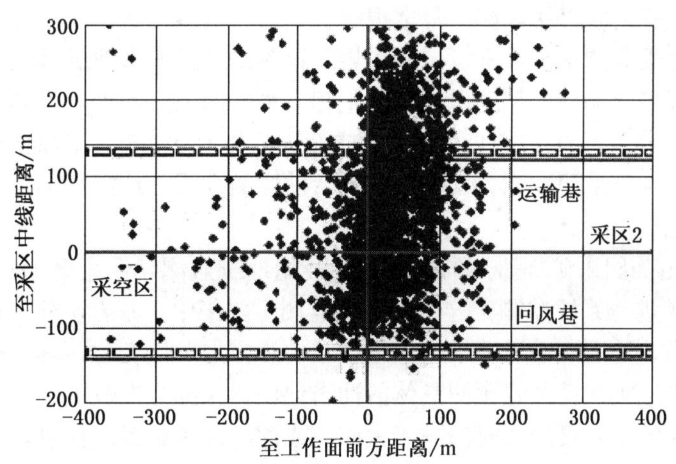

图 1—63　不同位置声发射分布

图 1—63 显示了以下特点：

(1) 声发射密集区在工作面前方支承压力带。

(2) 密集区向运输巷迁移约 75 m（采空区上方顶板发生拉伸破坏，但其能量较低）。

以上声发射监测研究成果对长壁工作面推进过程中顶板破断特征，包括时间和空间分布提供了重要的参考。声发射高能量密集区表明顶板覆岩在支承压力带破坏正在发生，以及发生的位置。而采空区上方的低能量显示了拉伸破坏时的应力较低，从而可根据声发射监测结果对顶板破断做出实时预测。

四、有色金属矿山冲击地压防治研究

美国西北部爱达荷州的科达伦是美国重要的有色金属矿区。科达伦冲击地压显现的第一次报告是1900年。但直至1940年，冲击地压尚未成为严重问题。此后的60年在5个不同矿井发生了22起冲击地压死亡事故。此处介绍的是该矿区在冲击地压机理研究和防治技术方面60年的实践总结，包括冲击地压发生类型、机理的研究和减少冲击地压危害的战略和战术措施，这对煤矿也有重要参考价值。

1. 冲击地压和开采引发的地震（矿震）

冲击地压可以按不同的途径定义，大多数美国煤矿定义为：超载压力引起岩石的突然和剧烈破坏，以瞬时释放所积聚的大量能量的形式显现。

美国矿山安全和健康管理局（MSHA）定义：突然的或剧烈的破坏称为矿震，而冲击地压是采矿引发的矿震。矿震是由不稳定变形过程引起的，包括脆性岩石的破坏和不同尺寸的沿弱面的滑落，这些均伴随出现地震能量的释放脉冲。但大多数矿震并未引起对矿工的危害，仅少数引起对矿井巷道的破坏。

关于矿震与冲击地压的区别，有的学者认为，冲击地压是伴随着造成矿井巷道损坏的矿震。这里有两层含义：首先，损害是由于矿震引起的巷道震动或颤动；其次，矿震引起的变形机制，必须是直接或间接地克服了巷道结构能力而发生冲击性破坏。

相似地，矿井是发生岩层冒落还是发生冲击地压的区别在于：矿震是瞬时释放积聚的大量能量，由于没有肉眼直接观测，常常很难辨别岩层冒落是否是矿震伴随发生的。冲击地压也是一样，地震监测系统常常可以确定岩层冒落是否是冲击地压引发的。

科达伦矿区开采引起的典型的显现是产生相当水平的地震活动，但其中大部分对邻近开采的岩体是无害的。大的矿震往往与砂岩或石英岩体有关。矿震随地应力大小而不同。它与岩层地质性质、开采深度相关。矿井地震活动监测表明，地震活动反映了局部地质结构和应力条件变化。

1930年采用由美国采矿部研制的敏感仪器开始地震监测，但直至1960年后才开始在Star and Galena矿进行系统监测。这些早期的监测主要集中于基岩矿柱。该处最早发生冲击地压。监测表明，地震活动反映了局部地质结构和应力条件变化，其中有些伴随着冲击地压。然而，基于地震活动模式预测具体的冲击地压，大部分失败了。

地震系统也提供了宝贵的实时的关于大矿震或冲击地压位置的信息。矿山工作者们利用这些信息常常有可能在大的冲击地压发生后的数分钟内对工人进行施救。

1980年地震监测系统得到发展，系统可以记录地震波形的数值信息。这些记录可以用来进行机制识别，包括滑落方向，它可能引起特殊的矿震。

2. 科达伦矿区的冲击地压类型和机理分析

这里发生的冲击地压可以分为3个主要类型：应变冲击、矿柱冲击和滑移冲击。它们与采矿活动的关系：应变冲击主要取决于巷道周边的地质特征，矿柱冲击取决于矿柱设计和地质特征，滑移冲击取决于区域的变化。图1－64是典型的围绕科达伦矿区深部开采形成的破碎带和断层周围的压力状态。

这些冲击地压类型造成的损害形式和分布以及矿震的能量水平和伴随的破坏性冲击地压也是不同的。所有这些类型都是危险的，但对于不同的矿井，其危险程度也是不同的。

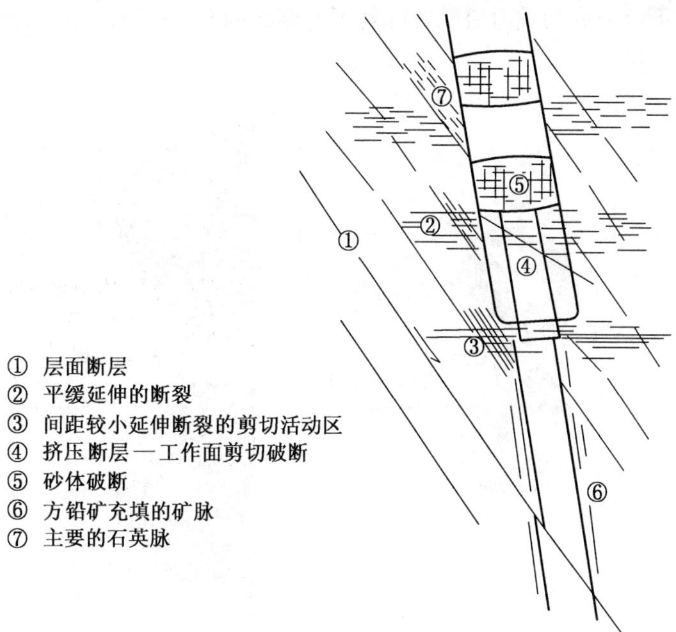

图 1—64　深部开采遭遇的破碎带（科达伦矿区）

1）应变冲击

定义为巷道周围岩体由于有不稳定破坏（动载荷破坏）而形成的快速膨胀。例如，科达伦矿区深部巷道的围岩应力超过其岩体强度。它将应力转移到岩体约束较好的更深处，如图 1—65 所示。

目击的应变型冲击地压通常包括以下方面：

（1）突然的强烈的致密岩体破坏为咖啡杯大小的块体或更小的碎块。

（2）瞬间发出很大声响，如同炸药爆炸声，附近的观测者感觉声音就来自紧靠冲击源一侧。

（3）在矿工尚未有反应前，破碎岩石强烈急速抛向巷道，随后短期内碎片在冲击侧继续扩展。处在冲击区的矿工一般并不是被抛射的岩块击倒，而是被细小的碎石流吞没而窒息死亡。

（4）密集的粉尘充满在空气中。大的应变冲击可能使粉尘很密集，矿工会感觉很压抑，甚至发生矿灯掉落。

（5）压缩空气波或冲击波穿越矿井。冲击波过后，如果采空区体积有足够的变化，会出现持续密集的风流。

（6）巷道壁会出现狭窄的凹洞穴，洞穴一般深度为 30～200 cm。

某些开采形成的岩体破坏是在爆破期间产生的，随后的破坏发展滞后于爆破。然而破坏可以在任何时间变得不稳定，引起矿震。如果发生损害，即成为冲击地压。形成不稳定破坏所需要的能量，可能由多种机制所引起，包括脆性岩石的震裂、岩石平面的膨胀和沿不连续面滑移。岩层的膨胀定义为地质或应力引发的破坏，这在科达伦矿区是很明显的。有的学者观测到，巷道帮面的膨胀是由于其中存储的应变能量和重力位能的释放（通过巷道顶板的下沉）。顶板下沉形成的重力潜能，随着不连续面的参与而进一步增大（图 1—65）。

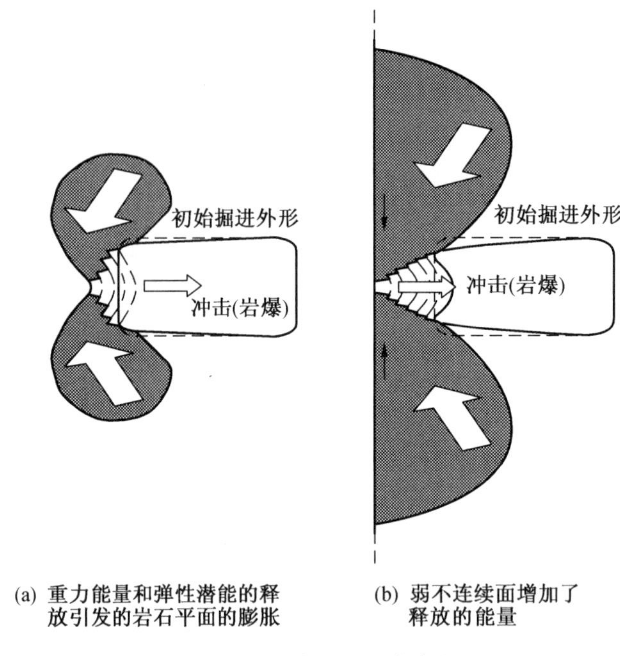

图 1—65　岩石平面的膨胀

图 1—65 显示，与由重力和弹性潜能所引发的岩石平面膨胀相比，弱不连续面可以急剧增大能量的释放，导致冲击地压造成更大的危害。

2）矿柱冲击

矿柱冲击是不稳定矿柱的破坏，类似于应变冲击。它是由若干因素（破裂、滑移和膨胀）联合造成的不稳定运动引发的。这种运动一般比应变冲击更深入岩体，常常达到矿柱的核心，从而使矿柱失去承载能力并释放很大的能量。尽管矿柱冲击与其他类型冲击相似，但还是应将其区分开来，因为它直接取决于开采设计、开采顺序和开采方法。

在科达伦矿区，矿柱是由于同时开采多水平矿脉形成的，以致使开采推进方向指向已采区。在推进中的工作面与已采岩层之间的矿脉成为基岩柱（Sill pillar），类似于残留矿柱。典型的是，开采可能形成一批基岩柱，它们的尺寸逐渐减小，最后消失。

有的研究报告指出，在该矿区发生的冲击地压开始于基岩柱减小到 18～20 m 时。矿柱冲击是由于基岩柱被掘进切割的采空区或者横贯或斜坡分割为 2 个小基岩柱时所激发。

典型的矿柱冲击，常常导致邻近的采场被迫关闭。矿震损害了矿柱和紧邻的巷道的承载能力。然而，巷道围岩的震动可以同样引起损害，特别是当岩层较潮湿、支护较弱的情况下。

控制潜在的矿柱冲击的最好办法是改善矿井开采设计，特别是采矿方法、矿柱几何尺寸和矿柱载荷、回填工艺、开采速度和预处理。例如，通过采用无矿柱的长壁开采方法，矿柱冲击有可能消除，但是其他类型的冲击还会发生。

3）滑移冲击

滑移冲击可以定义为机械性的（沿不连续面的黏着滑移运动）和对区域的自然驱动

力。它的突发很少像是被特殊的爆破所激发，而更多是在换班时发生。黏着滑移也可能作为矿柱冲击的一部分或直接发生在受开采影响的巷道表面。但它更多地被视为矿柱或应变冲击，因为其控制冲击的措施相近。

当沿着断层面剪应力与正应力之比值达到临界值，即等于摩擦因数（摩擦角的正切）时发生滑移。开采活动引起正应力较小时，也可以引起滑移。当然某些局部剪应力强化也同样可以引起滑移。沿断层的应力改变常常与时间密切相关的变形过程相关。这种随时间变化的变形可以作用很长时间，而与连续开采无关。在 Galena 矿一系列级数相当的矿震事件（大多为滑移所引起）在开采停止数月后发生，其中最大的事件（级数为 3.0）发生在开采停止后近 300 天。

在此区域，黏滑运动机制产生的矿震具有很高的地震能量。有的学者（Whyatt 等）近 6 年来研究 Lucky Friday 矿的矿震事件，发现该处全部是滑移冲击事件，而且这些事件是由沿着 5 个分离的结构的重复运动所引起的。通常，强烈的损害常常是滑移面穿过采掘空间发生的。

科达伦矿区开采实践表明：

（1）大多数矿山地震是正常的、安全的，是岩体对开采的预期反应。仅有少数矿震引发了冲击地压灾害。这些少数矿震的大小取决于局部的岩体条件和开采实践。

（2）单个的冲击地压和矿震事件难以预测，然而由于开采引发的地震活动可以提供岩体条件和地质结构变化的信息，这些信息可能影响冲击地压的发生。

（3）三种类型的冲击地压发生在本矿区，即应变冲击、矿柱冲击和滑移冲击。每种均显示独特的灾害，必须在估计冲击地压灾害水平和采取相应的保护措施方面分别予以考虑。

3. 战术措施

局部的实时的并能对高水平冲击地压灾害及时反应的措施称为战术措施。相反，战略措施必须与开采设计和长期推进计划相结合。在本矿区证明是成功的战术措施包括岩层支护、卸压爆破和限制推进速度。

1）岩层支护

在冲击地压控制措施中，岩层支护设计可尽可能地抑制灾害，当灾害不可避免时，岩层支护的作用在于限制灾害，保持通道，避免矿工被掩埋。通常的岩石锚杆和木支架可承担静载荷，但对控制冲击地压不适用。它们常常在冲击地压引起的动载荷下失效。添加具有能量吸收功能的可缩性支架和柔性表面覆盖保护，改善了防护，并可限制冲击地压危害，特别是由震动引发的灾害。这些措施将岩石碎片约束和封闭在岩层破碎带内。当约束压力深入到采掘空洞岩体壁内部时，结合紧密的破碎带可以变形但不会损坏支护构件。

典型的支护结构是楔形锚杆组套和树脂浇灌的岩层锚杆、迪维达格锚杆与链式金属网（图 1—66）。巷道工程薄弱点，如巷道交叉口可以用锚索带网加固。钢纤维加固的混凝土常常用于高应力区，该处在锚杆孔钻眼和爆破时经常发生小的冲击地压。浇注混凝土也可限制震动冲击造成的危害。

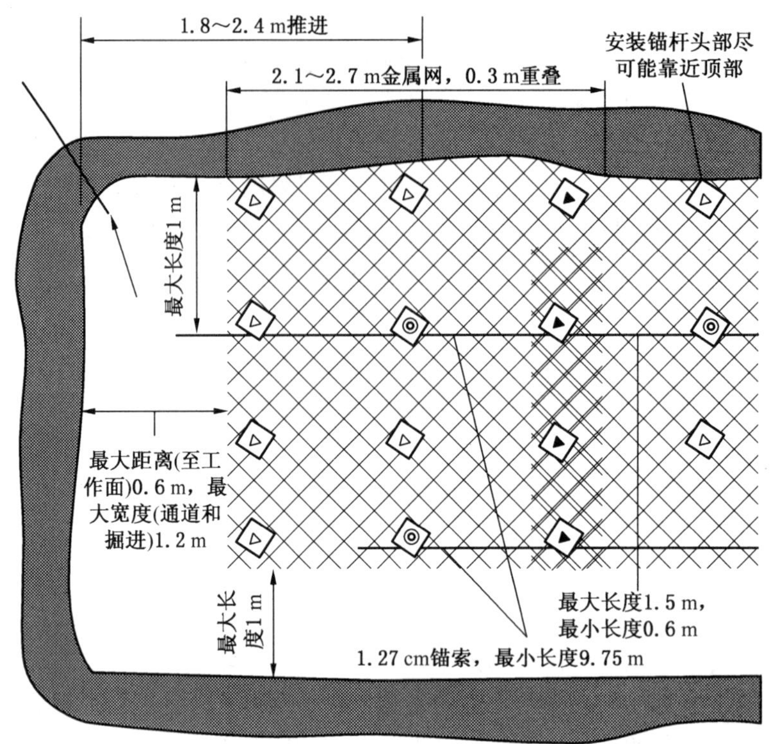

图1—66　冲击地压区岩层使用的典型的支护系统

2）卸压爆破

用爆破方法控制冲击地压危害的实践基于对该矿区75%的冲击地压发生在爆破后1 h的这种认识。因此，爆破总是被限定在生产班结束时。特别是在多个巷道端头同时工作的情况下，冲击地压发生在爆破后多于发生在生产班。

卸压是爆破的延伸，用于使高应力岩体部分破坏。就概念上说，它是对岩层通过附加钻孔进行爆破使其破坏但不会塌落，其目标是在岩体中形成破碎。挤压破碎带周围发生的变形引起附近区域应力的降低，改善了安全状况。卸压可以从矿柱壁扩展至整个矿柱。

如果在采场工作面或巷道端头钻孔过程中，岩石爆出或崩出，则通常应通过工作面卸压爆破来消除这种危害。为此，在工作面前方钻进2个以上的钻孔，并以扇形布置。在钻孔深度靠近底部的一半处进行爆破，并向周围放射。卸压爆破弱化了新工作面的围岩，从而制约了围岩在工作面的动力变形。在巷道和工作面周围的附加卸压钻孔有利于减小应变冲击。采用全爆破作业的采场周围有时也采用卸压钻孔。

基岩柱卸压是通过沿矿脉打出一排钻孔进行爆破。这是1960年在Galena矿设计和试验的。随后迅速推广为控制矿柱冲击的战略性措施。该措施在Galena、Star和Lucky Friday矿被作为常规措施。该处基岩柱的高度小于15 m。最有效的卸压爆破是采用大直径

（大于 100 mm）钻孔，钻孔间距 3 m 或略小。高爆炸药装入距孔口大于 4 m 处。这里实施的矿柱卸压有些缺点：首先是缺乏卸压爆破的设计指南，因而需要进行大量的试验。其次是操作问题。钻孔时间较长对生产造成了不利影响，而效果又不能保证，因而推迟进行矿柱卸压，直至基岩柱尺寸变小、应力很高时再进行。最后，很难评价哪一部分岩体通过卸压爆破完全消除了预期的基岩柱冲击。有些进行过卸压爆破的地方仍发生伤亡事故。而如果卸压爆破失败，反而会增加冲击发生的次数和强度。

有的学者研究了 1973—1978 年 Galena 矿发生的冲击地压，发现 79%的冲击地压发生在爆破作业时或者两班交替时。Star 矿（68%）和 Lucky Friday 矿（74%）也得到了相似的结果。

总体上说，卸压爆破是减小应变冲击危害的有效方法，但当其应用于矿柱冲击时常常会遇到一些问题。

3）限制推进速度

一种最老的控制冲击地压的方法是改变推进速度。当观测到不寻常地震活动时工作面停产，当地震活动明显减少后再重新开采。第二班的矿工经常被停在采场外，直至第一班很高的地震活动在爆破后衰减到该工作面的背景频率（即非爆破工艺期间的正常地震频率）后再进入采场工作面。降低工作面推进速度，则会增加岩石非弹性变形时间，它将传递应力远离采矿空洞周边，从而减小工作面附近的应力集中强度。一般来说，较高的推进速度会增大每吨产量的地震活动。通常，地震活动在每周早期开始增加，在每周中期处于稳定水平，在周末时衰减。但时间对于地震活动和冲击地压的影响机理尚未完全理解（可能与每周的生产安排有关）。

从战术措施考虑，应用以下若干技术措施能够成功地降低冲击地压危害：

（1）适当的支护系统可以吸收能量和变形而不致损坏，对冲击地压倾向的岩层可提供最佳的支护。即使这些支护系统遭到损坏，仍可能限制岩层冒落，保持通道。而其他系统可能完全失效。

（2）卸压爆破，特别是对于在采矿空洞周边高应力的脆性岩石，可以减小冲击地压危害。钻孔爆破卸压后的岩石可以与周围岩体形成整体。整个基岩柱完全进行卸压爆破存在很多问题，但一般仍可改善安全条件。

（3）减慢开采推进速度常常可以减少每吨产量的冲击次数，在某些条件下可以防止冲击地压发生。

4. 战略措施

战略措施应列入计划，可用于矿山的大部分或在较长时间内，具有相对灵活性。而战术措施是仅用于局部且较短时间对高水平冲击地压危险反应的措施。

战略措施必须基于对矿井固有的冲击地压危险水平的判断。这些判断首先基于经验，其中有些已经列为标准，如能量释放率和出现超过剪切应力的状况。这些方法已经延续了 60 年，但仍需要进行大量的工作，以便确认和解释老的规则仍然是有价值的。这些规则可以从不同的国际矿业公司文件中找到。

一般来说，这些规则是力图避免形成大的空洞和小煤柱，特别是在邻近具有冲击倾向地质特征之处。如果遇到有冲击倾向的地质特征，这些地方应当首先开采和充填。

1）开采方法

采场后部充填是科达伦矿区首先全面推广应用的针对冲击地压条件的开采方法，可在不同方面改善围岩应力条件，包括消除空场上方岩层的数量，从而消除冲击地压引起的严重冲击波。

20 世纪 80 年代中期，在 Lucky Friday 矿发生了岩柱冲击地压，造成 3 人死亡。此后，该矿改为下行切割充填法，该方法不形成矿柱。同时在工程上考虑了用水泥加固的充填体，从而提供了对矿壁和附近矿震事件引发的动载荷的支承。此后又改为下行长壁开采法，安全性显著提高。

2）地质特征

掌握可能引发冲击地压的地质特征是减小冲击地压危害的关键战略措施之一。在本矿区的试验显示，特殊的岩石类型和不同性质的非连续性对冲击地压危害产生了重要影响。该矿区的地质结构复杂，至少有 5 个不同的地质构造的形成时期在此区发生。结果在岩层中出现了很多折曲和断层。高构造应力是形成复杂结构的原因，同时形成了区域高水平应力。

天然应力以及冲击地压灾害随矿区地质的变化很大。发现石英岩层的应力水平明显高于相似深度的软岩层，特别是发现强烈的应力处于硅化带内的石英脉（Revett 地层）中。硅化岩的强应力和脆性特征对冲击地压危害的增大有重要作用。事实上，在开采附近的石英脉和菱铁矿时冲击地压危险很显著。

综合认为，某些战略指导性措施对于该矿区可成功地用于减小冲击地压危害：

（1）适当地设计整个矿体的开采顺序，尽可能做到相互紧随。

（2）尽可能取消矿柱或减至最小。

（3）一般上盘矿脉应首先开采。

（4）如果矿脉有分叉，采场工作面应从交叉口开始开采，然后从交叉口向外逐渐推进。

（5）如有可能，应使工作面跨越断层或其他弱面。

（6）已采区应予以充填，且充填过程应与开采同时进行，尽可能靠近工作面。

根据该矿区的经验，下列附加指导措施需要考虑：

（1）采用下行开采顺序的长壁工作面在实践中是经济可行的，它可以减小冲击地压危害。

（2）开拓有冲击地压危险的岩层应以高角度切割弱不连续层面和有滑移倾向的断层。

（3）冲击地压危害与地质关系极为密切，硬石英岩层最危险，特别是受硅化作用的石英脉区。

第四节　澳大利亚、南非和加拿大等国冲击地压防治

一、澳大利亚关于冲击地压的研究

1. 澳大利亚冲击地压研究和防治概况

声发射与冲击地压的区别：声发射是岩体非弹性变形引起的振动或应力波的传递。其变形特征是物理变形或致密岩石开裂或弱化。微震是岩体靠近开采区时应力调整的正常反

应。岩石冲击是这样的矿震，它引起开采区显著的物理损害。危害可能是很强烈的，从岩石爆裂到灾祸性的岩体断裂。岩石冲击损害的动力特征意味着还会发生潜在的损害扩展，包括完全破坏支护的或未支护的开采区。

1）澳大利亚的冲击地压和声发射活动

1994 年第一个现代的商业化的声发射监测系统安装在 Mount charlotte 煤矿。同年在 Deep copper 煤矿、1996 年在另外两个煤矿安装了类似的监测系统。在 Northparkes 煤矿安装了微震监测系统，监测记录块段垮落和传播过程。有的学者根据声发射监测站的资料建立了岩体垮落过程的概念模型。

1998 年在 Brocken hill 煤矿发生了很大的声发射活动事件。此后近两年内，记录了 6000 多次微震事件。人们发现，声发射监测对煤矿安全管理和设计很有意义。

1997 年以来，鉴于冲击地压和微震事件的增加，声发射监测系统在澳大利亚西部很多煤矿进行了安装。

引起冲击地压的因素分析：

（1）应力因素。高应力是引起煤矿冲击地压的主要因素。高应力是开采前地应力与开采引起的附加应力的叠加。在澳大利亚西部矿区测定的开采前应力很高，很多煤矿最大与最小主应力的比值为 3∶1。

开采引起的附加应力更加恶化了地应力条件。开采引起的应力集中和应力释放，在巷道附近形成了双向甚至单向的受载条件。这种围压的减小，导致岩体发生弱化或脆性破坏。根据受载特征和岩石性质，破坏可能显现为稳定的塑性变形或者不稳定的动力破坏。这两种破坏形式均会释放能量和产生相应的微震事件，但不稳定的动力破坏有可能释放很高的能量，出现大的微震甚至冲击地压。

（2）地质因素。应力异常很少是单独引起不稳定破坏或冲击地压的条件，地质不连续性常常起着同样重要的作用。很多类型的地质不连续性，包括断层、剪切带、节理或层面，以及岩石刚度的局部变化，都会对是否发生矿震和冲击地压起一定作用。实际上，地质不连续性对岩体在载荷作用下的变形和破坏起着主要作用。

应当注意到，地质因素在能量释放、引起微震和冲击地压破坏方面起着重要作用，但并非与声发射源的位置一致。在不稳定破坏中产生的动应力波常常在近工作巷道处引起的冲击地压损害中起着辅助作用。由微震引起的危害包括：岩石破断，表现为岩石膨胀、抛射；由于声发射能量传递引起的运动性岩石平抛射；微震事件引起的结构破坏。

2）冲击地压是地下开采必须面对的重要问题

在 1996—1998 年 3 年间，澳大利亚西部矿区发生了 3 起伴随着微震的顶板冒落事故。与冲击地压相关的损害和损失还有：与伤害有关的时间损失、部分工人“逃跑”、设备损坏、生产近于停滞或产量减小、恢复生产需要很高的成本。

显然，在冲击倾向和声发射活动条件下，冲击地压对井下工作空间的安全生产是危险的。冲击地压伴随的经济损失（如人员伤亡、设备损坏等）也是显著的。它直接影响矿井的生存能力。而减小冲击地压危害的措施同样是昂贵的。如果采取的措施可以有效地减小冲击地压对工人的危害，则其他措施就不再需要了，以免影响煤矿的经济和生存能力。

澳大利亚西部矿区开采深度已经很大，随着深度和工作面的增加，将遭遇高应力条件，这可能增加矿震事件的发生。

澳大利亚冲击地压事件近几年有所增加。1999 年底 14 个煤矿已经安装了微震监测系统。澳大利亚需要取得经验，使这些技术适应当地的地质和开采条件。

3）冲击地压和微震风险管理设计

1998 年澳大利亚组建了包含多学科的研究团队，人员包括地质工程师、微震学工程师、岩石力学工程师和采矿工程师。研究设计的目标是推进使用微震监测系统和提出防治战略，定量评估和应对冲击地压和微震事件的风险。研究分为 3 个步骤：

第一步是在澳大利亚优化使用微震监测系统，包括使用数据分析技术和国外发展的工艺方法。在澳大利亚煤矿加快使用微震分析技术。

第二步是对发生在澳大利亚煤矿的微震和冲击地压的地区性特点进行分析研究。澳大利亚煤矿的地质和开采的三维环境与国外有很大不同，因此微震和冲击地压的关键参数和使用与国外也有很大不同。为了更好地理解地区性的冲击地压和微震活动，已有的参数必须用新的途径使用，或者发展新的参数。在有效地进行风险分析和评估之前，需要充分地理解煤矿地区性微震活动源。

第三步是建立冲击地压、微震监测和风险评估，以及煤矿决策之间的连接，包括开发灾害鉴定、风险评估、定量化和风险管理工具。如果对引起冲击地压和微震活动的地质和应力条件已经充分理解，则最佳的风险控制技术也就可以确定。此技术包括改善支护技术、改变爆破工艺、调整开采方法等。

2. 澳大利亚西部矿区矿震危害

澳大利亚西部矿区研发的矿震危害尺度 SHS（Seismic Hazard Scale ）可作为人为进行矿井矿震危害的实际评价的工具。它来源于澳大利亚西部矿井的地震资料，可用于定量评估矿井范围、开采区段和局部集聚的地震危害，对矿震事件空间分布的变化特别有用。SHS 对矿震危害的时间增量特别敏感，还可以用于矿震监测数据不充分的情况下。SHS 是从古腾贝格—里谢尔（Gutenberg - Richter）关系式导出的。

1）矿震危害尺度 SHS

2002 年，在机械化的硬岩矿井进行了矿震发生和严重程度的测试和调查。所获得的数据需要与已经报告的矿震分析数据进行比较。为了高效率地进行比较，需要确定一个矿震危险尺度，它可以可靠地对发生的从很小至严重的矿震进行量化评价。从 72 个矿井的一半获取了相关的矿震数据。

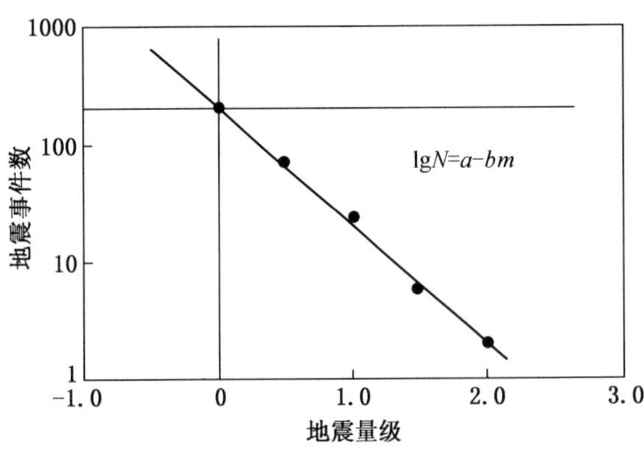

图 1—67 用于矿山地震的古腾贝格—里谢尔关系式

古腾贝格—里谢尔关系式确定，事件发生的频率随矿震事件量级的增加而按指数规律减小。

$$\lg N = a - bm$$

式中 N——事件数，是指总体上等于或大于量级值的事件数；

m——矿震事件量级；

a——常数；

b——上述对数公式曲线的斜率，如图 1—67 所示。

定义：将机械化的典型的硬岩矿井相对较高的每日微震频率，当每日里氏震级 $M_L \geqslant -1$ 时，定义为 1 个事件。

考虑到澳大利亚西部矿井寿命较短，应当假定，最大的事件尺度发生在频率 0.001（这种尺度的事件每几年发生一次）。矿震危险尺度 SHS 对每日事件频率 0.001，与最大尺度事件的比较见表 1—4。

它可以简化为：

$$X_{MAX} \approx SHS \approx \lg V + M_L + 3$$

式中　X_{MAX}——观测到的最大事件；

SHS——矿震危害尺度；

M_L——事件的里氏震级；

V——事件频率。

表 1—4　里氏震级与矿井对事件描述的比较

近似里氏震级	描　　述
−2.0	在发生地附近听到巨响，在远处（大于 100 m）可以用微震仪器探测到
−1.0	在全矿井内可以被工人发觉（100 m 以外），类似于次级爆破引起的震动。可以由微震仪器检测到
0.0	可以感知震动，全矿井可以听到声响，地表可以感到震动，但肉眼不能察觉
1.0	地表感觉到的震动频率及井下生产性爆破
2.0	地表感知的震动大于井下生产性爆破，区域地震网可以探测到

假定矿震的 b 值近似等于 1，然后利用古腾贝格—里谢尔关系式，平均每日矿震事件频率：当 $M_L \geqslant 0$ 时，为 0.1；$M_L \geqslant 1$ 时，为 0.01；$M_L \geqslant -2$ 时，为 10。这可以简化为：

$$每日事件频率 = 10^{(-M_{L-1})}$$

M_L 为事件的里氏震级，而每日事件频率是指事件发生频率等于或大于里氏震级 M_L 的事件数。

表 1—5 给出了事件情况在矿井的定性描述与里氏震级的关系，借助于此表和上述表达式，可以建立事件频率与里氏震级和定性描述的关系。矿震危害尺度与里氏震级比较见表 1—6。

表 1—5　矿震事件情况在矿井的定性描述与里氏震级的关系

定性描述	每日矿震频率	
	近似里氏震级	矿震频率
局部察觉	$M_L \geqslant -2$	>10
矿井的一部分可察觉，类似次级爆破	$M_L \geqslant -1$	>1
地面常常可以察觉，类似掘进爆破	$M_L \geqslant 0$	>0.1
察觉类似生产性大爆破	$M_L \geqslant +1$	>0.01
区域地震网可以探测到	$M_L \geqslant +2$	>0.001

表1—6 SHS与相对矿震危害和可能发生的最大事件震级比较

SHS	相对矿震危害	可能发生的最大事件震级
−2	无（No）	−2
−1	很低（Very Low）	−1
0	低（Low）	0
1	中等（Moderate）	+1
2	高（High）	+2
3	很高（Very High）	+3

2）矿震危害尺度的数学基础

矿震危害尺度是从古腾贝格—里谢尔关系式（图1—68）中得出的。对于给定的任何事件等级 m，其事件的SHS值可从图中的 x 轴与曲线的交点得出，或者按下式计算：

$$SHS \approx \lg N/b + M_L$$

式中 N——最低里氏震级 M_L 时的事件数；

b——频率—事件关系的斜率。

矿震危害尺度SHS是概念的一个简化，它使用了一个定义，并依赖于古腾贝格—里谢尔关系式，确定矿震水平。SHS在解决数据丢失或矿震系统限制方面还有一些优点，当由于矿震监测系统故障而丢失一些大事件数据时，对SHS分级不会造成重大影响。因为小事件的数量足以提供等价的关于矿震危害的显示。

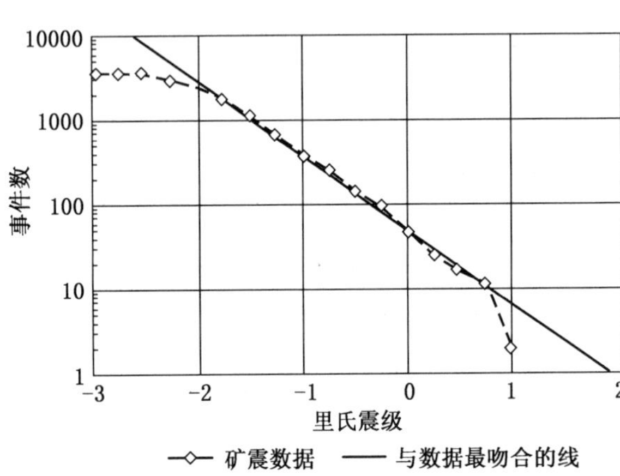

图1—68 澳大利亚西部矿井的地震数据

对于具有有限动力范围的矿震监测系统，很可能的是，系统由于波形的裁剪，大的事件量级不能够适当地计算。而SHS不依赖于对少量大事件精确的量级计算。矿震危害将反映在小事件的发生频率上。图1—69为澳大利亚西部矿井获得的矿震资料。在图中，微震系统在上部界限至里氏震级1.0处饱和，但对于小事件则显示SHS接近2.0（见图1—68横坐标）。

3）矿震危害尺度的假设和限制

对于矿震危害尺度这里有重要的假设和限制：

(1) 假设矿震反映了矿井内的岩体破坏机制，如果矿震是受区域影响引起的，则局部的矿震资料和SHS不能反映区域的影响。

(2) SHS尺度广泛应用于审查和描述上限达到里氏震级+3以内的事件资料。尺度对于极大的矿震危害水平和大于里氏震级+3的事件是未经过试验的。里氏震级大于+3，可以认为SHS尺度是不可靠的。不过这个量级的矿震一般来自区域地震源机制，而很少来自局部。大事件和小事件的机制有基本的不同。

(3) SHS的基本前提是矿震的发生遵循指数（b值）为1.0的规律，在大多数情况下，这是一个合理的假设。SHS依赖于熟知的古腾贝格—里谢尔关系式。

(4) SHS是矿井过去发生的矿震危害的尺度。由于开采引起的过去的矿震反应常常可以用于估计今后发生的矿震反应，但是，将来发生的矿震灾害不能保证均与过去的灾害有关联。特别是当将来发生的矿震机制与过去发生的不同时，更是如此。当岩体条件或开采影响不同时，SHS用外推法预测将来的矿震灾害是不可靠的。开采地质条件的变化、开采方法和顺序的变化以及开采工艺的成熟程度，这些均可能改变区域载荷或非载荷系统。

(5) 充分的矿震记录是必需的。如果事件很少，或者监测周期太短，以及观测期间系统出现故障，则观测记录不适于利用SHS评价矿震灾害。

4) 矿震调查

2002年开始测量和研究矿井矿震的发生和严重程度。设计了148个问题用于调查18个国家135个井下机械化硬岩矿井。调查的意图是识别和更好地理解开采地质技术条件、地质和开采因素对矿震的影响，特别是机械化硬岩矿井。

作为示例，这里对矿井矿震有6个问题用于评价矿震灾害（SHS)。

问题105：井下工人是否报告了听到岩石声响?

问题106：在掘进或开采爆破后，是否发生超过几小时的劈裂声、爆裂声、断裂声、重击声?

问题107 ：矿震事件是否在整个井下都已察觉到，并与次级爆破相似?

问题108：是否有大矿震事件，全矿井和地表可以察觉并类似于掘进爆破的反应?

问题109：是否有大矿震事件，全矿井和地表可以察觉并类似于工作面大爆破引起的震动?

问题110：是否有大的矿震事件被地质测量发现（一般大于里氏+2级)?

每个调查问题均应得到回应：1无灾害、2每几年发生一次、3每年发生、4每年发生几次、5每月发生、6每周发生、7每周数次、8每天发生、9我不知道。有效的调查回答者被询问6次（6个问题）后的资料才可以用于SHS的评价中。如果频率—量级指数关系式是正确的，询问的回答应能提供相同的SHS。尽管这里对任何一个问题的应答有一定的不准确性，但对6个问题的应答仍可以提供对矿震危害的大体评估。

从在矿震调查中收集到的资料中发现，对于6个问题的回答提供了SHS合理的组成部分。对于每个矿井，典型的SHS范围变化很少超过1。

5) 矿震调查结果与地震监测数据的比较

图1—69给出了矿震获得的SHS与记录的最大事件的里氏震级的关系。虚线代表了理想的情况。图1—69显示，SHS处于记录的最大事件等级内（图中灰色区域）。考虑到SHS是利用调查问题的半定量评估的，且未利用地震监测数据，因此这个结果已经很好。将来，还可以确信，SHS尺度和它在矿震调查中的计算方法，可用于估计预期的矿井范围内的最大地震事件。

6) 矿井范围的矿震危害

SHS可以用来与地震监测系统的资料链接，以评估地震危害和最大事件尺度。将SHS与11个具有地震监测系统的矿井资料进行了比较，结果见表1—7。

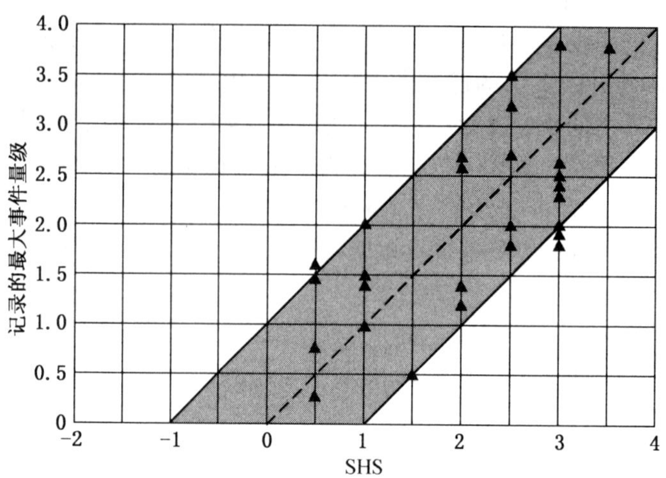

SHS=−2：无地震活动；SHS=−1：很低的矿震危害；SHS=0：低矿震危害；
SHS=0.5：较低的矿震危害；SHS=1.5：中等矿震危害；SHS=2：中等偏高的矿震危害；
SHS=2.5：高—很高的矿震危害；SHS=3：很高的矿震危害；SHS=3.5：很高—极大的矿震危害
注：虚线代表 SHS 记录的大事件，灰色区域是 SHS 最大事件量级在 1 之内

图 1−69　SHS（利用矿震事件问题调查）与开采区段记录的大事件比较

表 1−7　澳大利亚 11 个矿井地震数据与 SHS 的比较

矿井	监测持续时间/年	记录的事件数	b 值	记录的最大事件量级	SHS								平均 SHS
					量级 ≥0	量级 ≥0.5	量级 ≥1	量级 ≥1.5	量级 ≥2	量级 ≥2.5	量级 ≥3	量级 ≥3.5	
1	2.3	3.000	0.9	2.4	2.1	2.1	2.3	2.2	2.1	—	—	—	2.1
2	2.8	7.000	1.1	2.0	2.2	2.2	2.2	2.2	2.0	—	—	—	2.2
3	4.9	11.000	1.2	2.6	2.6	2.6	2.5	2.5	2.5	2.2	—	—	2.5
4	1.9	8.000	1.2	2.4	2.8	2.7	2.5	2.5	2.2	—	—	—	2.5
5	0.9	15.000	1.3	2.8	3.3	3.3	3.1	2.8	—	—	—	—	3.2
6	1.8	4.000	0.9	1.7	1.9	1.9	1.5	1.7	—	—	—	—	1.8
7	4.0	31.000	1.3	2.4	2.8	2.8	2.6	2.4	2.1	—	—	—	2.5
8	4.4	2.000	0.8	3.5	2.4	2.5	2.7	2.9	3.1	3.1	2.8	3.3	2.9
9	4.3	400	0.8	2.3	2.0	2.3	2.3	2.3	2.4	—	—	—	2.3
10	1.8	6.200	0.9	1.2	1.6	1.5	1.2	—	—	—	—	—	1.4
11	2.4	17.000	1.1	2.4	2.9	2.9	2.8	2.7	2.4	—	—	—	2.7

7）对于地震危害尺度调查的应答

在监测期间记录了矿井事件的里氏震级：

（1）由公式 SHS=$\lg N/b+M_L$，对于地震事件量级，按 0.5 级的增量（从等于或大于 0 开始），假定 b=1，计算相应的平均和最大的 SHS 值（参见表 1−7 第 6～14 列）。

（2）对于每个矿井记录的最大里氏震级（表 1−7）与最大的 SHS（图 1−70），可以看到，最大 SHS 与最大地震事件的尺度相当吻合。

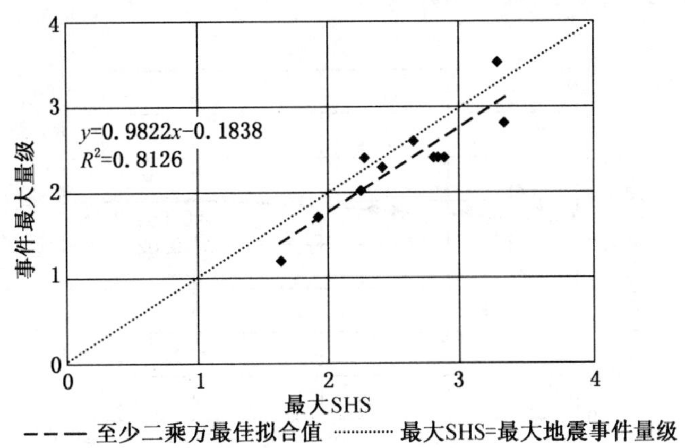

图 1—70　在澳大利亚 11 个矿井最大 SHS 与矿井范围内记录的最大量级事件组

最大 SHS 显示了合理的矿井记录的地震事件的上限。表 1—7 的数据显示，对于每个量级范围的 SHS 提供了对最大地震事件的合理估计，仅一个矿井例外。古腾贝格—里谢尔的频率—量级关系式的斜率（b）常常被认为是对于矿震危害的较好的估计。表 1—7 显示，b 值对矿震危害是很敏感的。但与矿井记录的最大地震事件的尺度不是很相关（图 1—71）。

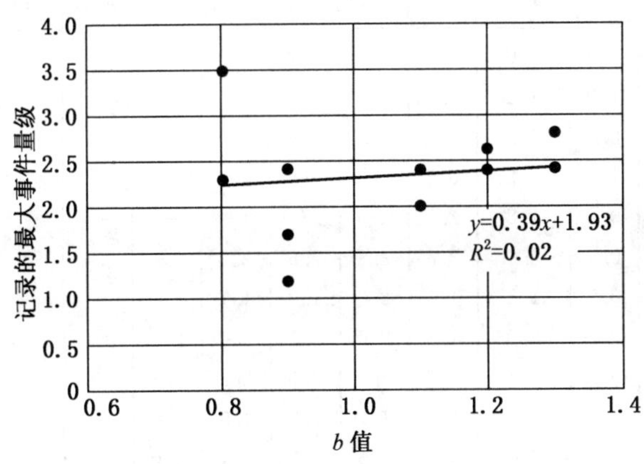

图 1—71　澳大利亚 11 个矿井记录的最大事件量级与 b 值的关系

有些矿井利用观测期间的总事件数（每天或每月）作为矿震危害的衡量指标。图 1—72 显示了澳大利亚 11 个矿井地震系统每年记录的事件数与最大事件尺度的关系。可以看出，事件总数很难显示时间的尺度，也很难作为开采区段矿震危害的衡量标准。

矿震危害在矿井空间上有不同的分布。它受到地质条件、应力和开采因素的强烈影响，而这些因素在矿井不同位置有很大不同。一个保守的假设是，确信矿井最大矿震危害是矿井所有区段矿震危害的适当的衡量尺度。即使对于地震很活跃的矿井，其很多区段仍处于较低的矿震危害下。从矿震危险管理的角度考虑，如果知道矿震危害的空间分布，将有利于将防控措施集中在高危险区域。

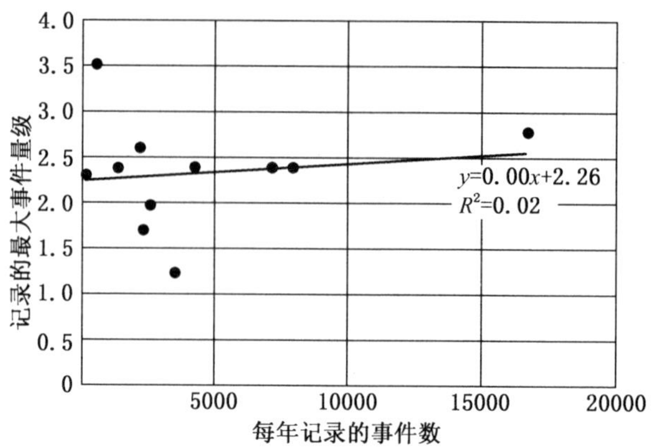

图 1—72 矿井记录的每年事件数与最大事件量级的关系

澳大利亚西部部分矿井开采区段的矿震活动情况见表 1—8，其记录的最大事件量级与最大 SHS 的关系如图 1—73 所示。

表 1—8 澳大利亚西部部分矿井开采区段的矿震活动情况

开采区段	监测时间/年	记录的事件数	b 值	最大事件量级	SHS								最大 SHS	平均 SHS
					量级≥0	量级≥0.5	量级≥1	量级≥1.5	量级≥2	量级≥2.5	量级≥3	量级≥3.5		
1	1.7	315	0.9	1.0	1.2	1.3	1.2	—	—	—	—	—	1.3	1.3
2	1.8	3.600	1.0	1.2	1.0	0.7	1.2	—	—	—	—	—	1.2	1.0
3	1.7	1.300	0.8	1.2	1.5	1.7	1.5	—	—	—	—	—	1.7	1.6
4	1.7	800	1.1	0.3	0.8	—	—	—	—	—	—	—	0.8	0.8
5	0.9	2.100	0.8	1.8	2.5	2.5	2.3	—	—	—	—	—	2.5	2.5
6	0.9	5.100	0.9	2.8	2.8	2.8	2.6	2.7	—	—	—	—	2.8	2.7
7	1.8	900	0.9	1.5	1.8	2.0	1.9	1.7	—	—	—	—	2.0	1.8
8	1.8	1.300	0.8	2.0	1.8	2.0	2.1	2.0	2.2	—	—	—	2.2	2.0
9	1.5	600	0.9	2.4	2.1	2.0	2.0	2.2	2.3	—	—	—	2.3	2.1
10	2.8	1.500	1.0	1.5	1.9	1.7	1.7	1.5	—	—	—	—	1.9	1.7
11	2.8	6.400	1.0	2.0	2.6	2.6	2.7	2.4	2.0	—	—	—	2.7	2.5
12	0.8	11.800	1.2	2.4	3.0	3.0	2.9	2.6	2.5	—	—	—	3.0	2.8
13	1.5	220	0.8	1.6	1.8	2.0	1.9	2.1	—	—	—	—	2.1	1.9
14	4.5	900	0.7	3.5	2.3	2.3	2.5	2.7	2.8	3.1	2.8	3.3	3.3	2.7
15	2.5	5.400	1.0	2.4	2.2	2.3	2.2	2.2	2.3	—	—	—	2.3	2.3
16	2.5	4.400	1.0	1.8	2.2	2.2	2.2	2.2	—	—	—	—	2.2	2.2

矿震危害尺度可以用于对该区域地震活动的评估，例如评估开采区段的矿震危害。这有可能使矿震危害的评估能够更好地反映由于区域地震活动引起的破坏机制。

SHS 的平均值和最大值是利用公式 SHS$=\lg N/b+M_L$ 计算的，它跨越了不同的量级范围并假定 $b=1.0$。图 1—73 显示了最大的 SHS 过高估计了记录的最大事件量级，平均高估约 0.4。最大 SHS 显示了开采区段记录的最大事件量级的上限。

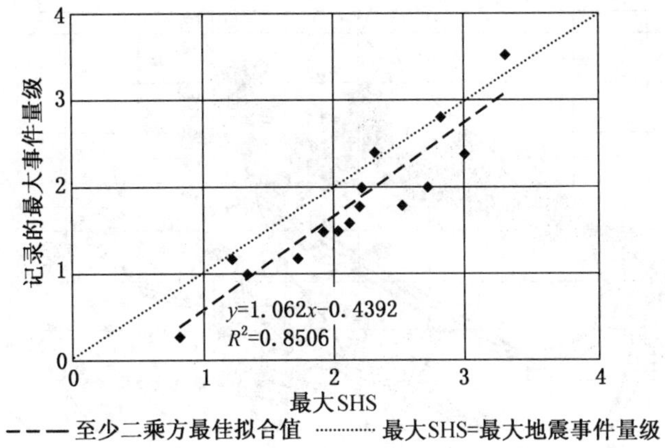

澳大利亚西部矿井开采区段记录的最大事件量级与最大 SHS 的关系

对于开采区段可以得出与开采范围同样的结论：每一个量级范围常常可以提供矿震危害的较好评估；最大事件尺度对于 b 值不是很敏感；最大事件尺度与记录的事件总数关系很小。

8）发生的集聚地震事件的危害

局部地震事件常常显示了空间分布的集聚特征。可以认为，每一个集聚发生的地震事件潜在地代表了不同的震源机制，这是由于应力、结构和开采影响的局部独特的组合所致。发生在矿井每个地震源地震事件的量级分布是由于局部破坏机制所造成的。SHS 可以外推到矿井个别地震集聚事件。从概念上说，每个集聚的地震事件均代表了发生在矿井的岩体破坏过程。典型的破坏过程包括：由于载荷增加或围岩约束被解除造成的矿柱变形或破坏、断层滑移、工作面支承压力引起采场附近的应力增大等。澳大利亚西部矿井的地震分布平面图如图 1－74 所示。

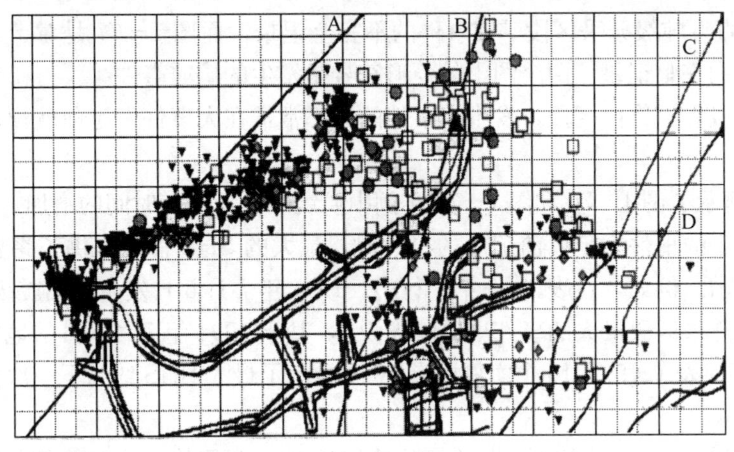

图 1－74　澳大利亚西部靠近一个水平的矿井地震事件（4 条细线均为断层位置）

将 SHS 应用于矿井地震集聚事件所建立的地震危害尺度平面图如图 1—75 所示。

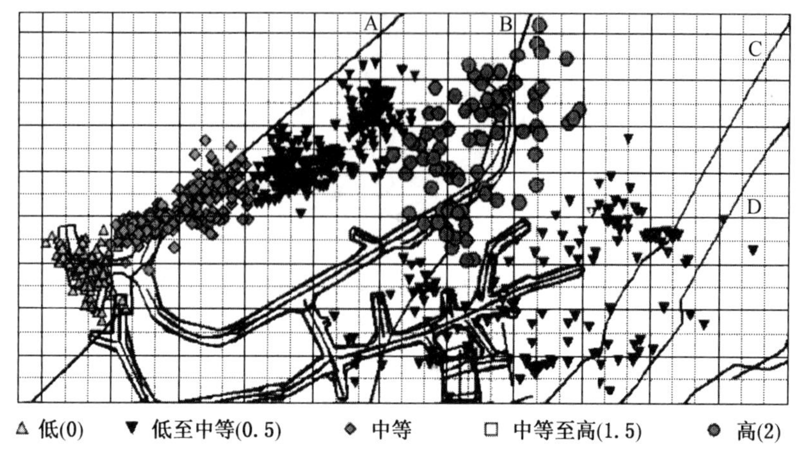

图 1—75　与图 1—74 相关的地震集聚事件（事件按矿震危害尺度显示，括号中的数字为最大集聚事件量级）

图 1—75 显示，较高的地震危害发生在地震断层（A、B）附近。对澳大利亚西部某些未公开的地震事件资料研究发现，矿震危害图对理解矿震空间变化很有效，它识别出了高矿震危害区以及低危害区，有助于解释由于地质特征、开采结构和高应力带引起的高危害源。当高危险区和其原因被识别后，制定防治措施就很容易了。

9）矿震危害的时间变化

在详细分析澳大利亚西部矿井的矿震数据后发现，在趋向于发生大矿震事件的矿井，总是有这样的历史：在发生大事件之前出现小事件和中等事件。如果指数规律对于矿震是正确的，则发生小事件的频率可用来作为可能发生大事件的前兆指标。

图 1—76 和图 1—77 是澳大利亚两个矿井开采区段和工作面区段矿震活动的实例。图 1—76是对百万吨级开采区段矿震事件的不完全记录，而图 1—77 是对十万吨级工作面区段矿震事件的完整记录。两个图中的菱形符号是发生的矿震事件。

在开采区段和工作面区段，发生小事件的频率常常在大事件发生前就预示着可能要发生大事件。

表 1—9 显示了图 1—76 和图 1—77 实例中矿震事件尺度随时间的增加。在开采区段和工作面区段发生的事件大于以前记录的事件时，最大的 SHS 常常提供了将要发生事件量级的很好的预示。例如，在表 1—9 第一行中，1994 年 7 月 5 日发生里氏震级为+0.3，而此前，发生在开采区段最大的事件里氏震级为 0，基于 1994 年 7 月 5 日的地震历史，平均的 SHS 为 0.7。表 1—9 的 13 个实例中有 10 个显示了最大 SHS 约为下一次大事件的最大量级。

图 1—76 和表 1—9 还表明，为了获得对 SHS 的合理评估，并不需要完整的矿震历史记录。如果有适当的时间记录的较小事件反应的矿震危害，则较小事件的发生频率可以很好地预示潜在的长期的矿震危害。

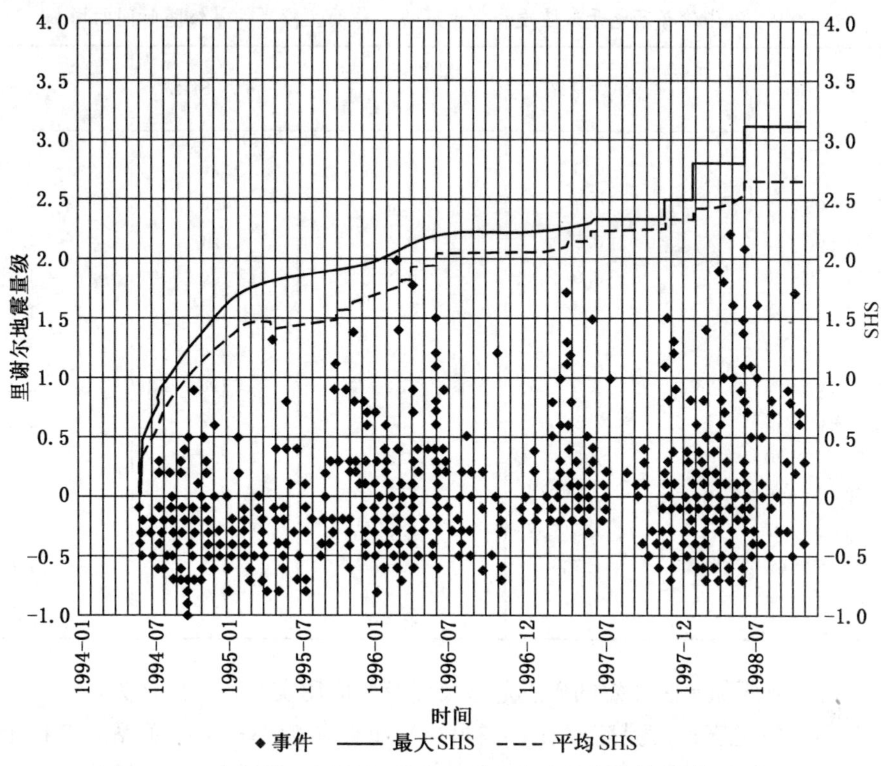

图1—76　澳大利亚矿井百万吨级开采区段矿震事件量级时间历史图

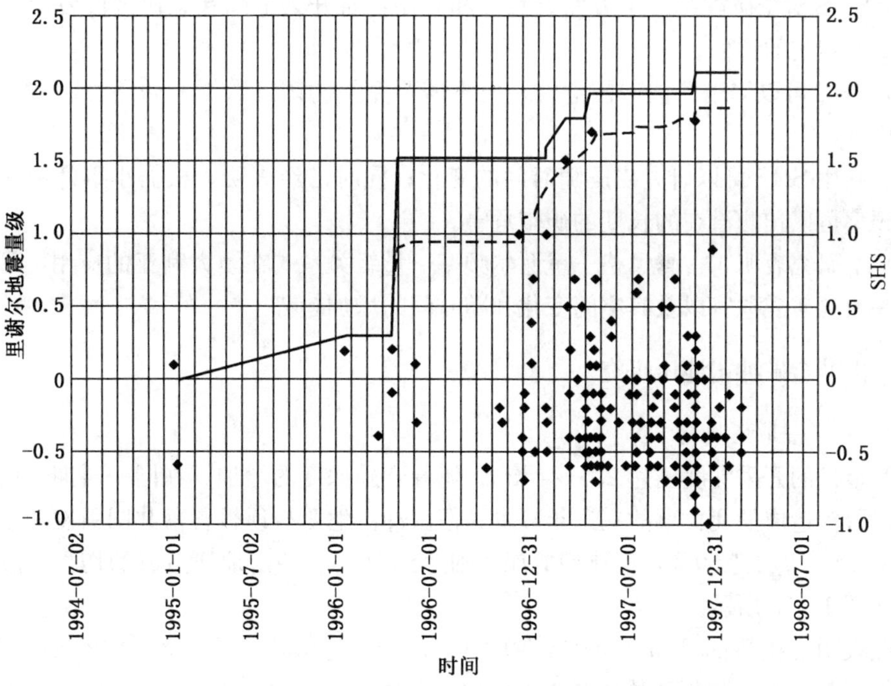

注：在以上两个图中，以线符号显示了平均和最大的SHS值

（按公式 $SHS=\lg N/b+M_L$ 计算，利用了若干量级范围）

图1—77　澳大利亚部分十万吨级工作面区段矿震事件量级时间历史图

表1—9 一些数百万吨开采区段和数十万吨工作面区段事件量级随时间的增加

时　　间	事件量级	此时间以前的最大事件量级	平均 SHS	最大 SHS
1994-07-05	0.3	0.0	0.5	0.7
1994-09-19	0.4	0.3	1.0	1.2
1994-09-27	0.5	0.4	1.1	1.2
1994-10-06	0.9	0.5	1.0	1.3
1995-04-11	1.3	0.9	1.5	1.8
1995-11-09	1.4	1.3	1.6	1.9
1996-02-27	2.0	1.4	1.8	2.1
1997-06-18	2.3	2.0	2.2	2.3
1997-12-20	2.5	2.3	2.3	2.4
1998-06-19	3.5	2.5	2.5	2.8
1996-03-27	1.5	0.2	0.2	0.5
1997-04-11	1.7	1.5	1.3	1.8
1997-10-26	1.8	1.7	1.7	2.0

综合澳大利亚西部矿区开发的矿震危害尺度及其应用实践，可以认为：

(1) SHS矿震危害尺度是建立在古腾贝格—里谢尔频率—量级关系式基础上的。它依赖于矿震事件在给定量级条件下的发生频率。数据显示了它对 b 值较敏感。

(2) SHS对于矿震在三个方面有意义和有用：对开采范围和采矿区段发生的矿震以及矿震事件聚集的评估。

(3) SHS可以用于评估矿震危害，而不需要完整的矿震数据，如通过矿井调查所演示的那样。

(4) 利用SHS可以研究矿震随时间的变化；同时已经表明，根据小事件和中等事件发生的频率可以预测潜在的长期的矿震危害。

(5) 本研究表明，古腾贝格—里谢尔频率—量级关系式在澳大利亚的应用，可以很好地理解一般的矿震危害以及其空间变化和随时间的增加趋势。

二、南非金矿冲击地压研究

1. 防治冲击地压战略

南非金矿的开采深度已达2.5～4 km。随着开采深度的增加，在同一时期，南非金矿由于顶板冒落造成的死亡事故在逐年减少，但由冲击地压与顶板冒落共同引发的事故则在增加，从20%增加到50%，而典型的深井则达到70%。冲击地压造成的伤亡事故在逐年增大，如图1—78所示。

研究表明，在West Rand金矿发生的350起冲击地压和顶板冒落死亡事故中，60%发生在工作面前方6 m顶板洼槽内或工作面内。总体来说，74%的死亡事故发生在工作面附近（西部深井为73%）。

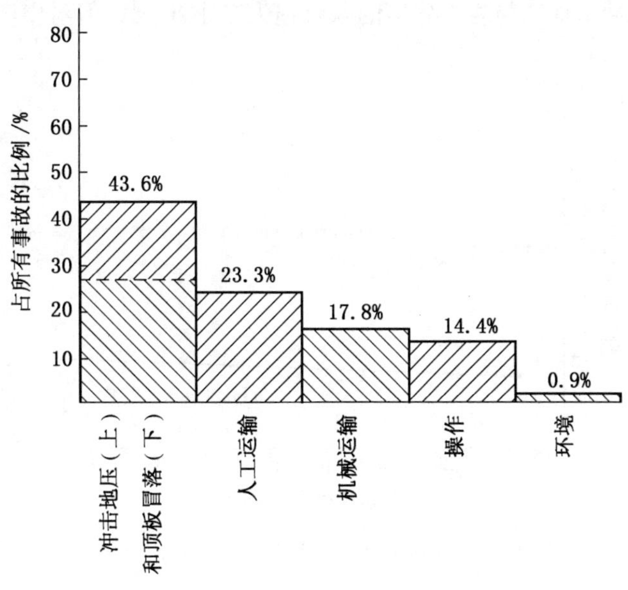

图 1—78 深井死亡事故比例分布（最近三年）

1）灾害的性质

描述特殊矿脉和特定区域条件下的开采困难程度的一个适当的衡量尺度是开采引起的单位面积的能量释放量（*ERR*）。它是开采几何条件、深度、工作面长度以及岩石弹性特征的综合影响的反映。图 1—79 和图 1—80 是 Ventersdorp Contact 和 Carbon Leader 矿脉在两年内的统计结果。

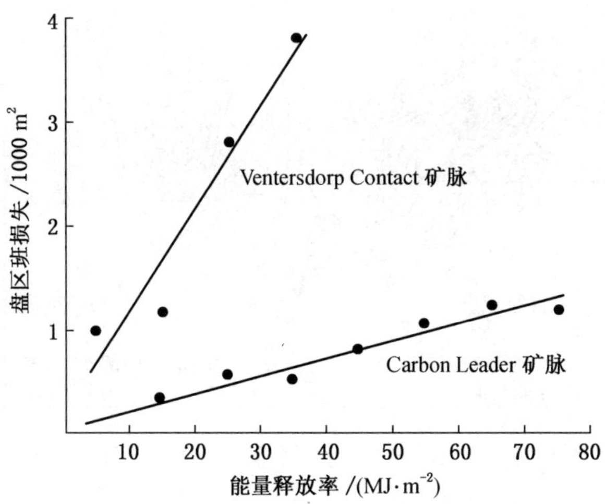

图 1—79 由于冲击地压和能量释放率造成的生产损失

班损失即长度为 35 m 的盘区爆破次数损失。每个盘区班生产约 70 t 矿石。由图可以看出，冲击地压与能量释放是正相关的，而岩石冒落造成的损失与能量释放基本无关。分析表明，如果能量释放率从 40 MJ/m^2 减小到 10 MJ/m^2，即减少到 1/4，则冲击地压损失率将减小到 25%，冲击地压与岩石冒落的联合损失减小 80%，但对生产损失的影响有限。

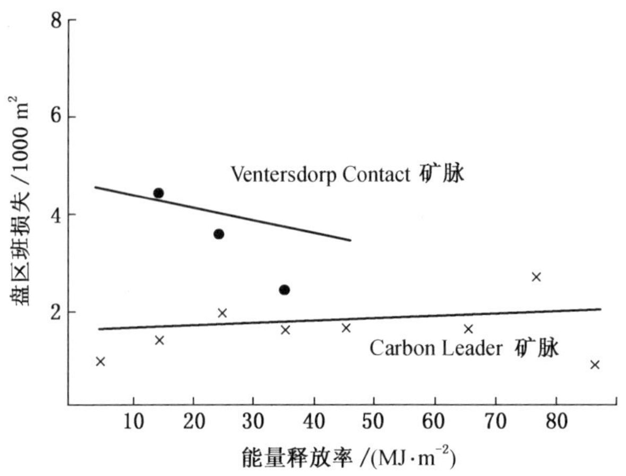

图 1-80 由于岩石冒落和能量释放造成的生产损失

2）地质不连续性

很多矿震事件均与地质不连续有关，包括断层、褶曲、节理、弱层面等。这些弱面意味着，在开采引起的应力尚未造成致密岩石破坏之前就发生了冒落。图 1-81 显示了区域性的节理系统引发的沿长壁工作面发生的矿震事件。图左侧为 West Deep Level 矿东部推进的长壁工作面两年时间内发生的矿震事件分布的横断面。图右侧是西部推进的长壁工作面发生的矿震事件分布的横断面。前一工作面近似与节理垂直，后一工作面近似与节理平行。

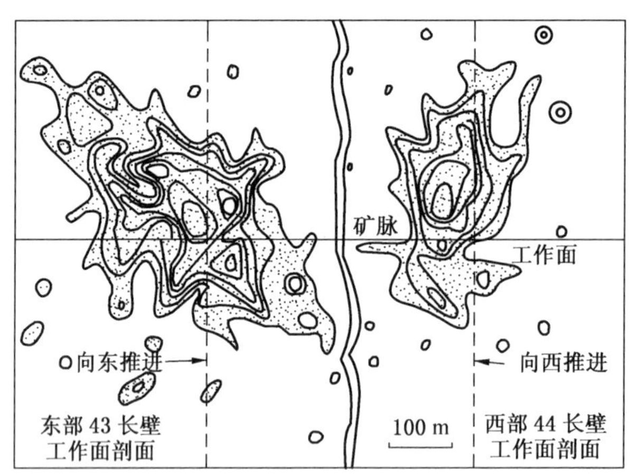

图 1-81 两个相反方向推进的长壁工作面周围的矿震事件分布（两年内）

研究表明，由断层引发的矿震强度与断层的位移关系密切，可表示为：

$$M_{max}=-0.32+1.88\lg D$$

式中 M_{max}——最大里氏地震级别值；

D——断层位移。

由此可见，断层位移愈大，发生冲击地压的可能性愈大。研究表明，任何褶曲或断层在盘区内与长壁工作面交叉均有可能引发冲击地压或岩石冒落。断层或褶曲的影响可以估计为在 *ERR*（单位面积的能量释放量）基础上附加了能量释放率 30 MJ/m^2。由此引起的生产损失可按（*ERR*+30 MJ/m^2）与 *ERR* 的比值乘以图 1－69 和图 1－70 的横坐标（理论上的单位面积的能量释放量）计算。

3）矿震与爆破

金矿的爆破作业对矿震的影响可以归纳为：

（1）矿山发生的大部分矿震事件均与开采区的扩大（通过爆破）有关，其所占比例因不同矿脉而有所不同，变化在 8%～25%，如图 1－82 和图 1－83 所示。

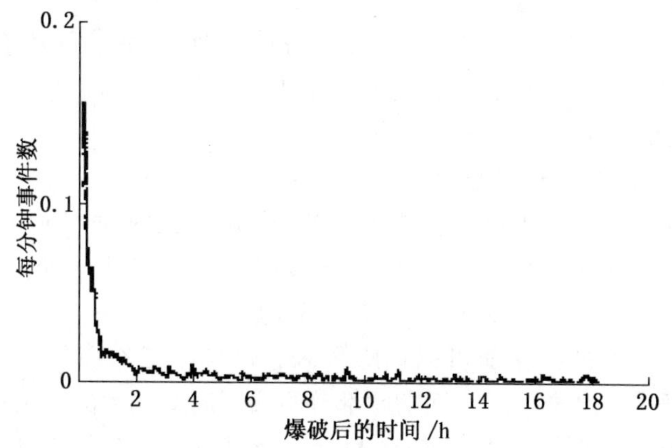

图 1－82　矿震事件的持续时间与爆破后的时间在 Carbon Leader 矿脉的分布

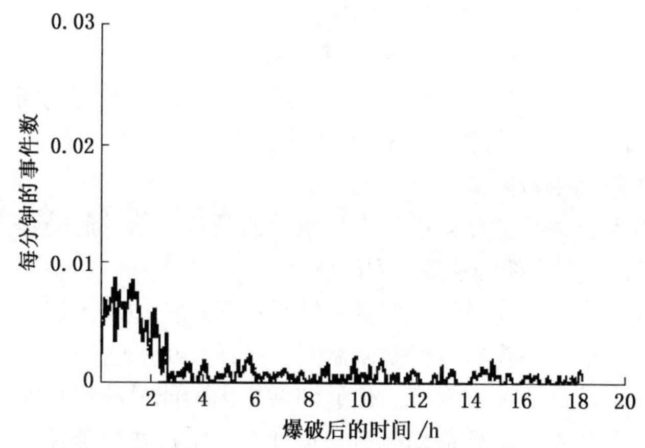

图 1－83　顶板矿震事件的持续时间与爆破后的时间在 Ventersdorp Contact 矿脉的分布

（2）任何开采引起的矿震几乎均与工作面爆破采矿活动耦合，但采矿活动引起的矿震是不均匀的。

（3）开采区爆破引发冲击地压的可能性取决于爆破量及其与该区的距离等因素。

4）冲击地压控制

防治冲击地压的战略首先是减小平均死亡数/千人・年，其次是减少单一的大冲击地压死亡事故。

研究表明，减少冲击地压事故可以借助于减小采矿引起的能量释放率来实现。具体途径包括部分采出和用废矸石、砂石、泥浆充填采空区，以及减小工作面长度（当顶板在采空区挠曲变形的情况下）。而支设支柱对减小冲击地压的效果很小。减小采矿引起的能量释放率关键在于减少顶板在采空区上方的弹性挠曲和悬顶。

在实践中，对于深井开采，最有效的方法是沿矿脉走向保留矿柱，它沿工作面全长保持一定的间距。与其他方法相比，减小能量释放率有以下优点：

（1）最大限度地在空间和时间上保护了工人的安全。

（2）对沿底板掘进的影响较小。

（3）如果由于某些意外，如发火、冒顶以及运输事故需要局部处理时，则将工作面沿长度分段，增加了开采的灵活性。

在 West Deep Level 矿，留矿柱的方法使得冲击地压和岩石冒落的死亡率减小到50%，而岩石冒落受到保留矿柱的影响很小。此外，沿走向保留矿柱，并没有使采出率显著减小，因为在此情况下可以减小稳定矿柱的尺寸。

5）减小大冲击地压事故频率的途径

（1）如果减小了采矿引起的能量释放率，将必然减小大的冲击地压事故发生率。

（2）如果将工作面沿走向分割，必将减少相邻矿柱间工作面的冲击地压事故，在此情况下，细长矿柱就已经足够，例如 20 m 矿柱，间隔 140 m。

（3）沿矿柱走向分割的工作面可以错距开采，例如，工作面的一半可以超前另一半 100 m 或更多首先开采。这样，工作面的两部分不会同时受到大的冲击地压的影响。

沿矿柱走向分割工作面的方法在 West Deep Level 矿已经实践多年，虽可减小大事故的损害，但也有不利的方面，即尾盘区总是受到很高的能量释放的影响，交叉口破碎严重，而且难以避免特别大的冲击地压事故的发生。

2. 工作面支架在防治冲击地压和矿震方面的特殊作用

冲击地压是深部开采的难题。为防治这一风险，需要研究矿震期间岩体运动特征及其与支架系统的相互作用。20 年前就已经研制了预先卸压的塑性支柱和垛体、工作面锚杆等，但冲击地压的风险仍未被解除。

地震工程师的首要任务是估计矿震时支架承受的载荷。估计震动强度的主要指标为质点尖峰速度（*PPV*）、质点尖峰加速度（*PPA*）。

第二项任务是改善支架结构设计，使其能够承受矿震或地震的载荷。这可以通过现场观测和数值模拟进行。设计的指导方针是限制对支护结构的损害。例如，选择支架结构的底尖和高度时应能避免较高的反应频率。传递到结构内的能量波有可能借助于工程缓冲器来吸收和消除。此任务的难度是评估动载荷和预计支架结构在此条件下的工况。

通常，支架结构、加固元件或系统是用来加固岩体和吸收震动能量。设计准则：一是基于可能承受的岩块几何尺寸相应的重力载荷选定支架阻力；二是基于岩块尺寸和 *PPV*（质点尖峰速度）确定必需的能量吸收。

研发了一系列预应力能量吸收元件，包括垛包、立柱和钢筋束等。

自 1980 年以来，抗冲击支架的设计准则是：黄金矿为 $PPV=3$ m/s，铂金矿为 $PPV=1$ m/s。

1）顶板结构

深部矿井工作面顶板常常被多组裂隙所切割，这些裂隙包括采矿前已经存在的天然裂隙和由于工作面的应力集中而形成的采矿诱发的裂隙。剪切裂隙一般在工作面前方 10 m 内形成并可扩展到工作面水平的 30 m 范围内，如图 1－84 所示。

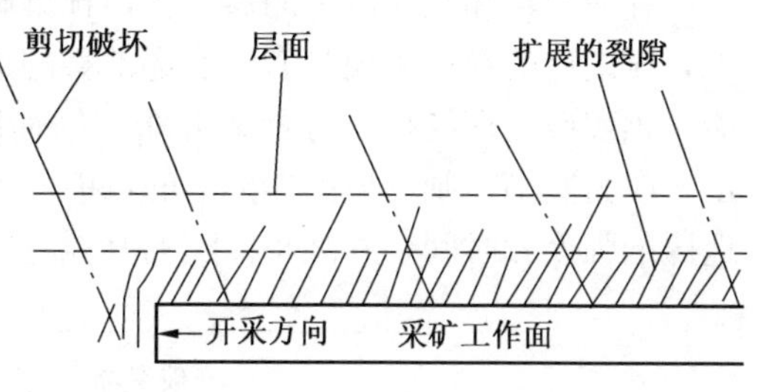

图 1－84 深部管状矿体主要不连续面方向

不连续面的有利方面是，如果次要裂隙垂直于工作面平面，将引起岩石侧向膨胀，从而产生水平应力，促使裂隙顶板形成横向挤压平衡，起着建梁作用。但一般来说，工作面周围的裂隙面将导致顶板处于不稳定状态，直至冒落。同时，被裂隙分割的岩块也可能因矿震事件引起的弹性波而发生抛射。在此情况下安设局部支架元件（立柱、垛、锚杆、金属网等）可以控制这些岩块。

2）由瑞利波在顶板引发的拉力

瑞利波（一种常见的界面弹性波，是沿半无限弹性介质自由表面传播的偏振波）的侧向作用很强，它可能引起岩块的横向挤压。其实际产生的拉力在不利的裂隙方向时，将导致顶板滑落，即成为“伴随着矿震事件的重力冒落”，参见图 1－85。

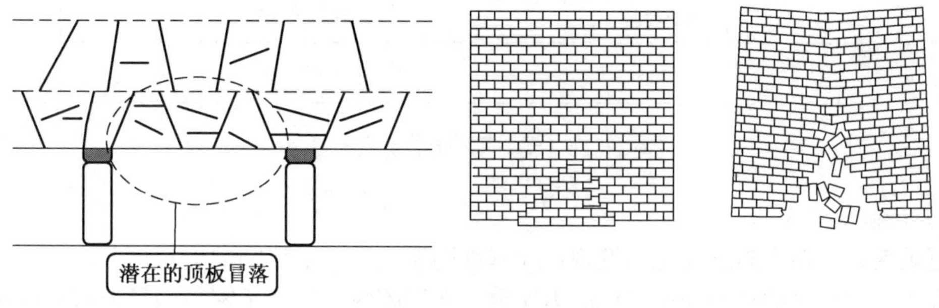

图 1－85 潜在的顶板震动垮落与无支护砌块垮落比较

3）实践考虑

1992 年研制的快速沉缩（3 m/s）的带有载荷扩散器的液压支柱（RYHP），从多方面看可以满足动载荷的要求，但它需要随工作面推进向前移动，增加了成本和管理负担。总之，需要进一步研究新的性能更好的支护系统。

避免冲击地压危害的根本途径是避免暴露在高危险区，为此需要进行采矿技术革命，将工人从采矿工作面撤离，同时应使工作空间设置的支架对冲击地压形成阻抗，以减小危险。

3. 有冲击地压倾向的矿体预爆破

1）预处理机制

深部开采矿井的围岩在工作面前方已经破裂。根据开采几何和应力条件，这些裂隙可以发展到工作面前方若干米。井下观测表明，工作面前方的裂隙岩体遭受很高的应力，形成复杂的破裂结构。如果约束条件继续保持，则应力会继续增加。当岩体变形和顶底板收敛时，破裂面会发生滑移。观测表明，由于岩体结构复杂，工作面前方的剪切滑移和破裂面滑移被抑制可能同时存在。如果滑移被抑制，则应变能会在岩体不同位置中积聚。当工作面推进时，对工作面前方岩体约束会减小，应变能将释放。如果紧靠工作面前方能量足够大，则能量释放可能表现为工作面岩石冲击。

在应力场和瓦斯压力的参与下，预爆破使得采矿引发的裂隙岩体得到活化。在此情况下，应变能的释放表现为岩块稳定滑移的彼此传递，从而减小了生产班出现岩石冲击的可能。预爆破处理使得应力重新分布，因而减小了工作面发生冲击的危险，如图 1－86 所示。应力减小，则发生突然滑落的可能性也减小。通过这种措施，有可能控制工作面冲击地压的强度和时间，并减小伴随的其他危害和损失。

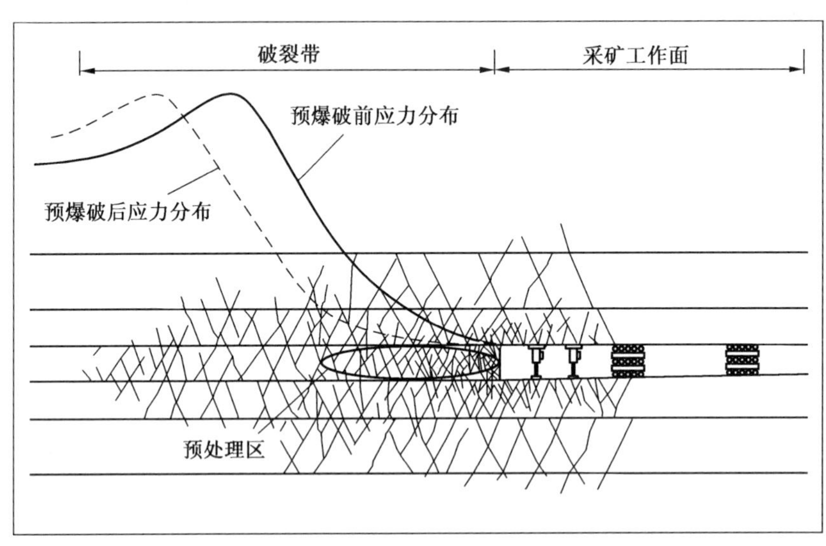

图 1－86　预处理引起应力重新分布

2）爆破效果分析

爆破后，在钻孔附近的观测发现，在其周围形成了一个狭窄的岩石压碎环形区。破碎是钻孔壁附近很高的径向和切向压应力所致。在压碎区之外，是密集的径向和环向裂隙系统，它扩展到从钻孔中心至半径的 3.5 倍处。钻孔升压产生的静应力与拉应力叠加形成的切向拉应力导致径向裂隙的形成。很高的压应力梯度形成的环向裂隙伴随着压应力到拉应力的迅速转换，后者是由于径向应力脉冲引发的。只有在这一区域内，爆破后裂隙是张开的。在此区域外有两个中间带，它由最内区径向裂隙的扩展和缠绕所形成，最外区则为弹性区，由于瓦斯的参与，该区会产生少量裂隙。具体的钻孔裂隙形成特征基本上取决于爆破参数和形状、炸药与钻孔壁的耦合程度。

三、缓减矿井地震危险的观测研究

此处介绍南非与日本合作在南非进行的岩爆（冲击地压）研究的有重要参考价值的内容。

开采引发的地震给南非深部矿井的工人造成了危险，而自然地震给生活在靠近板块构造边缘的人们造成了危险（例如日本）。面对相关的重大课题，南非和日本提出了 5 年合作研究项目“缓减矿井地震危险的观测研究”，从 2010 年开始实施。其任务是研究和发展南非矿工和仪器的能力，并在过去南非和日本地震学家对南非深部金矿研究的基础上提出“观测研究，与矿井地震危险做斗争”的计划。计划包括以下主要目的：通过对南非金矿近震源的观测，研究地震产生的机制，以提升地震危险的评估水平，减小深井和高应力区地震危险，并提升南非国家地震网的监测和处理能力。

1. 日本专家对南非矿井的研究

日本是地震多发国家，每年都有地震事件发生。1995 年发生的神户地震（震级大于 6.9）造成 6400 人死亡，64000 间房屋损坏，经济损失 1500 亿美元。今后如发生 8 级地震，预计会造成更大的损失。由此产生了强烈的预测和减小地震危险的要求。1995 年之后，在全日本安设了密集的地震网和 GPS 网，典型的间距是十多公里，以记录地震事件的时空变化和大事件的破坏过程。然而，震源过深（典型的是 10～20 km）给详细了解地震的准备和发生过程带来困难。因此，日本科学家必须寻求一个机会近距离观测这些过程。

日本与南非的合作研究计划在于详细研究和监测靠近震源的地震的发生过程。第一次中间试验于 1995 年在南非西部 Holiings 矿进行。试验安设了一个敏感度很高的钻孔应变仪，它能够发现岩体变形的细节，记录与大事件相关的突然大变化。与地震活动相关的岩体变形为集装的地震系统所监测。一个 200 m 矩阵排列的 9 个加速仪安装在隧道底板的钻孔内，可显示断裂过程为里氏震级 $M_L=0\sim1$ 的地震。

2. 声发射监测

日本、德国和南非合作研究了在南非 Mponeng 金矿进行的井下声发射监测。8 个声发射探头（AE）覆盖频率范围至 200 kHz，安设地点为井下 3300 m。监测场所在 Gabbroic 山脉的石英基岩内。在距离开采活动 90 m 内，发现了大于 100 kHz 高频率波形，并发现其距震源 50 m，它是由多种开采活动引起的。声发射网站记录了 $M_w1.9$ 事件（2007 年 12 月 27 日），见图 1－87。

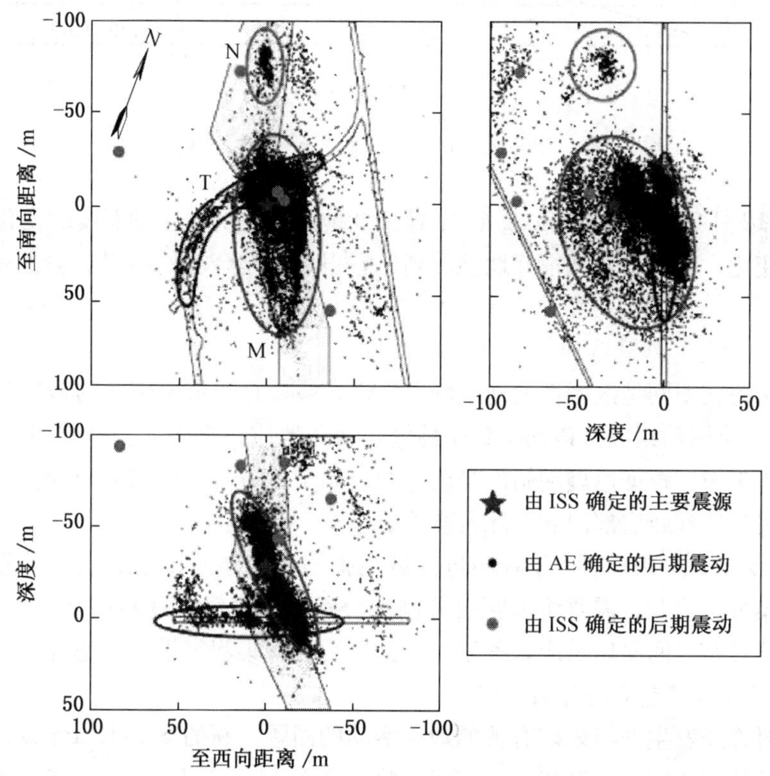

图 1－87　由 AE 准确定位的震源，它发生在地震（2007 年 12 月 27 日）150 h 后

矿震事件后 150 h，在监测网内 100 m 范围内仍然出现了 21000 次后期震动。与此同时，矿井使用的监测网，其阈值为 $M_w-0.5$，在同一区域仅发现了 9 次矿震事件。震动传播速度利用跨距为 50 m 的钻孔进行短距离超声传输测定。测得的高传输速度，说明岩石质量好。声发射系统成功地定位描述了在 Pink 和 Green 山脉之间的断层，该处就是 $M_w1.9$ 事件的震动源。开采诱发的临时应力改变也被成功地跟踪到了。

3. 由于开采引发的同震（Coseismic）和耐震（Aseismic）变形

与地震监测系统结合，在 Mponeng 金矿的两个地点由 CSIR 安装了倾斜仪。两种仪器均分析了倾斜速率和岩层运动，以便理解岩体在深水平开采的动态。同时发现了同震倾斜度（与矿震事件同步）和耐震倾斜度（与矿震事件无关），以及由矿井地震监测网记录的地震活动。每日爆破前的地震近于恒定，爆破持续在 19：30～21：00，在爆破期间发现同震倾斜度和耐震倾斜度显著增加，且随后急剧增大（图 1—88）。

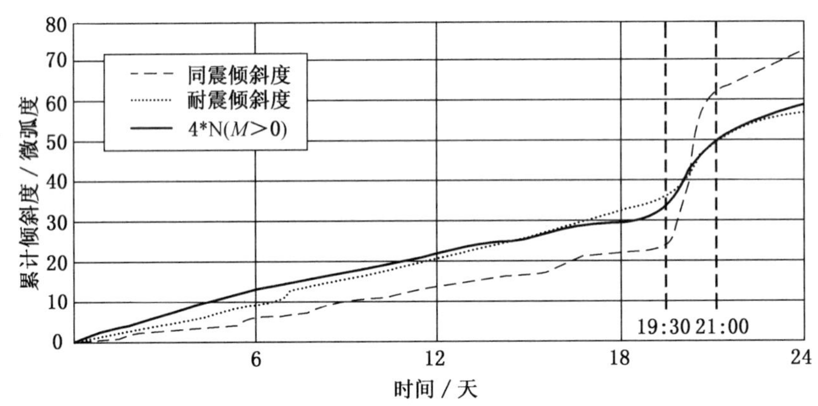

图 1—88 Mponeng 矿在一天内发生的同震与耐震分布

2010 年 12 月 27 日在 Mponeng 矿与 $M_w1.9$ 地震相关的岩层倾斜度的变化见图 1—89。分析倾斜度变化，矿震事件被很好地预测到，它很可能是余震的结果，但也有可能是同震引起的。

4. 与采矿相关的地震监测

南非国家地震图网是区域性的地震网（SANSN），它记录全南非的地震活动和大的矿震事件，由 23 个网站组成。该网将数据传输至南非地质科学委员会（CGS），该委员会承担每日的分析工作。根据地震网站的当前分布，确定地震阈值的底限为 $M_L=2.0$。数据的分析结果，将传送到政府部门和国际科学委员会。

Cichowicz（2007 年）研发了在附近区域模拟强烈岩层运动的方法。首先选择了一个地震源扩展模型。为此，需要将大断层分割为分断层，将每个分断层视为一个小的点源。小事件的波形具有时间滞后效应，各波形经处理后可聚集起来模拟大地震。

5. 缓减矿井地震危险的观测研究

以上是对曾经发生的与采矿有关的地震活动的回顾，新的 SATREPS 设计项目的目的是优化深矿井地震危害评价系统。计划将实验安排在 Moab - Khotsong 矿，拟完成的 5 个主要项目是：

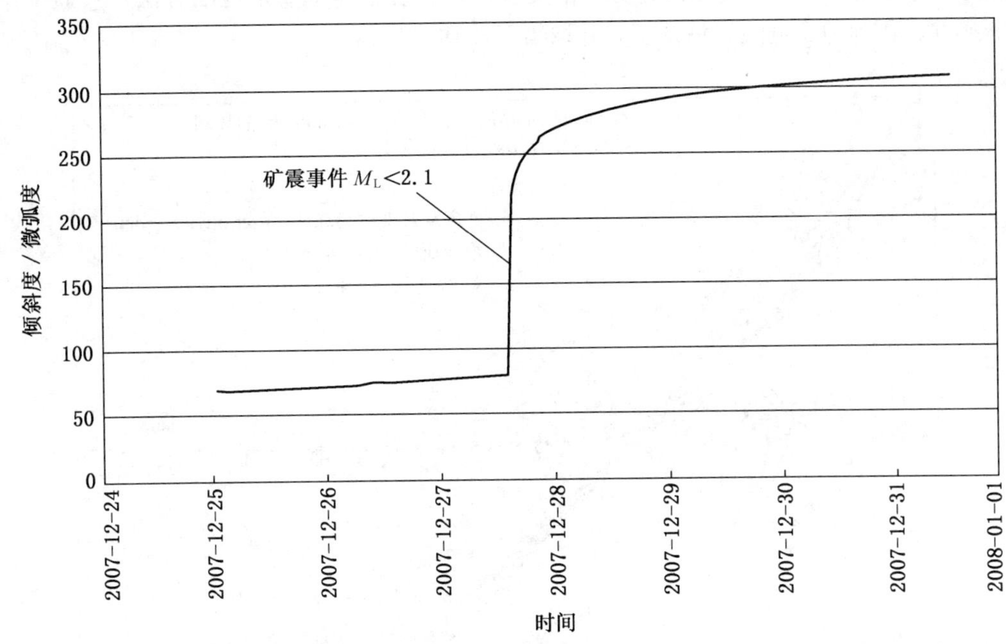

图 1－89　Mponeng 矿井与 M_w1.9（M2.1）地震相关的岩层倾斜度变化

1）地震源区的岩石性质

有关地震源及其周围的岩石力学性质的知识对项目研究的准备是必不可少的。例如，岩石弹性常数是必需的，以便由观测到的岩石变形估算应力变化。还有弹性波速，可用以确定矿震事件的准确位置。应力—应变特性、微破裂活动和从震源区收集的岩石试件最终破坏前的物理性质等应作为基础信息，以便为理解地震过程做准备。此外，对岩石的各向异性必须进行试验，因为它可能控制地震的传播和发生。同时，详细的破坏分布和地质资料也是研究的基础参数。它们可能显著影响地震的传播和产生的强烈运动。

2）敏感的密集监测

①微破裂。伴随着破裂平面的发展，可以发现微破裂，并可利用声发射监测系统确定其位置。大于 100 kHz 的声发射（AE）矢量可用于发现在直径 100 m 范围内厘米级的微破裂。此范围包含在目标地震断层内（图 1－90）。每次 AE 事件将会被自动锁定并将其位置传输到地表及实时监测的网站，其波形将存储到计算机，供进一步详细分析使用。

②岩体准静态的偶发变形，可以用敏感的应变仪和倾斜仪检测到。应变和倾斜度按 50 H_Z的频率进行收集，以详细了解偶发事件和其前震。数据将近于实时地传输到地面并显示。应力如何通过矿震事件和声发射被释放等，可以通过长期地震源监测到。

③采矿场停产同样可以监测到，以提供地震源附近应力分布的附加信息。当遭受剧烈的震动时，采场围岩将恶化并导致破坏。

如上所述，在若干采矿场所安设监测钻孔，以锁定断层位置。

3）地震危险评估

矿井广泛使用常规的监测系统，典型的网站间距是 500 m。它提供了有价值的数据，支持了对地震危险的评估。典型的是每天发生的在 1 km 区域内的数百个 M_L >－1 的事件。

ISS 仪器公司提供了基于应力和应变的相关参数，评价岩体不稳定性的方法。它通常用于南非矿井，作为地震危险评估系统，并取得了成功。

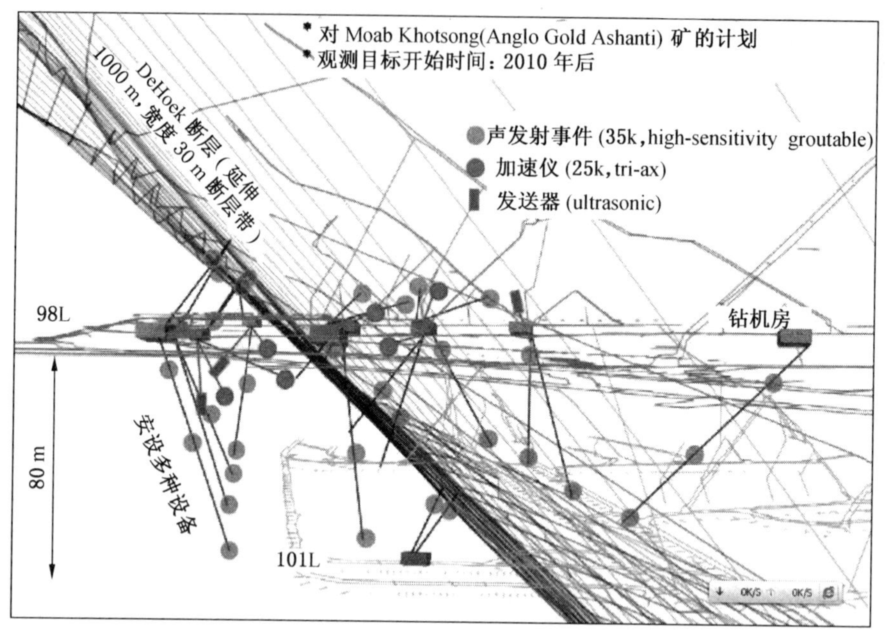

图 1—90 在 Morb Khotsong 矿计划安设的检测仪器

4）强烈地层运动

大于厘米级的断层的突然破坏至今尚未在现场被监测到，不像实验室试件那样。因此，目前尚不清楚破断是如何演变的，或大构造地震的强烈运动是如何产生的。由于缺乏知识，难以发现大地震前的准备阶段，以及准确预测大地震引起的地表强烈运动。

矿工暴露在强烈运动和关联的矿震事件引起的冒落危险中，此处有两个与之斗争的主要发展战略：通过合理的开采设计，减小矿震事件的的数量和规模；加固和支护岩体，使其不致发生强烈的震动。

为了改善矿井设计战略和有效的支护单元与系统，必须查明强烈运动的几何衰减机制和在采场的放大系数。主要研究参数如下：

（1）近断层现场监测。小的观测网站（数十米的监测范围）将用于有可能发生 $M_L>2$ 地震和断裂超过 100 m 断层的监测。加速器和高容量应变仪将用于测量强烈的地表运动和动应力变化。

（2）采场监测。以干电池为动力的若干强力运动仪将安设在采场。

（3）衰减和场地效应。在靠近断层区，地表运动十分剧烈。在断层源内的一个断层长度内，由 2 级地震引起的典型的矿井冲击地压影响范围约为数十米。然而矿井常用的监测网站仅能探测 10 m 左右的范围。因此，不能确定震源和强烈运动。然而微破裂监测可以很准确，它不仅可以改善对几何的和固有的衰减的评估，而且可以比较现场和震源的运动强度，以研究确定现场放大系数。衰减和放大系数测量的改善将对开采设计和支护系统设计提供帮助。

(4) 标度法则。将对动应力变化和断层滑移与现有的试验结果进行比较，以阐明动力破坏过程的标度关系。将收集事件量级区间为 0～2 或以上的资料，利用这些资料，可得到关于问题“破坏能量是否随着矿震事件量级而增加?”的答案。

5) 采矿区 SANSN 地震网的升级

在采矿区大的地震一年发生若干次，且有时会引起地表结构损害，然而这些地震很少仅被矿井监测网站记录，这些网站的设备只有 4.5 Hz 的地音计，它不能够记录大地震产生的低于 0.3 s 的长期信号。这就限制了对地震的断层错动过程的评估。然而，大矿震事件的机制提供了对于局部构造的观测机会，有可能更好地理解应力机制。而且，通常全世界广泛使用的 CGS 地震图分析软件，并不能自动地选择事件的阶段和位置。因此，CGS 不适用于对地震后所需信息的快速反应。为此，计划发展下列一些主要技术：

(1) 一批强力的地表运动监测站将安装在矿区的西部边远处。这些监测站将对鉴定开采区地震活动事件的特点和研究评估地表损害作出重大贡献。它还将为开采区的震源机制确定和区域应力分析提供依据。

(2) 现代化的数据分析中心将在地质科学委员会 (CGS) 的总部建立。当前，CGS 每天人工分析约 20 起事件，软件的升级将能每天自动分析 1000 起事件，并近于实时地显示在 CGS 的网站上。

(3) 发展和验证参数模型，它将能够预测强烈的地层运动，进行灾害评估，并迅速评估大地震后概率较大的地震灾害，可显示大于 5.5 级的地震很可能在开采区域发生。但对于 M_L 大于 4 的地震，在观测过程中不大可能被发现。因此，必须使用外推法技术预测很大事件引起的岩层运动。

数据中心和监测站群的建立是南非国家地震图网 (SANSN) 向采矿领域扩展很有意义的一步。数据中心和监测站的最终目的是近于实时地预测所有城镇周围的开采区 (半径 100 km) 强烈的地层运动。第一个临时的装有强烈地层运动传感器的地震监测站在 2011 年设立，并升级为永久监测站。

四、加拿大微震与冲击地压监测研究

加拿大金属矿山建立了较先进的微震监测系统，包括数据分析软件，并进行了冲击地压预测研究。此处介绍其系统的应用和成果分析，包括矿震波的传播特性和岩体破坏机理分析。

采矿引起的地震直接与开采空洞的相互作用、区域地质结构和局部应力环境相关。地震能量的释放是由于地质结构的不稳定性或者在形成新的破碎情况下发生的，并在极端情况下引起冲击地压，从而威胁人身安全和影响开采工程的连续性。

20 世纪以来，加拿大在此领域的研究取得突出进展，建立了可记录全波形、高频率的数据采集系统。加拿大已在矿井观测到大量矿震活动，收集的资料可以用于分析采矿积聚的应变能和引发冲击地压的岩体情况变化。

过去几年，利用先进的软件和硬件，建立了更可靠、高效率和低成本的全波形矿震监测系统。同时，将在线的微震分析程序提供给矿井，用于记录和分析矿震事件的过程，其速率可达到每天 100 次。这样，矿震监测技术就成为可远距离接收开采影响下岩体工况特征的分析工具，从而使矿震监测系统成为矿井很受欢迎的开采通信工具。

1. 监测系统的构成原理与软件系统

图 1—91a 显示了监测系统的构成，包括双线路电缆、光纤维和遥测设备等。系统的数据速率可达到 40 kHz，具有 16 比特分辨率，从而可以有效地记录事件；获得的结果可以减小矿井噪音对触发器的干扰；安装了单向和三向加速的传感器。地音检拾器一般多安设在地面。GPS 系统则用于与时间有关的区域或局部定位系统。

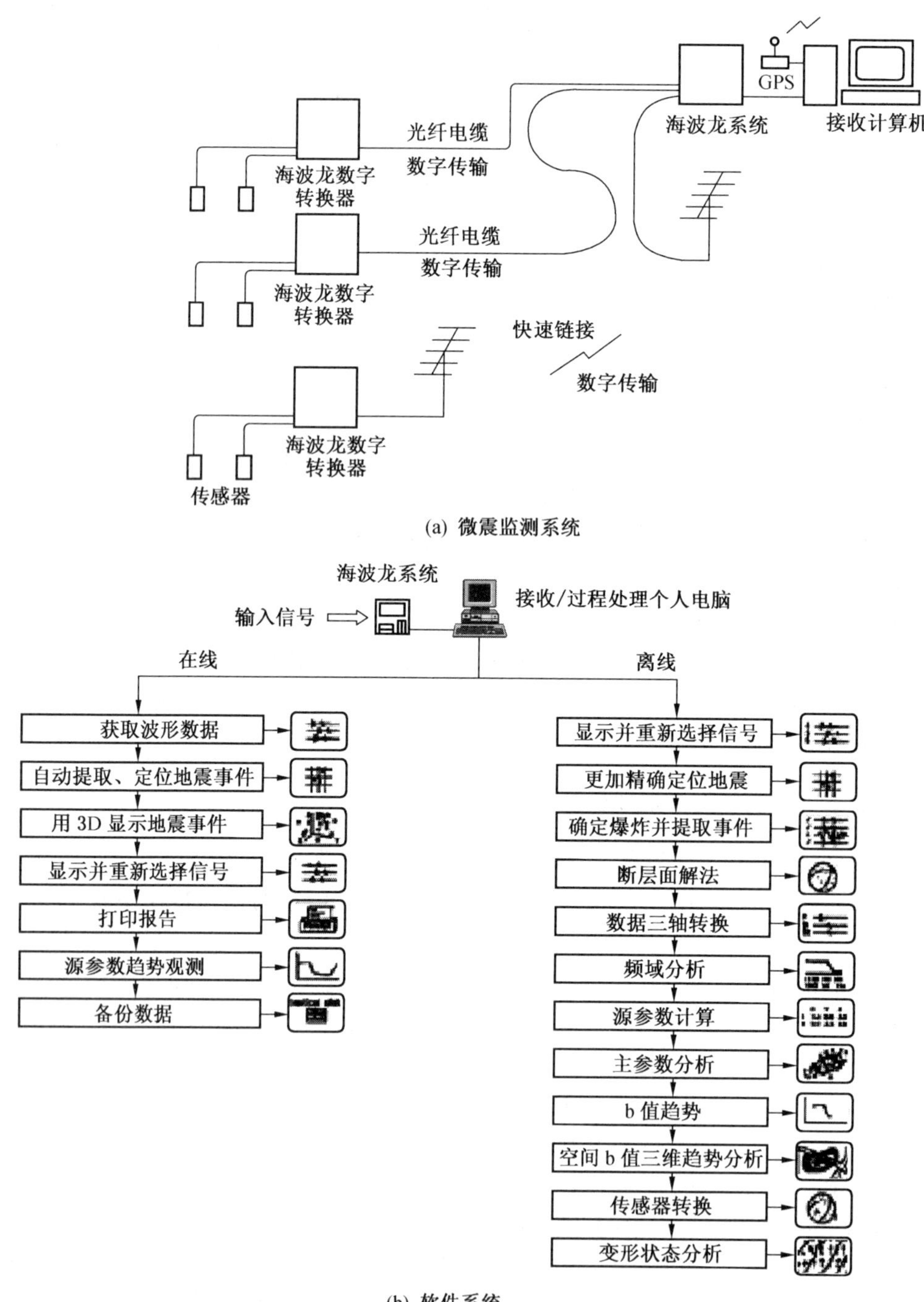

图 1—91　微震监测系统原理图和软件系统

图 1－91b 为数据采集软件进行矿震处理的过程。矿震参数可以存储在数据库结构中。先进的记录滤波设备可以根据用户需求选定时间、空间和所包含的参数。图表可以实现实时的微震 3D 显示。

工作原理：地下开采的地质结构可以被采掘工程及与局部应力场相关的工程之间的相互作用而激活。破碎带的位置可由矿震事件的空间分布而确定。如果剪切破坏是岩体的主要破坏形式，就可以利用矿震波型信息。此时，压缩波（P 波）首先运动，从而可确定发生破坏的可能方向。

图 1－92a 是选自加拿大 Sudbury 的 Strathcona 矿的破碎极点等值线分布，它集中在下半球。这种矿震事件的空间集聚特征表明，事件趋向于优先沿着图中某一种结构聚集（位置 A）。其方向是利用断层平面解软件确定的两个轮廓线之一（图 1－92c），而且其方向与假定破坏发生在一个单一的相对稳定的区域应力相一致（图 1－92d）。根据这些观测可以确定，开采引起的矿震活动一般与断层活动有联系。矿震分析提供了远距离监测全矿井岩层破坏的手段。

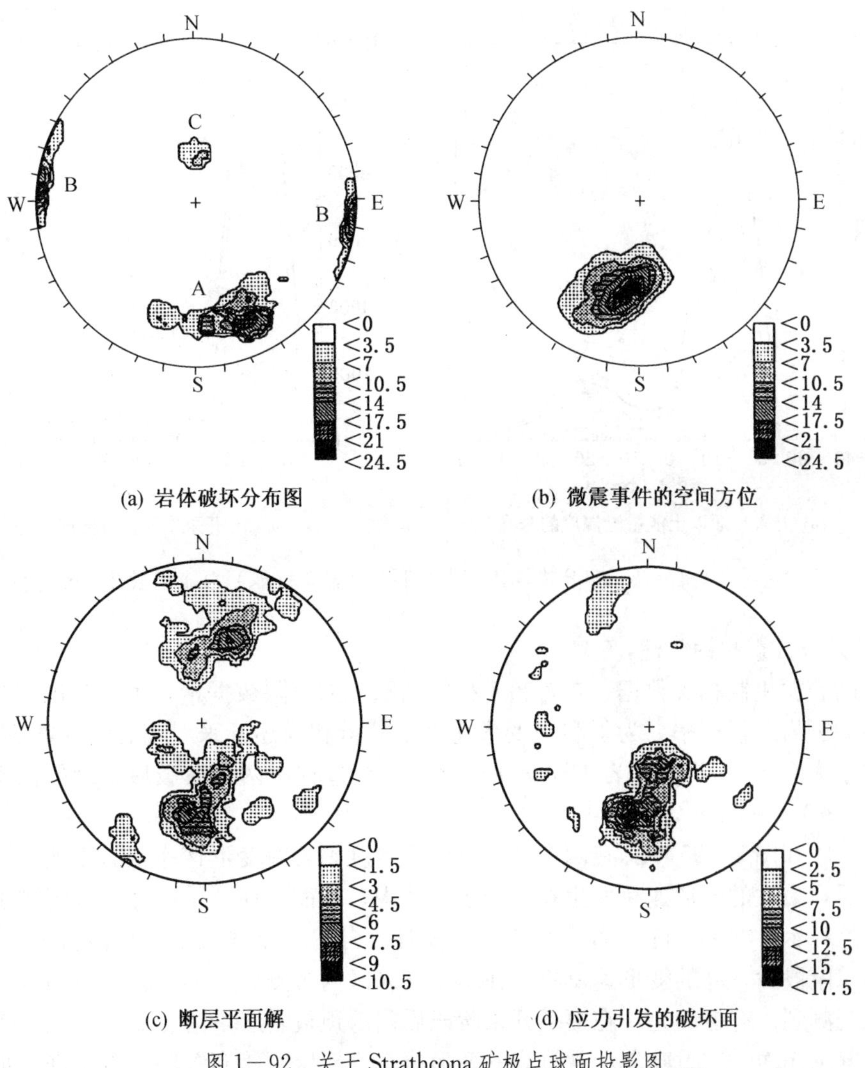

(a) 岩体破坏分布图　　(b) 微震事件的空间方位

(c) 断层平面解　　(d) 应力引发的破坏面

图 1－92　关于 Strathcona 矿极点球面投影图

2. 开采工作面前方破坏机制

矿震能量在P波（纵波）和S波（剪切波）之间的分配可以用来评估参与微震源的剪切与非剪切组分的比例。典型的是，剪切破坏时，P波微震能量的释放仅为S波的1/20～1/30；相反，对于拉伸破坏，P波和S波的能量释放几乎相等。因此，对能量比例的考察结果，有可能用于评估推进工作面的围岩破坏类型。图1—93显示，在Strathcona矿，能量值的变化与推进工作面的相对位置关系极为密切。最大的总能量释放发生在工作面前方以内20 m和其底板以下20 m内。P波和S波分布特征反映了观测到的总能量分布。在开采空洞前方的能量水平分为3带，在深度上分为2带。图1—93为靠近开采空洞的矿震事件分布，显示了P波的能量出现强化。这表明，可能有大的非剪切破坏组分存在。反之，如果至开采空洞一定距离的矿震事件出现了S波相对于P波能量的强化，则意味着存在着以剪切破坏为主的破坏机制。

在这两种极端情况之间存在一个过渡区，该处的破坏机制有剪切和非剪切破坏组分比例的变化。

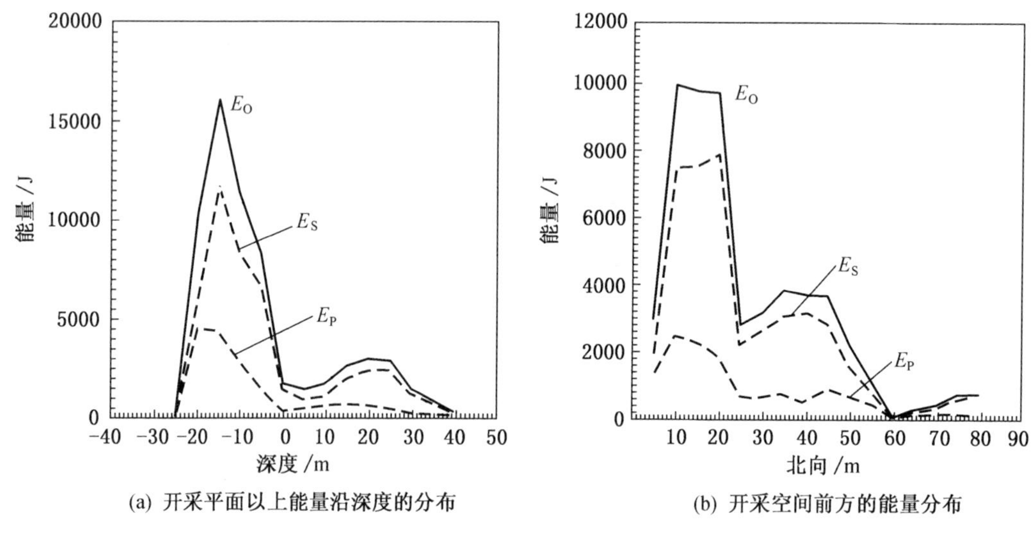

(a) 开采平面以上能量沿深度的分布　　(b) 开采空间前方的能量分布

图1—93　平均微震总能量（E_O）、P波能量（E_P）和S波能量（E_S）分布（取自5 m的移动窗口）

3. 对开采区影响的描述

获得的震源机制相关数据，包含整个矿震活跃区的有限数据量，可用来确定与地下开采相联系的围岩变形速率。为了利用变形速率来分析和描述开采对围岩潜在的影响轮廓，利用了加拿大Campbell矿基岩矿柱900 m深度生产过程中两次爆破后记录的微震活动分布（图1—94）。

图1—94和图1—95中，在两个开采阶段中深度因素对变形速率都有影响。在第3开采阶段之后，最大的变形速率发生在开采区岩体中，然而，在开采区外侧也观测到高的变形速率。这显示，在邻近随后的第6开采阶段时，岩体已经进入变形转换状态。相似地，在第6开采阶段后，高的变形速率不仅在整个开采区内观测到，而且在随后的第7开采阶段区域也观测到。有趣的是，在第7开采阶段后西部顶板岩层垮落了15 m，并平行于第6阶段的长壁工作面。这意味着，观测到的变形速率与岩层垮落有关联。需要进一步研究建

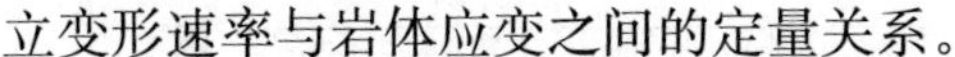

立变形速率与岩体应变之间的定量关系。

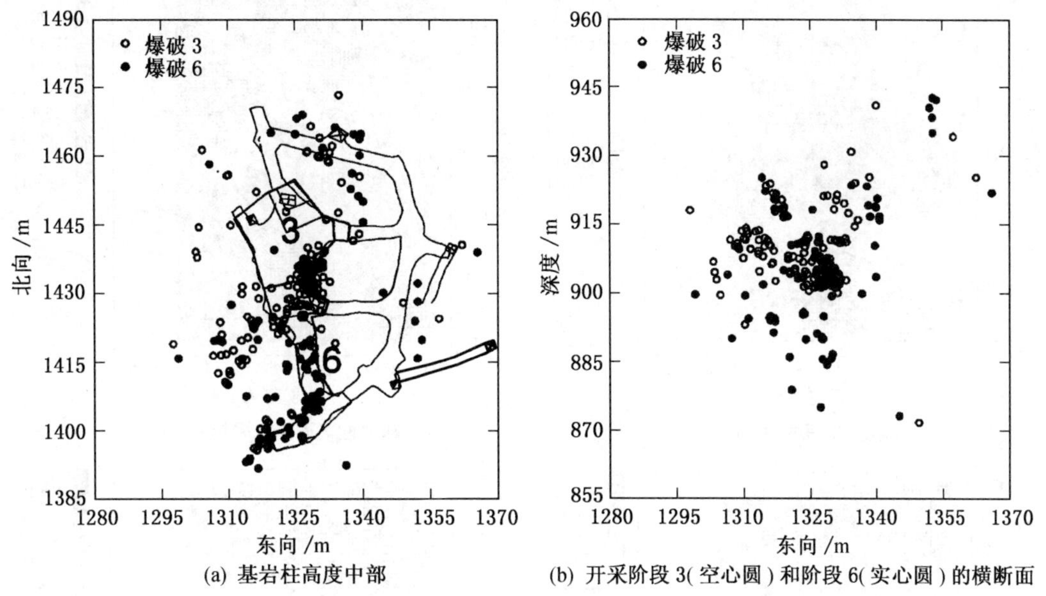

(a) 基岩柱高度中部 (b) 开采阶段 3(空心圆)和阶段 6(实心圆)的横断面

图 1—94 矿震活动分布平面图

开采第 3 阶段后一天变形速率的垂直分布如图 1—95 所示。

4. 矿震危险评估

矿震危险的评估建立在对整个时间内超过临界峰值速率或加速量可能性的评估。为实现这一目标，需要确定一系列的参数，包括：预期的最大数值水平、岩体破坏机制、井下安装的各种传感器信号传递衰减效应等。评估最大数值水平的一个方法是，考察矿震事件沿空间和时间的分布。为此建立了给定数值矿震事件发生的频率和数据量级分布的斜率(即古腾贝格—里歇尔关系式的 b 值)。为了实现对矿震风险的评估之目的，需要试验适当的矿震事件 b 值内空间和时间分布评价。以上的方法曾在采深 600 m、Strathcona 矿记录的微震事件的分类中应用。当时处于 2.9 级冲击地压之前的一个月和之后的一个月。

图 1—96 显示了 b 值在北向的空间和时间分布，如图所示，级别为 2.9 级的冲击地压发生后 28 天，b 值从 1.2～1.4 减小到 0.6～0.8，持续了 2～3 天。相似的结果在利用东向或深度作为坐标时也可获得。b 值的估计误差为 10%～15%。

在这些观测的基础上可以确认，在发生大级别地震前，b 值会减小。同时很可能伴随着有效应力的相对增加。在应力增加的情况下，高强度区有发生垮落的趋向，并导致较高数值的微震事件增加。

由于此方法具有可以评估每一时间和空间的微震参数的优点，因此它有可能被应用于矿井微震危险评估图。

5. 结论

在过去的一个世纪，对开采诱发的矿震（包括冲击地压）有了深刻的理解，进一步优先发展了高频率的数据采集技术。它有可能对矿震里氏量级小于零的很小事件在矿井客观地予以记录和处理。结果，对开采空洞、区域应力场和局部地质结构之间的关系有了更好的理解。

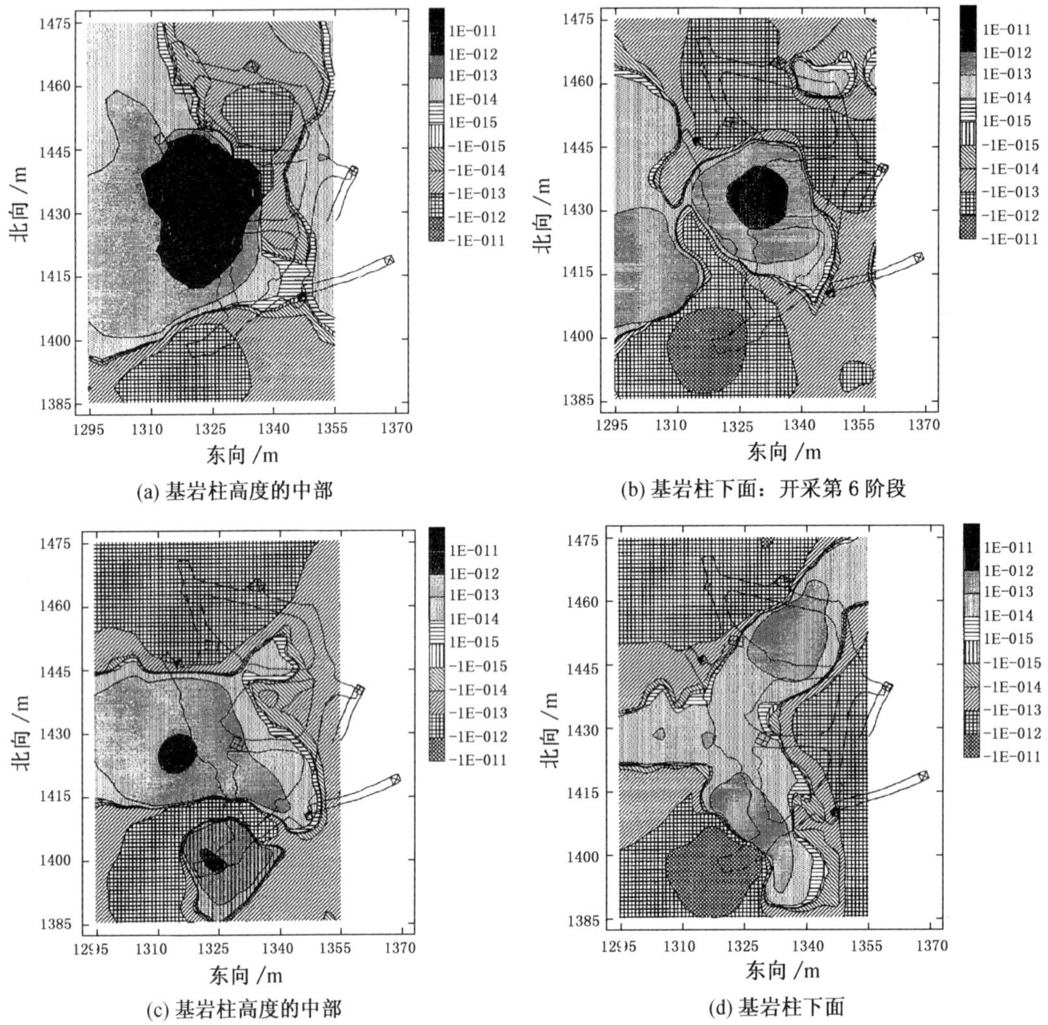

(a) 基岩柱高度的中部

(b) 基岩柱下面：开采第 6 阶段

(c) 基岩柱高度的中部

(d) 基岩柱下面

图 1—95　开采第 3 阶段后一天变形速率的垂直分布

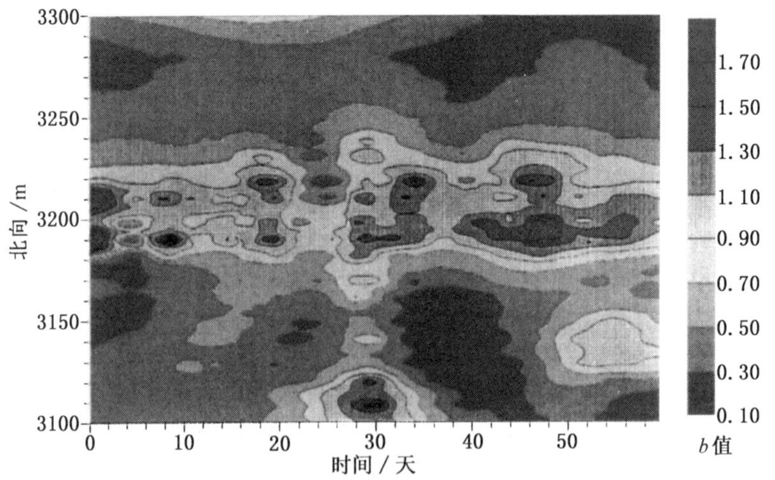

图 1—96　根据 5 m 和 12 h 网格计算的 b 值的空间和时间分布

以上提供了此方法在矿井中应用和流动的矿震活动监测的概况。这些技术包括对以下方面的评定：

(1) 通过微震活动时间和空间的分布及断层平面解，确定正在发生的岩层破坏。

(2) 使用开采空洞前方 P 波和 S 波能量比的分析报告，确定破坏模式。

(3) 利用应变轴的应力倒置技术，确定巷道附近的局部主应力方向。

五、挪威对岩石冲击特征与岩体指数的研究

此处介绍挪威学者关于岩石工程岩爆（岩石冲击）发生的机理和破坏准则的见解。

岩石冲击和压出是连续岩体过载引起的不稳定显现。因此，表征岩体强度的岩体指数（RM_i）可以直接用于岩体稳定性分析。以 RM_i/σ_θ 表示的强度因子可以判断巷道周围某处是否过载。

1. 脆性岩石的冲击地压和崩裂

岩石冲击也可以称为崩裂或抛出。当开采深度大于 1000 m 时，岩石冲击经常发生，在浅部开采中如果水平应力很高，也有可能发生。研究表明，在北欧斯堪的纳维亚地区岩石的各向异性是引起岩石向巷道崩裂的原因。如有的地区处于村庄下 400 m，则该区最大和最小主应力差值很大。岩爆发生时可能使小块岩石崩裂，也可能造成数立方米的岩石抛出。后一种情况可能引起整个顶板、底板和侧帮运动。在十分严重时，破坏还会扩展，这给施工安全构成威胁。

虎克和布朗对南非厚石英矿提出了隧道稳定性准则。该区 $k=p_h/p_v=0.5$（p_h 为水平地应力，p_v 为垂直地应力）。按虎克和布朗准则，冲击地压活动可以分为 5 级：

(1) $\sigma_c/\sigma_\theta>7$，稳定；

(2) $\sigma_c/\sigma_\theta=3.5$，小的崩裂；

(3) $\sigma_c/\sigma_\theta=2$，较重的崩裂；

(4) $\sigma_c/\sigma_\theta=1.7$，需要重型支架；

(5) $\sigma_c/\sigma_\theta<1$，存在较严重的冲击地压问题。

其中，σ_c 为单轴抗压强度，σ_θ 为切向正应力。

以上公式中的 σ_c 是 50 mm 厚度的试件强度。表征几何尺寸效应的公式是：

$$\sigma_c=RM_i/f_o$$

对于 1～1.5 m^3 的岩块，$f_o=0.45$～0.55，这意味着：$\sigma_c=RM_i/f_o=2RM_i$，因此，比值 RM_i/σ_θ 约为比值 σ_c/σ_θ 的 1/2，见表 1－10。

表 1－10 脆性岩体的破坏模式特征

强度因子	脆性岩体破坏模式	强度因子	脆性岩体破坏模式
＞2.5	低岩石应力引起不稳定	1～0.5	高冲击地压或崩裂
2.5～1	高应力，轻度松动	＜0.5	严重冲击地压

岩石强度的测量应与切向正应力方向一致，而岩体的各向异性导致表中强度因子不可能始终有代表性。

在斯堪的纳维亚，具有冲击地压和岩石崩裂的隧道在大部分情况下均采用喷射混凝土支护（经常用钢纤维强化）和岩石锚杆支护。表 1－11 综合了不同的应力特征和支护手段。

表1－11 挪威岩爆（冲击地压）隧道采用的通用支护手段

类　型	应 力 特 征	支 护 手 段
高应力	可能引起部分岩块松动	背板或随机的点锚固
轻度冲击	部分岩块崩裂或冒落	背板加间距1.5～3 m的锚杆
严重冲击	松散和冒落，常以岩块和板块的剧烈抛出形式显现	背板加间距0.5～2 m的锚杆。加厚度50～100 mm的喷射混凝土，并常用钢纤维加强

2. 减少岩爆的可能措施

1）掘进采用爆破方法

在斯堪的纳维亚隧道往往采用钻眼爆破方法掘进，这导致巷道周围形成松动圈。爆破产生的裂隙导致应力重新分布而远离巷道表面。这是斯堪的纳维亚隧道岩爆比采用全断面掘进方法少的原因。有些地方就曾采用这种方法减小岩爆危险。这些经验也说明，节理、裂隙发育的岩体发生岩爆的危险远小于在同样应力水平下的致密岩体。空洞尺寸和形状对应力数值和稳定性有重要影响。在具有岩爆冲击倾向的高各向异性应力区，可通过减小曲率半径（该处切向应力最大）而减小支架数量，如图1－97所示。

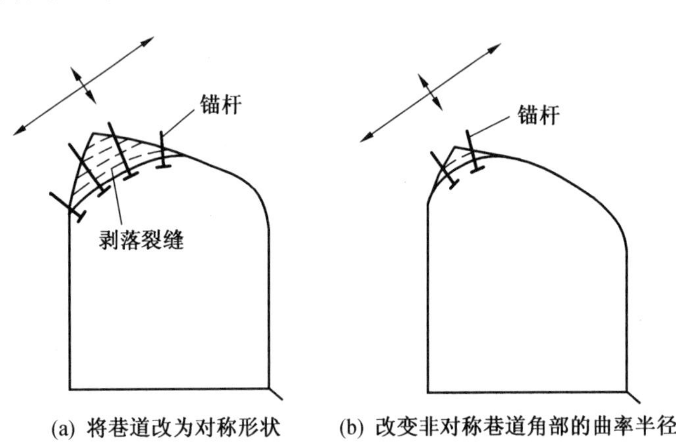

图1－97 在高各向异性隧道的处理方法

2）治理巷道周边变形压出

巷道周边变形压出可以达到很大规模，有的隧道达到其断面面积的17%。变形压出不仅发生在顶板，还发生在底板和两帮，如图1－98所示。

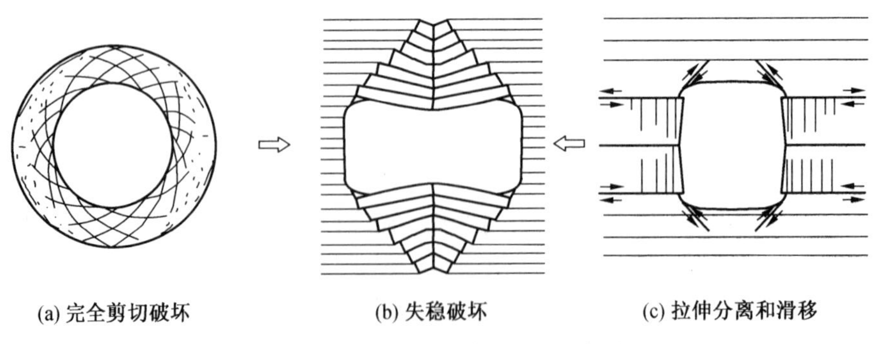

图1－98 巷道压出破坏的主要类型

这种压出是与时间有关的剪切作用，即剪切蠕变，并伴随着体积膨胀。

研究表明，在弱围岩中巷道收缩时间和初始支架对变形压出起着重要作用。此外，隧道的拱形效应也很重要，它可以将顶板覆盖层压力的主要部分传递到隧道两帮。同时，如果岩体膨胀，则高应力将远离隧道周边。在此情况下，较弱的支架是需要的，以便维持裂隙巷道围岩的稳定变形。

【本章小结】

本章介绍了德国、俄罗斯、波兰、美国、澳大利亚、南非、加拿大和挪威等国冲击地压的发生机理、监测系统、预测和防治措施。与我国冲击地压研究的实际情况相比，无论是冲击地压的发生机理、监测技术，还是预测与防治方法，这些国家的研究都各自具有一定的特色。例如，一方面德国强调对冲击危险煤层结构特性和力学特性的研究，同时，普遍采用钻屑法进行冲击地压预测，虽然我国也使用这种方法，但德国从法规上进行了详细的规定，可操作性强，能够有效地指导冲击地压的预测与防治。另一方面德国通过强力支护结构及合理致密的架后充填设计，保证了在采深 1100 m 的条件下极少发生冲击地压灾害（详见第三章）。波兰在冲击地压研究上，更注重监测和治理工作，尤其是冲击地压监测技术及装备一直处于世界前列，如 ARAMIS/M 微震监测系统和 ARES/5 地音监测系统广泛应用于波兰的煤矿、铜矿和其他国家。在冲击地压防治上，波兰全面采用保护层开采与合理开采顺序及定向水力压裂技术，冲击地压灾害得到了有效控制。波兰还建立了详细完善的冲击地压管理体系。美国煤矿重视冲击地压发生机理和防治技术的研究，在矿井开采设计和开采顺序上下工夫，基本实现了有冲击危险煤层的安全开采。澳大利亚在很多煤矿安装了声发射系统，并建立了基于 G—R 关系式的矿震危险尺度（SHS），有效地总结了矿震的发生规律及矿震的破坏机制。南非针对金矿的开采特点和开采深度超过 2500 m 的实际情况，通过留设规则矿柱、采用走向工作面错开布置等方法，有效地减小了强烈冲击地压事故的发生频率，其开发的快速沉缩 3 m/s 的带有载荷扩散器的液压支柱，能够满足控制冲击地压、矿震等动载荷的要求。加拿大在金属矿山建立了先进的微震监测系统，实现各种信息的三维显示和远程监测与分析。这些内容丰富和扩大了我们关于冲击地压预测和防治的知识与视野，为进一步防控冲击地压提供了重要参考。

第二章 德国煤矿回采巷道岩层控制

德国煤矿装备和工艺技术先进，自动化程度高，深部开采岩层控制技术在国际上处于领先水平。但随着采深增大，成本急剧增加，近几年产量逐年递减。主产煤区鲁尔矿区开拓延深很快，平均每 4 年大约增加 100 m，目前的开采深度达 1750 m。

随采深增加，保证通风必需的巷道断面逐年增大，2009 年平均为 30 m^2，巷道支护成本显著增加。在巷道支护技术上，重点发展了可缩性拱形支架与锚杆支护相结合的联合支护，以及多年来坚持的巷旁充填和架后充填技术，发展了成套的充填工艺装备和充填工艺系统。同时在矿山压力与岩层控制理论、试验和现场监测方面也有较全面的发展。

两部代表性著作对 50 多年德国深部开采实践成果进行了总结：《岩层控制实践 》(1981 年出版)、《回采巷道岩层控制》(2006 年出版)。

第一节 回采巷道矿压显现与围岩应力分析

一、巷道变形现场观测成果简介

德国对硬煤矿井回采巷道的变形进行了长期的观测和统计分析。综合可缩性拱形支架巷道变形有代表性的观测结果，如图 2－1 所示。左图为巷道一侧回采之后，右图为双侧回采之后。

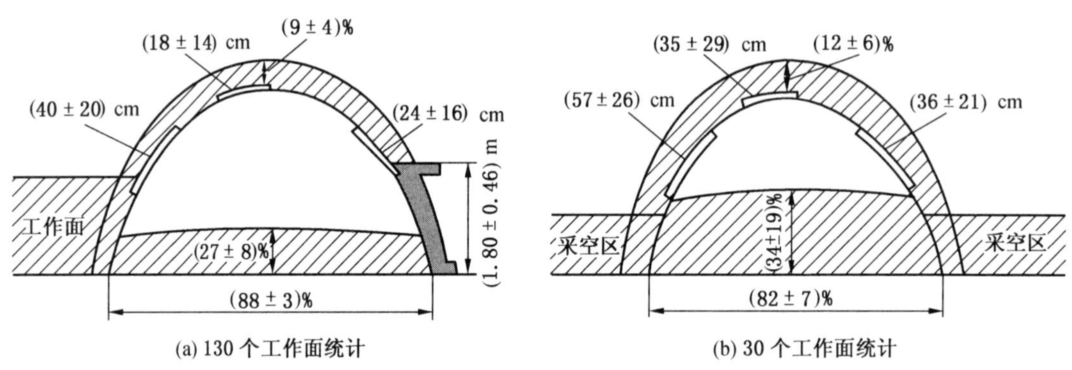

(a) 130 个工作面统计　　(b) 30 个工作面统计

图 2－1 采煤工作面通过后的平均剩余断面

图中显示：一侧回采后，巷道拱顶的下沉约占巷道高度的 (9±4)%，底鼓则占 (27±8)%；双侧回采后，拱顶下沉占巷道高度的 (12±6)%，而底鼓则达到 (34±19)%。在上述两种情况下，由于拱形支架未加底拱等支护，底板处于开放状态，底鼓量始终占较大比重。而两帮移近形成的剩余断面宽度，一侧回采后为原宽度的 88%，两侧回采后约为 82%。

在大量统计观测的基础上，德国埃森采矿研究院（BMT）建立了反映顶底板收敛量影响因素的多元回归公式（K_{EV}为顶底板收敛率，%）：

$$K_{EV}=-78+0.066H+4.3M\times SV+24.3\sqrt{GL}\pm 3 \qquad (2-1)$$

公式显示，对于单侧开采，无上部或下部采动的条件下，其主要影响因素是：开采深度（H）、开采煤层厚度（M）、底板岩性指数（GL）、巷旁充填指数（SV）。其中，$SV=1$，为刚性充填；$SV=2$，为木垛；$SV=3$，为无侧部护巷。底板岩性指数 $GL=1$，为砂岩；$GL=2$，为砂页岩；$GL=3$，为泥页岩；$GL=4$，为植物根体化石；$GL=5$，为煤；$GL=6$，为煤、泥页岩和植物根体化石互层，各分层厚度小于 20 cm。

图 2－2 为采煤工作面通过前后巷道顶底板平均收敛量和两帮移近量变化曲线。在回采工作面后方，顶底板移近量增长较快，两帮移近量则缓慢增大。两者在工作面后方约 300 处趋于稳定。

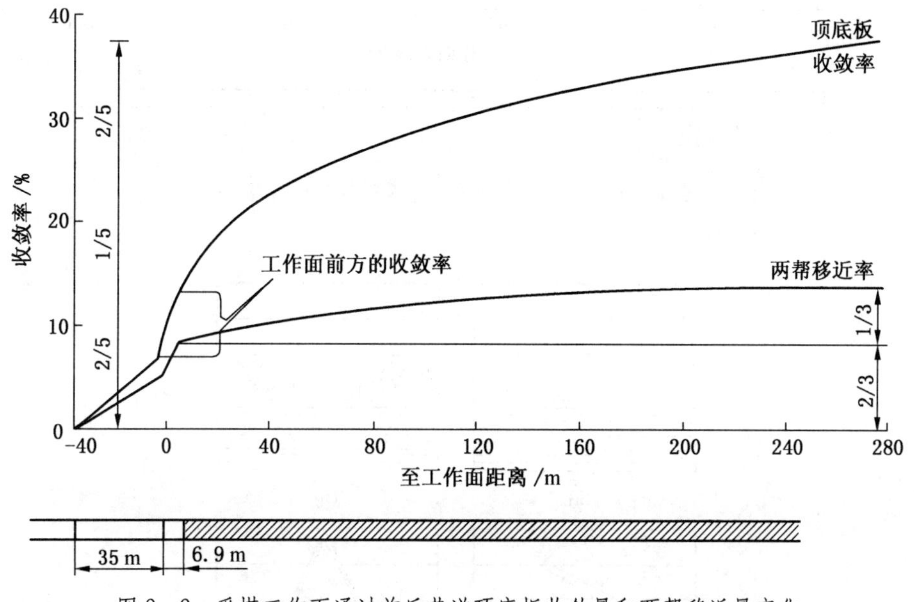

图 2－2　采煤工作面通过前后巷道顶底板收敛量和两帮移近量变化

图 2－3 说明，如果巷道上部有上层煤开采停止线而导致煤柱高应力的传递，则巷道围岩应力显著增大。而如果上部煤层工作面跨越下部煤层通过，则工作面通过后，下部回采巷道围岩会形成一定程度的卸压。

二、巷道围岩破坏特征（现场观测与模拟试验）

1. 沿层面掘进的巷道破坏形态

煤系岩层通常存在各种弱面，如层面、节理、断层等。掘进后巷道的破坏形态，首先取决于掘进时顶板岩层及两帮是否被切割。图 2－4a 和图 2－4b 中，两帮均被切割，但前者两帮岩性较硬，后者是上下两层较硬、中间较软，在相同的岩层压力下仍发生楔形裂隙。图 2－4c 显示，较硬和厚度较大的岩层若出现在顶板（未被切割）或底板，将会发生错动，如果是薄岩层，则可能出现折曲鼓起。图 2－4d 显示了不利的顶板结构，如裂隙，将导致顶板突然冒落。

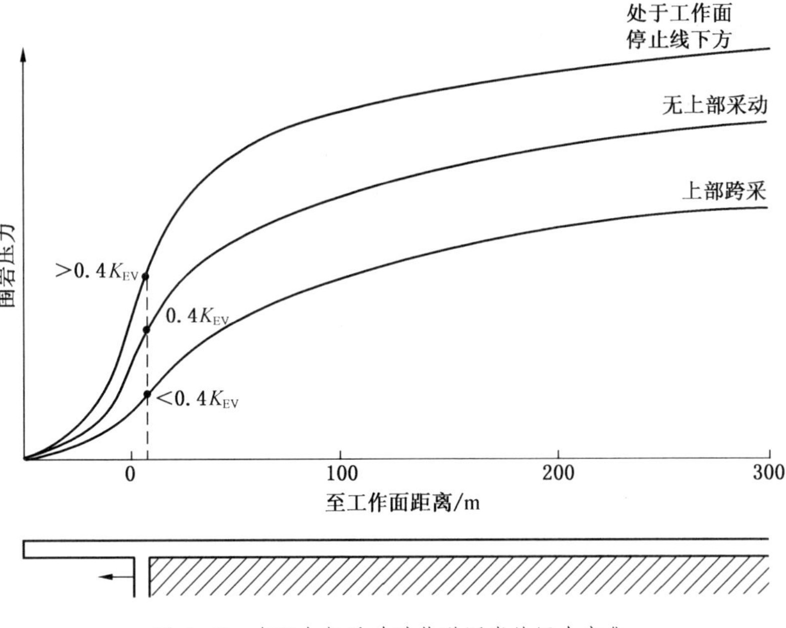

图 2—3　有无上部采动时巷道围岩的压力变化

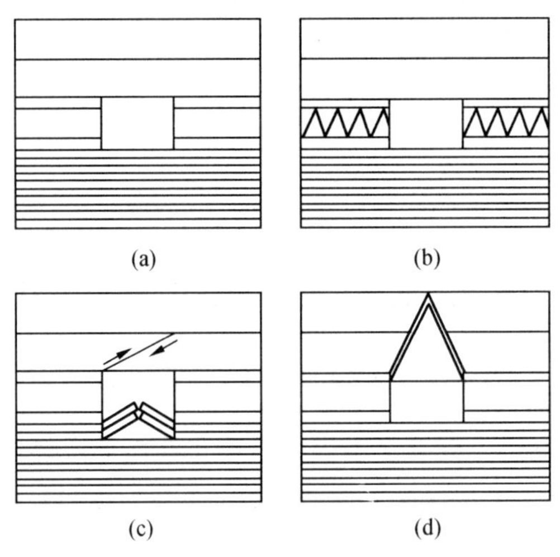

图 2—4　平行层面掘进引起的典型破坏形态

2. 弱层面和节理位置对巷道破坏的影响

弱层面包括煤线所在位置与巷道的关系，对巷道动态影响很大，如图 2—5 所示。该巷道为用支架支护的圆形巷道。当煤线与巷道距离 A 等于 6 m 时，顶板下沉率（下沉量与初始巷道高度的比值）小于 1%；而距离 A 减小到 2.5 m 时，顶板下沉率显著增大，当间距缩小到 0.7 m 时，顶板下沉率达到最大值。

图 2—6 显示，近巷道顶板存在节理面，如果巷道具有足够的支护阻力，则可以防止楔形破坏，否则将发生顶板层的水平错动。

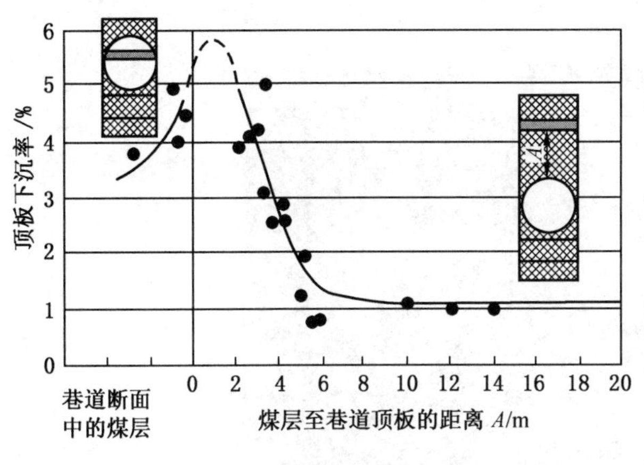

图 2—5 顶板弱面位置对圆形巷道顶板下沉的影响

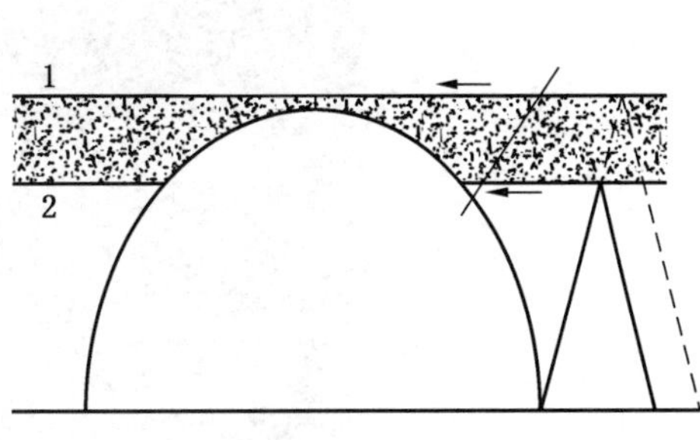

图 2—6 顶板节理面的影响作用

与层面成锐角的节理对巷道破坏形态有显著影响，如图 2—7 所示。在巷道上帮的节理与弱层面共同作用下，导致该处顶板层出现悬顶，使得拱形断面转变为马蹄形。

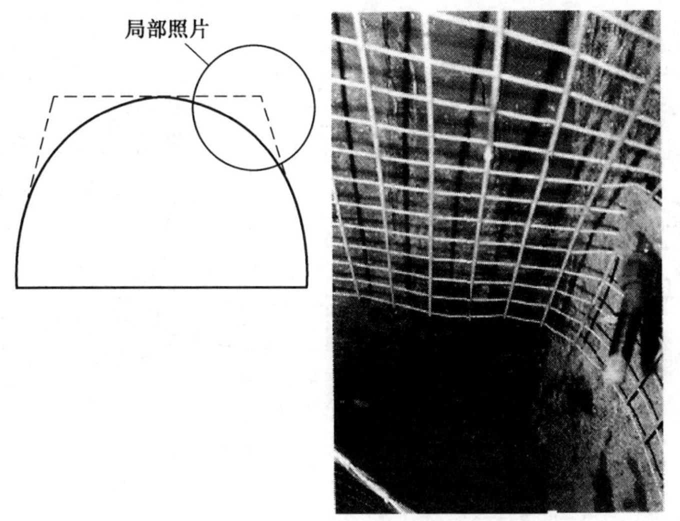

图 2—7 巷道上帮多处破断（井下照片）

3. 回采工作对巷道的影响

回采过程使得顶板在采空区上方失去支撑，引起较大范围的破断变形，如相似材料模拟图 2—8 所示。图中，直接顶彼此分离并脱离基本顶而形成垮落岩石充填体。垮落带上部岩层在工作面边缘采空区上方发生挠曲，这种挠曲自下而上减小，出现不同尺寸的离层空洞，如图 2—9 所示。

图 2—9 中，离层空洞随远离开采层而减小。当下部岩层挠曲足够大时，导致岩层破断并彼此发生错动，如块体模型图 2—10 所示。

硬支座（煤体）与采空区垮落岩石充填体之间的高差愈大，则上部顶板岩层错动愈强烈，离层空洞愈大，上覆岩层卸载也愈充分。采空区充填体的承载特性对巷道围岩的下沉有显著影响，包括对巷道周边和巷道支架变形的影响。

图 2—8　开采引起的破断形态

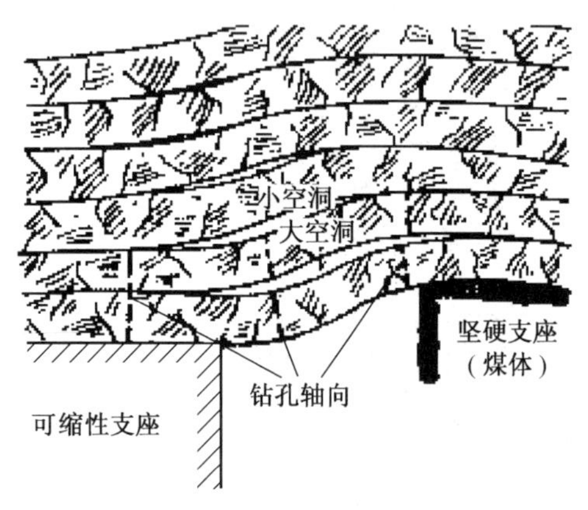

图 2—9　回采线边缘的顶板离层空洞

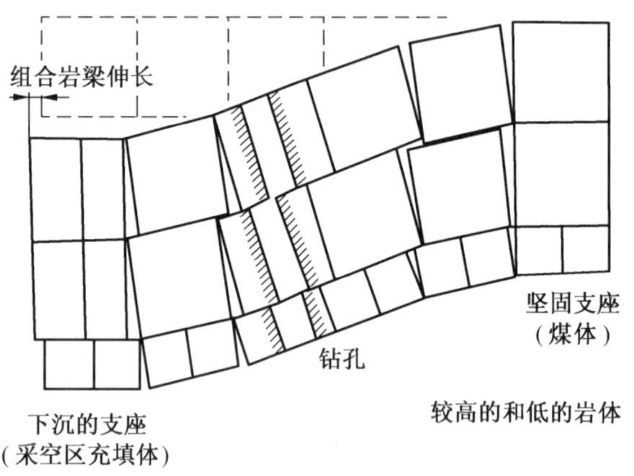

图 2—10　顶板挠曲破断错动的块体模型

4. 工作面靠近巷道的影响作用

如相似模型图 2—11 所示，在回采工作面支架上方的顶板被楔形裂隙所分割。当工作面推进靠近基础巷道（可利用作为工作面切眼的巷道）时，巷道周围形成破断块体。其出现与工作面与巷道之间的煤柱宽度变化密切相关。显然，随着工作面的靠近，作用于此煤柱上的岩层压力足以使煤柱破坏而成为塑性体并丧失承载能力，由此在巷道上方形成大的破断岩块，它从工作面采空区一侧延伸至巷道两侧。此时，顶板岩层的承载体仅为工作面支架和巷道支架及已破断的煤柱体，导致巷道明显下沉。

图 2—12 显示了回采工作面推进过程中顶板岩层的垮落形态。由于顶板破坏范围较大，如果工作面从巷道侧开始推进，则该巷道支架不可能承受破断岩层的压力。为此必须构筑具有较高承载能力的巷旁充填体，以改善巷道受载条件，它同时也限定了指向采空区的顶板岩层断裂线，这意味着巷旁充填体具有一定的切顶能力。

图 2—11　回采工作面推进靠近基础巷道的破坏形式

图 2—12　回采工作面推进中的顶板岩层垮落过程

5. 回采巷道变形

在德国煤矿，用 K 值表示顶底板收敛率（顶底板收敛量与初始巷道高度之比），顶板相对下沉率和底板相对底鼓率分别按下式计算。

顶板相对下沉率：
$$FS=K\cdot FSF \tag{2-2}$$

底板相对鼓起率：
$$SH=K(1-FSF) \tag{2-3}$$

其中，FSF 为顶板下沉系数。顶板下沉系数 FSF，对于可缩性拱形支架，与底板鼓起范围内的岩石强度有关，按下式计算：

$$FSF=0.22-\left[\frac{0.07}{\ln\left(\frac{\beta_{DS}+34}{168}\right)}\right]$$

式中　β_{DS}——直接底板单轴抗压强度，MPa。

由公式可见，顶板下沉系数随底板岩石强度增加而增大。在此情况下，拱形支架的棚腿不再插入底板，而巷道高度则由于拱形支架的锁箍收缩而减小。

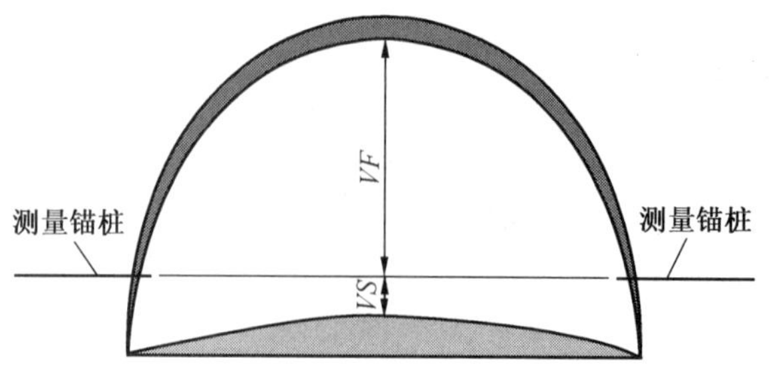

图 2—13　巷道变形日常监测方法

可以测量顶板下沉或底鼓的相对值或绝对值。顶板下沉、两帮移近和底鼓的绝对值的日常测量方法如图 2—13 所示。以巷道两帮的测量基点连线为基准线，可分别测得其至顶板和底板的距离，以及两个水平锚桩基点间的距离，从而计算一定时段内的顶板下沉、两帮移近和底鼓量，进而计算相对值。

对于拱形可缩性支架支护的巷道，顶板下沉的测量不是用岩石锚桩法而是测量拱顶至支架上部边缘连线之间的距离的变化，如图 2—14 所示。相对底鼓测量类似。对于拱形支架巷道，重要的是巷道残余断面大小，而不是绝对变形量。

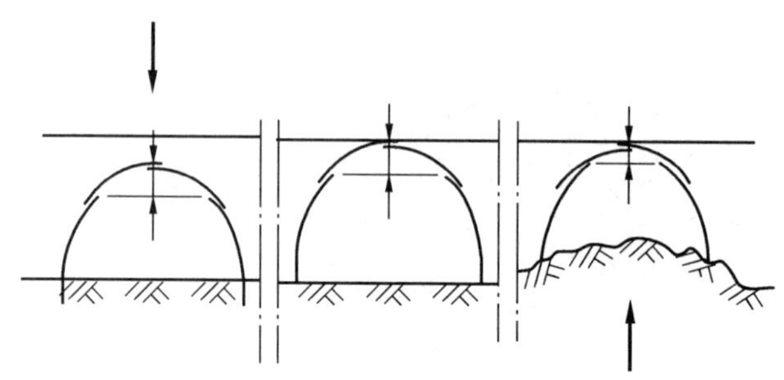

图 2—14　拱形支架巷道顶板下沉的测量

1）巷道变形随时间的发展

回采巷道的变形一般不是冲击式的，而是随着时间逐步发展。达到最终变形值所持续的时间称为收敛适应时间 t_k（图 2—15）。图 2—15 是典型的巷道收敛曲线。在图中，此值约为 200 天即可达到巷道掘进最终收敛量。

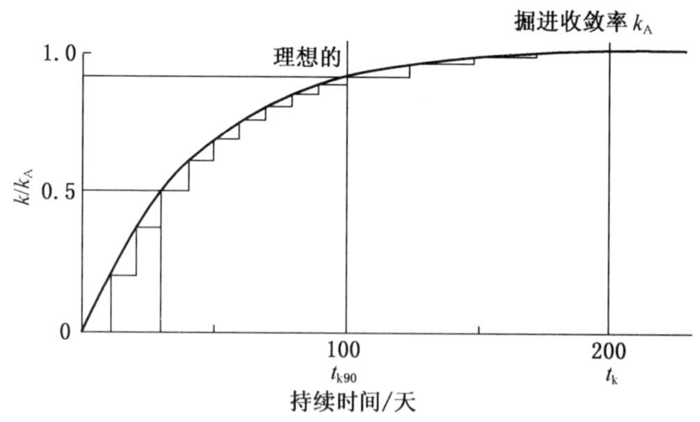

图 2—15　掘进巷道收敛随时间变化过程

图 2—15 中，达到掘进收敛量 50%所需要的时间约为 30 天，而到达掘进收敛量适应时间 t_k 的 50%时，收敛量已经达到预期的收敛量的 90%，此时间点表示为 t_{k90}。掘进后任

意时间点 t 的顶底板收敛量 k 可按以下经验公式表示：

$$\frac{k}{k_A}=1-e^{\left(-2.3\frac{t}{t_{k90}}\right)} \tag{2-4}$$

式中　k_A——掘进最终收敛量。

收敛适应时间 t_{k90} 以日表示，用下式表示：

$$t_{k90}=30(GB-2.33) \tag{2-5}$$

$$GB=\frac{P}{\sqrt{R_C}}$$

式中　GB——岩层载荷相对指标值（简称岩层载荷指数）；

P——岩层垂直压力，MPa；

R_C——巷道围岩单轴抗压强度平均值，MPa。

图 2—16 显示的岩层载荷与收敛量适应时间之间成线性关系，它并不受到支架类型和支护阻力的显著影响。

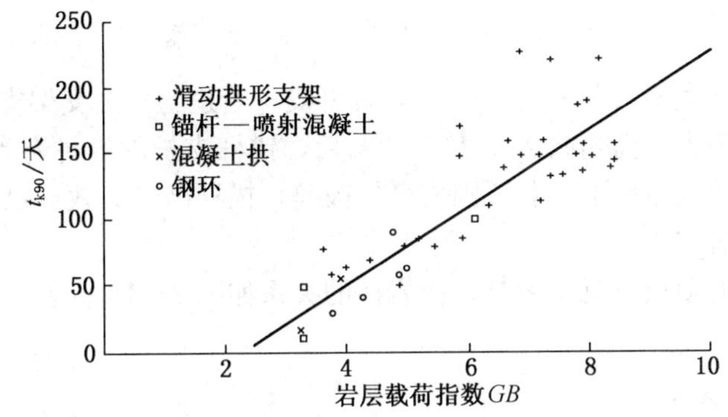

图 2—16　收敛量适应时间 t_{k90} 对于不同的岩层载荷和支架的关系

2）可缩性拱形支架巷道掘进期间的变形

对于滞后支护的拱形支架巷道，当岩层压力不是很高时，掘进期间的变形可表示为：

顶底板收敛率（%）：　$K_A=11(GB-2.91)$　(2—6)

两帮移近率（%）：　$SW=0.68K_A$　(2—7)

如果巷道宽高比 $B/H<1.4$，属于窄巷道；两帮移近量较大，而 $B/H>1.4$，属于超宽巷道，顶底板移近量较大，考虑巷道宽度的顶底板收敛量（m）和两帮移近量（m）可按下式计算：

$$K_A=\frac{11(GB-2.91)B}{100\times1.4} \tag{2-8}$$

$$SW_A=\frac{0.68(GB-2.91)\times1.4H}{100} \tag{2-9}$$

式中　B——巷道宽度，m；

H——巷道高度，m。

3）锚杆支护与拱形支架支护顶底板收敛量比较

采用早期承载的锚杆支护，可以明显减小巷道变形量，与拱形支架相比，预计的顶底板收敛率可按下式计算：

$$K_{A(anker)} = K_{A(bogen)}\left[1 - 0.5\sin\left(\frac{\pi K_{A(bogen)}}{40}\right)\right] \tag{2—10}$$

式中 $K_{A(anker)}$——锚杆支护巷道收敛率；

$K_{A(bogen)}$——可缩性拱形支架巷道收敛率。

锚杆支护与可缩性拱形支架巷道收敛率的关系如图 2—17 所示。

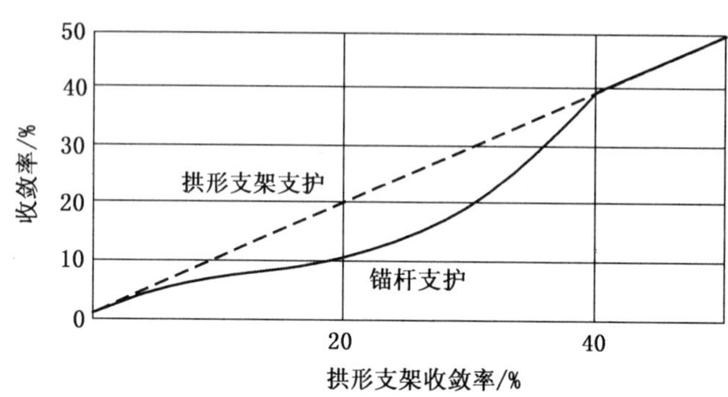

图 2—17 锚杆支护与可缩性拱形支架支护顶底板收敛率关系

图中显示，在顶底板收敛率为 20%时，锚杆支护巷道与拱形支架支护巷道相比，对巷道收敛率的降低值最大。而当收敛率达到 40%后，锚杆支护的这种有利效果则基本丧失。这是因为在如此高的收敛率下，巷道围岩已经破碎，锚杆已经失效或已经强烈变形，此时支护阻力的作用显著减小。

锚杆支护巷道的顶板下沉系数与底板岩性的关系如图 2—18 所示。

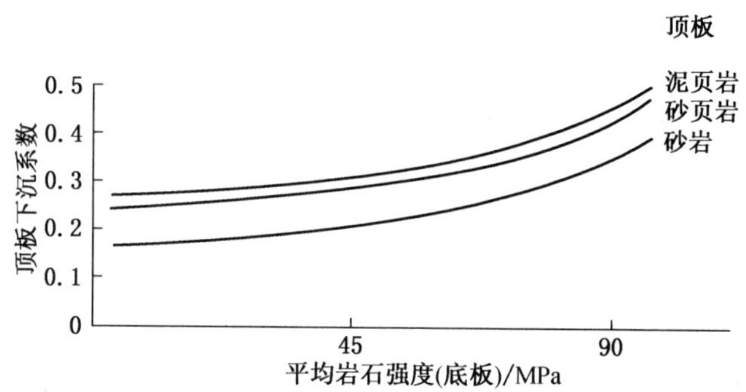

图 2—18 不同顶板岩性的锚杆巷道顶板下沉系数

由图可见，顶板愈坚硬，顶板下沉系数愈小，而底鼓所占比率则增大。

当巷道掘进后的破断和变形达到巷道收敛适应时间 t_k 以后，此后的长期缓慢变形具有恒定的变形速度，称为蠕变变形。

对于德国回采辅助巷道，考虑蠕变变形，每年的变形量约增大 4%。拱形支架巷道的蠕变变形（K_{kri}）可按以下经验公式计算：

$$K_{kri} = 4.82(GB - 2.5)\frac{t}{365.6} \tag{2—11}$$

式中 t——巷道存在时间，d。

估算表明，当页岩在采深 700 m 时，GB=2.5。式（2—11）意味着，当采深小于 700 m

时，此种围岩巷道不会出现蠕变变形。

6. 在相邻煤层开采的巷道变形

为使回采辅助巷道正常利用，从设计上应避免巷道在相邻上部或下部煤层开采期间会出现附加变形。

在相邻上部或下部开采期间，受其回采工作面前方的支承压力的传递作用影响，巷道变形增大，如图 2—19 所示。变形量的增加幅度与巷道断面的支护有关。

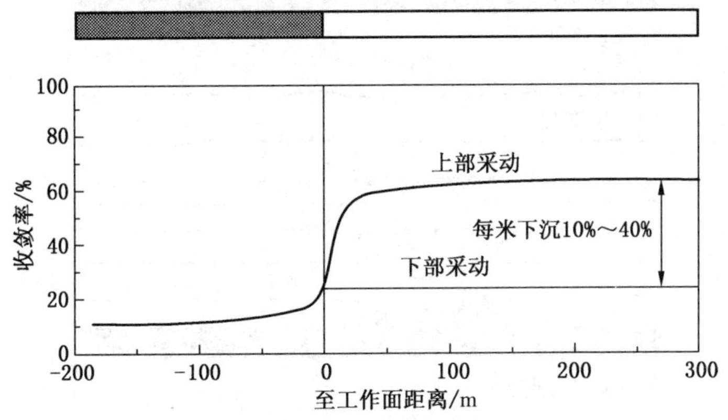

图 2—19　上部或下部开采引起的收敛率增大

在下部煤层开采时，工作面后方不会有压力增加，但是会出现煤层巷道和岩层下沉，如图 2—20 所示，其离层和破碎情况随着与下部开采层间距增大而减小。受下部采动影响的煤层巷道变形很小，因为其围岩离层并同步下沉，如图 2—21 所示。

图 2—20　采空区上方的煤层和岩层下沉

受到下部采动影响的岩层，层间离层空洞起初张开，随后闭合，但不存在摩擦力，且巷道围岩处于暂时的卸压状态，导致垂直应力和变形减小。其巷道变形值取决于围岩下沉值 S（m）和下部采动前的岩层压力。对于拱形支架巷道收敛率 K_S（%），可以按下式估算：

$$K_S = 10S \quad （当 p<p_0，p 为垂直应力，p_0 为覆盖层压力）$$

$$K_S = 16S \quad （当 p>p_0）$$

巷道两帮移近率：　$SW=0.68K_S$

现场观测表明，对于坚硬围岩巷道，下部采动时几乎不出现附加变形。

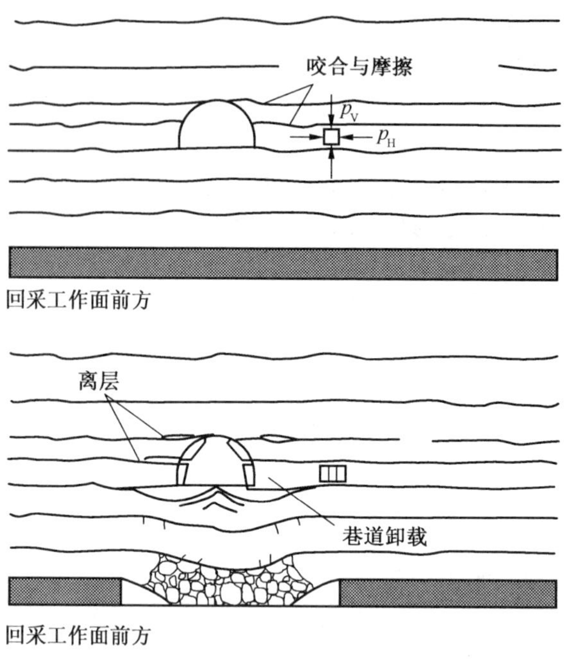

图 2—21 下部采动的巷道变形

7. 巷道的不同利用方式引起的变形

1）回采工作面向基础巷道推进

当回采工作面向基础巷道推进时，随着工作面与此巷道之间的煤柱尺寸逐渐变小，煤柱承受的应力显著增大，如果围岩或煤层坚硬，则可能诱发冲击地压。而一般情况下，煤柱逐渐进入破坏状态，顶板岩层开始沉降，由此形成的破断岩块载荷，使工作面和巷道支架无力承受而被“压死”，基础巷道的另一侧煤帮发生破坏，如图 2—22 所示。在顶板松软情况下，必须将工作面支架从破碎顶板下撤出。

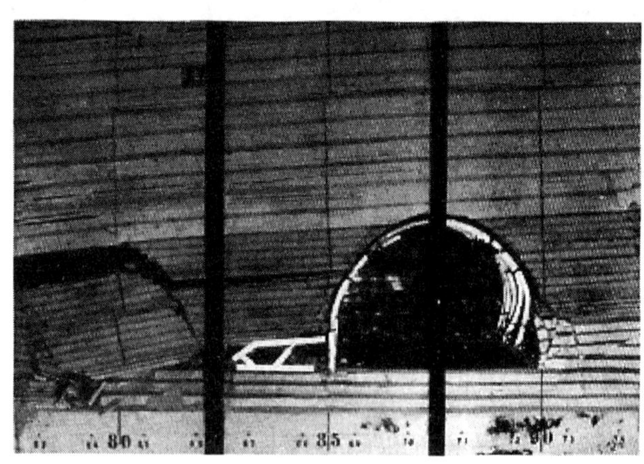

图 2—22 回采工作面从左侧接近巷道，支架失去承载能力

2）回采辅助巷道的一次和二次利用

德国回采巷道与回采工作面的关系有超前掘进、并行和滞后掘进 3 种方式。对于超前

掘进的巷道，如图 2—23 所示，在工作面前方 70～100 m 受超前支承压力的影响，巷道掘进变形和蠕变变形开始增大。工作面通过时变形速度最大。如果工作面后方需要保留此巷道，则巷道变形继续增大，在工作面后方 300 m 处，进入变形稳定阶段。如果巷道被后退式开采二次利用，则在第二个工作面前方 100 m 又重新加速变形。一般来说，第二个工作面通过后，此巷道即被废弃。除非有特殊用途才加以保留。

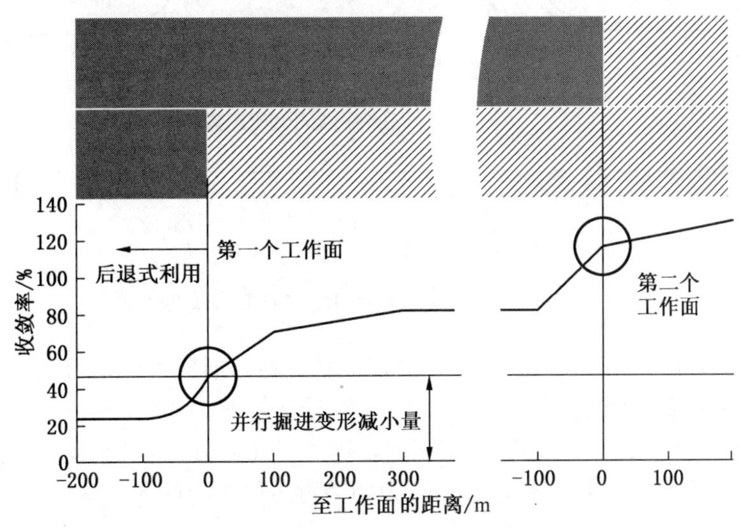

图 2—23　回采辅助巷道的变形流程

3）工作面后方巷道两侧变形特征

图 2—24 为垂直于巷道轴的顶板下沉分布。由于承受着覆盖岩层的载荷作用，因此阻止这种变形是不可能的，但巷旁充填体可以影响巷道围岩的变形，特别是在工程材料构筑的巷旁充填体（宽度 0.45 m），以及辅以架后密闭充填的条件下。

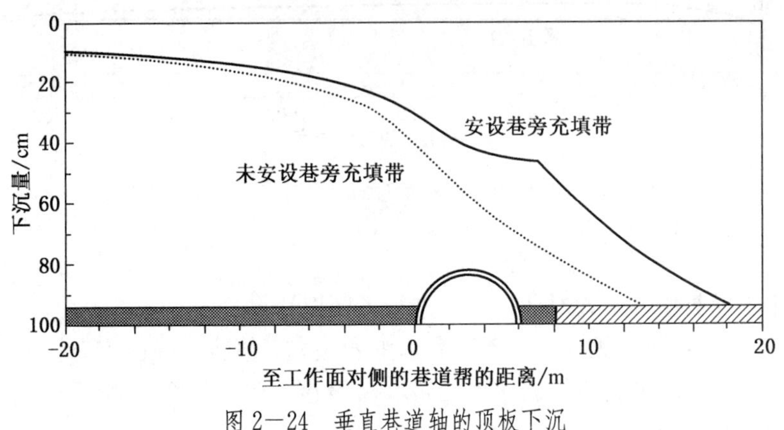

图 2—24　垂直巷道轴的顶板下沉

三、巷道围岩应力计算

1. 上部开采工作面通过前后底板围岩应力变化

图 2—25 显示了上部煤层工作面从开切眼推进过程中，垂直应力的变化。由此，可以

估计煤层下部不同位置（A、B、C、D）的围岩应力而进行巷道位置优选。

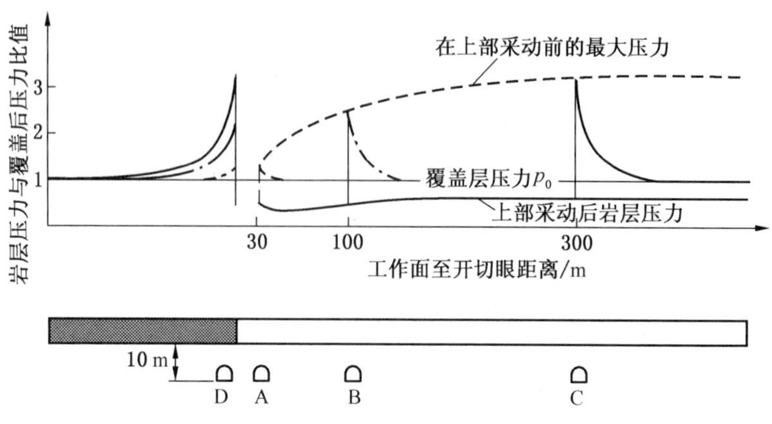

图 2—25　上部回采工作面通过时的垂直应力分布

图 2—26 反映了开采结束后，由于护巷煤柱的存在，形成了侧部永久支承压力带，它作用于辅助巷道全部长度的围岩，导致巷道持续变形。图中，p_E 为开采结束后的终压力（垂直压力），约 110 MPa；p_0 为覆盖层压力，约 30 MPa；p_a 为开采前巷道掘进形成的压力，约 35 MPa，可见开采后的侧部支承压力约为覆盖层压力的 3.7 倍。

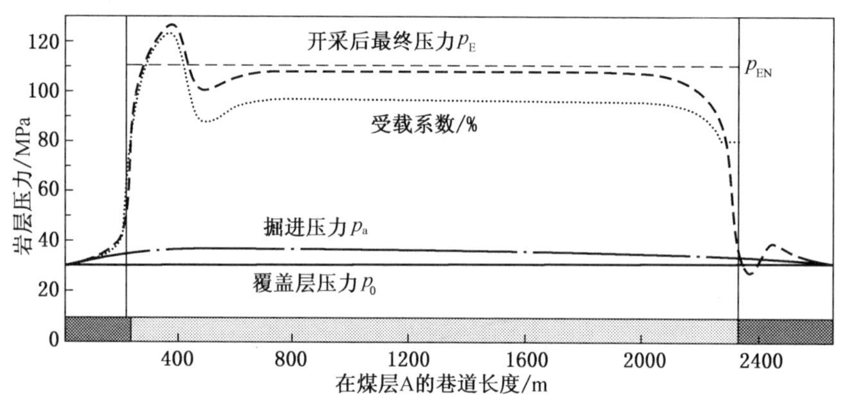

图 2—26　工作面开采结束后的辅助巷道垂直应力分布

2. 巷道围岩应力分布数值计算

德国采用不同数值方法，对巷道应力进行了模拟计算。

1）不同形状（环形、拱形、矩形）巷道围岩应力等值线（弹性应力状态）

图 2—27 显示，环形巷道围岩应力均布，梯形巷道在下角部应力集中，矩形巷道在 4 个角部均出现应力集中。

2）拱形巷道变形数值模拟成果

图 2—28 数值模拟了梯形巷道围岩的破坏特征。顶板出现离层断裂区，两侧出现楔形破坏，底板岩层褶曲拱起，伴随的是锚杆失效。计算结果与现场观测基本吻合，为支架设计提供了依据。

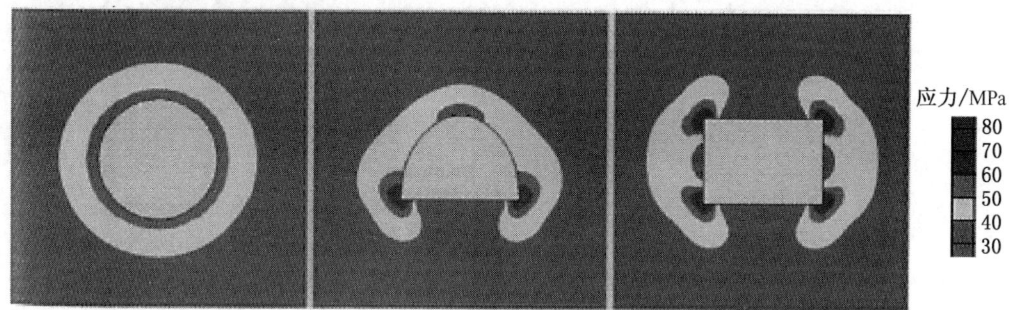

图 2—27　不同形状的巷道应力

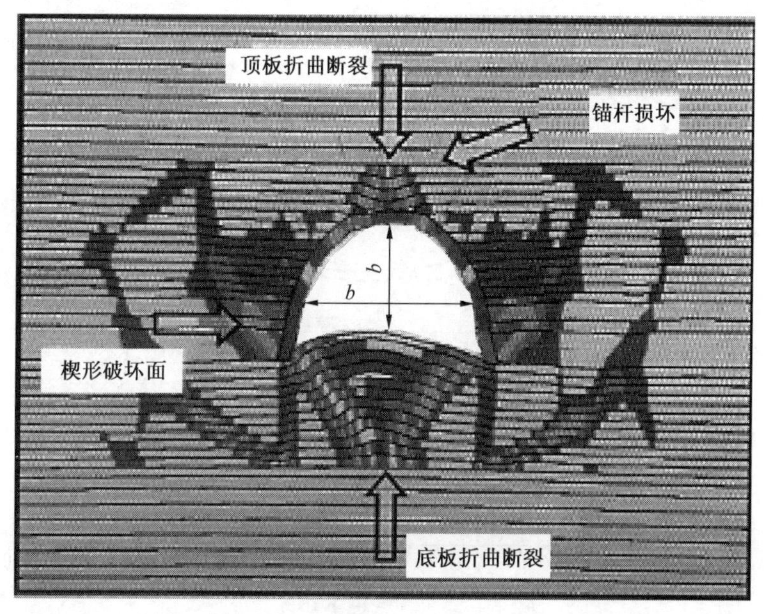

图 2—28　梯形巷道围岩破坏特征的数值模拟

3. 两侧采空的煤柱应力分布计算分析

德国埃森采矿研究院在 20 世纪 80 年代创立了大范围应力计算软件（GEDRU），可以计算多煤层开采的围岩垂直应力分布，但计算结果对于煤柱边缘由于塑性变形而导致的应力峰值降低未予考虑。1996 年后，在大量实测基础上，对计算模型和岩体参数进行了改进和调整。改进后的软件可计算垂直应力和水平应力。通过巷道收敛量实测与计算对比确定，鲁尔矿区的煤系岩层等效弹性模数是 8000 MPa（岩体）和 1000 MPa（煤体），而岩体和煤体的泊松系数分别是 0.48 和 0.2。计算实例如图 2—29 和图 2—30 所示。

图 2—29 中，粗线（上）为计算软件按标准参数计算的煤柱垂直变形曲线，虚线（下）为参数修改后新软件计算的煤柱变形曲线，而点划线（中）为实测的煤柱收敛率分布。后两者相当吻合。可见，新计算程序的计算结果对于开采设计和巷道布置优选有重要意义。

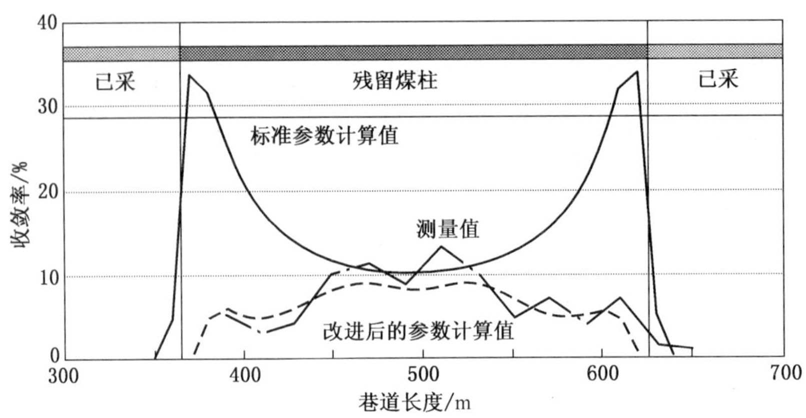

图 2—29 残留煤柱下 35 m 工作面开切眼收敛变形计算与实测分布

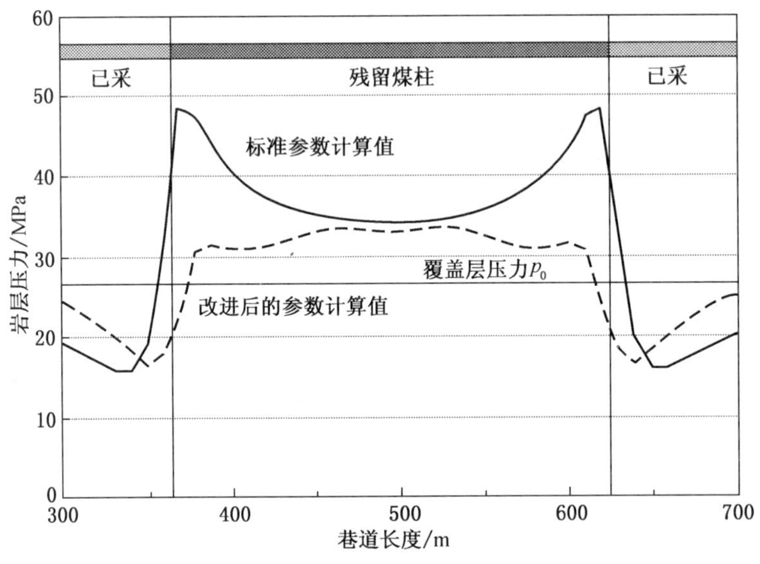

图 2—30 煤柱下岩层压力分布计算（条件同上）

第二节 回采巷道岩层稳定性分类及支护结构力学试验分析

一、巷道围岩稳定性分类

德国提出了根据巷道围岩的地质力学性质和参数，计算确定表征岩层综合特征的参数 K_Z，进而进行围岩稳定性分类。主要考虑的参数是：岩层结构描述、分层厚度、岩性、岩层上表面特征、岩层表面的补充描述、分离面的描述、节理面的描述、岩石质量指标 RQD、破坏程度等级、裂隙穿透度、岩层含水特征等 21 项指标。每一项又分为 A、B、C、D、E 5 个等级，给出相应的 K_Z 值，然后按计算的 K_Z 值总和，进行围岩分类，共分为 5 类，每类又分为 2 个亚类。K_Z 值愈大，稳定性愈差，见表 2—1。

表 2—1　德国回采巷道围岩分类

顶板工程指标 K_Z	类　别	顶板岩层等级质量专家评估
＜90	Ⅰa	稳定岩体。局部有弱面，有可识别的封闭的节理、层理，有可能离层
90～131	Ⅰb	
131～196	Ⅱa	滞后垮落岩体。在顶板或两帮可能出现个别的破碎，局部有可识别的离层
196～264	Ⅱb	
264～304	Ⅲa	较破碎岩层。较发育的节理导致顶板和两帮破碎，但破碎深度小于 1 m
304～347	Ⅲb	
347～434	Ⅳa	强烈破碎岩体。较多的节理和穿透度导致岩层结构离散，顶板和两帮破碎深度小于 1 m，有滑移出现
434～521	Ⅳb	
521～621	Ⅴa	压力活跃的岩体。在硬岩层之间的岩层磨损和压延，节理穿透度高，节理和层理张开，岩层结构裂解
＞621	Ⅴb	

在此基础上，提出了支架选型和支护参数建议，见表 2—2。

表 2—2　岩层质量指数（以特征参数 K_Z 表征）和支护形式与参数选择

特征指数 K_Z	岩层质量分级	支　护　分　级
＜196 （顶板等级 Ⅰ～Ⅲa 级）	稳定—滞后破坏	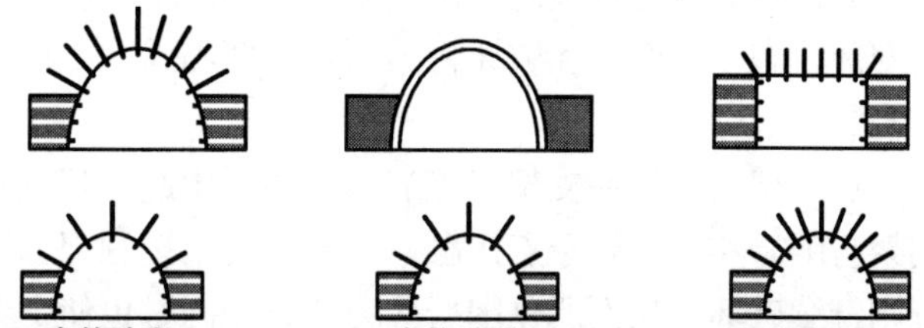 支护阶段 1　支护阶段 2　支护阶段 3
197～434 （顶板等级 Ⅱb～Ⅳa 级）	滞后破坏—强烈破碎	 支护阶段 1　支护阶段 2　支护阶段 3
＞434 （顶板Ⅳb～Ⅴ级）	很强烈破碎 —压力活跃	

表 2—2 显示，对于稳定性较好的围岩（Kz＜196），一般可采用锚杆支护或拱形支架，而对于稳定性很差的围岩（Kz＞434），则需要采用联合支护，如可缩性拱形或矩形支架与锚

杆、锚索联合支护等。

二、德国巷道围岩控制的力学体系

德国学者通过多年的深入研究确认：巷道支架是由若干基本单元组成的支护系统。这些基本单元是：可缩性滑动U型钢拱形支架、锚杆、背板和保持架间距的构件、架后充填和加固岩石用的工程材料。由这些单元共同形成控制围岩的力学系统。各单元之间有不可分隔的力学联系。

大量的试验和现场观测及应用成果表明，深部开采巷道围岩控制优化的基础是建立完整的支护力学体系。这个体系代表性的组合之一是由支架（锚杆与可缩性拱形支架）、背板网、架后充填各支护单元构成的组合，形成主动支护与可缩量较大的被动支护相结合，支架与围岩力学上连续且相互作用的整体。这些支护单元不可分割或缺失，其相关结构和参数应相互适应，才能有效地控制深部巷道围岩的变形。该体系的要点是：

（1）在围岩稳定性较差的条件下，锚杆—U型钢拱形支架—架后充填体形成的联合支架系统是深部大断面回采巷道围岩控制的有效支护手段。可同时满足主动与被动支护相结合，高承载力与足够可缩量及与围岩面接触相结合。

（2）深部巷道围岩支护，支架体系中的部件和参数必须配套设计，如主动支护体系锚杆的托板、螺帽、金属网、W钢带、背板，被动支护体系U型钢拱形支架的卡箍、背板等的结构和参数合理配套，才能发挥预期的支护效果。例如，必须安设强力背板网与支架相配合。如果没有强力背板网，则支架（如U型钢拱形支架）之间的巷道围岩会处于无支护的自由变形状态，其变形和破坏将向围岩深部和周围扩展，恶化支架—围岩的力学体系，导致围岩控制失效。

（3）架后充填在支架—围岩力学体系中起着特别重要的作用。如果没有架后充填体，则支架与围岩实际上处于点接触，围岩和支架接触部分因为局部受载而应力过高，但未接触部分则继续破坏，从而恶化围岩应力状态，同时也使支架局部出现残余变形。壁后充填和与拱形支架相配套的强力背板网的主要目的是使拱形支架能和巷帮充分接触并适当增加传力介质刚度，充分保证将拱形支架的阻力传递到巷道，从而减少变形和破坏向围岩的深部发展。而背板网的另外一个作用是增加拱形支架间的平衡和整体性。

（4）为了改善在回采影响下巷道的应力和变形，多年来研发和建立了巷旁充填工艺系统，包括液压、压气输送装备和系统。其最重要的作用是取消了巷道护巷煤柱，代之以工程材料（水泥、砂及其他）构建的充填体。它具有一定承载力和塑性，且作用于底板的承载面较大，避免了巷道两帮的高应力，显著减小了巷帮和底板的破坏程度及底鼓量。

三、巷道框型支架工作特性

德国对框型支撑式巷道支架进行了充分的研究与试验。

1. 各类支架的结构和工作特性

图2—31显示了德国典型的支撑式支架断面。其主要形式有：

（1）矩形支架：对顶板下沉和底鼓适应性差，主要用于工作面开切眼等。

（2）环形支架：仅可承受20%的顶底板或两帮收敛量，主要用于开拓巷道。

（3）带可缩性反拱的U型钢拱形支架：成本较高，但承载力很大，变形很小，使用时间长，可用于运输巷道。

(4) U 型钢拱形支架（底板不封闭）：可适应回采巷道顶底板收敛率达到 80%（甚至更高）、两帮移近率达到 35%的条件。宽高比：1.2～1.41（硬底板）、1.41～1.6（软底板）。锁箍重叠段长度一般 500 mm，用扭矩扳手形成定扭矩 500 N · m。

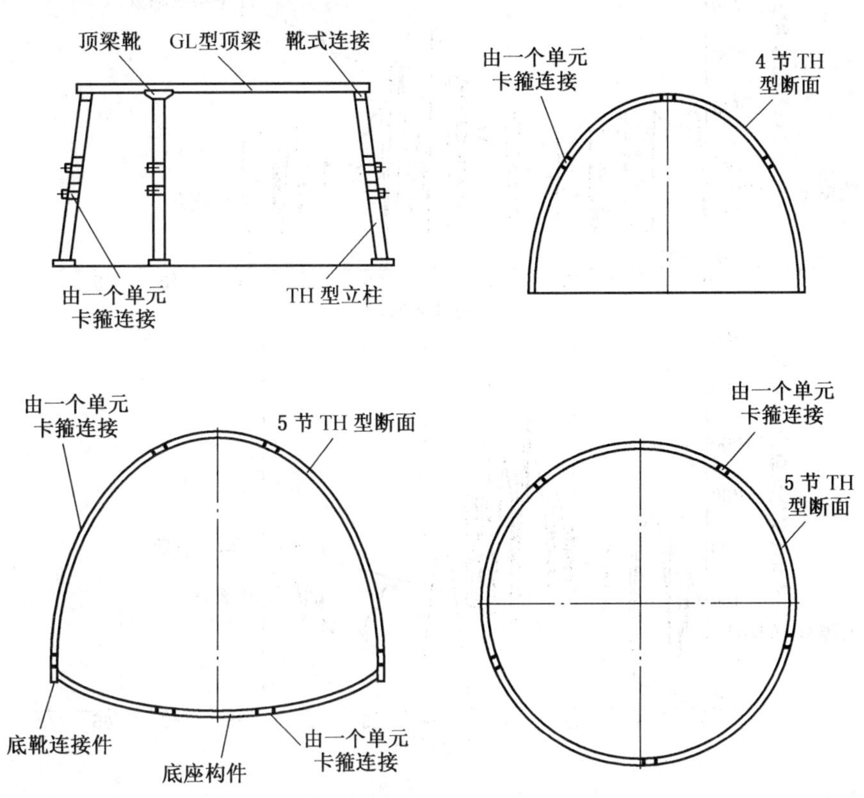

图 2—31　典型的支撑式支架断面

2. U 型钢拱形支架工作特性试验

德国对 U 型钢拱形支架进行了全面深入的试验研究，特别是为了研究和改善 U 型钢拱形支架工作特性，建立了 1∶1 模型试验台（图 2—32），进行了多次试验。这在世界上是独一无二的。

1) 钢拱形支架水平加载模拟试验台(1∶1)

设有 8 个主动加载千斤顶，8 个被动加载千斤顶。在 1∶1 模型试验中，通过加载，记录支架的变形和相应的载荷变化。

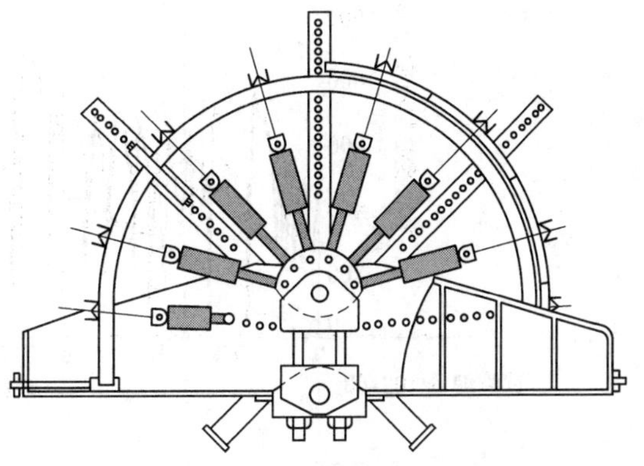

图 2—32　可缩性 U 型钢拱形支架试验台

通过上述模型的多次试验，获得的 U 型钢拱形支架工作特性如图 2—33 所示。

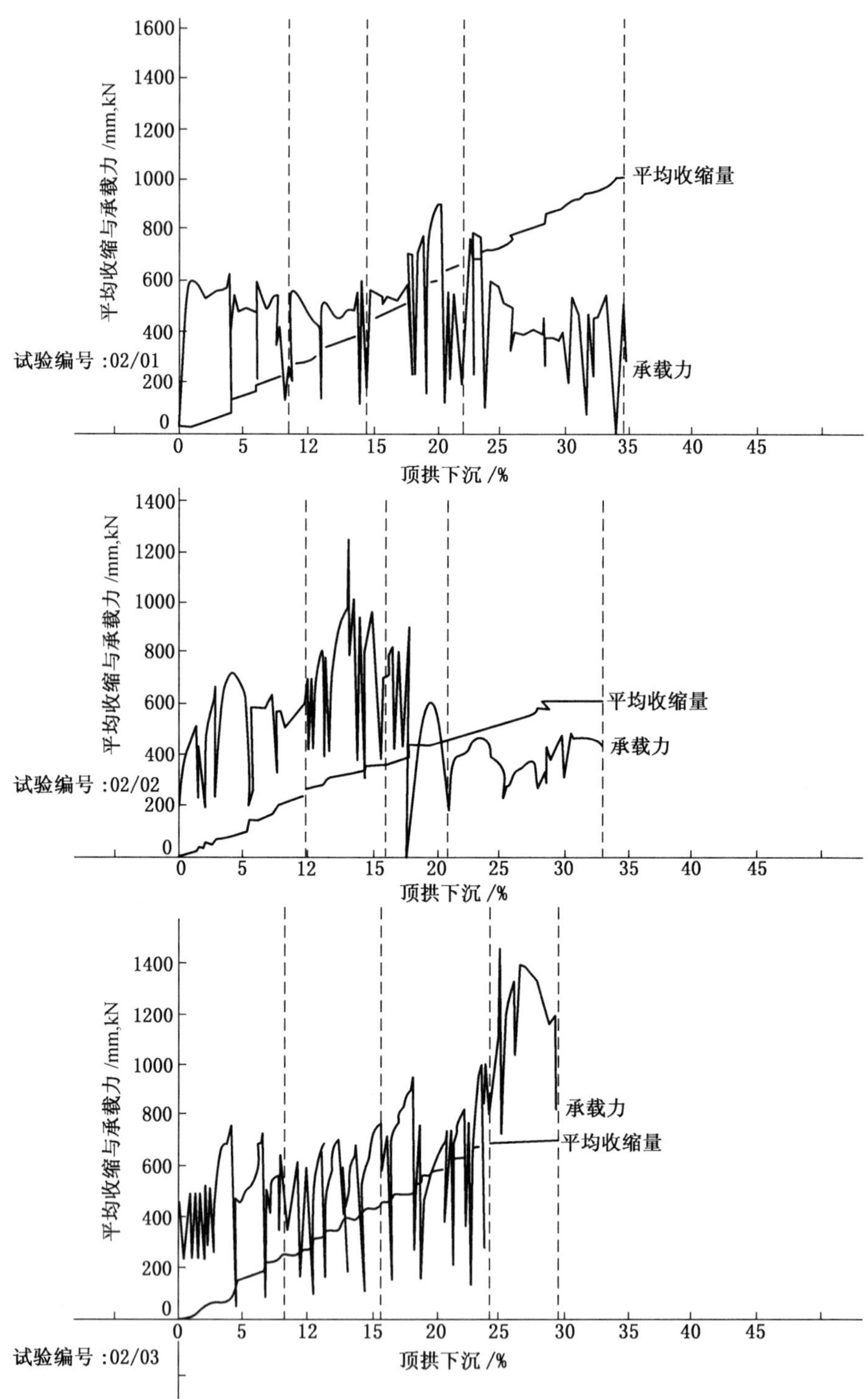

图 2—33 U型钢拱形支架的载荷—变形工作特性

这些特性表现为：

（1）当顶拱下沉达到一定值后钢拱形支架开始出现塑性变形。

（2）随着收缩量的增加，塑性增大，而导致承载力下降，直至耗尽额定收缩量，呈刚性状态。

（3）此后在达到屈服状态前，钢拱形支架的承载力随收缩变形而呈线性增大。第三次试验（上图第3张图）具有代表性。

（4）顶拱下沉率：25%，承载力：1250 kN，变形功：600 kJ，总滑动下缩量：2055 mm。

（5）锁箍的锁紧力对承载力和变形特性具有重大影响。

2）钢拱形支架初锁紧力对工作特性的影响（图2－34）

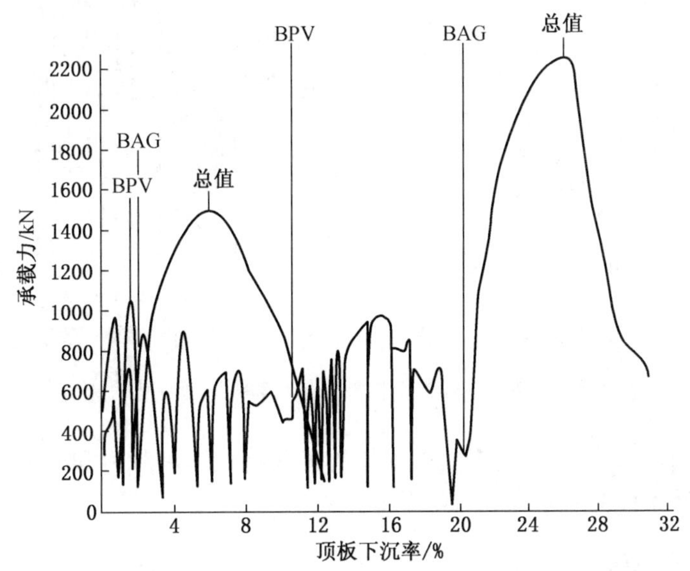

图2－34　初锁紧力对支架工况的影响

试验表明，过高的初锁紧力（开始下缩时为1000 kN）导致支架在顶拱下沉5%时进入塑性变形，且可缩量耗尽。而采取推荐的锁紧力（开始下缩时为560 kN），顶拱下沉可达20%，而最大承载力很高，超过2200 kN。设计的定扭矩为500 N·m。

3）架后充填对钢拱形支架工况的影响

架后充填对支架工况也有显著的影响，如图2－35所示。该图是钢拱形支架1∶1模拟试验的成果之一。巷道断面18 m^2（井下使用断面在25～35 m^2），支架型钢为34 kg/m，采用最优始动阻力，当顶拱下缩1%～2%时为400 kN。随顶拱下缩，支架承载力增大。在锁紧段收缩过程中，由于加载和卸载过程而出现载荷波动。当顶拱下缩在10%时，支架保持变形状态。当顶拱下缩达到初始高度20%，承载力迅速升高到600 kN。在无架后充填的条件下，顶拱下缩达到变形量的极限600 mm。当锁箍段进入刚性状态前，支架载荷达到最大值1000 kN，相应的顶拱下缩达到初始高度的23%。然后继续加载，支架出现塑性变形，载荷下降到900 kN，顶拱下缩达到初始高度为25%。上述成果是在试验台后面进行了完善的手工架后矸石充填，支架变形时立即与矸石接触。而现场则不同。由于矸石不够致密，在顶拱下缩1%～3%时，支架载荷很小。只有当支架进一步变形而与矸石全面接触时，现场情况才会与实验结果具有可比性。

图2－35b是采用工程材料架后充填（抗压强度20 kN/m^2）的试验结果。由于均匀接

触和早期承载，在工程材料尚未破坏前，顶拱下缩约 2%时，承载力最大达到 1000～1200 kN。当工程材料破坏后，支架承载力下降。与无架后充填相比，在顶拱下缩 25%时，相当于承载力增加一倍。

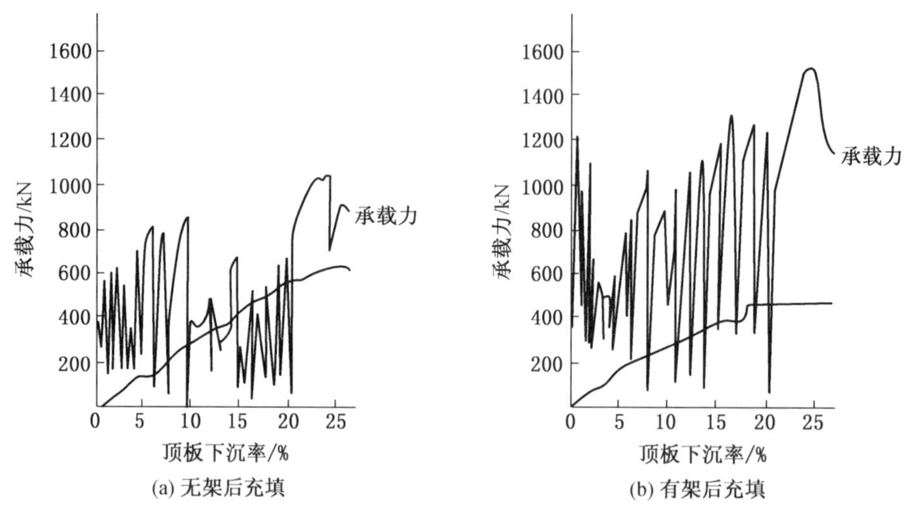

图 2—35　架后充填对钢拱形支架承载—变形特性的影响

这些试验表明，可缩性 U 型钢拱形支架的工作特性、承载力和变形能力与初始锁紧力和与围岩的接触条件关系密切。

四、德国锚杆支护研究

1. 锚杆应用与发展概况

1956 年回采巷道开始安设锚杆，当时采用了在美国通用的锚杆，如切缝锚杆、涨壳式锚杆和双楔锚杆。

1956—1957 年在鲁尔矿区 50 个巷道进行了较大范围的试验，但未取得满意效果。采用锚杆后，梯形支架间距增大 100%，但在回采影响下其锚紧力失效并弯曲，从而将锚杆作为主要过渡支架的想法几乎不可能出现。

在 1961 年，参考美国连续采煤法矩形巷道掘进采用锚杆支护很有成果的经验，开始了安设全长锚固锚杆的进程。锚杆支护巷道的宽度应根据输送机的布置确定。1964 年试验了锚索的黏结锚固，它可在较低的巷道安设使用。模拟试验表明，锚杆长度大于巷道宽度的一半就够了。

1968 年德国研发了树脂药卷，从而可以实现锚杆全长充分地与围岩的黏结锚固。为了成功地使用锚杆，必须掌握一定的前提条件，如煤层厚度、顶板和底板结构、岩层压力和岩层湿度等。

1）拱形巷道锚杆支护在德国硬煤矿井的发展概况

拱形巷道在静力学上有利的优点与锚杆结合的实践在 Niederberg 煤矿巷道支护中取得了显著效果，引起了国际的注意。累计回采巷道长度 150 km，部分被二次利用，从而确定了这个方法的可靠性。当然，人们估计，当巷道收敛率大于 20%时，刚性锚杆不大可能适用，因而如果将它作为唯一的主要支护，当收敛率大于 20%时，在 DSK 其他条件下仅作为例外情况安设。

为了增加锚杆的适应范围，研发了可伸长型锚杆，包括用高含量镍—铬钢制成的高延伸率锚杆，还有不同结构的滑动锚杆，但在井下试验中未取得满意效果。

20 世纪 90 年代后期，锚杆支护在矩形巷道出现了复兴，对锚杆支护技术进行了两项革新：

（1）锚杆在钻孔底部用快凝药卷固定，等待 15 s 后用安装设备将锚杆头部旋紧。锚杆与螺母之间的安全销可以在锚杆旋转运动中脱落，并形成拧紧力 30 kN。

（2）宽度 250 mm、厚度 2 mm 的 W 钢带与金属背板网在巷道全宽上锚固。

对这项技术工艺提出了很高的要求，因为在掘进时，就必须注意巷道围岩的主应力方向，并要求密集的测量和监测，以便掌握可能的高载荷区和必须采取的附加措施。受回采影响的巷道，部分收敛率接近 100%，为此必须改善设计方法。

21 世纪开始，德国锚杆支护有了长足的发展。但鉴于开采深度显著增大，巷道断面相应增加，纯锚杆支护所占比例逐年减小，如图 2—36 所示，2000 年占巷道总量的 9%，而 2003 年降低到 3%。但锚杆与可缩性钢拱形支架联合支护的比例却在逐年迅速增加，2000 年为 13%，2003 年达到 32%。

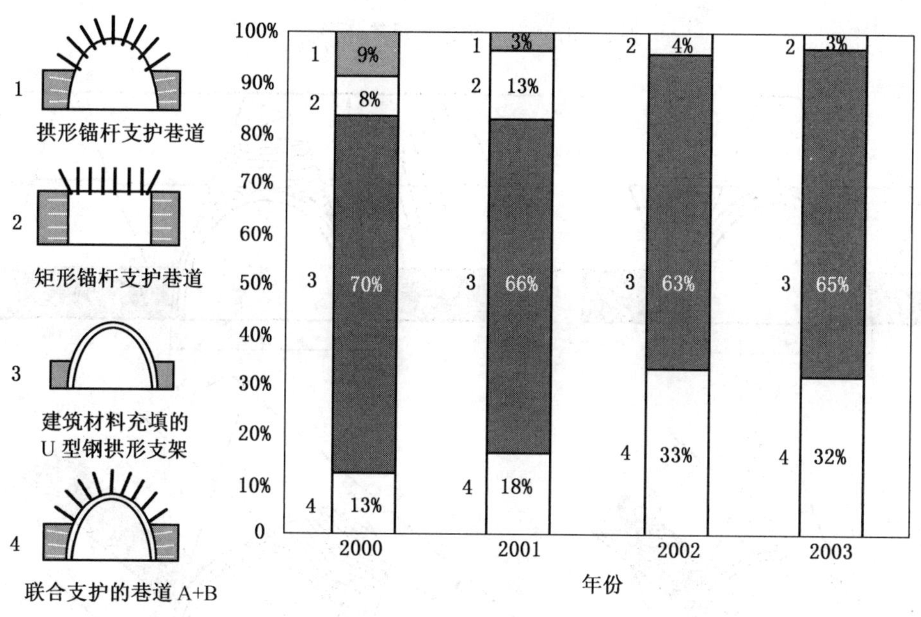

图 2—36 德国锚杆支护发展

2）锚杆支护机理简述

拱形巷道顶板的破坏形态，典型的有两种：顶板出现梯形冒落、两帮出现楔形冒落，如图 2—37 和图 2—38 所示。这中间也会出现顶板破碎引起的局部冒落。顶板岩层中的弱层面可能部分地改变冒落形态。在此情况下，选择合理的锚杆长度和密度，使其足以避免梯形岩块的离层和滑落。图 2—38 显示，对于近水平岩层，顶板岩层的拱形断面上方的冒落高度一般为拱形巷道底宽（B）的 1/2，即 $B/2$；对于倾斜煤层，则为上半拱宽度的 1/2，即

$D/2$。而两侧的楔形冒落宽度与岩层的斜交裂隙的发展有关。

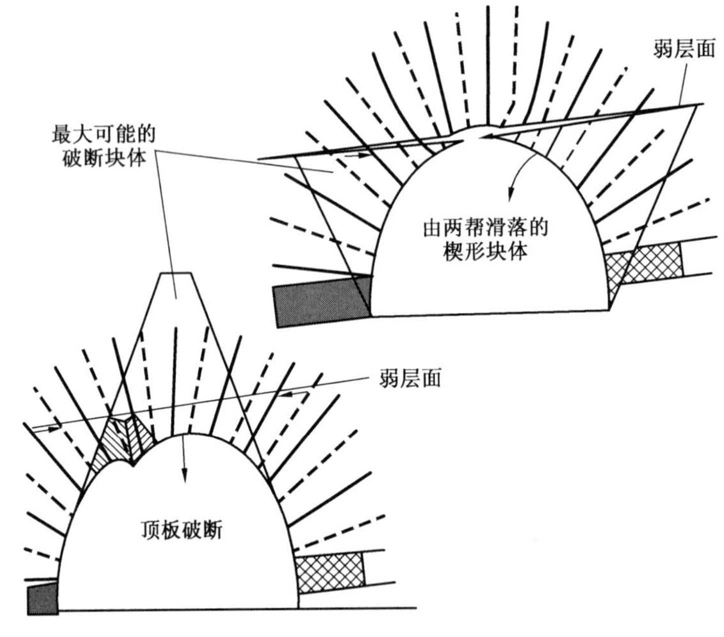

图 2—37　回采巷道顶板破坏形态

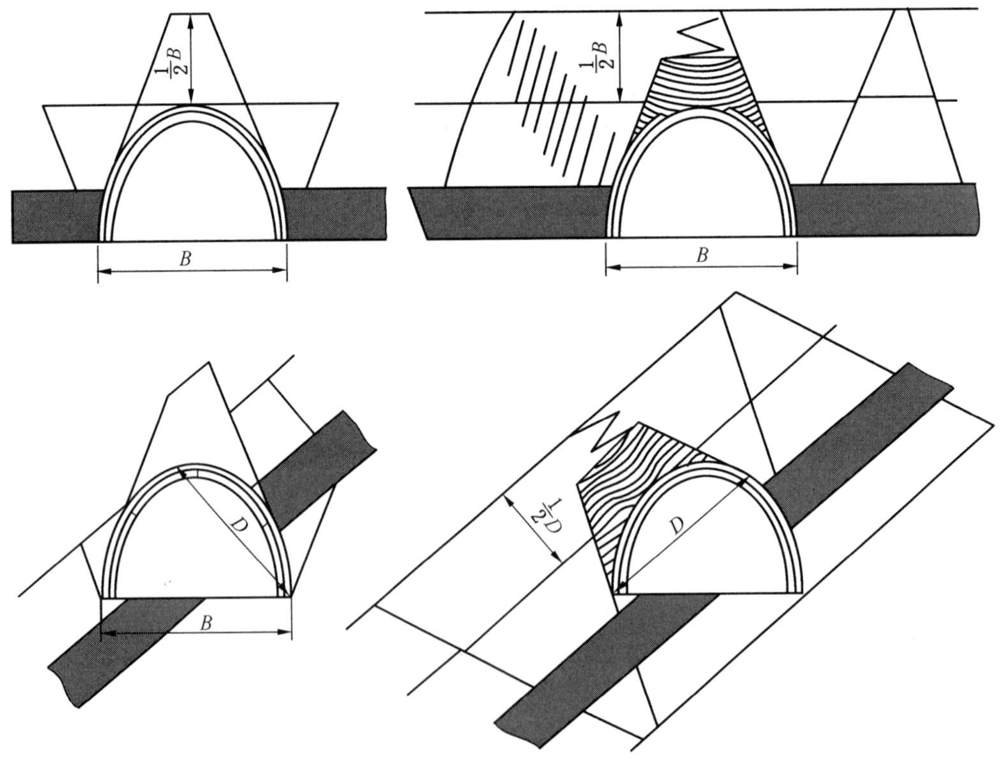

图 2—38　拱形支架巷道破坏形态

2. 锚杆结构特征和材料

锚杆是直接进入岩体并与之连接锚固的巷道支护元件。按照德国标准，在钻孔中处于安装状态的岩石锚杆，通过承受岩石区拉力、拉力和剪切力共同作用而在结构上与岩石彼此连接。岩石锚杆在巷道断面和沿巷道轴向的排列构成了锚固系统。锚杆还可以作为承托支护（对工作面与巷道交叉口进行拱形支护）、悬挂支护（对部分结构进行悬挂）、巷道端头的临时安全支护等。

岩石锚杆的结构如图 2—39 所示。锚杆杆体传递所连接的岩层之间的力以及用于加固结构部件的力，黏结元件用于岩石与锚杆之间的力的传递。在锚固剂与岩石之间区域的黏结视作外部黏结，在锚固剂与锚杆体表面的黏结视作内部黏结。在锚杆端部，锚杆托盘起着支座的作用，借以传递岩层压力至锚杆体。为了使加固元件在岩石与锚杆体之间形成压紧力，几乎所有的锚杆结构中均使用了锚杆螺母。

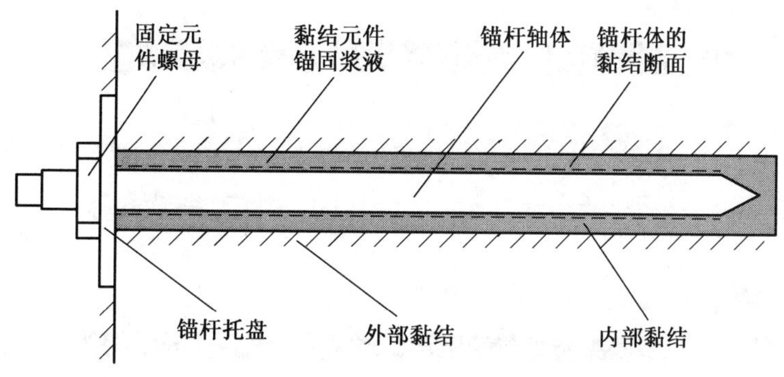

图 2—39　岩石锚杆的结构

1）锚杆的材料、结构和可伸量

在最近 60 年，锚杆支护系统在世界范围内应用并产生了很多类型。

（1）锚杆材料。主要有 3 种：钢材、木材和玻璃纤维。后两种是锚杆体可被切割的材料，它们大多应用于回采巷道的煤壁，该煤壁最终被割煤采出。德国 DSK 特有的锚杆采用的钢材是矿用钢。通过滚压工艺形成的粗螺纹锚杆是可用螺母锚固的，因而可以称为螺纹钢锚杆。该锚杆为右旋螺纹，锚杆体直径 25 mm 时具有的最大承载能力为 320 kN。这是目前在德国主要使用的钢锚杆。

图 2—40 简要显示了在德国和其他国家煤矿使用的锚杆的表面形式。前三种（A、B、C）是在杆体制造过程中经过滚压形成的。后三种（D、E、F），其表面早期是光滑的，然后经过冷压而成，或者通过进一步加工，如滚压成预定表面，或者将锚杆中部制成光表面（G）。这些锚杆具有较强的拉伸变

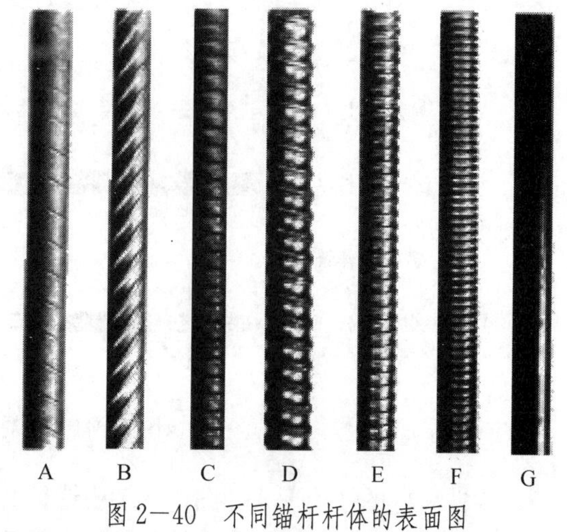

图 2—40　不同锚杆杆体的表面图

形能力。20 世纪 80 年代自由锚杆开始使用，20 世纪 90 年代德国煤矿实现了标准化安装。

(2) 锚杆结构。除了完全实体锚杆外，还有管缝式锚杆和柔性锚杆（组束式和绳索式）。

管缝式锚杆（图 2—41 中锚杆 5、8）曾经占主导地位，尤其是当锚杆必须在破碎岩石中安装时。但在通常的彼此衔接的安装工艺中，如钻孔、锚杆安装等，可能在钻杆撤出时导致孔壁破碎。作为替代方案，将管缝式锚杆与滞留的钻头一起作为钻杆，当钻孔工艺结束后留在孔内，然后通过锚固剂进行钻孔压注。最新的发展是利用管缝式锚杆与留在孔内的钻头加快锚杆安装。图 2—41 显示的一步式锚杆，在环形腔内含有预制的树脂，树脂在钻孔结束后被立即挤压出去，充满锚杆体与孔壁之间，并黏结固化。

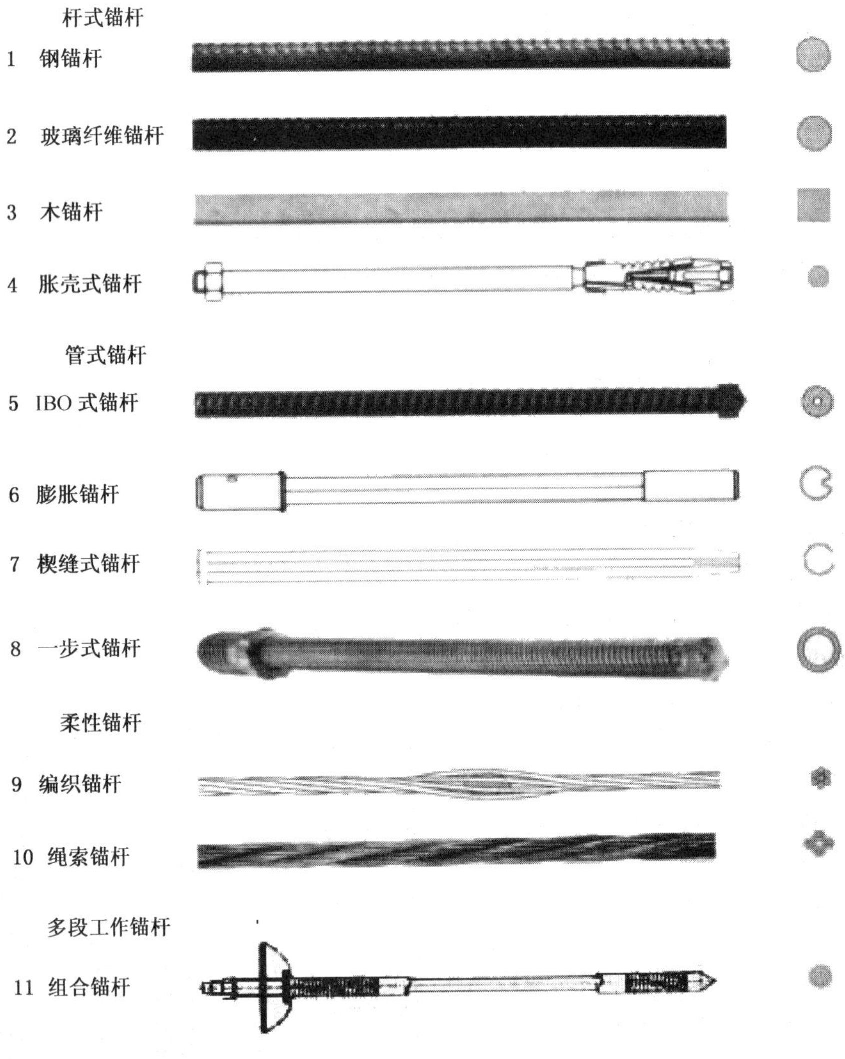

图 2—41　不同结构形式的锚杆

柔性锚杆的结构形式如图 2—41 中锚杆 9、10 所示。当巷道断面空间有限而需要较长的锚杆时，应安装柔性锚杆。在其他锚杆应用系统中，通过多段连接套连接的多杆铰接锚杆由于对剪切敏感度高，在煤矿仅有少量应用（从安装角度而言，这种锚杆常用于薄煤层）。柔性锚杆以束状或编织的钢杆为特征，多根可弯曲的钢杆编织到一起，而锚索是将多根钢丝扭转，然后再编织而成的。以上两种锚杆长度不大于 8 m，承载力为 300～700 kN。

（3）锚杆的可伸量。20 世纪八九十年代德国进行的主要工作是扩大锚杆的应用范围。在井下观测中发现，对于高应力巷道，通常的刚性锚杆的变形能力不足。作为示范，研发的可伸长锚杆曾作为刚性锚杆向可缩性支撑式支架过渡的有效产品，包括采用高延伸率锚杆体制造的可延伸锚杆和由结构上具有可伸长元件而形成的滑动锚杆。图 2－41 中锚杆 11 是多段工作的组合锚杆。

各种元件的不同连接可以形成不同形式的锚杆。以上介绍的锚杆均采用硬化材料实现锚杆体与岩石之间力的传递。这些材料称作锚杆锚固剂，一般是树脂或水泥材料，而树脂锚固剂在德国具有突出的意义。

2）锚杆的锚固特性

（1）早期锚杆的锚固特性。胀壳式锚杆是历史上最老的锚杆。在孔底处的胀壳结构，借助于楔形或锥形元件点接触式形成对岩石的压应力。与这种具有早期承载的预紧力锚杆相比，图 2－41 中锚杆 4、6、7 的缺点是机械连接容易松动，而锚头的稳定性取决于孔壁围岩的稳定性。由于连接元件需要很大的环形空间，因而锚杆体在接受剪切力前会产生较大的剪切运动。因此，这种结构形式的锚杆在煤矿的实用意义不大。摩擦锚杆对力的传递只能依靠管体与钻孔壁之间的摩擦来实现。膨胀式锚杆是沿着有凹槽的薄壁管，借助于高压水对孔壁形成压紧力。而沿轴向有切缝的摩擦锚杆，在插入钻孔安装前对钻孔直径有尺寸上的要求（即其外径大于钻孔直径）。借助于管锤将切缝管打入孔内，产生对孔壁的摩擦阻力。其优点是立即承载，但有 3 个突出缺点：一是形成的连接锚固力比锚固锚杆小得多；二是这种薄管抗剪切和变形的能力很差；三是这种锚杆平行于层面安装可能导致层面剥落。因此这种结构形式的锚杆在德国硬煤矿井现在已无使用价值。

（2）“睡眠”的、拉紧的和预拉紧的锚杆的锚固特性。锚杆工作特性之一是锚杆安设后在锚杆体上形成预紧力。安装后锚杆体无拉应力的称为“睡眠锚杆”。这里涉及的是只有一种锚固剂的全长锚固锚杆，如螺纹锚杆或锚索进行全长锚固安装，只有在岩层开始运动后锚杆才会承受载荷。

当安装锚杆头部时，施加较小的力阻抗表面破碎形成的压力，这种锚杆称为预应力锚杆。这种技术目前在德国 DSK 硬煤矿井普遍应用。安装这种锚杆时，快速凝结的药卷布置在孔底，而慢速凝结的药卷布置在其余长度上，因而在锚杆安设后可立即形成预紧力。在快速药卷凝结后，连接锚杆尾部的钻机开始旋转形成扭矩。当超过最小扭矩 120 N · m 后，在螺母范围内的剪切销和锚杆体受剪切，锚杆在旋转中被拉紧。最后，其余药卷凝固。由于在旋转中形成的预紧力具有不同的摩擦比，故预紧力不能准确定义（这里指的是扭矩与预紧力之比，这个比值取决于螺母垫片的特性、杆体与托盘或顶板的垂直度、操作工的安装质量等，最好通过现场试验取得）。

（3）预应力锚索的锚固特性。预应力锚索的预紧力是借助于液压千斤顶给定的。在煤矿应用的锚索预紧力为 400～500 kN。预应力柔性长锚杆技术，由澳大利亚研发，在德国也已进行了试验。应用范围与睡眠锚杆和柔性长锚杆基本上相同。预应力可以增大层间摩擦力，从而改善岩层质量。

3）锚杆背板

对于锚杆支架，其背板单元与支撑式支架类似，由背板连接网组成，在岩石应力较小的情况下也可以采用滚式金属网卷。如图 2－42所示，双侧滚卷的背板网在顶板中部用先导锚杆将顶板加以固定后沿巷道两侧展开。沿巷道周边方向的连接，使用这种结构时是不必要的。沿巷道长度方向的连接是通过与前一排的锚杆背板网进行重叠来实现的。

图 2－42　圆钢背板金属网卷

对于纯锚杆巷道，背板的部分载荷是由细小的破碎岩石形成网兜造成的，涌出的岩石使得锚杆受载情况恶化。特别是在锚杆托盘区，观测到背板钢丝被剪切引起超载。为此除了优化锚杆托盘外，还研发了背板强化结构，它可增大锚杆托盘与背板网的接触面，保证较高的工作效率。图 2－43 为两种背板强化结构，可阻止托盘早期压穿背板网。

除了背板有较大的承载能力外，在纯锚杆巷道，背板强化结构还有加固岩层的作用，它可以阻止锚杆间围岩的离层，形成支护作用。由于它可以承受锚杆托盘的最大载荷，因此这种背板强化结构也可以成为全承载背板。

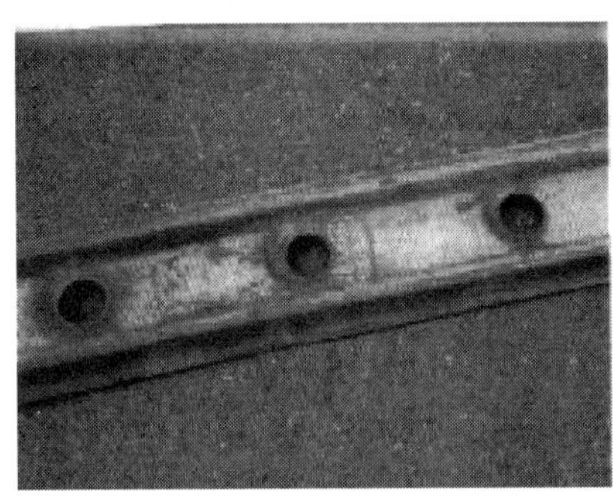

(a) W钢带

(b) 双带轨

图 2－43　背板强化结构

3．锚杆及相关支护元件工作特性试验

已支护的锚固构件的技术特性是根据德国标准 DIN21521 结构试验规范确定的。除拉伸特性试验外，还有刻槽冲击功试验。考虑到锚杆在剪切作用下可能发生脆性破断，因此补充进行了 120°的弯曲试验。要求在给定试验几何尺寸下，锚杆体不出现破断、撕裂及塑性变形。除了对锚杆体、锚杆托盘和加固件进行判断外，还要考虑锚固剂元件。同时，还需要进行工程材料的试验和压注技术试验。对于矿物锚固剂和树脂锚固剂，需要评估其与凝固时间相关的抗压和抗弯强度。

对锚杆构件的材料进行试验是质量检验的重要组成部分，对锚杆使用特性的评估也是基本的实验项目。在锚杆参数优化或监测中，准确的承载和变形特性是非常重要的。

在岩石模拟试验台上，德国对锚杆体、锚固剂和岩石之间的相互作用进行了力学试验。

1）拉伸试验

为进行拉伸试验，需要将外径 160 mm 的钢管充满规定的工程材料。而钻孔将根据试验任务采取不同的直径并按照要求成形。采用不同锚固剂的锚杆类型，使它相似于具体的安装环境进行安设和试验。在拉伸试验期间，完全安装的岩石锚杆通过开口的缝隙，对其载荷—变形特性进行记录和存储。

2）剪切试验

德国锚杆体的标准直径均为 25 mm。试验了以下几种锚杆：

（1）螺纹锚杆。钢锚杆带有全长轧制的螺纹断面，抗拉强度 700～800 kN/mm^2，杆体断面直径 25 mm，是德国硬煤煤矿使用的标准锚杆（推荐的锚杆）。

（2）玻璃纤维锚杆。这种锚杆具有全长螺纹断面（基本杆体断面直径 25 mm），是德国煤矿使用的标准玻璃纤维锚杆。

（3）锚索。是由钢绞线编织的经表面强力压型的钢锚索（外径 23 mm），是德国煤矿使用的标准锚索。

（4）自由作用锚杆。全长光滑轧制，而两端为后期滚压的黏着断面（钢的抗拉强度 700～800 N/mm^2，颈部直径 25 mm），是 20 世纪 70 年代中期到 90 年代中期德国煤矿使用的标准锚杆。

（5）组合锚杆。为结构上可伸缩的锚杆，由基本杆体（抗拉强度 700～800 kN/mm^2，杆体断面直径 25 mm）、空管和长度为 150 mm 的墩粗元件组成，可伸缩元件处于锚杆端部，是 20 世纪八九十年代研发的产品。

（6）链条钢锚杆。为全长光面轧制的具有后期滚压断面和最后进行调质处理的锚杆（钢的抗拉强度达 1400 N/mm^2，基本杆体断面直径 25 mm），20 世纪 90 年代研发，具有尽可能高的承载能力。

图 2—44 显示的综合试验成果记录了多种锚杆的工作特性。

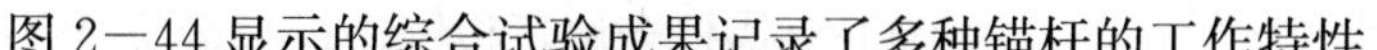

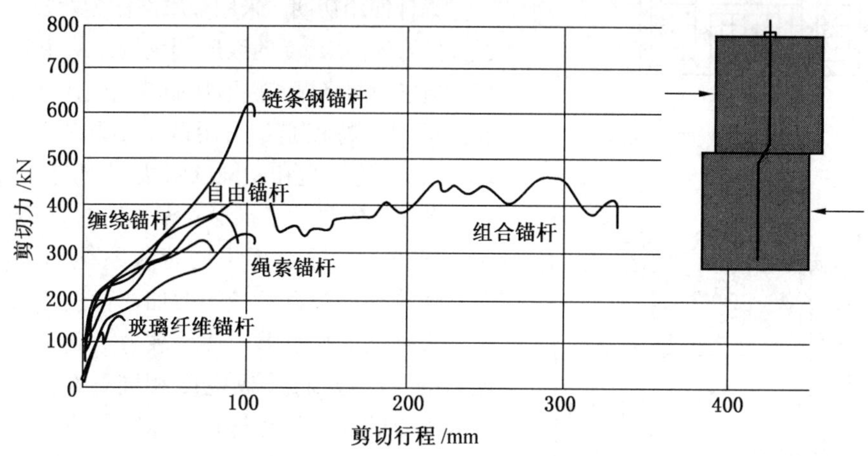

图 2—44　不同类型锚杆 90°剪切试验力学特性

作为推荐锚杆，GFK 玻璃纤维锚杆的承载力较小。而现代的玻璃纤维连接材料在相同的杆体直径下比螺纹钢有更大的承载力。很清楚，钢材种类（如链条钢）；表面成型特征（如自由工作锚杆）以及结构上如何实现可伸缩；锚杆在拉伸试验可达到的变形能力等因素也有重要影响。

剪切试验与拉伸试验相似，锚杆安设在由工程材料制作的模拟岩层中。图 2—44、图 2—45 右上角显示试验块体可以进行 90°和 50°的剪切试验。

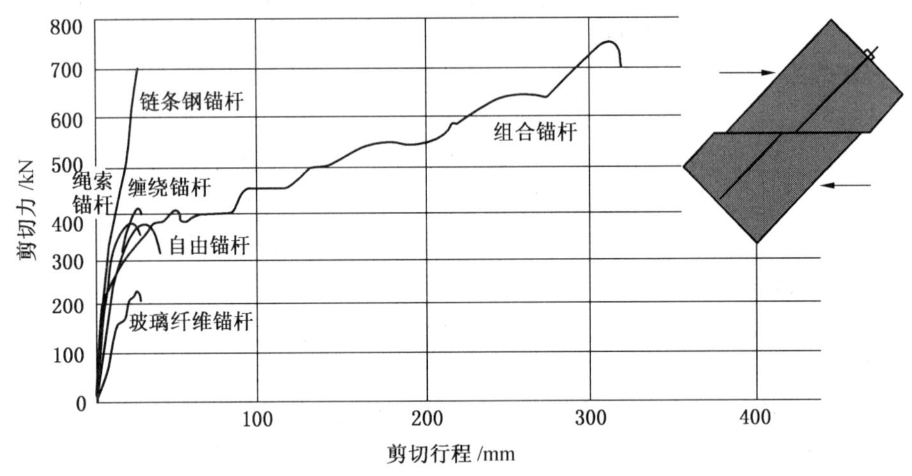

图 2—45　不同类型锚杆 50°剪切试验力学特性

对于玻璃纤维锚杆（GFK），当垂直于锚杆轴线进行加载时，玻璃纤维仅具有较小的承载能力而且变形很小。对于自由锚杆，进行拉伸试验时，锚杆表面的加工方式对剪切变形能力的影响很小。

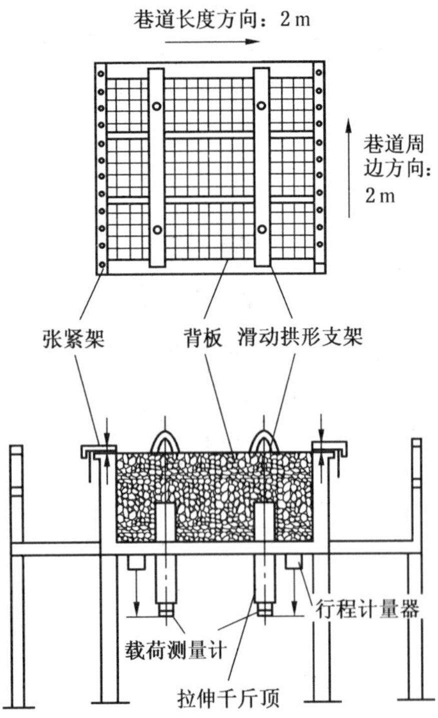

4. 锚杆背板的性能试验

DMT 对锚杆金属背板网进行了试验研究。

锚杆使用初期，采用金属网作为背板。此后采用了直径为 3～4 mm 的滚压圆钢网。从 1970—1990 年初德国尼的博格煤矿拱形断面巷道使用的锚杆支护标准背板网的特点是：采用两个不同直径（110 mm、225 mm）的托盘和相同的背板网密度 7 mm。

图 2—46 显示了拱形支架背板的载荷模拟试验。

图 2—47 显示了不同背板系统的承载力与挠度。随着锚杆托盘直径的增加，背板网的承载力增大。直径大的托盘 B，其承载力达到 73 kN，是托盘 A 的两倍，而背板挠度相同。在这种情况下，背板失效的标准为锚杆托盘压穿背板网。

20 世纪 90 年代中期德国背板网结构出现了变化，增大了钢丝直径。由于直径大于 5 mm 的钢丝无法卷起，因此结构 C 采用了折叠铰接结构，沿巷道走向和周边方向均采用直径为 6 mm 的背板网

图 2—46　由人工石块建立的拱形支架背板网的载荷模拟试验

圆钢，并试验了直径 225 mm 的锚杆托盘，提高了背板网的承载力，也增加了与此相关的最大挠度。对于围岩处于高应力的巷道，进一步提高背板网的承载力是必要的。其途径有两个：一个是采用背板网圆钢直径达 8 mm，沿走向和周边方向采用同样的连接机构；另一个是安装了背板网强化结构，包括 W 钢带（D）和双轨钢带（E），从而增大了锚杆托盘与背板的接触面积。这些措施有效地改善了背板系统的特性，使其达到较高的承载力和较大的容许挠度，从而避免了锚杆托盘对背板网的早期穿透。导致背板网损坏的原因包括：个别圆钢拉断、焊接点损坏、背板网连接脱开。

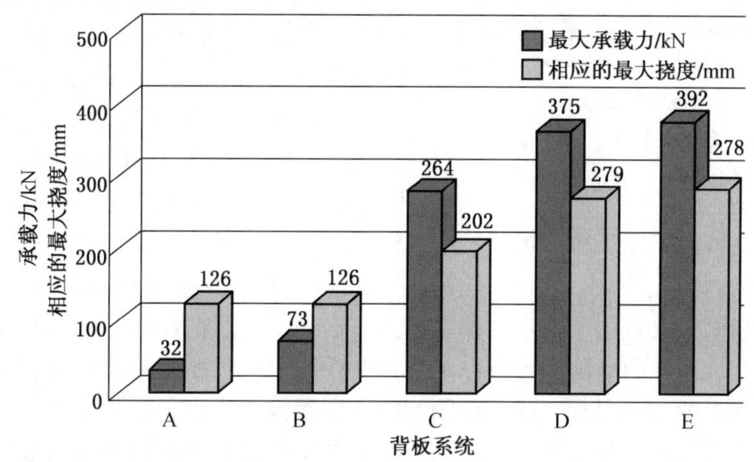

图 2—47　不同锚杆背板系统的最大承载力与相应的最大挠度

5. 锚杆锚固剂

1）锚杆锚固剂基本结构

在支护元件中，有两个元件是由纯工程材料制成的，一是作为成品供应的玻璃纤维锚杆（GFK），二是锚杆的树脂锚固黏结剂。

带有夹持器的树脂药卷如图 2—48 所示。图中左侧的夹持器的作用是防止钻孔口发生冒落。

图 2—48　带有夹持器的树脂药卷

通过锚杆向孔内的旋转和推进，将树脂药卷的薄膜破坏，而使药卷中的树脂与硬化剂实现混合。这种方法简单易行，使其在世界范围内获得推广。在巷道掘进中，其他方法如浇注法可实现全钻孔浇注；在钻孔外进行锚固剂混合的压注法仅在个别情况下采用，如安装柔性长锚杆。

2）锚固剂特性的影响分析

除锚杆和钻孔表面外，锚杆锚固剂的特性和锚固工艺决定了已安装锚杆锚固体内外黏结表面的承载特性。

不同锚杆锚固剂的中心概念是锚固黏结长度。锚固黏结长度形成的内外表面黏结力应足以将锚杆体承受的最大拉伸力传递给岩石，小于此长度可能导致锚杆体从钻孔中拔出。由于锚固剂黏结作用必须与锚杆体的变形能力相协调，因此迄今试验成果的前提是应用推荐的标准锚杆锚固剂。锚杆锚固剂黏结作用的试验也相应地采用了推荐的标准锚杆。

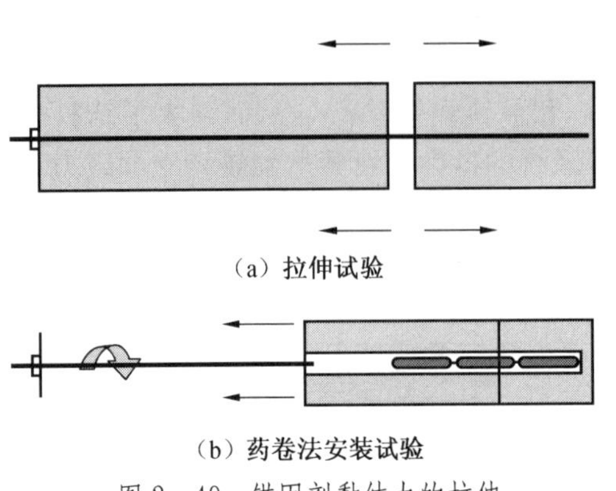

图 2—49　锚固剂黏结力的拉伸试验和药卷法安装试验

全断面浇注法或压注法也可以用图 2—49a 的方法进行拉伸模拟试验。试验中，锚杆直接安装在一对岩石管中。经过一定的硬化时间后，开始进行拉伸试验。其改进重点是要选择在钻孔最深处黏结段范围内的岩石管长度。锚固黏结长度应足以可靠地承受锚杆的最大承载力。在此条件下可进行逐步减小锚杆长度的试验，以确定必需的最小锚固长度。

图 2—49b 为药卷法的安装模拟试验，它可非常近似地模拟锚杆旋转推入的过程。

上述拉力测试系统可用于确定内侧黏结力。借助于观测钻孔岩管壁剖面可以预计内侧黏结力存在的有规律性的缺陷。内侧黏结力所受限制取决于在每个具体安装条件下各种影响外部黏结承载力的相关因素。除了锚固剂的力学参数和锚固工艺方法外，起重要作用的是外侧黏结的岩石类型。与岩性有关的孔壁表面的粗糙度影响着锚固剂的最后形成。另一个重要因素是采用的钻孔方法，它将影响钻孔表面的形式，进而反过来影响锚固剂最终黏结固化效果。此外还有与钻孔有关的岩石温度、钻孔壁的潮湿或干燥状态。

药卷法与全断面浇注和压注法比较，其突出优点是成本低，但也存在着难以避免的缺陷：一方面，用药卷法进行全长锚固是受限制的。例如在破碎岩石中，树脂难以流出，药卷法不宜使用。而浇注法，则一般情况下不会有问题。另一方面，在锚固质量方面容易发生问题，包括在锚杆安装过程中要求的药卷破碎、树脂与硬化剂的混合过程。20 年来进行的安装过程拉力试验和锚固参数优化研究阐明了对锚固力可能的两组影响因素：第一组是树脂药卷和锚杆的特性。例如，树脂的组装、黏度、树脂与硬化剂的比例、硬化室的结构排列、药卷外皮的撕裂性能和夹持器的抗破坏性等。对不同形式的锚杆尖端的基础研究表明，目前采用的标准的钝型刀尖（60°）式锚杆尖端比一侧斜切或其他钝形尖端更有利于树脂的充分混合。第二组是所有钻孔的几何参数和安装过程。锚杆体直径、钻孔直径和药卷直径仅有很少的可能的有利组合。对于树脂药卷，推进速度和转速通常是 4 m/min 和 450 r/min，这对完全充分混合是足够的。如果想进一步提高推进速度，要求更高的转速是达不到的。

图 2—50 中，上面两图显示了“手指—手套效应”。由于错误地选择了相关参数，在锚杆尖端药卷未破碎，锚固剂外膜几乎未撕破，锚固剂未黏结，硬化室部分地被充填和破坏。在此范围内，内外黏结力作用不可能实现。这种“手指—手套效应”形成的可能原因之一是药卷直径远大于锚杆体直径。图 2—50 的下面两图显示，虽然树脂已经硬化，但由于药卷薄膜在外部黏结中的不正常状况，在此范围内能够承接的载荷是很有限的。

此外，还应注意，在湿润的钻孔中，水与树脂产生泡沫反应，会显著减小黏结锚固力。

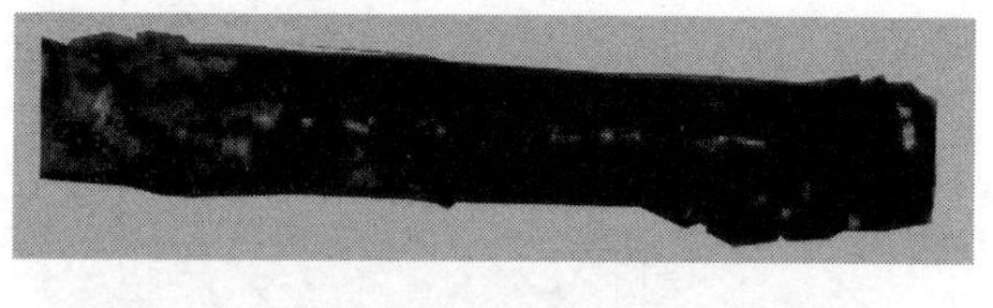

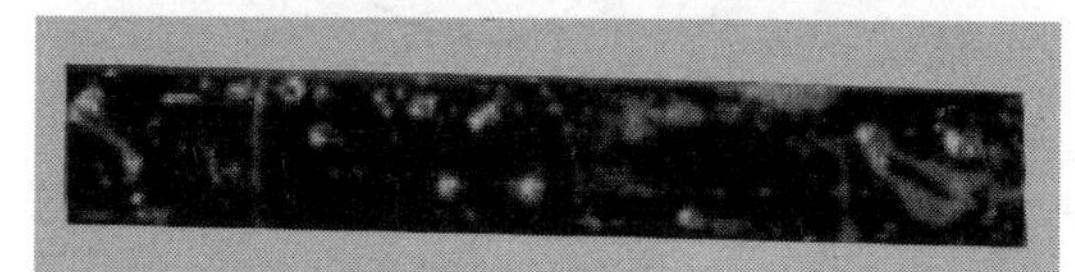
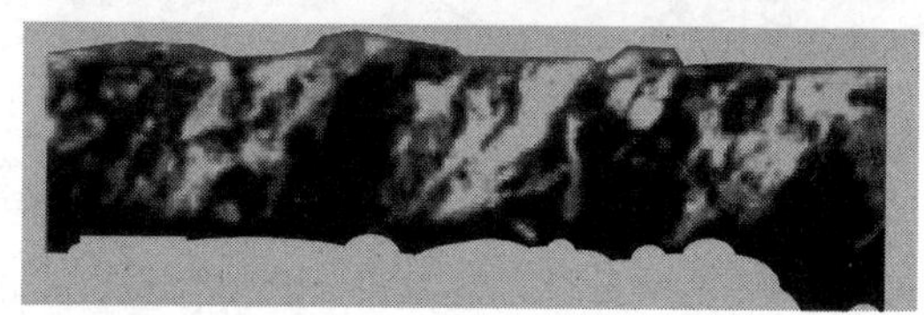

图 2—50　药卷法存在的锚固缺陷

第三节　锚杆作为巷道主要支护及联合支护的应用

一、锚杆支护的两种工况

与支撑式支架相比，锚杆的优点是：重量轻，易于手工操作；掘进、装载等工序与锚杆支护可平行作业；在开采范围内，为采煤机和输送机头提供了固定的准备环境。

锚杆的作用与钢纤维混凝土的作用类似。钢纤维混凝土是高强度混凝土与高抗拉强度钢纤维相结合实现支护，而锚杆支护的巷道，围岩承接了混凝土的任务，而锚杆相当于钢纤维的作用。但受到强烈挤压的不同强度和厚度的岩层、煤的夹层、弱层面和张开裂隙，对锚杆设计、参数和监控提出了特殊的要求。

开采形成的附加高应力作用在工作面和采空区周围，以及围岩的不致密性，导致锚杆承受的岩层载荷当量值（垂直应力与岩石抗压强度平方根之比）较大。由此引起的岩层变形难以由锚杆阻止，而只能是一定程度的减小。结果产生了围岩破断和裂隙体，它们相互错动，形成高载荷。受拉伸和剪切共同作用的锚杆，该载荷常常超过了其承载和变形能力。

实验室试验表明，锚杆变形能力很大程度上取决于受载形式。与剪切载荷相比，轴向拉伸引起很大的长度变化，且当剪切平面与锚杆轴之间成锐角时，剪切变形也愈小。锚杆支护在现场经常遇到以下两种工况：

第一种工况：在掘进工作面，锚杆支护的首要任务是将可能离层的岩层保持稳定，岩层的自承能力得以保持。为此，全长锚固的锚杆只有通过调整其支护力学特性来实现此目标。

图 2—51 为采掘空洞岩层收敛变形特征曲线。当弹性卸压结束时，曲线处于最低点，在此点必须提供及时支护。而随后，伴随着岩层的松动，曲线上升，即支架载荷增大。对此曲线的量化是锚杆优化设计的前提，但目前尚未实现。

图 2—51 中，岩层收敛变形特性曲线与支架支护特性曲线的交点，即是支架与围岩的力学工作点。图中显示，锚杆过早或过迟的支护，或者刚性过大或过低的支护均是不

利的。

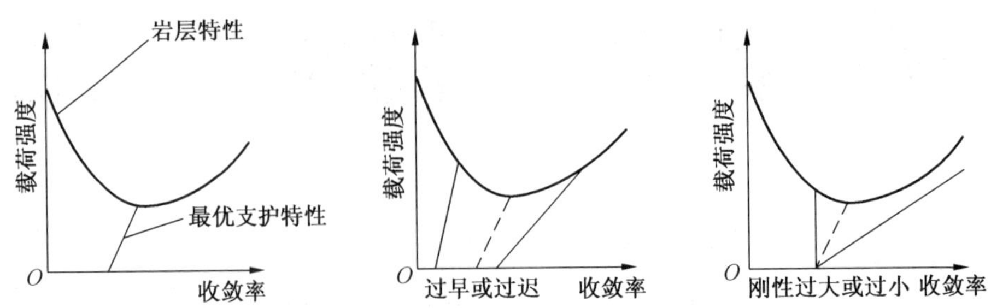

图 2—51　岩层变形与支护阻力特征曲线

第二种工况：锚杆受到强烈的动载荷。此时对巷道围岩变形影响最大的是回采工作面的推进方式和巷道断面。

对于一次使用（即第一个工作面回采期间使用）的后退式回采矩形巷道，在工作面通过处，主要是由自移式支撑支架支护，此时锚杆承载及变形很小。

对于二次使用（即第二个工作面回采期间再次使用）的拱形巷道，岩层错动和破断过程要求锚杆支架具有很高的变形能力。在此条件下，早期承载的巷旁充填带对减小巷道变形具有积极意义。

此外，强力背板与锚杆的承载与变形能力相配套，可阻滞锚杆周围的破碎岩块挤出。

二、锚杆与岩石的黏结

在德国硬煤煤矿，几乎均采用锚固浆液（包括矿物浆液和树脂浆液）实现锚杆与岩石的黏结。在此，应首先区别锚杆与围岩的外部黏结和锚杆与锚固剂的内部黏结，如图 2—52 所示。锚杆承载是通过锚杆体上突起（轧制的或滚压的）肋筋与锚固浆液在结构上的封闭咬合实现。这两部分均承受剪切力。锚杆表面的筋带高度愈大，通过浆液传递载荷的效果愈好。因为锚杆表面的筋带抗剪强度远大于锚固浆液，故其高度对力的传递影响很小。如果

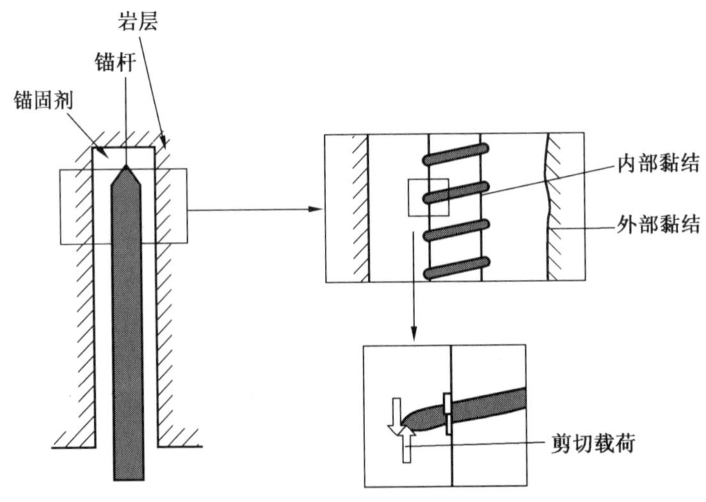

图 2—52　锚杆与锚固剂内部黏结的咬合机构

锚固发生失效，问题可能出在筋带之间的浆液被剪切。当锚杆体塑性延伸变形时，锚杆体断面减小，有可能导致黏结松脱，在此情况下筋带高度将起作用。

1. 药卷法安设工艺

为实现全长锚固，对锚杆直径和药卷直径提出了很高的要求。通常采取钻孔直径 32 mm，药卷直径 28 mm，锚杆直径 25 mm（不考虑肋筋高度）、公称直径 27.3 mm（考虑肋筋高度），钻机转速 450 r/min，钻杆推进速度 4.1 m/min。这是实现全断面全长树脂药卷完全混合的最优参数。药卷长度按下式计算：

$$L_{ps}=\left(\frac{D_B^2-D_A^2}{D_P^2}\right)LS$$

式中　L_{ps}——药卷长度，mm；

D_B——钻孔直径，mm；

D_P——药卷直径，mm；

D_A——锚杆直径，mm；

L——钻孔长度，mm；

S——备用系数。

通常锚杆长度为 2400 mm，备用系数为 1.4，由此算出药卷长度应为 1710 mm。

树脂药卷的安装采用速凝药卷与慢凝药卷组合的方式。速凝药卷首先送入到孔底，并在数秒内与围岩及锚杆黏结。然后安设慢凝药卷，在大约 15 s 内锚杆安设完毕，托盘和螺母拧紧，形成预紧力。为实现锚杆钻孔和安设的机械化，目前大多采用了螺母拧紧设备。药卷安装实例如图 2—53 所示。

树脂药卷安装法，目前几乎无一例外地与锚杆钻孔和安装设备组合应用。为了充分混合，要求所达到最低转速并与最大推入速度相耦合。目前长度 3 m 的锚杆也可以可靠地安设。长度 4 m 的锚杆安装也在试验中，但在安设过程中遇到很大的阻力，要求很高的顶推力。

锚杆安设受到钻孔几何尺寸的强烈影响，而钻孔的几何尺寸又取决于钻孔工艺方法和岩石参数。特别是软硬岩层交替时，会导致钻孔轴线折曲，给刚性锚杆安装带来困难。

药卷安装过程中，首先将快速药卷装入孔底，然后安设必需的慢速药卷，之后送入夹持板（带有星形张开件的塑料帽）以防止药卷滑落，如图 2—53 所示。药卷凝固时间取决于药卷组分中树脂的黏度，它应采用不同的颜色标出。药卷存储时间为 6 个月，存储温度不低于 5℃。

对于拱形支架的巷道，锚杆安装需要借助于安装管或安装杆送入药卷。必要时它们需要与液压缸中的活塞杆连接，以便适应长钻孔安装。

2. 全浆液黏结锚固工艺

该工艺方法在德国用于巷道承托锚杆（即在紧靠回采工作面前方在拱形支架靠回采工作面一侧的棚腿撤出后，将拱

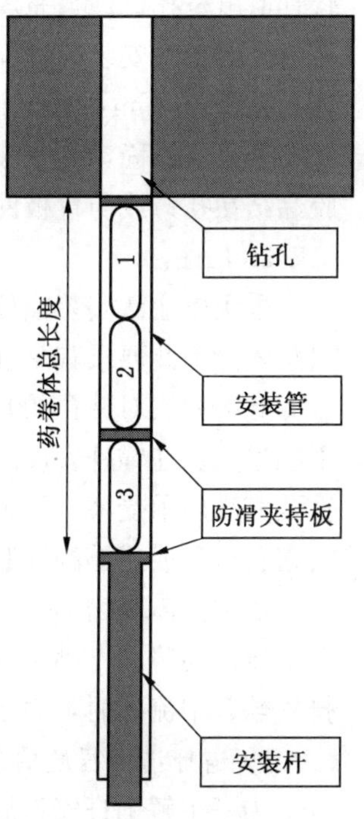

图 2—53　锚杆孔药卷安装实例

形支架锚固在巷道顶板的锚杆）和长锚杆的锚固。首先将浆液注满钻孔，然后再安设锚杆，如图 2—54 所示。浆液一般使用矿物黏结浆液。与药卷法相比，成本高，耗时长。但其突出优点是对钻孔几何尺寸和岩石结构要求低，适应性强，特别是当钻孔有很多裂隙或弱面时。

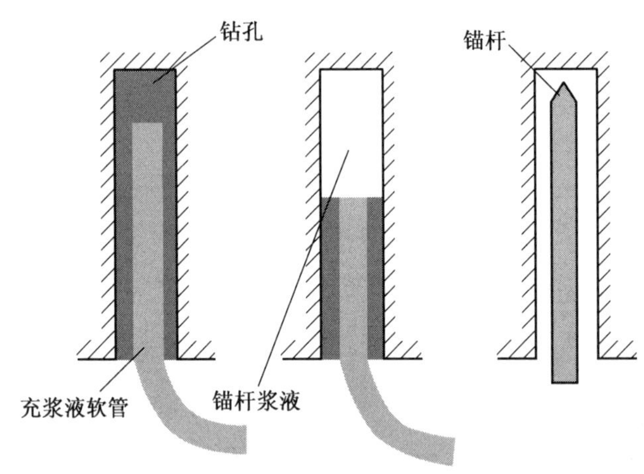

图 2—54　全浆液黏结锚固全过程

全浆液锚固可达到的最大长度取决于浆液组分、钻孔直径和锚杆直径。借助于辅助手段，最大长度还可以增大。其工艺过程是借助于混合器和泵，将袋装工程材料液压输送至钻孔和分送至充填软管。将充填软管推入钻孔底部，然后启动充填泵，黏稠的浆液将充填软管退出至孔口。当充填软管被完全压出后，手工或者借助于辅助安装工具将锚杆安设在孔内。用手工安装的锚杆长度一般可至 4 m。也曾试验了钻孔长度 8 m、锚索直径 20 mm、钻孔直径 45 mm 的全浆液锚固。

全浆液锚固，其浆液一般不能立即硬化，为此，需要将锚杆在孔口临时固定，例如用胶黏结在孔口或与背板网捆扎在一起。

3. 压注法

采用压注法安装锚杆时要求采用液体型工程材料或树脂，它可以通过很细的管道在孔口泵入。为此要求其黏度小，以便进入钻孔内的环形腔，直至充满钻孔。

此种方法对钻孔的几何尺寸要求不严格，但孔口处岩石不能被破坏、堵塞而导致锚杆不能推入。在锚杆安设时，孔口的密封装置有 3 个作用：保证锚杆不滑出、密封环形腔、钻孔充满后承受液体压力。现代的压注系统采用膨胀的孔口密封器，它可在注入压力液体后在孔口形成足够的撑紧压力。

压注法需要增加一个附加压注管和排气软管插入钻孔内，如图 2—55 所示，这是从下向上压注使浆液充满钻孔并控制压注质量的前提。排气软管直达钻孔底部。当压注浆液从排气软管中流出时，表示钻孔已经充满浆液。

4. 锚杆锚固程度的现场试验

为了了解锚杆安设后的实际工况，需要在现场对其进行拉拔试验。每一根锚杆均应保证其最小的内部和外部黏结锚固长度。在进行拉拔试验时，为了检查外部黏结长度，提出两项基本要求：在给定长度段内形成黏结长度；确定孔底段试验长度。此外，为了检查锚杆与钻孔不同岩层段的锚固效果，提出第三点要求：任意段锚杆范围内选定检测试验长度。

图 2—56 显示了全长滚压和全长锚固锚杆的拉拔试验。

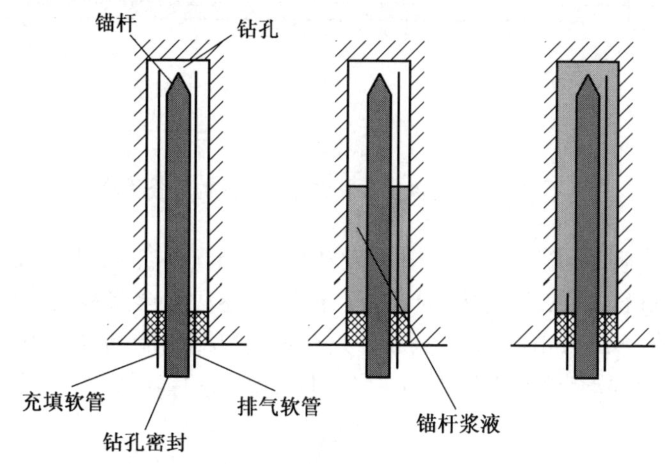

图 2—55　压注法全过程

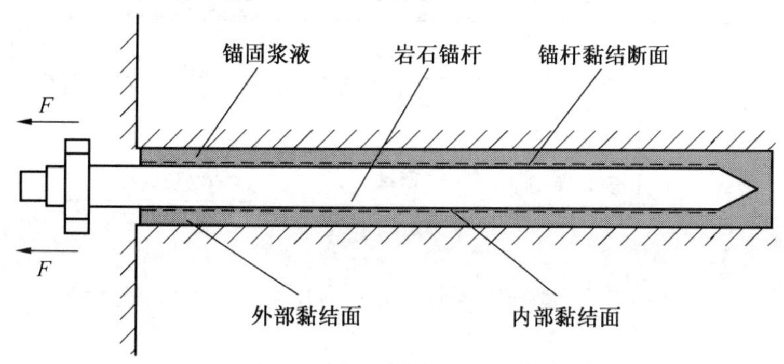

图 2—56　全长滚压且全长锚固锚杆的拉拔试验

通常，对于全长滚压的锚杆，为达到 300～400 kN 的承载力，需要锚固长度达 300～400 mm。对于长度 2.5 m 的全长锚固锚杆，拉拔试验仅可显示完全未黏结锚杆长度的质量缺陷。在其他情况下，试验直至锚杆头部被拉断。

第二项试验是排除内部黏结部分失效的试验。如图 2—57 所示，试验段在孔底。在锚杆头部力的传递中，借助于拉力千斤顶，将拉力通过内部黏结传递到锚固剂柱体中。此拉力由外部黏结的整个长度来承担。

同样的要求在井下拉拔试验中，可通过有效地限制黏结锚固长度来满足。如图 2—58 所示，借助于带有密封的安装管提供了两种可能的试验方法，其差别仅仅是在试验段以外的钻孔段直径是否扩大。后一方案更易实现密封。

上述 3 个要求在井下试验中可以满足。

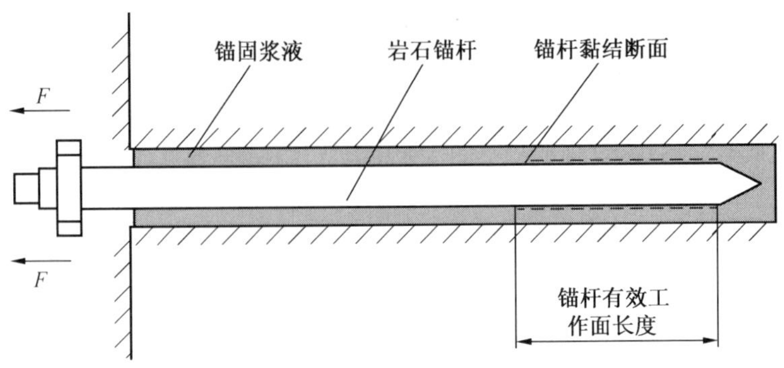

图 2—57 排除内部黏结部分失效的拉拔试验

在借助于安装管的试验中，锚杆长度 1900 mm，外部黏结力发生在孔底段长度 600 mm。在井下进行了 110 次这样的试验，包括药卷法和全浆液浇注法，均采用标准螺纹钢锚杆（杆体直径 25 mm）。试验显示，只有短期凝结树脂的锚固力超过矿物黏结浆液的锚固力，大多数矿物浆液在煤层中的黏结可取得较高的锚固力。

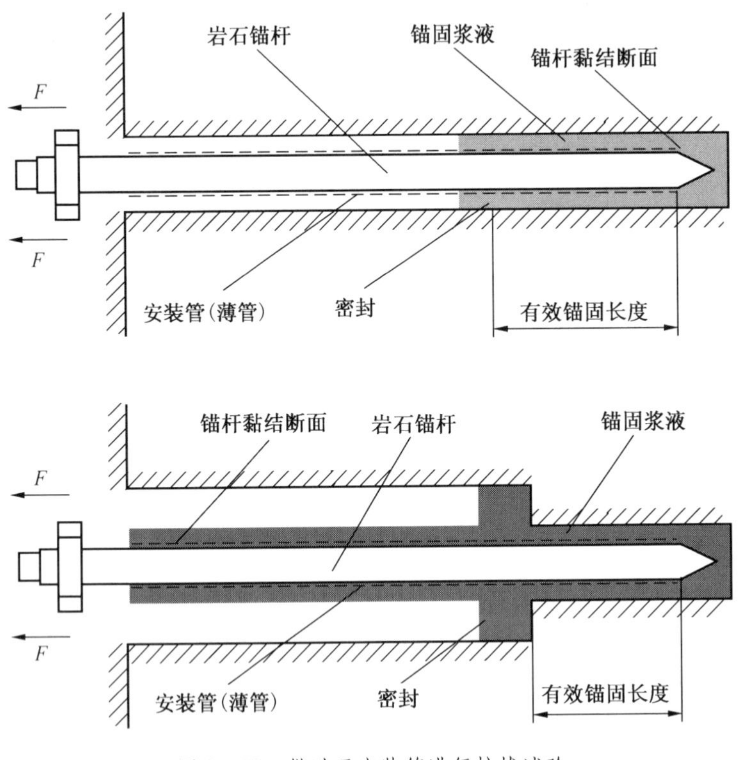

图 2—58 借助于安装管进行拉拔试验

三、锚杆作为矩形巷道的主要支护

受到英国煤矿在矩形巷道使用锚杆支护成功的影响，德国鲁尔公司（DSK）开始发展矩形巷道锚杆，并针对顶板岩层条件研究合理的锚固参数。

1. 巷道锚杆支护系统

在地质技术分析的基础上，需要研究可能形成顶板载荷的岩层和可能承载的厚或硬岩层，对硬岩层下面可能对支架形成载荷的岩层用垂直于岩层安设的锚杆予以锚固。为此需要分析可能产生的裂隙体、顶板分层的抗压强度和层面抗拉强度等特性。由于顶板分层的载荷还会作用于巷道两帮，因此需要通过边缘锚杆和煤帮锚杆加以可靠地锚固。图 2—59 显示的是矩形巷道锚杆支护系统，一般采用长度 2.5 m 的锚杆（GW25），边缘角锚杆斜度为 63°。

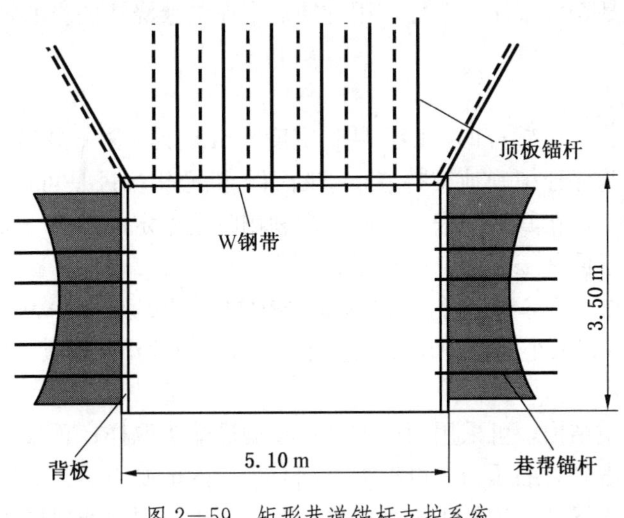

图 2—59　矩形巷道锚杆支护系统

2. 水平应力影响

除了岩层垂直载荷外，沿巷道轴作用的水平应力对顶板岩层的稳定性也有显著影响。它分为相互成直角的最大和最小水平应力，如图 2—60 所示。

当最大水平应力与巷道轴成直角时，巷道受载最大；当巷道平行最大水平应力掘进时（容许偏差 13.5°），受载最小。

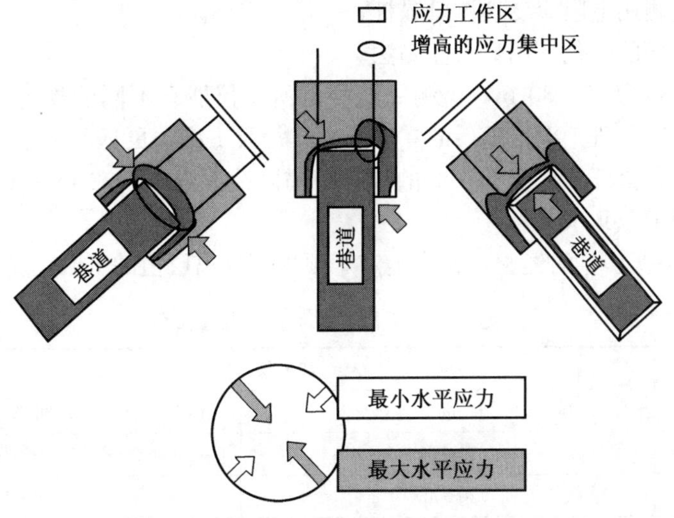

图 2—60　水平应力场中巷道有利和不利的位置

3. 巷道两帮锚杆

对于巷道两帮，锚杆密度应与顶板锚杆相当，这不仅是为了阻止煤壁片帮，而且是为了保证煤帮作为顶板岩层的可靠支座。工作面煤帮支护通常采用玻璃纤维锚杆（GFK）。当巷道煤帮抗压强度较高（例如大于 15 N/mm^2）时锚杆长度和密度可减小 20%；而当受回采影响煤壁出现破坏时，需要补充加长锚杆，必要时可用 4～6 m 的全浆液浇注锚杆。但当煤帮移近量超过 0.2 m 时，滞后承载的长锚杆不会发挥有效的作用。在此情况下可以采取联合支护，包括钢纤维压注锚杆、用硅酸盐水泥浆液浇注的空心锚杆、液压或刚性梯形支架辅助支护等。

4. 地质技术前提

在采用长度为 2.5 m 锚杆时，回采巷道宽度 6 m 是其上限。巷道高度为 4 m，对于硬煤是可以维护的。为保证精确地维持巷道破断面，机械化掘进是可取的。生产经验表明，锚杆支护的矩形巷道，在其被回采工作面一次利用时是稳定的。有一部分，在一次利用后仍可维护，但不适于回采工作面二次利用。

开采煤层厚度为 1.2～3.5 m 时，锚杆支护是有效的，相应的采深为 600～1200 m。为保证顶板层可靠地锚固，其最小分层厚度必须大于：砂岩，0.2 m；砂质页岩，0.2 m；泥页岩，0.3 m。

为评估岩层地质结构，可采用两种方法：在掘进端头取样；顶板、两帮和底板钻孔岩心取样。此外，考虑到岩层压力，可根据德国对岩层的地质力学分类进行评估。

在下列参数下，锚杆支护处于困难条件：巷道围岩范围内的岩层压力为 25～45 MPa；劈裂法测得的抗拉强度为 4～6.5 N/mm^2，相应的地质力学综合指数 K_z=531。

5. 巷道监测

为保证巷道锚固的可靠性和安全性，必须进行规定的巷道围岩动态监测。一般采用以下 4 种方法（图 2—61）：

（1）顶板离层监测采用钢索式数字显示仪；

（2）顶板岩层观测采用钻孔内窥镜；

（3）附加监测用电阻应变仪测量锚杆；

（4）巷道断面的变化，用日常监测法。

测站间距一般为 20～30 m，监测周期根据所用仪器有不同的规定。例如，顶板离层监测：巷道端头，每班 1 次；随后的 3 个测站，每天 1 次；更远的测站，每周 1 次。顶板离层监测高度：在锚杆（长度 2.5 m 的锚杆）锚固范围内，0～2 m（A 水平）；在锚固水平以上，2.2～4 m（B 水平）。

德国 DSK 根据多年的经验，初步确定了顶板容许离层值的上限，见表 2—3。

表 2—3　不同岩性顶板离层值上限

mm

岩　性	离层值上限	
	掘进期	受回采影响
泥页岩	30～60	60～150
砂页岩	20～40	40～120
砂岩	10～30	30～60

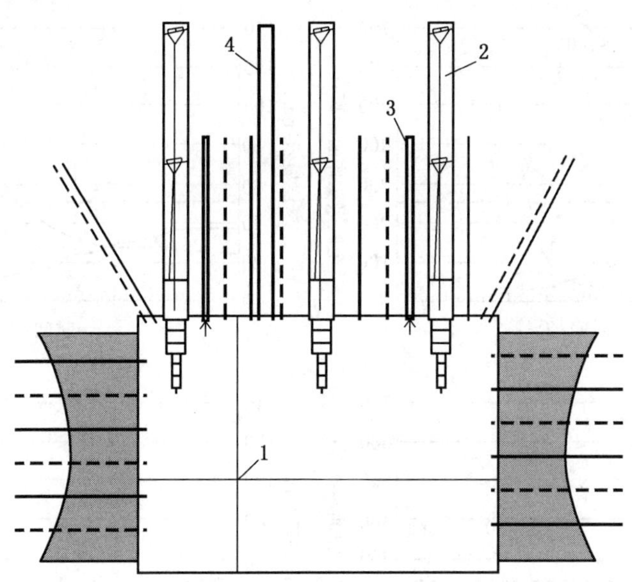

1—顶底板收敛测量；2—顶板离层显示仪；
3—电阻应变测量锚杆；4—内窥镜测量钻孔

图 2－61　矩形巷道监测站设置

6. 锚杆锚固失效的表现和措施

巷道围岩锚固失效的表现包括以下两个方面：

直接顶：由于超过抗弯强度引起的破断；近煤帮处的剪切；高水平应力引起的挠曲；直接顶分层的连续破碎。

煤帮：在巷道全高度上向外鼓出；煤帮破裂、倾翻和破碎。

实例：在鲁尔矿区 Osten 煤矿，锚杆支护的矩形巷道，采深 1000 m，煤层以上 20 m 处有薄煤层，巷道宽度 5 m，高度 2.8 m，直接顶为多层薄泥页岩层，抗压强度 37 N/mm^2，劈裂抗拉强度 4.54 N/mm^2。在巷道掘进过程中顶板出现了破碎，采取了辅助措施予以控制。在巷道全长安装了长度 4 m 的滞后黏结锚固的锚索，其中，在煤帮上方安设 2 根（图 2－62)。经内窥镜观测，发现锚索末端在顶板无裂隙区。裂隙延伸至煤层以上 2.8 m。

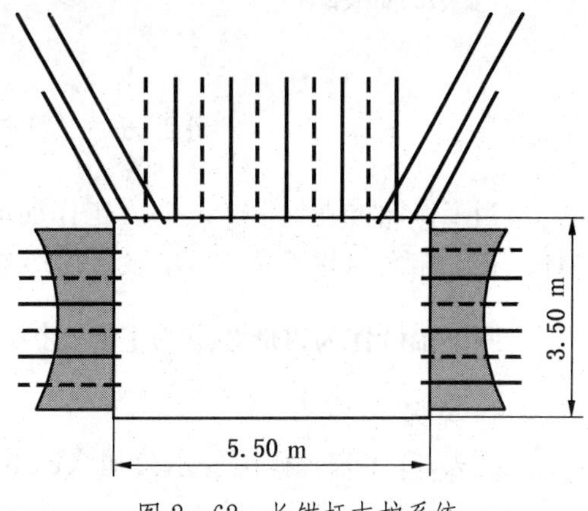

图 2－62　长锚杆支护系统

当回采工作面推进 80 m 后，顶板松动和离层快速发展。离层显示仪表明，顶板离层已经超过极限值，部分顶板出现破断，为此安设了 W 钢带和背板加强支护。

为了保证工作面前方的巷道稳定性，在工作面掩护支架顶梁前方增设了液压中柱，但并未阻止顶板离层的发展，仍超过极限值，如图 2－63 所示。

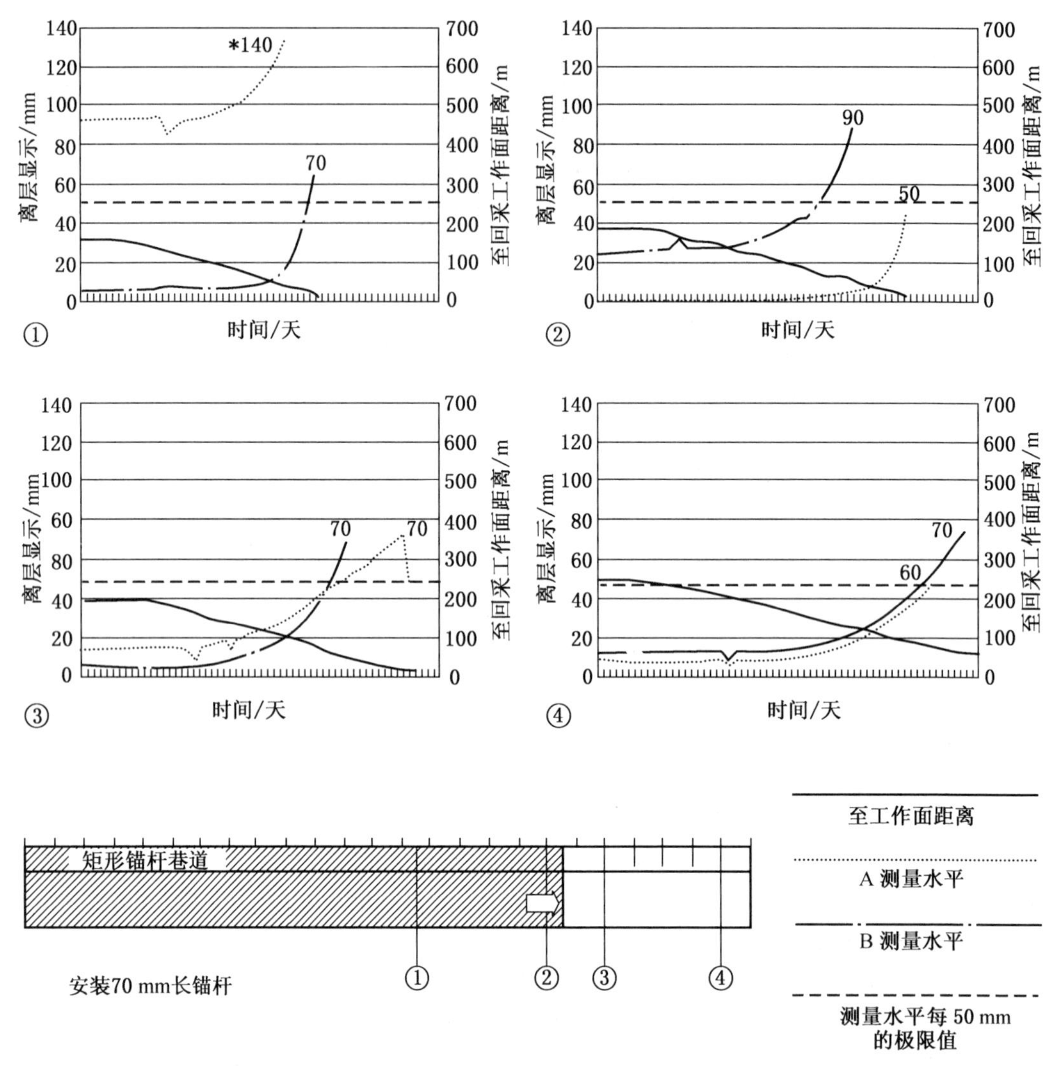

图 2—63　顶板离层仪显示离层量超过极限值

当工作面推进到 190 m 时，工作面前方巷道出现顶板冒落长度 18 m，少部分锚杆损坏。在工作面与巷道交叉口增设了梯形支架。此后再未发生更多问题，直至开采结束。

四、锚杆作为拱形巷道的主要支护

1. 概况

过去 30 年来，德国鲁尔公司（DSK）有超过 100 km 的拱形巷道直至采深 1000 m 多采用锚杆支护。锚杆支护主要用于并行掘进且围岩较稳定的巷道。根据岩石力学模型和锚杆使用特性的试验，获得了丰富资料，可用于指导设计计划、安装、监测以及在具体条件下的修理等。应掌握设计计划必需的支架与围岩相互作用的有关问题的信息，重点是：

（1）必须掌握锚杆巷道围岩的地质结构。

（2）巷道所在深度和由于开采引起的附加应力必须进行预先估计，以及推算由此引起的巷道顶底板收敛量和两帮移近量。

（3）通过地质分析和岩层压力计算，确定岩石应力和 DSK 划分的围岩类别以及确定锚杆支架是否可行，如果可行，是怎样的形态。

（4）生产对巷道宽度和高度的要求，并在巷道变形情况下确定巷道掘进断面。

（5）根据顶板裂隙体估算支架载荷。有两个方法：实际测量节理和由裂隙所限定的裂隙体或者根据假设的标准裂隙体计算。拱形巷道上方裂隙体如图 2－64 所示。

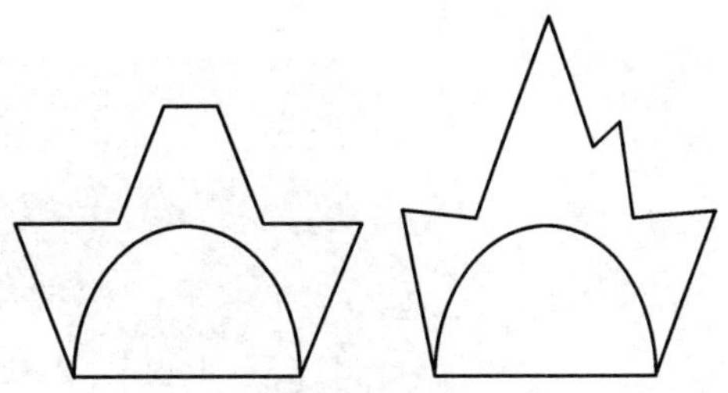

图 2－64　拱形巷道上方标准（左）和复杂裂隙体

（6）最后需要确定锚杆参数。在巷道断面尺寸基础上，选择最小锚杆长度为巷道最大宽度（一般为底宽）的 1/3。借助于预应力锚杆，再选择适当的锚杆密度，使得所有节理体或部分节理体得到控制。

2. 刚性锚杆作为拱形巷道的主要支护

1）锚杆设计和安装工艺

图 2－65 显示了应用刚性锚杆作为拱形回采巷道主要支护的布置。一般是沿拱形巷道的周边径向布置。锚杆参数用每排锚杆间距（a）和排间距（r）表征。排间距一般为锚杆间距的 1/2，以便保持对暴露顶板的均匀支承。这种优化布置是经过多年发展经得起考验的。

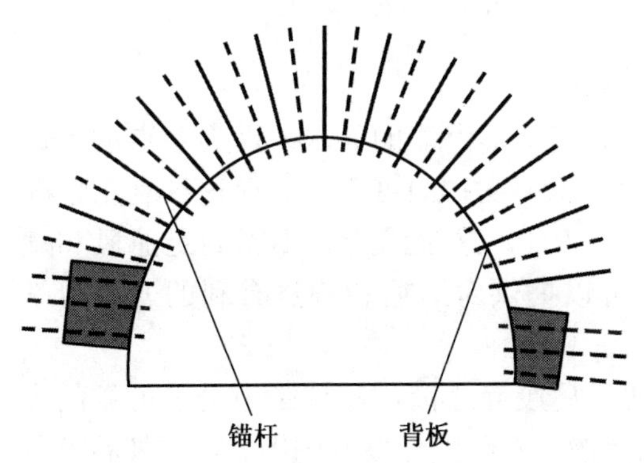

图 2－65　刚性锚杆作为拱形巷道主要支护的布置

锚杆轴线应垂直掘进方向（正常情况）或向掘进方向略有倾斜。后一种情况是为了避免锚杆与节理平行安装。平行节理的锚杆仅仅可以对不稳定节理体形成有限的安全保证，因而仅有条件地适于岩体加固。

根据静力学，巷道两上帮的锚杆间距应大于顶板锚杆间距，但这种趋向目前仅用于掘进巷道多阶段安装锚杆的情况。在优化参数下，根据安全需要，在掘进端头首先安装一根锚杆，然后按标准设计安装完其他必需的锚杆。如果安装大于 3 m 的锚杆，必须注意由此造成的掘进效率损失，因此仅限于掘进时出现特殊问题才使用。

对于掘进工作队，从效率出发，锚杆的安装会有一些改变。在安装顶板“领航锚杆”（Pilotanker）的同时铺设背板，然后穿过金属网和支架完成锚杆的安装。所有的普通锚杆的结构是相同的。借助于安装设备将锚杆托盘安装在锚杆上。锚杆与背板的接触压力在安装过程中可直接形成（图 2－66）。

为了保证锚杆的支护效果，应严格注意以下方面：

（1）注意顶板破碎区的发展。

（2）形成对锚杆的全长锚固，借助于：保证钻孔长度和设计的锚杆孔径、采用足够数量的锚固剂（有比理论计算的环形体积大 40%的备用量）。

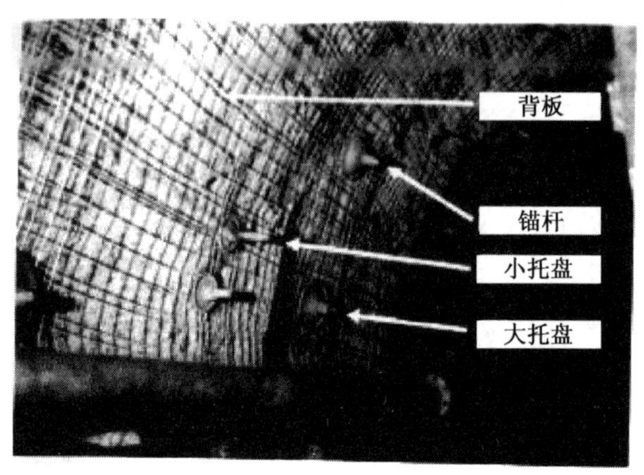

图 2-66　拱形巷道锚杆、背板和托盘的布置

(3) 在孔底正确装入快速药卷并正确安装锚杆头部。

(4) 在锚杆安装过程中控制药卷推入速度和转速。

(5) 合理布置锚杆，注意节理方向和层理（没有平行于锚杆的分离面，但煤壁加固例外）。

迄今，锚杆主要用于一侧开采的前进式和后退式回采巷道，工作面通过后巷道废弃或保留至开采结束。保留巷道的目的是用于通风、行人和运输设备。

而对于锚杆支护巷道的二次利用，也部分取得成功。在此情况下，多需要在两个工作面后方采用支撑式支架对巷道进行加固。在采深较小和围岩稳定的条件下，尤其是 Niederberg 煤矿，在 1980—1990 年期间刚性锚杆在前进式拱形巷道中进行了二次应用。但采深 1000 m，可能是其应用极限，因为锚杆损坏而增加的附加支架和必需的巷道维修，导致其经济优势与普通框式支架相比已经不复存在。刚性锚杆应用的地质力学前提取决于针对巷道利用种类所采取的特殊措施。

2）刚性锚杆在后退式开采巷道的一次利用（ER）

在后退式开采中，煤层巷道对支架仅有较小程度变形潜能的要求。因为巷道的利用时间只是从掘进到工作面通过为止，在此期间要求保持支护的可靠性。而这种利用情况的巷道数量在德国硬煤矿井小于所有煤层巷道的 20%。这是因为它不能满足通风和气温的需求。但是在后退式开采一次利用中，它可以提供对运输和输送有利的岩石力学环境。

后退式开采的巷道，从掘进到回采工作面通过后废弃之前，锚杆必须给予可靠的支护。通常，它适用于中等稳定至强烈破碎的围岩等级。对于强烈破碎的围岩，锚杆巷道仅在例外情况下且仅在充分评估后的特定条件下才能应用。

当岩体应力较低时，预计的巷道掘进形成的收敛率低于 10%，而当岩石应力增加而导致预计的掘进收敛率增大时，刚性锚杆有损坏的风险。刚性锚杆安装后的使用特性，通过实验室试验是可知的。对于一个暴露的分离面，如节理或层理，锚杆的延伸或剪切变形量为 30～80 mm。根据经验估计，锚杆的首次破坏出现在顶板下沉率约 3%的时候。它相当于中等围岩等级，其巷道收敛率约为 10%。

如果锚杆变形超过极限值，将会出现为控制岩层必需的支护阻力与实际的阻力之间的不平衡。锚杆的作用将会减小，因为锚杆可能被拉断或剪断，或者由于锚杆之间的顶板破碎而失去传递载荷的能力。顶板冒落引起井下工程出现张开裂隙，为此需要增加支护阻力和长度更大的锚杆，以便使破碎不致向巷道围岩更深处扩展。在巷道变形过程中，只要没有相应的阻滞措施，这种损害将导致巷道破坏。由于这种原因，煤矿管理机构制定了刚性锚杆应用法规和安全说明书。

3）刚性锚杆在前进式开采巷道的一次利用（EV）

对于刚性锚杆支护的巷道，在一次利用中，直至回采工作面通过前，要求其能够承受有限的变形；而对于一侧前进式开采的巷道，直至分段开采结束仍应保持足够小的变形的这种要求变得更加严格。除了掘进过程中的岩石力学因素影响外，回采工作面靠近对锚杆支护也有重要的附加影响。

一个重要目标是研究工作面通过后形成的靠工作面一侧的破碎和下沉。它受煤层厚度、顶板结构、岩层加固措施和巷旁充填的显著影响。

在过去的若干年里，人们通过比较预计的收敛率与锚杆支架的临界收敛率来评估锚杆的应用极限。临界收敛率通过设计公式确定，其影响因素有岩层结构、巷道断面、锚杆长度以及锚杆的平均延伸率。随着锚固范围内变形量的增加，锚杆的作用将会丧失。为此，需要在开采与支护设计前，对顶板和两帮破坏机制进行准确考察。

4）刚性锚杆在拱形巷道的二次利用（ZR）

在有利前提条件下，如较小的岩层压力、硬围岩和工作面通过后采取优化的顶板控制措施等，刚性锚杆支护的拱形巷道在德国硬煤矿井得到较好的运用。如果局部岩层不正常，如开采停止线影响区岩层压力增高，或者在第一次利用后工作面一侧出现过大的下沉，这些重要的影响因素将导致锚杆支架损坏。因此，用刚性锚杆支护的拱形回采巷道在德国硬煤矿井，当采深大于 900 m，一般来说应视为是不能控制的。但也有例外，该处必须进行详细的岩石力学分析和有严格要求的设计工作。

锚杆支架的作用可以通过优化各种参数来改善，这里需要根据实践经验和不同设计方案的现场试验来进行。在设计中，人们应当采取措施，例如减小巷道断面以对抗高载荷，从而减小需要控制的加载岩块体以及巷道变形绝对值。进一步的优化在于尽可能采用技术上可以实现的长锚杆。优选锚杆排列方式，使锚杆的锚固点进入岩体深部，从而增加被锚固岩体的厚度。在硬岩破碎区增大锚杆密度。但对于很软岩体或对水敏感的岩体，增大锚杆密度有一定限度，因为在此条件下锚杆之间的岩体不能承受高的载荷，且钻孔时水的清洗会使围岩弱化。

在安装阶段有很多经验可以利用，借此可以保证锚杆的功能：

（1）对于顶板破碎区，自由布置背板，并用密集的锚杆加以固定；对于破碎扩散区，应通过充填工程材料加以密闭，或者在锚杆扭曲变形前安装附加锚杆。

（2）为避免煤帮松动，在两帮上部增加长锚杆，但最大锚杆长度受机械设备的限制。长度达 3 m 的锚杆在个别情况下可以用钻车在掘进中安装。特别是在掘进中经常采用的长度约 4 m 的锚杆和长度达 8 m 的锚杆需要用特殊钻车安装。

（3）为了减小煤壁片帮和底鼓，在煤帮与底板之间安装锚杆。

5）拱形巷道锚杆工况分析

对锚杆工况的分析有多种方法，包括岩层状态分析和锚杆工况分析。

（1）对于岩层状态分析应掌握：顶底板收敛率、离层仪数据和剪切位移、内窥镜探测仪资料、巷道变形资料（断层形态资料、煤帮推移资料）。借助于可以在锚杆布置系统中采用的阻力测量锚杆，掌握锚杆断裂信息。

（2）锚杆损坏的显现信息和防治措施。在刚性锚杆应用中典型的损坏情况可以通过下列标志描述：

①锚杆之间的岩石破碎处出现的网兜大于 20 cm。

②在被切割层中，巷帮移近量大于 15 cm。

③锚固岩体破碎或借助于离层仪测得的顶板上部位移达 25～100 mm。

④锚固头部松动，并造成托盘损坏。

⑤顶板出现裂隙且裂缝在增加。

⑥顶板下沉率大于 3%（根据规定的巷道观测方法测得）。

⑦顶板锚杆沿弱面受剪切，这种剪切部分地与锚杆头部安全载荷有联系。而这种情况仅仅发生在弱面距离顶板表层很近处。岩层剪切断裂后，在煤帮的上帮与顶板交界处出现了非对称的不明显的折曲。当出现较大变形时，人们会立即安装辅助支撑式支架，但也可以安装具有高强度的辅助锚杆。

⑧煤帮节理体倾转。对于较大的节理体，可以通过在其上面安装特殊布置的锚杆阻止节理体倾斜、翻转或剪切。借助于在被切割层中弱层面上锚杆的抗剪切作用，使得该区域处于稳定。对于锚杆支护的巷道，如果可以清楚地看到巷帮向外挤出若干厘米，则应采取对抗措施，如安装斜撑立柱或长锚杆等。

3. 作为拱形巷道主要支架的可伸长锚杆

1）可伸长锚杆结构和力学特性

最初被当作一次利用概念的锚杆支架，在 Niedeerberg 煤矿经受住了考验，它还可以成功地被二次利用，特别是在 Mauegatt、Finefrau、Geitling 煤层。

在开采停止线和不利的岩石力学围岩条件下（如抗压强度较小、分层厚度较小、裂隙穿透度较高、不利的弱面位置等），安装的刚性端部锚固的锚杆在煤帮上部位置部分地发生了过载和剪切，并引起煤帮节理体倾翻，而顶板出现了平缓逆掩错动型破坏（译者注：地质学名词，指上部分层以平缓的角度错动到紧邻下部分岩层上方）破坏。

为了避免这种过载显现，曾开发了可伸长锚杆，并在 DMT 实验室进行了承载力与变形特性实验，且在井下进行了样机试验。

可伸长锚杆有两种基本类型，一是结构上具有可伸量的滑动锚杆，二是锚杆轴体材料可延伸的锚杆。

对于滑动锚杆，需要有一个机械的变形转换过程，以便产生一个在达到最终给定载荷前的均衡特性。对于可延伸锚杆（在全长或仅在锚固段耗尽其全部长度变化能力），是由高均衡延伸量的铬镍钢制成。图 2－67 显示了可延伸锚杆结构，图 2－68 为滑动组合锚杆结构形式和作用特征。

在德国总共已有 8000 根滑动组合锚杆和 5000 根可延伸锚杆在井下安装使用。后期发展的马镫形组合滑动锚杆具有较好的工作特性。

DSK 曾在井下试验了新的组合锚杆样品。多段工作特性的锚杆应具有这样的特性组合：安装后具有高承载力，在开采影响区具有高可伸量而不致破坏。

经过充分的研发工作，确定了保证高承载力的组合锚杆的工作特性。锚杆由三段基本原件组成：外管、杆体和具有三段工作特性的可伸量构件。

每一种杆式锚杆均可通过穿越空管而形成组合锚杆。鉴于其杆体承载能力是穿过外管而形成，因此组合锚杆要求钻孔有较大的直径（图 2－68）。

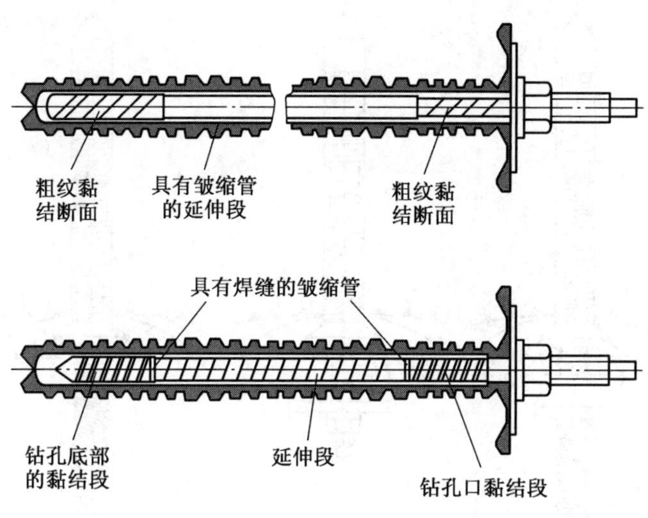

图 2—67 可延伸锚杆结构

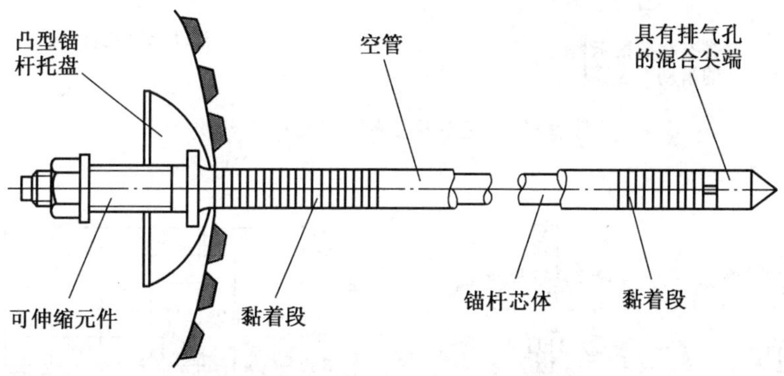

图 2—68 多阶段工作的组合锚杆

在工作第一阶段，锚杆杆体和外管同时承载，同时，锚杆可伸构件处于准备工作状态。在第二阶段，外管开始断裂，可伸构件开始工作，此时杆体是唯一的承载构件。在第三阶段，可伸构件的可伸量达到极限时，此时，杆体全长（均匀地）进入塑性变形阶段。

通过改变杆体、外管、可伸元件和安装件的参数，可以调整锚杆的承载和变形特性。

图 2—69 显示了批量生产的多段工作的组合锚杆结构。这些锚杆曾在现场部分地使用。其中，马镫形锚杆的试验力学工作特性如图 2—70 所示。裸露在钻孔外的部分包括托盘、马镫形结构和锚杆头部及螺母。其中，马镫形结构在顶板下沉中被压缩，等效于组合锚杆的可伸长元件。

2）可伸长锚杆监测和失效应对措施

（1）监测。

巷道锚杆变形监测采用了日常生产性监测方法，包括锚杆离层监测、钻孔内窥镜和系统分析锚杆头部的变形状态等方法。

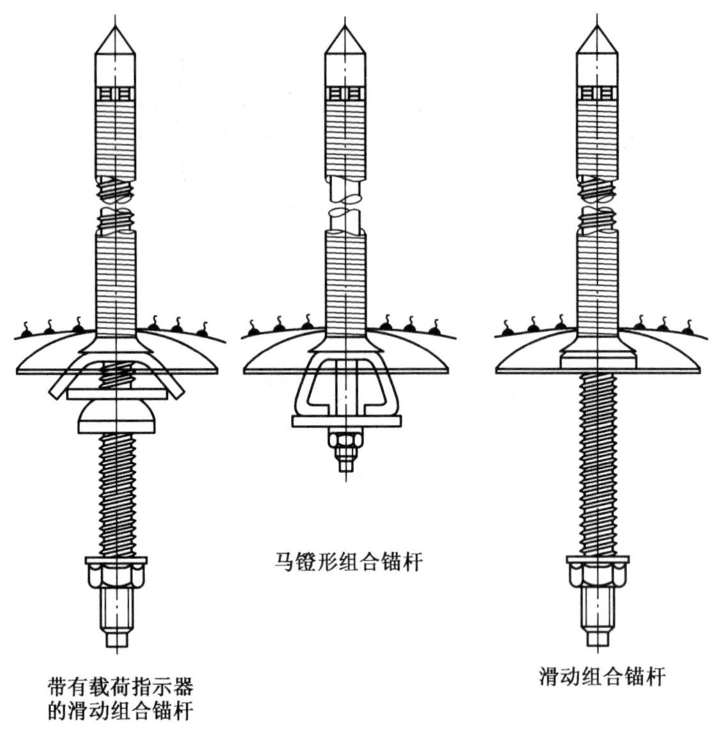

图 2—69　三阶段工作的组合锚杆结构

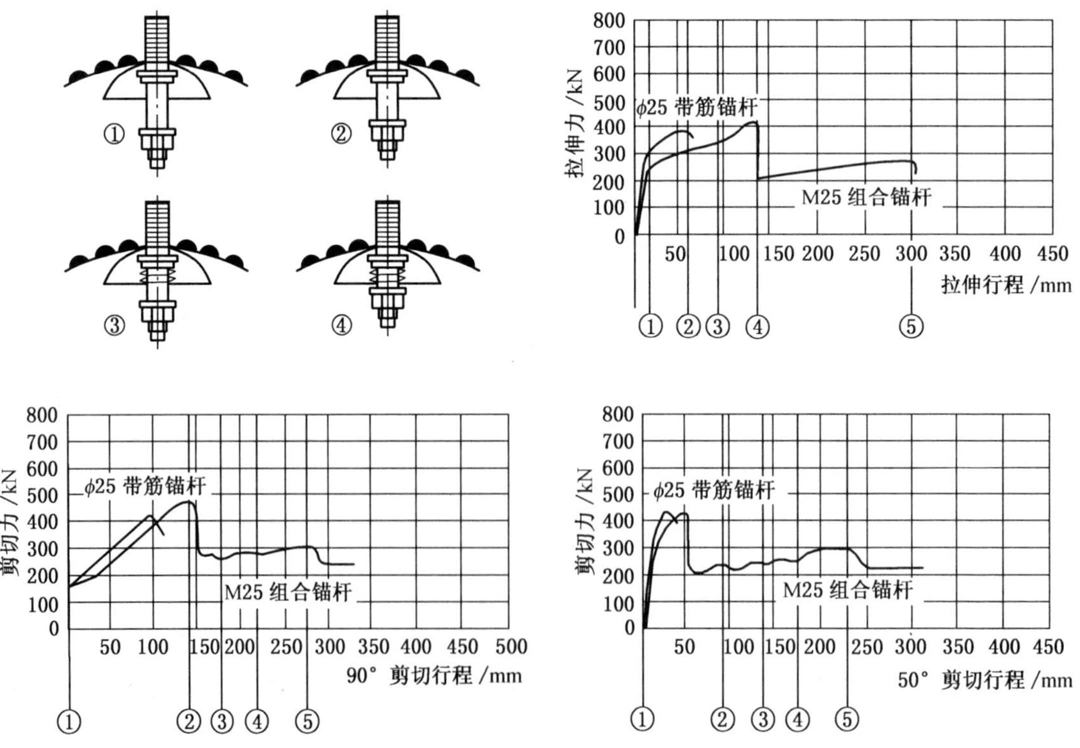

图 2—70　马镫形组合锚杆的力学特性（载荷—变形特性）

日常监测详细记录锚杆头部变形的各阶段直至掘进结束，然后是每月一次，在工作面前方 50 m 改为每周一次。锚杆支架的变形状态可以很容易观测到。原因之一是每个锚杆与相邻锚杆的工况差别人们可以明显看出，在有争议的情况下（当杆体不能看清时）可用锁锤敲击来判断：清脆声表示锚杆是完整的，而钝浊声则表示锚杆体已经发生断裂。

监测中发现了这样的事实：元件可伸量耗尽时与锚杆的断裂不同步。根据受载类别，借助于杆体和外管的延伸储备，锚杆还有剩余工作能力可以利用（图 2—70 变形等级 5）。

锚杆顶板离层仪仅在掘进阶段提供底板收敛量信息。一旦受到开采影响出现离层，位移计的绳索可能被卡住或拉断。由于相似的原因，在钻孔错动超过孔径时曾引起钻孔内窥镜失效。

（2）岩层控制失效显现和应对措施。

岩层控制失效的 3 个基本现象为：岩块组翻转；顶板出现岩层折曲；工作面一侧或对侧出现裂隙体翻转垮落。典型的刚性锚杆支护的拱形巷道岩层控制失效显现如图 2—37 所示。由于组合锚杆高的承载能力和可伸量，在移动量达到 150 mm 前未发生附加的变形运动（破碎和剪切）。更多需要注意的是组合锚杆可伸元件的负荷值。

（3）预计的和实际出现的巷道断面变形。

可缩性拱形支架巷道收敛率的预测值，Zollverein 煤层掘进期间为 23%～30%，受回采影响时为 50%～58%，总计为 73%～88%。而对于示范的滑动组合锚杆支护的巷道，实测值为：掘进期间收敛率为 8%，顶拱下沉率为 3.2%，两帮移近率为 1%。这种收敛率的显著减小显示了锚杆支护的效果。

根据实际资料，对滑动组合锚杆支护的巷道在工作面通过和工作面后方 300 m 处支护效果较好的收敛率进行了重新计算。工作面通过时的收敛率增加 24%，工作面后方 300 m 的最终收敛率增加到 45%。观测表明，对于可伸元件的可伸量为 150 mm、轴向变形量为 300 mm 的组合锚杆，上述收敛率是可承受的。图 2—71 为根据测量的收敛量，对巷道变形和组合锚杆工况的模拟计算结果。

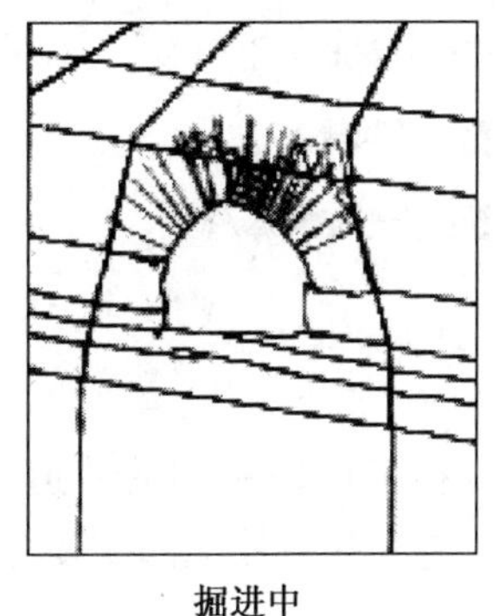

掘进中

回采工作面前方

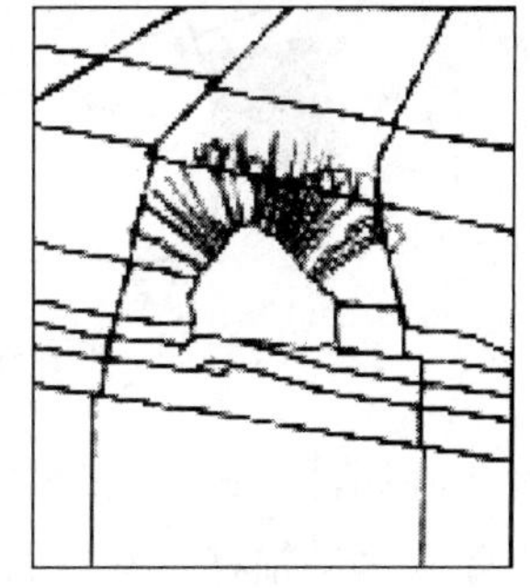

回采工作面后方 300 m

图 2—71　根据测量数据进行的变形（巷道和锚杆）数值模拟

巷道的变形状态如图 2—72 所示。根据数值模拟计算的变形得到了证实。顶板变形和两帮移近持续发展，对于典型的示范巷道，收敛率达到 47%。最优的顶板下沉与两帮移近之比为 1。

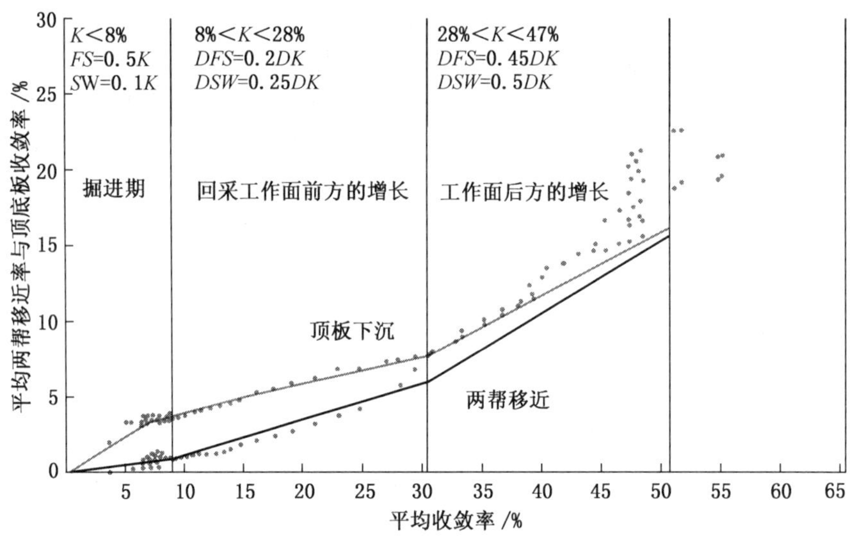

图 2—72　Zollverein 7/8 回风巷道变形状况

有兴趣的问题是，组合锚杆在不同的示范模型中的效果及其在 Mathies 和 Mauegatt 煤层示范巷道的变形工况。对于所有组合锚杆在工作面通过后 200 m 的工况评价如图 2—73所示。

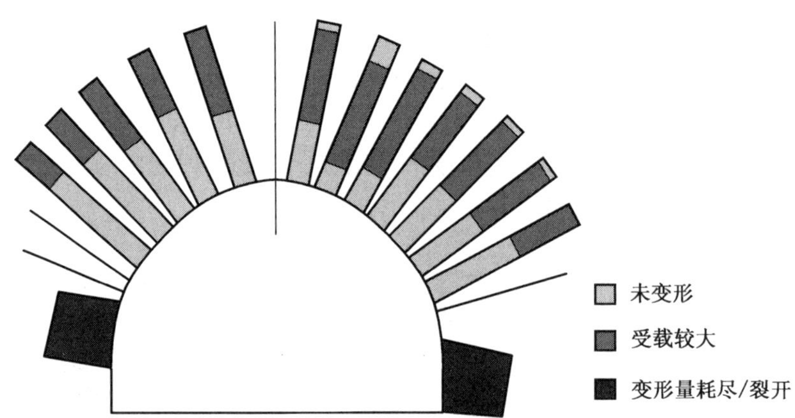

图 2—73　组合锚杆在 Mathies 煤层巷道围岩的不适应状况分布比例

在 Zollverein 巷道显示的变形为不对称偏离，重点在底板和工作面一侧的巷道上帮。该处约有 15%的锚杆，其机械工作能力被耗尽，少部分断裂。造成载荷较大的主要原因是工作面通过后出现折曲变形，这在数值模拟中已经显示。

最后还要查清，这些锚杆支护巷道的最终状况是否可以满足二次利用的要求。为此目的，在远离第一个工作面的后方选择 3 处，将收缩量尚未完全耗尽的每处长度 10 m 的可缩性拱形支架撤除，并进行了 24 h 的观测。结果是：在拱形支架撤除段未出现破坏，拱形断面保持完好。但在第二个工作面通过后巷道处于不利状况，因为锚杆支架已经无能力可利用，即可伸长量已经耗尽。

根据试验结果，对可伸长锚杆进一步优化是可能的，但是 DSK 未再进行此项研究工作。对于超过纯锚杆支架的应用极限的条件，目前组合滑动锚杆大多被联合支架所取代。

五、联合支护

不论是支撑式支架还是锚杆支架，在其安装过程中均有优点和缺点。在不同的生产要求和岩石力学条件下只采用一种支护未必总有效。

联合支护是将每种支护的优点加以利用，例如，将锚杆支架的早期承载特性与具有可缩性且容许大变形的支撑式支架联合。且应注意到，喷射混凝土与锚杆联合可以使锚杆之间的破碎表面得以稳定并增强围岩承载力。同样，架后充填体可以作为不平的破碎表面与拱形支架之间的垫层。

总体上，在整个巷道使用期间，应注意考察和评估支架工作特性。对架后充填与拱形支架之间的相互作用应给予特别注意。实验室试验表明，过高的架后充填材料强度，在与拱形支架连接段出现剪切破坏后，会导致围岩对拱形支架形成点载荷。相似地，不完全充填，会导致对顶板和上帮的损害。顶拱的早期塑性变形将使该区的锁紧连接件因可缩量耗尽而闭锁。

1. 梯形支架与锚杆支架联合

20 世纪 90 年代，回采工作面生产的发展对工作面开切眼（基础巷道）的几何尺寸提出了新的要求。

采煤机功率的增大，导致输送机的宽度增大到 1132 mm。为了保证尽可能小的梁端与煤壁的距离，必须改变掩护支架的结构。DSK 新发展的标准掩护支架具有较长的刚性顶梁，代替了可伸前梁和摆梁，这就导致要求增加工作面开切眼宽度。至 2005 年，开切眼宽度从 5～6 m 增加到 6～9 m。这些发展促使了新的支护概念的产生。为了维护矩形开切眼巷道，提供了两种方案：

(1) 通过地质几何分析确定的节理体尺寸后，采用 4～9 m 的柔性锚杆予以锚固，并辅以长度 2.5 m 的标准锚杆。

(2) 钢制梯形支架与锚杆支架联合，同时承受载荷。

其中，第一个方案又分为两种工艺：第一种是安装长锚杆，在巷道端头立即装设长度 2.5 m 的标准锚杆；第二种是将掘进分为两个阶段，在两个阶段均安设了长度 4～9 m 的锚索。

第一个方案受到注意，因为在巷道端头安装长锚杆显著提高了掘进功效(图 2—74)。其第二种工艺，掘进分为两个阶段，在第一阶段，长度 5 m 的开切眼巷道在掘进设备后面安装长锚杆。这必须在第二阶段之前结束。在第二阶段，巷道扩宽需要在长锚杆的保护下掘进。其支护是长度 2.5 m 标准锚杆和长锚杆的组合。这种耗费较多的掘进方式的优点是工作空间无立柱。

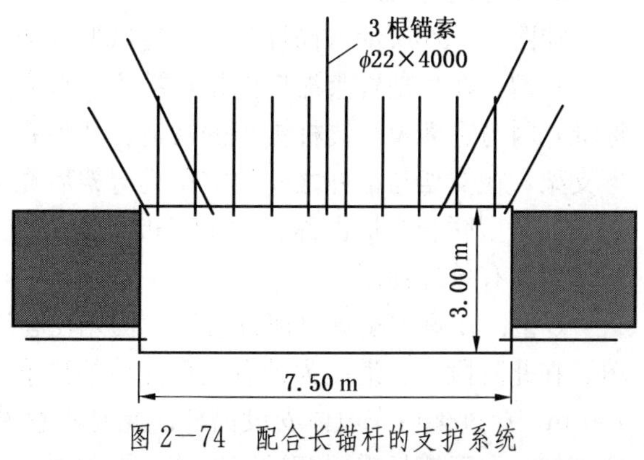

图 2—74　配合长锚杆的支护系统

这些方法的可行性是在采深 1000 m 时证明的。相适应的岩石抗压强度为 28～33 N/mm²，抗拉强度 2～3.6 N/mm²，计算出的岩层压力为 32 MPa，这与估算的抗压强度相当。

第二个方案是将锚杆支架与钢制梯形支架联合。这种方法是在 20 世纪 60 年代和 70 年代研发的。当然需要与一定的措施相结合，例如，对于可能过载的锚杆支护的矩形巷道采取综合技术措施加强支护，包括：提高锚杆承载力，从 200 kN（1970 年）增加到 360 kN（2000 年）；采取了全长锚固；借助于地质技术分析，提出了保持节理体稳定的设计。其目的是尽可能放弃中柱，以便在掘进期间装载机的运动不受限制。在此基础上，形成了新的支护形式，即将两种适当的支架进行组合，使其承载力相互叠加，从而形成一种新的支护系统。对它的监测与纯锚杆支护矩形巷道相当。

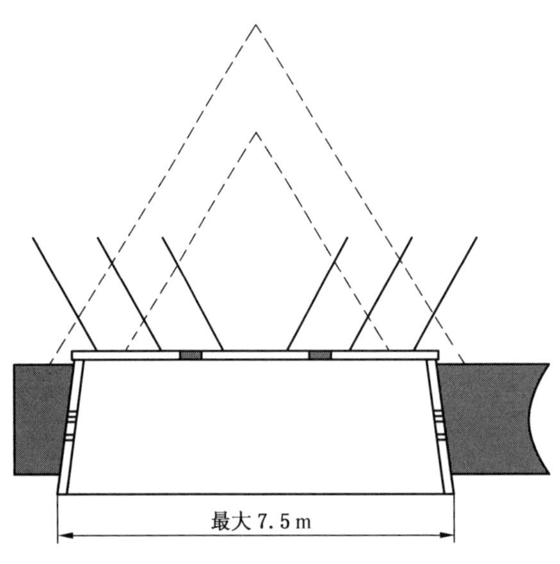

图 2－75　锚杆与梯形支架组合支护系统

支架的尺寸要根据地质技术条件分析确定，保证其对节理体进行可靠的固定。与矩形巷道锚杆支护不同，对悬垂的裂隙体部分要靠钢制梯形支架作为承载基础进行附加支护。图 2－75 是针对节理体特征安排的锚杆布置，对估计的节理体通过对称地布置煤帮倾斜锚杆来予以固定。

图 2－75 显示，巷道顶板中部的锚杆对部分节理体加以黏结锚固，而处于巷道边缘的整个节理体，通过外侧倾斜锚杆和支架立柱的支撑力予以稳固，其中，倾斜锚杆是长度为 2.4 m 的标准锚杆。为了使与立柱支撑相结合的节理体悬挂假设得以实现，必须使两种支护系统在力学上合理地结合，主动支撑力是最优的解决途径，为此推荐采用液压立柱或带有液压枕的主动支撑木柱。

2. 锚杆与可缩性拱形支架及架后充填联合支护

1）联合支护方式

如图 2－76 所示，锚杆与可缩性拱形支架有两种不同的联合支护方式：A 型和 B 型。

A 型：在出现冒落滞后的掘进端头，首先安装锚杆。对此生产工艺，要求有一个安全标准，因为它涉及纯锚杆支护的巷道。然后在距巷道端头 10～50 m 范围内支设可缩性拱形支架，在支架与锚杆之间的空洞进行架后充填。从此开始，纯锚杆支护转变为 A 型联合支护。A 型联合支护也称为“Ibbenbueren”支护系统，因为它于 1980 年首先在该同名矿区研发并有效地使用。

B 型：在掘进端头出现冒落后，首先在巷道端头安设支撑式支架和进行全断面架后充填。在此阶段，巷道成为带有架后充填的拱形支架支护。一般来说，随后在端头后方 20～100 m，穿过架后充填体安设锚杆。此时，巷道由带有架后充填的拱形支架转变为 B 型联合支护。由于锚杆需要穿过充填体，因此锚杆长度应相应地增加 30～40 cm，以使 B 型在岩石中进行锚固的长度与 A 型相当。

锚杆与可缩性U型钢拱形支架和架后充填联合支护

1. 按安全标准进行锚杆支护
2. 支撑型支架
3. 工程材料架后充填

U型钢拱形支架与架后充填和注浆锚杆联合支护

1. 支撑型支架
2. 工程材料架后充填
3. 锚杆支护

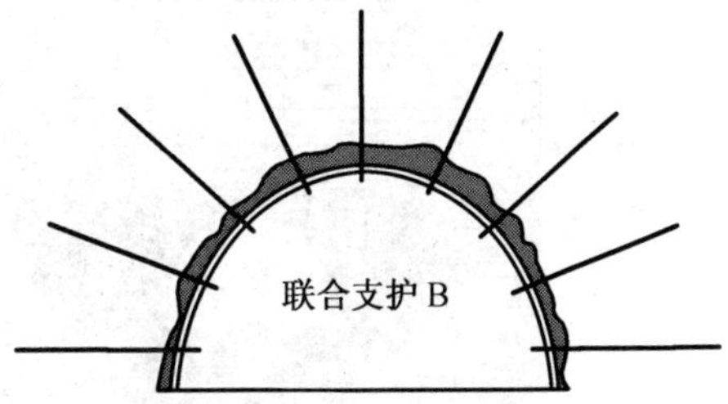

图 2—76　联合支护系统 A 和 B 型

2）联合支护对围岩中裂隙形成的影响

在支护系统系列中，A 型的特点为锚杆支架与拱形支架和架后充填（图 2—76a）相结合；B 型的特点为可缩性拱形支架与架后充填和锚杆支护（图 2—76b）相结合。

当锚杆支护密度相同和在岩石中锚固长度相同时，两种联合支护的最终阶段是相似的。但是，它们的变形特征有明显的不同。因为支撑式支架与锚杆支架有不同的承载与变形特性。

对于 A 型，在巷道端头，锚杆巷道有很高的早期支护强度（图 2—77b），与拱形支架相比，减少了煤帮的裂隙形成，而且裂隙发展深度也较小，因而减少了巷道端头的裂隙形成。

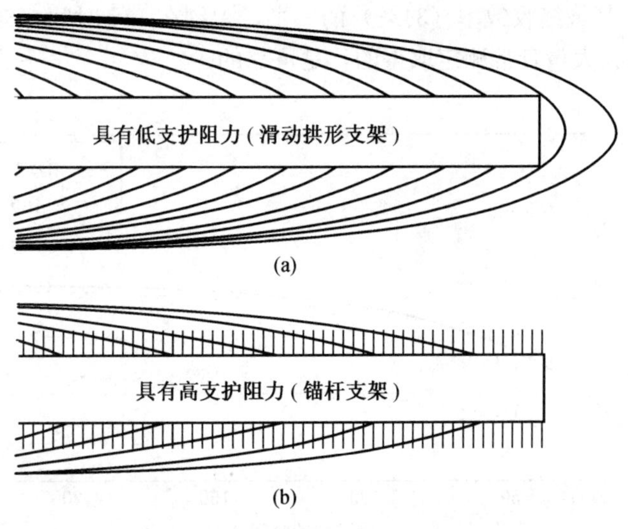

图 2—77　掘进巷道周围形成的裂隙

图 2—78 显示了高支护强度对围岩破坏特征的数值模拟结果。该图显示了可缩性拱形支架（图 2—78a）与架后充填和全长锚固的 A 型联合支护（图 2—78b）形成的不同裂隙。在低阻力可缩性拱形支架情况下，松动区和裂隙区向煤帮、顶板和无支护的底板延伸发展，而高阻力的联合支护仅在无支护的底板出现裂隙。而且拱形支架支护，煤层和两帮也有可见的裂隙。对于 A 型联合支护，则顶板无裂隙出现。

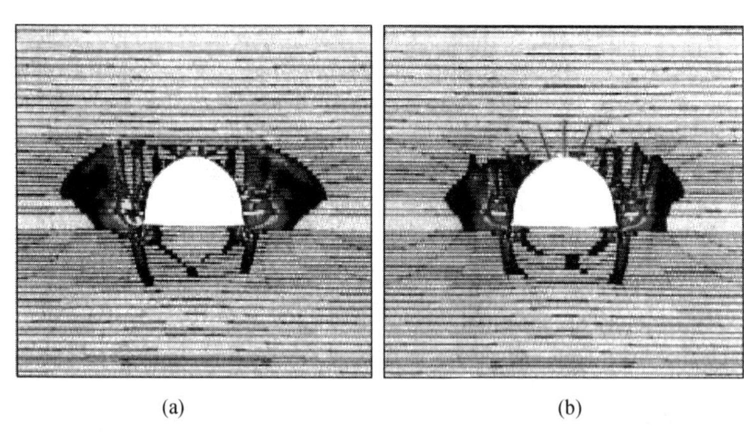

图 2—78　拱形支架巷道端头围岩裂隙模拟

关于 A 型和 B 型联合支护的作用，将进一步根据掘进后巷道变形（顶底板和两帮收敛率）随时间的发展进行分析。

3）联合支护对巷道变形的影响

（1）A 型联合支护对巷道变形的影响。

图 2—79 显示了采深 1400 m、较软围岩中可缩性拱形支架巷道变形过程。该巷道处于高岩层压力，目前德国其他巷道也有相似的情况。最终收敛率约在 150 天后达到，为初始巷道高度的 34%。其最终收敛率（34%）的一半，大约在 1/5 时间（30 天内）就可达到。这种变形结果是过去大量日常测定取得的，是可靠的。

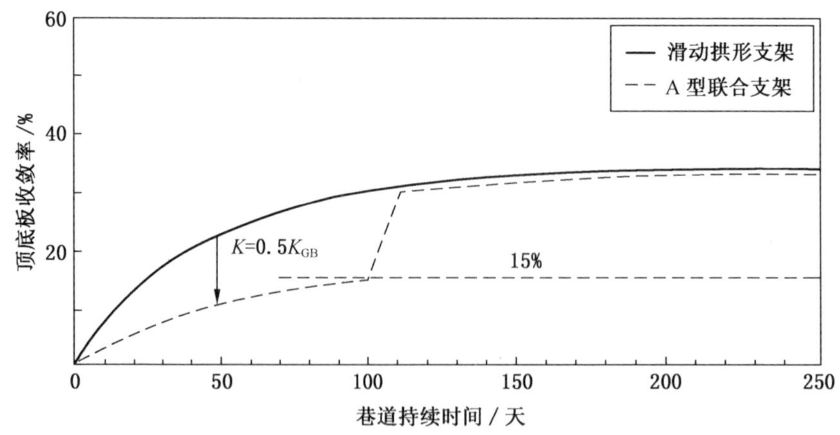

图 2—79　A 型联合支护巷道顶底板收敛率随时间的变化

A 型联合支护的巷道收敛率大约小于可缩性拱形支架巷道收敛率的一半。这种巷道变形的减小可视为锚杆巷道的“锚杆红利”（译者注：即与其他支架相比，使用锚杆支护获得的技术经济利益）。而此处由于锚杆支护又得到支撑式支架和架后充填的附加支护，因此“锚杆红利”再次出现。它显示在 A 型联合支护中平均最终收敛率仅为 15%。当超过锚杆适应的地质技术边界条件和工作特性的极限时，例如刚性锚杆支护的巷道，将导致锚杆作用失效。部分巷道显示，当超过预计的收敛率 50%后，锚杆仍能全效地工作，巷道的收敛率最后像可缩性拱形支架巷道一样。但在什么时间段收敛率开始加速，锚杆红利开始丧失，尚未得到结果。最重要的是，15%的极限收敛率受锚杆支架的安装质量和岩层的力学特性的强烈影响。在某些情况下观测到，当安装质量很高时，这个极限会显著提高。而安装质量很差时，这种小收敛率的优点会很早就丧失。因此，具有重要意义的是：锚杆安装质量、架后全断面充填和岩层特性。

如果锚杆的“红利”丧失，就会提出这样的问题：为什么还要安装高成本的锚杆支架？当巷道收敛率难以减小时，就会出现这种问题。对于巷道利用第二个重要的值是两帮移近量（图 2—80）。这里，A 型联合支护相对于通常带架后充填的可缩性拱形支架而言有一个突出的经常出现的决定性优点：两帮移近量仅为相同岩层压力的拱形支架巷道的 2/5。在掘进后 100 天出现了小的下沉台阶，它显示了较小的变形过程，这表明 A 型联合支护的变形特征与锚杆巷道相当。

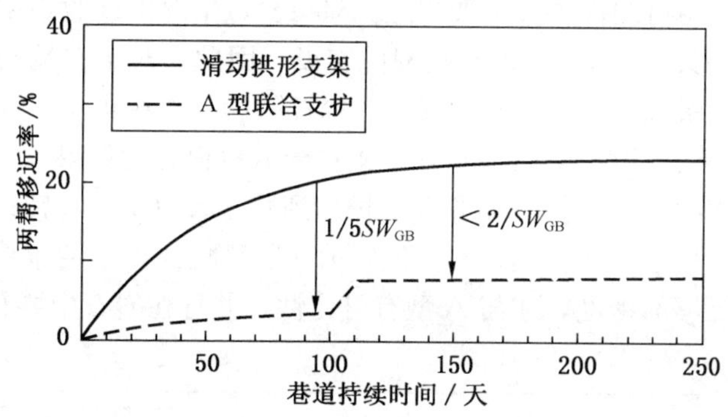

图 2—80　A 型联合支护巷道两帮收敛率随时间的变化

与可缩性拱形支架相比，A 型联合支护的决定性优点是在掘进后和第一个工作面通过时，能保持巷道剩余宽度。而对于拱形支架巷道，当掘进断面为 27 m² 及拱形支架净宽 7 m 时，两帮移近率为 23%，剩余断面为 5.4 m。此值是在掘进后出现，当回采工作面靠近时，对于很多工作面—巷道交叉口来说，此剩余断面过小。这样的巷道在掘进后 150 天，回采工作面初次利用后，不再能使用。而对于 A 型联合支护，巷道两帮移近率仅为 9%，剩余断面为 6.35 m，工作面通过后仍能保持 5.5 m。这意味着，在工作面通过时，A 型联合支护的剩余断面比可缩性拱形支架约多 1 m，可以继续利用。

(2) B 型联合支护对巷道变形的影响。

此类支护首先是对支撑式支架进行架后充填，接着进行锚杆锚固。从图 2—81 可以看到熟悉的可缩性拱形支架与 A 型联合支护的顶底板收敛率曲线。图中垂线为锚杆安装之前停顿时间 20 天内 B 型联合支护的收敛率变化，这与可缩性拱形支架相同。此后出现理论上极端的两种曲线：

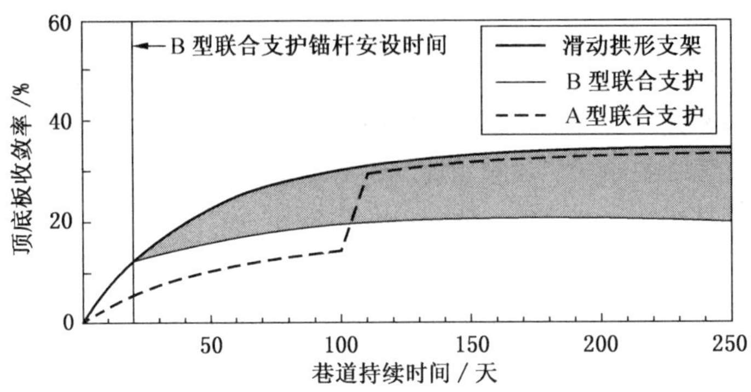

图 2－81　B 型联合支护顶底板收敛率随时间的理论变化

（1）B 型联合支护出现像可缩性拱形支架相同的收敛过程；

（2）B 型联合支护在锚杆安装之前，出现与 A 型联合支护相同的收敛率曲线。

B 型联合支护的收敛率变化，当然也可能处于图中的灰色区域。上部曲线是最坏的情况，下部曲线是最好的情况。这种理论假设与现场日常观测结果近似。

第一个成果是关于掘进期间有高收敛率的巷道。观测显示，在整个观测期间，B 型联合支护的收敛率变化与可缩性拱形支架相近。只有少数情况出现收敛率小于拱形支架的情况。锚杆是在巷道端头后方 10～40 m 范围内安设。因此，对于在端头已经出现的，特别是对两帮移近率影响最大的裂隙，滞后安设的锚杆的影响作用很小。同时应注意到，在安装锚杆时收敛率很小的巷道，采用 B 型联合支护会取得很好的效果。

首次井下观测表明，为了使 B 型联合支护达到减小收敛率和巷帮移近率的效果，必须使锚杆安装前的移近率小于 5%。图 2－82 显示，B 型联合支架的锚杆必须最迟在掘进 7 天后安装，并具有足够的密度，才与 A 型有可比性，并且在岩石中要有足够的锚固长度。

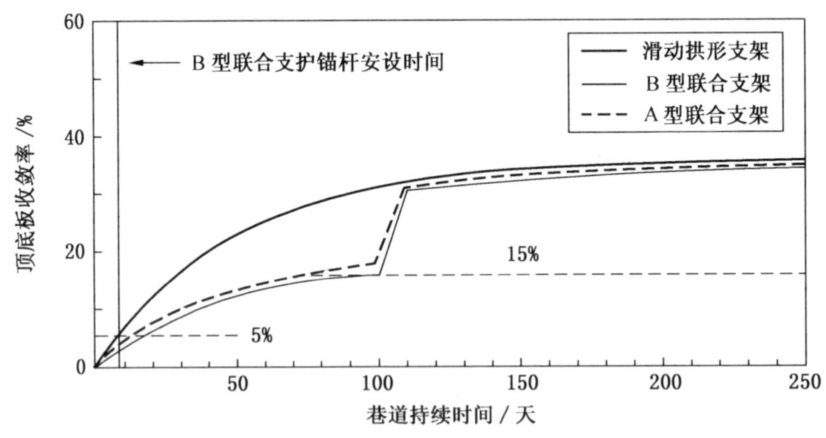

图 2－82　B 型联合支护收敛率随时间的变化

与纯锚杆支架一样，收敛率 5%仅是一个粗略的区间值，更重要的是两帮移近率和顶板下沉量。锚杆的作用首先取决于地质技术条件。定量值并不是最后的结果，还需要进一步观测阐明。

（3）巷道收敛率的测量值与计算值比较。

为了根据现场观测阐明不同的支护系统对巷道变形的影响特征，在一个拱形巷道内不同区段分别安设了可缩性拱形支架、B型和A型联合支架。图2—83显示了可缩性拱形支架巷道变形实测值与计算值的关系。图2—83a中，测量点愈接近图中的直线（45°斜线），表明实测值愈接近计算值。处于直线下方的测量点，表示测量收敛率值小于计算值，这些值是可缩性拱形支架达到的实际效果。

对于45°斜线，带有一定的偏差是可缩性拱形支架的预计出现的结果；而A型联合支护的安装区段的收敛率测量值明显低于该斜线。B型联合支护的安装区段，滞后安装了锚杆支架，其收敛率测量值则接近于可缩性拱形支架收敛率计算值。但早期安装锚杆的B型支架，其收敛率测量值与可缩性拱形支架收敛率有明显差别，而与A型支架收敛率接近。

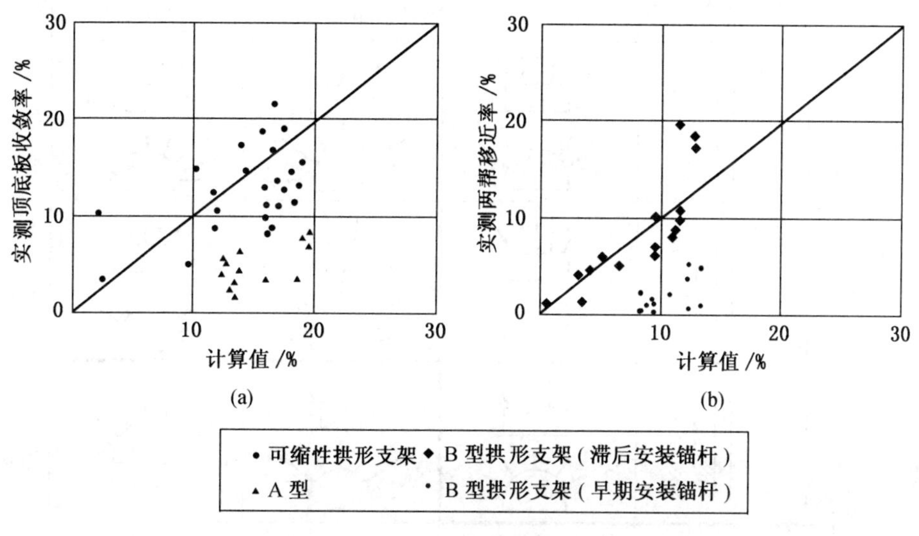

图2—83　计算和实测的巷道变形

巷道两帮移近率也很清楚（图2—83b）：有3个点，拱形支架的测量值与计算值一致；A型联合支护显示了预期的较小的两帮移近率；锚杆滞后支护的B型联合支护，两帮移近率与拱形支架相近，而锚杆早期支护的联合支护则两帮移近率明显降低。

对高应力巷道的进一步观测研究清楚地表明，B型联合支护在整个观测期间的收敛率与可缩性拱形支架很相近，仅有个别的测量值较小。B型联合支护锚杆支设在端头后方10～40 m；同时观测到，当安装锚杆时，如果收敛率较小，会得到很好的效果。因此，B型支护应尽可能将锚杆在早期安装。至今尚无充分的资料预测，锚杆必须在收敛率小于5%时安装。

（4）联合支护的应用界限。

在初期，曾经在井下试验了不同的联合支护混合系统。实例：在一个顶板岩石易碎，在掘进期间就趋向破碎的困难顶板岩层条件下安设了锚杆，而随后，由于生产原因，对于A型联合支护，未按要求进行架后充填。在此条件下，在随后的开采中发现，锚杆的承载力已较早地丧失，而拱形支架则承受点载荷，导致在巷道变形较小的情况下，支架就已强烈变形。为此，要求对工作面与巷道交叉口区段明显破碎的围岩进行加固，从而降低了工作面推进速度。

上述实例显示，只有联合支护的每个构件，如锚杆、拱形支架和架后充填均能完全地和高质量地设置，才能对围岩起有利的作用。如果某个环节被忽视，甚至完全放弃，则一开始，同步加固围岩的作用就不能实现。

两种联合支护自 20 世纪中期以来在鲁尔矿区煤矿被很有效地使用。至 2005 年，鲁尔矿区已经有 40%的回采巷道安装了联合支架。

图 2－84 显示了德国硬煤煤矿总的支护方式，以及回采巷道掘进方式与岩层载荷指数的关系。图中，粗实线以上是将锚杆作为基本支护而可有效控制的情况，粗实线以下则要求用联合支护。灰色背景的是初期进行过试验的支护系统。

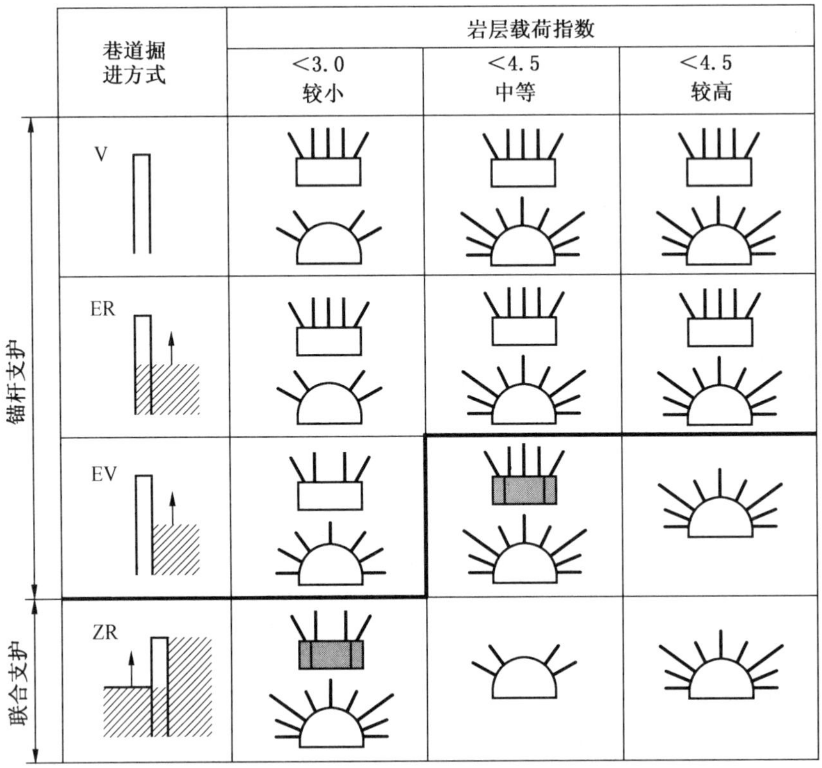

	巷道掘进方式	岩层载荷指数		
		＜3.0 较小	＜4.5 中等	＜4.5 较高
锚杆支护	V			
	ER			
	EV			
联合支护	ZR			

图 2－84　依赖于岩层载荷及开采系统的 DSK 煤层巷道支护系统

对于不同的开采和巷道系统及利用类型，下列观点得到确认：

①简单的纯锚杆支护适用于岩层载荷较小或中等的前进式开采巷道（V 型），当岩层载荷较高时必须增加辅助锚杆；

②对于单侧后退式开采巷道（ER 型），只有在岩层载荷较小的情况下简单的锚杆系统才是足够的，而当岩层载荷中等或较高时，必须增加附加锚杆和长锚杆；

③对于第一个回采工作面通过后仍需保持的巷道（EV 型），即使岩层载荷较小，单一的锚杆系统加上附加长锚杆仍然没有把握能够经受住考验；

④在第一个工作面后方要维护的巷道（EV 型）以及直至第二个工作面通过的巷道（ZR 型），至今只有 A 型联合支护和有限的 B 型联合支护可以经受住考验。

今后德国硬煤矿井掘进巷道的 85%将处于中等或高岩层载荷条件下，因此，联合支护的比例在今后将会增加，这就迫切要求要进行提高联合支护的工效的研发工作。

六、巷道围岩控制配套工艺

1. 围岩加固

在德国煤矿，一般所有需要通过机电设备的破碎或压力活跃的岩层巷道均需要进行岩层加固。掘进中的巷道，如果下面有离层面，就应采用厚度 3～5 cm 的速凝树脂进行加固。

1）黏结剂功能

加固岩层的黏结剂应具有以下功能：

（1）首先能使破碎岩石保持黏结，特别是破碎岩石中的关键块体，以及设备通过或重要支护设备安装之处，借助于化学加固剂避免发生岩块脱落。同时，在掘进和支护中，如遇到大块岩石时，应首先防止顶板和两帮的大块岩石脱落和破碎，为此，如果对上述薄层进行化学加固，均要求其具有早期承载特性和很高的早期承载强度。

（2）采用了滑动 U 型钢可缩性拱形支架后，黏结剂有可能阻止岩石破碎和偶然出现的在 U 型钢拱形支架与岩层之间空洞的冒落。这种空洞一般需在巷道端头与支架之间 8～10 m 的距离内完成充填固化。这样可提高巷道掘进速度，并与支护并行作业。

（3）还可作为临时支护，承担以下任务：对巷道端头出现的快速收敛及岩石破碎给予急速增大的支撑力。黏结剂愈薄，愈可以与岩层共同变形而不破坏。

2）对固化材料的要求

巷道围岩加固所使用的材料应具有快速承载的特征：1 h 后的黏结强度应达到 5 N/mm^2，3 h 后达到 7.5 N/mm^2，5 h 后达到 10 N/mm^2，24 h 后达到 30 N/mm^2（图 2－85）。此外还应满足以下要求：

（1）抗压强度连续增加，直至最终强度大于 30 N/mm^2；

（2）在压注过程中，有很好的黏性；

（3）与围岩和煤层有很好的附着特性；

（4）便于加工；

（5）与围岩黏结后有阻水特性；

（6）较小的回弹和材料损耗。

目前，固化材料广泛使用，其种类已达 15～20 种。主要的适用地点是：巷道端头、巷道弯曲处、破碎带（工作面和巷道）。

3）新固化材料与输送

新研制的固化材料是由 α 和 β 石膏、化学-α、水泥、矸石、钾岩石及电厂灰组成的固化材料。通过改变石膏的组分，不仅提高了黏结强度，而且使水与固化材料的比值的范围增大。这种材料除了技术特性较好外，还可以通过压气输送，而对管道磨损较小。

包括岩层加固、架后充填和巷旁充填在内的工程材料压气输送系统如图 2－86 所示。地面料仓容量 30～100 m^3，借助于压气动力将固化材料输送到井下，根据不同的用途安设的分支管路网，最后送到使用地点。

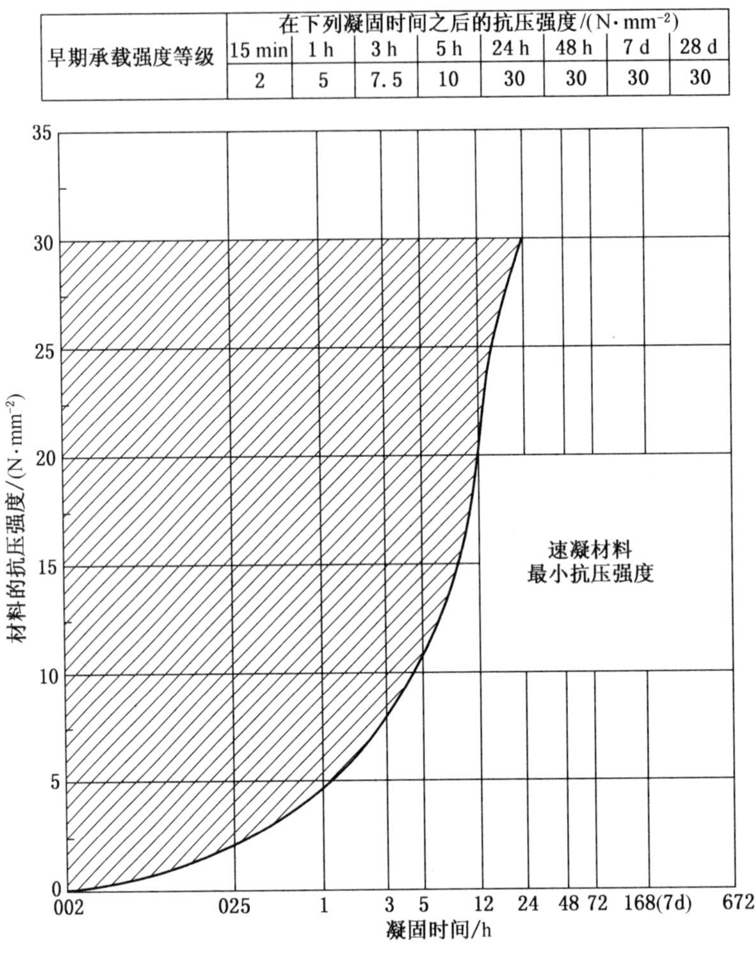

早期承载强度等级	在下列凝固时间之后的抗压强度/(N·mm^{-2})							
	15 min	1 h	3 h	5 h	24 h	48 h	7 d	28 d
	2	5	7.5	10	30	30	30	30

图 2—85　快速承载的固化材料承载特征

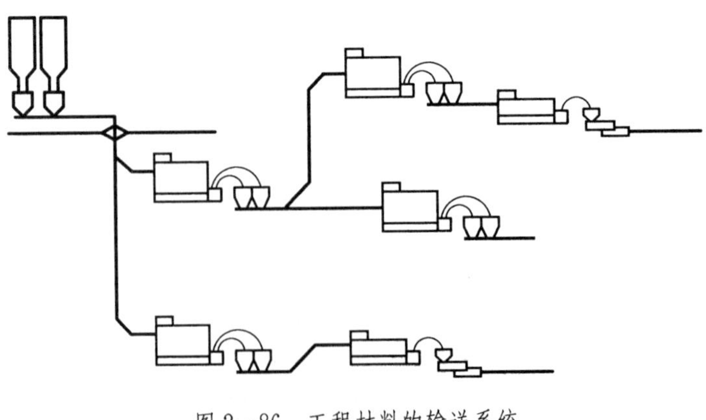

图 2—86　工程材料的输送系统

为此设置了地面料仓固定输送站和井下输送移动站。固定输送站负责将材料通过分支管路输送到使用地点。它由容积 12～20 m³ 的料仓、螺旋或液压分送装置和连接管路组成，如图 2－87 所示。它的输送距离为 1600～1800 m，输送能力为 15～18 m³/h。对输送能力的影响因素是工程材料、管路压力、输送长度以及管路直径。必需的压气功率取决于输送站数量及其同时使用的料仓数量。

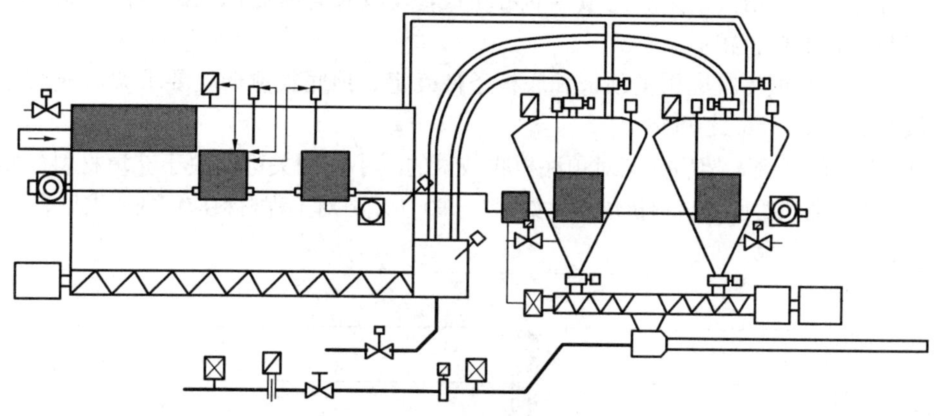

图 2－87　工程材料固定输送站

工程材料输送移动站通常具有 8～12 m³ 的容积，借助于分送系统与压注等设备连接，如图 2－88 所示。

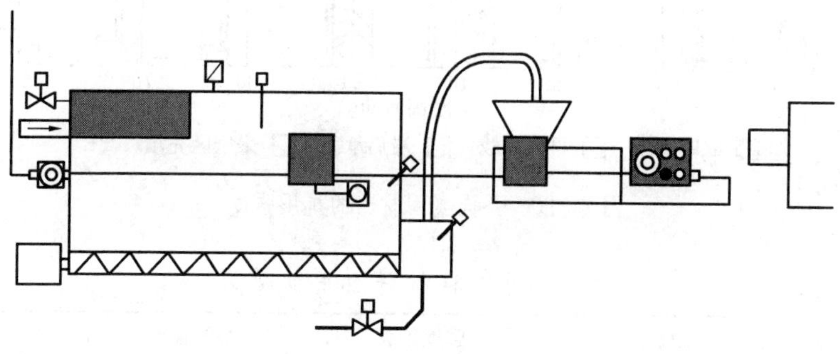

图 2－88　工程材料输送移动站

液压输送对非早凝材料输送的意义很大。地面设备由料仓、分送装置、混合泵、SPS 控制器和测量仪组成。输送长度由地面站、混合器及与井下使用地点之间的距离决定。液压输送系统如图 2－89 所示。

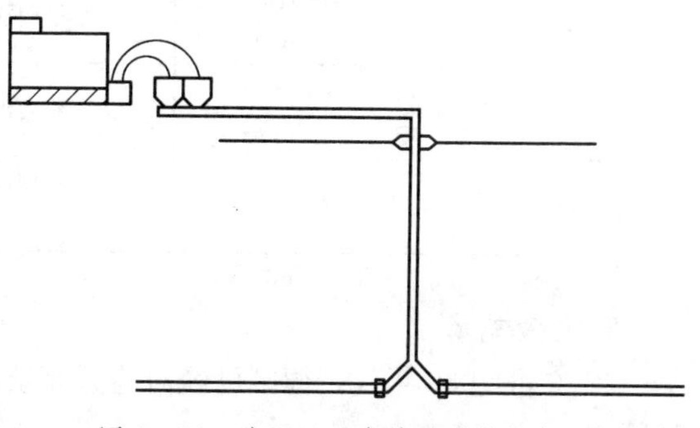

图 2－89　液压远距离输送系统示意图

2. 架后充填材料

多年来，德国在拱形支架架后进行全断面充填时普遍使用建筑材料机械化充填技术，改变了拱形支架与围岩的点接触、受载不均和被动待压的工作状态，从而实现早期承载和均匀受力，减小了围岩暴露面的破坏和巷道变形。实测表明，架后充填材料连续充填与手工砌石相比，掘进期间顶底板收敛量可以减小33%。架后充填材料一般采取具有早凝特性的材料，以减小巷道收敛量。但近年来，鉴于原来采用的建筑材料充填体刚性过大，对于深部软岩巷道不利于围岩应力的释放，德国在某些巷道支架（如锚杆与拱形支架的A型联合支架）的架后充填材料中增加了电厂灰的含量，从而增大了架后充填体的可缩性，使其具有滞后承载的特性。架后充填材料一般与巷旁充填材料相似。

同时，架后充填体厚度根据顶板和底板条件确定。顶底板愈弱，要求架后充填厚度愈大，一般在10～35 mm之间。

根据DMT的研究，架后充填对顶底板收敛量的减小作用关键取决于充填材料的凝固速度。上述早凝和滞后凝固的材料抗压强度如图2—90所示。对工程材料应用的要求见表2—4。

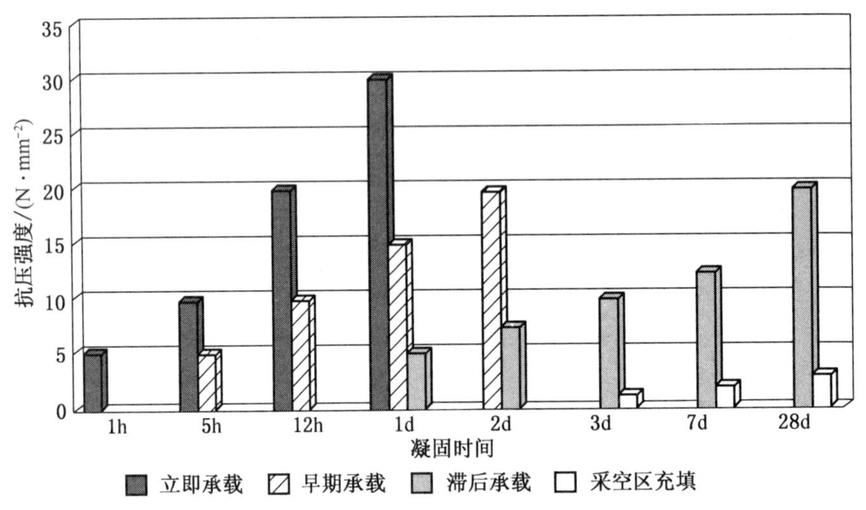

图2—90 不同凝固材料的抗压强度

表2—4 对工程材料应用的要求

使用范围	筛选尺寸	强度等级	最终强度（标准）	相关加工工艺
架后充填	颗粒（≤4 mm） 粉末（≤1 mm）	早期承载	≥20 N/mm²	压气输送 液压输送
巷旁充填	颗粒（≤4 mm） 粉末（≤1 mm）	早期承载	≥20 N/mm²	压气输送 液压输送
空洞密闭充填	颗粒（≤4 mm） 粉末（≤1 mm）	滞后承载	≥15 N/mm²	压气输送 液压输送
岩层加固	粉末（≤0.2 mm）	早期承载 滞后承载	≥20 N/mm² 约40 N/mm²	液压输送

3. 巷旁充填

在20世纪80年代，德国已经对巷旁充填及其对顶底板收缩量的影响进行了大量的实验研究。

巷旁充填对采煤工作面通过后的巷道状态的保持具有重要意义，它的作用是：

(1) 减小顶板的早期下沉，特别是对于较稳定的直接顶，可以借此切断顶板，促使采空区顶板充分垮落，形成对围岩的垫层，减小支架载荷。同时，可使可缩性拱型支架的连接件正常收缩。

(2) 阻止来自采空区的污浊风流，促进正常风流的运动，防止自然发火。巷旁密闭墙是用木垛和模板封闭后，用压气或液力将充填材料泵入后形成的。除此方法外，还进行了其他试验。

试验之一是，借助于液力将建筑材料充填到高度为 (M+0.3) m 的封闭纤维编织袋中 (M为煤层采高)，形成建筑材料柱墙。为将编织袋固定，采用垂直高度为 (M−0.3) m 的金属网，将其悬吊起来。金属网也可阻止充填过程中编织软管移位和充填材料溢出。这种充填柱墙，可以保持至工作面煤壁的较小距离和适应较高的采煤工作面推进速度。此外，这些工艺可在巷道内进行，与采煤工作面的生产工艺平行进行。但是在煤层厚度和倾角较大时，这种工艺的操作难度加大，将达到其使用极限。

巷旁充填材料一般是早期承载的建筑材料，充填材料可以是压气输送或液力输送。压气输送要求其加工后的材料块度小于 4 mm，液力输送一般为粉状材料 (粒度小于 1 mm)。早凝材料充填后 5 h 的抗压强度≥5 N/mm^2，最终强度≥20 N/mm^2。主要材料是水泥 (胶结物) 和发电厂的飞灰，辅助材料是砂或砂砾。

巷旁充填墙的厚度一般取决于顶板特性：较硬顶板，一般不大于 0.75 m；中等稳定顶板，不大于 0.5 m。一般建议巷旁充填优先用于顶板抗压强度≥25 N/mm^2 的条件下，在此条件下巷旁充填带可以作为巷道顶板的支承体，并在采空区切断顶板。

第四节 回采巷道变形与支架载荷测量技术

一、围岩变形测量

1. 围岩离层破坏测量

岩层松动破坏可以有两种形式：垂直层面的分离运动，即产生离层裂隙；沿层面的滑移剪切运动。

岩石的破坏程度取决于支护系统。将离层裂隙和错动进行定量分级，对锚杆支护安全具有直接意义。在与锚杆使用特征值比较之后，可以对承担岩层连接的锚杆的受载情况进行评估。优化确定岩层的松动破坏程度可以用于设计和进行巷道或回采工作面与巷道交叉口的压注加固，也可以用于确定充填材料作为支护元件的受载状态，包括架后充填和巷旁充填的破断状况。典型的测量方法是采用钻孔内窥镜测量。

在地质测量方法中，测量岩层松动首选的设备是钻孔内窥镜。它是一种特殊的探测仪器，可以对钻孔状况进行光学显示，从而直接评估岩层结构和离层裂隙运动状况，以定量或定性掌握岩层裂隙和错动特征。

钻孔内窥镜作为光学探测仪已经使用了多年，包括在煤矿和隧道的使用。

该仪器利用探测仪终端的目镜在钻孔内拍照，孔口一侧的物镜用于肉眼观测图像或用相机拍照，并提供光源。目镜和物镜之间的光导线，可以采用现代光导技术予以改善，从而借助于柔性结构达到较高的光学增益。如图 2—91 所示。

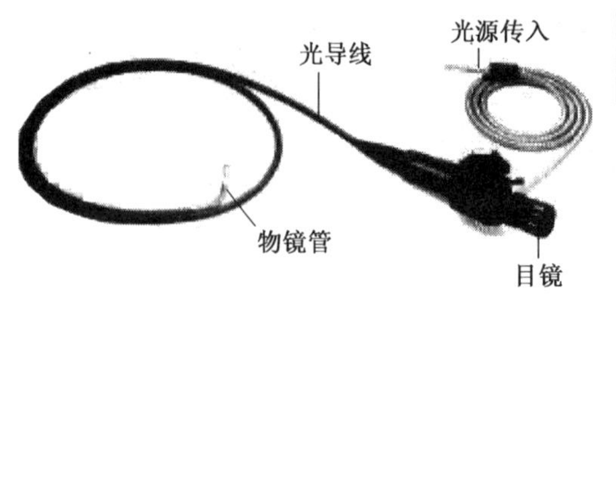

图 2—91 柔性钻孔内窥镜

该仪器长度 3～6 m，其光源来自电源（电缆或电池）和压缩空气驱动的便携式设备。钻孔内的目镜外径 22 mm，由于电缆等限制最大直径不超过 100 mm。多倍放大的目镜可以详细观察研究钻孔壁，观测精度为毫米。由此可以从定量和定性上研究：裂隙闭合或张开；压注后的裂隙充填状况；岩层错动；破碎带，它由于在岩石松动带内钻孔所引起的。

图 2—92 为在钻孔中通过内窥镜获得的不同裂隙形态照片，包括张开裂隙（左）、岩层错动（中）和破碎带（右）。

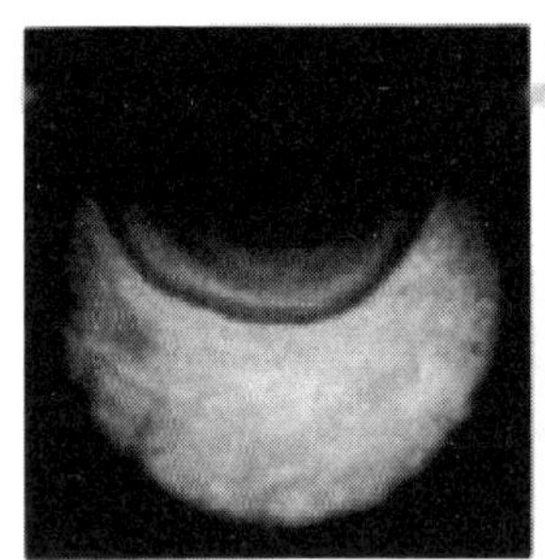

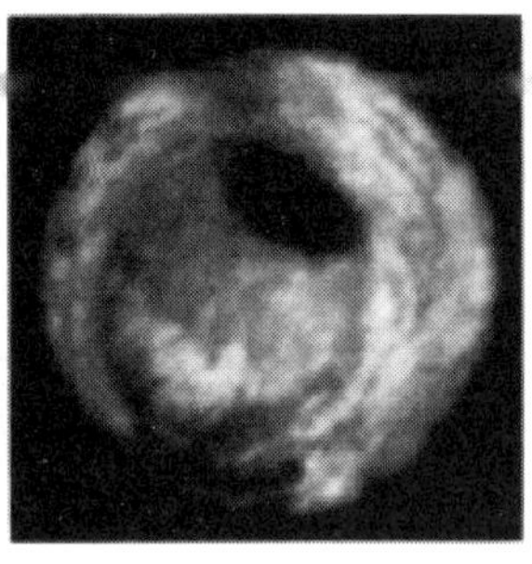

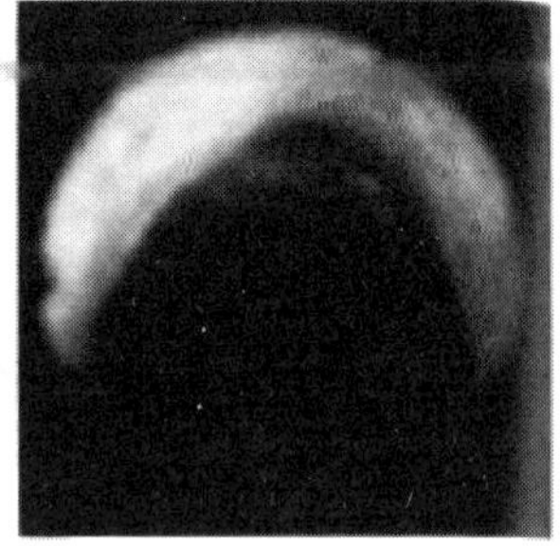

图 2—92 钻孔岩层工况照片

井下利用钻孔内窥镜监测钻孔应在钻孔形成并充分干燥后进行。将光导线与稳定的塑料管一起送入，并在逐步退出塑料管时对孔壁分段进行观测和拍照。通过塑料管上的刻度读数可以知道观测段的孔壁位置。

利用这些仪器观测的主要目的是了解锚杆支护巷道的安全性。掌握围岩松动区，包括沿巷道掘进方向和正在回采利用的巷道，特别是巷道掘进端头 0～10 m 范围内的围岩错动，从而判断在此区域内锚杆的变形状态。

图 2—93 既显示了同一钻孔用多个内窥镜观测钻孔围岩变形随时间的变化，又显示了巷道从掘进后直至一侧回采使用期间，巷道围岩离层错动随时间逐步发展的特征。同时显示，岩层错动主要沿着两个弱层面发展，且水平错动量随靠近孔口增加很快。

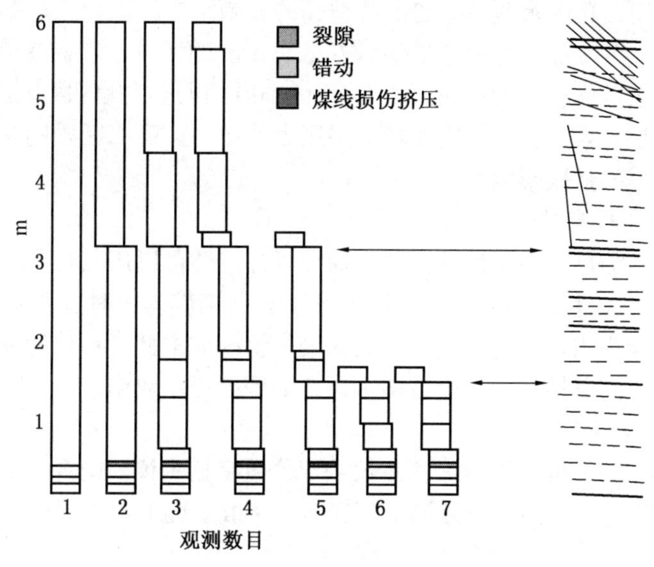

图 2—93　多个内窥镜在同一钻孔根据岩层结构按时间顺序观测的结果

除此以外，利用钻孔内窥镜可对巷道整个使用期间的变形进行监测。这对巷道围岩与支架相互作用工况的判断有重要意义，实例如图 2—94 所示。

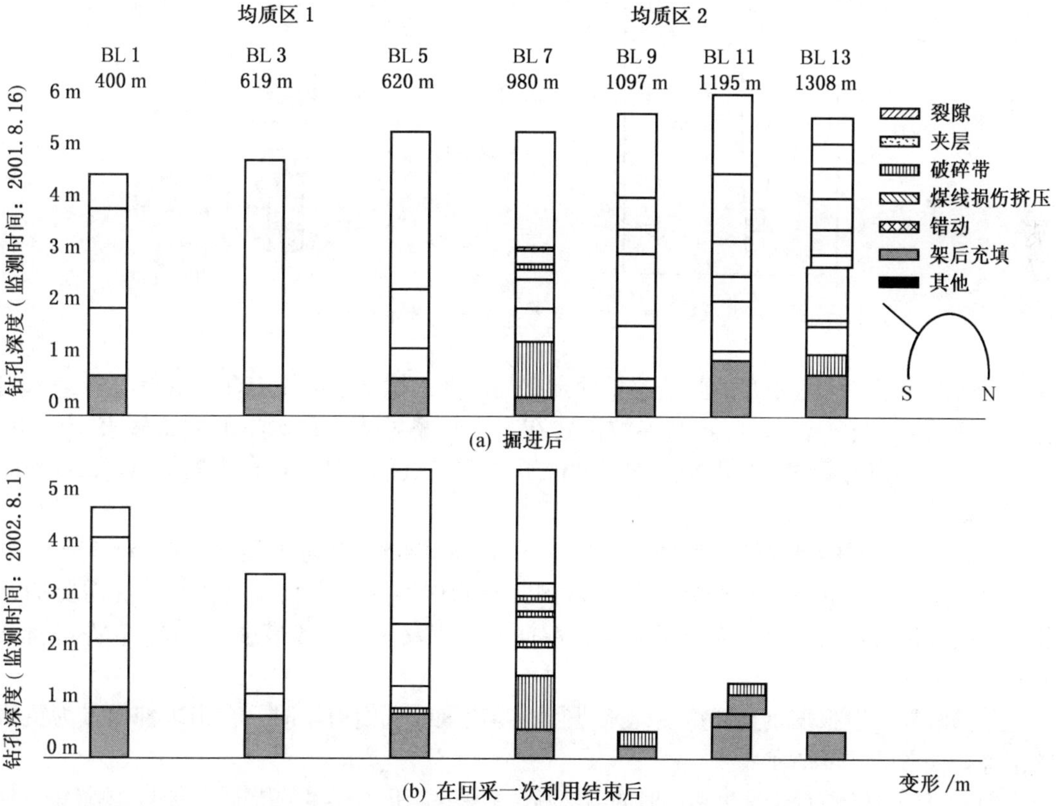

图 2—94　巷道使用期间的变形探测结果

图 2－94 为利用钻孔内窥镜在巷道上帮钻孔的观测结果。该巷道根据岩石力学结构特征可分为两个部分：第一部分为巷道端头后方至 900 m 的区段，它在巷道掘进后仅有很小的松动，在一次利用后略有增大；而第二部分在 900 m 以远，此区段巷道松动和水平错动非常显著。其原因是：第一区段主要受覆盖层压力的作用，第二区段则是受到一次利用中开采引起的附加压力的强烈影响。

2. 钻孔变形伸长仪测量

对于围岩的松动测量，除了用孔内照相探测以外，还可以用其他孔内测量手段。对地质力学推广应用有代表性的是安装伸缩仪，该仪器在煤矿有三种类型：钢索式柔性测量仪、杆式测量仪和探头测量仪。其中，钢索式测量仪因成本低、可快速安装和更换而得到广泛使用。它可同时测量钻孔中两个或多个位置的围岩松动数据。

1）双位钢索式数字显示仪

对于纯锚杆巷道，标准的钢索式测量仪是双位数字显示仪。图 2－95 中，位置 A 水平是锚固区，B 水平是处于锚固区以外的上部岩体。一般情况下，岩层监测深度为 4 m。

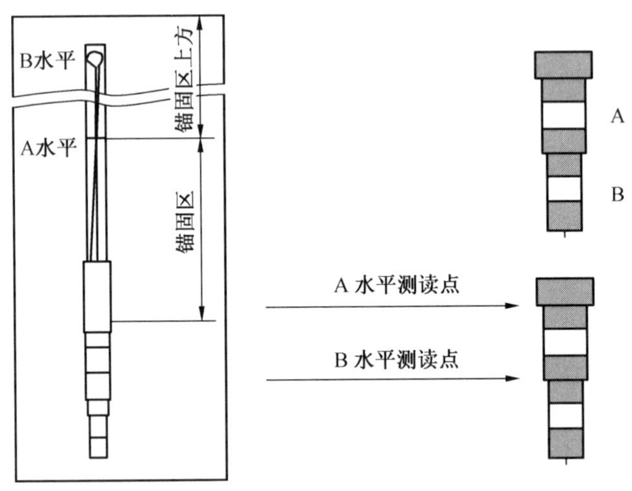

图 2－95　双位钢索式数字显示仪的结构和读取

钢索借助于一个可张开的弹簧锚爪固定在锚固区。钢索下部设有测量套管（有毫米刻度和 3 种颜色：绿、黄、红），其终端固定在一个压槽柱上。B 水平的测量管直径较小，处于 A 水平的测量管内。B 水平的测读处位于 A 水平之下，从而可分别测得 A、B 水平的膨胀松动量。

安装此类仪器的测量钻孔直径一般为 35 mm，可能的变化范围是 32～40 mm。

尽可能在靠近掘进端头开始安装和监测。观测周期随远离端头除特殊情况需要加密外，一般应延长，例如每周或每月 1 次。数据处理应及时，一般借助于 EDV 软件进行图形显示和存储。

数据解释一般根据钢索长度变化来进行。当出现沿层面剪切时，会出现伸出量为负值的情况，如图 2－96 所示。

图 2－96a 为岩层尚未发生错动时的离层测量结果。当仅有小量的层面错动时，测量钢索伸出量减小，如图 2－96b 所示。在错动进一步增加时，钢索可能发生剪切断裂，此时，测量

的伸出量变化处于停顿。当岩层进一步剪切时，甚至引起钢索被拉入测孔内（图 2—96c）。

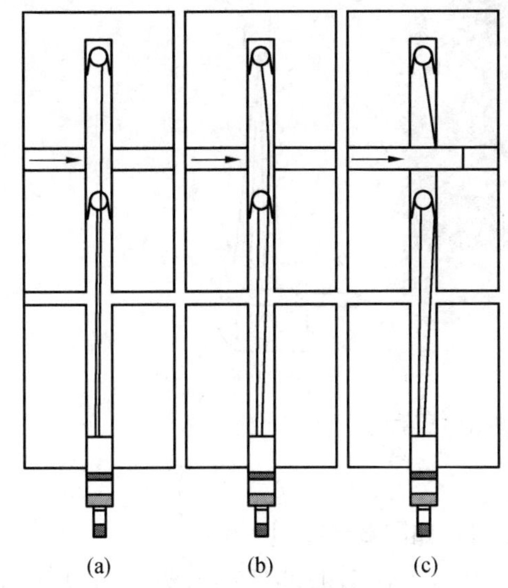
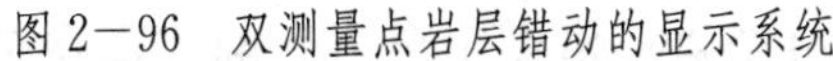

图 2—96　双测量点岩层错动的显示系统

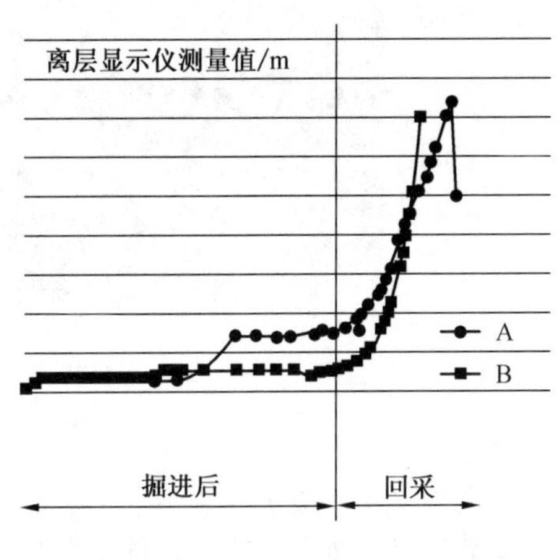

图 2—97　离层值随时间的变化

在近十年来，钢索式离层显示仪提供的离层松动参数一直作为锚杆设计的重要参考，一般是显示同一测站离层值随时间的变化，如图 2—97 所示。离层值随远离端头，特别是回采工作面靠近而显著增大。

图 2—97 显示，随着远离巷道掘进端头和暴露时间的增加，松动量呈台阶式缓慢增大，其中，A 水平的增加量较大。当回采工作面靠近时松动量呈数倍增大。此时，B 水平的松动量增长斜率更大，其极限值与巷道断面形状有关。

2）多位置钢索位移显示仪

为了进行多水平位移监测，可采用多位置钢索位移显示仪（多点位移计）。它可用于监测特殊的工程结构。图 2—98 所示的是七个测点的钻孔岩层位移显示仪。钻孔总长度 7 m，每米安装一个变形监测点。与双测点彼此内外穿过不同，所有测读管依次在孔口缝隙管排列安装。可以读出每个安装并张开的弹簧测点与孔口之间的松动值。通过减法，可以确定各段之间的松动值。

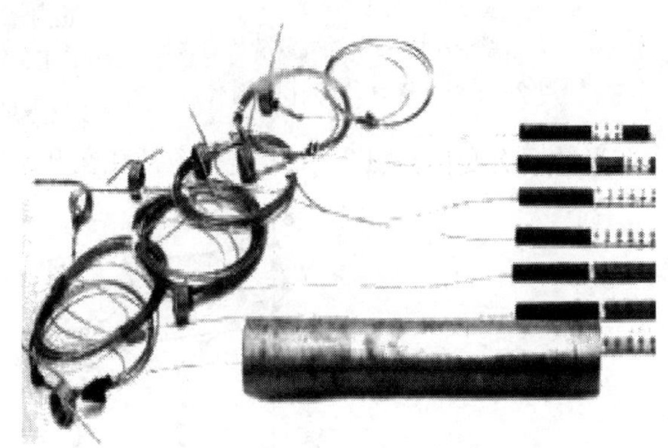

图 2—98　七测点钻孔岩层位移显示仪

3）煤帮位移变化显示仪

对于水平钻孔的变形监测，如巷道两帮，需要一个钢索张紧设备，以避免钢索非张紧状态下出现错误读数。图 2—99a 为四位置变形测量仪，图 2—99b 为煤帮位移变化显示仪的可靠安装状态。对钢索的张紧是借助于螺旋弹簧张紧带实现的，它同时可进行测读，读数精度为±0.1 mm。

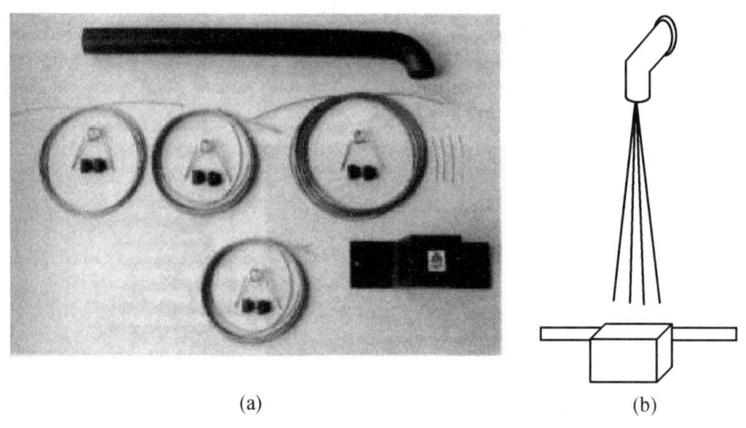

图 2—99　煤帮位移变化显示仪

3. 特殊的岩层变形探测仪

此类仪器为超声位移计，首先在英国煤矿使用，如图 2—100 所示。

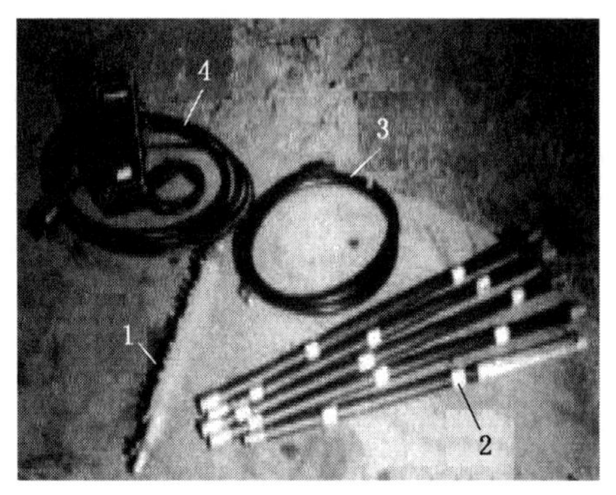

1—带有星形胀圈的磁环；2—安装杆；
3—读取用软管；4—带有钻孔软管的超声仪

图 2—100　超声位移计的部件

图中显示了仪器的部件，主要是超声仪和磁环。共有 20 个磁环借助于星形胀圈撑紧在钻孔壁上。安装过程是：在长度 8 m 的孔内（孔径为 37～53 mm 或 50～67 mm）用安装杆安装，软管保留在孔内，保证超声仪在磁环之间的通行。超声仪由完全塞入孔内的超声探头和选择单元组成。选择过程由目标测读开关调控，它可对 20 个磁环按顺序调控。超声仪可以显示至相邻下一个磁环的距离或者至孔口附近最下面的参考磁环的距离，并在测量样机上做出标记。井下测得的数据可以借助于 EDV 程序传输到地面，并进行处理。图形显示可以根据时间或至掘进端头或者至回采工作面距离的变形数据而变化。图 2—101 是一个钻孔在几个监测水平内数据随时间的变化关系。

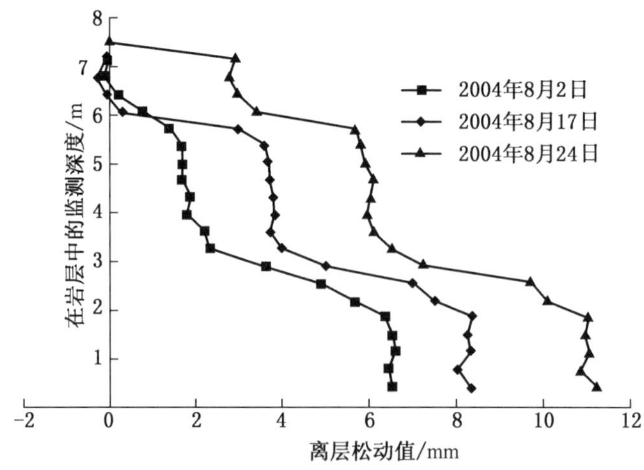

图 2—101　超声探测仪的测量值在掘进期间的变化

该图显示，在距离掘进端头 2 m 处安装的测量仪，当距端头 17 m 时已经显示了钻孔内出现了明显的松动（从 2004 年 8 月 2—24 日）。图中，垂直曲线段显示该段无松动，首次出现松动是距孔口 5～6 m 处，较大的离层松动出现在孔口上方 1.5～3 m 区段。随着时间的持续，离层松动在不断发展。最后一次测量时，距孔口 7～8 m 处也开始出现松动。

4. 岩层剪切变形测量仪

鉴于抗剪切变形对锚杆设计的重要意义，1990 年 DMT 开发了专门监测岩层剪切运动的测量仪。

此仪器由钢管、导线（2～3 根）和导线外绝缘体组成，如图 2－102 所示。

其测量岩体水平错动的工作原理分为 3 个阶段：

阶段一：钢管未变形，导线 1 及 2 未出现导通。

阶段二：岩层剪切错动引起钢管变形，在本阶段末，钢管与导线外绝缘体接触，但导线之间未导通。

阶段三：随着岩体剪切错动进一步发展，导线外的绝缘体被挤压破坏，从而测得钢管与导线之间的电路导通。剪切行程取决于测量仪器参数和钻孔直径。根据过去对岩石锚杆进行 50°和 90°抗剪切试验获得的成果，并借助于由上述仪器测得的剪切位移，可以对锚杆直径进行优选。

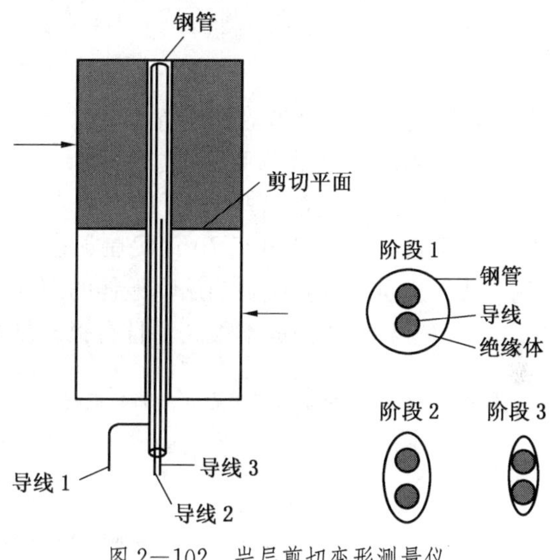

图 2－102　岩层剪切变形测量仪

二、巷道变形常规监测

德国从 20 世纪 70 年代以来一直坚持对巷道进行常规监测，重点是对巷道相对变形的监测，包括对巷道顶底板收敛量、两帮移近量、底鼓量的常规监测。图 2－103 为对拱形巷道和矩形锚杆巷道断面变形的监测实例。此后又引入了便携式激光摄像仪，用于对巷道断面进行摄影，如图 2－104 所示。

图 2－103　巷道断面变形的常规测量

图 2—104 便携式激光摄像仪

对所有监测数据进行存储和处理，数据处理分析一般有：与巷道位置有关的数据分析、与巷道存留时间有关的数据分析、与巷道受回采影响的数据分析。

三、巷道支架载荷测量

以上介绍了巷道变形和载荷的间接测量。直接测量支架载荷对判断支架及其部件的安全性意义重大。对于支撑式支架，有较为简便的载荷直接监测方法；而对于锚杆支架，由于锚杆轴体不外露，则需要建立其他监测系统。

1. 支撑式支架载荷测量

20 世纪 50 年代，曾借助于压力枕或载荷传感器测量了拱形支架棚腿和两个与围岩接触点的垂直载荷。20 世纪 70 年代在实验矿井进行了拱形支架与围岩不同接触垫层条件的载荷特征测定。实验成果确认，最佳的围岩垫层与无垫层相比，支架的承载能力可以提高一倍。但这种实验的成本很高，且有很多复杂的影响因素。

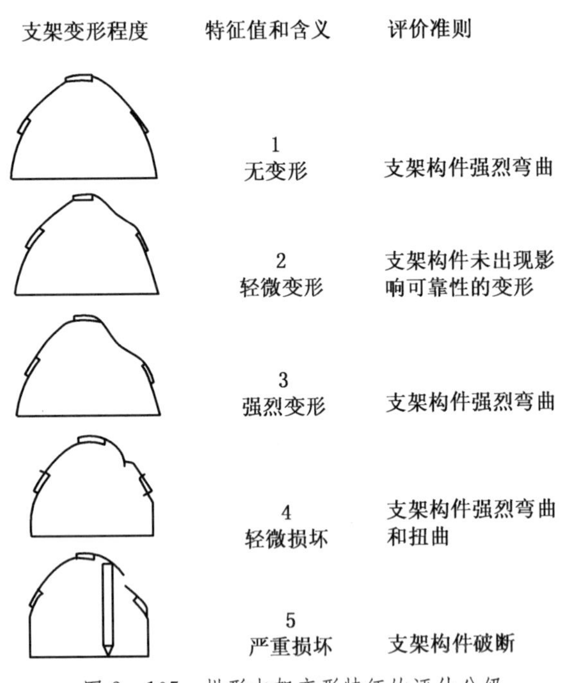

图 2—105 拱形支架变形特征的评估分级

与此相反，最优地确定可缩性拱形支架的变形则具有更大的意义。20 世纪 70 年代以来建立了拱形支架每个断面构件变形的监测方法，如图 2—105 所示。

将支架变形分为 5 级：

（1）无变形：支架构件未出现变形；

（2）轻微变形：支架构件变形，但仍工作可靠；

（3）强烈变形：支架构件强烈弯曲；

（4）支架损坏较轻：支架构件强烈弯曲和扭曲；

（5）支架强烈损坏：支架构件断裂。

在以上分级的基础上，对拱形支架的锁箍连接件进行检测和分级，其分级特征值为：

（1）1 级：锁箍的两个连接板正常；

（2）2 级：一个连接板松动；

（3）3 级：两个连接板松动；

（4）4 级：一个连接板生锈；

（5）5 级：两个连接板生锈。

将上述分级数据与支架的宽度和高度一起填入相应的表中。锁箍连接件的生锈情况必须准确查清，因为锈蚀将导致可缩性拱形支架的承载能力减小甚至完全丧失。上述技术分级主要用于评估支架构件的剩余工作能力。借助于材料超声检测技术可以判断选定位置的剩余断面，如图 2—106 所示，图中阴影区为断面最小厚度区段，对该段的超声检测，可以对其结构损坏程度做出准确判断。为避免检测误差，应注意充分清除测量区的铁锈。

2. 锚杆支架载荷监测

由于锚杆轴体未裸露，因此完全掌握锚杆受力状态是困难的。已有的监测方法有两种：一种是测量仪器与锚杆结合成一体进行测量，另一种是利用测量锚杆。

1）载荷等级显示器

它是安装在锚杆头部的柱状承载体，处于锚杆托盘和螺母之间，如图 2—107 所示。

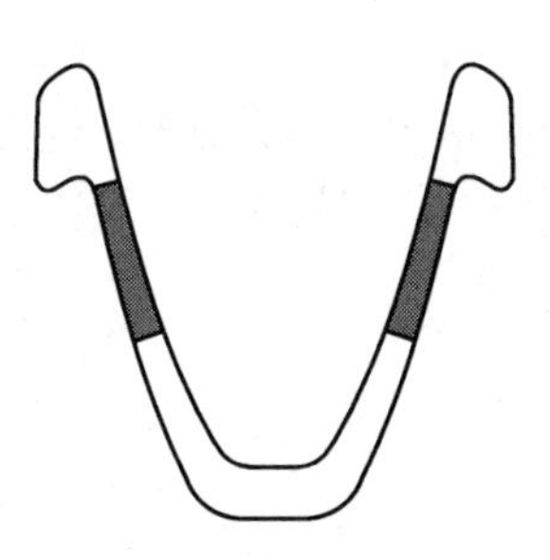

图 2—106 拱形支架 TH 型断面的厚度超声检测

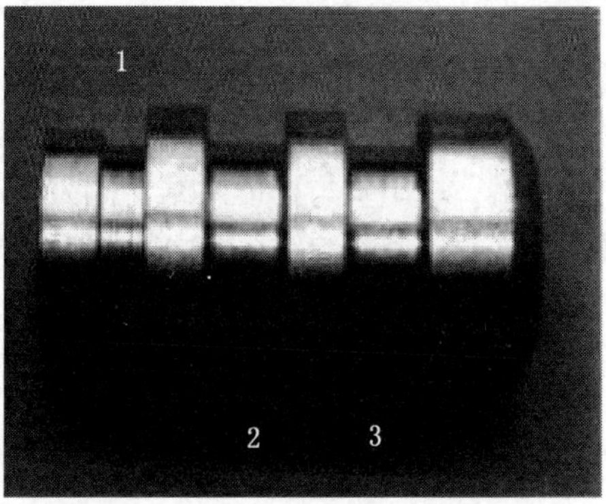

图 2—107 锚杆载荷等级显示器

该仪器的载荷显示分为 3 级：载荷达到 60 kN，图中显示为 1 的台阶发生变形；当载荷达到 180 kN，显示为 2 和 3 的台阶发生变形。

2）载荷测量锚杆

在锚杆轴体贴上电阻应变片（PMS），根据其变形，并考虑杆体钢材的力学特性，经计算和标定，可确定锚杆载荷。一般是在锚杆轴体两侧各磨出 8 个薄槽，贴电阻片。测量锚杆的直径应进行优选，使其与标准锚杆工作特性基本一致，结构形式也应与井下使用的锚杆一致。图 2—108 显示了载荷测量锚杆的结构形式。它不仅可以测定锚杆体承受的压力或拉力，还可测定和计算锚杆体的弯曲。

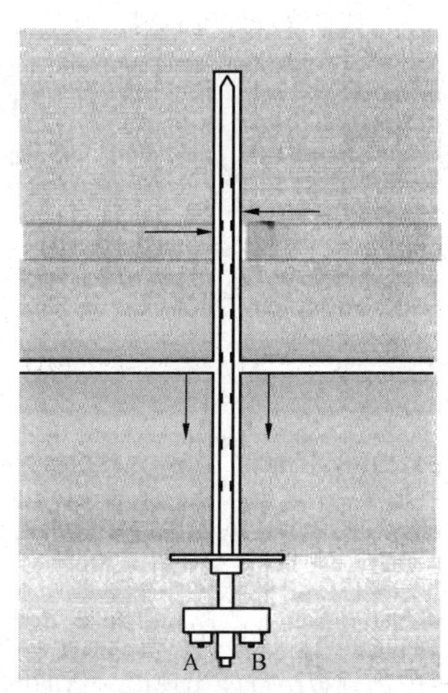

图 2—108 载荷测量锚杆的结构形式

载荷测量锚杆具有完全承载的螺母和相应的托盘，可以接受测量锚杆的全部载荷。此种锚杆可以用于锚杆安装的药卷法或压注法。

在巷道掘进期间，载荷测量锚杆可以代替普通锚杆安设。其测量数据的收集借助于仪器 DIMAS。在井下，通过在测量锚杆与接收仪之间安装插接件进行读取和存储，或者通过导线传输至地面，借助于计算机进行接收、存储和图形显示。

载荷测量锚杆可提供大量数据，通过这些数据可进行拉力、压力和每个电阻片载荷的力学分析。如果在一个断面内安设多个测量锚杆，则可以了解巷道断面的锚杆载荷分布特征，以此作为进行岩石力学分析的基础。

从 20 世纪 90 年代开始对纯锚杆支护的拱形和矩形巷道进行了大量测量锚杆的安装和测定，取得的成果概括如下：

(1) 锚杆体同时承受拉力、压力和弯曲力，这也适用于矩形巷道的底板锚杆。

(2) 在巷道掘进过程中，除少数例外，锚杆载荷增长速度很快，在锚杆安装数天后，很多应变片变形并超过屈服极限。

(3) 在回采影响下，很多锚杆体已经进入塑性变形，从而超过载荷测量锚杆的弹性极限。

3) 电阻测量锚杆

其结构与载荷测量锚杆相似。在两侧磨平的位置取代电阻应变片而粘贴电阻丝。在锚杆杆体末端，电阻丝与杆体黏结，而另一端与锚杆体中部黏结。这种测量本质上是图 2－109 显示的四根电阻丝与锚杆体之间的通电测量。

图 2－109　电阻测量锚杆的锚杆头部

如果锚杆发生断裂，则在孔口的电阻丝中会被测出无电流通过。因此，电阻丝实际上是显示锚杆断裂的变形传感器。如果采用不同长度的电阻丝，则可确定锚杆体大致断裂的位置。

电阻测量也可用于巷道掘进中的锚杆监测。在掘进过程中，借助于电阻测量仪，可以按一定时间间隔对巷道锚杆进行监测。

3. 巷道监测站

以上监测手段可以在任何监测点进行组合，形成监测站，从而可进行全面的岩石力学与支护技术分析。

图 2－110 给出了纯锚杆支护的拱形巷道的监测仪器设置实例。它是推广生产性经验必需的配置，其中包括钻孔内窥镜 2、超声位移计 4，这些仪器是为了详细掌握巷道顶板的离层状况而设置的，用以判断支护系统功能是否失效。钻孔离层显示仪 1 作为岩石离层的标准监测仪器而使用。电阻测量锚杆 3 可以提供锚杆支护形成的总的离层位移值，并显示锚杆轴体的破断情况。这里没有进行巷道断面收敛量的常规监测。

图 2－111 为纯锚杆支护的矩形巷道监测站仪器设置实例。这些仪器集中设置在巷道中部顶板层可能出现最大弯曲的位置，以及被锚杆支护的顶板层的巷道两帮支座。

所有仪器设置时，对测力效果具有决定意义的是其设置时间，仪器应尽可能在巷道掘进端头安设。

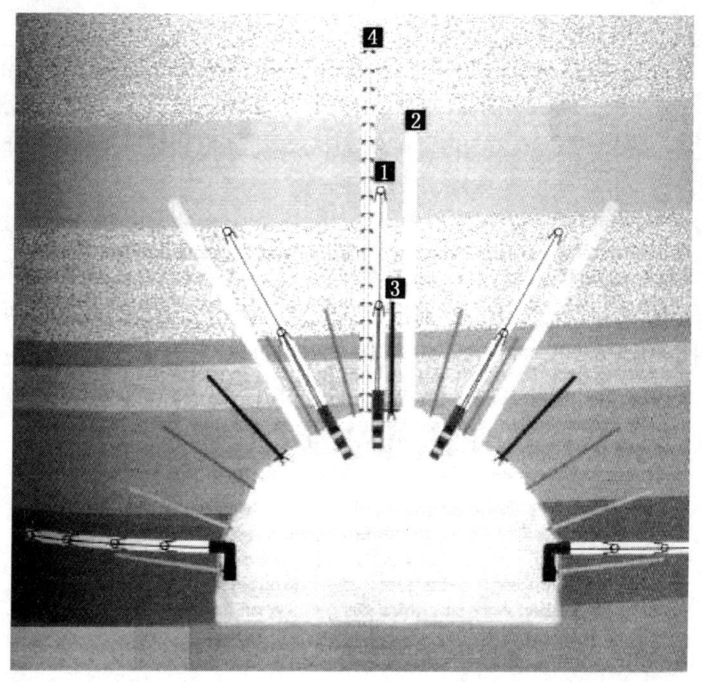

图 2—110　纯锚杆支护的拱形巷道的监测站

监测站间距取决于每个设计任务的具体条件和测量仪器的选择，一般来说，测站间距为 20～30 m。对于应用钻孔离层仪和电阻测量锚杆的矩形巷道，监测站间距为 30～50 m。

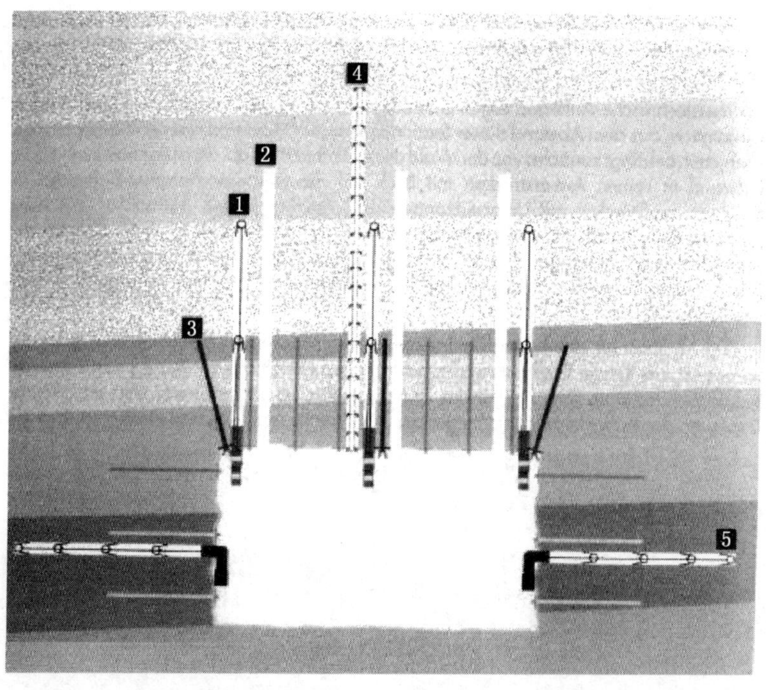

图 2—111　纯锚杆支护的矩形巷道的监测站仪器设置实例

【本章小结】

本章介绍了德国巷道岩层控制技术。重点是可缩性拱形支架和锚杆支架的结构、实验力学特性及其适应条件；联合支护的两种代表性类型及其岩层控制效果分析；与支架配套的工艺与技术参数；巷道变形和支架载荷监测。

德国深部开采回采巷道，有相当一部分是不稳定围岩，长期的岩层控制实践和研究表明，用锚杆早期支护与拱形支架及架后充填相配套（A 型联合支护），同时配以巷旁充填，可以较好地维护回采巷道的稳定性。刚性锚杆支架一般只能在回采工作面一次利用期间保证使用的可靠性。研发实验的组合锚杆具有较高的可伸量和承载力，适应范围较大，但尚待进一步完善，并确定其适应条件。此外，德国对开采区岩层应力计算软件的重要改进为优化开采设计和巷道布置提供了科学依据，值得参考。

第三章　美国、英国和法国煤矿回采巷道岩层控制

本章介绍美国、英国、法国等国巷道围岩控制技术和部分学术研究成果，重点介绍美国巷道支护技术研究成果。

第一节　美国煤矿长壁开采巷道围岩控制研究

美国的煤矿分布在33个州，90%的煤炭产量用于发电。2007年美国的1438个煤矿生产出1.15×10^9 t煤炭。其中，612个煤矿是井工开采，其产量占总产量的31%。生产安全仍是井工开采的首要问题，特别是顶板和两帮冒落引起伤亡事故。

顶板冒落主要发生在巷道交叉口和多煤层开采应力集中的区域。1998年发生了1800起顶板冒落事故。巷道交叉口处的顶板事故，是由于该处锚杆系统未能控制大面积塌落所致。有些工人死伤于巷道煤帮破坏伴随的顶板冒落事故。

1984年，Utah Wilberg矿有26人由于巷道塌落封闭未能逃出而死于火灾。类似的事故还有多起，多与多煤层开采的相互影响和残留煤柱的存在有关。

近20年来，美国职业安全健康研究院进行了一系列研究，以期改善岩层控制。

除巷道布置外，对煤柱宽度、巷道支架选型和计算也进行了大量研究工作。在巷道支护技术方面，以锚杆和锚索为主的技术得到广泛利用，并发展了高强度预应力锚杆和锚索，取得良好的技术经济效果。

一、美国煤矿巷道直接顶板分类（CMRR）

1. 根据现场暴露面信息分类

美国煤矿岩体分类的一个重要突破是提出了煤矿巷道顶板分类指数，即CMRR（Coal Mine Roof Rating）。CMRR分类方法总结了20多年来煤矿地质灾害和世界范围内的岩体分类系统及美国100多个煤矿的现场资料。分类的基本思路是，对顶板稳定性有决定性影响的不是其中致密岩层的强度，而是其中的弱面或不连续面，它破坏或弱化了顶板岩层。CMRR立足于这样的观点：顶板岩体的稳定性首先由弱岩层的不连续面决定。

早期，CMRR分类着重收集顶板暴露面出现的问题，如顶板冒落或冒落趋向；此后，为了使这些资料可被普遍利用，发展了由钻孔岩芯资料确定CMRR分类指标的程序。利用点载荷法确定岩芯的单轴抗压强度和平行层面的强度，提供了由点载荷强度指数转换为单轴抗压强度的方法。

CMRR分类指标考虑了以下因素：直接顶板分层厚度、分层/弱层抗剪强度、岩层抗压强度、顶板分层数（即顶板均质程度）、岩石对水的敏感度、岩层含水率，以及是否存在上覆岩层强度高的或软弱岩层。

按 Molinda 和 Mark 在 1994 年提出的方案，顶板稳定性能按以下分类：CMRR＜45，弱顶板；CMRR 为 45～65，中等（稳定）顶板；CMRR＞65，强顶板。

美国主要煤矿顶板分类指数 CMRR 的分布，见图 3－1。据统计，1990 年，有 75％的工作面其顶板分类指数 CMRR 平均为 53％，即弱顶板和中等稳定的顶板占大多数。

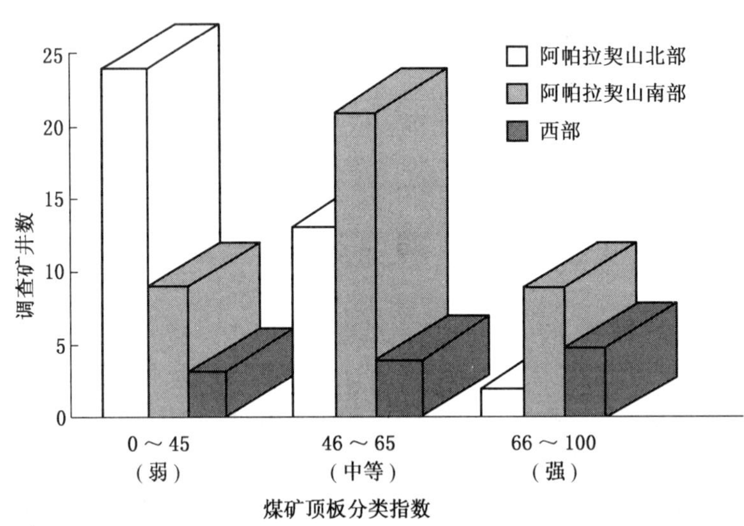

图 3－1 美国各煤田顶板分类指数 CMRR

CMRR 分类填补了地质结构特征与工程设计之间的空白，是专门为层状煤层围岩所制定的。它为煤矿设计（包括长壁工作面煤柱设计）、顶板支架选择可行性研究等提供了重要的参考依据，并已在南非、加拿大和澳大利亚等国用于设计和基础研究使用。

2. 根据钻孔岩芯试验信息分类

美国职业安全和健康研究院的 Christopher Mark 等人提出了 CMRR 新的改进和使用方法。最重要的发展是建立了从钻孔岩芯决定 CMRR 的流程，同时也改变了岩石对水的敏感度调整值，并设计了相应的计算机程序，可对现场或岩芯资料进行分析计算。

1）钻孔岩芯分析流程的修正

CMRR 分类可以从井下暴露的顶板冒落面或对钻孔岩芯的分析获得。两种情况下的主要测量参数是：致密岩石的单轴抗压强度（UCS）；非连续面（间距和持久性），如层面和节理裂隙面；非连续面抗剪强度（黏结力和粗糙度）和岩石对水的敏感度。

CMRR 的计算分两步：第一步，顶板按岩性和结构分为若干岩性单元。第二步，对每个单元进行 CMRR 分类，并进行组合，采取适当的调整系数。此第二步的数据与来自现场或者岩芯无关。

从钻孔岩芯决定单元分类的流程是 1996 年由 Mark 等提出的。根据最近的研究，按下述新流程进行。

新的钻孔岩芯分类准则修正计算公式：岩性单元 CMRR 分类值＝单轴抗压强度分类值（UCS）＋不连续度分类值。

此处，单轴抗压强度的分类值可以根据传统的实验室试验或者轴向点载荷试验获得，而不连续度分类值则根据径向点载荷试验（PLT）的最低值或者不连续面间距类别确定。

①单轴抗压强度分类。

为了减小试验工作量，CMRR 推荐了钻孔岩芯点载荷试验法。其优点是可以完成大量的试验，工序简单，必需的样品制备量少，成本低。另一个优点是，轴向和径向点载荷试验均可用钻孔岩芯来完成。在径向试验时，载荷是平行层面施加的（图 3－2），因而径向点载荷试验是对侧向强度或层面抗剪强度的间接测量。

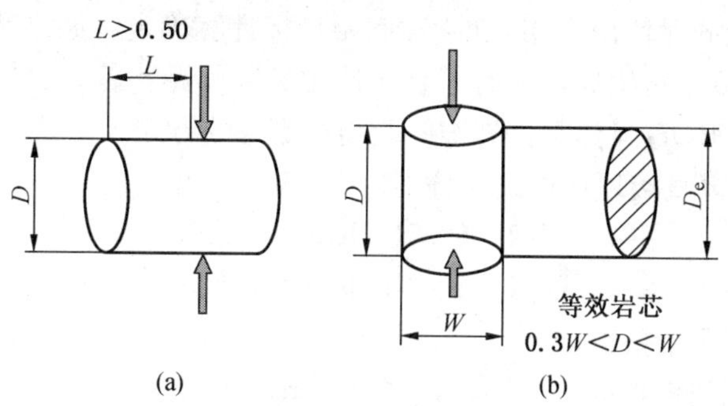

图 3－2　径向和轴向点载荷试验

轴向点载荷试验用来测量单轴抗压强度（UCS）。点载荷指数（$IS_{(50)}$）可用来反推单轴抗压强度（UCS），公式是：

$$UCS=K(IS_{(50)}) \tag{3-1}$$

式中　K——转换系数。

为了更准确地确定 K 值，通过 1 万次煤系岩层的试验发现，对于所有的岩石和地质类型，应取 $K=21$。图 3－3 显示了页岩单轴抗压强度（UCS）与点载荷指数（$IS_{(50)}$）的关系。

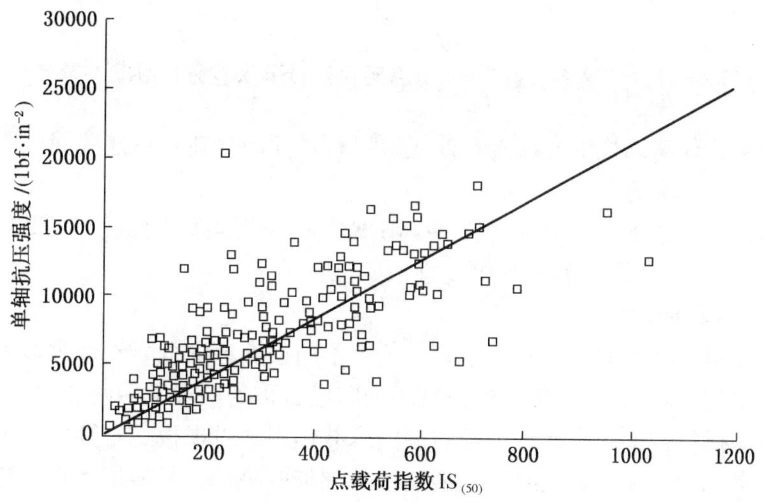

图 3－3　页岩的轴向点载荷强度与单轴抗压强度的关系（$1lbf/in^2=6.89$ kPa）

②不连续面间距分类。

大多数标准地质岩芯记录程序均包括对岩芯天然裂隙的测量，通用的是采用裂隙间距指标和岩石质量指数 RQD。裂隙间距指标是计算统计给定单元内的裂隙面数目，然后除以该单元厚度，实际上是单位长度内的破裂面数。

RQD是统计岩芯内大于4英寸（约10 cm）的未破坏的岩芯长度除以岩芯总长度。RQD和节理裂隙非连续面个数的关系可用下式计算：

$$RQD=100e^{-0.11L}\ (0.1L+1) \tag{3-2}$$

此处 L 为每米长度内的非连续面个数。

CMRR分类可以同时使用RQD和裂隙间距指标计算确定。如果裂隙间距大于1英尺（30.48 cm），则RQD不再敏感，此时可直接使用裂隙间距指标。另一种极端情况，如果钻孔岩芯很破碎，则RQD显然是比裂隙间距指标更好的方式。

利用下列公式计算直接顶不连续面分类值（DSR）（图3—4）：

$$DSR=10.5\ln(RQD)-11.6$$

或

$$DSR=5.64\ln(FS)+24 \tag{3-3}$$

式中　RQD——岩石质量指数；

FS——裂隙间距，英寸，1英寸=2.54cm。

DSR分类值的最小值为24，最大值为48。

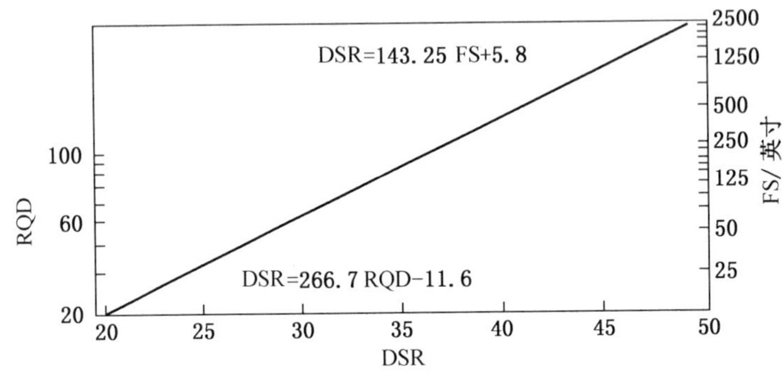

图3—4　对于单轴点载荷或不连续面间距DSR试验的CMRR分类值

如果在径向点载荷试验中发现岩石或成层岩石强度低，则对不连续面间距小的岩石给予高的标数是不合逻辑的。

总之，顶板岩石结构单元的分类值（CMRR）是不连续面分类值（DSR）加上单轴抗压强度（UCS），即二者的简单代数和。

2）CMRR的其他修正

（1）对于潮湿敏感度减扣。水的侵入一般会不同程度地降低岩石的强度和稳定性。故需要考虑由于水的影响而使CMRR取值减小的问题，称为潮湿敏感度减扣。

（2）硬岩层指标调整。直接顶中硬岩层的承载作用和对顶板稳定性的影响远大于一般岩层，故需要考虑硬岩层参数调整。硬岩层参数调整取决于：硬岩层差值，它是在锚杆间距范围内硬岩层单元分级与按厚度加权平均的所有岩石单元的分级平均值之间的差值；硬岩层厚度（英尺）；从硬岩层分离而悬垂的软岩层厚度（英尺）。

3）CMRR的应用

过去8年来，美国很多煤矿利用CMRR作为设计工具，最早的和最著名的是用于巷道煤柱设计（ALPS）。从全美国收集到了大量数据，进行了统计分析，结论之一是，如果顶板硬而厚（CMRR＞65），则长壁工作面巷道煤柱的稳定性系数（ALPS FS）可以小于0.7，且能保持回采尾巷的安全状况，而如果岩层较弱（CMRR＜45），则 ALPS SF 也许需要大至 1.3。

同时，锚固系统的参数设计也以 CMRR 作为基础。

为了对锚固系统的选型给予科学指导，NIOSH（美国职业安全和健康研究院）分析了美国 37 个煤矿的冒顶率；研究了锚固参数：锚杆长度、拉伸力、锚固长度、承载力和锚杆布置以及巷道顶板跨度，同时测定和计算了该区的 CMRR 值，研究了 10000 英尺（3048 m）巷道总长内发生的顶板冒落事故的状况，研究了根据 CMRR 选择合理巷道跨度、锚杆长度和锚杆承载力的指导原则。由此建立了相应的计算机程序，称为顶板锚固系统分析程序（ARBS）。

二、回采巷道护巷煤柱选择

1. 美国西部长壁工作面两巷塑性煤柱系统

长壁开采对较深部及软岩安全开采具有重要意义。目前美国西部 80%的煤矿采用长壁开采塑性煤柱系统，预计今后会进一步增加，因为剩余的煤炭资源均处于深部开采条件下。采用塑性煤柱系统，有可能在深部安全地采出更多的煤炭。塑性煤柱设计有如下优点：

（1）可以安全地开采深度较大及有冲击地压倾向的煤层；

（2）增加了煤炭回收率；

（3）有些原以为不可开采的煤炭资源可以进行开采；

（4）可以在应力集中区开采。

2. 塑性煤柱的含义

根据载荷—变形曲线可定义塑性煤柱。塑性煤柱工况经历了不同的阶段。图 3－5 是在煤矿煤柱试验中取得的（Wagner，1974 年），该煤柱尺寸为 2 m（长）×1.2m（宽）×0.67 m（高）。使用液压千斤顶在煤柱中部的切槽中加载，在加载过程中，煤柱载荷和平均变形（或平均垂直收敛）同时增大。煤柱载荷—变形曲线处于其上升阶段。此阶段定义为Ⅰ区（图 3－5）。当载荷达到其强度值时，载荷为最大值。如果通过这点后，煤柱继续变形，则其承载能力将会降低，载荷—变形曲线进入下降段，即Ⅱ区。如果煤柱处于此下降区，则可以将之视作塑性或正在塑变的煤柱。从曲线上升段转变为下降段的分界点，对应于煤柱强度，或称为煤柱的最大承载能力。曲线的Ⅱ区和Ⅲ区是塑性煤柱载荷—变形倾向的应变软化部分。在曲线的Ⅱ区，应变能迅速耗散，在冲击地压发生条件下则为急剧耗散。在曲线的Ⅱ区和Ⅲ区发生载荷下降，但这种载荷下降必须满足以下两个条件：

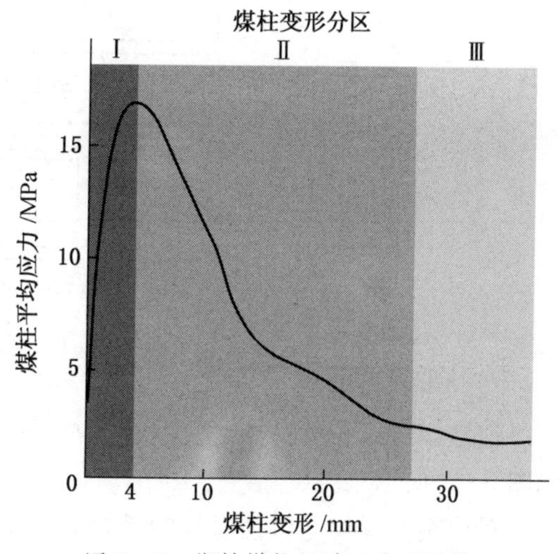

图 3－5 塑性煤柱经过三个不同的载荷—变形阶段

（1）邻近未采区煤体可承受由于该下降而转移的顶板岩层载荷；

（2）顶底板有足够的能力传递此载荷。

在载荷下降区，煤柱高度减小，由顶板传递到煤柱的载荷可能使煤柱部分破坏或断裂。应力的垂直传递向开采区周围扩散，传递至可以承受应力集中的相邻区域。

3. 塑性煤柱设计

刚性煤柱（即具有高刚度的弹性煤柱）与塑性煤柱有明显不同。在长壁开采系统中，刚性煤柱与塑性煤柱的区别是设计的稳定性系数不同。刚性煤柱的稳定性系数一般大于1.3，典型范围为1.3～1.6。塑性煤柱是在超过其抗压强度的情况下工作。在美国，长壁工作面巷道刚性煤柱的宽度是25～60 m，而塑性煤柱大多不超过10.7 m。

在世界范围内最常用的有5种链式煤柱系统，如图3－6所示。

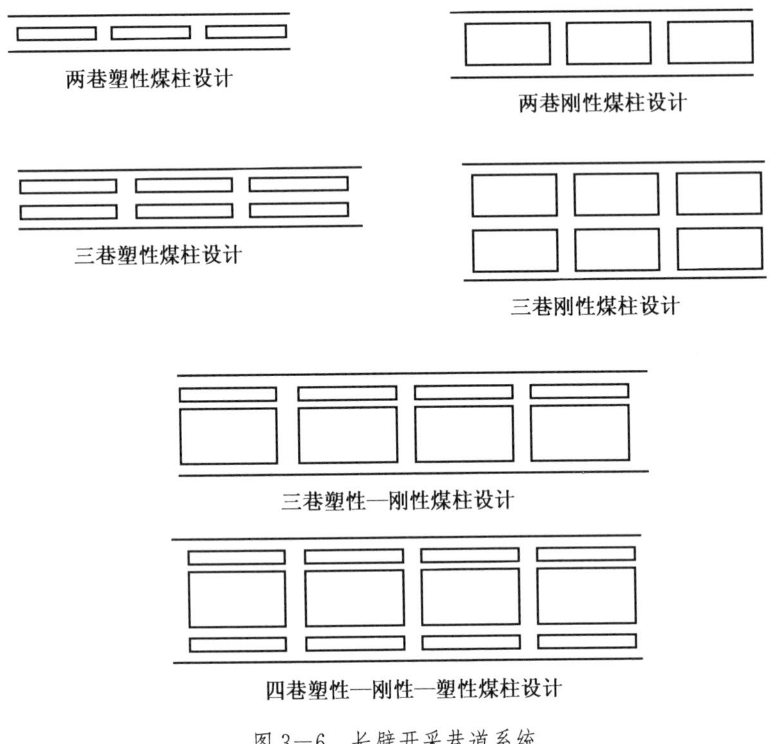

图3－6 长壁开采巷道系统

塑性煤柱的设计目标是使巷道煤柱处于压力拱内，或卸压带内，或支承压力带之外，如图3－7所示。

对比刚性煤柱与塑性煤柱的最好方法是利用标准的煤柱强度计算公式比较其稳定性系数。刚性煤柱的设计目标是煤柱强度大于按稳定性系数计算的开采期间的载荷。煤柱强度一般按经验公式确定，它与煤柱的高宽比、现场煤体强度相关。

塑性煤柱设计有经验方法和理论方法。按美国西部煤矿的经验，塑性煤柱宽度7.9～15.2 m，长度24.4～45.7 m。保证煤柱稳定的重要途径之一是限制开采期间巷道的总宽度。

理论方法：按Wilson理论，煤柱强度是煤柱单位宽度的承载能力从煤柱边缘至煤柱中心的积分，包括煤柱边缘小于最大承载能力的塑性和软化区。此软化区可以通过向煤柱进行水平钻孔而发现。当钻进感到困难时，即进入煤柱中央。也可通过在水平钻孔中安装测量仪器观测。软化区与弹性核心的边界出现是突然和很明显的。

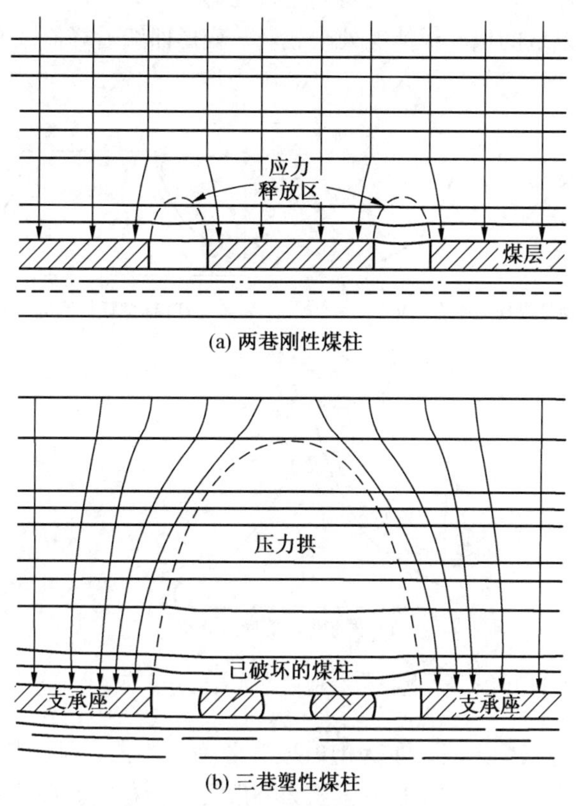

(a) 两巷刚性煤柱

(b) 三巷塑性煤柱

图 3-7　压力拱与塑性煤柱设计原理

煤柱应力分布随着煤柱宽度和至长壁工作面的距离变化而变化，如图 3-8 所示。该图中的 3 条曲线，自上而下分别为：峰值在煤柱中心两侧（中部未达到最大载荷强度）、峰值平滑（煤柱中部一定宽度内达到最大载荷强度）和峰值在煤柱中心（此时煤柱处于临界稳定状态）。

计算结果在 7～11.6 m 之间变化，建议取 8.5 m，也可根据具体条件适当减小。对于两巷三煤柱系统，考虑到保证巷道设备及运输等的可靠性要求，煤柱宽度应不小于 6.1 m。

塑性煤柱设计的基本准则是保证煤柱的宽高比。煤柱载荷会迅速适应开采几何尺寸的变化。只有达到一定的变形增量，煤柱才会发生各变形区的转换。由图 3-5 可知，曲线达到最大承载能力时（Ⅰ区）其变形增量为 4 mm，继续变形达到 20 mm 时，开始进入Ⅲ区。此值与煤柱面积、强度、间距等有关。

一般来说，煤柱设计的稳定系数可以小于 1，因为塑性煤柱处于后峰值阶段，其特征值，如后峰值弹性模数、残余强度以及最大强度在设计中均需考虑。

塑性煤柱系统的应用和特征与浅部开采不同，在深部，煤柱边缘和角部的应力已超过其强度，并开始出现破坏。当煤柱全部开始变形时，已经处于载荷—变形曲线的下降区。

煤柱是否全部开始变形，要看它处于此段曲线的急速下降段还是平缓下降段接近残余强度值。它处于变形曲线的实际位置取决于开采深度、煤柱宽高比和围岩性质。为了避免急剧破坏的发生，最好是煤柱在开始变形时就处于或接近于其残余强度。同时，煤柱应有能力保证巷道跨度内顶底板的完整性，特别是掘进系统的两端。塑性煤柱的宽高比应处于给定范围内，以保证掘进系统的顶底板能够处于载荷—变形曲线后峰值区的稳定区段。

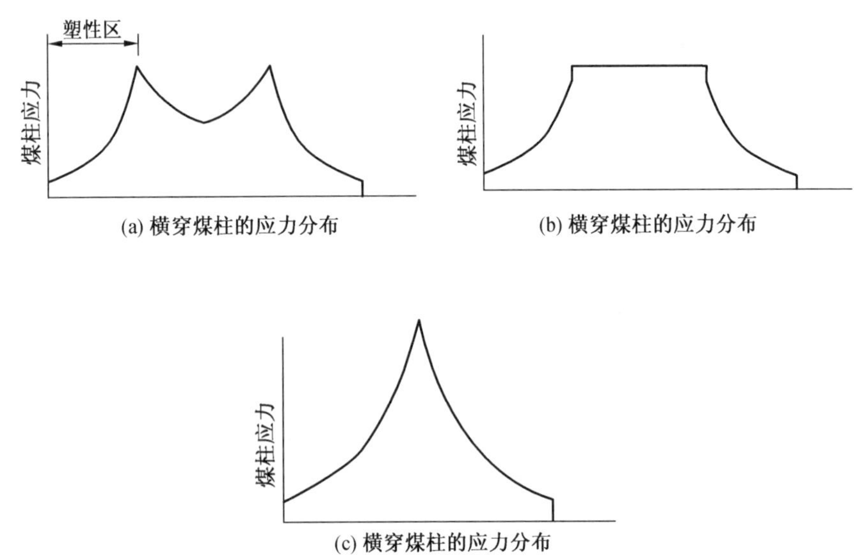

(a) 横穿煤柱的应力分布

(b) 横穿煤柱的应力分布

(c) 横穿煤柱的应力分布

图 3—8　开采不同阶段煤柱剖面的承载能力分布（Wilson 理论）

在煤柱变形曲线的三个区段（Ⅰ为上升段，Ⅱ为下降段，Ⅲ为煤柱的阻力保持常数，即残余强度）中，在Ⅲ段，煤柱变形时其阻力一般可保持稳定。曲线从Ⅱ段到Ⅲ段是由急斜向水平或近似水平转变，此平缓区段意味着在残余强度下保持稳定。

深部开采，煤柱宽高比应在上、下限区间内选择。如果宽高比大于上限，则在掘进阶段达不到后峰值区；如果宽高比过小，煤柱将不能保证对顶底板提供足够的阻力，而使围岩状况恶化至不可接受的非安全程度。因此，如果顶底板条件较差，合理确定煤柱的宽高比特别重要。设计中应注意使巷道总宽度小于实际宽度。这意味着，维护的巷道数目应尽可能少。实践表明，很难长期保证煤柱处于残余强度情况下支护更宽的跨度。

对现场不同的塑性煤柱宽高比和稳定性系数的实际使用效果（分为成功和不成功两种）进行了比较，如图 3—9 所示。

计算表明，对于 10.7 m（宽）×2.4 m（高）的煤柱，其临界开采深度是 457 m，此时煤柱处于载荷—变形曲线的Ⅱ区或Ⅲ区。在成功的实例中，宽高比在 2.8～6 的范围内，且集中在 3～5.5 区间内（参见图 3—9）。掘进巷道载荷稳定性系数为 0.4～0.6。不成功的实例是在顶底板和煤层坚硬有冲击倾向的情况下发生的。

在开采期间，塑性煤柱将载荷转移分散到邻近的结构中，如刚性煤体或煤柱、采空区和工作面液压支架。

煤柱上方的顶板应有足够强度，一般能够将煤柱载荷转移到周围的支承煤体上，但又不能过强，否则会形成较大悬顶，诱发冲击地压。

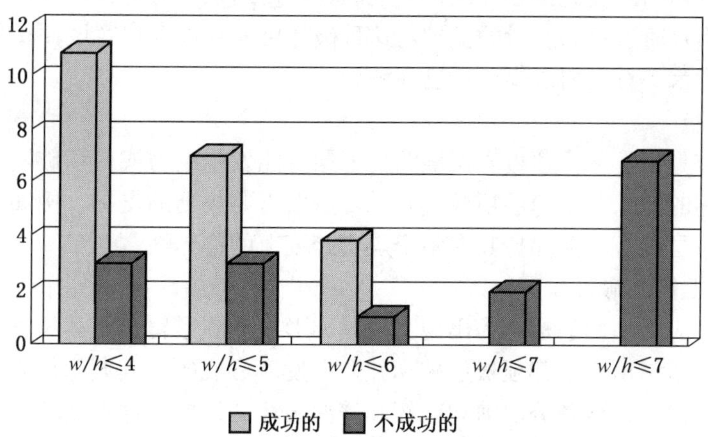

图 3-9　煤柱宽高比（w/h）与使用效果

借助于钻孔压力枕（BPC），可以掌握开采期间煤柱压力变化过程。

分析表明，如果煤柱压力随着开采过程引起的变形增加而增加，则意味着煤柱处于曲线的Ⅰ区。此时，顶板应力较高，工况可能不好。相反，如果随着煤柱变形增加而其平均载荷减小，则表示煤柱处于塑性变形阶段，围岩工况有所改善。在此情况下，煤柱工作在载荷—变形曲线的Ⅱ或Ⅲ区。

如前所述，根据对塑性煤柱资料的分析，对于深部开采的煤矿，建议塑性煤柱的设计目标是使其煤柱在变形期间处于载荷—变形曲线的Ⅲ区。在此区应能保持一定的承载能力，以维护巷道在其存在期间的正常功能。建议煤柱的残余强度在 1.5～3.5 MPa。这个结论部分来自于对塑性煤柱历史资料的分析，部分来自于与工作面液压支架的比较。上述条件需要邻近煤柱的支承区有足够的强度能承担塑性煤柱所转移的载荷，而顶板岩层应只能传递载荷而不形成悬顶，以免引起冲击地压。上述建议不适用于软弱底板或多层近距煤层开采。

三、顶板稳定性和与水平应力有关的顶板破坏

1. 煤矿石灰岩顶板稳定性测量

NIOSH 研究了 34 个煤矿石灰岩层顶板条件，以判定对顶板不稳定性的影响因素。

在测量的 34 个煤矿中，有 7 个煤矿由于水平应力导致顶板破坏。水平应力对顶板稳定性有影响的煤矿，实验室试验的顶板岩石弹性模数约为 68 GPa，而其他煤矿为 52.3 MPa。看起来似乎可认为高弹性模数的岩石顶板可能是潜在的影响顶板稳定性的因素，但资料表明，具有高弹性模数岩石顶板的煤矿并不均是有水平应力引起稳定性的问题。另外，石灰岩弹性模数小于 50 GPa 的煤矿都没有出现与水平应力相关的问题。

2. 观测到的与水平应力相关的顶板破坏

应力引起的石灰岩层煤矿顶板破坏，与其他层状岩层煤矿顶板相似。应力等值线图技术可用于识别水平应力相关的不稳定问题。下面分析观测到的各种顶板破坏形式。

1）顶板出现沟槽

与水平应力相关的破坏可以表现为沿煤柱与顶板接触面出现沟槽，这类似于在水平应

力作用下将顶板切断。在此接触处顶板一旦破坏，则约束应力将被释放，进而可引起直接顶冒落。如果不及时进行高质量的支护，这种破坏可能穿过煤房宽度而扩展。这种形式的破坏在倾斜和近水平石灰岩层煤矿均已观测到。

2）岩梁失稳

在高水平应力条件下，顶板岩层挠曲，岩层可能发生应力或剪切破断。台阶状顶板的出现是这种破坏的标志。在薄层顶板下开采，一般需要规则的支护，例如五花形布置的锚杆支护。因为单层顶板不能保持其在整个煤房跨度上的整体性。

3）卵形或椭圆形破坏

另一个水平应力作用的标志为出现大范围卵形或椭圆形冒落，其长轴近似垂直于主水平应力。这些冒落是由于下部顶板层破坏并向上发展形成的，其典型形态为拱形空洞。其破坏机制可以描述为顶板各分层剪切破坏和挠曲破坏的扩展。这种破坏首先是由于顶板岩梁过度挠曲所致，同时伴随着微震波发射。顶板岩梁的塌落沿垂直方向从下而上扩展。在两个煤柱之间的顶板常常发生这种冒落。

4）破坏的扩展

可以观测到，卵形顶板冒落逐渐地向与最大水平应力的垂直方向扩展，扩展可以达到数十米，甚至超过 100 m。一旦卵形空洞形成，集中应力将作用于卵形两侧边缘，引起进一步的岩层破坏，破坏区向两侧方向发展。与破坏扩展相关的是在冒落空洞前方顶板挠曲较大。顶板挠曲和冒落空洞的扩展实例如图 3－10 所示。

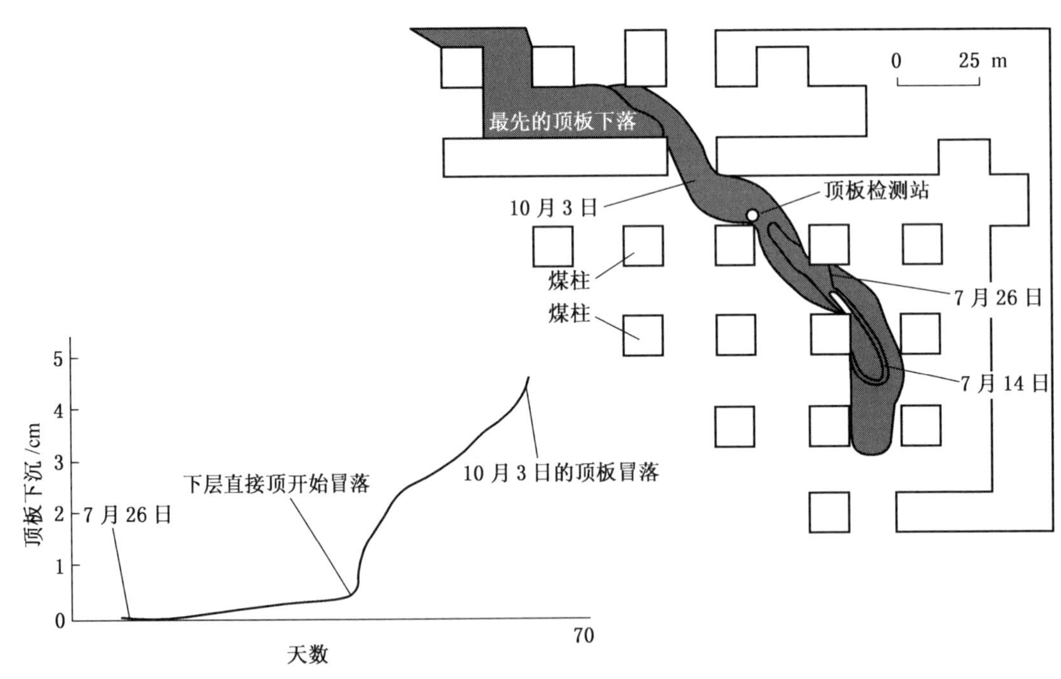

图 3－10　与高水平应力相关的顶板破坏发展

破坏的扩展由在初始破坏点前方的顶板下沉监测站测得。测站显示，当顶板下沉超过 5 cm 时，顶板发生塌落。

3. 缓减水平应力的方案

煤矿开采前均存在高水平应力，且很少可以完全避免这种应力。石灰岩层煤矿研发了减小水平应力影响的技术，包括选择在稳定的顶板区开采、选择相对于应力场有利的推进方向、完善煤柱设计、采取规则的顶板加固措施等。一些煤矿通过修改采掘工程设计和完善开采设计，显著改善了顶板状况。重新确定的开采设计包括将巷道的掘进方向平行于最大主水平应力和减少交叉口数量等。

4. 高水平应力下层状顶板稳定性分析

利用 FLAC 3D 有限差分法软件模拟分析了美国含石灰岩层煤矿的典型的应力条件和开采几何条件。模拟计算中，引入了弹性和层状节理参数。模拟了不同岩层厚度和不连续面的多种组合。通过分析应力分布和利用岩石破坏准则判别弹性应力结果，确定潜在的破坏区。

1）模型设计

模型首先计算不同开采深度、水平应力矢量和岩层几何条件下的应力分布和潜在的破坏区。模型模拟了房柱法开采宽度 14 m 的煤房和煤柱，考虑到对称性，仅需要模拟 1/4 的煤柱和煤房即可。界面单元用于模拟煤房上方岩石层面的不连续性。

第二阶段是大比例模型，用以模拟 16 个煤柱的排列和煤房的围岩。煤柱可有不同的几何形状和载荷条件。为了避开边界角部效应，仅分析模型的中心部分的计算结果。

模拟的开采深度分别为 100、200、300 m，但只有深度 300 m 有代表性。在 300 m 深度，最大水平应力为 21.8 MPa，最小水平应力设计等于最大水平应力的 1/2，垂直应力为 7.8 MPa，相当于覆盖层压力。岩石的力学性质基于实验室试验结果。

岩石的破坏准则基于两个阶段的破坏过程：脆性破坏和摩擦剪切破坏。脆性破坏模拟在低约束条件下硬脆岩层沿着最大主应力方向发生并扩展的破坏。在约束值较高的条件下，摩擦力在岩石中传递，容许采用经典的库仑破坏准则。当最大主应力在实验室单轴抗压强度的 10%～30%时，脆性破坏可能发生，并在石灰岩层煤矿能经常观测到。层间不连续性采用摩擦角 30°和黏结强度 1.0 MPa 模拟。层间不连续面的法向和切向刚度取 10 GPa。

2）层间不连续面对顶板稳定性的影响

第一个模型可表明层间不连续面的存在对顶板应力分布和岩石破坏的影响。设顶板岩石为弹性，则其潜在的破坏根据计算的破坏指数确定。

图 3－11 显示了在直接顶没有层间节理的情况下的应力分布。可以看出，在垂直主水平应力方向上，煤房承受了很高的水平应力。而交叉口区和平行于主水平应力的区域受到低的水平应力。这意味着，如果应力足够高可引起较大范围的顶板破坏，煤柱之间的顶板比交叉口处顶板更容易发生破坏。这与观测结果一致。

图 3－12a 所示的破坏指数显示，在没有层间不连续面的情况下，最大的潜在岩石破坏处于顶板与煤柱接触处，并沿着煤房扩展形成潜在的破坏拱，拱顶达到直接顶线上方 3 m。如果在顶板线以上有 1 m 的不连续面，如图 3－12b 所示，则应力会重新分布。同时，在厚度 1 m 的顶板中，由于向下挠曲和沿层间不连续面发生某些滑落，水平应力会有所减小。

在煤房中部穿过层间不连续面出现了 2 mm 的离层。岩梁的挠曲引起水平应力增加，而上覆顶板岩层约束应力减小，进而导致潜在的岩石破坏达到顶板线上方 4 m。

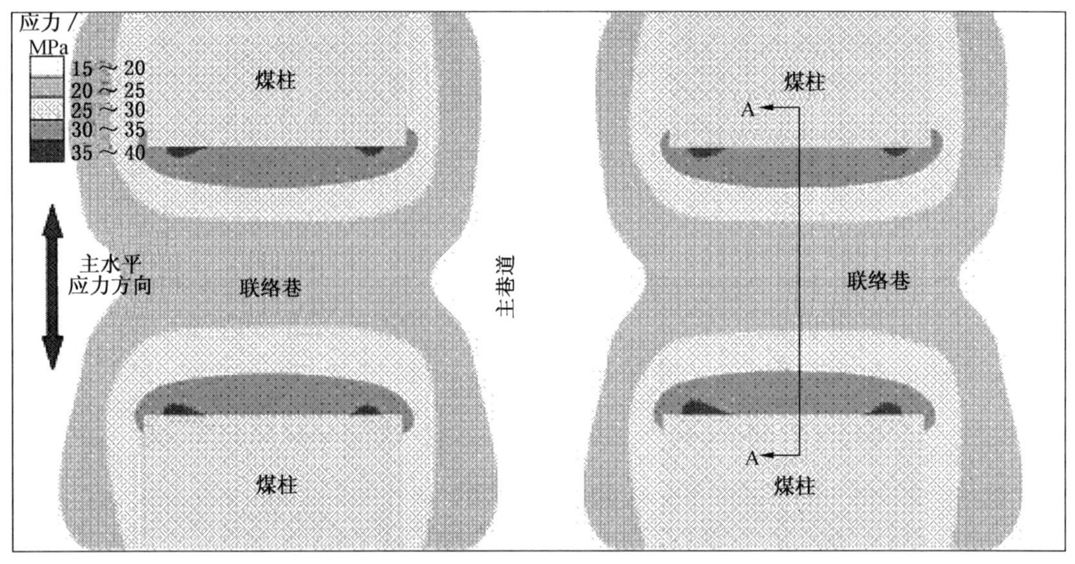

图 3－11　在采深 300 m，承受最大水平应力 21.8 MPa，
房柱法顶板上方 1 m 水平应力分布的数值模拟

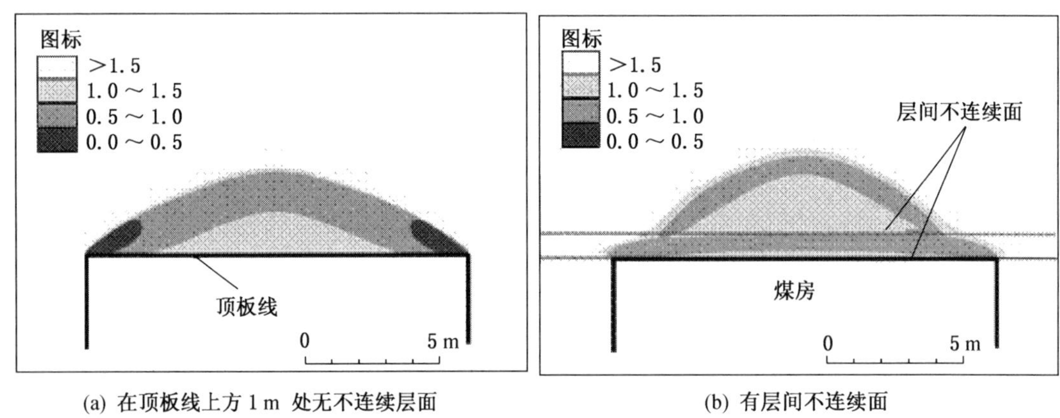

(a) 在顶板线上方 1 m 处无不连续层面　　(b) 有层间不连续面

图 3－12　沿图 3－11A－A 垂直剖面的破坏指数

第三个模型设置了顶板线以上间距 1 m 的 3 个不连续层面，如图 3－13a 所示。由于顶板挠曲和应力重新分布向顶板深入，其潜在破坏区扩展到顶板线以上 5 m。

在最后的模型中，利用普遍存在的 FLAC 3D 节理，模拟了薄层顶板。此处假定，模型的每个单元均含有一个可以剪切的水平弱面，弱面的强度等于上述层间不连续面的强度。其稳定指数见图 3－13b。它显示了潜在的破坏扩展范围很大，直达顶板线以上 10 m。分析结果表明，沿层面的滑移导致更大的顶板挠曲，它减小了顶板的约束力。

3）煤房和煤柱顶板设计方案评估

大范围的 FLAC 3D 模型是利用正方形煤柱首先模拟比较规则的房柱设计中顶板的潜在破坏。利用 FLAC 3D 的特殊功能，模拟了脆性/剪切破坏模型。

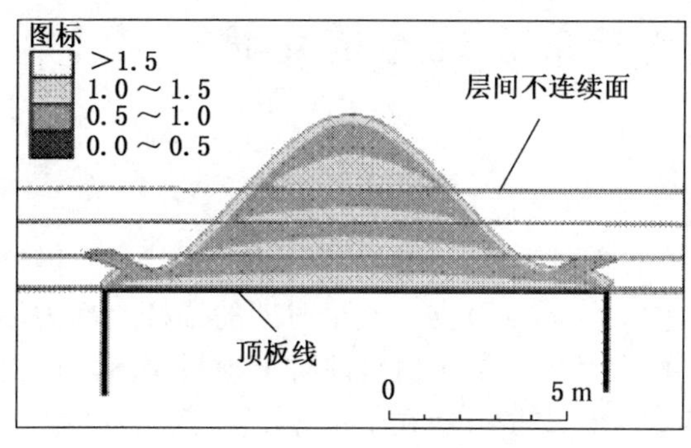

(a) 顶板上方有3个不连续层面，间距1 m

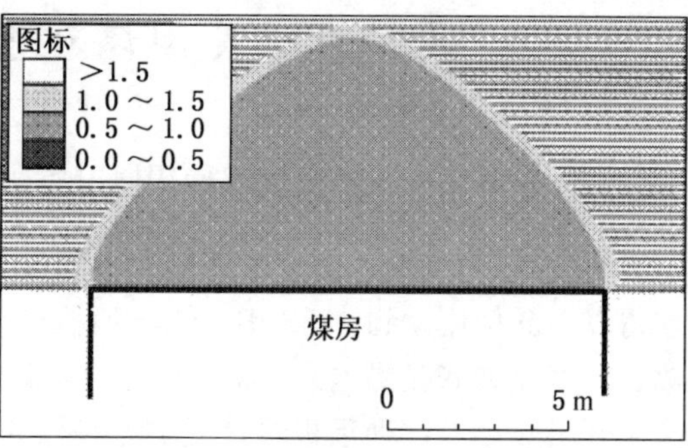

(b) 薄层顶板

图 3－13　垂直剖面的破坏指数

图 3－14 显示了方形煤柱设计顶板初始破坏和破坏的增长。这些结果表明，在第一种情况下，破坏首先开始于煤柱之间，并沿着与水平应力相垂直的方向扩展，这与在石灰岩层煤矿的观测结果相似。这类破坏的实际问题是，一旦破坏开始，将会自由向侧部扩展，穿过开采宽度，直至遇到固定支承压力或安全煤柱为止。

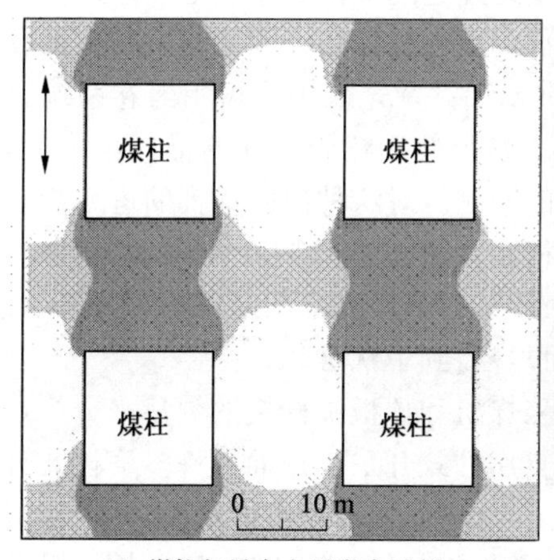

(a) 煤柱与最大水平应力平行

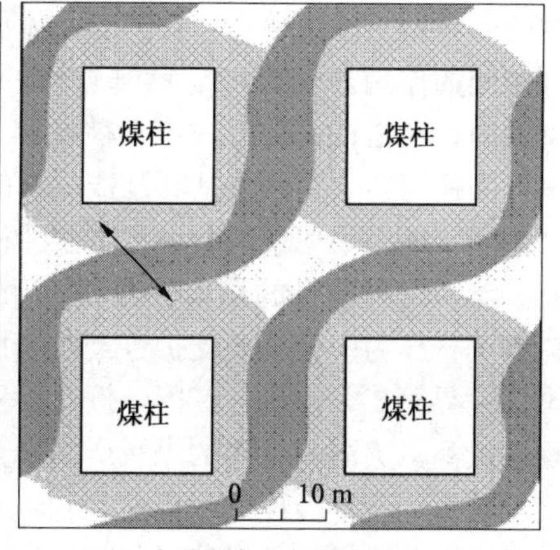

(b) 水平应力方向旋转 45°

注：深色阴影表示初始破坏，浅色阴影表示破坏的扩展，箭头表示最大水平应力方向

图 3－14　在房柱法设计（方形煤柱）由于最大水平应力方向的改变引起的潜在顶板破坏效应

在水平应力 45°方向的情况下，顶板破坏像蛇一样穿越煤柱，与现场研究观测的破坏相似。同样，这种破坏可以侧向自由扩展，直至遇到安全煤柱或支承压力为止。

模型显示，最终的顶板破坏可以环绕煤柱，与现场观测结果相似。

模拟计算表明：直接顶层间不连续可以增大岩石向顶板的破坏深度；顶板的稳定性随着其挠曲和层状顶板离层而降低。模拟和开采经验表明，如果设计煤柱轴线与最大水平应力方向平行并将交叉口错开布置，将使得顶板破坏向侧部的扩展受到制约。

第二节　美国煤矿长壁开采系统巷道支护

一、岩石锚杆支护发展及使用概况

在 20 世纪早期，出现了使用岩石锚杆支护的个别例子，但是直到 1947 年，岩石锚杆才得以广泛使用。到 1952 年，锚杆消耗量已达到了 2500 万支。这个时期的锚杆全部为端锚锚杆（比如胀壳锚栓）。锚杆在美国采矿业的使用，不仅成功地预防了顶板垮落，还提高了开采效率。这种顶板锚杆支护方法作为主要采矿支护方法在全世界得到了广泛传播。

到 1952 年，这种端锚锚杆支护技术已传到英国煤矿。不幸的是，由于一些原因，尤其是在软岩中此种锚杆的支护效果并不理想，加之美国和英国开采方法的不同，导致顶板锚杆支护在当时并不能成为主要的支护方法。在其他国家，包括美国，这种机械式端锚锚杆在松软易变形岩层中应用的局限性也越发变得明显。在松软岩层上，能够观测到锚杆端部缓慢的位移，使得锚杆变得松动，最终导致其滑落失效。这种现象的出现带动了对防止锚杆位移的注浆材料的研究。1956 年，美国最先采用合成环氧树脂并将树脂注入到钻孔内。法国还尝试了水泥注浆，但是由于水泥注浆准备时间太长，使之没有被广泛采纳。人们认为，通过注浆的方式在几分钟内将锚杆定位并起到支护的作用是可行的。

最初的研究始于注浆和锚杆安装的一体化。通过锚杆的旋转使得树脂在钻孔中搅拌混合以起到凝固的作用。1959 年，联邦德国的 SEBV 首先采用了树脂药卷系统。树脂被保存在玻璃卷内，在锚杆安装时，药卷被搅碎。这种使用树脂药卷的锚杆被称为黏结锚杆，但黏结锚杆的使用还是受到了其高制造成本的限制。对这种树脂锚杆的进一步开发出现在法国的铁矿场，他们采用塑料膜来包裹聚酯树脂。法国的化学家根据其用途研发出了一种特殊树脂。参考法国进行的顶板注浆锚杆系统的试验，德国在 1980 年引进了这种系统。至此，树脂锚杆作为一种主要支护方式在全世界得到了认可。

美国是世界第二大煤炭生产国，按连续采煤机和顶板锚杆机的数量来分析，它的煤矿机械化程度最高。美国一半多的煤炭产量来自房柱式开采工作面，许多房柱式开采系统采用双巷交替采煤和支护。连续采煤机在煤巷中掘进采煤，当超过最后一排顶板锚杆 15 m 时，连续采煤机开进另一条煤巷，此时使用一台移动式锚杆机在 15 m 长的煤巷顶板上安装锚杆。在部分长壁工作面采用多巷掘进系统时，美国也大量采用移动式锚杆机。在加强锚杆安装作业安全的同时，美国注重提高锚杆按装的速度和质量。

美国每年大约安装一亿支全长锚固锚杆。80%的全长锚固锚杆（5/8 英寸，即 15.8 mm）安装在孔径为 1 英寸（25.4 mm）的钻孔中，不常用的 3/4 英寸（19 mm）的锚杆安装在孔径为 1 英寸（25.4 mm）的钻孔中，却可以使树脂达到最大工作效应。前者拉拔试验的阻力仅为后者的 60%。树脂强度减小的原因在于：3/8 英寸（9.52 mm）厚的树脂环带（钻孔直径减去锚杆直径）中的树脂的混合效果比理想混合效果差。而在 1/4 英寸（6.42 mm）厚的树脂环带中，树脂能够随锚杆旋转得到更充分的搅拌，从而达到理想的混合效果和更大的工作效应。

在美国煤矿，直径为 5/8 英寸（15.8 mm）的锚杆占据主要市场。当安装在 1 英寸（25.4 mm）的钻孔中的 5/8 英寸的锚杆不能控制直接顶时，可与 3/4 英寸（19 mm）全长锚固锚杆（可以滞后施加预应力）混合使用，或者与机械式端锚锚杆和锚索组合使用，以提高支护效果。

Eclipse®系统是由米诺桦美国公司为改善 5/8 英寸全长锚固锚杆在 1 英寸钻孔中的应用而开发研制的。一个 1/8 英寸（3.2 mm）偏心螺母头和一个特制的 Lokset 树脂药卷一起使用会产生如下效果：减少手指—手套效应；增大搅拌效率；增加拉拔试验强度；树脂锚固强度均匀；无气穴现象；稳定锚杆全长的树脂搅拌质量。

Eclipse®系统在实验室的测试中发现其减少了 70％的手指—手套效应。这种新型专利产品于 2002 年通过 Excel 的采矿系统正式推向市场。截至 2004 年 4 月，在美国煤矿每月安装量达到每月百万英尺，其中大多数集中在伊利诺伊煤田。

二、锚杆支护原理与参数选择

主要供应锚固设备的米诺桦公司（在美国有分部）对锚杆工作原理及合理参数有较详细的论述，见第四章第一节。以下介绍罗博士的学术观点。

1. 锚固系统的基本力学机制和锚固力计算

锚杆可以广泛地用于各种地质条件下，其基本功能是将层状的或裂隙岩体连接锚固在一起。锚杆理论常见的有以下 3 种：悬吊、组合梁和楔入作用。而实际的锚固效应可能是其中一种或多种的组合。

1）悬吊作用的力学条件

薄层直接顶在悬露后如果不及时与上面的厚层坚硬岩石锚固在一起，则会发生离层和垮落。锚杆的作用是及时将直接顶与具有自承能力的坚硬岩石借助于锚杆的拉力锚固在一起，或者将弱岩层悬吊在上部稳定岩层中，如图 3—15 所示。

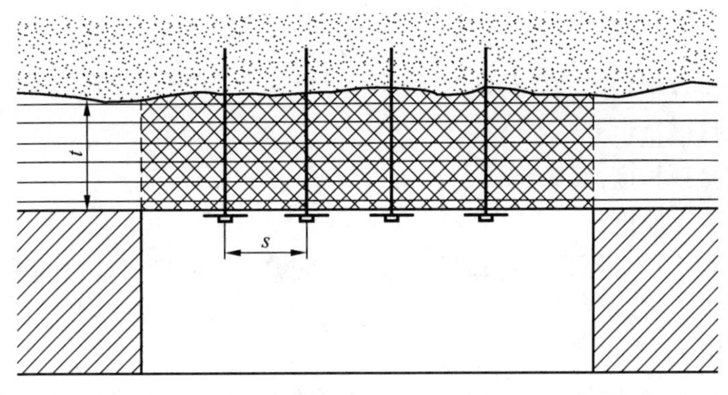

图 3—15　锚杆的悬吊作用

在此条件下，锚杆必需的锚固力 P 为：

$$P=\frac{WtBL}{(n_1+1)(n_2+1)} \tag{3—4}$$

式中　W——直接顶容重；

L——直接顶长度；

B——顶板跨度（巷道宽度）；

t——直接顶厚度；

n_1——在长度 L 方向上的锚杆排数；

n_2——每排的锚杆数。

2）组合梁作用的力学条件

在某些情况下，层状顶板可能在垂直运动和水平运动过程中发生离层或断裂，在此情况下借助于锚杆的加固作用形成组合梁，可以阻滞或大大减小离层和破断的出现。借助于锚杆的拉力作用，将各岩层连接为整体，共同承受垂直压力。同时，与锚杆拉力成比例的层间摩擦力和沿层面的水平运动将显著减小。如图 3－16 所示，锚杆将若干薄层、弱层组合为整体性强的厚岩层，从而形成组合梁。

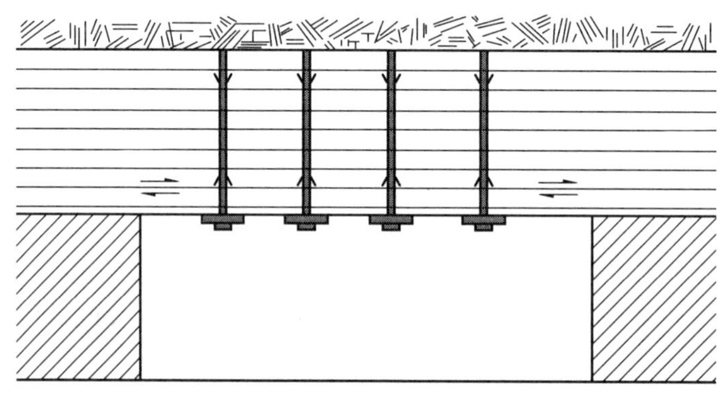

图 3－16　锚杆的组合梁效应

如图 3－16 所示，假设若干个薄岩层具有同样的材质，则在夹持边的最大弯曲应变 ε 为：

$$\varepsilon=\frac{WL^2}{2Et} \tag{3-5}$$

式中　W——岩层容重；

E——弹性模量；

L——直接顶长度；

t——组合梁厚度。

由式可见，组合梁愈厚，夹持边界的弯曲应变愈小，破断可能性也愈低，组合梁稳定性愈好。

3）楔入作用的力学条件

当直接顶岩层被多组裂隙分割成块，或含有多组节理，顶板锚杆的作用是在各种裂隙面或弱面上产生很强的摩擦力，从而阻止或显著减少岩块沿接触面的滑落，如图 3－17 所示。

当顶板锚杆倾斜于顶板线（图 3－18a），并垂直于节理面，则锚杆必须提供的压应力 σ_b 可表示为：

$$\sigma_b=\frac{\sigma_p(\sin\alpha\cos\alpha-\cos^2\alpha\tan\phi)}{\tan\phi} \tag{3-6}$$

式中　σ_p——水平应力；

α——裂隙面与水平面的夹角；

ϕ——破裂面的摩擦角。

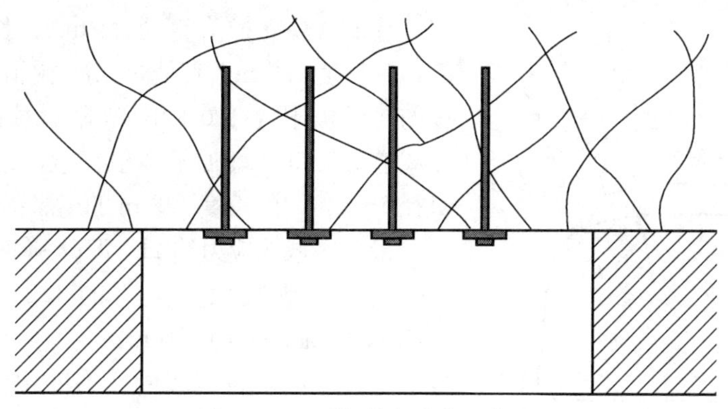

图 3－17　顶板锚杆的楔入作用

如果锚杆垂直于顶板线设置（图 3－18b），则维持顶板岩块平衡必需的最小压应力为：

$$\sigma_b=\frac{\sigma_p(\sin\alpha-\cos\alpha\tan\phi)}{\tan\alpha(\cos\alpha+\tan\phi\sin\alpha)} \tag{3-7}$$

以上公式显示，必需的锚杆压应力与围岩水平应力成正比。水平应力愈小，锚固效应愈好。而当 $\alpha=\phi$ 时，必需的压应力为零，即在此情况下不需要锚杆，顶板岩块可以维持稳定。

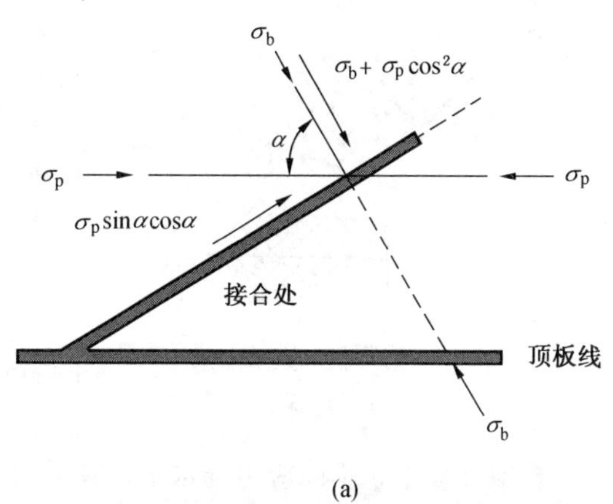

楔入效应一般取决于锚杆的主动拉力，即预应力。在岩层条件较好时，借助于顶板岩层运动引发的被动拉力也可以起到锚固效果。锚杆的楔入作用，不仅可以在锚杆方向产生压应力，而且可扩散至其周围，形成围岩锚固压缩圈，如图 3－19 所示。

2. 围岩应力对锚杆工况影响的数值模拟

理论和实践证明，围岩水平应力对巷道稳定性、锚杆工况有重要影响。此处引用计算机数值模拟计算结果，加以论证。

1）模拟条件和参数

美国学者与澳大利亚学者合作，就地应力、支架力学特征对巷道围岩的影响规律进行了数值模拟。模拟地点是美国宾夕法尼亚 Emerald 煤矿的 11North 长壁工作面。经验表明，该区巷道由于受到较大的水平应力作用，巷道变形和锚杆载荷较大。该煤层厚度 2.1～2.4 m，巷道顶板有一层 0.3 m 的页岩。

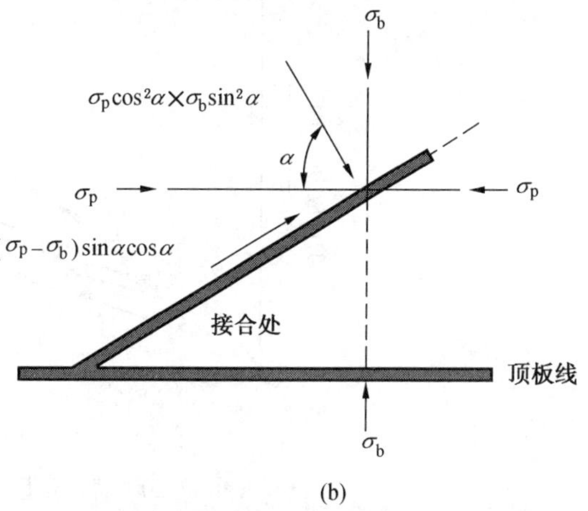

图 3－18　锚杆相对于裂隙面的两种设置方向

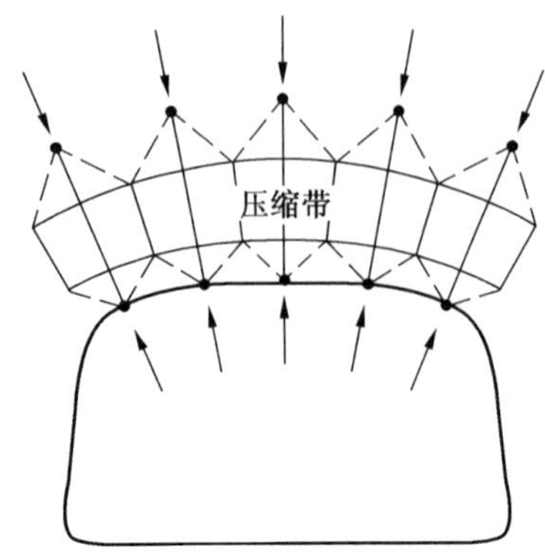

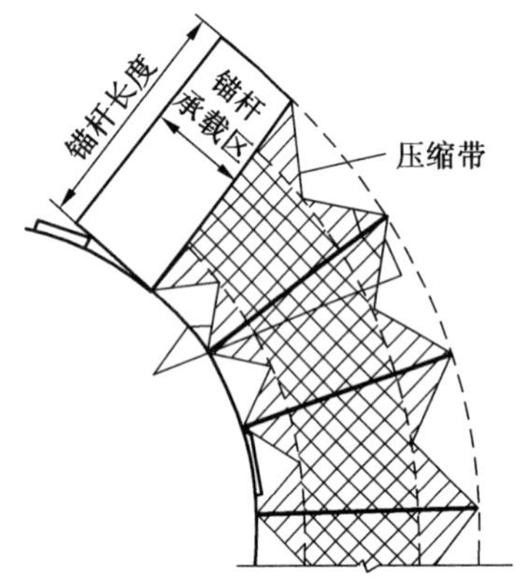

图 3－19　锚杆楔入效应形成的围岩压缩区

巷道常规支护为直径 22 mm、长度 2.4 m 的锚杆，用长度 1.3 m、直径 35 mm 树脂锚固剂锚固。锚杆的屈服极限为 190 kN，极限承载能力为 280 kN。在巷道交叉口区增加了 3 根锚索，锚索长度 3.6 m、直径 15 mm，用长度 1.2 m 的树脂锚固。

最大区域地应力约 11 MPa，弹性模量约 20 GPa，水平应力约为最大主应力的 1/2，垂直应力约为 5 MPa，开采深度约 200 m。

实践表明，各区域的应力变化很大。水平应力对巷道稳定性的影响程度与巷道方向关系密切，而且回采影响使盘区内的围岩发生重新分布。

鉴于围岩破坏与围岩应力、结构、层理、裂隙等有关，因此成功的模拟必须考虑下列因素：原岩体的抗剪强度、抗拉强度、沿层面的抗剪和抗拉（离层）强度。原先存在的裂隙、断层等也需在模拟时予以考虑。

通过现场岩芯取样，对两种页岩进行了沿层面抗剪强度的三轴试验，其试验结果如图 3－20 所示。计算模型的几何尺寸和力学参数如图 3－21 所示。

2）模拟结果分析

借助于现场测量，获得的两个试验区由于回采影响而发展的边界垂直和水平应力场变化如图 3－22 所示。

模拟过程中，不同应力场水平，巷道围岩的变形如图 3－23 所示。

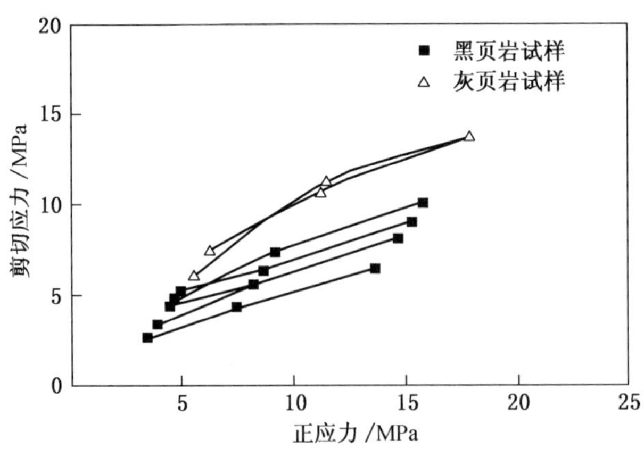

图 3－20　试验盘区内页岩的层面抗剪强度

借助于 FLAC 3D 数值模拟成果，得出：最大水平应力对顶板和锚杆工况影响显著。通过大量现场观测，取得围岩力学性质、顶板结构、最大与最小水平应力的可靠数据；采

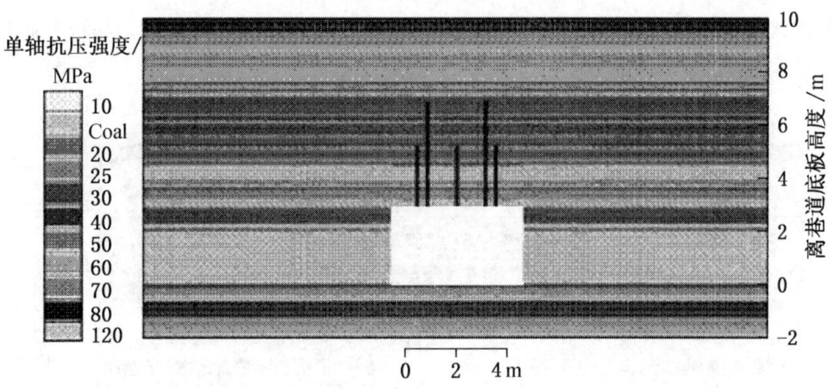

图 3—21　计算模型的几何尺寸和单轴抗压强度

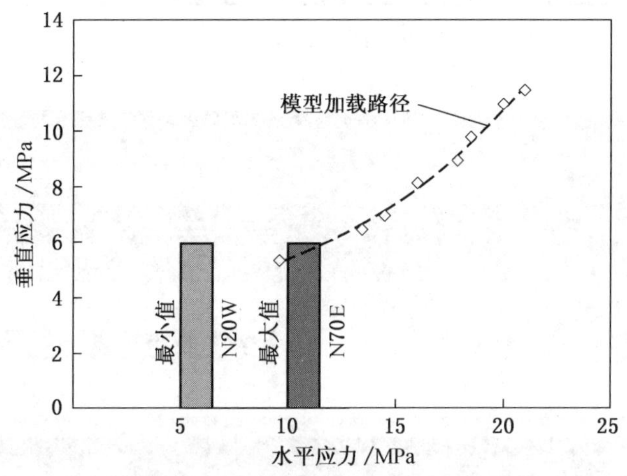

图 3—22　试验区边界的应力场变化

用 FLAC 3D 软件模拟了围岩结构、锚杆和锚索支架、水平应力之间的相互作用规律，得出了以下很有价值的结论：

(1) 随着水平应力的增大，顶板垂直变形显著增大，特别是水平应力从 16.5 MPa 增大至 19.5 MPa，最下分层的顶板变形从约 30 mm 增大到 55～58 mm。这是由于沿层面的水平压应力对层状顶板的屈曲作用所致，且越下的分层，屈曲变形（屈曲是指杆件在纵向偏心压力下的挠曲）越大。模拟结果与实测基本吻合。

(2) 围岩水平应力在 12 MPa 的情况下，锚固顶板状况良好；水平应力达到 15～16 MPa时，锚杆在屈服载荷下工作；当顶板变形继续增大时，锚杆载荷急速增大；同时，锚索作为辅助支护，在初期对锚杆载荷影响很小，但随着变形增大，锚索延缓了锚杆进入屈服状态，而当锚杆进入屈服状态，锚索载荷迅速增大到其极限载荷。随水平应力增大，顶板分层的屈曲随之增加，从而导致对锚杆的垂直载荷增加。

(3) 巷道掘进后，由于围岩局部破坏和膨胀，引起应力重新分布。由于锚杆的加固作用，2 m 内的顶板仍能传递水平力，并保持稳定。如果没有锚杆或锚固力较低，将发生冒顶。

（4）随着水平应力增大，每种锚杆控制顶板变形均有极限，超过该值后顶板变形迅速增大，这意味着顶板失控。联合支护可承受的水平应力最大。

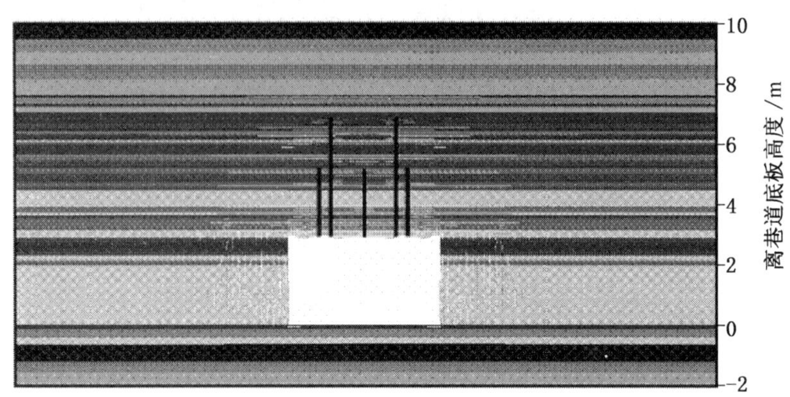

(a) 水平应力 11 ～ 12 MPa

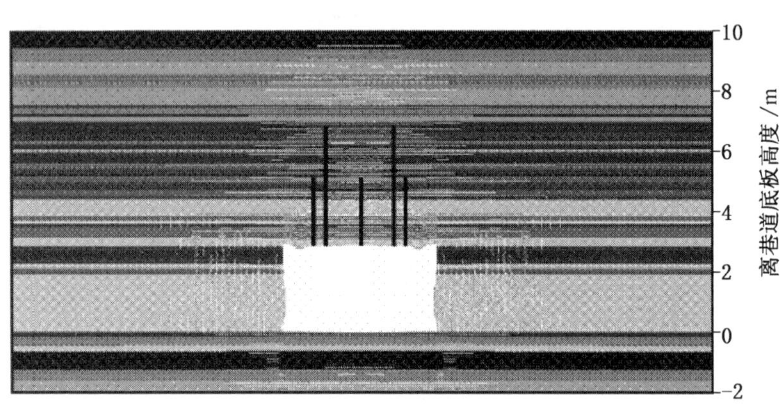

(b) 水平应力 16 MPa

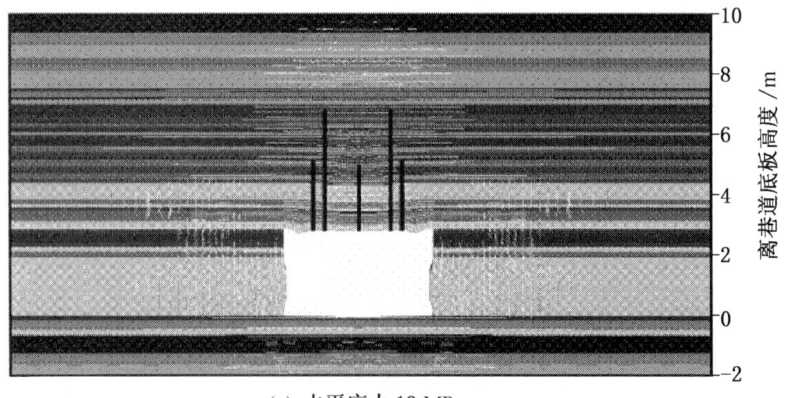

(c) 水平应力 19 MPa

图 3—23　在三种应力水平下的巷道顶板变形

通过用计算机数值法有效地模拟煤矿巷道的顶板动态及锚杆载荷与应力重新分布的关系，模拟计算结果表明：

（1）岩层面的剪切较早出现，会显著影响巷道围岩变形过程和应力重新分布。

（2）锚杆参数可以显著影响巷道的稳定性。

（3）锚索在初期对顶板变形或锚杆载荷影响很小，但当顶板水平应力很高时，其作用很大。模拟显示，当围岩应力接近 15～16 MPa 时，长度为 2.4 m 的锚杆可以维持层状顶板的整体性，但水平应力超过 19 MPa，即使有锚索辅助，顶板变形也已达到极限。

（4）数值模拟成功的前提是必须获得计算模型中围岩地质和力学特性的全面资料，包括破坏前后的力学参数，从而才有可能模拟和预测井下可能发生的情况，并进行最优的支护选择。

三、锚杆类型和参数优选

1. 根据锚杆的工作特征分类

锚杆对围岩的加固是借助于锚杆体与围岩接触面产生的摩擦作用。根据锚固作用的特点，可以将其分为：

1）端锚锚杆

其上部锚固点可以借助于机械装置或者树脂药卷。一般在安设时要给予一定的预紧力。端锚锚杆是在安装时即施加拉力，故也称预应力锚杆。

2）全长锚固锚杆

一般采用快速凝结的高强度树脂或在全长钻孔内浇灌水泥，对锚杆本身不加预拉力。全长锚固锚杆在安设时不对锚杆施加拉力，故也称为非预应力锚杆。但对它也可以施加预紧力（如使用快凝和慢凝两种药卷），使其成为预应力全长锚固锚杆。

实践中根据地质技术条件，也可以将两种锚杆组合使用。

美国常用以下类型的锚杆：

（1）机械锚杆：价格低廉，容易安装，可以承载使用数月或 1 年；20 世纪 90 年代在美国的用量约占 60%；

（2）树脂锚杆：20 世纪 90 年代用量约占 30%。

（3）其他锚杆：20 世纪 90 年代用量约占 10%，如桁架锚杆、锚索和管缝式摩擦锚杆等。

美国辅助巷道常用的锚杆有 7 种：

（1）全长锚固锚杆；

（2）组合锚杆；

（3）端锚锚杆；

（4）带有 T 型槽的预应力锚杆（此种锚杆主要用于薄煤层，在安装时可以人工弯曲）；

（5）锚杆桁架；

（6）带有钢带的桁架锚杆组；

（7）双锁紧的全长树脂锚固锚杆。

这些锚杆约占所调查的煤矿所用锚杆量的 46%（20 世纪 90 年代）。

3）特殊锚杆

在实践中，由于特殊的地质技术条件，如由于回采活动引起的高应力集中等将导致普通锚杆失去效能，需要采用特殊锚杆，如锚索、锚杆桁架、管缝式锚杆组。一般用于岩石强度较高的非煤矿等。

锚索或锚杆桁架的工作原理是借助于水平拉紧的桁架和倾斜点锚锚杆（或锚索）在巷道顶板形成压缩区，并将顶板离层和下沉的载荷转移至巷帮煤体，形成对顶板的悬吊作用，从而显著增加巷道顶板的稳定性和锚固效果。如果有 3～4 个交叉节理面，该处可能产生很高的水平拉力，此时，锚杆桁架形成的在巷道中部的压缩力可抵抗这种拉力，从而避免顶板冒落。当开采引起的水平应力很高时，将会影响到倾斜点锚锚杆的稳定性和效果。在此情况下可以用倾斜锚索取代锚杆，它可以超过直接顶的层面并深入两帮煤体上方，传递直接顶载荷至两帮煤体。

（编译者注：桁架是从工民建领域引进的。根据编者多年的研究和现场应用经验，其所谓的在顶板形成的压缩区在煤矿顶板中并不明显，其最大的缺点是安装完后，水平单元与顶板有至少 2cm 的空隙，换句话说，就是并未接顶，两帮角顶的压力形成也很有限。在实际中，采用锚杆、锚索配合钢带支护效果比桁架更好，且费用低。）

2. 锚固系统参数设计

顶板冒落始终是美国煤矿关注的重点。通常顶板支护可分为常规支护和辅助支护或二次支护。

常规支护主要是锚杆，它要在掘进阶段完成安设。辅助支护包括锚索、桁架以及立柱。辅助支护是作为基本支护的辅助手段或在顶板状况恶化（例如风化）超过预计时支设。

顶板锚固系统设计，主要取决于致密岩体的地质不连续性，以及岩石性质、在现场岩体中发生的原岩应力、开采影响下的应力数值和分布、支护要求（如容许承受的变形、巷道尺寸和形状）等。锚固系统设计，必须考虑并取决于以下参数：锚杆类型；锚杆长度；锚杆布置和间距；锚杆锚固能力；是否需要施加预应力，及其必需的树脂药卷等。

1）锚杆类型的选择

锚杆类型的选择应根据地质条件和支护需要确定，同时应考虑以最低成本实现最大效益。

（1）机械锚杆。

机械锚杆适用于：

①硬围岩（其力学性质有利于锚固力的实现）；

②临时加固系统；

③锚杆拉力可以有序地选择的区域；

④岩石不会出现高的剪切力的区域；

⑤岩石未出现较破碎的区域；

⑥远离爆破的区域，否则锚固力丧失。

（2）浇注锚固剂的锚杆。

该锚杆适用于：

①上述机械锚杆不适用的条件下；

②永久支护系统；

③钻孔无连续涌出的水或干扰锚杆安装的水流；

④围岩中无大的裂隙和空洞，避免锚固剂流失。

（3）无预应力锚杆。

该锚杆建议用于：

①围岩破碎和显著变形的区域；

②当致密岩石需要的锚固体比非致密岩石需要的锚固体短时。

（4）预应力锚杆。

借助于锚杆的锚固形成的摩擦力可以提高顶板的稳定性。与机械锚杆相比，全长树脂锚固的锚杆有以下优点：

①可以不依赖于岩层类型而可靠地锚固；

②在全长锚固段均长期有效；

③可以阻抗岩层的垂直和水平运动；

④锚杆长度不是决定性的，因为锚固可以根据围岩类型调节；

⑤对潮湿空气的密封可减少锚杆构件生锈；

⑥锚杆头部、托板和钻孔颈部的损坏不会使树脂锚杆失效；

⑦可以吸收爆破波而不致锚杆载荷丧失；

⑧可有效地避免锚固点蠕变。

因此，树脂锚固的锚杆可以在不利条件下作为永久支护，包括顶板明显的变形将要发生，或在塑性很强的页岩、泥页岩条件下。但对于临时支护，机械锚杆仍应作为首选（原因是安装速度快且能形成一定的支护强度）。

机械锚杆的主要问题是：锚固头脱出，托盘和锚杆的损坏（包括风化、磨损、螺纹损坏）引起岩层控制的恶化，以及爆破震动对端锚固的影响等。

锚杆分类的另一个途径是根据 RMR 岩体分类。该方法将顶板分为 4 类：很好、好、较差、很差。此分类需要掌握岩体的地质信息，特别是以下资料：岩体强度；不连续面的间距、方向；不连续面的特征，如粗糙度、分离和风化程度、充填物；地下水以及地应力等情况。由于这些限制，此方法仅用于计划和设计阶段。

2）锚杆长度的选择

一般来说，锚杆长度应根据顶板不稳定岩层的厚度选定。但在井下，锚杆的最大长度实际上被巷道的顶底板间高度所限定。然而，有些锚杆如直径$\frac{5}{8}$英寸（约 1.6 cm）的锚杆可以弯曲，在插入钻孔后再拉直。带刻槽的螺纹树脂锚杆也可以弯曲和拉直，但其强度有所减小。

锚索的柔性完全克服了这种限制。它主要起悬吊作用，将锚固点安设在致密岩层中。如果顶板无致密岩体，锚杆长度必须足够长，且能够起建立组合梁和楔入的作用。学者 Lang 和 Bischoff（1982 年）建立了锚杆长度与巷道跨度的关系，如图 3－24 所示。

Biron 和 Arioglu（1982 年）认为：对于硬岩层，锚杆长度应取巷道跨度的 1/3；对于弱岩层，则应取 1/2；对于极硬岩层，锚杆的长度以防止最下层发生离层为准。最小的锚杆长度为 3 英尺 4 英寸（约 1 m）。

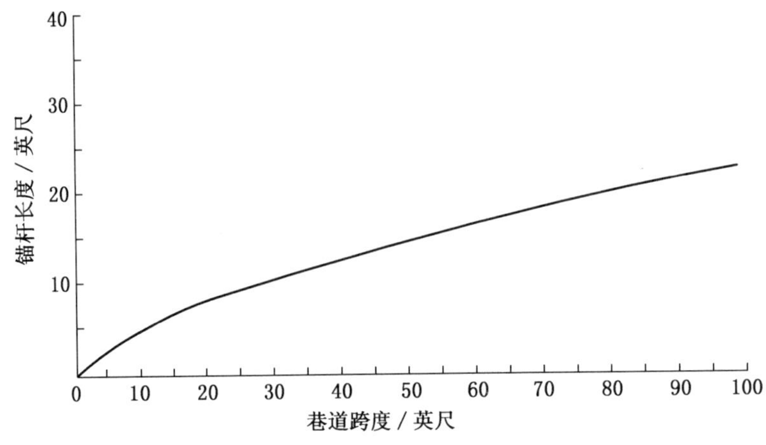

图 3－24　锚杆长度与巷道跨度关系（1 英尺＝0.305 m）

Hoek 和 Brown（1980 年）等多位学者提出了确定锚杆长度的经验规则，即最小的锚杆长度应取以下 3 个长度的最大者：

（1）锚杆间距的 2 倍；

（2）3 倍于由平均不连续面间距所限定的临界不稳定岩块宽度；

（3）巷道跨度小于 20 英尺（6.1 m），锚杆长度应取巷道宽度的 1/2；巷道宽度为 20～60 英尺（6.1～18.3 m），应在 10～16 英尺（3.1～4.8 m）长度内按线性插值选取。开采厚度大于 60 英尺（18.3 m），侧帮锚杆长度应取侧帮高度的 1/5。

根据美国法律，对于煤矿，当锚杆作为唯一支护手段时，巷道宽度不应超过 30 英尺（9.1 m）。如果必须超过 30 英尺，则需要采取除锚杆以外的辅助支护，如木柱等。法律同时规定锚杆的最小长度不短于 3.5 英尺（1.1 m），其中的 1 英尺要能保证锚固在稳固的岩层里。就一般来说，对于很多煤矿，长度 4～6 英尺（1.22～1.83 m）的锚杆已经足够。

3）锚杆布置和间距

图 3－25 显示了层状岩层的锚杆布置。一般来说，锚杆应当垂直布置，有时需要倾斜布置。

在图 3－25a 中，锚杆布置用以建组合梁，将薄层连接成厚岩层；图 3－25b 中，将较长的锚杆安设在基本顶（坚硬岩石）中，起着悬吊作用；巷道顶板中部的锚杆应长于两侧巷道帮上方的锚杆，特别当顶板中有弱泥岩时（图 3－25c）；倾斜锚杆安设在巷道中部（图 3－25d）或两侧（图 3－25e），形成普通锚杆的组合；图 3－25e 中，倾斜锚杆安设在巷道侧帮，有利于将顶板载荷传递到煤柱中部，减小顶板沿两帮滑落的可能性。对于倾斜锚杆需采取特殊的螺母，保证托板始终垂直于锚杆轴体。

研究表明，锚杆头部安设可能形成人工裂隙且如果锚杆间距过大，顶板破碎将会扩散，但一般来说，锚杆安设产生的破碎与其产生的加固效果相比是不明显的。

影响锚杆间距的因素主要有：岩层厚度、顶板条件、锚杆预紧力和锚杆力学特征（如锚杆的屈服强度、长度和直径）。

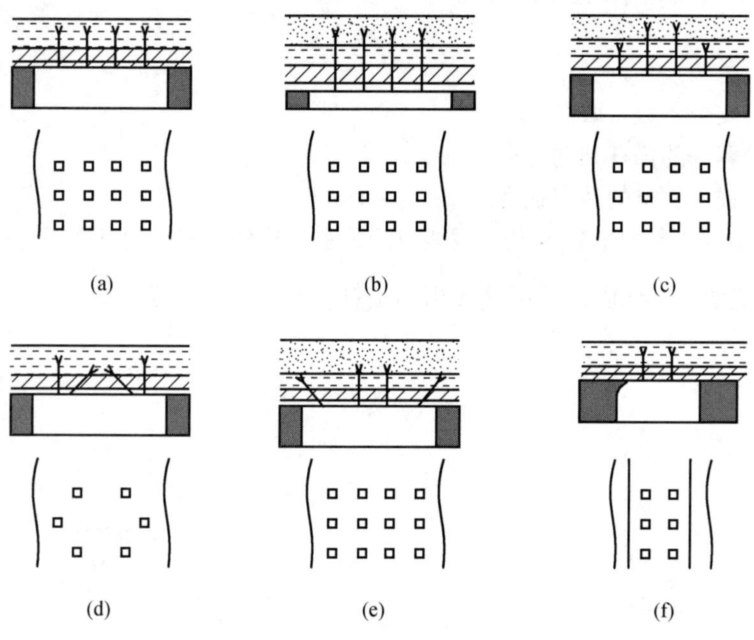

图 3—25 典型的锚杆布置

根据光弹性模拟研究成果，锚杆间距可按下式估算：

$$b=\frac{2}{3}l \tag{3—8}$$

$$b=\frac{2}{9}L \tag{3—9}$$

式中 b——锚杆间距；

l——锚杆长度；

L——顶板跨度（巷道宽度）。

较为完整的公式，考虑了锚杆长度、岩石容重和锚杆屈服强度：

$$b=\sqrt{\frac{R_{max}}{l_{max}\gamma}} \tag{3—10}$$

式中 R_{max}——锚杆屈服强度（锚杆最大承载能力）；

γ——岩石容重；

l_{max}——锚杆最大长度。

建议：如果锚杆的预紧力小于锚杆强度的 50%，则锚杆间距应取式（3—10）计算值的 1/2。

一般的规则是锚杆最大间距应取以下三者之一：

（1）锚杆长度的 1/2；

（2）临界的或潜在的不稳定岩块的宽度或其 1/2；

（3）6 英尺（1.83 m）且锚杆最小间距应不小于 3 英尺（0.92 m）。

4）锚杆直径

锚杆直径取决于锚杆的屈服强度、锚杆长度和锚杆间距，它决定已支护的锚杆承受的载荷。锚杆直径 d 可用下列公式计算：

$$d=\sqrt{\frac{SF \cdot R}{\pi\sigma_a}} \tag{3-11}$$

式中　SF——安全系数，取 2～4；

R——容许的锚杆轴向力；

σ_a——锚杆钢材的屈服强度。

图 3－26 显示了锚杆直径与其承载能力的关系。锚杆的钢材为 ST.37 和 ST.52，安全系数为 2。在实践中，煤矿井下广泛使用的锚杆直径为：$\frac{3}{8}$、$\frac{5}{8}$、$\frac{7}{8}$、1、$1\frac{1}{8}$英寸。（1 英寸＝2.54 cm）

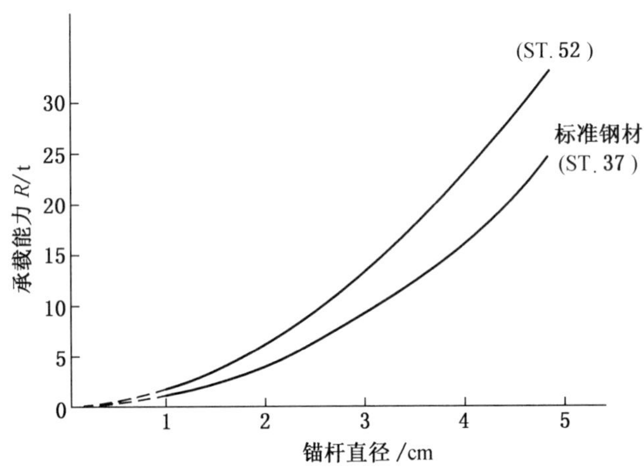

图 3－26　锚杆直径与承载能力的关系

锚杆的承载能力不仅取决于锚杆的尺寸和强度，而且取决于它的锚固能力。对于机械式锚杆，锚固能力取决于膨胀楔与孔壁之间的抓紧力。对于固定结构的膨胀楔，其不发生滑落和破坏的最大抓紧力取决于岩石类型和锚杆头部周围岩体的完整性。一般来说，岩石愈硬或完整性愈好，则机械锚固可产生的锚固力愈大。井下拉拔试验是确定不发生滑落或锚杆头部破坏的最大机械锚固力的通用方法。较好的锚固定义为锚杆在发生最小的移动而形成的锚固力大于锚杆的屈服强度。图 3－27 显示了机械锚杆和灌注锚杆的工作特性。

从载荷—变形曲线的初始段可以看出，树脂锚固的锚杆其刚度大于机械锚杆。树脂锚杆的初始段曲线较陡，滑动可以忽略。同时，对于同样类型的岩石，树脂锚杆的承载能力较大。另外的研究表明，树脂锚固的锚杆其刚度至少是同样尺寸机械锚杆的两倍。对于树脂锚固的锚杆，锚杆轴体与钻孔之间的环形带厚度起着很重要的作用。如果钻孔直径增大，或环形带厚度增大，则会降低锚固体的刚度和锚固力。实践中发现，环形带厚度在 1/4～1/8 英寸（6.35～3.2 mm）是最适宜的。

5）预紧力

对于端锚固的锚杆，安装时施加的预紧力对形成悬吊、建立组合梁和形成楔入功能均具有决定性作用。根据组合梁理论和致密岩层可以传递全部载荷的假设，以下计算公式可

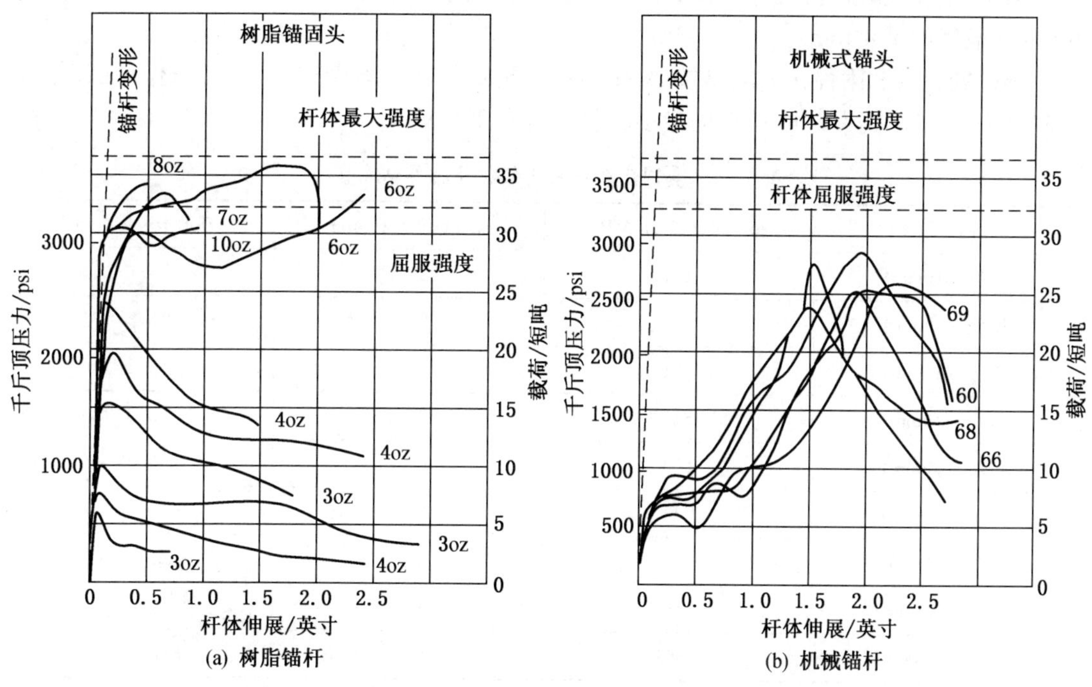

图 3-27 岩石锚杆的锚固特性（1psi=6.895 kPa，1 短吨=0.907 t）

用以计算保证顶板稳定性所需的最小预紧力：

$$T=\alpha\frac{\gamma AR}{k\mu}\left[1-\frac{c}{\gamma R}-\frac{h\mu}{\gamma R}\right]\frac{1-e^{-\frac{\mu kD}{R}}}{1-e^{-\frac{\mu kL}{R}}} \tag{3-12}$$

$$\mu=\tan\phi$$

$$k=\frac{1-\sin\phi}{1+\sin\phi}$$

式中 T——锚杆最小预紧力；

α——取决于掘巷后安装锚杆的滞后时间，0.5 为主动加固，1.0 为被动加固；

γ——岩石容重；

ϕ——岩体内摩擦角；

c——岩体表面黏结力；

h——平均水平应力；

L——锚杆长度；

A——锚杆加固区面积；

R——岩柱剪切半径；

D——岩体上方受压岩层的高度。

公式中除了摩擦角和内聚力外，忽略了岩体的其他地质条件。它仅可适用于岩体中等稳定的条件。决定最大预紧力的一般原则是，最大预紧力不能超过杆体屈服强度或者锚固力的 60%。

6）钻孔直径

为了优化树脂混合性能，要求在锚杆与钻孔之间只有较小的环形带厚度，典型的是 6 mm（最优的是 4 mm）。

锚杆的材料和附件在美国是按 ASTM4320 规定的。美国煤矿锚杆用钢材及推荐钻孔直径见表 3－1。其中，40 级钢的最小屈服应力为 276 MPa。

表 3－1　美国煤矿锚杆用钢材及推荐钻孔直径

钢　号	最小屈服应力/MPa	推荐钻孔直径/mm	环形带厚度/mm
60 级（16mm）	414	25.4	4.7
40 级（19mm）	276	25.4	3.2
60 级（19mm）	414	25.4	3.2
75 级（19mm）	517	25.4	3.2
40 级（22mm）	276	28.6～34.9	3.3～6.5
60 级（22mm）	414	28.6～34.9	3.3～6.5
75 级（22mm）	517	28.6～34.9	3.3～6.5
270 级（15mm）	1862	25.4～34.9	5.2～10
270 级（18mm）	1862	25.4～34.9	3.7～8.5

3. 对最优锚杆长度的研究

美国部分学者经研究认为，使顶板不发生离层的最短锚杆长度即为最优锚杆长度。

1997 年由 JohnStankus 博士首次公布的锚杆设计准则已被认为是岩层控制设计的工具。该准则是基于最优组合梁效应（简称 OBE）提出的。其含义是：如果在锚杆锚固岩层的上部和锚固范围内不出现离层，且锚杆长度最短，即是最优的锚杆参数。以 Galatia 煤矿的实践来介绍这个概念。

Galatia 煤矿开采 5 号煤层，长壁工作面采区处于该矿的北部和南部。起初，采用 6 英尺（1.83 m）的锚杆进行支护。北部采区开采高度为 5～8 英尺（1.53～2.45 m）。由于开采高度较小，采用了两根一组的锚杆，支护面积 3 英尺×3 英尺（0.92 m×0.92 m）。观测表明，所采用的支护方法是有效的，顶板处于较好状态，未出现锚杆超载破坏或托盘变形等问题。但是两根一组的锚杆成本过高且支设时间过长。需要研究是否可以采用单根一组的较短锚杆用于采高较小的采区。

1）有限元模拟研究

该矿直接顶为厚层页岩，在此条件下组合梁效应是适宜的支护机制。有限元模拟的方法是，对直接顶给予预应力，以便达到最优的组合梁效应（OBE）。为确定适宜的锚杆载荷，采用了下列参数：锚杆长度 5 英尺（1.53 m），每排 4 根；锚杆长度 6 英尺（1.83 m），每排 4 根。模型由两部分组成。首先建立粗网格，输入煤矿的基本参数，然后将输出结果作为细网格的边界条件，将网格的缝隙作为岩层层面，采用带有载荷的一维锚索模拟支护。必需的载荷和锚杆长度，可以通过次级网格模型计算，直至不出现离层为止。

图 3－28 为垂直锚杆（尺寸为 4×5 英尺）次级网格有限元模型。为了确定必须施加的载荷，在次级网格运行过程中，将自动改变施加的载荷。以下为典型的试验结果。

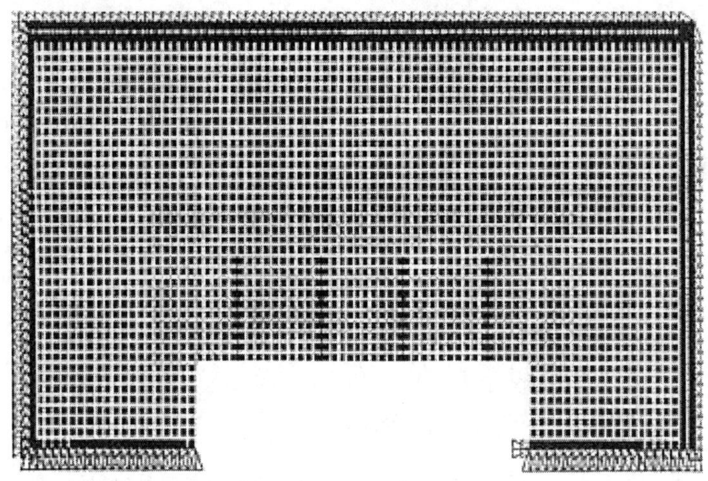

图 3—28 有限元计算模型

在施加 10000 lbs（45.45 kN）载荷的情况下，发现在 0.76、0.92、1.07、1.22 m 的水平位置处出现离层，并在直接顶出现较大的拉伸变形，如图 3—29 所示。这表明，需要施加更大的锚杆载荷强度。

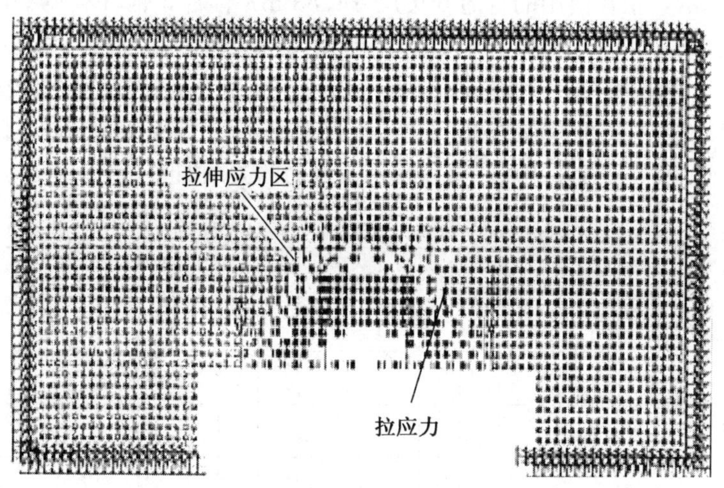

图 3—29 在 10000 lbs（45.45 kN）载荷下的拉应力分布

当锚杆载荷强度达到 15000 lbs（58.18 kN）的情况下，在 1.68 m 和 1.83 m 的水平处出现离层，这表明，拉伸应力已显著降低。

当载荷强度达到 18000 lbs（81.81 kN）时，整个模型未出现离层，如图 3—30 所示。这表明，锚杆长度 1.52 m、载荷强度 81.81 kN 是适宜的。可达到最优的组合梁效果。

为了比较 5 英尺（1.53 m）与 6 英尺（1.83 m）的效果，建立了附加模型进行模拟。计算表明，此模型网格未出现离层，但出现拉应力。这表明，在同样的载荷强度下 5 英尺（1.53 m）锚杆比 6 英尺（1.83 m）锚杆效果更好。

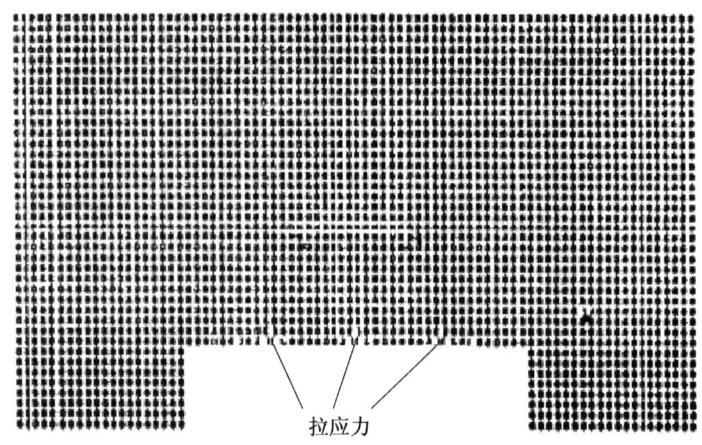

图 3－30　在 18000 lbs（81.8 kN）载荷下的拉应力分布

2）现场测量结果

为了考察 5 英尺（1.53 m）锚杆的效果，在测量锚杆（1.53 m、INSTALL3、75 级）上安装了压力传感器，并进行了拉伸试验，测定了锚杆的锚固力，并检验最小初始锚固载荷 18000 lbs（81.8 kN）的效果及预紧力与扭矩的比值。

实验结果显示，正在使用的普通 6 英尺（1.83 m）锚杆，锚杆载荷平均为 70.80 kN，预紧力与扭矩之比为 47∶1；而 5 英尺（1.53 m）测量锚杆则分别为 93.05 kN 和 63∶1。

拉伸试验：将测量锚杆（1.53 m、INSTALL3、75 级）安装在直径 1.91 cm 的钻孔中。测量锚杆的参数为：最小屈服极限 29880 lbs（135.81 kN），最大拉伸载荷：36000 lbs（163.63 kN），延伸率：8%。平均顶板变形与锚固力的关系如图 3－31 所示。

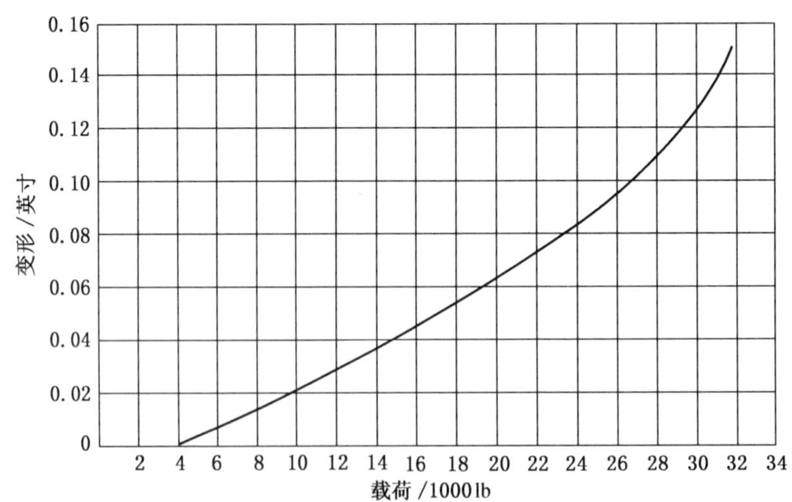

图 3－31　锚杆头部的变形与载荷关系（1 英寸＝2.54 cm，1 lb＝4.45 N）

拉伸试验结果很好，锚杆头部的变形和延伸很小且保持恒定。这些结果显示，初始锚固力较高而锚杆头部无移动，与锚杆压力盒的测定一致。试验结果表明，测量锚杆的锚固力、拉应力与扭矩之比及锚杆能力均适应最佳组合梁效应。

试验区的测站布置见图 3－32，其中 5 英尺（1.53 m）的测量锚杆安装在 5 号巷道，6 英尺（1.83 m）的锚杆安装在其他巷道。

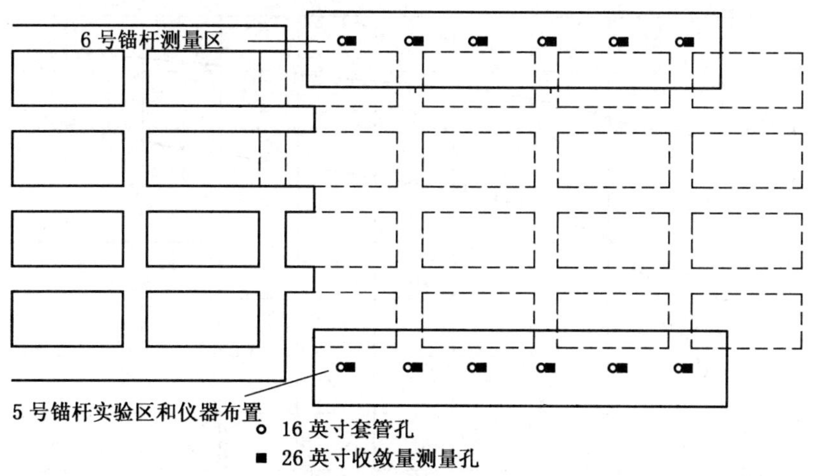

图 3－32　5 号巷道锚杆试验区

图 3－33 是 5 号巷道的顶板下沉与至工作面距离的变化关系。可以看出，在距工作面前 400 英尺（122 m）区内，顶板下沉增加很快，此后顶板变形趋于稳定，且交叉口处的变形（2.85 cm）大于巷道中部的变形（2.08 cm）。

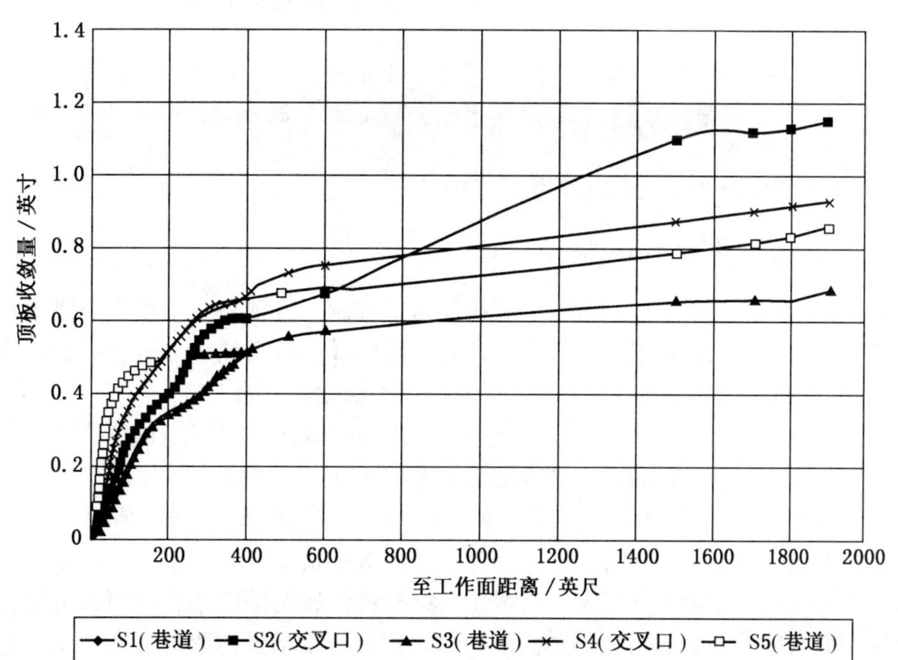

图 3－33　5 号巷道顶板下沉与至工作面距离的变化（1 英寸＝2.54 cm，1 英尺＝0.305 m）

1 号巷道观测结果与 5 号巷道变形特征完全相似，仅巷道变形量不同，交叉口处为 3.1 m，巷道中部为 2.46 m。

图 3—34 为锚杆长度 5 英尺（1.53 m）和 6 英尺（1.83 m）巷道中部收敛量的比较。该图显示，1.53 m 锚杆的巷道收敛量小于 1.83 m 锚杆的巷道收敛量。

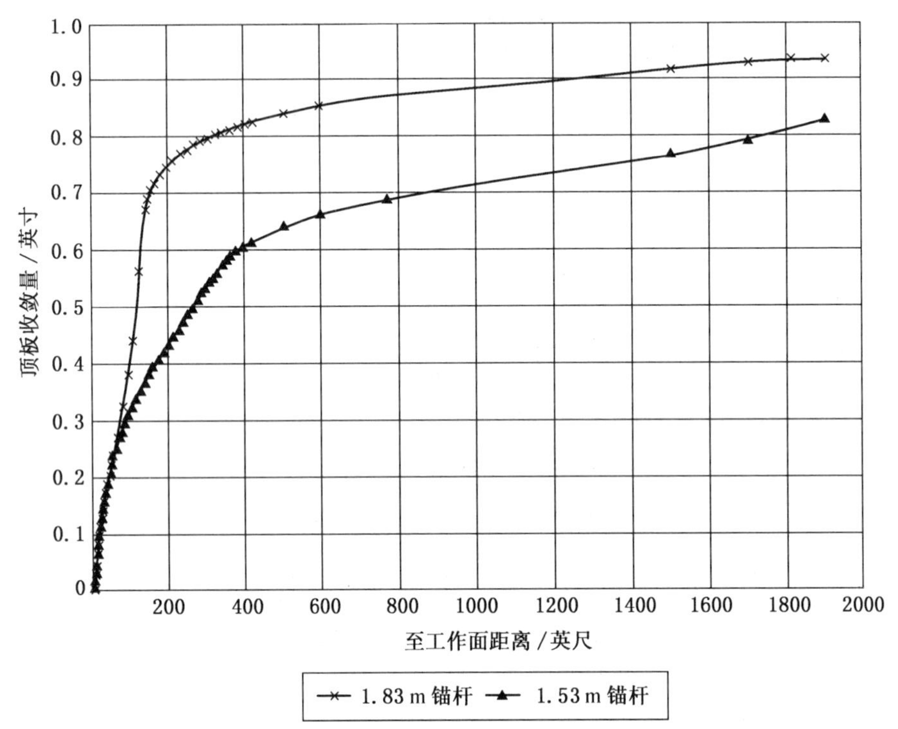

图 3—34 为锚杆长度 5 英尺（1.53 m）和 6 英尺（1.83 m）巷道收敛量的比较（1 英寸=2.54 cm，1 英尺=0.305 m）

由此可以认为，5 英尺锚杆优于 6 英尺锚杆。

四、主动锚索的现场应用经验

主动和被动锚索成功地应用于很多煤矿的岩层控制，特别是主动预应力锚索在回风巷的辅助支护方面取得显著效果。研究表明，开采影响和区域高地应力组合影响，将降低锚杆的刚度，而 JMS 锚索可以不受水平应力引起的剪切效应影响。

主动锚索桁架安装在两排普通锚杆之间，如图 3—35 所示。普通锚杆采用端部锚固结构，长度为 2.4 m，用树脂锚固。锚索桁架结构如图 3—36 所示。锚索由 7 根直径 0.6 英寸（约 1.5 cm）的钢丝组成。断裂强度 58600 lbs（266040 N）。锚索桁架由 2 根倾斜锚杆、一个水平组件、将倾斜锚杆与水平组件连接的 2 个滑动管和 2 个 6 英寸×16 英寸（约 15 mm×40 mm）的锚索托盘组成。锚索托盘将载荷传递至倾斜钻孔口部或适当位置。倾斜锚杆与 3 个用螺母固定的鸟笼形锚固点组合，后者用以增强树脂的混合效果，并提供凝固树脂的锚固点。还有一个杯形压紧器，将树脂压缩在钻孔内，保持树脂在钻孔内的密封状态。

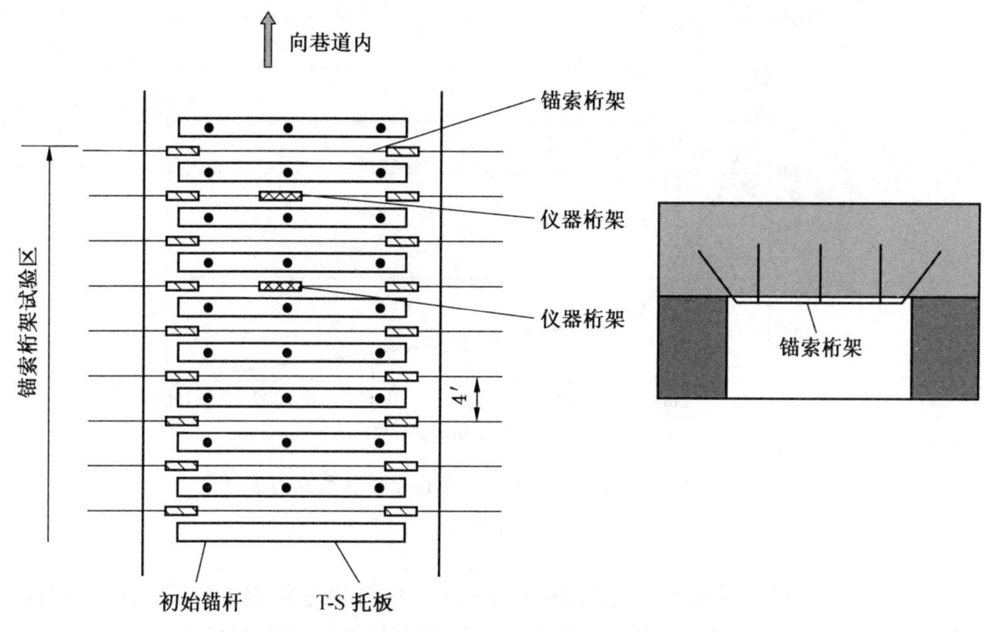

图 3—35　主动锚索的安装试验位置

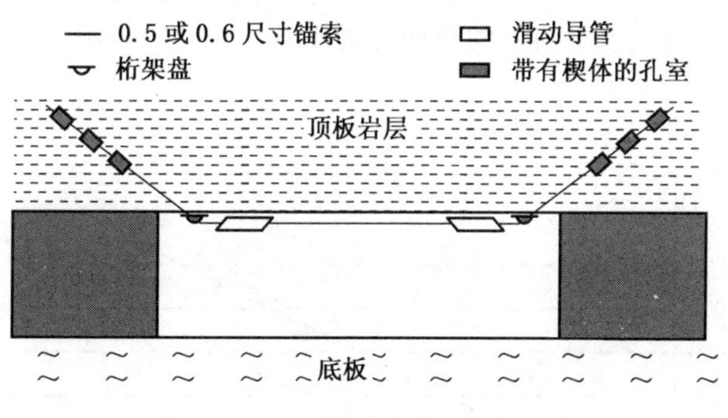

图 3—36　JMS 主动锚索桁架结构

美国 Jennmar 公司生产的锚索桁架有两种：全锚索桁架和锚杆—锚索桁架。

JMS 锚索桁架具有一系列优点：锚索是柔性的，因而不必关注直接顶支撑面是否水平或倾角大小、钻孔倾斜度的精确度。因为锚索桁架可以补偿钻孔角度的变化，即使钻孔为 90°，也可成功使用。用一个专用工具将锚杆装入钻孔并旋转，与树脂混合。滑动套管与倾斜锚杆在安装点组接，或在拉伸前组接。拉伸力由钻机提供，可以使锚索桁架达到 16000 lbs（72640 N）的预紧力。

当工作面推进到断层区内 9 m 内后，围岩处于临界状态。此处处于区域水平应力和开采支承压力的共同影响下，测得的锚索桁架最大载荷为 6000 lbs（27240 N）。此时工作面位于断层区内 0.9 m。图 3—37 给出了锚索桁架载荷随至工作面距离的变化。

在此应力集中区，部分普通锚杆被剪断，但锚索桁架无损坏，且由于载荷增大，其水平组件紧贴直接顶板。

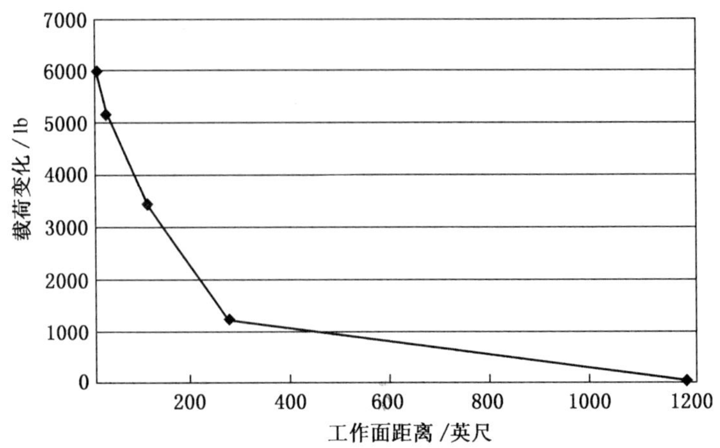

图 3—37　四巷系统中锚索桁架载荷随至工作面距离的变化
(1 lb=4.45 N，1 英尺=0.305 m)

理论研究认为，锚索桁架传递载荷的能力可大于单件锚索的强度。为验证此理论，进行了锚索桁架与 45°锚杆的组合试验。用液压千斤顶测量锚索和托盘的载荷。

图 3—38 显示了正常拉伸载荷循环，顶板载荷施加于左、右两侧托盘。这个试验代表顶板剪切破坏发生在巷道两侧并将全部载荷作用于锚索桁架。图中显示，锚杆载荷 12000 lbs（54480 N）时，水平组件的拉伸力为 16000 lbs（72540 N），而托盘载荷相应为 10000 lbs（4540 N）。

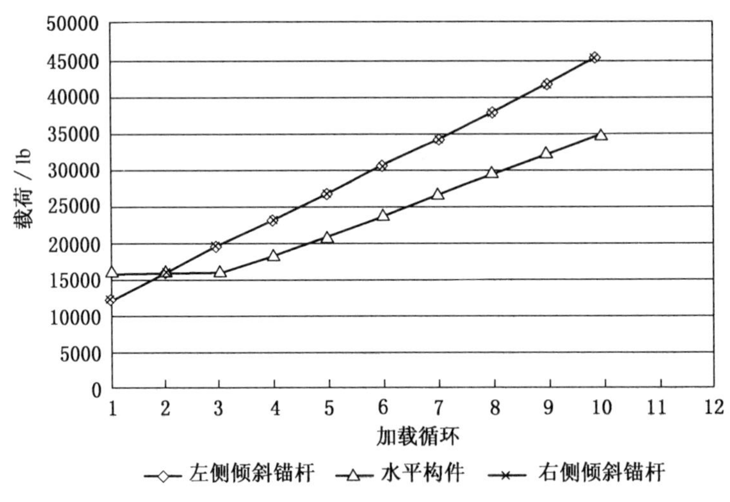

图 3—38　左、右倾斜锚杆拉伸载荷试验（1 lb=4.45 N）

图 3—38 显示了拉伸载荷施加于左、右倾斜锚杆的结果，表明区域水平应力引起的剪切应力传递到水平构件的力，未超过倾斜锚杆的载荷。

具有预紧力的主动 JMS 锚索桁架在美国 Pittsburgh 8 号煤层回风巷中应用，取得了成功。在巷道掘进后数月内，顶板仍保持稳定，表明普通锚杆与锚索桁架共同起着支护作用。预计可以推广到其他煤层条件。

实验室试验表明了锚索桁架结构设计的合理性。倾斜锚杆安装在顶板与煤柱的角部，可以承受由于煤柱边缘破坏引起的载荷，并传递到煤柱内部，同时锚索桁架的承受能力可大于其单个构件的承受力，因而在技术和经济上是合理的。

第三节　英国和法国煤矿巷道支护

一、英国煤矿巷道支护

英格兰的 17 个井工煤矿和苏格兰的 1 个井工煤矿均采用顶板锚杆作为长壁工作面巷道的主要支护，必要时配以锚索或柔性锚杆支护。由于开采深度大，因此工作面采用单巷掘进，各工作面之间留有足够宽的煤柱。英国开采深度最大的煤矿是 Boulby 煤矿，达到 1400 m。开采深度在 700～1200 m 的煤巷的顶板锚杆安装密度比大部分其他西部矿井大。

1. 钢锚杆

(1) 锚杆设计要求：锚杆长度不小于 1.8 m，锚杆密度不小于 1 根/m^2，锚杆钻孔：最终孔径不应超过锚杆直径 7 mm。

(2) 经验：开采深度在 700～1200 m 的煤巷的顶板锚杆安装密度较大，一般每掘进 2.4 m 安装 7～12 根顶板锚杆。

(3) 锚索可以作为辅助支护手段与顶板锚杆配合。

(4) 根据英国标准，钢材的屈服极限为 640 MPa，最小抗拉强度 768 MPa，断面收缩前相应的最小应变为 8%，破断时最小延伸率为 18%。

(5) 锚杆应具有足够的韧性，建议必需的最小冲击能量为 27 J。

英国典型的顶板锚杆是直径 22 mm 的高强度钢并用聚酯树脂锚固的锚杆（标准 BS7861－1：1996）。该锚杆作为煤矿基本支护或辅助支护手段，用于加固巷道顶板和两帮。这种支护手段适用于靠近采空区的巷道、在煤层附近掘进的巷道，典型的是用于后退式长壁工作面前方的回采巷道。如果在工作面后方仍需保留此巷道，则需补充足够的辅助支撑式支架，也可以与 U 型钢支架联合支护。

高强度锚杆钢材与高强度、高刚度树脂锚固剂配套形成的“AT”锚固系统，在英国得到推广。AT 锚杆直径 22 mm，钻孔直径 27 mm。AT 锚杆的一端采用 M24 螺纹并配有扭矩螺母和圆锥形密封盘。扭矩螺母应保证在锚杆安装和注入树脂期间，与锚杆体之间不发生相对转动，而在树脂注入后可用锚杆钻机拧紧，形成足够强度的锚固力。

在英国，要求最小锚杆长度为 1.8 m，而一般 AT 锚杆的锚固长度为 2.4 m，短锚杆一般用于煤帮锚固。

顶板和帮锚杆一般与 W 钢带配套使用，必要时配以金属网。锚杆监测一般采用贴有应变片的顶板锚杆监测锚杆载荷，用声波位移计监测顶板移动。还有一种“哨兵”顶板锚杆，可以在现场监测任意一处的锚杆发生的断裂，其原理是利用基于超声原理的电信号对锚杆受载进行连续监测和传输。

2. 玻璃钢锚杆

此外，英国较普遍采用的可切割的玻璃钢顶板锚杆，用于煤矿巷帮支护，可与 AT 顶板锚杆配套使用，也可用于工作面煤壁的辅助支护或者在直接顶正常支护中出现问题时使用。

玻璃钢是可切割的，不生锈，且具有较高的抗拉强度，一般直径 22 mm。Weldmann 玻璃钢锚杆采用的直径为 24 mm，均采用直径 27 mm 钻头形成钻孔。为提高锚固力，玻璃钢锚杆表面均进行了处理，一般为全长螺纹。锚杆出口为螺母和屋顶形托盘，或高载荷杯形结构与钢或塑料托盘配套。定扭矩螺母应经过优选。安装时，可以用手工或压气或液压钻机。手工安装时一般采用中等或低标号的 AT 树脂。英国在 1987 年开始将玻璃钢锚杆用作巷帮支护以及工作面辅助支护。此后的重要改变是研制了高强度衬垫。根据英国的标准，玻璃钢锚杆的最低抗拉强度为 300 kN，底部出口衬垫为 60 kN，非金属托盘抗拉强度为 70 kN。

玻璃钢锚杆的缺点是抗弯能力和断裂前延伸率较低，因而一般不作为煤矿的基本支护。玻璃钢锚杆在英国煤矿作为帮锚杆时，支护密度为 2～3 根/m，长度一般为 1.2～1.8 m。该锚杆的锚固强度与承载能力均低于钢锚杆。

3. 锚索

英国煤矿采用无预紧力和有预紧力的锚索。

1）无预紧力锚索

无预紧力的锚索一般为鸟笼形锚索，头部为单组 7 根钢绞线锚索，中部为单鸟笼形锚索结构，底部为双组鸟笼形锚索。根据英国标准，钢丝绳锚索是由若干根钢丝绕成的鸟笼形结构，能使系统形成最大的锚固强度。该锚索一般采用水泥浆作为锚固剂材料，形成对顶板的长期支护。通常采用的双鸟笼锚索，它由两组 7 根钢绞线锚索组成，抗拉力可达 600 kN，鸟笼直径 47 mm，安装于直径 55 mm 的钻孔，长度 5～10 m。单一鸟笼形的锚索抗拉强度为 300 kN，鸟笼直径为 35 mm，安装于 43 mm 的钻孔内。此种锚索作为顶板支护系统的一部分，一般作为 AT 锚杆的辅助支护，用于对超过锚杆长度以外的顶板进行加固，如巷道交叉口或大的采掘空洞，以及工作面后退式回采的顺槽。锚索一般用适当的水泥全长锚固，一般应安装在距掘进头不远的限定范围内，或在回采工作面前方一定超前距离内，必要时也可作为巷帮支护。7 根钢绞线锚索的抗拉力可达 300 kN。具有鸟笼形结构的锚索，首先在澳大利亚试验和使用，1990 年在英国与锚杆配套得到推广使用，其中，双鸟笼形锚索使用远比单鸟笼形锚索广泛。

鸟笼形锚索安装的 4 个步骤：钻孔；准备和安装锚索并堵塞孔口；将锚固剂浇注入钻孔内；安装托盘等部件。锚索外形如图 3－39 所示。

无预紧力锚索工作特性见图 3－40。

2）预紧力强力锚索

在欧洲通用的预紧力强力锚索称为 Megabolt，它由高强度预拉伸钢绞线组成，预先用树脂加固锚头，安设后期再灌注树脂。它用于替代普通鸟笼形锚索，作为顶板支护系统的一部分，或作为顶板锚杆的辅助支护。此锚索锚头用聚酯树脂锚固并进行预拉伸，以提供及时支护，随后也可以用适当的水泥浇注锚固，提供长期的支护。

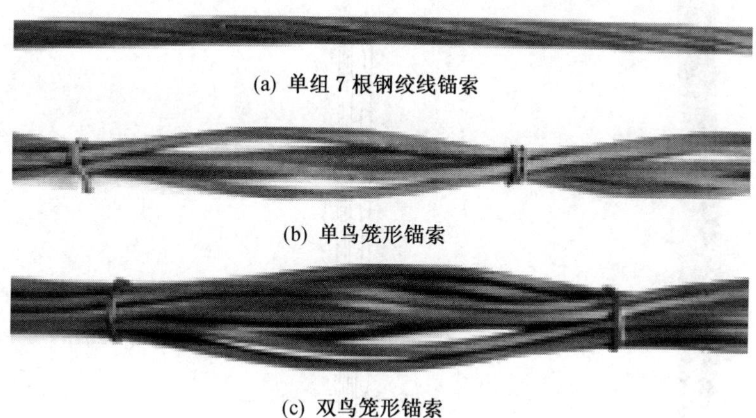

图 3—39　无预紧力的锚索

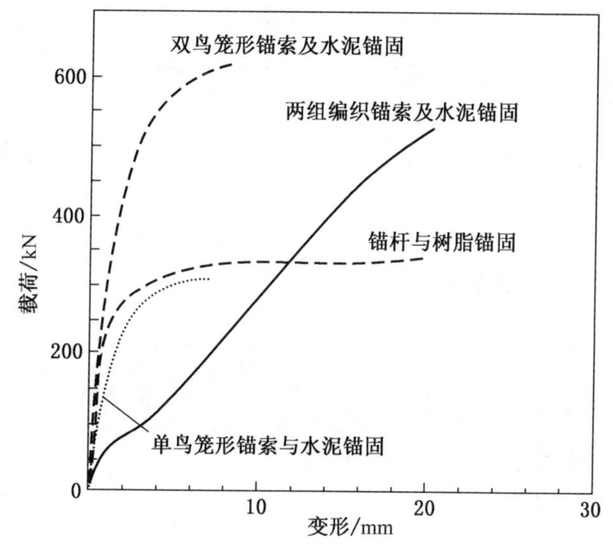

图 3—40　无预紧力锚索的工作特性（载荷—应变曲线）

此种强力锚索由多组 70 kN 的高拉力钢丝形成鸟笼结构，鸟笼间距 300 mm。每组钢丝设有锻造纽扣结构的头部，用于浇注和排出空气的空心管从内部穿过锚杆长度直至树脂锚固锚头长度之下。

在利用岩石钻机或锚索钻机完成钻孔后，塞入聚酯树脂药卷，将锚索插入钻孔。在钻机上借助于适配器安装卡具，然后，旋转锚杆穿过树脂药卷，完成药卷的混合。之后，利用快速作用的空心拉伸千斤顶形成设计的预拉力（典型的是 250 kN 拉力），随后进行全长浇注锚固。此锚索 1997 年在澳大利亚使用，现在英国有 3 个煤矿在使用。在此种预拉力锚索中，有采用 9 根钢丝的产品，当锚固长度达 900 mm 时，刚度可达 190 kN/mm，可承受载荷 150～200 kN。强力锚索结构外形见图 3—41。

预紧力强力锚索的安设系统如图 3—42 所示。

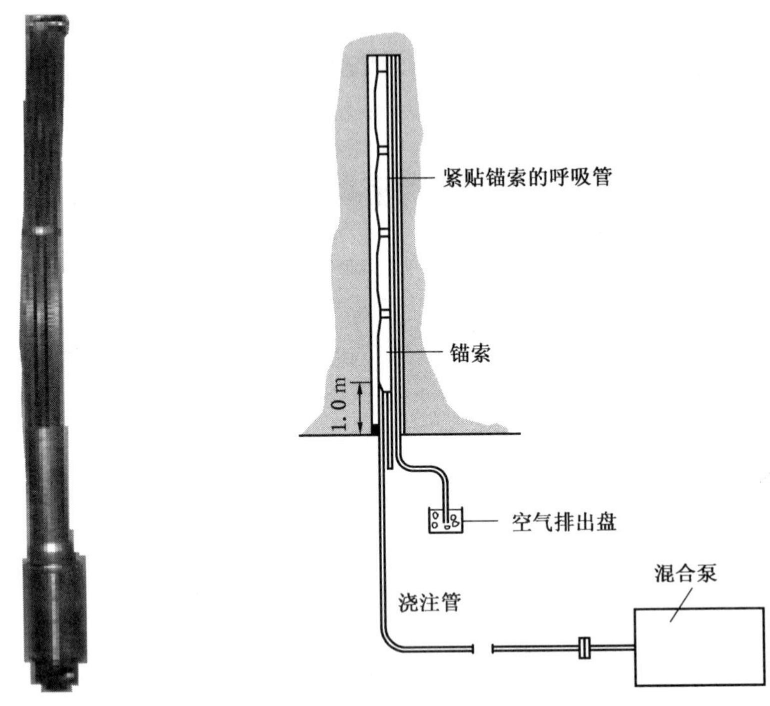

图 3—41　强力锚索结构外形　　　　图 3—42　预紧力锚索的安设系统

强预紧力锚索 Megabolt 工作特性见图 3—43。该图为实验室拉拔试验结果，其中锚索长度为 2.4 m，用水泥或树脂锚固。

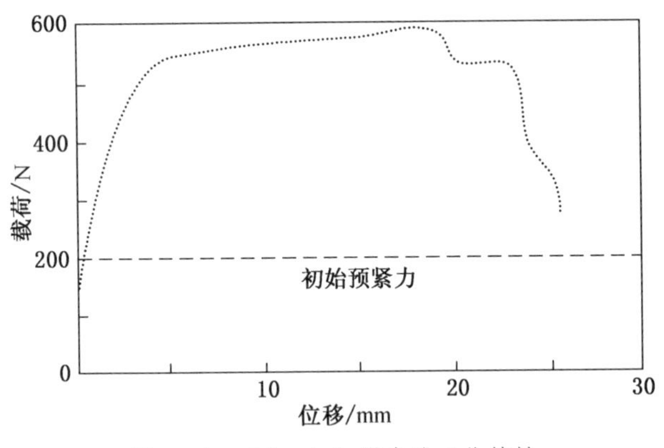

图 3—43　Megabolt 锚索的工作特性

4. 柔性锚杆的研究试验

1）钢绞线柔性锚杆（FSR 锚杆）的研制

英国发展了介于刚性锚杆与锚索之间的柔性锚杆。普通锚杆最大长度 2.4 m，锚索长度 6～8 m。研制的钢绞线柔性锚杆长度 4～6 m，扩展了锚杆的应用范围。由钢绞线编织的柔性锚杆有以下优点：

（1）较高的抗拉和抗剪强度；

（2）可安装在英国的标准钻孔（直径 26～28 mm）中；

（3）可以用树脂药卷锚固，以迅速形成支承能力；

（4）钢丝强度高于一般锚索；

（5）可以利用现有钻机设备等。

英国的 AT 锚杆系统提供了很高的黏结强度和抗剪阻力，进而增强了顶板岩层的抗剪能力，但锚杆只能对其锚杆长度内的岩层起锚固作用，如果顶板岩层的弱化区超过锚杆长度，则锚杆不能保证维持顶板的稳定性。一般要求煤层锚杆能提供更大范围的岩层加固。为此，采用双鸟笼形的全长黏结的锚索系统，它可提供 600 kN 的锚固力，锚固长度 6～10 m。但是，锚索系统需要用水泥浆锚固，需要混合和泵入设备，故通常只能在掘进端头之外安装。同时，经常需要锚索的长度大于 2.4 m、但小于 6 m，且采用树脂锚固剂，在掘进端头直接安装。FSR 柔性锚杆提供了这种可能性。

FSR 锚杆可以作为与 AT 锚杆配套的基本支护手段或辅助手段。它由 19 根钢丝以左旋方式扭结在一起，可以与顺时针方向旋转的钻机配套使用，每根钢丝强度 1770 N/mm^2。每根柔性锚杆可提供 500 kN 的承载能力。FSR 锚杆的外径为 22.9 mm，最外面的钢丝结构有利于锚杆与树脂的黏结。

柔性锚杆的长度可根据需要确定，但一般为 3～5 m。其头部为锥形，能较易穿过树脂药卷并与之混合；其下端为八字形钢盒，压入钢丝组。借助于一个纺锤形接收器，可将柔性锚杆压入钻孔，如图 3－44 所示。下端较长的结构有利于将柔性锚杆正确地装入孔内，并避免钢丝端部损坏或变形。

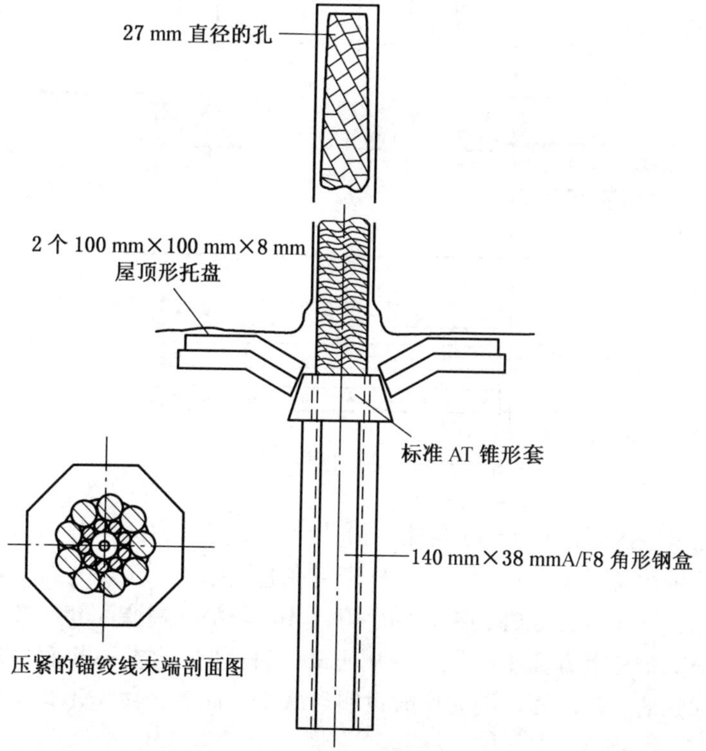

图 3－44　柔性顶板锚杆结构

八字形钢盒可以最小承受 400 kN 的载荷，并在足够的载荷下从钢丝组下滑，但这种缓慢的下滑需要有控制机构。

2）实验室试验

实验室试验包括钢丝组拉力试验、固定端垫板拉力试验、钢丝的载荷—拉伸试验、锚杆—树脂系统的短期封装拉伸试验和剪切试验。试验表明，FSR 锚杆具有以下优点：

（1）在相同直径下增大了抗拉强度；

（2）增大了抗剪强度；

（3）与 AT 具有相同的黏结强度；

（4）可在较小的巷道内安装较长的锚杆；

（5）可与现有钻机设备配套；

（6）可以采用与 AT 锚杆同类的树脂药卷；

（7）可以采用现有的垫盘和封装锥体结构。

使用柔性锚杆，需要考虑成本和安装空间尺寸、锚杆长度、钻机类型等因素。

3）现场使用实例

DOW Mill 煤矿 203 风巷，巷道宽 5 m、高 3 m。FSR 锚杆与常规刚性支架配套。顶板锚杆和柔性锚杆布置及尺寸见图 3—45。

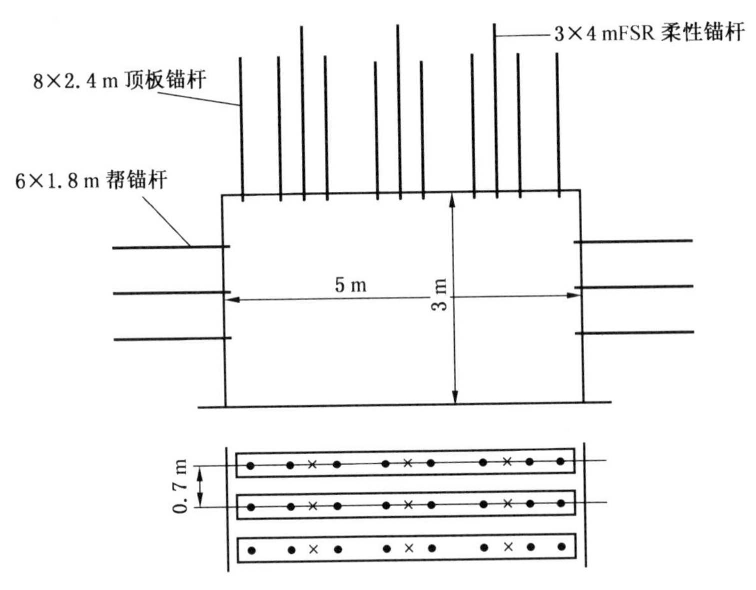

图 3—45　巷道锚杆支护设计

回风巷道与采空区间仅有 15 m 煤柱，预计会处于高应力区。曾经采用锚索与普通钢支架配套，但顶板运动仍较强烈。柔性锚杆安装在巷道掘进端头，并布置到 800 m 处的联络巷。起初使用长度 4 m 的柔性锚杆，间距 0.7 m，与 AT 树脂配套，效果较好。

此外，在 AT 锚杆上方 2.4 m 以上，用 FSR 锚杆加强的支护断面顶板移动明显小于任一侧用锚索加强的支护断面，同时底鼓也明显减小。此后，决定不再增加锚索，巷道有效维护直至采完。

在此情况下，通过锚固段形成的岩层载荷大小取决于各段岩层的变形。各段岩层的力学特性决定了锚杆各断面的载荷分布。未与树脂黏结的 FSR 锚杆，其载荷相当于点锚固的效应。岩层各段的应力在未锚固段有累积效应。未黏结段的 FSR 锚杆仍可对直接顶提供锚固作用，并承受累积载荷，直至达到托盘的屈服载荷（最小值 400 kN）。

4）柔性锚杆作为辅助支护的作用

通常情况下，FSR 锚杆是作为辅助加强支护使用的。为此需要了解采掘空洞周围岩石的破坏机制和支架作用。

采掘空洞围岩顶板的典型载荷—变形曲线如图 3－46 所示，该曲线近似双曲线。如果采掘空洞未支护，则达到一定时间（初始稳定时间）后即发生破坏。如果在初始稳定时间之前进行支护，则岩层将释放一定的应力，并在支架载荷达到 A 点处趋于稳定。如果 AT 锚杆可以及时安装并全长锚固，则这种状态可以保持，此时支架工作特性为 AB 线。

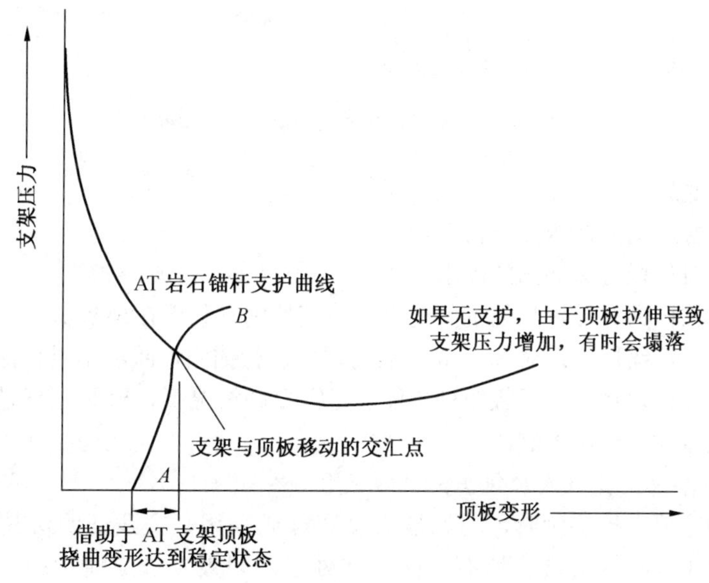

图 3－46　煤矿典型顶板的载荷—变形曲线

如果围岩应力较高，且支护不适当，则基本支架不能控制围岩变形，需要辅助支护。由于柔性锚杆 FSR 与顶板锚杆 AT 刚度不同，在同时支护的情况下，与围岩载荷—变形曲线的交点不同，如图 3－47 所示。此时，在两种锚杆支架联合支护的情况下围岩可以保持稳定。此外，FSR 锚杆也可以作为补充性辅助支护使用，以形成足够的阻力，控制顶板下沉。而如果 FSR 锚杆远离掘进端头滞后支设，则难以控制顶板运动，对顶板稳定性的影响很小，如图中 CD 曲线。

总之，英国钢绞线柔性锚杆 FSR 具有如下优点：

（1）减小了在高应力条件下的巷道变形；

（2）增加了抗剪切阻力；

（3）减小了普通锚杆上部的岩层变形；

（4）减小了直接顶变形；

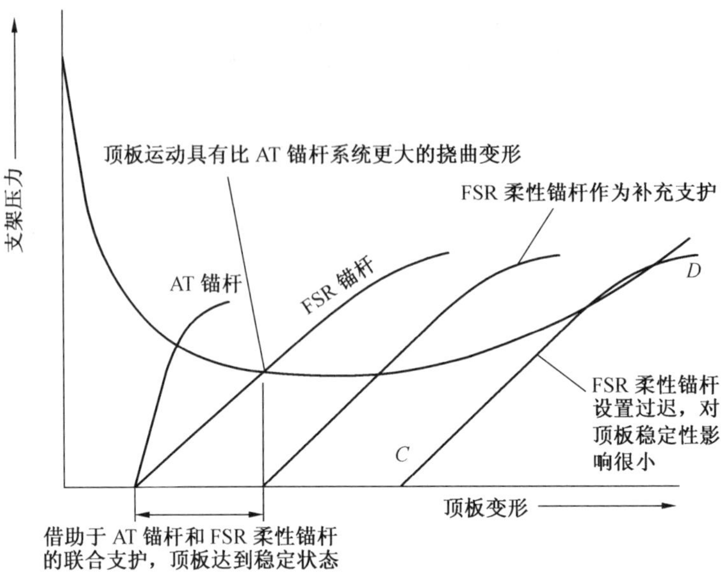

图 3－47　利用 FSR 锚杆的情况下载荷—变形特性曲线

（5）减小了底鼓；

（6）减少了普通钢锚杆的支护密度；

（7）减小了对顶板特殊加固的需求。

钢绞线柔性锚杆具有的较强的抗剪能力，使其特别有利于在顶板剪应力较高的围岩条件下使用。同时，该锚杆可以对 2.4 m 以上的顶板进行锚固，减小了对长锚索的需求。根据英国和国外的经验，在 AT 顶板锚杆不能满足需要的情况下，FSR 锚杆是重要的补充支护手段，可以显著改善岩层控制。

5. 巷道掘进端头网笼（人身保护网）的应用

当锚杆作为主要支护手段时，网笼被大多数煤矿采用，实践证明对其的使用是成功的。网笼可以使工人在掘进端头所有时间内均处于围岩被支护或掩护的状态下工作，如图 3－48所示。

图 3－48　巷道掘进端头的网笼

安设方法：借助于两个以压气为动力的千斤顶，将网盘推向顶板，并将另一个网盘在掘进工作面顶板垂直悬挂。网边从顶板网盘展开，覆盖巷道侧帮，并与已安设的网盘连接固定，然后安装顶板和侧帮锚杆。

当锚固循环完成后，将未使用的掩护网在水平方向卷系起来，以备下一个循环使用。

6. 锚固顶板工况监测

英国是较早研发与使用锚杆工况检测仪器的国家。主要仪器包括：两高度离层数字显示仪（图 3－49）、三高度离层数字显示仪（图 3－50）、远距离传输离层监测仪、顶板位移超声监测仪

(图 3—51)。

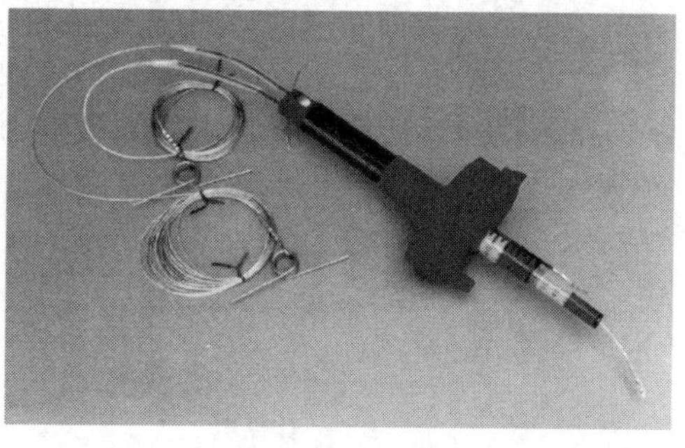

图 3—49　两高度离层数字显示仪

英国标准要求：①锚杆钻孔顶板变形两高度离层数字显示仪每 20 m 布置一个，顶板位移超声监测仪每 200 m 布置一个。②需要对仪器设定测量区间，对于锚杆支护的巷道，一般容许最大的顶板变形为 25 mm。③一般采用贴有应变片的顶板锚杆以监测锚杆载荷，用顶板位移超声监测仪监测顶板移动。

通常，两高度离层数字显示仪绿色显示的位移范围为 0～25 mm，黄色显示的为 25～50 mm，红色显示的为 50～75 mm。由此可判断锚杆支护高度内与锚固高度以上的岩层之间是否存在离层。

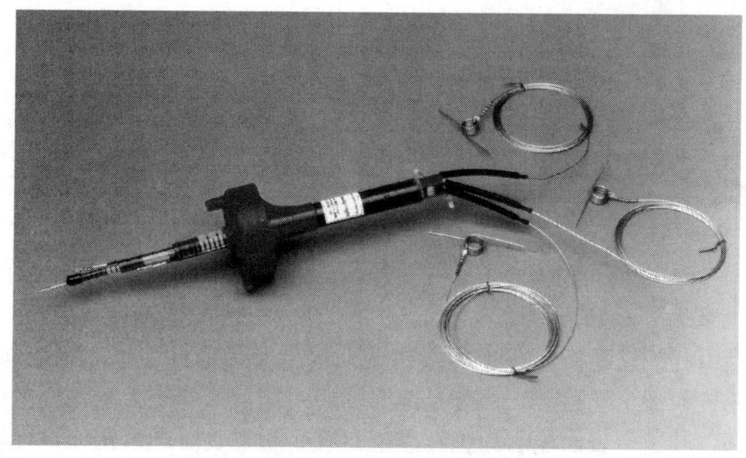

图 3—50　三高度离层数字显示仪

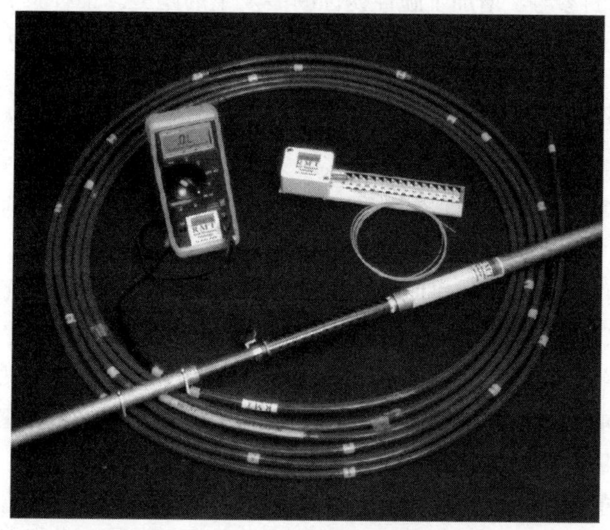

图 3—51　顶板位移超声监测仪

人工测读的离层数字显示仪难以获得频率较高的精确的数据，特别是巷道高度较大时。新发展的离层监测仪既可以高精度现场测读，也可以远距离传输。该仪器用双导线连接，监测信号可传输到井下中心站或地面测站的计算机，可以提供井下可视化报警。该仪器可与100个两高度离层数字显示仪连接，仪器系统如图3—52所示。

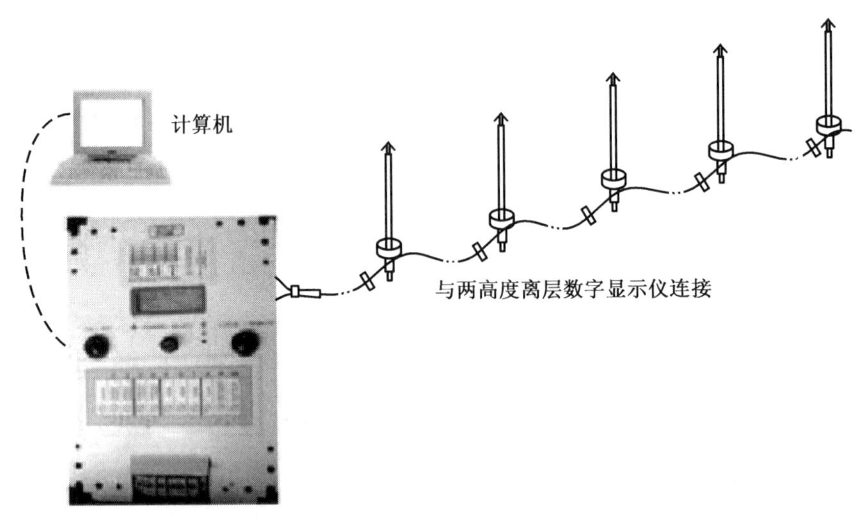

图3—52 自动化顶板离层报警仪系统

7. 钢锚杆材料的锈蚀问题和改进

锚杆锈蚀会引起脆性断裂。1990年发生的几次主要是锚杆支护的巷道顶板冒落事故，都发现有部分锚杆断裂，经检查，部分是锚固剂的问题，部分是由于锚杆生锈。断裂首先发生在锚杆颈部，其断裂表面显示为脆性破断。有些断裂表面严重锈蚀，使得材料已经从塑性（断裂前有延伸）材料转变为脆性（断裂前无任何延伸）材料。

试验表明，对于初期锚杆，当锈蚀深度达到1 mm时将发生脆性破坏，破坏前延伸很小。同时还发现，硫化氢的参与，增加了脆性锈蚀断裂发生的趋势。锚杆具有较低的韧性，可通过改善锚杆钢材的化学成分和抗拉强度，提高其韧性，使临界锈蚀深度达到3 mm。

二、法国煤矿巷道支护

1. 概况

法国的煤炭资源集中在三大地区：北部的加莱海峡地区、中南部的中央高原一带和东北部的洛林地区。

1958年，法国的煤炭产量达到顶峰，达到6000万t，1990年产量降至1225万t，到2001年更是下降为230万t。此后陆续关闭煤矿，2002年法国仅存3个煤矿，年产煤量仅为160万t；2003年，又关闭了两个煤矿。2004年4月位于东部洛林地区的La Houve煤矿被关闭，至此法国长达280余年的采煤工业彻底结束。这与煤矿地质条件较复杂、开采深度日益增大（1989年开采深度已超过1000 m）、经济亏损有关。

尽管煤炭在法国能源消费结构中所占的比重不断下降，但法国一直在从其他国家进口煤炭。澳大利亚、美国和南非是法国的主要煤炭供应国，2000年对法出口煤炭分别为440

万 t、340 万 t 和 320 万 t。

法国从 20 世纪 80 年代就开始在各种巷道采用锚杆支护技术，主要有钢锚杆和玻璃钢锚杆。

2. 常用的钢锚杆

具有代表性的钢锚杆是 Ancrall Rockbolt、A70－2 级，结构外形如图 3－53 所示。其适应范围是煤岩实体中的巷道顶板加固。该处由于顶板破碎，不能使用树脂锚固的自由顶板锚杆。法国学者认为，当巷道靠近采空区掘进或有冲击倾向时，锚杆不适宜作为基本支护，而需要足够的长锚索或支撑式支架，或者与 U 型钢拱形支架联合使用作为基本支护。

Ancrall Rockbolt 顶板锚杆在 1989 年之后在法国开采深度超过 1000 m 的煤矿开始使用（矩形断面巷道）。锚杆钢材的屈服极限为 425 MPa，最小抗拉强度为 810 MPa，最小回弹值在 20℃ 时为 30 J，在钢材收缩前的应变值为 15%。锚杆在 200 kN 时弹性屈服，在 290 kN 时破断。实际上，为避免锚杆破断，设计的托盘破断载荷为 250 kN。锚杆安装采用钻头直径为 43.5 mm 的旋转式岩石钻机。锚头可以根据岩石硬度有不同的结构形式。在 Provence 矿，采用了与 Ancrall Rockbolt 配套的 M24 锚头。安装钻机为逆时针旋转的压气或液压钻机。

法国使用的另一种锚杆是 Fe E40 级小断面螺纹钢顶板锚杆，它一般由直径为 20 mm 的圆钢制成。它用于紧邻巷道端头的顶板支护以及实体煤中的顶板加强支护。这种锚杆从 1980 年以后开始在矩形断面巷道使用。Ancrall Rockbolt 锚杆总是与金属网配套使用，其结构形式如图 3－54 所示。

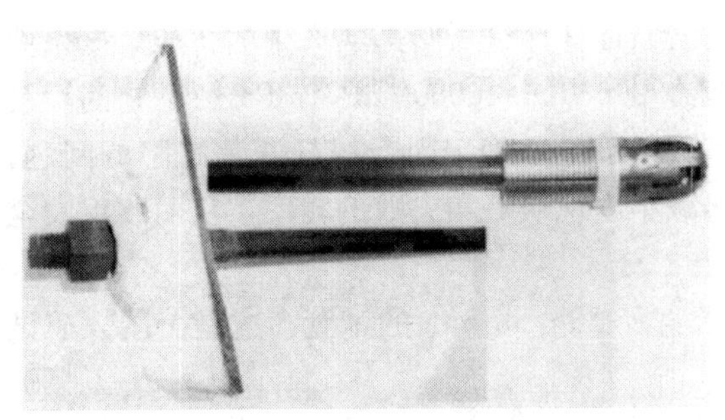

图 3－53　Ancrall Rockbolt、A70－2 级顶板锚杆外形（法国）

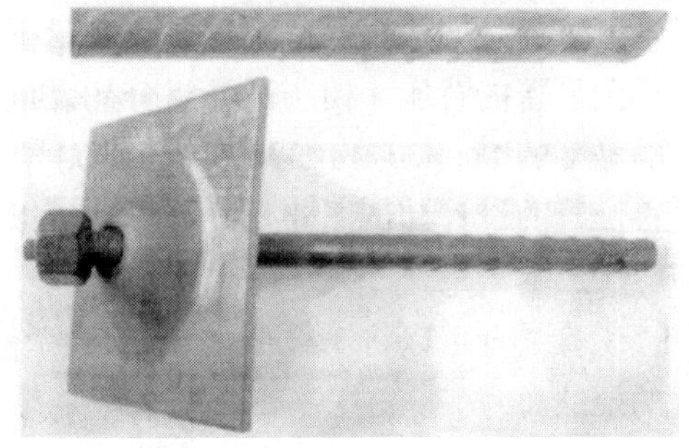

图 3－54　具有螺旋筋、直径 20 mm 的 Fe E40 级锚杆

对于硬岩煤矿，直径 20 mm 的锚杆的最小屈服极限为 130 kN，最小破断载荷为 216 kN，破断前的延伸率达 15%。此种锚杆用于直径 28 mm 的旋转钻头形成的钻孔，并且全长用聚酯树脂锚固。

3. 玻璃钢顶板锚杆（K30－85 型）

法国还使用玻璃纤维锚杆（K30－85 型，德国公司制造），直径 22 mm，用树脂或水泥进行端部锚固。该锚杆一般用于巷道实体一侧的侧帮锚固，特别是在工作面采用刨煤机或滚筒式采煤机的条件下更为适用。在金属网承受压力较大的情况下，玻璃钢锚杆的托盘直径为 140 mm，锚杆重量 0.6 kg/m，托盘重量 210 g，玻璃钢弹性模量为 44 GPa，最小破断力为 310 kN，锚杆头部的破断力为 40 kN。

第四节 改善锚杆安设工艺试验研究

针对锚杆安装中存在的问题，以美国学者为主，研究了改善锚杆工艺的相关问题。

安装顶板岩石锚杆工艺：当钻孔形成后，树脂药卷成型后的合适体积应能塞入钻孔内，利用锚杆钻机将锚杆和树脂药卷推入钻孔内，然后旋转锚杆，将树脂在预定时间内搅拌。

辅助支护一般设在交叉口处，因为该处有较大的有效跨度。树脂锚固的有效长度一般仅为 1.2 m，由于背压（Back Pressure，锚杆或锚索送入钻孔时遇到的反方向阻力）和锚索的柔性，将机械锚楔固定在锚索头部的企图是不可能成功的。这是由于背压的增加会导致锚索的弯曲和滑落。

当背压超过锚杆的抗屈曲强度时，各种安装缺陷或失败将会发生，后者一般在锚杆完全塞入钻孔前发生。

为此需要研究锚杆钻进过程的背压和改善钻进工艺的途径。

一、改善背压的研究试验设备

背压的形成是很复杂的，它主要取决于锚杆与钻孔之间的环形带厚度、树脂黏度、填料（数量和尺寸）药卷外皮，以及可能还有药卷塞。

为了定量研究锚杆安设过程的问题，设计制造了一套装置（图略），以研究美国煤矿锚杆安装工艺的改善。此装置可以测量不同的岩石锚杆穿过树脂药卷产生的背压。该条件可产生显著的背压。树脂药卷组分的黏度范围在 200000～400000 cP（mPa · s）之间，是水的黏度的 200000～400000 倍。研究导致理解和定量上确定引起锚杆安装缺陷的问题，改善流行的设计和试图建立设计参数，以显著减小出现缺陷和失败的频率，从而改善安全和减少成本。

试验装置可以将 1.2 m 的锚杆或锚索插入直径 25～35 mm 的钢管，这是美国煤矿试验的标准尺寸。

二、试验的液压系统

液压千斤顶的动力系统的伸长速度为 150 mm/s，这与井下将锚杆推入的速度很接近。千斤顶的最大上推力为 55 kN。安装行程距离借助于线式电位计进行测量，同时记录背压。试验过程较简单，结果可以重复。

在试验中，将长 1.2 m、直径 25～35 mm 的钢管卡在设计位置上，并将适当的树脂布置在钢管内。锚杆固定在钢管入口处的插座上。千斤顶向上运动，推动锚杆插入钢管，并穿过树脂。当完全插入时，利用固定在千斤顶上的电动机使锚杆开始旋转。这一过程近似于井下的实际安设过程。

在工艺流程试验成果的基础上，对新的机械锚楔进行了试验。它可以改善载荷性能，减小背压及生产成本。所有的试验均可重复，从而保证可靠的成果。

三、锚杆顶推载荷与推进距离的关系

首先试验了锚杆推入钻孔所需推力与插入深度的关系，如图 3—55 所示。

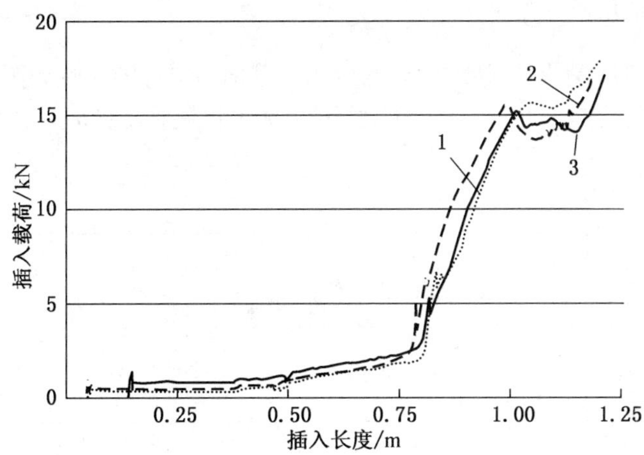

图 3—55 代表性试验结果（6 号钢筋锚杆，锚固长度 1.2 m，钻孔直径 25 mm）

从图 3—55 可以看出，3 次试验结果是基本恒定的，在锚杆插入 1 m 后，需要的推力达 16 kN，锚杆未发生弯曲，这是由于锚杆在外面出露长度很短，且抗弯强度很高。

不同长度的 5 号和 6 号钢筋锚杆的屈曲载荷测试结果见表 3—2。ASTMF432 规定了锚杆的最小强度，而不是强度范围。这些资料可以用于设计采用树脂锚固的锚杆系统，以减小安设过程中出现缺陷的可能性。

表 3—2 钢筋锚杆的屈曲载荷与长度

锚杆长度/m	5 号钢筋锚杆屈曲载荷/kN	6 号钢筋锚杆屈曲载荷/kN
1.1	7.1 7.8 5.5 平均：6.8	10.7 9.6 12.3 平均：10.9
0.9	8.1 8.7 9.9 平均：8.9	21.2 18.7 15.9 平均：18.6
0.6	18.4 23.2 28.2 平均：23.3	50.2 40.5 45.2 平均：45.3
0.3	64.7 55.4 62.9 平均：61.0	109.4 105.6 114.1 平均：109.7

在美国煤矿，从锚杆机卡盘到顶板钻孔的锚杆长度都小于 1.5 m，且初始插入时的压力很小，这是药卷长度小于钻孔长度所致（设计上要求完成钻孔全长锚固，由此计算药卷体积）。

四、树脂黏度的影响

孔径为 25 mm 时，不同树脂黏度对 5 号和 6 号钢筋锚杆的影响如图 3—56 和图 3—57 所示。树脂药卷的黏度在 250～450 Pa · s 之间。为了扩展黏度试验，选择了一些过时失效的高黏度药卷。

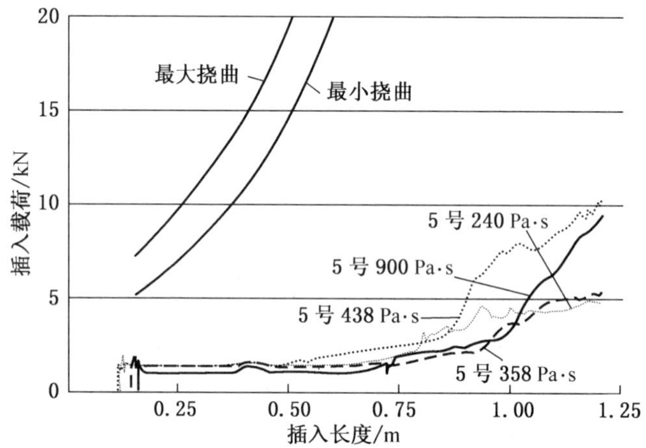

图 3—56　树脂不同黏结强度对锚杆插入长度与所需推力的影响（5 号钢筋锚杆与钻孔直径 25 mm）

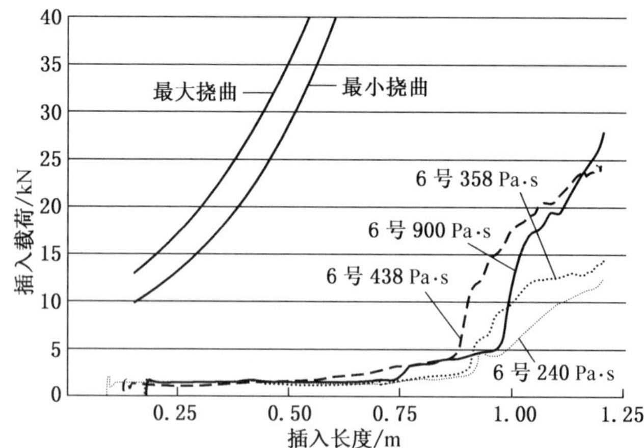

图 3—57　树脂不同黏结强度对锚杆插入长度与所需推力的影响（6 号钢筋锚杆与钻孔直径 25 mm）

试验表明，背压随着树脂黏度的增加而增大到一定程度后，开始减小。当树脂黏度极高（900 Pa · s）时，背压减小。每次试验均重复至少两次。这种结果难以解释，可能与粗的石灰岩充填物有关，它使得药卷的流动特性在混合时更为复杂。

很明显，从这个试验中发现，仅黏度一项并不是影响锚杆安设时背压的主要因素。

五、机械型锚楔树脂通流槽的影响

锚杆与钻孔之间的缝隙是其直径差的 1/2，它是影响背压的重要因素。当试验机械型锚楔时，它与钻孔之间的缝隙是明显的限制因素。

锚楔柱销的尺寸是由其必需的性能决定的。因此唯一能够增加树脂附加通道的途径是在锚楔柱销上通过机械方法做出树脂通流凹槽。在机械型锚楔上的树脂通流槽，对成功安设具有机械锚楔的锚杆穿过树脂药卷具有决定意义，因为它可以在安设时增加树脂的过流面积。

图 3－58 显示了销体上的树脂通流槽。第一套销体无树脂通流槽；第二套是通用的标准设计，有 6 个通流槽；第三套具有 12 个通流槽。借以可试验树脂围绕销体的通流效果。

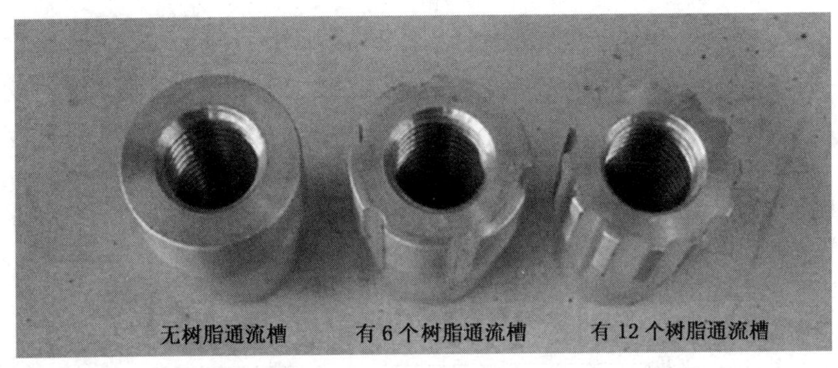

图 3－58　销体上的树脂通流槽

三个类型的通流槽销座利用长度 1.2 m 的同一批等效树脂送入 37 mm 的内径孔（钢管）内进行试验。每种销体进行 3 次试验，以保证可靠的结果。图 3－59 是试验结果，其插入载荷是引人注目的。基本结果是，高效的树脂通流槽对成功地使用机械型锚楔是很重要的。没有树脂通流槽的试验则每次均失败，因为背压超过了锚杆的屈曲强度。

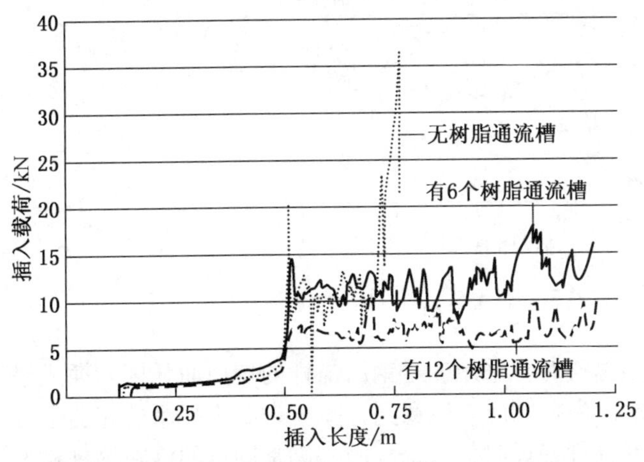

图 3－59　树脂通流槽对锚杆安设时插入载荷的影响

具有 6 个槽的销体插入载荷为 8.8 kN，峰值为 15.7 kN，而具有 12 个通流槽的销体分别为 9 kN 和 10.8 kN。

因此，树脂通流槽可以认为能减小锚杆插入的背压，是改善锚杆安设的关键。

六、机械型锚楔与5号钢筋锚杆、25 mm孔径和树脂的试验

对于两个商业上有效的25 mm锚楔进行了试验，图3－60显示了结果。只有一个锚楔（锚楔A）时采用树脂药卷是适合的，因为锚楔B引起了钢筋锚杆屈曲，锚楔B不再适合于树脂锚固，仅可用于临时的机械锚杆。

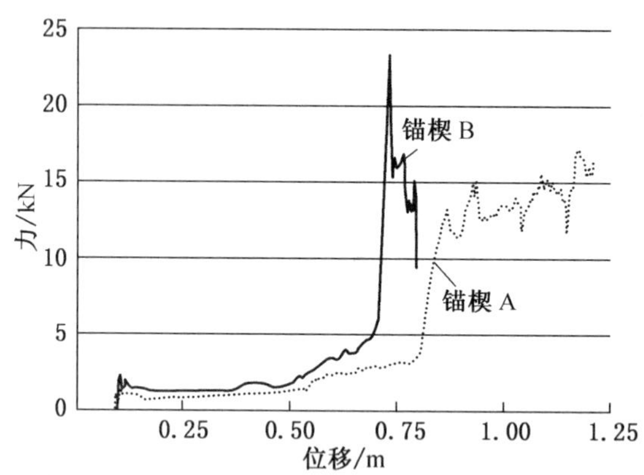

图3－60　机械型锚楔的性能比较（5号钢筋锚杆、25 mm孔径与树脂的试验）

七、机械型锚楔与6号钢筋锚杆、直径37 mm钻孔和树脂的试验

在美国大多数机械型锚楔均采用37 mm直径钻孔。一般可信的设计如果采用与树脂药卷合理组合的话，其效果优于其他情况。如图3－61所示，在5个一般有效的设计中，仅有4个对不同的插入载荷始终是成功的。很明显，锚杆插入载荷愈低愈好。

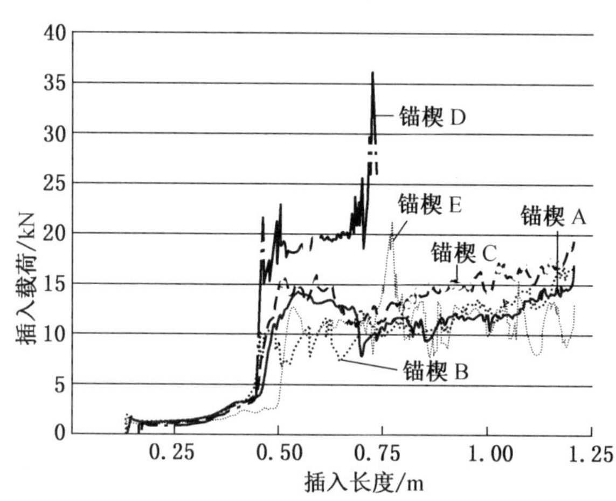

图3－61　锚杆插入的背压与不同锚楔的试验（6号钢筋锚杆）

图3－62显示了使用不同的机械型锚楔时，采用6号钢筋锚杆的抗屈曲强度和插入锚杆时的背压。从图中可以看出，D型锚楔失败。应当注意到，图3－62中显示的屈曲强度高于向钻孔安设时的有效屈曲强度。在锚杆安设时仅仅锚杆的一侧是固定的（在锚杆机卡盘中），另一侧在钻孔中是自由的，由此出现的非轴向载荷导致锚杆的屈曲强度显著减小。

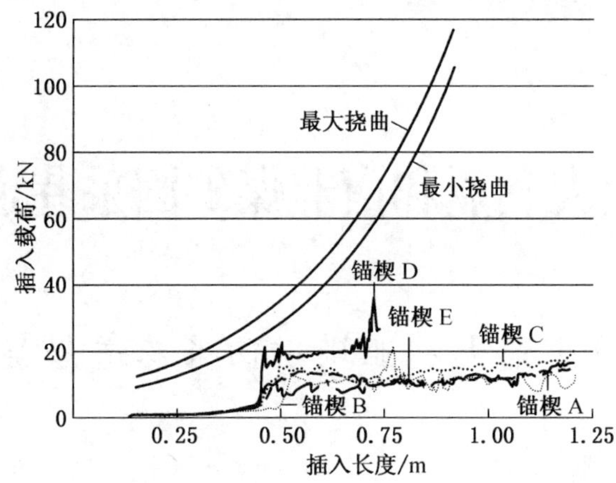

图 3－62　锚杆插入载荷与 6 号钢筋锚杆的抗屈曲强度

八、锚索安设

由于很高的背压，如果采用锚索全长锚固很难实现安设，这一事实导致美国工业标准采用 1.2 m 的等值黏结长度，而不考虑锚索长度。在抗屈曲条件下锚索是很弱的，因此需采用刚度较大的安装管和 1.2 m 的黏结长度。

通过此次试验，发现了减小背压的途径，从而容许采用较长的树脂黏结长度，如果技术上需要的话。图 3－63 显示了直径 15.2 mm 的锚索和 1～2 个的鸟笼安设在直径 25 mm 钻孔中，插入载荷与长度的关系。试验使用了与黏结长度 1.2 m 相适应的树脂黏度。

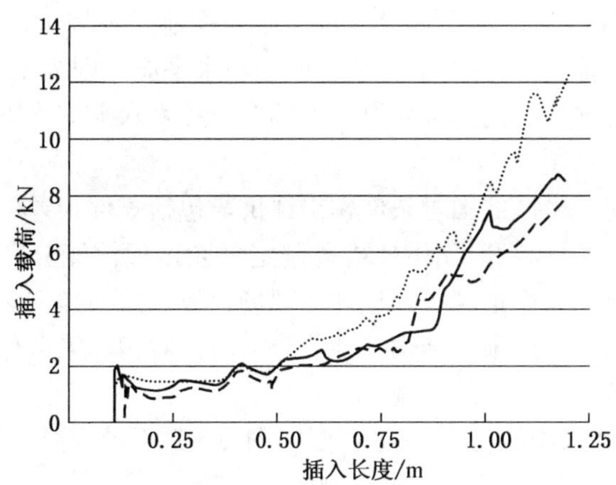

图 3－63　有不同数量鸟笼的锚索（直径 15.2 mm、孔径 25 mm）插入载荷试验

【本章小结】

本章介绍了美国巷道围岩稳定性分类，长壁工作面两巷系统和塑性煤柱设计原理，锚杆支护原理、结构和参数，以及水平地应力对巷道煤柱稳定性和锚杆工况的影响；英国 AT 锚杆、预应力锚索、柔性锚杆、锚杆工况监测系统；法国钢锚杆和玻璃钢锚杆，以及改善锚杆安装工艺的研究成果。这些内容对我国不同地质技术条件巷道设计和支护具有重要参考意义。

第四章　澳大利亚和南非煤矿回采巷道岩层控制

第一节　澳大利亚煤矿回采巷道岩层控制

一、巷道顶板分类概况

澳大利亚巷道顶板分类采用美国的 CMRR 指数分类法，因此首先需要对巷道直接顶的岩性进行评估。

澳大利亚大部分煤矿的 CMRR 为 35～55，这对开采设计和实际操作意义很大。根据 1990 年的研究，80％的煤矿长壁工作面顶板 CMRR 指数小于 50，即属于软弱或中等顶板。经验表明，当 CMRR≥55 时，顶板特性对 CMRR 指数不够敏感，此时顶板有较高的自承能力，属于稳定顶板。因此，对于较强顶板，采用 CMRR 指数分类法的意义不大。

含煤顶板：澳大利亚煤矿近 50％的巷道顶板为煤层或至少混有煤夹层。煤层较弱，有层理和节理，此条件下，CMRR 较低，典型的是 30～40。但是，在没有弱层的情况下，顶板状况良好。煤的容重为 13～15 kN/m^3，岩层的容重为 25 kN/m^3。

水平应力：澳大利亚煤矿的共同特点是，在开采地质环境下，水平应力大于垂直应力。最大水平主应力是垂直应力的 2～4 倍，而最小水平应力则为垂直应力的 1～3 倍，表现为顶板动态有明显方向性。例如，如果巷道轴向与最大水平应力方向垂直，则经常出现顶板变形量显著增大，如图 4－1 所示。

支架设计者需要对开采区的围岩条件作出评价，包括条件很差的顶板区域。新的设计中，增加了利用钻孔岩芯资料和 CMRR 指数制定采区顶板性能分区图，以及有关现场地应力和岩层结构的信息，从而达到较好地评估现场顶板性能和确定必需支架的目的。

在设计阶段需要依据采区顶板结构和性能分区图，对相邻采区作出预测；在生产阶段需要制定防治可能的危险或灾害的计划。

巷道顶板分类 CMRR 指数分区图的实例如图 4－2 所示，此图是根据 16 km 范围内（钻孔间距 500 m）的 50 个 CMRR 数据绘制的。

根据澳大利亚的实践经验，提出了下列巷道顶板分类，其中，CMRR 在 35～55 的区间是关心的重点：

CMRR＜35，极弱顶板；

35≤CMRR＜45，弱顶板；

45≤CMRR＜55，中等顶板；

55≤CMRR＜65，强顶板；

CMRR≥65，极强顶板。

对各主要采区顶板的 CMRR 分类研究成果，近年来大量用于优化设计和支护选型。

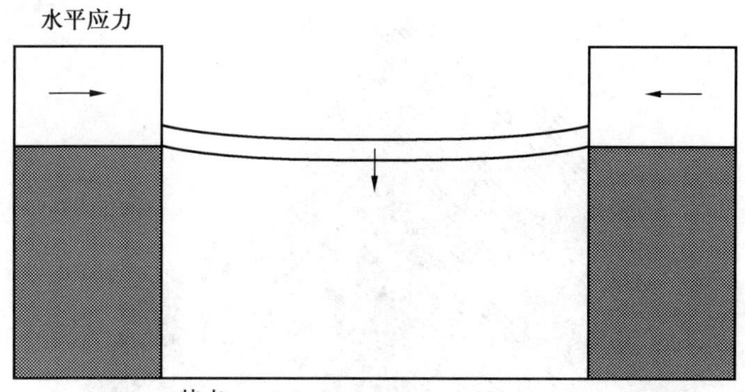

(a) 顶板出现拉伸/剪切破坏

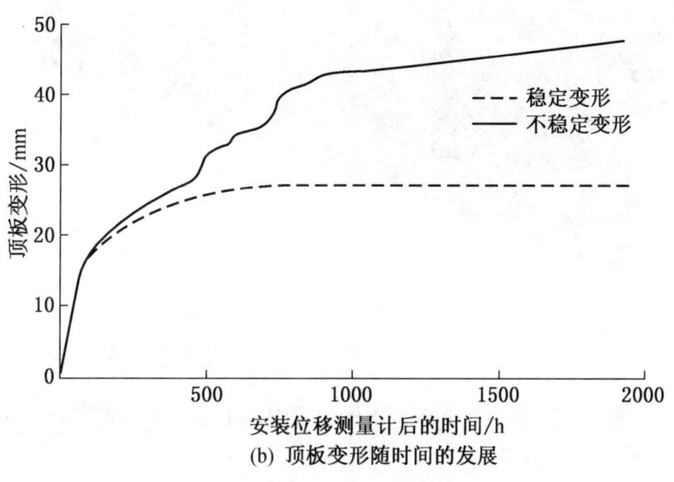

(b) 顶板变形随时间的发展

图 4—1　水平地应力对顶板变形的影响

二、锚杆支护

1. 锚固技术使用概况

在澳大利亚的 51 座井工矿中，有 34 座至少各拥有 1 个长壁工作面，长壁工作面均采用双巷掘进系统。长壁工作面采区煤巷掘进速度滞后是影响澳大利亚煤炭工业发展的一个主要因素。每掘进 1 m 煤巷，安装 6 根顶板锚杆和 2 根煤壁锚杆，每班安装锚杆 100～120 根。根据不同的地质条件，安装锚杆的根数也会变化。目前一些煤矿采用了安设有锚杆机的连续采煤机，但由于锚杆安装速度跟不上工作面回采速度，一些煤矿逐渐采用了双巷交替的开采和支护方法。

全长锚固锚杆支护在几乎所有煤矿和坚硬岩石的环境下都是首选的支护方法，有时在砾岩层中也使用端锚锚固。

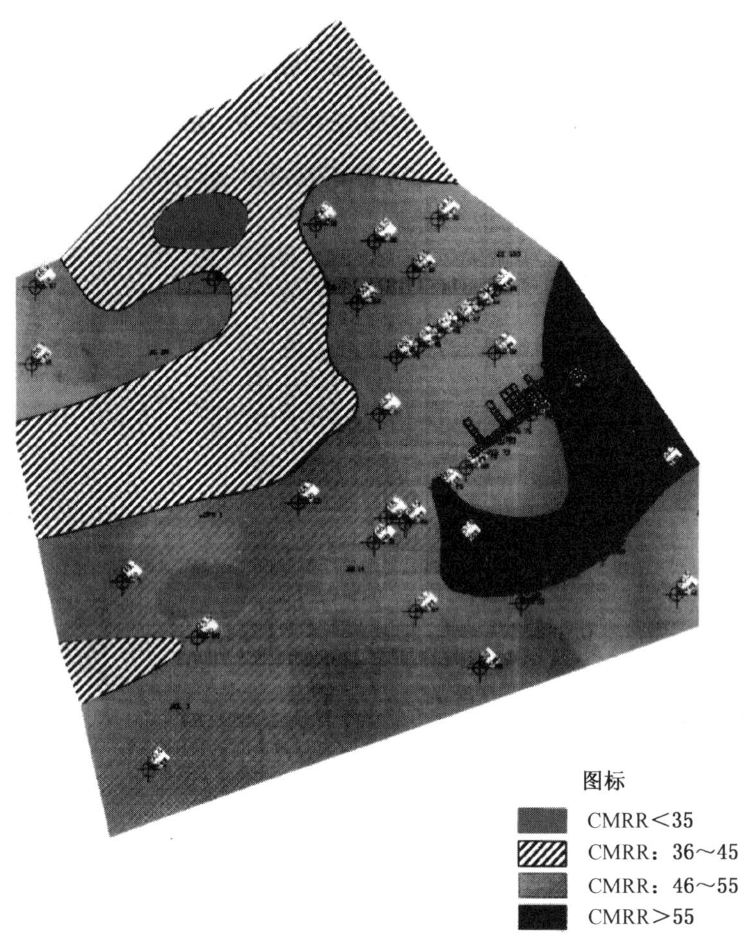

图 4－2　澳大利亚巷道顶板 CMRR 指数等值线分布图

1）在硬岩中使用的主要锚杆

（1）DSI posimix 锚杆：锚杆杆体缠有搅拌用的铁丝；

（2）扁形锚杆：主要有 JMA 扁形锚杆和 DSI 扁形锚杆；

（3）管状锚杆：主要有 SCS Jum 锚杆和 DSI Tiger 锚杆。

2）确定锚杆长度的经验规则

最短的锚杆长度可按下列长度中的最大长度选择：

（1）锚杆间距的两倍；

（2）岩块宽度的 3 倍；

（3）巷道跨度的 0.3 倍（跨度小于 6 m 时）；

（4）巷道跨度的 0.25 倍（跨度在 18～30 m 时）。

锚索长度也遵循同样的规则，只是比普通锚杆长 2 m，间距 1.4 m 为最佳。

特定条件下的设计：当岩石破坏的机理和矿山压力条件得到较好的认知和理解时，经验设计应做相应调整，对全长和端锚锚固锚杆都应做拉拔试验。

2. 锚杆支护原理

米诺桦国际公司（Minova international）总部设在澳大利亚，是重点研究和提供以煤矿地下开采岩层控制为主的产品和技术的著名国际公司，在煤矿地下工程方面有丰富经验。

米诺桦公司在锚杆支护原理方面有较全面的分析。本书将介绍以下几个方面：

1）巷道围岩应力重新分布

矩形以及圆形巷道在掘进后未支护的条件下，由于最大与最小主应力差形成的剪切应力超过围岩的抗剪强度而发生剪切破坏。在围岩具有节理或弱面的情况下，剪切破坏首先在节理和其他弱面发生，如图 4—3 和图 4—4 所示。

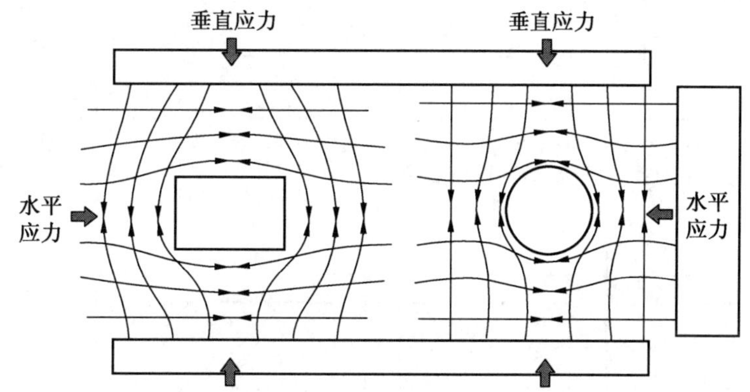

图 4—3　围绕矩形和圆形巷道的围岩应力集中

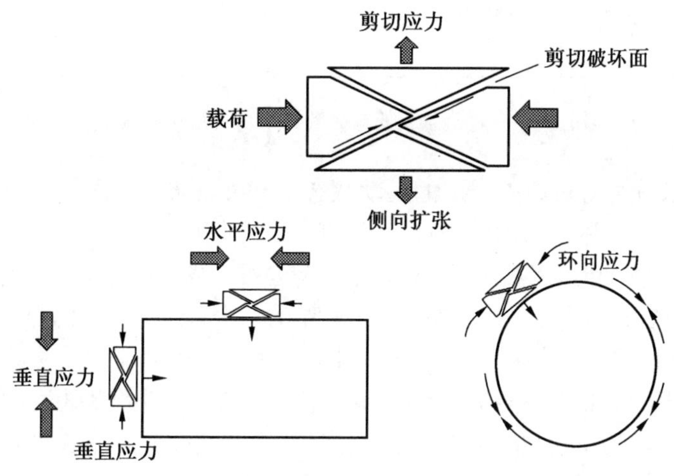

图 4—4　应力导致的矩形和圆形巷道的剪切破坏概念图

顶板锚杆的作用是加固岩石本身，也就是说，顶板锚杆增大了所在岩体的强度，因此岩石本身成为了支承系统的一部分。

煤矿巷道和工程隧道围岩总是发生剪切破坏，破坏可能发生在节理和其他弱面，或是发生在岩石材料本身。通常岩石破坏是由井下巷道周围的矿山压力造成的。对于矩形巷道，水平应力集中在顶板和底板，而垂直应力分量则是作用在两帮；对于圆形巷道，可以看作是环形压力作用在其周围（图 4—3）。如果此压力超出了岩石的强度，剪切破坏就会发生，并且伴随着剪切位移以及岩石的侧向扩张（图 4—4）。

另一种剪切破坏形式是在围岩应力场作用下沿着节理面和其他弱面发生的滑动位移。在靠近地表极低岩层压力的情况下，坚硬岩石的重力本身就可能导致节理石块滑动、岩床下沉，或者片状掉落，这一般为拉伸破坏。图 4—5 显示了矩形巷道处于高、低应力区内的一系列岩石破坏模式。这些岩石有些是大块的，有的带有节理并有分层。

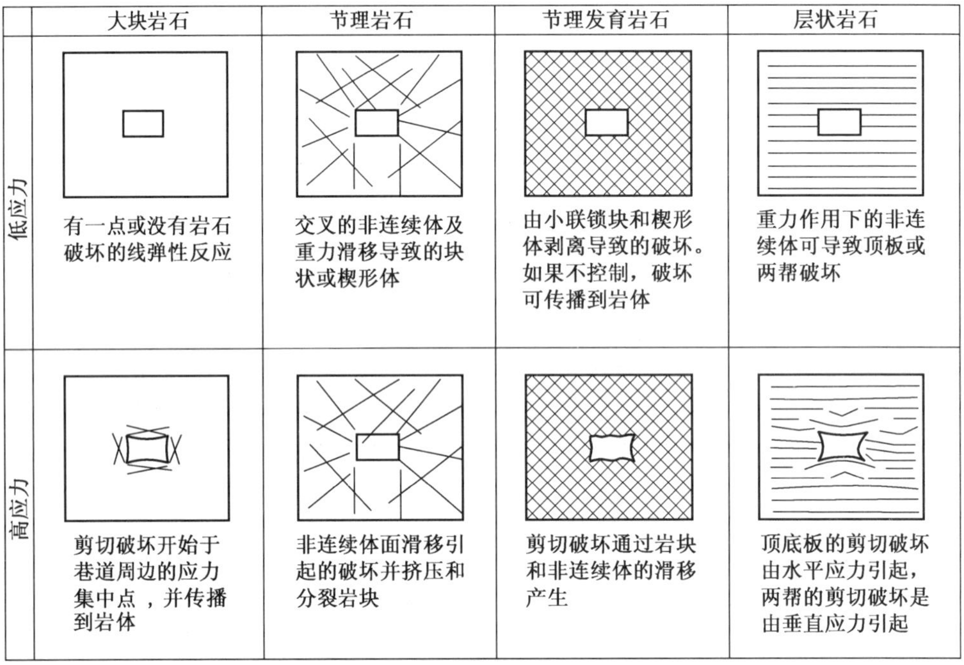

	大块岩石	节理岩石	节理发育岩石	层状岩石
低应力	有一点或没有岩石破坏的线弹性反应	交叉的非连续体及重力滑移导致的块状或楔形体	由小联锁块和楔形体剥离导致的破坏。如果不控制，破坏可传播到岩体	重力作用下的非连续体可导致顶板或两帮破坏
高应力	剪切破坏开始于巷道周边的应力集中点，并传播到岩体	非连续体面滑移引起的破坏并挤压和分裂岩块	剪切破坏通过岩块和非连续体的滑移产生	顶底板的剪切破坏由水平应力引起，两帮的剪切破坏是由垂直应力引起

图 4—5　对于高、低应力条件下的岩石破坏模式

安装后的顶板锚杆既可改变岩层的运动状态，又可以防止、限制岩石的破坏。锚杆通过把载荷从不稳定的岩体转移到锚杆自身，然后转移到稳定的岩层。

对机械式、摩擦式和注浆式锚杆来说，锚杆与岩石，或者锚杆与浆体的相互摩擦和相互咬合，以及浆体与岩石的相互作用，均会产生黏结力。岩石或者锚杆的变形引起了锚杆周围环形树脂层的剪切应力，即产生了很高的作用于接触面的径向应力，从而使摩擦阻力最大化。锚杆的杆体设计和孔壁的来福线，以及树脂的性能都是产生摩擦阻力的重要因素。

对于端锚锚杆，其黏结强度可以通过拉拔试验来测量。对于全长锚固锚杆来说，可以用短树脂药卷来做拉拔试验。

2）锚杆与围岩的作用方式

锚杆与岩石的载荷传递，可以看作有 3 种方式：悬吊、直接剪切约束以及轴向约束。

（1）悬吊或块体锚固。将弱层通过锚杆悬吊于上部坚固岩层是开发机械锚杆的初步构思。在此情况下，加于托盘的悬吊载荷通过锚头传递到了稳定的岩石上，然而，这种情况在锚杆支护应用中并不常见。相似的原理的应用是：借助于锚杆紧密连接岩体，将松散石块或者楔形石块锚固到周围稳定的岩层上，从而起到支护的作用。

（2）直接剪切阻力。安装时穿过一个潜在剪切面的锚杆，将直接阻止剪切变形。端锚类锚杆，在其阻力开始形成之前容许部分位移。而全长锚固锚杆是这种应用中最有效的，因为它能即刻产生阻力。岩石与浆体的破碎，是由局部应力和杆体弯曲导致的载荷传递引起的。同时，杆体弯曲也会使杆体产生轴向载荷。锚杆和岩层之间的浆体的强度越大，则刚度越高，抵制剪切位移的阻力就越大。虽然直接剪切阻力在阻止节理滑移时是有效的，但是通过岩石阻止剪切破坏的效果比较差。在此情况下，锚杆产生的阻力是有限的。直接剪切阻力作用如图 4－6a 所示。

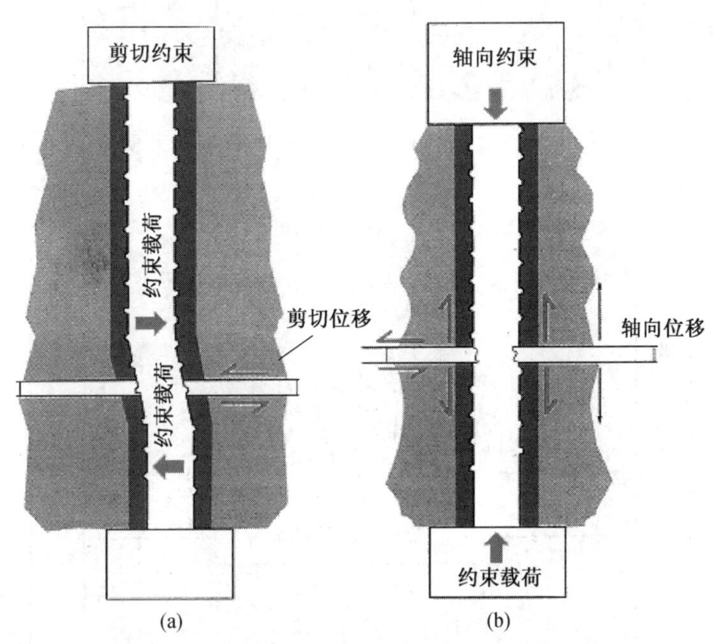

图 4－6　锚杆的剪切和水平约束作用

（3）轴向约束力。穿过一个潜在剪切面安装的锚杆也能产生轴向阻力，阻止伴随着剪切运动引起的侧向扩张（图 4－6b）。全长锚固仍是最有效的方法。载荷传递引起了集中在穿过剪切平面上的锚杆轴向拉伸载荷，它像夹子一样，穿过剪切平面增加法向力，阻止了剪切破坏。锚杆与岩层之间的浆体黏结强度越大，则刚度越高，锚杆的轴向约束就越大。对于端锚锚杆来说，锚杆的自由段在侧向扩张时可以自由伸展，导致产生的轴向约束大大减弱。然而，很多端锚锚杆在安装时加了预应力，这就产生了一个更加复杂的情况。

3）顶板承受的围岩压力特征

当锚杆成功加固地下巷道和隧道时，将会导致矩形巷道顶板承受很强的水平应力（圆形隧道是承受环压）。即使是在埋深浅的地方，作用在矩形巷道顶板的初始水平应力都有可能超过 2 MPa，这就意味着每平方米要承载 2000 kN 的水平力。长度为 2 m 的锚杆支护的岩石，在宽 5 m 岩层巷道处，每平方米岩石大约可承载 250 kN 的重力（图 4－7）。当水平横向压力存在时，即使顶板内有垂直裂缝，而且这种裂缝有可能使顶板石块脱落，但岩块由于受到水平横向挤压力而不会滑落。然而，在水平应力作用下，如果顶板破坏，载荷传递能力会因此减小，水平应力被重新分布到顶板更高处，最终导致顶板垮落（图 4－8）。

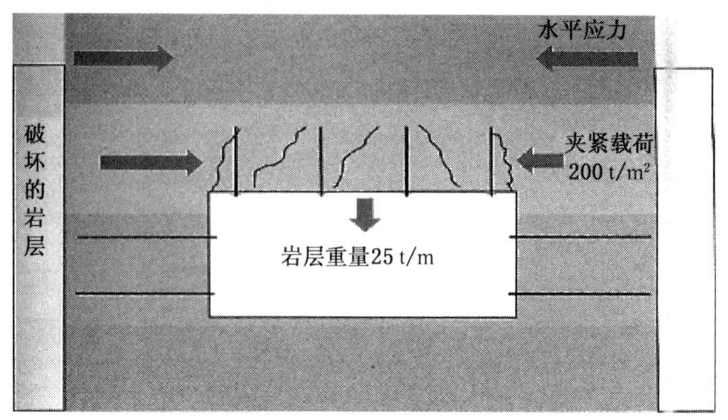

图 4—7　围岩残留应力场维持裂隙顶板的平衡

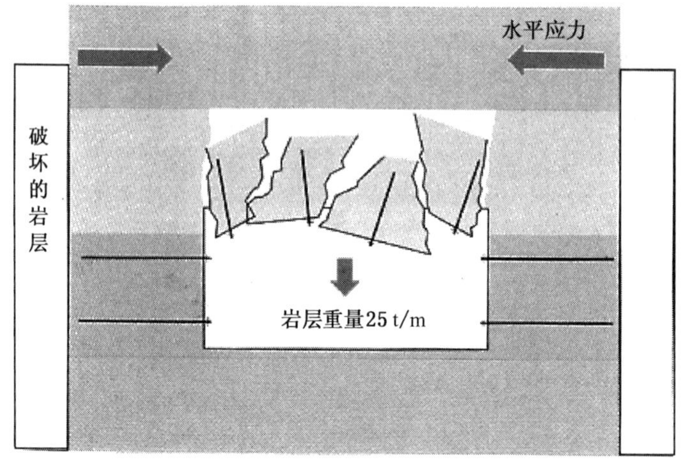

图 4—8　顶板在没有残留应力时会垮落

煤矿深部开采时，其岩石是典型的处于高应力区的弱岩，在这种情况下，初始水平应力高。在全长锚固支护系统中，高黏结强度和刚度在加固时起着根本作用，然而在水平应力条件下，一些剪切破坏还是会出现。顶板的稳定，取决于一个安全的顶板残余水平应力的存在（图 4—9）。

锚杆产生的轴向阻力是顶板稳定的关键。比起直接剪切阻力，其在局部产生的效果较差，因而可能发生岩石垮落。在这种情况下，相对较小的额外阻力（例如，通过安装附加锚杆，或者是使用更好性能的锚杆系统），可以增加锚杆支护顶板的残余强度，从而保证应力在岩层中的传递。图 4—10 显示了当剪切位移增大时，锚杆支护的顶板传递的应力变化。高阻力锚杆系统（B）比低阻力锚杆系统（A）形成的顶板残余应力要大得多。

因此，锚杆的加固作用，是阻止或者限制巷道围岩的剪切破坏。由于轴向阻力和横向剪切阻力的存在，使锚杆锚固区域传递的应力可保持巷道的稳定。根据巷道形状和岩石的条件，此作用可被描述为“组合梁”或“组合拱”，其本质都是通过锚杆锚固区域传递的残余应力起作用。

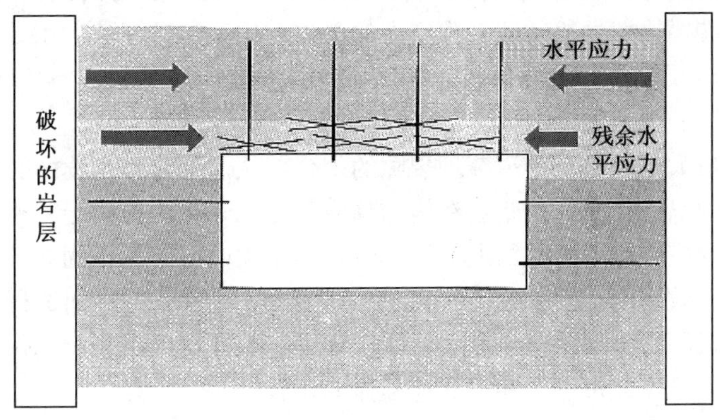

图 4—9　锚固后的顶板稳定性由水平残余水平应力维持

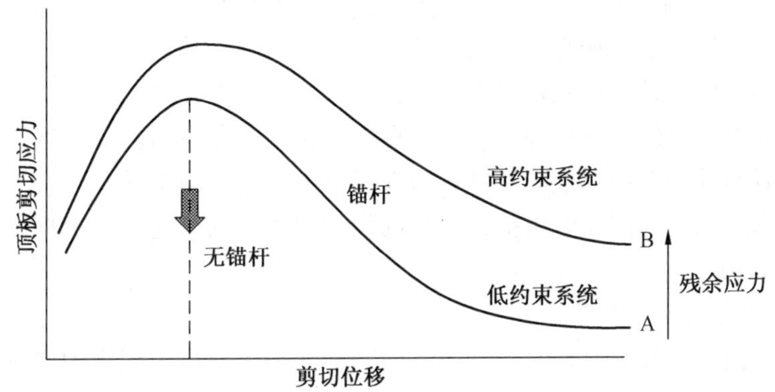

图 4—10　锚杆系统对顶板的轴向约束作用

4）锚杆预应力（Bolt Tensioning）

对于端锚系统来说，锚杆预应力是必不可少的。它最初是用来固定锚杆头部在顶板中的位置。对于树脂锚杆来说，将锚杆的托盘与顶板充分接触拉紧，使锚杆发挥其支护作用也是十分必要的。高强度的锚固系统，如钢绞线锚杆可承受高达 150～200 kN 的载荷。

部分锚固并施加预应力的锚杆，是一种主动支护。全长锚固的锚杆，如果没有施加预应力，是一种被动支护。在实践中，很多全长锚固系统实际上是加有预应力的。多年来，将两种树脂（“快速”树脂和“慢速”树脂）药卷应用于全长锚固锚杆中。快速树脂硬化后且在慢速树脂凝胶之前，要拧紧螺母，从而使预应力传递到整根杆体（慢速树脂锚固段），但正常安装中产生的载荷相对较小（约 30 kN）。

镦头（Forged head）锚杆不能用常规的方法来施加预应力，正常的做法是使用钻杆顶住托盘直至树脂硬化。“顶推锚杆”技术是在近几年出现的。当树脂硬化后，用钻机顶推锚杆底部和可压缩托板，拧紧螺母。当推力移走时，随着被压缩的岩石和托盘的扩胀，引起锚杆受拉，从而形成预应力。

端锚锚杆的预应力可在锚杆托盘以上岩层中形成一压缩区，这就会使非连续体收紧，从而增强非连续体面的剪切强度，并增加了锚杆的有效性。然而，托盘以上的岩石变形很小（预应力使岩石挤碎、收缩或蠕变）或者锚头滑移，锚杆的初始预应力就会因此消失。因此在矿井下，端锚锚杆的松动或者预应力的消失，均为常见现象。用计算机进行的大范围模拟结果显示，预应力引起的顶板压缩区大约在托盘上部的 0.5 m 以内，在这个区域里，预应力提供了额外的轴向约束。

高预应力的最大好处是对巷道节理裂隙的闭合，从而增大非连续体的剪切强度。

使用全长锚固锚杆，慢速树脂会在施加预应力之后硬化，这就会将预应力锁定。这跟端锚系统一样，预应力也不容易消退。比起带有初始预应力的点锚固系统，全长锚固锚杆系统具有更高的有效刚度。周围岩石的膨胀通过浆体/树脂环传递到锚杆上，于是，锚杆预应力会阻止顶板围岩移动的快速发展。在实践中，其主要优点是能确保锚杆托盘紧紧地安装在顶板上，并且保证每一个巷道非连续体的闭合。

5）顶板锚杆的局限性

顶板锚杆适用于相对小的变形范围。对于全长锚固锚杆来说，其允许的岩石移动变形仅在 50 mm 内，通常小于 100 mm，超过此范围，由于黏结强度减弱，锚杆有可能会损坏或者失效。锚杆末端变形、托盘变形或破坏、显著的岩层运动等都是锚杆失效的标志。在单纯使用锚杆不足以支护顶板的情况下，常常使用锚索加强支护。

适用于岩石大变形的可延性锚杆系统，在很多领域有所应用。可延性锚杆通常属于点锚杆类型，它具有控制变形功能的构件，即在托盘末端增加的滑动螺母。其优点是容许顶板有一定的变形，同时锚固系统可提供一定的设计阻力，从而达到保护杆体不破坏的同时又控制顶板的效果。

3. 锚杆类型的选择与应用

通过安装不同结构支护元件来改变岩石内部的状态，从而起到支护作用的方法，就是主动支护方法。主动支护锚杆有：加有预应力的端锚锚杆（机械式锚杆）、摩擦式锚杆和注浆锚杆。

1）机械式锚杆

机械式锚杆（图 4－11）又名胀壳式锚杆，是一种简单、经济、普遍的支护锚杆。这类锚杆在安装后能起到即时支护的效果。该锚杆通过在锚杆底部施加扭矩而达到对杆体施加预应力，通常配合注浆、树脂以形成固定锚头。

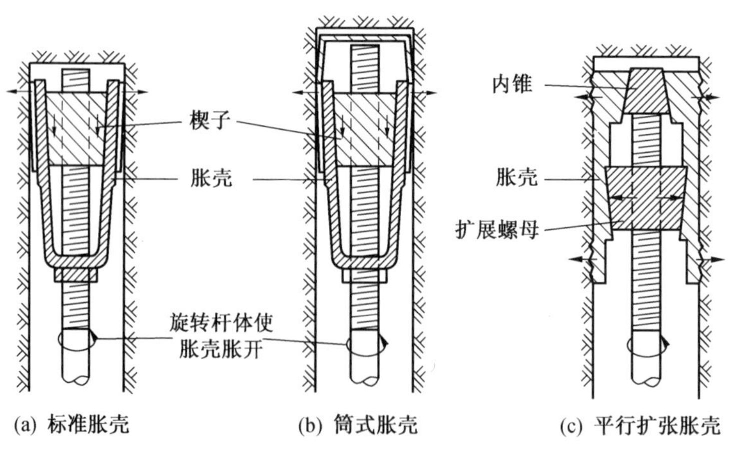

图 4－11　机械胀壳式锚杆

这类锚杆有很多的局限性，其工作原理意味着它在矿井中的应用只局限在比较坚硬的岩石中（原因是一般煤矿顶板岩石不稳定，使此类锚杆端部不能形成可靠的锚固段，且成本较高）。这类锚杆在安装上也很难把握，因为只有运用正确的扭转力才能保证锚杆的预应力。锚杆承载力还会因爆炸引起的震动或由高应力引起的孔壁岩石剥落而减小。

2）摩擦式锚杆

摩擦式（楔缝式）锚杆广泛应用在锚杆机械化支护的硬岩采矿业中。其工作原理是利用岩层和杆体之间产生的摩擦力来起到支护作用。摩擦式锚杆的锚头相对比较昂贵，不宜用于中长期的岩石支护。除非锚杆有防腐蚀保护，否则其使用寿命是非常有限的。摩擦式锚杆如图4—12所示。

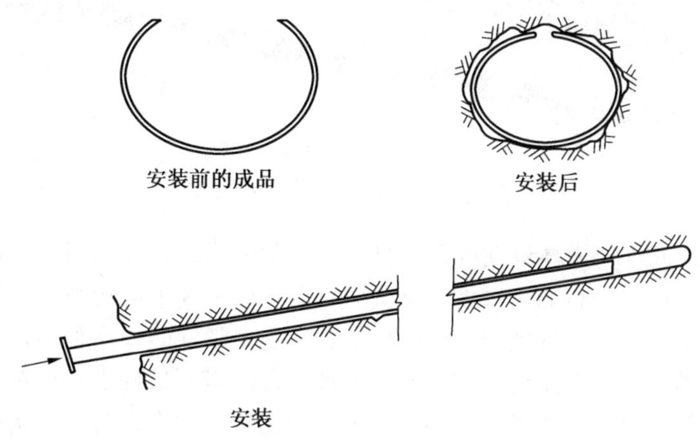

图4—12　摩擦式锚杆

膨胀式摩擦锚杆（图4—13）常常用在高度机械化的金属矿山和隧道中作为临时支护。这种锚杆在安装到钻孔后使用高压水系统将其直径扩大，以撑紧孔壁，然后把水释放。这种锚杆很容易被腐蚀，可利用注浆的方法防止其腐蚀，这使它的使用更加普遍。

3）注浆锚杆

注浆锚杆已被广泛使用很多年。最常用的锚杆是注浆螺纹钢锚杆和滚丝锚杆。这种锚杆通常与树脂或者水泥浆配合使用，而且有或无预应力均可。这种锚杆在不同的岩层条件下均可用于临时支护和永久支护。

另一种常用的注浆锚具为注浆锚索。使用中的锚索有许多不同的类型，包括柔性锚索和带有鸟笼的锚索，通常用于

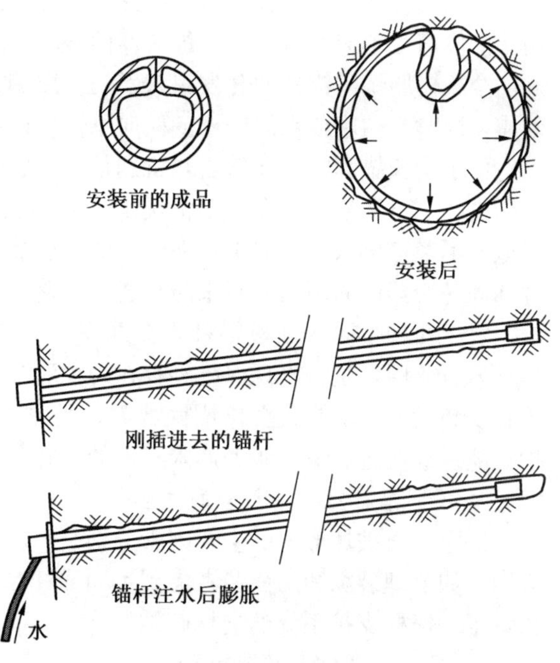

图4—13　膨胀式摩擦锚杆

辅助支护。它们可以用树脂或者水泥全长注浆，或者是先用树脂进行端锚，然后再用水泥泵进行后注浆。锚索结构如图 4—14 所示。

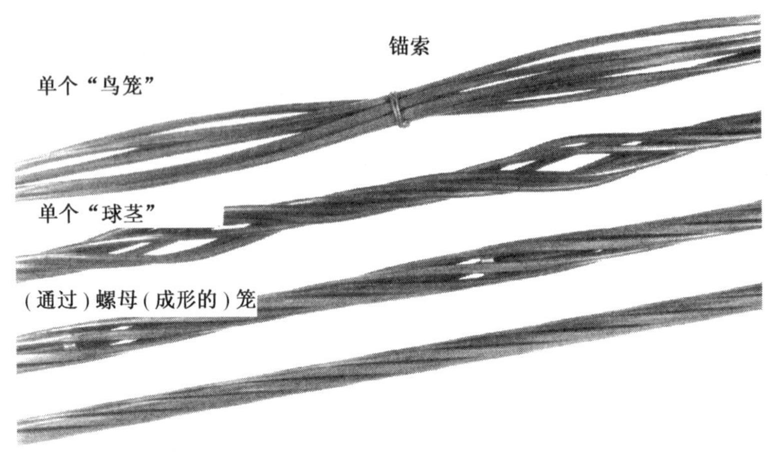

图 4—14　不同种类的锚索

这些主动加固元件对岩体运动的反应是产生一种阻滞力，并作用至岩体上，从而抵抗岩石下沉的动力，最终岩石的下沉力与抵抗力相等从而达到平衡状态。

顶板锚杆就是运用了这种加固理论改变了岩层的力学性能。这种锚杆与在加固水泥之中的钢筋所起到的作用非常接近。在软弱或节理发育的岩石条件下，相对于带有膨胀壳的锚杆，树脂锚杆的优点是提供了更高的锚固力。当受到强烈震动时，树脂锚杆比膨胀壳锚杆更可靠。

树脂锚杆在每单位长度岩石中提供的锚固强度要远远大于摩擦式锚杆。摩擦式锚杆在初始阶段遭受剪应力时，易于被拉伸而破坏。

全长树脂锚固锚杆的开发引入了一种新的方法。不管有没有预应力，均可形成组合梁效应，同时，树脂或水泥锚杆的横向刚性可以抵抗岩层的水平剪切力。

由于全长锚固锚杆在软岩，特别是在层状的沉积岩层中的成功，使之在全球的需求与应用也随之不断增加。在很多情况下，使用全长锚固锚杆已成为煤矿开采时的唯一选择。在地质不稳定区域，加固工作面前方的岩层能起到事半功倍的效果。全长锚固锚杆还可通过加固易垮落区周围的岩石来防止岩层垮落。

对于几种不同的顶板锚杆，在选择上主要取决于以下要素：巷道掘进高度；岩石类型；岩石分层，是否出现或已经存在裂隙和节理；岩石的强度和硬度；主要承载岩层的位置；安装设备；端锚或全长锚固药卷；是主要（常规）支护，还是维修作业时的临时支护；隧道或掘进巷道的服务期限；水的存在与否。

4. 不同锚杆对巷道围岩的适应性

决定岩石破坏形式的主要因素分别是：原岩应力、岩石材料、非连续体的出现频率和方向，如节理裂隙和层面。考虑到不同锚杆在高、低应力条件下可能破坏的模式，在不同条件下，锚杆支护系统的选择归纳如下：

1）低应力条件下的厚重岩层

支护模式：无支护或者进行表面控制来阻止松散石块脱落。合适的锚杆支护系统：任何短、低强度锚杆或与金属网同时使用。适用于厚重岩层条件下的埋深浅的盐矿、石灰石矿、金属矿等。

2）高应力条件下的厚重岩层

支护模式：挂背板网的锚杆支护系统，可以限制剪切破坏和兜住破坏的岩块。适宜的锚杆支护系统：高强全长锚固树脂锚杆。适用于厚重岩层条件下的埋深大的盐矿、钾肥矿、隧道等。

3）带有一些非连续体的低应力环境

支护模式：安装锚杆，用于加固大岩块和岩石楔块。适宜的锚杆支护系统：预应力端锚锚杆或预应力全长锚固锚杆。适用于埋深较浅的金属矿、石膏矿，埋深浅的隧道在节理接近密实的岩石时，如砂岩、花岗岩、片麻岩。

4）带有一些非连续体的高应力环境

组合支护模式：高强锚杆，挂背板网或喷涂，以挡住破碎的岩块。如果需要，锚杆安装时应按一定角度穿过非连续体。适宜的锚杆支护系统：预应力端锚锚杆或全长锚固锚杆。适用于火成岩、变质岩内的埋深大的隧道等。

5）带有很多非连续体的低应力环境

组合低强度支护模式：锚杆，挂背板网或喷涂，以防止岩块离位和松脱。适宜的锚杆支护系统：预应力端锚锚杆或预应力全长锚固锚杆。适用于岩石成叶片状且节理发育的埋深浅的隧道。

6）带有很多非连续体的高应力环境

组合支护模式：高强度锚杆，挂网或喷浆。也可能需要侧向拱和仰拱。适宜的锚杆支护系统：高强全长锚固锚杆（也许需加长）。适用于深隧道在岩石成叶片状/层状、节理发育、破碎岩石或伴随着断层的剪切区。

7）岩石分层的低应力环境

组合锚杆低强度支护模式，可加固顶板和阻止剪切破坏。适宜的锚杆支护系统：预应力端锚锚杆或全长锚固锚杆。适用于浅煤矿入口等。

8）岩石分层的高应力环境

综合锚杆高/低强度支护模式，可以限制剪切破坏。合适的锚杆支护系统：顶板和两帮采用高强度全长锚固锚杆，挂网，可能将锚杆加长和用锚索。适用于埋深大的煤矿巷道等。

5. 锚杆支护设计

1）设计中应考虑的问题

锚杆是利用围岩的强度来支护开挖的隧道或巷道，因此了解岩石在工程中的变化是锚杆支护设计的根本。

锚杆支护可应用于不同的岩石条件下。在岩石坚硬、压力较低的浅层矿山，隧道和露天挖掘的情况下，岩石的破坏也许仅仅是因为重力作用造成的，且表现为岩块松动和节理移动。在这些情况下的设计方案主要考虑节理的几何形状、特性及阻止岩块移动的加固强度。

在埋深大且岩石相对弱的矿山，如埋深大的煤矿或盐矿，岩层垮落大多是由压力造成的，而剪切破坏是通过岩体和弱面（比如层理和节理面）来传递的。在这种情况下的设计方案主要考虑岩体在施加压力后的活动特征和阻止岩石剪切和扩张必需的加固强度。

大部分的地下开挖环境，通常介于这些极端的地质条件之间，设计时需要考虑所有可能的岩石破坏模式。

2）锚杆设计规则和依据

采用何种锚杆支护模式在很多矿井都是要通过反复试验的。通常应根据不同的条件，依据工程师的判断而确定。以美国为例，最大锚杆间距为 5 英尺（1.52 m），在很多矿井里，每排要使用 4 根锚杆，锚杆间距达到 1.2 m 左右。但无论做何设计，首先都要遵循相关的标准和规则。[编译者注：美国煤矿的锚杆钻机大多只能打垂直钻孔，且受钻机尺寸的影响，顶板的边锚杆通常离煤帮至少 1 英尺（0.305 m）]

3）参数设计

（1）岩石材料参数。

①岩石类型。

岩石类型是通过地质调查而确定的，其中包括钻孔岩芯分析。通常包括在设计中需考虑的许多节理和其他结构。对于沉积岩层，支护设计时需要考虑每个岩层的力学性能、厚度和主要层面的位置。

②岩石力学强度。

岩石强度可以定义为在没有明显破坏的情况下，岩石材料的承载能力，可通过岩石力学试验确定。对岩样进行压力试验得到的单轴抗压强度（*UCS*）是最常见的试验强度参数。

在约束条件下的岩石材料对载荷的反应，在加固设计中很重要。这可通过三轴试验来完成，由此确定其岩样的峰值应力（σ_1）、约束应力或次主应力（σ_3），并且可以由此估算出摩擦角和剪切强度。在静态应力载荷条件下，如岩石显示出明显的蠕动，其相应的强度是很难确定的，且对实践的影响很小。

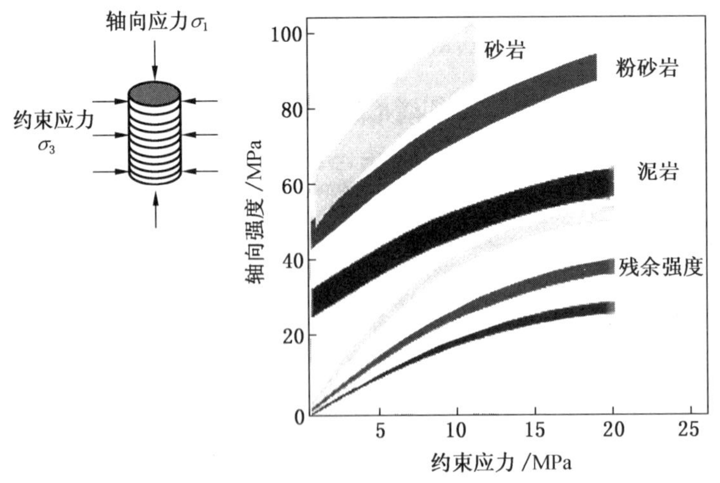

图 4－15　煤系岩层的三轴试验

如图 4－15 所示，三轴试验结果显示了岩石对约束应力增加的反应。锚杆的加固作用增加了约束应力，因此增加了岩体的峰值强度和残余强度。

应注意到，所有岩石强度的测量都遇到了试样尺寸的问题。小块完整的测试样品并不能充分代表现场的岩体，而越大的试验样品测试的强度结果越低。这是在利用岩石测试数据做设计时必须考虑的因素。

③地质构造。

地质构造，如断层、节理、层理面，在坚硬岩石或低应力环境中是非常重要的。通过测绘地质构造来确定方位、持续范围、间距、非连续体的表面特性等，这是设计中必不可少的部分。节理和层理面的剪切强度可用专门的测试仪器测定。

④应力场参数。

可以把开挖之前的原岩应力场视为正交的 3 个主应力场。其中，垂直应力即单位面积的上覆岩层重量，它与埋深有直接关系。水平应力也会随着深度的增加而增加，但很难预测。在深度较浅的岩层中，水平应力可能会受到周围地形的影响，但是作为地壳构造力，埋深增加后，其中一个水平主应力会大于另一水平主应力，甚至大于垂直应力。这种现象出现在世界的很多国家和地区，包括澳大利亚、美国、非洲和欧洲。原岩应力场的测量结果在设计中应予以考虑，它对设计有着重要的影响。

开采形成的次生应力场集中在采掘工程周围。无支护条件下如果围岩破坏，应研究确定集中应力的大小。在埋深较浅的巷道中，坚硬的岩石可以起到自承作用，或只需要锚杆对松散石块进行加固；当埋深加大时，对加固的要求也随之提高，需要阻滞岩石的剪切和横向扩张以维护巷道轮廓。

邻近巷道会对本巷道的应力场产生影响，在一些情况下会产生重要的效应，导致应力集中。煤柱底部的垂直应力可影响其上下一定距离之内的工作面。在巷道使用期间，其他工作面开采对它产生的影响，在巷道设计时也应予以考虑。

(2) 掘进断面形状尺寸。

掘进巷道的尺寸和形状是构成掘进后围岩应力场的两个主要因素。需要的支护阻力和结构尺寸随巷道尺寸的增加也相应增大。也许存在一临界尺寸，如超过它，支护将非常困难。

(3) 掘进方法的影响。

顶板锚杆作为支护方法成功地应用于隧道机械式和爆破掘进。通过对两个硬岩隧道和一个煤矿巷道的测量证明，爆破时的最高颗粒速度在煤矿中小于 92 mm/s，在硬岩隧道中为 65 mm/s。爆破对 1 m 以外树脂锚杆的黏结强度无明显影响。掘进爆破会在一定程度上破坏巷道的表面，所以需要挂网，以兜住松散岩块。质量差的爆破施工，如钻眼偏心、装药过量会大大增加局部岩石的破坏，从而加大对锚杆支护的需求。

(4) 地下水以及锚杆腐蚀。

对地下水条件的了解，可能会影响对锚杆支护和杆体材料方面的选择。对于多孔或水敏感岩石，水会降低岩石的有效强度，且水会润滑节理和其他一些有潜在损坏的平面。钻孔中的流水可能直接影响到锚杆的安装。此外，如果水直接接触到未受保护的锚杆杆体，腐蚀现象将会发生。

当岩石中的水流很大时，采取压力注浆可防止锚杆注浆在硬化前被冲走。水是决定是否对钢锚杆进行腐蚀保护的重要因素。水的腐蚀性可通过 pH 值来推测。但用于全长锚固锚杆的聚酯树脂是不受地下水影响的，它能形成一个不透水的屏障而保护钢锚杆。

(5) 岩石加固的可行性。

锚杆支护适用于很多情况和环境下，但锚杆的失效极限很难定义，因为岩石材料的性能、应力条件和巷道尺寸都是影响的因素。岩石加固最基本的要求是岩石应有一定的强度。岩石支护或加固已成功应用于小于 20 MPa 且应力低的环境中。最低锚杆强度会随着应力的增加和采掘面积的扩大而随之增加。顶板锚杆已成功地用于深度超过千米的煤矿、盐矿和更深的硬岩金矿中。

其他影响锚杆有效支护的因素有：岩石节理发育或破碎，特别是有光滑面的节理；岩层含水高；高地应力岩层和膨胀或挤压岩石组合在一起。

4) 顶板锚杆支护的设计方法

(1) 设计原则。

岩石和岩石应力的复杂性决定了锚杆支护设计的复杂性。基本的设计往往是针对特定的岩石和特定的应力条件。在选择设计方法时，建议参考以下基本原则：

①根据上述的主要参数查明现场条件，确定可能的岩石破坏模式。最后选用的方法应该是一个已在类似条件使用过和出现相似破坏机理的方法。

②也可选择一个以上的支护技术，以便全面考虑岩石的破坏机理，例如，节理间的岩块滑落和顶板的剪切破坏。相对简单的做法是将不同方法的输出结果进行对比，作为额外的检查。这些方法的结果只可作为指导原则，应实地对岩石变形和支护性能进行监测。

③最后的选择也受到操作的影响，如现场的安装设备。由此可知，锚杆支护系统的设计应该与矿井或隧道整体的规划相结合。

(2) 设计的解析计算技术。

利用岩石力学的基本数学方程，根据设计参数直接计算出所需锚杆的长度和间距。例如，通过计算来确定悬吊岩层所需要的锚杆数，或把顶板看作一个弹性梁或拱，通过计算得出保持岩层稳定所需的锚杆数。

一个被广泛使用的解析计算方法是根据岩块重力作用或者由节理形成的楔块导致的滑移确定支护参数。对于主要为节理化的坚硬岩石，可利用计算机程序来计算锚杆间距和长度。

(3) 经验技术。

经验技术是来自于“经验法则”，其最简单的作用是为支护提供一个或几个设计参数。

基于岩石分类的经验设计在近几年里已得到了充分的发展。岩体分类系统已广泛用于硬岩矿山和隧道的支护设计。

RMR 是基于完整岩石的强度、岩芯质量指数（RQD）、节理间距和不连续性特征和地下水条件来建立的。RQD 的 4 个参数与节理数量及其条件，以及应力等因素有关。

这些岩石的分类方法源于对硬岩的研究且侧重于其节理属性。但它们在煤炭开采中并没有被广泛应用，因为在煤矿岩层中有大量不同类型的弱面，而且完整岩石的强度也相对要低得多。不过，美国的 NIOSH 最近开发出了一种针对煤矿岩石类型的设计方案，它考虑到了煤岩较低的应力水平。

(4) 计算机数值模拟。

计算机数值模拟的目的是模拟岩石材料在载荷作用下的工况及支护的反应。计算机数值模拟现已广泛使用。计算速度的不断加快和数值模拟软件包的不断开发，意味着现实的二维或三维的岩石支护模拟可以在台式计算机上进行。

已专门开发出应用于岩石力学的数值模拟软件包。对于坚硬的节理化岩块，离散元方法容许岩块的模拟组合。除此以外，有限元方法是提供弹性行为的有效计算模型。对于软岩，如含煤地层，有限差分法通常是首选，因为它容易模拟大位移和非弹性变形行为。

计算机数值模拟可以成为一个非常强大的设计工具，它不但可以提供广泛的参数，还可以改变参数进一步深入研究。然而，如用数值模拟来做支护设计，以下 3 种基本要求已被定为有效设计方案的必要条件：

①模型必须能够正确模拟岩石的动态和破坏机理；

②必须详细了解材料性能和初始应力水平，最好现场测量；

③模型的输出结果应与现场测量的参数比较，如岩石位移和锚杆载荷。

满足这些条件，数值模拟便成为最可靠的设计方法之一。

(5) 观测设计方法。

观测设计方法是通过现场测量来进行设计，此方法在采矿和土木工程中得到愈来愈多的应用。借此，初步设计可利用已有的资料完成，而设计修改可以根据施工期间所获得的信息、资料以及监测得到的重要参数进行完善。一个在隧道工程中应用的方法是新奥地利隧道工程方法（简称新奥法），它利用锚杆和喷浆作为支护。支护安装时间和喷浆的厚度因地制宜，取决于隧道的变形率和支护载荷。使用此设计方法时，由于变形是逐渐的，因此按适当的时间进行补充支护是很重要的。

观测设计方法应用于煤矿锚杆支护设计起源于澳大利亚，之后被英国煤矿采纳，如今被编入英国煤炭工业指导原则中。该方法利用钻孔位移计和测力锚杆得到的数据，确保了支护的有效性。当顶板运动超过预定的（位移）水平时，应增加额外支护。

(6) 仪器仪表和监测。

监测锚杆安装后的表现对确保安全十分重要，监测结果还可以用来优化设计。监测仪器包括巷道收敛位移计、可视化的示警装置——顶板离层仪、锚杆应变测量仪，参见图4—16和图 4—17。

6. 锚杆与注浆材料的性能和参数

为实现支护模式优化，在设计顶板锚杆支护系统时，为帮助设计师制定最好的解决方案，许多因素都需要优化选择，包括：锚杆材料、注浆材料、锚杆长

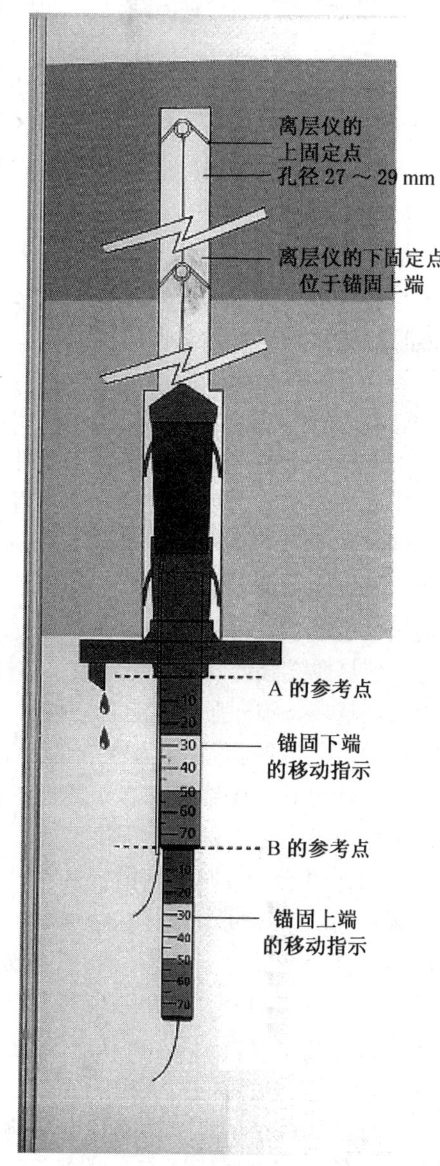

图 4—16 可视化的示警装置——顶板离层仪

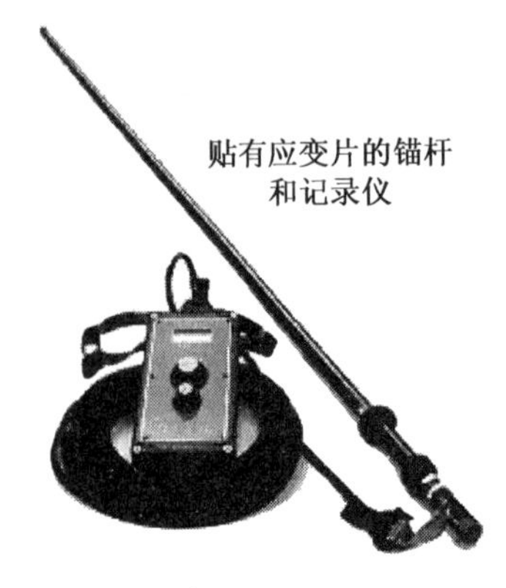

图 4—17 典型的锚杆应变测量仪

度、锚杆的树脂环带及螺栓的外形和孔壁条件、锚杆直径、锚杆支护密度、锚杆安设方向、锚杆的预应力等。

1）锚杆材料

绝大多数锚杆是用钢材制造的。最早的锚杆是用标准螺纹钢做的，为了最大限度地增加锚杆强度和延伸性，通常需要采用较高性能的钢材。螺纹通常是滚压而不是切削形成的，这样可确保螺纹部分与其余锚杆部位有相似的强度。镀锌钢和不锈钢锚杆常常用于需防腐蚀的地方。除刚性锚杆外，柔性锚杆也可用钢丝制成，通常是扭曲钢绞线，它使用在所需锚杆长度超过一般刚性锚杆长度的条件下。最常见的可以替代钢做锚杆材料的是玻璃纤维，玻璃纤维锚杆比较轻，耐腐蚀，可切割，适宜用于工作面煤帮支护，但玻璃纤维锚杆的最大缺点是抗剪强度低且成本高。

2）注浆材料

主要的注浆材料有聚酯树脂和水泥浆。水泥浆牢固、刚度大，产生支护效应需要 3 天时间，而聚酯树脂最大的优势在于它能快速凝固并能够在不到一个小时内产生支护效应。树脂药卷使锚杆安装变得简单而得心应手。相比之下，水泥药卷在搅拌时如水过多会被弱化，且安装质量难以保证。

3）锚杆长度

锚杆长度的选择主要受现场条件的影响。如果岩体具有较高的自承能力，则锚杆的主要作用是提供巷道表面支护，阻止直接顶的剥落。短锚杆有时需要与锚网配合使用，以增加区域支护强度。作为一个基本准则，锚杆长度不得小于 500 mm。较长的锚杆可用来防止岩石块运动或者对高应力区和垮落顶板进行主动支护。在这种情况下，所需锚杆长度会通过一定的设计方法来确定。

锚杆黏结强度的最大化导致了锚杆长度的最小化。黏结强度越高，锚固长度越短。锚固阻力区越长，锚杆强度越能充分利用，以阻止顶板运动。

4）锚杆的树脂环带及螺栓的外形和孔壁条件

树脂可看作是锚杆和岩石之间的机械联锁。其强度取决于 3 个基本参数，这些参数可以确定对某一岩石的黏结强度。

（1）树脂环带厚度（锚杆和钻孔的半径差）对黏结强度有着关键的影响，这是因为：如果树脂环带厚度小，其黏结强度可最大化，而如果钻孔相对于锚杆直径过大，树脂药卷的搅拌就会变差。当树脂药卷是被锚杆头穿透且围着锚杆搅拌，而不是正确的将药卷搅碎，那么所谓的“手指和手套”现象就会发生。然而，树脂环带太薄则会导致锚杆安装困难。最佳环带厚度为 3 mm 左右，这意味着钻头直径应比锚杆直径大 5 mm 左右。地方标准可能会规定可用的最大树脂环带厚度。

（2）锚杆上的螺纹肋筋也会影响锚杆的黏结强度，已开发了使锚杆黏结强度最大化的螺纹肋筋。圆钢形锚杆不变的横截面对保证树脂环带厚度的一致也是十分重要的。

（3）孔壁条件非常重要。钻孔后孔壁产生的螺纹槽可大大增加黏结强度。一些钻头的设计可以产生更多的螺纹槽。尖顶和球齿形钻头在大多数情况下可提供平滑的孔壁，相比之下，两翼钻头可使螺纹槽最大化。大多数钻头可以根据需要进行改造，同时提高钻孔的螺纹效果。此外，其他因素，如钻机的旋转速度和钻进速度对提高内壁螺纹效果也是很重要的。

最后，钻孔冲洗也很重要。如果没有进行妥善的清理，锚杆壁的粉尘会降低黏结强度。用水冲洗通常可以有效地清洁孔壁，但是盐岩和一些黏土岩对水敏感，因此湿冲洗不可行，这时真空冲洗可取而代之。

5）锚杆直径

锚杆直径是根据锚杆强度需求和保证树脂环带厚度而确定的。因此，选择锚杆直径时需要考虑与钻孔大小相关的因素。在考虑到这些限制的前提下，锚杆直径越大，锚杆能承受的载荷越大，在大多数情况下，需安装的锚杆数量也会相应减少。

6）锚杆支护密度

锚杆支护的密度是单位面积内安装的锚杆数。当设计的锚杆支护系统是通过坚硬的岩石来悬吊软弱岩层时，锚杆的支护密度可以根据被支护悬吊岩石的重量和使用的锚杆强度来计算：

锚杆支护密度＝（被支护岩石重量×安全系数）/（锚杆屈服强度×顶板面积）

在设计计算中，假设锚杆锚固在较硬的岩层中，并且锚杆的力量被充分利用，则锚杆在其屈服载荷达到之前不会失效。一般情况下，锚杆在加固岩石时起着主动支护的作用，并且实际锚杆支护密度会高于仅仅按平衡重力载荷条件所要求的锚杆支护密度。当岩石破坏的原因涉及到非连续体之间的岩块运动时，锚杆支护密度是根据穿过非连续体并锚固在稳定岩块上的要求来确定的，故它取决于非连续体的方位和间距。

7）锚杆安设方向

对于矩形巷道来说，大多数顶板锚杆采用垂直安装。当最好的加固效果需要出现在高应力/低强度的环境时，这种安装是合乎逻辑的，例如对埋深较大的煤矿中的层状岩层的锚杆支护等。

当利用锚杆来穿过非连续体是主要目的时，应将锚杆倾斜安装以交叉于非连续体面。但钻机是有局限性的，例如采用综掘机时（大部分综掘机只能钻垂直孔）。有时锚杆需要倾斜安装，以达到理想的锚杆布置形式。如锚杆安装在拱形巷道，通常成放射状或扇形布置。帮锚杆可以水平或与不连续体面成角度安装。

8）锚杆预应力

锚杆预应力原本用于机械式端（点）锚锚杆，以使锚杆头部固定在一定位置。现在常用的树脂锚固锚杆，这种预应力能使锚固区内形成压缩区，从而改善锚固效果。虽然预应力会增加点锚固系统的刚度，但对高预应力全长锚固锚杆的使用仍有分歧。预应力的主要优点在于：确保锚杆托盘与顶板紧密相接和可将任何巷道围岩不连续体予以闭合。

7. 锚杆结构的改进

为了改善岩层加固系统的性能，澳大利亚发展了高刚度锚杆系统，如预应力锚杆和锚索。针对软弱顶板和高水平应力区的岩层控制，发展了一系列新技术。由于长壁工作面的推广应用，对顶板岩层控制的需求在增大，要求锚杆和锚索支护有更好的效果。

直接顶的稳定性主要取决于其应力状况、分层厚度和结构，以及膨胀和冒落特性。无论是连续开采系统还是后退式长壁开采系统，如果能够保持直接顶岩层的自承能力，则巷道岩层控制应该是可预期的和可管理的。但是实践表明，如果岩层已经破坏，并失去自承能力，则不仅需要加强支护，而且顶板的固有特性变得很复杂，难以管理。澳大利亚煤矿发展的预应力锚杆和锚索，不仅有可能保持顶板的自承能力和巷道稳定性，而且提高了掘进速度和长壁工作面回采速度。

1）标准柔性锚杆的研制

标准柔性锚杆是由高强度（580 kN）钢材用树脂黏结锚固的钢绞线锚索，其直径 23.5 mm，用于直径 28 mm 的标准钻孔，它不能直接通过螺母形成高扭矩。在其端部安装了锥形套和套箍。由于螺纹端有很高的摩擦系数，因此在锚索自由端形成了很大的扭矩。为了缓解这一问题，在锥形套下面增加了轮圈垫片，它可以延缓锥形套和套箍的楔入作用，直至柔性锚杆拉伸载荷达到 50～100 kN。达到 50 kN 后，垫片被套箍剪切。其结构如图 4－18 所示。

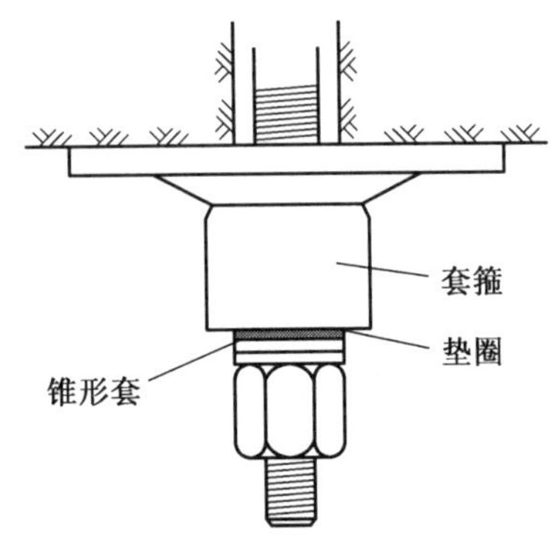

图 4—18 标准柔性锚杆结构

更进一步的任务是研制高预应力（如 250 kN）的柔性锚杆，其结构如图 4－19 所示，称为 BFP 系统。在锚杆头部顶板外面，在托盘与套箍之间，增加了锁箍段，将拉伸力锁定。锁箍段由螺纹管和支承螺母组成。

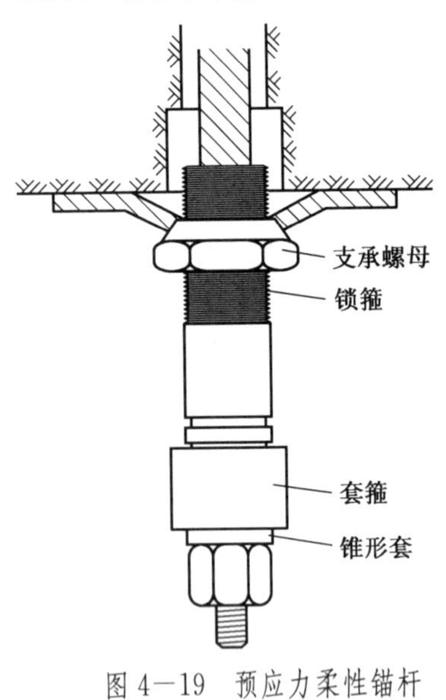

图 4—19 预应力柔性锚杆（BFP 系统）结构

2）高强度和高刚度锚杆的研制

澳大利亚的煤矿经常遇到围岩大变形的情况，在此条件下，高强度和高刚度锚固十分重要。如果载荷超过锚杆屈服极限，则会引起其断面直径减小，并使锚杆从树脂中逐渐滑落，锚杆体被部分拉伸出孔外。根据经验，约有锚杆长度的 60%从树脂中滑出，进而导致较大的顶板下沉。为此，研制了高强度和高刚度锚杆。

（1）AVH 锚杆。这种锚杆是钢锚杆中强度最高的锚杆，钢材屈服强度可达 770 MPa。AVH 锚杆的屈服极限达到 260 kN，可成功地取代刚度较低的 AH 锚杆。这两种锚杆的力学特性见图 4—20。

（2）柔性锚杆。柔性锚杆的重大改进可以提高其对顶板加固系统的刚度，这可以通过增大锚杆本身的刚度和锚索强度来实现。柔性锚杆的屈服载荷约 400 kN，其刚度远大于澳大利亚现用的刚度最大的 AX 钢锚杆（破断强度为 340 kN），见图 4—21。

虽然，澳大利亚目前使用的柔性锚杆大多是端锚结构，但最近通过树脂全长锚固，其刚度已经显著提高。新设计的锚杆机可以将柔性锚杆旋转并同时推入钻孔。利用特殊设计的长度 4 m 的树脂药卷，可对长度 6 m 的柔性锚杆进行锚固，在一个煤矿的使用中，预拉力达到了 250 kN。

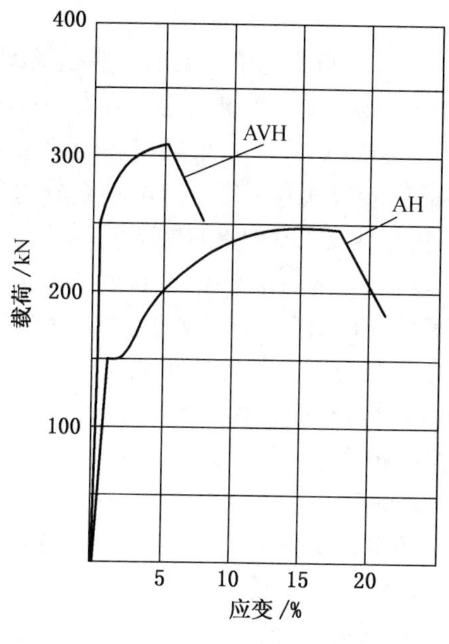

图 4－20 AVH 和 AH 锚杆的力学特性

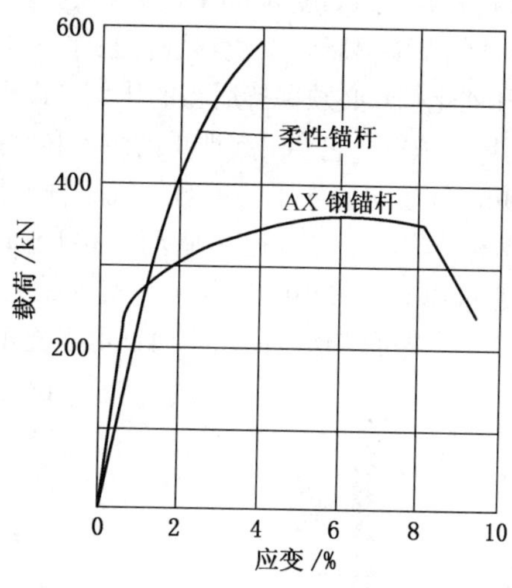

图 4－21 柔性锚杆和 AX 钢锚杆的力学特性

8. 自钻式锚杆的研发

多年来，采用泵注水泥的自钻式锚杆已经成功地在隧道和水电工程中应用。但其缺点是，泵注水泥注浆不能对煤矿岩石提供及时支护。为此，澳大利亚研制了用于煤矿的三种自钻式泵注树脂锚杆，包括：采用泵注树脂的自钻式锚杆、可伸缩的自钻式锚杆（伸长量可达初始长度的 2 倍）、预应力自钻式锚杆（在安设过程中可以施加预应力）。后两种锚杆在煤矿巷道支护中具有很大的优越性。

1）现有的使用树脂药包的自钻式锚杆

为克服泵注水泥式自钻锚杆的缺点，Hilti 研发了将树脂药包装在锚杆内薄管内的方法，内薄管外面为大直径钢管。操作上，在钻孔完成时，将水泵入内管和外管之间的环形空间，高压水将树脂从内管压出，压紧锚杆，然后树脂从锚杆头部压出，流入锚杆外的环形腔。

该系统的优点是用树脂锚固锚杆，可以提供及时支护，并进行全长锚固，形成很高的承载能力。此后的研发是采用两种凝结速度的树脂药包：锚杆头部周围的树脂采用快凝药包，首先凝结，从而在锚杆后段树脂尚未凝结前对锚杆形成预应力。

该系统的缺点是：①树脂药包需要预装在锚杆内管，这意味着，必须在存储和运输过程中借助于冷藏设备以使之保持冰冷；②双管结构使其比普通锚杆重；③在内管的树脂是有限的，当锚杆用于裂隙较大的高应力围岩时，全长锚固难以实现；④需要较大的用水量。不过，该系统仍在很多情况下得到应用。

2）使用泵注树脂的自钻式锚杆

这种方案已经考虑了很多年，因为它对改善岩层控制和提高功效均很有意义。其基本思路是首先钻孔，然后向锚杆内和钻孔内用泵注入树脂，包括向周围的裂隙和空洞注入树脂，树脂迅速凝固、硬化。但实现这一方案，面临很多技术挑战。它必须能够减少手工操作，改善岩层控制，比普通锚杆有更高的功效，同时，树脂必须能够用泵注入钻孔并迅速凝固，实现锚固。

遇到的主要问题是聚酯树脂本身的泵入问题。在普通树脂药包中，聚酯树脂是黏稠的。在澳大利亚典型的黏度为 60 Pa·s，在美国为 300 Pa·s 或以上。关键是必须开发一种稀的即黏度低的聚酯树脂，以能够进行泵注，其黏度应在 10 Pa·s 以下。聚酯树脂的两个组分（树脂和催化剂）必须保持适当的比例，以保证必需的凝胶时间和强度。这两种组分均含有碳酸钙粒子填料，它会引起严重的泵入和磨损问题，从而难以研发理想的树脂泵系统。

Minova 公司研发了一种自钻式锚杆专用的树脂，称为“Carbothix”，其组分不含任何颗粒型填料，强度与普通树脂药包很近似，且黏度很低，低于 0.4 Pa·s（与液压油近似）。它可以充填很小的空洞，并实现钻孔全长锚固。在德国，其传输距离可达 2.1 km。此外，它不仅可以充填钻孔，而且可以充填支承托盘，将金属网固定在指定位置。

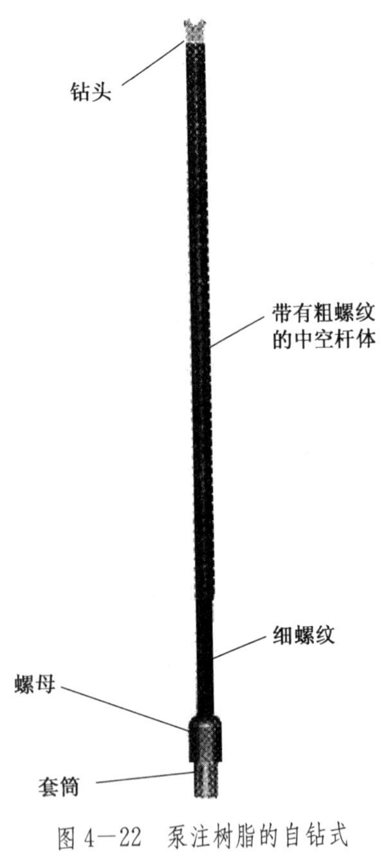

图 4—22 泵注树脂的自钻式锚杆的基本设计

新的泵注和控制阀系统可以实现：

（1）在钻孔循环过程中，将水泵入钻孔；

（2）在压注循环中，将分离的两个组分泵入钻孔；

（3）在清洗循环中，将水泵入钻孔中。

泵注树脂的自钻式锚杆的设计：在空钢管外表压有粗的冷轧螺纹，以提供高的载荷传递能力；在锚杆末端轧有细螺纹，供旋入螺母；在锚杆头部组装有钻头；钢管断面具有很高的抗拉强度，接近 300 kN；外径为 30 mm。

采用泵注树脂，当用泵向钻孔注水和两种树脂组分时，必须保持对钻孔孔口的密封。此外，当钻孔过程中锚杆旋转时和静止时锚杆本身也必须能够保持对液压注入的密封。同时，在树脂混合注入钻孔前能够保持其两种化学组分完全隔开，以避免在注入前凝结或堵塞外部注入器。其基本设计如图 4—22 所示。

泵注树脂的工艺顺序见图 4—23。典型的钻孔直径为 35 mm。锚杆安设在钻机卡盘上，后者与注入器连接，钻机旋转时，锚杆以左旋方向旋转，水通过锚杆泵入钻孔。当锚杆完全钻入钻孔后，旋转和冲洗工序停止，开始进行树脂泵注。此时将两种组分通过外部混合器混合后泵入钻孔内的空心锚杆内，然后反流到锚杆外部与钻孔壁之间的环形腔内。树脂一旦混合后，将变稠，在 5 s 内黏度增加直至从钻孔流出。树脂在沿着环形腔流动的同时进入钻孔周围的裂缝和空洞内，并开始凝结和硬化，以阻滞其继续向裂隙的流入。当树脂从钻孔孔口流出时，泵注停止。设计上，树脂凝胶时间应接近于泵注时间，在树脂泵注结束后，将螺母右旋旋转拧紧，压紧托盘，直至达到设计的最大扭矩为止。当螺母的预拉力达到后，降下卡盘，将注入器清洗干净。这一安设过程持续时间约 60 s。

3）使用泵注树脂的预应力自钻式锚杆

所有的澳大利亚煤矿均采用双速树脂（Twospeedier，Minova 公司产品），使用通用的应力螺纹钢锚杆，以保证预应力施加于锚杆。美国也采用双速树脂取代快速和低速树脂药包。用户常常希望采用预应力锚杆。

上述泵注树脂自钻式锚杆并非预应力锚杆，但它相当于一个全长锚固的锚杆式销钉。螺母可以完全压紧托盘和金属网，形成对岩石面的支撑。为了满足用户对有压力锚杆的需求，研发了预应力泵注树脂自钻式锚杆。

安设预应力锚杆，必须使锚杆头部在钻孔底部黏结锚固，同时将拉力施加于锚杆末端的螺母，以便形成对岩石面的压缩载荷，从而使得锚杆的其余长度在钻孔内也被锚固。预应力锚杆可以用下述方法形成：

（1）利用快凝/慢凝树脂药包，使得锚杆头部可以在孔底锚固，由此可以使螺母拉伸后压紧岩石面。当慢凝药包凝固和硬化后，锚杆的其余长度被锚固。

（2）在锚杆头部采用摩擦式锚头在钻孔底部锚固，然后拉紧螺母。此后，钻孔全长可以用水泥或树脂压注锚固。

预应力泵注树脂自钻式锚杆采用了后一种结构系统形成预应力。为此，研发了一种新的、细长的膨胀楔，以便在孔底锚固自钻式锚杆的头部。这种膨胀楔具有与锚固钢体同样的外径。它适用于与标准自钻式锚杆同样的钻孔。其基本设计如图 4—24 所示。

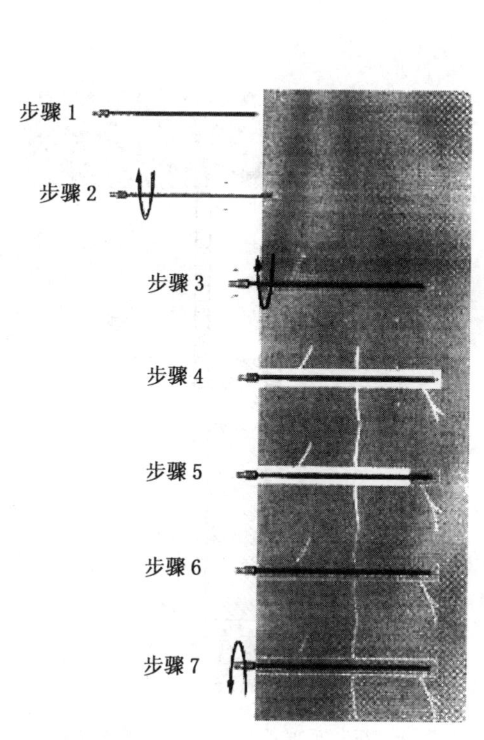

图 4—23　泵注树脂工艺流程

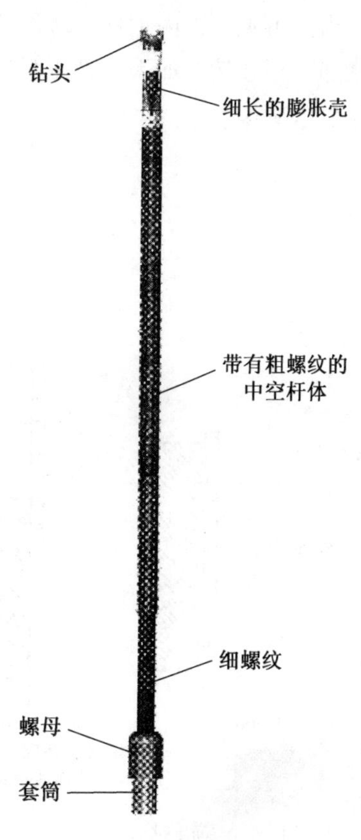

图 4—24　预应力泵注树脂自钻式锚杆的基本设计

利用泵注树脂的预应力自钻式锚杆的安设顺序如图 4—23 所示。其钻孔方式与标准的自钻式锚杆相同。当钻孔完成后，钻机的卡盘反转，它引起膨胀楔在孔底膨胀，将锚杆头部锚固。继续旋转锚杆，直至膨胀楔不再继续膨胀为止，然后继续旋拧螺母，引起剪切销或其他螺母防脱装置破断，使得螺母拉伸后压紧岩石面。

当螺母被拉伸后，锚头锚固点与巷道岩石表面之间的锚杆产生拉力，从而对岩石面形成压缩载荷。然后开始泵注树脂的工艺流程，以实现锚杆在钻孔的全长锚固。当压注树脂充满钻孔后，压注泵停止工作。钻机卡盘向下从锚杆退出，同时进行冲洗。此时无需再等待树脂凝固和硬化，因为锚杆已经被钻孔底的膨胀楔锚固。完成此过程同样需要约 60s。

4）使用泵注树脂的可伸长自钻式锚杆

自钻式锚杆技术的新研发成果之一是可伸长锚杆。对锚杆使用的一个主要限制是巷道高度。为了使锚杆能够支护较长的顶板或巷帮，常用的解决途径是：采用锚索，或者采用耦合锚杆。但这两种方法需要许多手工操作和安设时间，难以常常在巷道使用，且降低了巷道掘进速度。

设计目标是研发长度大于巷道高度的自钻式锚杆，如果能够成功，不仅可以减小安设时间，而且可以在较低的煤层使用。由此研发了可伸长自钻式锚杆。锚杆的基本设计是利用内钢杆从外钢管旋出。其工作原理如图 4—25 所示。

由图可见，当内钢杆旋转而外管保持静止时，内杆将从外管旋出，从而使总的装配长度增加。很显然，如果外管压紧岩石面，如图 4—26 所示，它将不能再旋转，从而使内杆体从外管旋出。

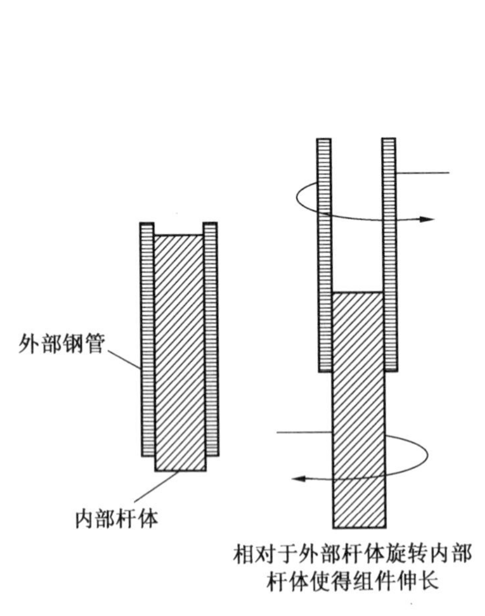

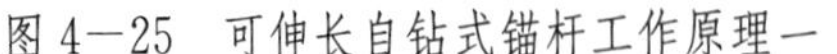

图 4—25　可伸长自钻式锚杆工作原理一

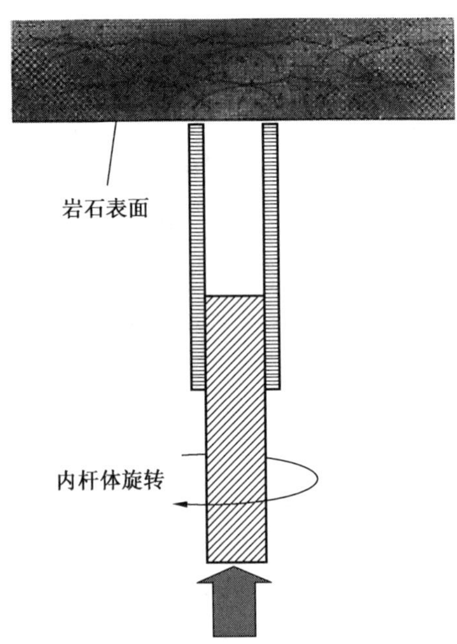

图 4—26　可伸长自钻式锚杆工作原理二

内钢杆和外管为可伸长锚杆的组件，如图 4—27 所示。外管头部安装有钻头，此钻头将阻止外管旋转，此时，如果内管旋转，将会增大组装长度。

装在钻机上的卡盘使内管旋转。如果卡盘固定，将不能向上或向下运动，如图 4—28

所示。此时，卡盘至岩石面的距离将保持不变。如果这时内管开始旋转，将从外管旋出。随后，内杆旋转带动外管也旋转。图 4－29 显示了外管旋转时，钻头随之旋转，并压紧岩石面而开始钻孔。当钻孔钻出后，锚杆装配长度增加，内杆开始从外管旋出。

在实践中，内杆与外管的螺纹耦合是交替地锁定和旋出，典型速度是 300～500 r/min。由于钻机是无极调速，这种锁定和旋出的交替是以高速发生的。

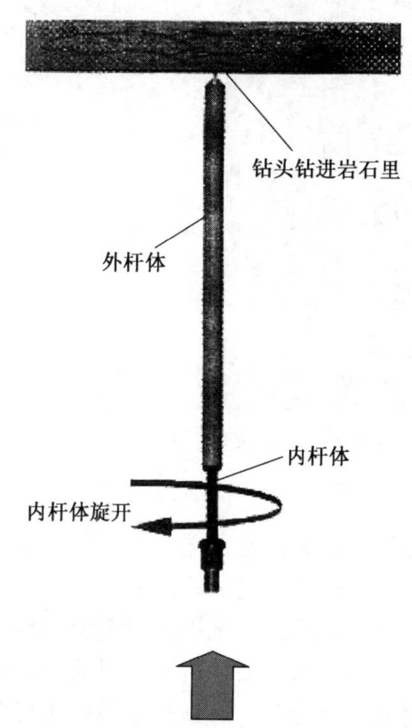

图 4－27　可伸长自钻式锚杆工作原理三

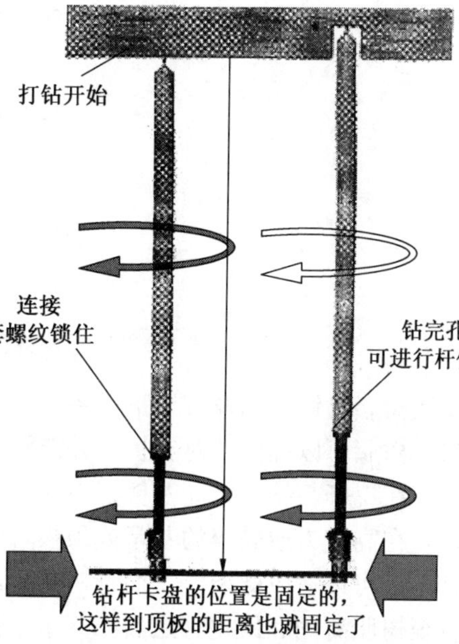

图 4－28　可伸长锚杆工作原理四

可伸长锚杆的设计使得操作者可以看到，当内杆旋出时，外管向内杆移动。一旦内管旋出到位，则卡盘将从其锁定位置推出，从而施加了轴向压力，使得锚杆全长可以钻入岩石。当可伸长锚杆完成钻孔后，压注泵开始进行树脂压注，使得锚杆全长以树脂浇注锚固，而后锚杆末端的螺母按常规的方法拧紧，形成预应力。

可伸长自钻式锚杆的完整安设顺序如图4－29所示。可伸长锚杆的伸长量可达到最小长度的两倍，可以用于较低煤层和巷帮的锚固及交叉口的锚固。基本工艺顺序为：

（1）锚杆对准顶板并施加轴向力，卡盘固定到位。

（2）锚杆旋转并注水，开始钻孔，锁定螺旋耦合力，外管旋转和钻孔。

（3）钻孔部分完成，锚杆装配长度增加，螺旋耦合松开，锚杆伸长。

（4）外管完全伸出，钻机卡盘解锁，施加轴向力继续钻孔。

（5）锚杆的内杆和外管一起旋转，直至钻孔完成。

（6）泵注树脂并凝固和硬化，拧紧螺母。

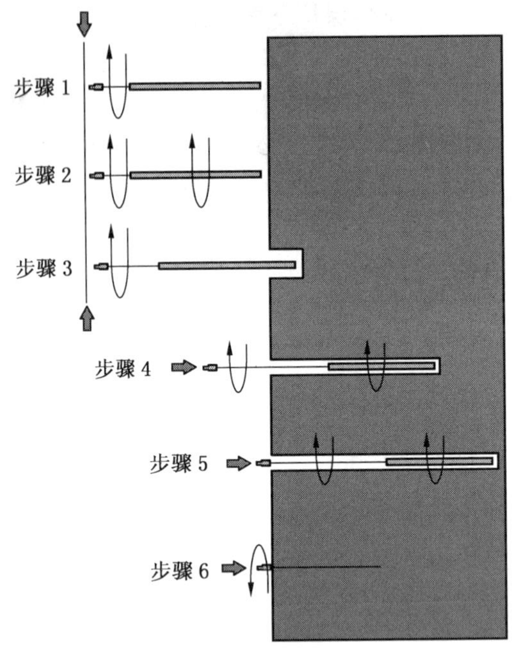

图 4—29 可伸长自钻式锚杆的完整安设顺序

泵注树脂自钻式锚杆有以下一系列优点：

(1) 树脂可以提供及时支护，并能沿全长传递较高的载荷能力。

(2) 在锚杆与钻孔之间及锚杆空心内均充满树脂，树脂可起防锈作用。

(3) 在高应力或破碎的巷帮或顶板，钻孔接近于塌落处时，难以安设树脂药包，自钻式锚杆不仅可以适应此条件，而且树脂可以充填裂隙和空洞。泵注树脂可以流入裂隙和空洞，直至树脂凝固和硬化。之后，其余泵注树脂将流入环形腔，保证每个锚杆实现全长锚固。树脂的泵入量可以根据条件调节。

(4) 锚杆穿入树脂不会再发生“手指和手套”效应，且两种组分的混合更为有效。整个安设过程很少依赖于操作者。

(5) 在困难的地质条件下，树脂可以被压注到锚杆托盘和托盘下面的金属网，从而使得托盘具有较大的与岩石面紧密接触的支承面积，并可防止托盘切入金属网。

(6) 如果需要，泵注树脂自钻式锚杆可以达到预应力效果。

(7) 对于厚度较小的煤层，工人与巷帮之间的空间有限，以及巷道交叉口需要支护，此时可伸长自钻式锚杆可提供附加的锚杆长度。

(8) 泵注树脂可以存储在容器中，并泵入钻孔，从而减少了普通锚杆人工插入药包的工序。

(9) 安设时间和步骤显著小于普通树脂药包锚杆，对于提高功效和保证安全具有重大意义。

总之，自钻式锚杆对于改善支护、提高功效和保证安全均具有重要意义。此外，也发展了用于煤壁支护的玻璃钢自钻式锚杆和高应力底板锚固自钻式锚杆。

第二节　南非煤矿回采巷道岩层控制

南非的大部分井工矿煤层是硬砂岩顶板，开采条件良好，有 57 个井工矿均采用了不同安装形式的顶板锚杆。由于地质条件好，锚杆安装作业并不是采煤作业的“瓶颈”。为了阻止顶板岩层的局部冒落，一些煤矿安装了顶板岩层监控系统。大部分煤矿采用了房柱式开采方式，长壁工作面所占的比重不足 10%。

一、巷道顶板分类

南非是仅次于美国、澳大利亚的第三个煤炭出口大国。2000 年产出 2.23×10^{8} t 煤炭，但生产中经常遇到各种矿井灾害和顶板事故。为了在设计阶段对顶板状况进行预测，研究了多种顶板分类方法，用以定量评价顶板特征，但这些方法缺乏可比性。为了改善岩层控制，南非的两个重要机构（矿井安全研究咨询委员会和 CSIR 煤矿技术部）合作，深入研究了顶板分类，并对现有的分类做出评价。它们的研究工作在 8 个煤矿进行，主要研究任务是：该矿的顶板分类研究；已有的分类系统在该矿的应用；对已有的分类与该矿的分类进行比较。

1. 方法之一——冲击劈裂法

煤矿岩体分类显示的顶板岩层特征可以被方便地用于设计和指导生产。上覆岩层和直接顶的地质特征，对支架设计和安装具有头等重要意义。顶板的片状结构或层理出现的频率是导致顶板冒落的主要因素。为此，在设计阶段需要进行相关的试验，以确定顶板的破坏机制。大量的试验可以在室内进行。

Van der mmerwe 于 1980 年利用 RQD（岩石质量指数）发展了南非首个顶板分类系统。在此分类中，顶板的临界厚度是 2 m。

1992 年 Buddery 等发展了新的顶板分类系统“冲击劈裂法”，该法可以根据顶板岩层钻芯预测顶板稳定条件，为设计提供依据。同时深入研究了美国广泛使用的 CMRR 系统，并将之与冲击劈裂法进行比较。

冲击劈裂试验是对顶板钻孔岩芯每 20 mm进行一次恒定点载荷冲击，破裂结果用于确定顶板类别。试验仪器结构见图 4－30。该仪器装有一块角铁，用于固定岩芯，在其上面装配了一个重 1.5 kg 的凿子，凿子上带有宽度为 25 mm 的刀片。凿子在恒定高度向岩芯落下，此高度根据岩芯尺寸确定。对于直径 60 mm 的岩芯，高度为 100 mm；对于直径 48 mm 的岩芯，高度为 64 mm。劈裂器引起岩芯的层面或弱胶结面分离，从而提供了顶板岩层在现场受拉（或弯曲）时破坏特征的信息。一般建议对顶板上方 2 m 内（或近似）的岩芯进行上述试验。

图 4－30　对岩芯进行劈裂试验

在试验中，岩芯被分为若干地质单元。对各个单元均进行试验，以获得每个地质单元的平均破裂间距，以进行比较。在上述试验基础上，用以下公式计算每个单元的顶板类别：

如果 $fs \leqslant 5$， 地质单元顶板类别值 $=4fs$

如果 $fs>5$， 地质单元顶板类别值 $=2fs+10$

式中 fs——岩芯破裂间距。

这个结果用于地质单元的分类（煤层上方 2 m 内），见表 4—1。

表 4—1 地质单元和煤层顶板分类

顶板地质单元类别	岩体等级	煤层顶板加权类别值
<10	很差	<39
11～17	差	40～69
18～27	中等	70～99
28～32	好	100～129
>32	很好	>130

由于组成直接顶的各岩层地质单元对顶板类别有很大的影响，因此，随后根据单元的位置按下式对顶板类别进行加权平均，获得加权平均顶板类别。

$$加权类别=单元类别\times 2(2-h)t$$

式中 h——地质单元在煤层以上顶板的平均高度，m；

t——地质单元厚度，m。

由所有地质单元的加权平均类别值的总和，确定最终的顶板类别值。实践中发现，上述分类结果与井下的实际状况相当吻合。

如果直接顶是煤体，则此公式需要按下式修正：

$$加权类别=原顶板类别\times 1.56$$

此处，煤层的平均容重为 1600 kg/m^3，岩层容重为 2500 kg/m^3，岩层容重与煤层容重之比为 1.56。

2. 与美国顶板分类指数 CMRR 的比较

美国巷道顶板分类指数 CMRR 考虑了 2 m 内顶板岩层的不连续面的间距、各层的黏结强度、粗糙度、分层岩石强度和厚度、对水的敏感度等因素，如图 4—31 所示。

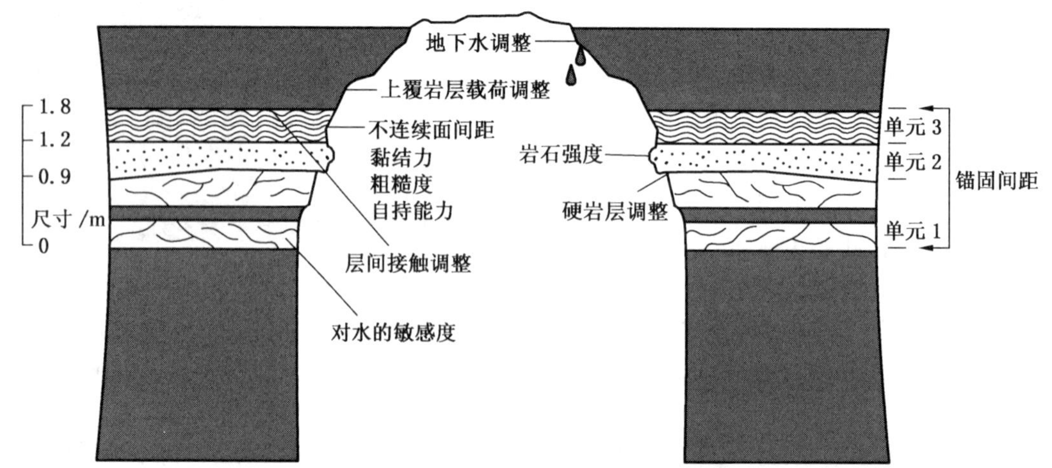

图 4—31 巷道顶板分类的原始参数

由 CMRR 形成的顶板分类（按 1994 年 Mark 和 Molinda 准则），见表 4－2。

表 4－2　由 CMRR 形成的顶板分类

顶板类级	CMRR 指数	地质条件
弱	0～45	泥质岩、页岩
中等	45～65	泥质砂岩、砂岩
强	65～100	砂岩

但是在 CMRR 的使用中发现，该分类的问题之一是对顶板岩层中硬分层位置对稳定性的影响未予考虑。例如，以下三种岩芯，其岩性均相同，计算的 CMRR 指数值相等，但强度较高的砂岩位置不同，分别在岩芯的底部、中部和上部，因而对顶板的稳定性影响显著不同，如图 4－32 所示。这说明，CMRR 分类未考虑硬层和软层在顶板岩层中位置的影响特征。

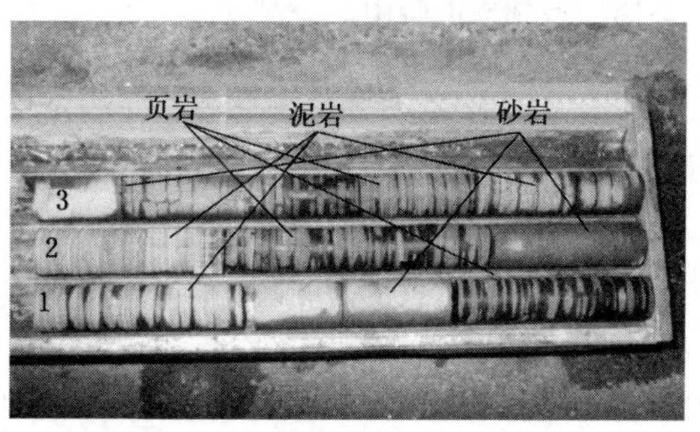

图 4－32　用于 CMRR 分类和劈裂试验的岩芯

冲击劈裂法考虑了硬砂岩在顶板中的位置而得出的三个不同的分类值。由此可见，在南非煤矿条件下，CCMR 分类需要修订。美国的 CMRR 分类法有现场 CMRR 分类法与钻孔岩芯 CMRR 分类法之分，而冲击劈裂法则与岩芯 CMMR 分类结果相似。

3. 顶板分类方法评价与改进

在以下方面，CMRR 分类需要修订完善：

（1）CMRR 分类中仅考虑了节理组的影响，未考虑单一节理对稳定性的重要影响。

（2）现场 CMRR 分类未考虑节理方向的影响。

（3）需要考虑水平应力的影响，提出反映应力水平的修正值。

（4）需要考虑爆破工艺的影响。对于现场 CMRR 分类，需要突出修正系数。

（5）顶板中软层和硬层的位置必须加以考虑。

（6）需要熟练的技术人员进行此项工作。

顶板分类主要为岩层控制设计所采用，意义重大，但在使用中必须考虑局部地质和几何条件的变化。冲击劈裂法对于南非煤矿是较为有效的分类方法，它可以在设计和计划阶段客观地对顶板条件进行定量评估。该分类法主要用于煤层以上 2m 内的顶板岩层。

二、南非煤矿岩石锚固系统

顶板锚杆作为顶板支架在南非煤矿高效率机械化开采中发挥着重要作用。锚杆的采用是充分深入研究和发展的结果。这些研究奠定了顶板岩石锚固的理论基础，包括在困难条件下容许使用锚杆支护。多年的经验表明，成功使用锚杆的 4 个关键步骤是：了解顶板破坏机制；采用的锚固系统可以有效地对抗这些破坏机制；根据现场测定结果，设计锚固参数；对锚固系统的工况进行监测。

南非 Anglo 等煤矿在这些方面进行了研究工作，包括两个矿的地应力测定、确定了顶板破坏机制模型（由于水平应力引起的侧向剪切）和采用现代锚固技术。通过地应力测定，显示出南非煤矿有很高的区域应力水平和各向异性。

大多数有效阻抗剪切破坏的锚固系统具有很高的黏结强度和刚度。在南非系统进行的短药包锚固拉伸试验表明，它只有很低的锚固强度和刚度。

锚固系统与借助于现场锚固测试和顶板运动监测的设计组合称为“先进的顶板岩石锚固工艺技术（AT）”。这种技术在英国、德国、俄罗斯、波兰、加拿大、乌克兰、日本和中国均得到推广应用。

Anglo 煤矿与其他南非煤矿一样具有不断改善安全和生产效率的需要，在以下方面取得显著成效。

1. 先进的锚固技术的发展

澳大利亚的研究发现了高水平应力引起顶板破坏的机制。英国在此机制的基础上进一步引入具有显示仪的监测系统，并在世界范围内（包括南非）推广。

1）顶板破坏机制

深部开采中采用顶板锚杆的关键是借助于钻芯进行地应力测量，了解地应力，特别是水平应力的大小及其分布。

区域地应力的垂直组分等于开采深度相应的覆盖层压力。水平应力由构造板块挤压所决定。在西北欧，包括英国，最大主水平应力方向为 NW - SE，这是大西洋中部山脊的分离所致。这个水平应力在采深小于 1000 m 时大于垂直应力。最大与最小水平应力的比值在 1.7～2.1 之间。

水平应力主要集中体现于巷道顶底板的破坏（图 4－33）。如果合力在巷道附近超过岩层强度，将导致剪切破坏发生，同时伴随着侧部移动和岩层垂直变形。一旦破坏发生，载荷将重新分布，剪切破坏向顶板深部扩展。如果破坏发展得足够充分或与层面或节理面交叉，则会引起顶板冒落。如果巷道掘进方向靠近最大水平应力方向线，则巷道顶板的水平应力将较低；而如果与最大水平应力形成大角度，则水平应力也最大。在此情况下将会发生很大的变形，如图 4－34 所示。

这种效应是 1980 年英国 Selby 煤矿在首次开拓掘进时发现的。第一个运输巷道沿 NE－SW 方向掘进遇到很大困难，随后在地应力测量的基础上，长壁工作面沿 NW－SE 方向推进，条件显著改善。相似的情况在美国也出现。

2）有效的锚固系统的使用

用于煤矿的典型锚固系统，包括机械锚头的端锚、全长或部分长度用树脂药包在锚杆与岩石之间黏结锚固的系统。端锚结构具有较低的承载力和刚度，主要是保证下部弱的或易破碎的直接顶层稳定，因而具有较小的加固作用及阻抗水平应力引起的顶板剪切作用。全长黏结锚固的顶板锚杆系统可以提供的岩层加固效果，取决于锚杆与岩石之间的黏结锚杆的强度和刚度，这可以在实验室或井下利用短药包锚固试验证明。部分长度锚固的锚杆的工况介于以上两者之间，其加固效果取决于黏结强度和黏结锚固程度。

AT 岩石锚固系统是全长黏结的高承载力和刚度的顶板锚杆系统，用于阻滞岩石膨胀变形和在水平应力剪切条件下保持岩石强度。刚性系统形成了对岩石变形的限制约束，大大增加了岩石强度。在对钻孔尺寸、钻头尺寸和类型、树脂特性、锚杆钢材特性和锚杆断面等参数研究开发的基础上，AT 锚固系统实现了既有最大黏结锚固强度，又可快速安装的能力。设计的扭矩螺母和托盘装配结构为安装期间对树脂混合质量进行控制和对后期安装质量进行监测提供了可能。

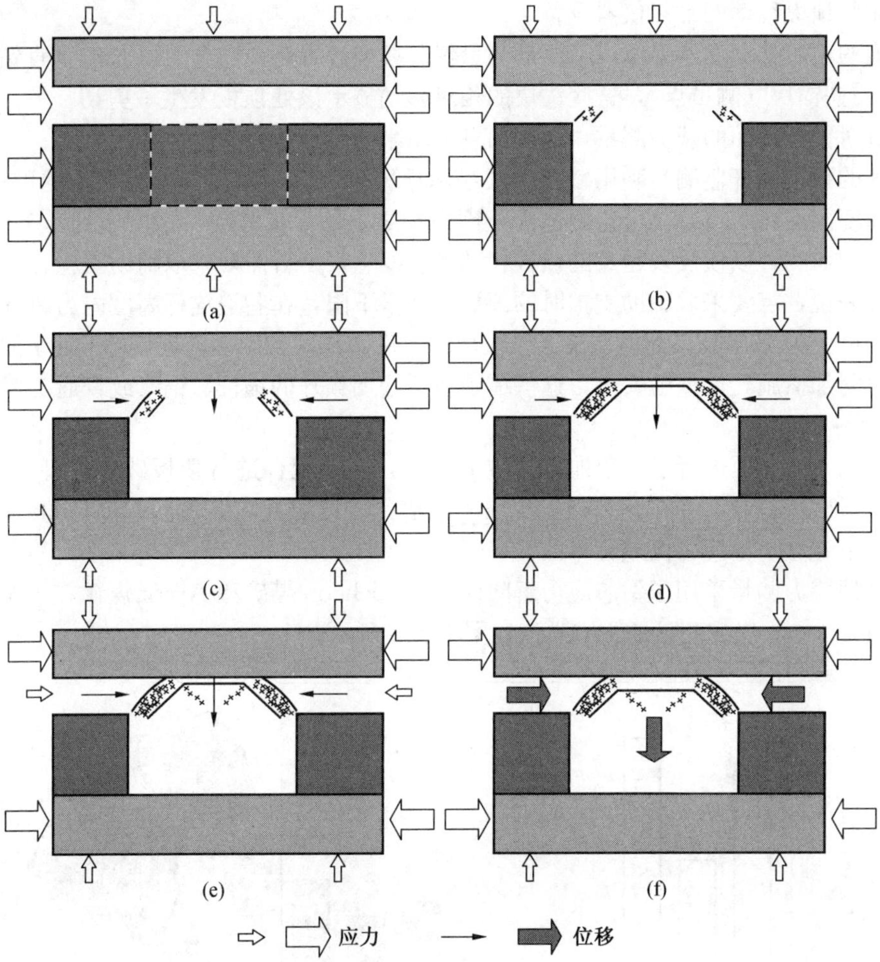

(a) (b)

(c) (d)

(e) (f)

应力　位移

图 4－33　剪切引起顶板破坏的机制

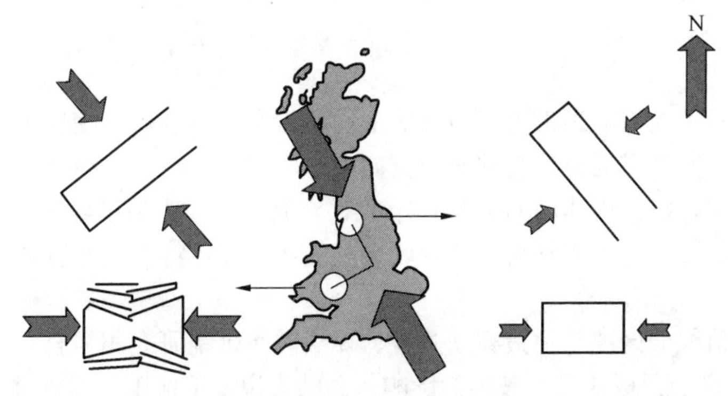

图 4－34　水平应力与掘进方向的应力方向效应

2. 借助于测量成果进行设计

为了确定合理的支护，采用了与英国类似的监测仪器对不同开采条件下的巷道变形进行了连续监测，以此作为支护设计的依据。包括设置了较多的监测站，并在各监测站安装测量和显示顶板移动的常规仪器设备。

准确的顶板移动测量采用声学变形测量仪。典型设置是：在7.5 m长的垂直钻孔中安设20个磁铁锚块（测量点），这些锚块的相对移动显示该处顶板发生了剪切。另一重要信息是来自对锚杆剖面的载荷测量，这些信息可用来确认或改善支护设计。

常规的顶板锚杆监测是利用钻孔离层显示报警仪，它可以提供顶板移动的可视信息。其中双高度离层显示报警仪可监测锚固范围内和之上的顶板移动，精度达到0.1 mm。每班进行定期监测，以便发现超量的顶板移动是否发生，是否需要采取辅助措施。

一般来说，需要采取辅助支护时的顶板移动量下限，在巷道锚杆高度内为20 mm，在锚固高度以上为10 mm。此值取决于顶板应力条件和地质条件。一旦超过上述下限值，就必须采取附加措施，以保证安全，这些措施包括增加额外的锚杆、锚索或普通支架等。

3. 地应力测量

Goedehoop煤矿进行了3个地点的应力测量，同时配合进行顶板破坏的可视性监测，以确定顶板破坏机制，并在此基础上提出了锚固系统改善建议。Arnot和Bank煤矿在测量的基础上建立了地应力区域分布图。

区域地应力测量采用了钻芯应力解除法。Goedehoop煤矿和Arnot煤矿在3个地点进行了测量。Arnot煤矿测量的主应力值如图4—35所示。

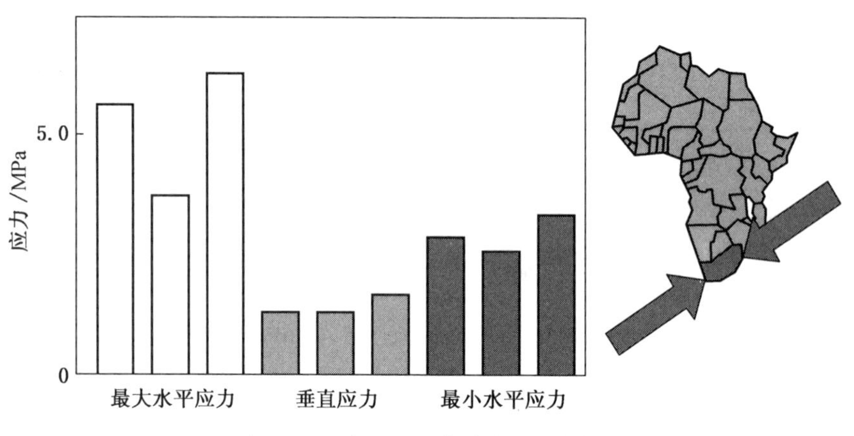

图4—35　在Arnot矿测量的主应力值

图4—35显示了在软弱顶板出现很高的平均应力水平。各矿之间应力方向不同。地应力分区图可用于推断各矿局部位置的应力方向。

测量结果表明，对于南非的Goedehoop煤矿，其水平应力值已经足以引起顶板的剪切破坏。在靠近褶曲区，可以看到与滑移相联系的破坏，破坏特点是在冒落前出现顶板侧向移动和垂直移动。

将地应力等值线分区图与顶板移动测量、顶板破坏机制研究相结合，可以确认应力方向对Goedehoop煤矿顶板状况和破坏的影响。总的来说，采区工作面推进方向和巷道方向需要调整，以避免与最大水平主应力方向成大角度相遇。同时可制定潜在危险的防治计划，特别是在靠近褶曲的区域以及地形变化可能引起应力增加的区域。

4. 改善顶板支护系统

在 Goedehoop 煤矿进行的对短药卷锚杆拉拔试验的结果如图 4－36 所示。试验确认，现有锚杆的刚度偏低，已经出现长度 1.5 m 的全长黏结锚杆在低于最大承载力的条件下被拉出的问题。这种偏低的黏结强度是由于锚杆/树脂特性和安设质量较差造成的。为此需要改善结构参数和安装标准。对于典型的高刚度顶板加固系统，可以提供长度 250 mm 的黏结锚固长度，以达到最大的锚固能力。

在短药卷拉拔试验的基础上建立的锚杆性能准则，可作为新锚杆性能设计的依据。高黏结强度和刚度可以阻滞顶板移动和剪切。如果锚杆材料由本地区供货，则为适应必需的性能，而必须改变树脂材料和锚杆钢材断面。

新标准锚固系统采用的锚杆直径为 20 mm、钻头直径为 25 mm 和最小长度 500 mm 的树脂药卷。

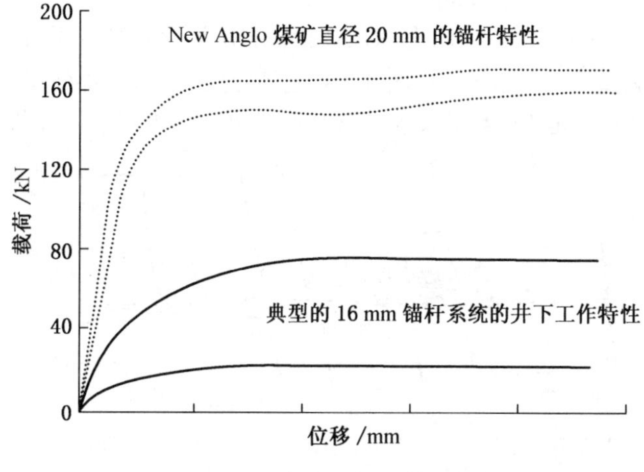

图 4－36　短药卷锚杆拉拔试验结果

现在使用的锚杆的结构缺陷导致安装质量较差。该锚杆采用了破断点不确定的波纹螺母和低强度螺纹，且托盘强度高于锚杆强度等。新锚杆将螺母替换为带有剪切销的螺母，提供了在预定的较高的扭矩下恒定的破断力。锚杆经过滚压后，其螺纹断面的强度近似于锚杆钢材。新锚杆采用了可达到预定变形量的锚杆托盘，当载荷接近锚杆最大强度时，托盘压入锚杆孔，从而可以使锚杆处于高载荷状态。

这些改变使得安设比较容易，同时扭矩螺母的破断提供了对树脂混合和锚固工序完成的确认。新系统还可以获得对锚杆安设质量和安设后工况的可视化监测，已经在 Goedehoop 煤矿推广使用。

Goedehoop 煤矿普遍使用声波位移探测仪进行观测。起初将声波位移探测仪安设在潜在的危险区，以了解详细的顶板移动信息、确定必需的支护阻力水平。声波位移探测仪的最大目的是确定支护阻力水平，以及根据顶板条件的变化选择锚杆数量和长度，减小辅助支护。

用等距设置的仪器对顶板移动进行可视化监测，为支护安全提供了可靠的监测手段。虽然顶板破坏机制相同（水平应力引起剪切破坏），但南非煤矿的条件与英国不同。根据国际经验，在浅部开采中，顶板破坏前的垂直位移范围较窄。同时，南非的巷道高度 4 m，顶板位移显示仪对顶板位移的观测显示较困难。为此，南非设计了一种易设、易读，精度达到 1 mm 以内和低成本的可旋转的可视化位移观测仪。

最有效的锚固系统是通过高树脂黏结强度和刚度阻滞顶板的剪切破坏。南非煤矿支护技术的重要发展是使顶板锚杆达到了需要的工作性能，并实现了快速安装和安装后质量监测。利用先进的锚固系统和监测系统，南非煤矿开采初步达到了安全、高效和低成本。

三、水平应力引起的巷道破坏机制模拟

1. 概况

南非 Goedehoop 煤矿经常出现巷道和交叉口处顶板冒落，且多与地质滑面和水平应力有关。南非学者借助于计算机模拟分析研究了此类顶板的冒落机制。

发生冒落区域的岩石单向抗压强度为 80～100 MPa。测定表明，现场原岩最大应力为水平应力，它与顶板的抗压强度相比很小。模拟表明，顶板冒落与地质弱面和水平应力密切相关，它们导致顶板出现拉伸破坏。

南非 Goedehoop 煤矿开采 2 号和 4 号煤层，顶板岩层均含有光滑弱面，有的直接出现在顶板表面。4 号煤层厚度 2.8 m，采用房柱法开采，巷道宽度 6.5 m，煤柱宽度 11.5 m，形成的开采煤房块段 18 m×18 m，光滑面与最大水平应力成 60°角。冒落区位置和断面如图 4—37 所示。

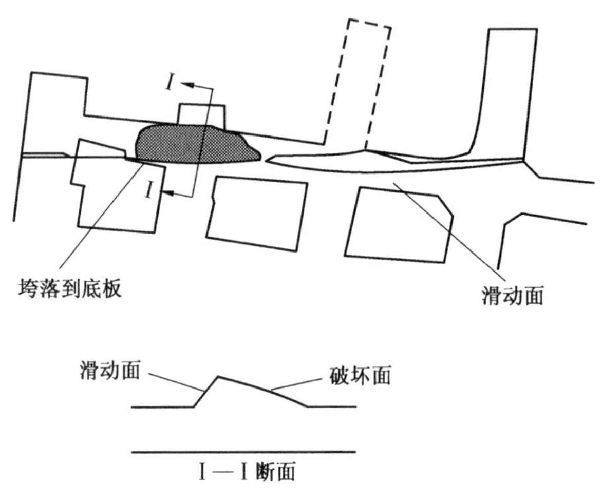

图 4—37 冒落区位置示意图

为分析研究引起顶板冒落的机制，进行了围岩力学参数的现场测定和实验室试验。顶板围岩力学参数见表 4—3。

表 4—3 顶板围岩力学参数

破坏面	垂直于层理		平行于层理	
岩石类型	砂岩	层理化的砂泥岩	砂岩	层理化的砂泥岩
单轴抗压强度/MPa	102（92～110）	8.9（7.2～10.3）	107（80～134）	7.7（4.4～10.0）
抗拉强度/MPa	6.7（5.7～7.4）	7.6（6.1～8.3）	5.9（5.2～6.4）	—
弹性模数/GPa	22（14～34）	20（15～27）	—	—

注：括号内的数字为波动区间。

试验了有围压条件下砂岩和层理化砂泥岩的力学特征，如图 4—38 所示。

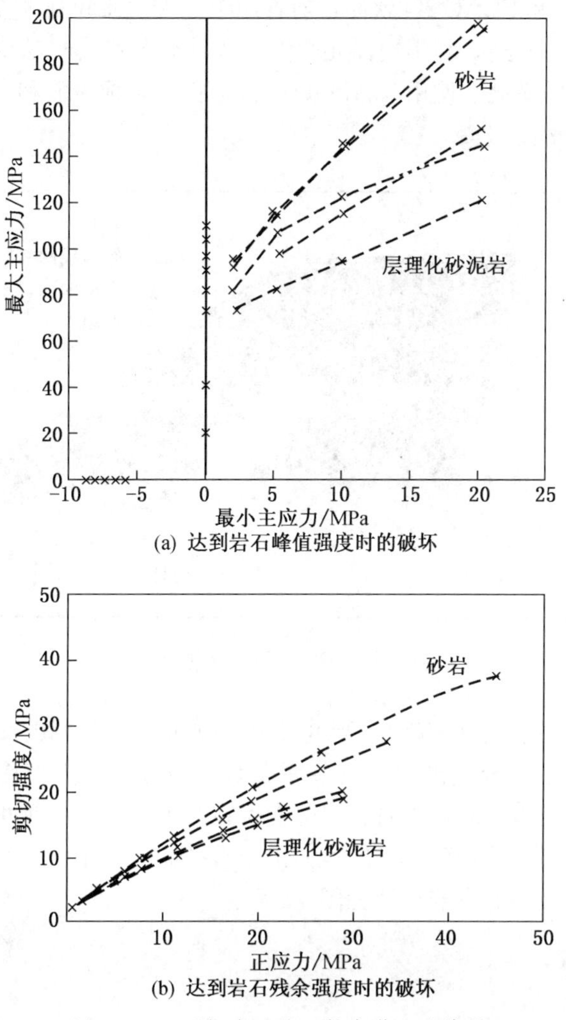

图 4—38　顶板岩石的三轴力学试验结果

图 4—38 显示，在低围压情况下，砂岩和层理化砂泥岩的强度相似，而砂岩的峰值强度和残余强度随围压的增加比层理化砂泥岩增加得快很多。

现场地应力测量结果见表 4—4。研究表明，最大应力为水平应力，是垂直应力的 4～6 倍。这些数据可作为数值模拟的基础依据。

表 4—4　现场地应力参数

地应力指标		数值/MPa	方位/(°)	倾斜度/(°)
主应力	最大	5.7	336	16
	中间	1.4	224	53
	最小	0.5	77	33
垂直应力		1.4		
最大水平应力		5.4	338	
最小水平应力		0.8	68	

2. 计算机模拟

采用了FLAC 3D和FLAC 2D软件，前者用于输入地质和开采参数，计算量很大，后者用于参数分析。作为补充，利用边界元软件MAP 3D模拟房柱法的几何参数，而将煤层与顶板的力学参数予以简化。使用MAP 3D软件模拟了顶板滑面和向煤柱的逐步开挖，计算模型如图4—39所示。

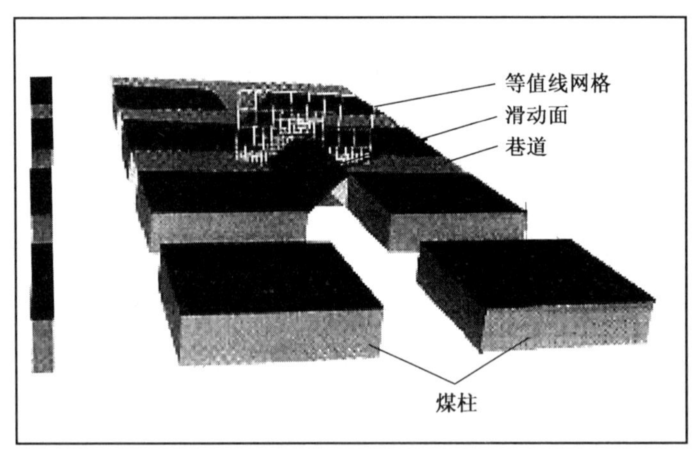

图4—39　3D计算模型

MAP 3D计算分析表明（图略），当巷道掘进向节理面对侧的交叉口方向推进时，在冒落发生直至巷道顶板数米范围内，在节理面对侧的煤帮上方直接顶应力集中消失。因此，应力集中未参与顶板冒落。同时，冒落发生在节理面下方的顶板表面，与滑面上方的应力集中无关。此外，在节理面下方的表面出现有拉应力集中，并且拉应力随开采推进而增大。节理面和水平应力的影响特征见图4—40。

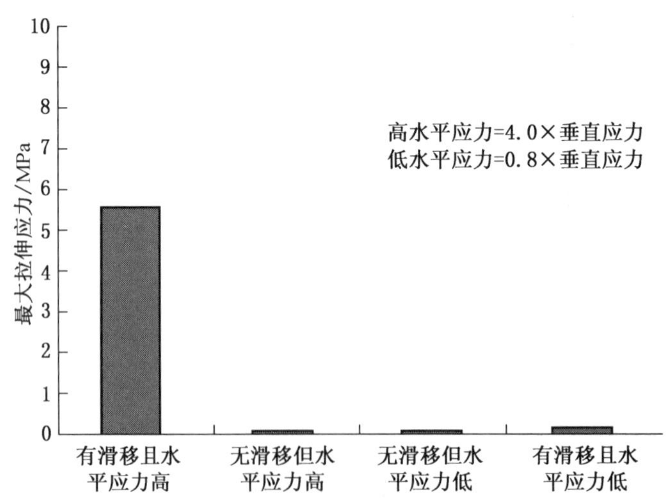

图4—40　节理面和水平应力的影响特征

计算表明，节理面和高水平应力是导致冒落的主要因素。无高水平应力，节理面不足以引起拉伸应力的增大而导致冒落。其参数影响特征如下：

(1) 水平应力。在现场，水平应力是很敏感的，一旦煤柱形成后，高水平应力导致大的拉应力发展，同时水平应力的方向也很敏感。最不利的方向是水平应力与节理面的走向成 45°～90°。

(2) 巷道宽度。当节理面沿煤柱边缘时，巷道宽度从 6.5 m 开始减小，将显著减小拉应力。

(3) 节理面性质。拉应力紧密依赖于节理面的摩擦角，摩擦角愈小，产生的拉应力愈大。

(4) 节理面倾角。最不利的倾角是 30°～45°，当倾角大于 60°时，节理面的影响将减小，拉应力下降。

(5) 节理面的高度。节理面在煤层上面的延伸高度，最不利的高度是 2～3 m。

(6) 节理面的位置。最不利的位置是节理面沿着煤柱或巷道边缘，在节理面中心，拉应力减小。

(7) 节理面下方的顶板宽度。减小此区的顶板跨度将减小拉应力的形成和冒落的发生。实践表明，减小巷道宽度将减小发生冒落的危险。

MAP 3D 仅限于模拟岩石的弹性特征，难以模拟破坏后的特征及不能用于与锚固相关的支护问题的计算研究，由此利用了 FLAC 2D 模型，如图 4－41 所示。

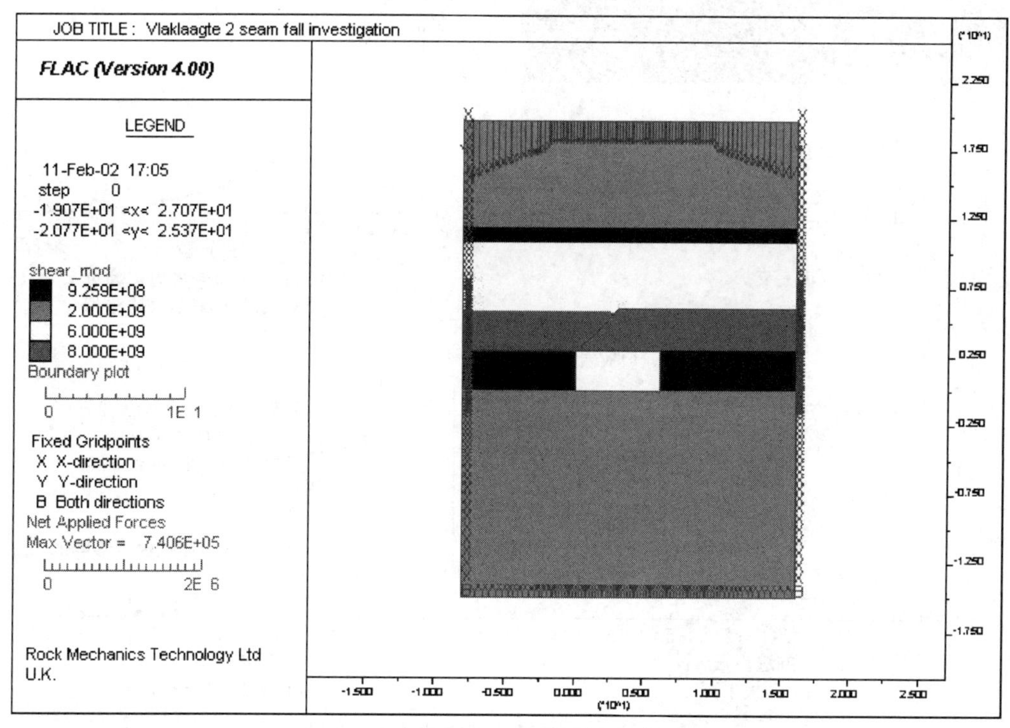

图 4－41　FLAC 2D 模型特征

顶板上方依次是层理化砂泥岩和砂岩。鉴于岩体强度低于实验室强度，模型中的黏结强度和拉应力强度选取实验室强度的 35%，摩擦角未变，平行于层面的强度参数也相应减小。其他参数见表 4—5。

表 4—5　FLAC 模型计算参数

尺　寸		滑动面参数	
巷道宽度/m	6.2	倾角/（°）	45
巷道高度/m	3.0	高度/m	3.0
煤层厚度/m	3.0	摩擦角/（°）	30
垂直应力/MPa	1.8	侧向应力/MPa	8

计算再一次表明，拉应力集中靠近节理面顶端。在应力集中区附近，最大主应力近似垂直于节理面，而拉应力近似平行于节理面。

利用 FLAC 模型，可以计算在有节理面的情况下模拟巷道掘进过程中作用于巷道周边的应力。图 4—42 显示了在无支护情况下顶板位移和应力的变化。

当巷道掘进后，顶板应力释放，并沿节理面产生位移，导致拉应力沿此方向形成。如果抗拉强度较低，即可能产生破坏。现场经验是，当采掘使顶板暴露后，顶板破坏很靠近此暴露面。当巷道采掘完成后，顶板变得不稳定，并开始冒落。

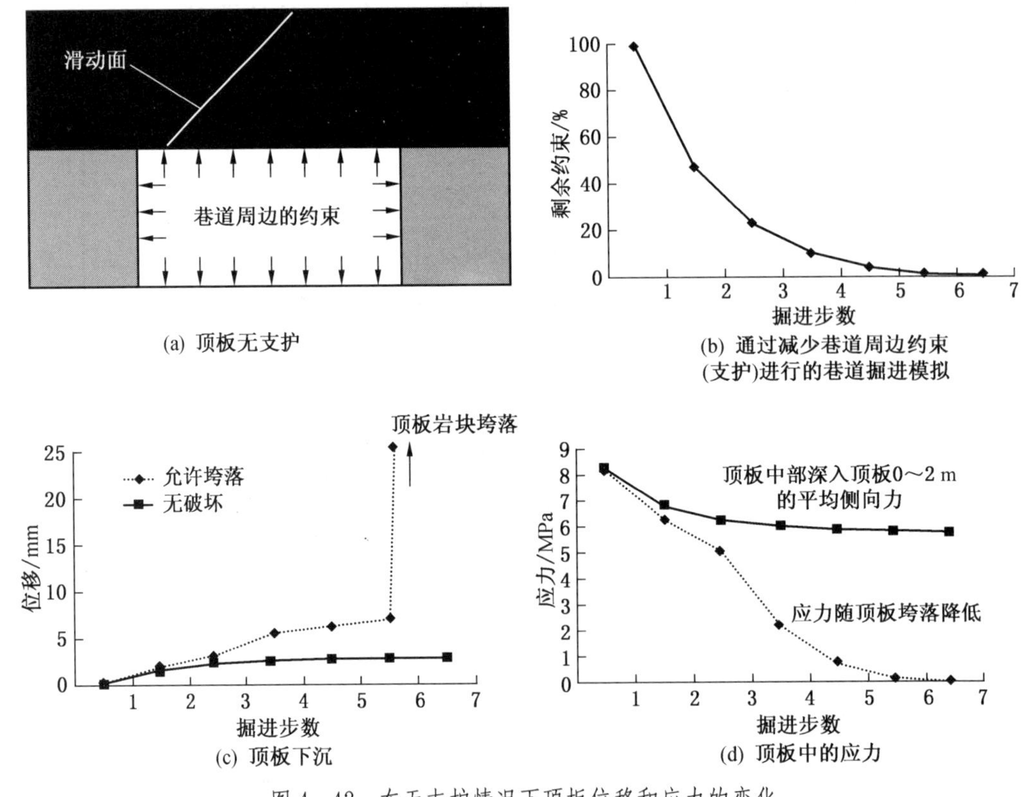

图 4—42　在无支护情况下顶板位移和应力的变化

图 4—43 显示了穿过节理面的应力强度和垂直应力。在第 2 和第 3 计算时段时发生显著破断的岩石条带，其边界应力减少到原来的 20%～10%。在此阶段，如果采掘完成，横穿节理面的应力将持续减小。

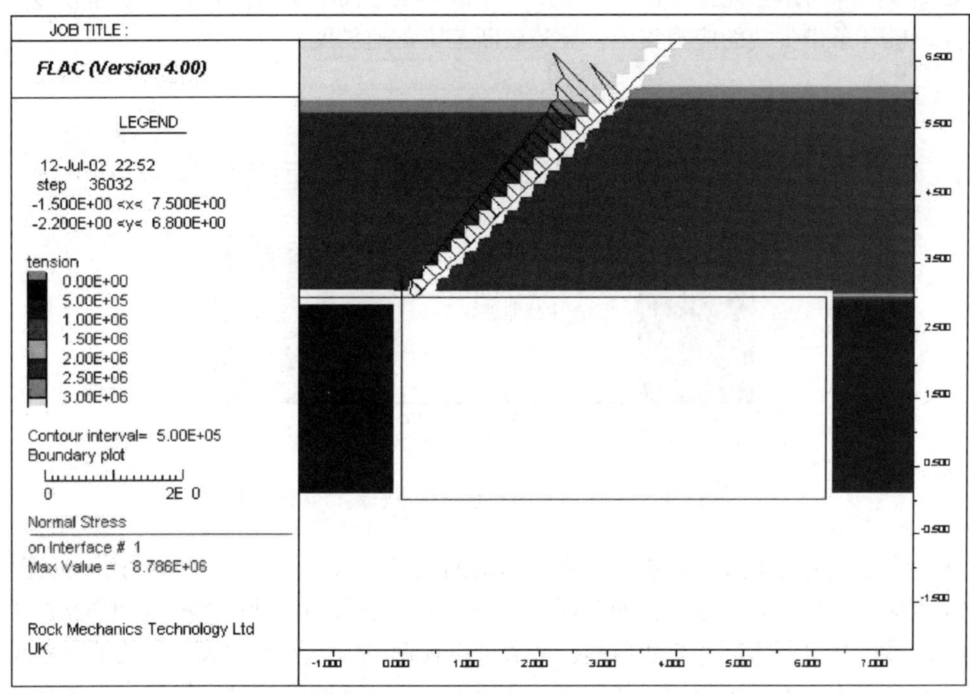

(a) 第 2 计算时段

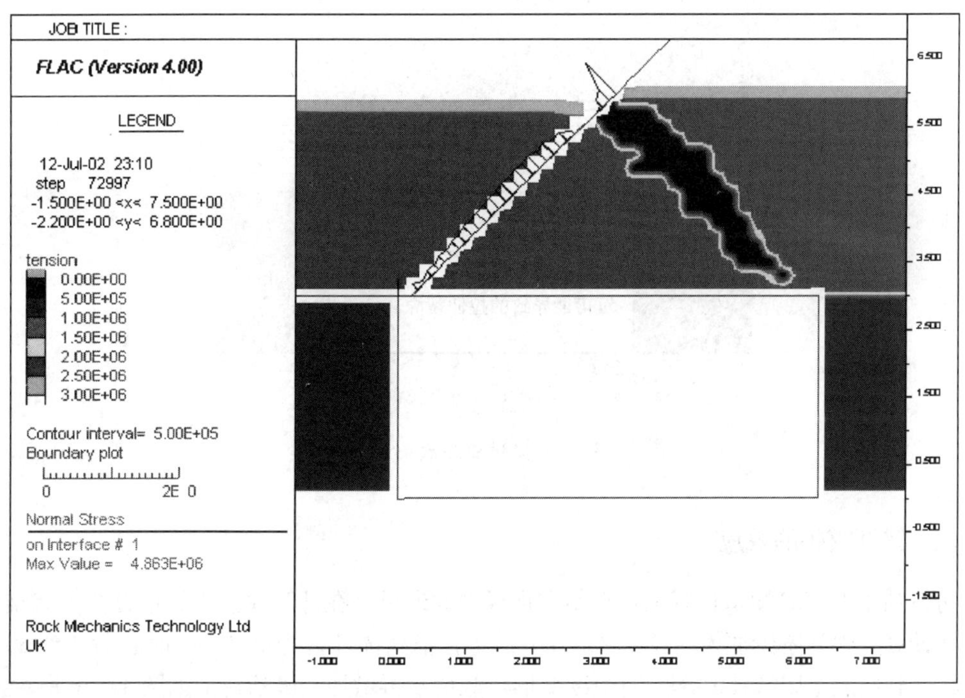

(b) 第 3 计算时段

图 4—43　在第 2 和第 3 计算时段穿过节理面的应力强度和垂直应力

如图 4—44 所示，此计算模型产生了一个破坏条带而不是裂隙，其中一部分形成了离散单元。破坏条带尖端的应力集中，导致破断范围迅速扩展。

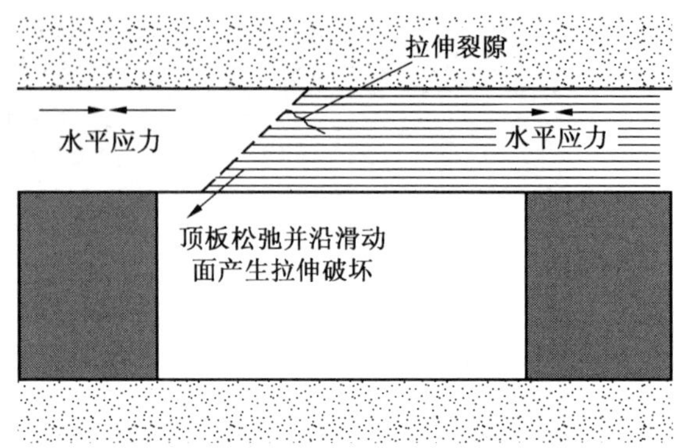

图 4—44　由于滑动面和水平应力引起的拉伸破断

因此，顶板岩石的破坏机制是：靠近滑动面尖端的某个适当的方向上诱发的拉应力，在水平压应力环境下，引起了拉伸破坏（图 4—44），顶板因滑动面的松弛和膨胀产生了拉应力。这种破坏机制不同于拉弯破断。后者可以在低应力环境下形成。在此情况下重力效应和岩石自重力起着重要作用。如图 4—45 所示，达到破断条件时，拉应力出现在巷道中部顶板岩层中性轴以下和中性轴以上的巷道两帮上方。

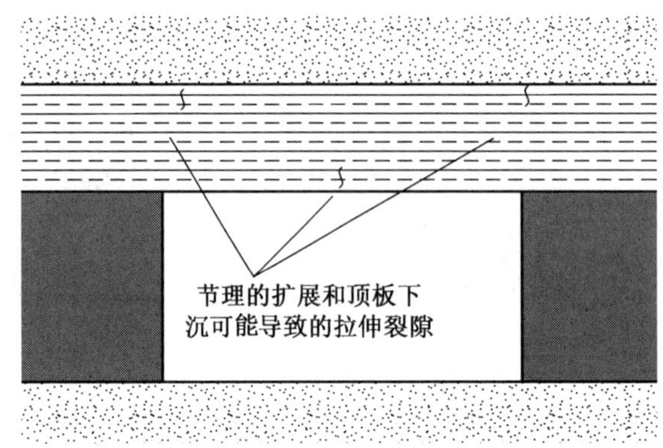

图 4—45　顶板挠曲形成的拉伸破断

四、锚杆支护的效应

可以利用 FLAC 模拟计算锚杆在稳定顶板中的效果。在计算模型中，锚杆为索状结构单元，在计算的中间阶段加入。长度 250 mm 的全长锚固锚杆在变形 2 mm 时载荷达到 80 kN。当锚杆达到屈服极限（150 kN）时继续变形，载荷不再增加，破断特征如图 4—46 所示。

计算模型研究了两种模式：一是锚杆穿过节理面，二是锚杆对巷道顶板网格单元连续锚固。

计算表明，第一种模式虽然可以部分改善顶板稳定性，但计算发现，由节理面诱发的顶板破坏区早在锚杆安设前已经存在，此种模式对顶板破坏区的控制无明显作用。第二种模式在避免顶板冒落方面明显比第一种模式有效，其效果取决于锚杆相对于节理面和破坏区的位置和方向。锚杆愈长，间距愈小，能够穿过节理面和破坏区进行锚固，则有效性愈好。另外，节理面的倾角超过45°后，它只有在水平应力更高和节理面摩擦角更小的情况下诱发顶板破坏的作用才能显现。

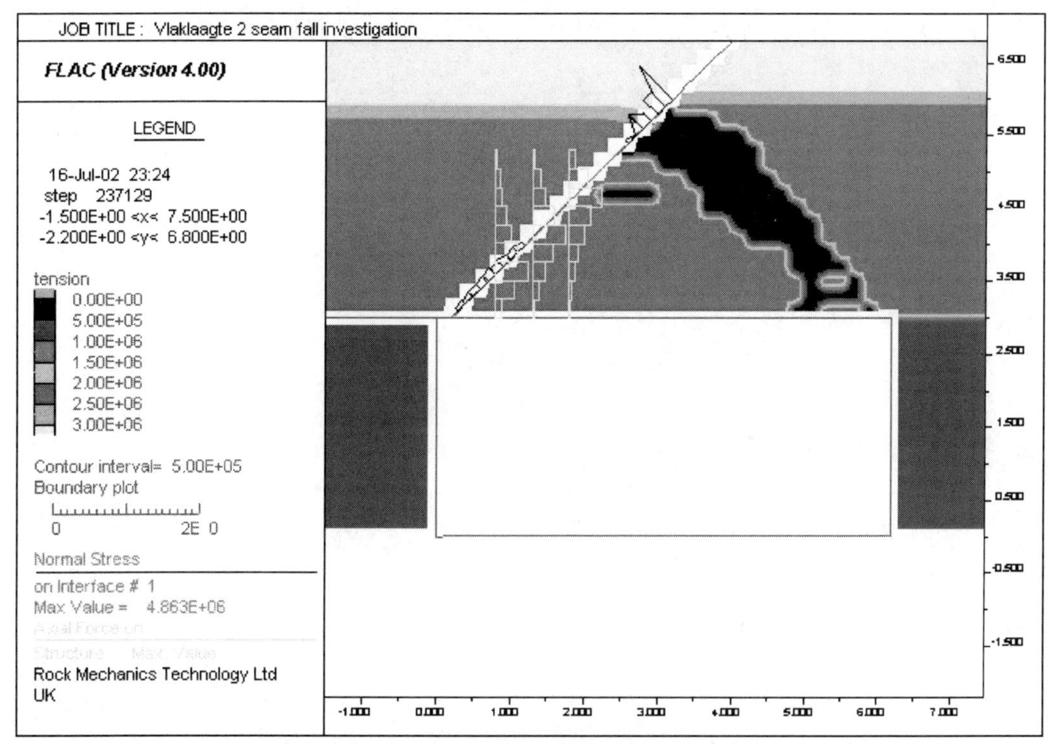

图4—46 穿过节理面的锚杆

任何锚固模式的有效性均取决于锚杆与破坏面的位置和方向的相对关系，但难以准确预测。一般来说，对于1～1.5 m的网格单元，安设长度1.5～2 m的锚杆是必要的。

对于此类顶板破坏模式，最重要的是避免节理面出现在高危险的方向，并尽可能减小巷道宽度。

计算表明，顶板冒落是由于锚杆上方顶板岩层的拉应力所引起，而此拉应力是地质节理面和高水平应力共同作用引起的。井下观测表明，这类破坏是由拉应力引起而非剪切应力。

【本章小结】

（1）澳大利亚采用美国的CMRR准则进行顶板稳定性分类。南非采用的劈裂法分类，更能准确地反映硬岩层及其所在位置对顶板稳定性的影响。

（2）澳大利亚和南非的地应力测定均显示，水平应力大于垂直应力，这是顶板破坏的主要动因。研究了巷道相对于地应力的合理角度。

（3）澳大利亚除研制高刚度预应力锚杆和锚索外，还研发了自钻式泵注树脂可伸长和预应力锚杆，它对围岩裂隙较多或弱岩有很好的适应性，值得注意。

（4）南非煤矿采用了英国研发的多种锚杆监测系统，包括离层显示仪和超声波顶板位移监测仪，查明了南非煤矿锚固系统的工况。同时，通过采用计算机 3D 和 2D 数值模拟的方法对巷道应力和变形的计算和研究表明，节理面和高水平应力是导致巷道顶板冒落的主要因素。

（5）介绍了米诺桦公司关于锚杆工作力学原理及参数的选择原则，有重要参考价值。

第五章　国外煤矿长壁工作面岩层控制

第一节　德国深部开采工作面岩层控制

德国是煤矿开采技术高度发达的国家，但由于开采深度的增加和经济型可采储量的减少，煤炭年产量在逐年递减。

2009年德国煤矿平均开采深度达1150 m，预计到2012年会再增加100 m。随着开采深度的增加，不仅回采巷道岩层压力增大，而且采场气温显著升高，增加了回采工作面通过残留煤柱或构造区上下方的困难，但借助于新技术研发，过去几年工作面硬煤产量一直在增加。从1990年以来，煤矿工作面数从5.8个减少到2.5个，而工作面平均日产量从3100 t增加到8000 t。根据估算，德国经济性可采储量2004年烟煤约1.83×10^8 t，2006年减少到9900×10^4 t。全国产量逐年递减：1973年8000×10^4 t，1986年6200×10^4 t，2008年2200×10^4 t。1998年建立的德国硬煤公司，下属只有鲁尔等6个煤矿。此外，电煤价格逐年增加：2000年40.9欧元/t，2007年为68.4欧元/t，2009年增加到91.24欧元/t。

一、德国深部开采先进的配套系统

（一）理想的采掘设计

由于开采环境日益恶化，如开采深度增大、煤层厚度减小，为了实现高效率和高盈利的开采，德国硬煤公司提出“理想的采掘设计”，以实现更高的效率、更低的成本。理想的采掘设计（概貌见图5－1）包括以下概念：改善通风技术的前进式开采；改善运输技术的后退式开采；技术和安全上可能的最大工作面长度；采空区瓦斯抽放；开采技术和通风上最优的设备配套投入。

1. 采用Y型通风系统的前进式开采

在Y型通风系统中，从回采工作面流出的风流在机头处被新鲜风流稀释，然后沿着工作面采空区中的尾巷排出。借助于此风流，开采释放的瓦斯和热流被引向巷道尾部并稀释。与此相关，巷旁充填墙保持间距7～8 m的开口（风窗），以便使采空区的附加热流和污浊风流排出，阻止其进入工作空间。此处经常有2个风窗保持开通。

2. 后退式开采系统

对于后退式开采系统，采出的煤沿着尚未受到开采应力显著影响的运煤巷道运出。标准的生产设备，如宽度1300 mm的链式输送机、高功率的破碎机、优化的回程无链转载机和宽度1200～1400 mm的带式输送机（具有相应的皮带存储量），保证煤炭高效率无故障运出。

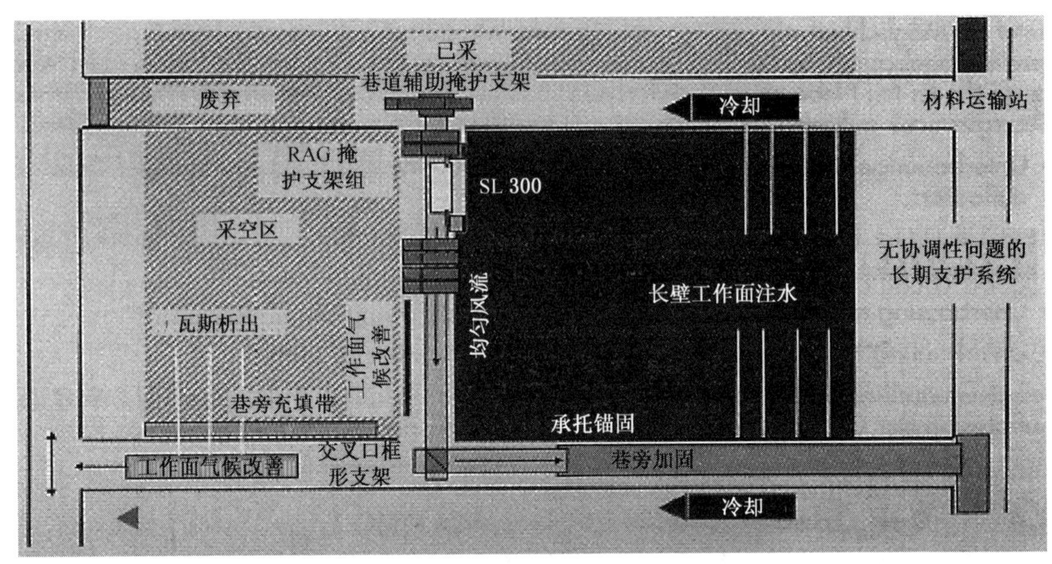

图 5—1 理想采掘系统概貌

3. 工作面长度增大

为了彻底实现生产集中化和节省辅助运输巷道，在深部开采中，要尽力实现技术和安全上可行的工作面增长。这只有在技术进步，特别是工作面运输设备能力提高的基础上才可能实现。图 5—2 是 1990—2005 年鲁尔公司工作面平均和最大长度的变化。2005 年平均为 339 m，比 1990 年增加了 32%。最大工作面长度达 521 m，比 1990 年增大约 54%。

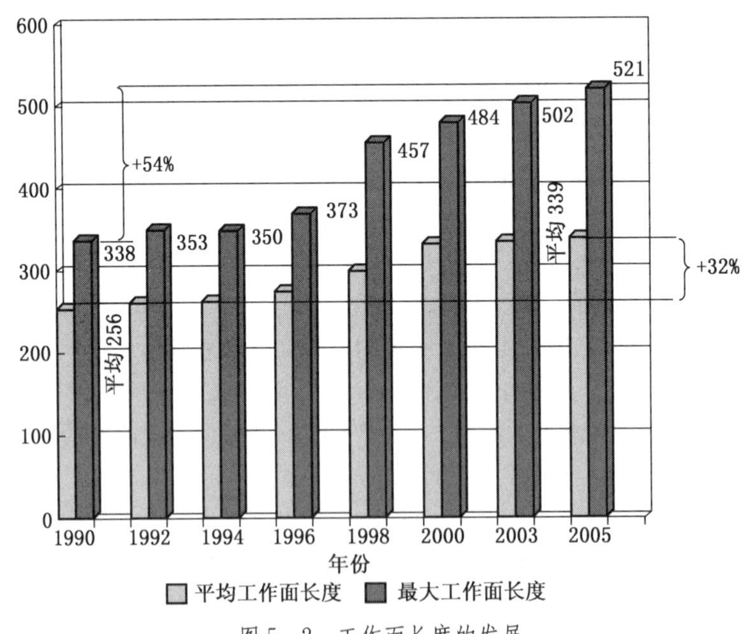

图 5—2 工作面长度的发展

4. 瓦斯抽放

有重要意义的是，德国硬煤公司对瓦斯抽放的控制。除了尽可能大的风流外，很重要的是对瓦斯抽放的优化。对于薄煤层工作面，其风流速度根据法规不得超过 6 m/s。对于长工作面，瓦斯溢出量显著增大，在回风巷道设置的可控制的低压瓦斯抽放系统（图 5—3 和图 5—4），保证了最优的工作面风流。

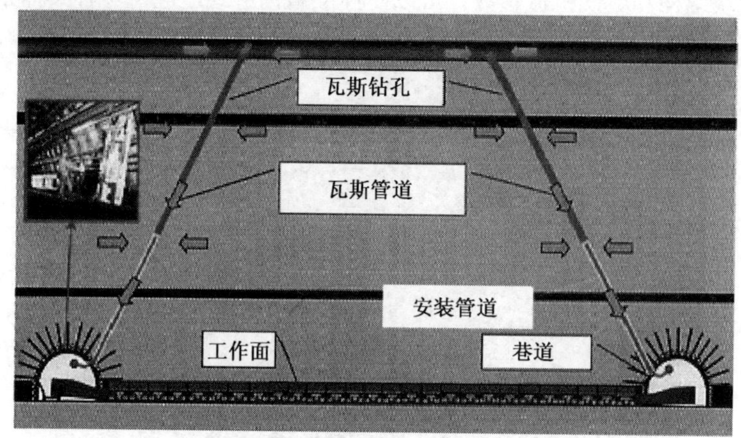

图 5—3　开采辅助巷道的瓦斯抽放系统

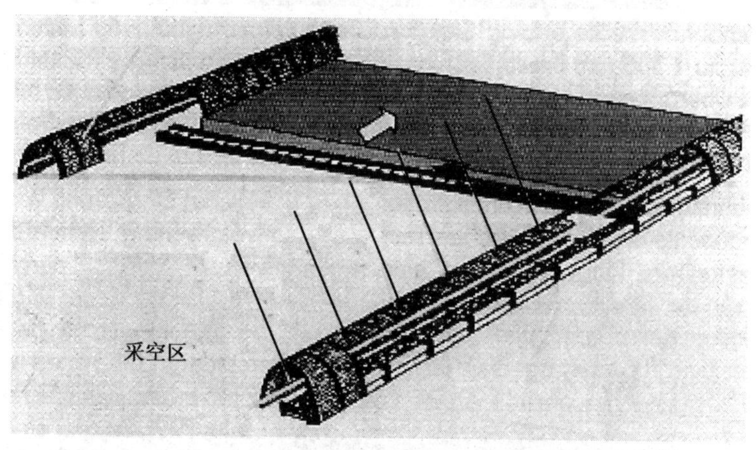

图 5—4　有前景的工作面瓦斯抽放系统

为此，巷道必须具有高质量的支护（较小的顶底板收敛量），以保证在采区整个服务期内有足够的通风断面。

5. 现代化的工作面支架和输送机

理想的采掘设计包括装备现代化的工作面掩护支架，如图 5—5 所示。

这种支架为整体刚性顶梁，借助于可分的压力增高系统，其高支护阻力可进一步增大（通过两种压力工艺实现 40 MPa 的初撑力）。工作面输送机具有封闭的底框，宽度 1132 mm。

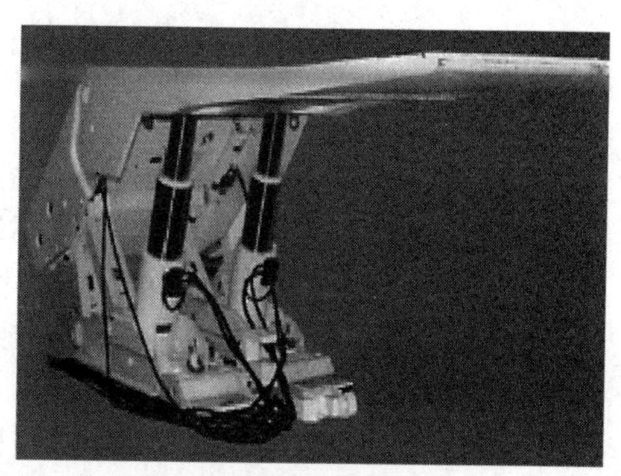

图 5—5　现代化强力掩护支架

6. 现代化的滚筒采煤机和刨煤机

型号为 SL300/420 的滚筒式采煤机（图 5－6）与 IPC 技术集成，使得标准的采煤机与安设的总功率至 1400 kW 的电动机配套，可实现最大拉力 800 kN（当推进速度为 30 m/s 时）。通过集成块结构和更换机械参数，可以使标准结构形式适应每一种具体条件。

(a) 滚筒采煤机工作面

(b) 滚筒采煤机

图 5－6　SL300/420 高功率滚筒采煤机

对于工作面长度达 350 m 的薄煤层，采用 GH42 型滑行刨煤机，具有变频技术的传动机构的功率为 2×400 kW，经受住了生产实践的考验。为了在深部开采高硬度的薄煤层，并能够往返刨煤，必须对现有刨煤技术继续加以改进。在鲁尔公司（GSK）的一个煤矿，试验了新型刨煤机 GH42（图 5－7），其变频技术中采用了功率为 2×800 kW 的传动机构。借助于刨煤机和工作面输送机的无级调速，可以保证在传动区间内实现输送机的最优负载，使得在传动机构附近输送机不会出现煤的溢出。

借助于适当的支架和输送机与采煤机之间的协调一致，可以明显提高工效，这可能使刨煤机在更硬的薄煤层中得到推广。

图 5－7　新研发的刨煤机 GH42

7. 井下气温控制

考虑到开采深度增大会导致温度升高和工作面生产点的运煤量增加、工作面长度增大而煤层厚度减小、驱动机构的功率提高而导致热流的增加等因素，必须对回采工作面和巷道的控温技术加以改善，以维持其处于规定的温度上限内。

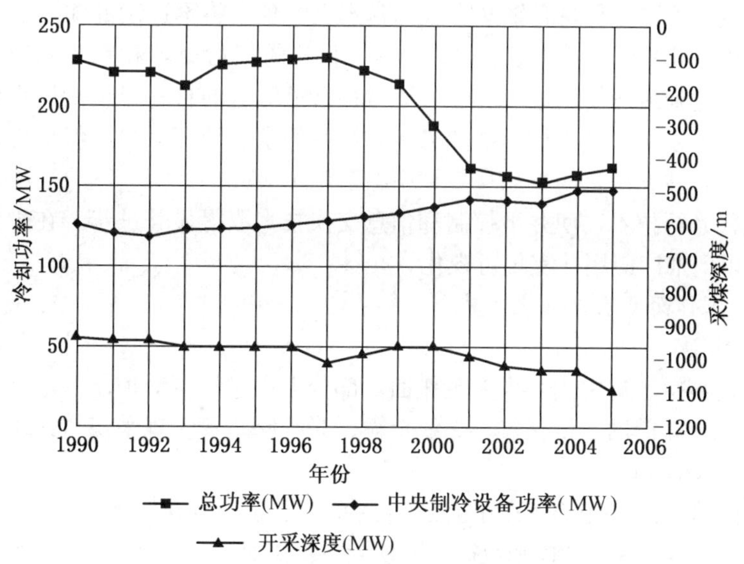

图 5－8　鲁尔公司制冷系统功率和平均开采深度的变化

图 5－8 显示，尽管生产工作面减少，但由于开采深度增加导致井下气温升高，安设的制冷设备功率一直处于很高的水平上。

目前安装的制冷设备总容量为 170 MW，而其中 90％为中央制冷系统的功率，而在巷道安设的附加制冷系统对改善工作面气温具有特别重要的作用，因此在工作面上限风速 6 m/s的条件下，必须增加相应的制冷设备功率。根据生产的需要，安设了标准的对应于工作面和巷道不同结构尺寸和功率的制冷机。它由电力驱动或压缩空气驱动，其总制冷功率大于 5 MW。在工作面装备了最大功率达 700 kW 的制冷设备。

8. 巷道材料运输

除了上述高效率的运煤系统外，生产点必须有足够的装备和快速的材料运送能力。借助于新发明的单轨吊车（EHBDZ 2000）和底板运输轨道，对于各种必需设备和材料可以提供高效快速的供应，见图 5—9。

图 5—9 现代化的柴油机车 EHBDZ 2000

借助于平缓的管道工程材料输送方式，基本上实现了将不连续的输送工艺用连续输送予以取代的要求。几乎 100%的工程建筑材料（供构筑架后充填和巷旁充填使用）可经过中间转运料仓运输到最终使用地点。通过原材料管道输送的材料，包括远距离输送的岩石加固材料、作为工程材料硬化加速剂和粉尘黏结剂的水玻璃等。为了保证工作面的生产点的电力安全供应，井下设备的电压从 5 kV 提高到 10 kV。

借助于现代光纤技术，使井下控制和信息交换技术取得显著进步。在过程信息传输方面，IPC 技术得到推广应用并实现可视化。

（二）德国工作面开采自动化发展

1. 回采工作面

技术路线是：生产集中化→少人工作面，部分生产过程自动控制（电液控制系统）→全工作面自动化，即借助于传感器、无线传输、光纤网络等实现采煤机三维导航，以及输送机和支架的自动控制。

多年来德国回采工作面普遍采用电液控制系统，目前自动化水平正在进一步提高。自动化水平提高的前提是掌握了电控和数据传输领域的新知识。首先是研发了光纤传输和控制技术、数据库点通信技术。在掌握这些知识的基础上，在矿井安装了数据传输网，并明显提高了功效。在利用远距离光纤支线网的基础上，实现了数据的快速、安全和密集传输。在研发 WLAN 数据库点的技术后，首次在井下实现无线数据传输。这是工作面自动化的前提。

新研发的采煤设备可以达到月产 100 万 t。煤矿要求对如此高效率的采煤设备能够进行“导航”。到目前为止，采煤司机已能对其进行远距离电信号操控，并可对采煤机沿煤层开采时进行三维领航。

利用新的自动化采煤机（已在鲁尔矿区装备），有可能实现工作面完全自动化。这些设备已具有“看”、“听”、“感觉”的能力。采煤设备相对于煤层边界的位置可以借助于新研发的传感器网络掌握。所有的传感器信息均可通过数学系统进行处理，由此产生相关的控制信息。导航系统给设备提供了在井下自然煤层中的运行方向。

工作面自动化发展过程中，系统最重要的组成部分是高效率传输而成本低的采煤机与矿井平台之间的通信结构。它可使所有相关信息实现在线传输，从而实现整个采煤机自动化，为实现硬煤开采的营利提供技术支持，并对环保和资源利用有利。由于对煤层精确地切割，因此可使较少的矸石被运出地面。

20 世纪 90 年代，德国已经进行了工作面自动化的研究和初步实验。作为实例之一，图 5－10 为刨煤机工作面自动化设计方案和采煤机工作面设计方案。

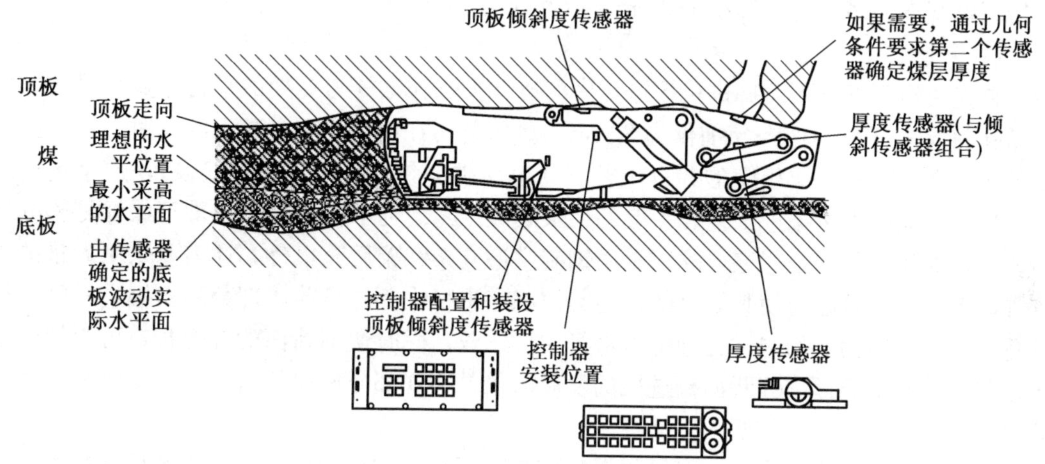

(a) 刨煤机工作面割煤和支护自动化设计方案

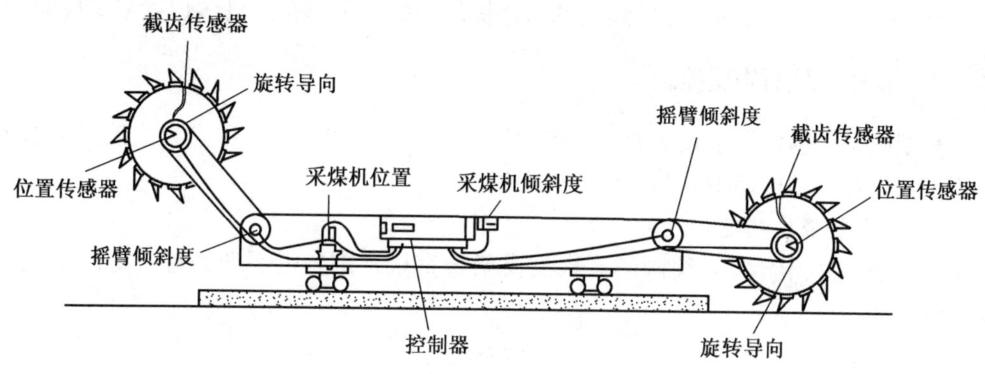

(b) 滚筒采煤机自动化割煤的设计方案

图 5－10　工作面自动化设计方案（德国 Marco 公司）

刨煤机工作面的设计思路是：借助于液压支架控制器 pm3、2～3 个传感器（测量顶底板倾斜度和煤层厚度）及 mc/4s/i 系统，可及时计算煤层厚度，通过调整液压缸，可调整刨煤机导轨与底板之间的夹角，从而使工作面在希望的位置范围内推进。如果底板沿走向倾斜变化很大，刨煤机可自动选择较为平缓的坡度割煤推进。

滚筒采煤机工作面的设计原理是：探测和控制系统根据割煤时采煤机截割部的振动频

率，自动识别煤岩界面，使采煤机尽可能沿煤层割煤推进。顶底板岩石和煤体具有不同的固有振动频率，在割煤和割顶底板时通过安装在截齿上的振动传感器记录其各自的频率范围和位置传感器记录的滚筒位置，并及时传输到安装在采煤机上的控制器（微处理机）进行识别（该处存有煤体和岩石的固有频率数据）。如果发现切割时的频率为岩石固有频率，则显示割煤机切割了顶板或底板，由控制器发出指令及时调整割煤机或刨煤机工作高度。如图5－10b所示，该系统具有自动识别煤岩界面并沿煤层割煤的探测和控制系统，同时通过采煤机发出的红外传感信号传给最邻近的液压支架，令其随后顺序前移，实现采煤机与支架联动，就可以实现工作面采煤自动化了。

实验证明，上述系统切割顶底板岩石的频率和厚度小于采煤机人工操作。前者平均切割岩石厚度在大多数情况下小于 2 cm，后者则为 15 cm。

2. 巷道

首先要实现部分断面掘进机掘进工序的自动控制和锚杆与支架的平行作业。目前煤层巷道断面为 30 m^2，而 15 年前仅为 22 m^2。鲁尔公司在保持巷道大断面的同时，可达到很高的掘进速度，并完成相应的并行工艺（巷道支护、巷旁充填、锚杆安设），这里包括高效率部分断面掘进机掘进工艺和一般的钻眼爆破工艺。为了在大采深条件下保证足够的支护阻力，对于煤层回采巷道，除了采用钢制拱形支架和架后充填外，还需要采用大量的锚杆加固围岩，而且必须使其尽可能地与其他工序平行作业。目前，部分断面掘进机已经标准化，在巷道断面的切割过程中可以进行支护作业。同时切割断面的准确化，可为架后充填预留必需的空间。部分断面掘进机的发展前景是实现部分过程的自动化，即整个巷道断面的切割自动完成，不需要人工操控。

在钻眼爆破掘进工作面，可以根据爆破图实现钻眼的自动化。一般的锚杆钻孔和安装工序，爆破孔均可借助于新的钻车实现自动化钻进。钻臂的运动由集装的传感器掌握。钻臂的自动控制是借助于安装在 PC 上的软件提供的每一个钻孔的具体位置来实现的。

二、长壁工作面岩层控制

长期以来德国建立了较全面的工作面岩层控制系统和方法，重点是支架阻力选择和支架稳定性控制、顶板裂隙控制、围岩应力控制等。

（一）支护强度确定

20 世纪七八十年代，德国学者根据支架与直接顶围岩的平衡条件，提出支架必需的支护强度为

$$R=\left[\frac{2c\cos\rho}{(1-k)-(1+k)\sin\rho}+\frac{\gamma M}{K_s-1}\right]S \qquad (5-1)$$

式中 γ——岩石容重；
c——直接顶岩石黏结力；
ρ——岩石内摩擦角；
k——水平应力与垂直应力之比；
K_s——直接顶垮落松散系数；
M——煤层厚度；
S——安全系数，取 1.6。

对于式中的第二项，取 $K_s=1.5$，$\gamma=25$，则得：

$$R_2=\frac{\gamma M}{K_s-1}S=\frac{25M}{1.5-1}\times 1.6=80M \tag{5-2}$$

对于倾斜煤层，上式可修正为：

$$R_2=(80+1.5E)M \tag{5-3}$$

式中　E——煤层倾角，以 gon 表示，1gon=0.9°。

这是 20 世纪七八十年代德国推荐的简单计算方法。这里未考虑基本顶附加载荷和直接顶力学性质和侧压力系数的影响。

如考虑式（5－1）中第一项，根据直接顶黏结力和内摩擦角以及水平应力与垂直应力之比的不同值，例如，$c=10\ \text{kN/m}^2$，$\rho=30°$，$k=\sigma_3/\sigma_1=0$，则

$$R_1=S\frac{2c\cos\rho}{(1-k)-(1+k)\sin\rho}=1.6\times\frac{2\times 10\times\cos 30°}{(1-0.1)\ -\ (1+0.1)\ \sin 30°}\ \text{kN/m}^2=55.42\ \text{kN/m}^2$$

如果 $c=100\ \text{kN/m}^2$，$\rho=30°$，$k=0.1$，则

$$R_1=1.6\times\frac{2\times 10\times\cos 30°}{(1-0.1)-(1+0.1)\sin 30°}\ \text{kN/m}^2=79.18\ \text{kN/m}^2$$

在上述两实例中，如果煤层厚度为 2 m，则总支护阻力分别为：

$$R=80\times 2\ \text{kN/m}^2+55.42\ \text{kN/m}^2=215.42\ \text{kN/m}^2$$

$$R=80\times 2\ \text{kN/m}^2+79.18\ \text{kN/m}^2=239.18\ \text{kN/m}^2$$

（二）液压支架与顶底板稳定平衡的附加条件

德国的研究表明，顶板控制除支架必须具有足够的工作阻力外，顶板对支架的外载合力作用点及其作用方向也很重要。如图5－11a所示，如果顶板作用于支架的外力延伸线处于支架底座的前方，将引起支架前倾而失去稳定性。在此情况下，支架将丧失对顶板的支撑力，特别是顶梁前段对控顶区的支撑力，导致机道上方无支护而易发生顶板冒落。

图 5－11b 显示，如果顶板破碎，支架顶梁后方顶板冒落，则只有通过支架操作，增加铰接前梁和前柱的推力，同时令后柱适当回缩形成拉力，才能保持机道上方的顶板稳定和支架的稳定。

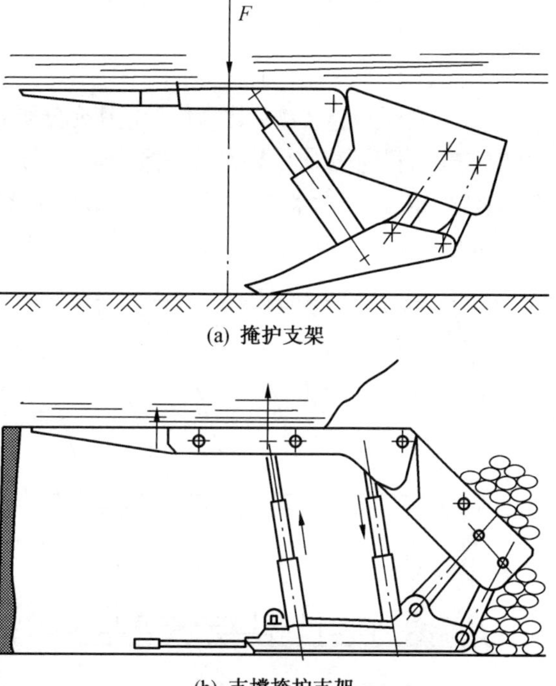

(a) 掩护支架

(b) 支撑掩护支架

图 5－11　液压支架与顶板的平衡条件

对于不平顶板的支护，图 5－12 给出了掩护支架在此条件下实现顶板稳定和平衡的条件，包括：

（1）顶板对支架的外载合力作用线必须处于支架底座范围内。

（2）在不稳定顶板条件下，支架应装备有铰接前梁，可向上抬起，以支护机道上方因冒落而出现台阶的顶板；此阻力应大于 80 kN。

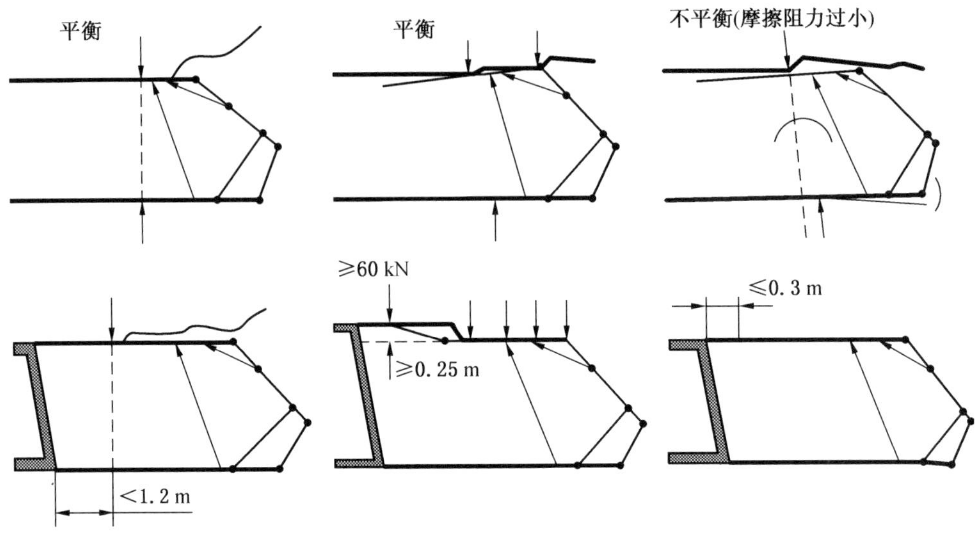

图 5—12 液压支架与不平顶板的平衡条件

(3) 如果顶板后端出现台阶，则可收缩平衡千斤顶，使顶梁后段略有抬起，以对该处顶板形成阻力。

(4) 顶梁前段至煤壁的距离应尽可能小，例如小于 0.3 m。

(5) 在顶梁上方顶板全部冒空的情况下，支架仅能依靠铰接前梁支护顶板，在此情况下，支架顶梁前端应尽可能靠近煤壁，但在此情况下支护阻力不足；如果采用整体顶梁，则支撑力会显著增大。

(三) 顶板裂隙控制

1. 顶板裂隙分类和显现

德国 DMT 以奥·雅克比为代表，在充分研究长壁工作面顶板裂隙基础上提出了在开采应力和工艺影响下顶板次生裂隙的分类：R_1 为离层裂隙；R_2 为垂直顶板层面裂隙；R_3 为指向煤壁的裂隙；R_4 为指向采空区的裂隙；R_5 为楔形裂隙；还有以上基本裂隙组合的不同形式。

常见的工作面顶板裂隙形态如图 5—13 所示。

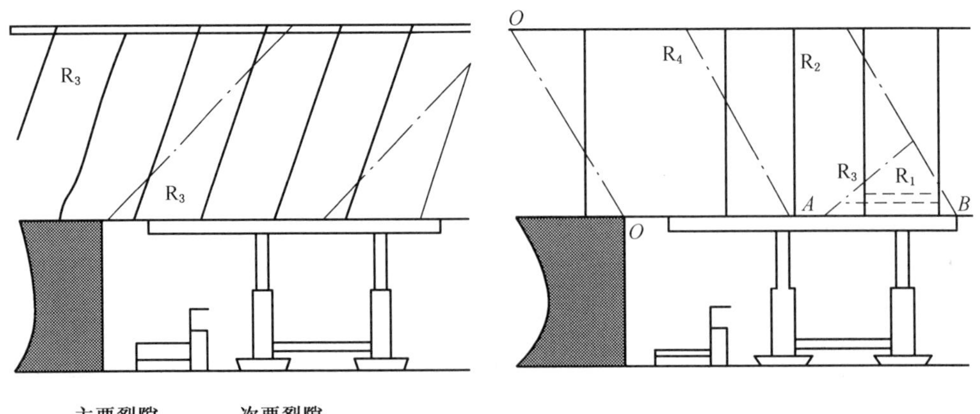

图 5—13 工作面常见的裂隙形态

根据相似模拟和现场实践可知，裂隙经常产生在机道上方，并可能引起冒顶。如机道上方的顶板出现高度大于 50 cm 的冒顶，且其长度达工作面长度的 5%～10%，特别是机道上方出现楔形裂隙且 R_2 型（离层型）裂隙较发育，则顶板控制效果较差；而当顶板岩层较硬时，则可能出现台阶式下沉。

2. 支架支护阻力的影响

处于工作面前方支承压力带的顶板易产生剪切裂隙，进入工作面控顶区，如果支护阻力不足，则不仅会形成直接顶离层，而且会因指向采空区的卸压位移，引起裂隙面张开直至冒落。这是因为支护阻力较小时，支护阻力对顶板形成的摩擦力不足以阻止岩层向采空区的水平卸压移动；而当顶板较硬时，则在上覆岩层中出现台阶状断裂及下沉。

图 5－14　机道上方的楔形裂隙和冒落

至于机道上方的高度小于 30 cm 的破碎，大多与直接顶岩性、梁端至煤壁的距离、支架形式及移架方式有关。

图 5－14 显示了机道上方出现的楔形冒落（R_5 型裂隙张开所致）。

图 5－15 显示，如果支护强度不足或者顶板较厚硬，而形成垂直或倾斜断裂，则机道上方可能出现台阶错动式下沉。图中显示的掩护支架为立柱支设在掩护梁的结构。此类支架可产生的支护阻力较小，其支撑效率（对顶板的垂直阻力与立柱总阻力之比）一般仅在 70%左右。

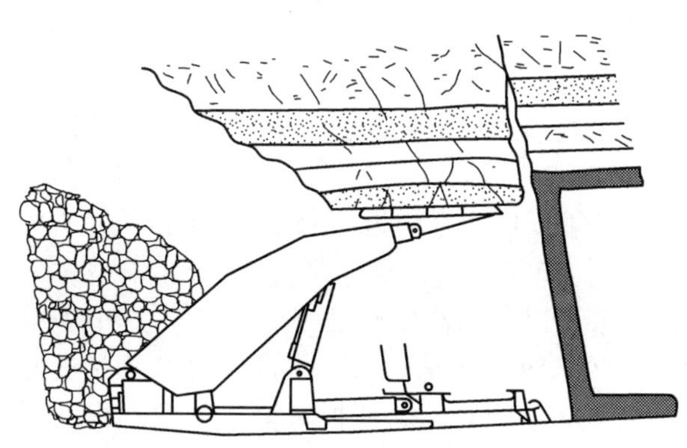

图 5－15　机道上方的张开裂隙和台阶下沉

相似模拟试验表明，如果支护强度较高，则尽管顶板上方和支架后方出现裂隙，仍可避免机道上方出现冒落，但若延米支护阻力不足，则会引起煤壁片帮，如图 5－16 所示。

在支护阻力的概念中，有两个概念：支护强度（支架对控顶区顶板单位面积的阻力，一般以 kN/m^2 表示）和延米支护阻力（支架对沿工作面长度方向单位长度的顶板的支护阻力，以 kN/m 表示）。两者的含义并不完全相同。

图 5－16 与图 5－17 中支架具有相同的支护强度，$q=190\ kN/m^2$，但延米支护阻力有显著不同，前者为 380 kN/m，后者为 850 kN/m。模拟试验结果，两种延米支护阻力下顶板状况显著不同。在图 5－16 中，由于延米支护阻力较小，因此顶板中离层发育，且煤壁片帮严重。而图 5－17 中，顶板岩层处于挤压状态，煤壁无片帮，机道上方仅有很小的冒落。上述模拟结果清楚地说明延米支护阻力对顶板控制的意义。

总之，顶板状况的宏观特征，对初步判定支架阻力大小有一定参考价值。但需注意，这里实际上主要反映了支架初撑力和额定阻力大小的综合结果。

20 世纪八九十年代德国的研究表明，在无基本顶附加载荷的条件下，当支护强度达到 300 kN/m^{2}以上，一般即可保持顶板的稳定。

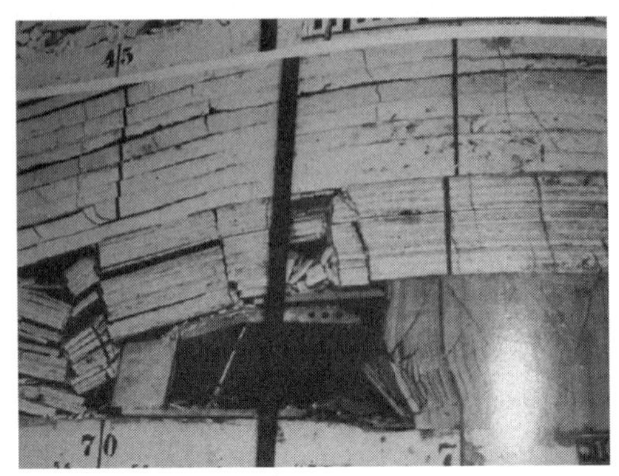

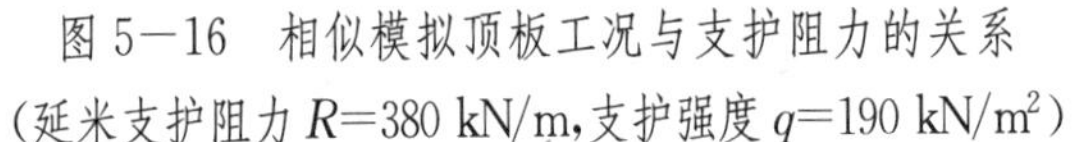

图 5－16　相似模拟顶板工况与支护阻力的关系
（延米支护阻力 R=380 kN/m，支护强度 q=190 kN/m^2）

图 5－17　相似模拟顶板工况与支护阻力的关系
（延米支护阻力 R=850 kN/m，支护强度 q=190 kN/m^2）

3. 顶板冒落率及其影响因素

德国提出端面冒落率（破碎度）的概念，并按下式计算：

$$F(\%)=\frac{d}{a+b+c} \tag{5-4}$$

式中　d——梁端前顶板的冒落宽度；

a——顶梁端至第一接顶点的距离；

b——顶梁端至切割煤壁的距离；

c——煤壁片帮深度。

研究表明，减小梁端至煤壁距离，特别是第一接顶点至煤壁距离，可以明显减小或避免机道上方的顶板冒落。煤壁距离及顶板岩性是影响端面顶板冒落率（破碎度）的主要因素，其综合指标可用冒落敏感度 E（%）表示，系指梁端煤壁距平均为 1m 情况下的顶板冒落率统计平均值。

德国对不同岩性端面冒落敏感度的测量结果可以分为高敏感度（$E>30\%$）、中等敏感度（$E=11\%\sim30\%$）和低敏感度（$E<10\%$）三级，见图 5－18。同时，工作面推进速度也对支架前方的冒落度有显著影响。实践发现，不同岩性的顶板对冒落的敏感程度不同，E 值越小，顶板的稳定性越好。

工作面岩层控制实践表明，综采工作面顶板控制较好的标志为：

（1）在机道上方冒高超过 30 cm 的长度占工作面长度的 5%以内，即冒落台阶频率小于 5%。

（2）机道上方未支护顶板的冒落率（破碎度）小于 10%。

（3）机道上方顶板台阶错动大于 10 cm 的占工作面长度的 5%以内，即台阶频率小于 5%。

如果冒落频率大于 20%，顶板端面破碎度大于 30%，台阶频率大于 10%，则认为顶板控制效果很差，难以管理。

（四）工作面液压支架电液控制

20 世纪 90 年代，德国长壁工作面普遍安装了由电液系统控制的高阻力液压支架，支架工况和顶板状况显著改善。其特点是：

（1）支架初阻力由电液系统控制，立柱下腔液压可以保证接近泵站压力。

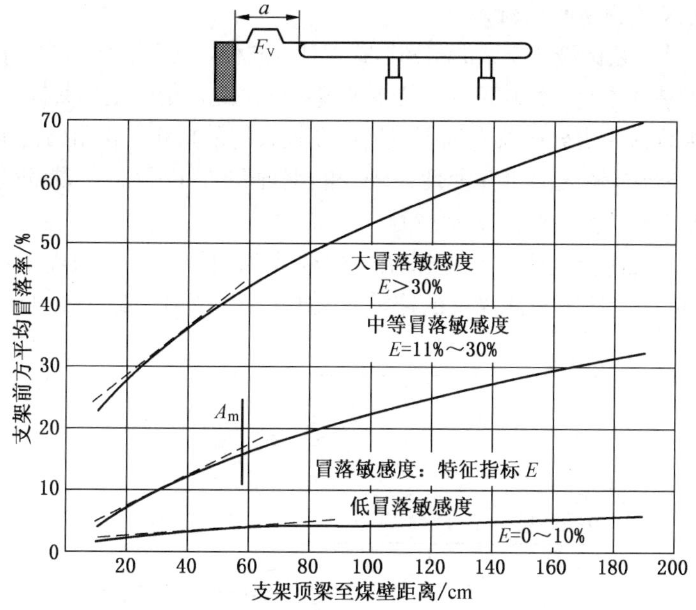

图 5—18　顶板冒落敏感度的分级

(2) 较高的初阻力可以保证较高的工作阻力和支护强度。

(3) 实现了即时支护。

(4) 支架可以擦顶移架，避免出现卸载移架引起的顶板破碎或冒落。

(5) 工作面推进速度快，可延缓顶板裂隙的发展，避免煤壁片帮过大及机道上方无支护宽度的增加。

以上特点为工作面高产高效和安全生产创造了条件。

图 5—19 为德国 Marco 公司在井下安装的液压支架电液控制系统的原理图。

图 5—20 为电液系统控制的工作面液压支架载荷（kN）随工作面推进的变化实例。图中显示，在工作面正常推进中，新型支架阻力平稳，且初阻力与循环末阻力很接近。图中，较高的支架载荷显示了基本顶周期来压的特征。

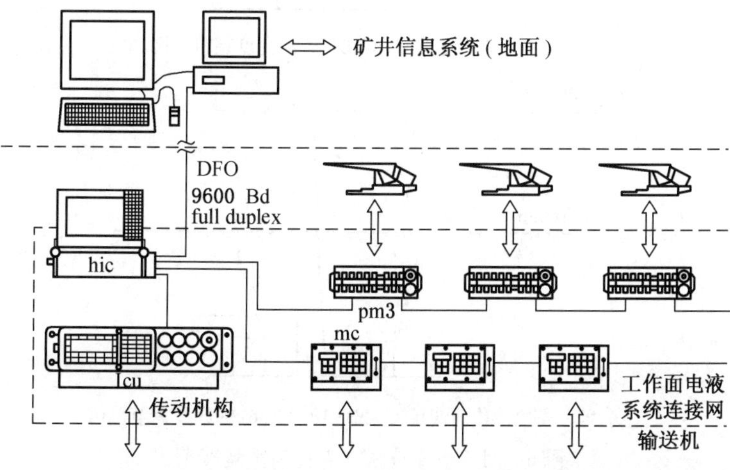

图 5—19　长壁工作面液压支架电液控制系统原理图

（五）液压支架结构参数的标准化

20 世纪 80 年代，德国液压支架的结构形式曾达 336 种，此后有所减少。由于支架品种多，导致研制费用和制造成本高，结构部件维修更换复杂，因此，德国很早就提出了液压支架标准化的问题。为此要求液压支架应具有以下特征：在较大的采高和工作阻力范围内，品种较少；结构部件标准化并具有较大的可互换性；较少的钢种和铸件材料，包括钢板厚度。

1. 液压支架标准类型和伸缩运动特性

1975 年以来，四连杆机构被普遍采用。两柱式和四柱式支架典型的工作高度调节范围如图 5—21 所示，包括用于薄煤层的掩护支架 G7/18（23），最大高度 1.8 m，最小高度

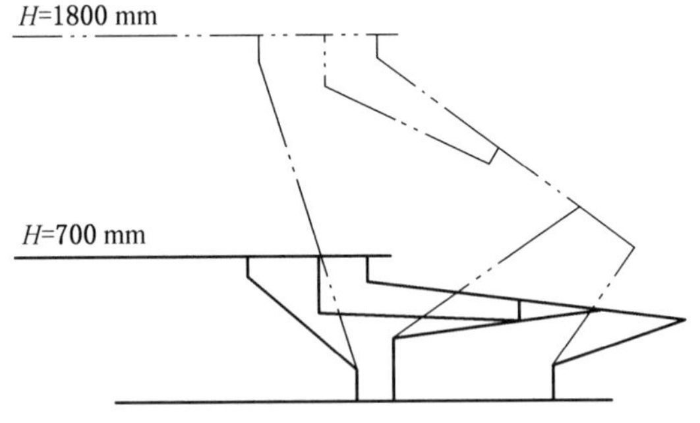

(a) 掩护支架 G7/18(23)的高度调节范围

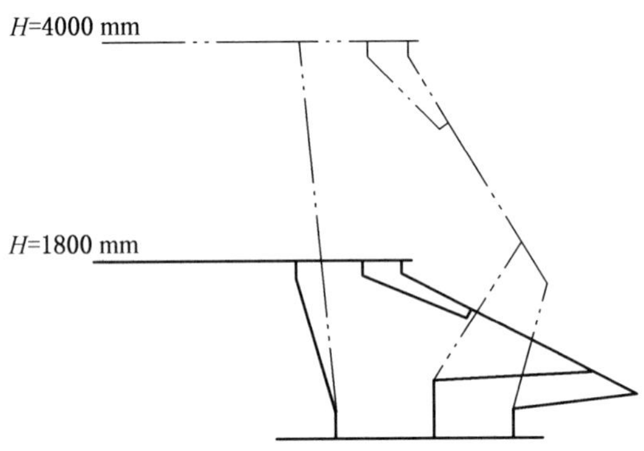

(b) 掩护支架 G18/40(45) 的高度调节范围

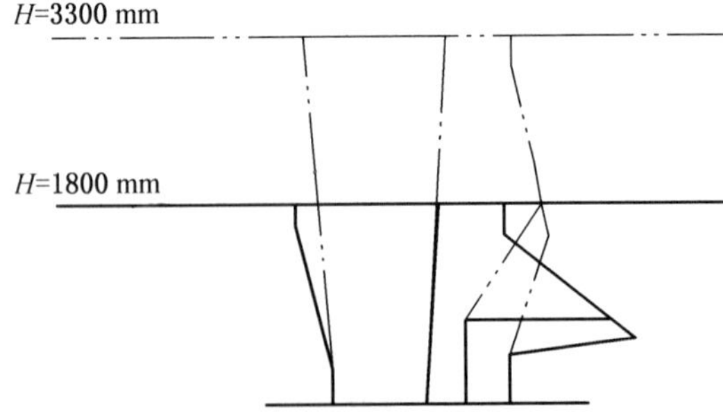

(c) 风力充填工作面液压支架 BV18/33(38) 的高度调节范围

图 5—21 典型液压支架的高度调节范围

0.7 m；用于厚煤层的掩护支架 G18/40（45），其立柱采用双伸缩机构；用于风力充填工作面的带有后伸顶梁的 BV18/33（38）支架。这些支架顶梁均具有可摆动铰接前梁（护帮和护顶），调节范围 750～850 mm。这 3 种支架可作为标准化支架推广。

这些支架的技术参数见表 5－1。

表 5－1　典型液压支架的技术参数

技术参数	G7/18（23）	G18/40（45）	BV18/33（38）
支架结构高度	700～1800（2300）	1800～4000（4500）	1800～3300（3800）
主顶梁长度	1800	2000	3000
伸向采空区顶梁长度	—	—	2000
可调节的可伸缩顶梁长度	1250＋750	1350＋850	1350＋850
掩护梁长度	1600	2700	1500
底座长度	2500	2700	2800
前连杆长度	1150	1650	1300
后连杆长度	700	1300	1150
立柱长度	696～1629（三行程）	1507～4165（双行程＋400 mm 立柱头部长度）	1507～3514（双行程）
连接销直径	90	90	90

采用四连杆机构后，顶梁至煤壁距离的变化范围较小，这对机道上方的顶板控制有利。图 5－22 显示了支架最大与最小高度范围内的顶梁至煤壁距离变化，此值 $\Delta k=\pm 50$ mm。

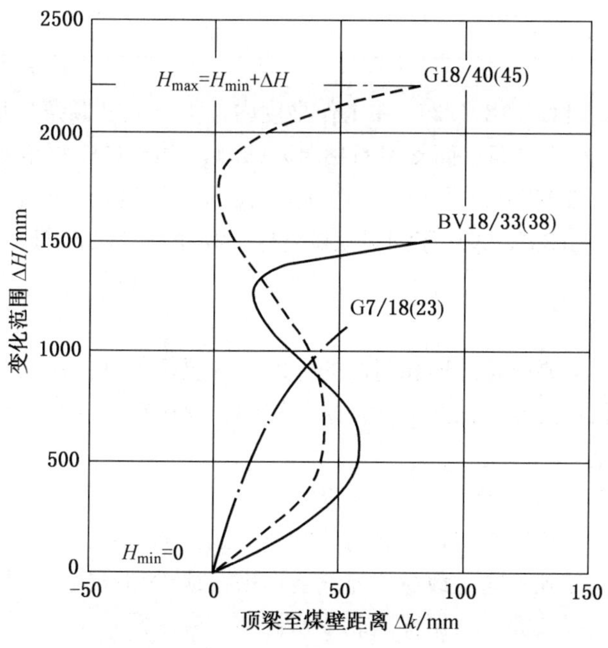

图 5－22　典型液压支架高度变化范围内的顶梁至煤壁距离 Δk 的变化

2. 立柱和液压缸的结构系列

德国液压支架的支护强度范围为 350～600 kN/m²，支护顶板面积为 6～11 m²，立柱阻力的调节范围为 1650～2050 kN，液压缸内液体压力为 37～45 MPa，液压缸内径为 240 mm，立柱活塞面积为 452.4 cm²。按照立柱系列扩大的要求，将增大立柱外径达 320/285 mm，活塞面积为 637.9 cm²，环形腔面积为 65.4 cm²，立柱阻力可达到 2871 kN。

表 5－2给出了标准系列液压支架的额定工作参数。

表 5－2　典型液压支架的工作参数

工 作 参 数		G7/18 (23)	G18/40 (45)	BV18/33 (38)
立柱数×初撑力/额定阻力（kN）		2×1448/1673	2×1448/2035	4×1448/1673
初撑/额定压力（MPa）		32/37	32/45	32/37
千斤顶数×压力/拉力（kN）		1×454/471	2×552×471	—
铰接摆梁数×推力（kN）		2×454	3×552	3×454
调定压力（MPa）		37	45	37
控顶区顶板面积（m²）	移架后	4.95	5.40	9.80
	移架前	6.08	6.68	11.10
支护强度（kN/m²）	移架后	374～538	495～535	534～551
	移架前	352～507	563～609	582～602
铰接摆梁尖端推力（kN）		145	245	210
可伸前梁尖端推力（kN）		91	151	127
顶梁尺寸比		2.01～2.30	0.78～0.87	1.43～1.46
稳定力矩（kN·m）		76～115	148～268	—
平均对底板压力（kN/cm²）		101～143	162～174	252～260

值得注意的是支架 G7/18（23），在工作高度内，由于立柱倾角变化较大，其支护强度变化在 352～507 kN/m² 之间。而支架 G18/40（45），由于立柱倾角变化不大，采用了双伸缩立柱（调定压力 45 MPa），在全部工作高度内，支护强度接近恒定（563～609 kN/m²）。风力充填支架 BV18/33(38)，采用了四根双排立柱(调定压力为 37 MPa)，支护强度为 582～602 kN/m²。

3. 外形和制造标准化

支架的标准化，主要应是外形和制造的标准化，包括各种部件、立柱和液压缸的连接销和销孔的通用性和互换性。此外，各种主要构件的焊接钢板应采用同样的焊接结构，以便使制造和维修简化。

4. 部件的使用强度和尺寸

考虑到支架在井下长期使用，因此构件的载荷试验循环达到 10000～100000 次。在支架使用期间，构件会受到不同的载荷，外载会作用在顶梁和底座的不同位置，顶板与支架之间会有不同的摩擦因数等。根据德国北威州标准，应注意：

(1) 试验载荷循环次数应达到 20000～50000 次。

(2) 限定加载应力的上限和下限分布频率。这需要试验和计算系统在最大载荷的情况下承受的最大应力，如立柱处于额定阻力、外载处于顶梁和底座最远位置时，以及掩护梁处于最不利的受载位置等等。部件的受载试验是在 0.4～1.0 的最大容许载荷之间进行。图 5－23显示了钢种为 STE880 的大试件在多循环加载试验中拉应力变化。

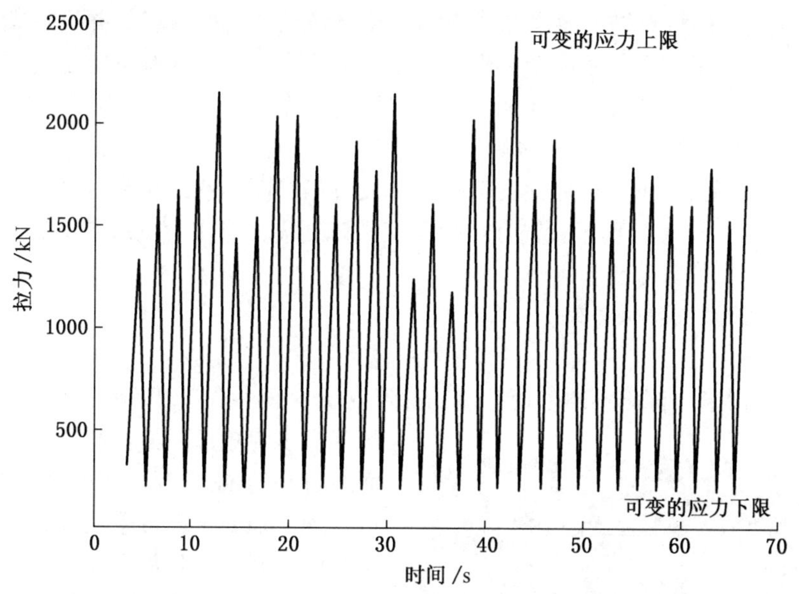

图 5－23　钢种为 STE880 的大试件（90 cm×30 cm 钢板）受载试验中拉力的变化

三、工作面端头巷道支护

（一）可用于端头巷道支护的联合支架

如前所述，拱形支架必须通过架后充填才能作为围岩很好的承载体，这对于 DSK 采用的锚杆与拱形支架相结合的联合支架也适用。联合支架 A、B 这两种有价值的支架在工作面端头回采巷道围岩变形控制方面可以彼此配合。

1. 工作面端头回采巷道的联合支护

对于通常的掘进工作面，A 型联合支架中，锚杆在端头立即安设，然后在一定距离后安设拱形支架和进行架后充填。而 B 型则先安装拱形支架，再进行架后充填，然后穿过充填体安设锚杆。这两种支架均可用于工作面端头，如图 5－24 所示。

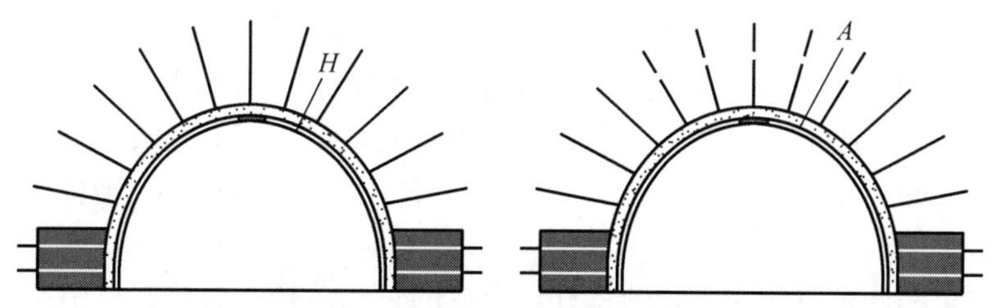

图 5－24　工作面端头 A 型联合支架及承托锚杆的安装

A型联合支架应在巷道端头将锚杆尽早安设，其较高的支护密度和早期承载特性可以阻止岩块破碎。然后在巷道端头后方50 m处安设可缩性拱形支架，并进行架后充填。它与锚杆支架共同形成的联合支护，可提供较高的承载力和可缩量，并有可能承受较高的巷道收敛率。

B型联合支架的特点是，要求在巷道端头及时将拱形支架支设，并进行架后充填，然后穿过充填体安设锚杆。如果支架在端头后方一定距离支设，则有可能出现顶板岩石破碎或松动，直至架后充填并硬化后才能形成对岩层的支撑。

2. 回采工作面端头联合支架的使用

对于工作面端头，拱形可缩性支架必须形成对工作面—巷道交叉口区的可靠支护。对于B型联合支架，通过合理布置锚杆，使得交叉口处锚杆可作为拱形支架的承托锚杆，与拱形支架形成可靠的联合支护。

（二）工作面端头特殊支架

1. 掩护垛

自1980年以来，德国不再使用钢制的梯形支架。20世纪90年代以来，采用锚杆支架的巷道多为矩形断面，此类巷道一般在工作面通过后即被废弃。而在工作面端头交叉口，为保证安全，可采用掩护垛，直至巷道延长段。井下照片如图5—25所示。

图5—25 在巷道内移动的掩护垛

使用这种支架的前提是巷道顶板岩层未被掘进机切割。对于仅一次利用，在工作面通过后便放弃的巷道，采用这种迈步支架比使用传统中柱有以下优点：

（1）有可能实现机械化；

（2）具有高支承力的掩护支架，可引导顶板断裂线进入采空区；

（3）具有可靠的安全措施，避免采空区的垮落岩石窜入巷道。

2. 中柱

如果锚杆支护的矩形巷道在工作面通过后仍需要保持使用和畅通，则在技术上可选择中柱。因为它不会产生反复支撑卸载的问题。此外，中柱在工作面通过后可长期保留，其支撑力继续发挥作用，直至巷旁充填带完成并达到足够的承载力。

工作面端头最有效的支护是采用柔性锚杆，如锚索或锚杆组，长度3 m以上。采用flex—drill柔性钻孔工艺和全断面锚固，与层面的夹角成67.5°以上。

在此系统中，支座上面安装了一个轻便的履带安装车。其中有钻车和用以支撑工作面侧帮和限制底鼓的支撑液压缸（图5—26）。在钻车上，通过液压缸的液体压力使液压钻机转动和钻进。

系统的关键部件是由相互咬合的钻杆块组成的柔性钻杆，清洗管从中穿过。在固定座上面，钻杆块相互咬合而变成刚性状态。在固定座下面，钻杆块则不进入咬合状态，因而也不转动。咬合前钻杆组件可以0.3 m的半径弯曲。这种从支护技术上很优的系统，在机械化方面尚存在不足。随着开采深度的增加，给支护技术提出了很高的要求，需要对该设备进行改进，使其成为实用技术，在工作面推广使用。

保证工作面边缘安全的另一个方案是采用长于3 m的刚性长钻杆。它平行煤层面与工作面成13.5°钻进。其作用相当于在岩层中楔入楔子，因而可减小采煤工作面边缘的破碎程度，并在工作面通过时保持输送机的稳定。当然，前提是要有高效率的钻孔技术。

如果掘进过程中的基本措施不足以保证工作面端头交叉口处的安全，则需要采取压注加固材料等辅助措施，以便充填岩层中的空洞、黏结破碎岩石，使破碎面封闭。

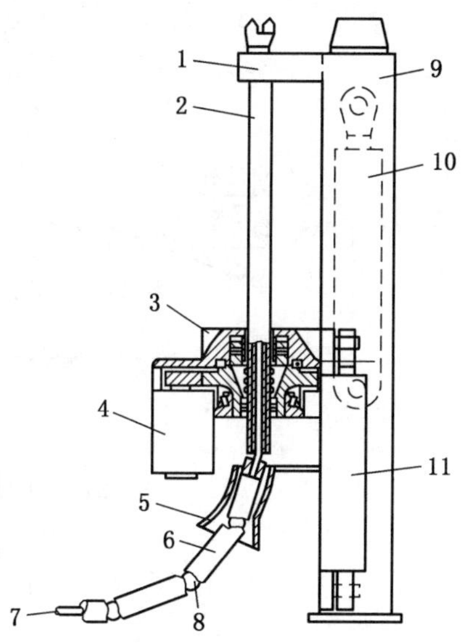

1—固夹钳；2—带有旋转导向的钻杆首块体；3—钻机；4—旋转电机；5—弧形管；6—钻杆部件；7—冲洗管；8—中心钢球；9—钻架；10—张紧千斤顶；11—收缩千斤顶

图5—26 flex—drill柔性钻孔系统

四、采空区机械化充填

20世纪90年代，德国埃森采矿研究院开发了利用电厂灰和浮选矸石，通过液力输送进行综采工作面垮落法采空区充填的机械化系统。上述充填系统在1∶2的实验室系统试验的基础上，在瓦苏姆矿和莫诺普尔矿的综采工作面进行了试验。系统经过改进后取得了成功。

在实验室研究试验单边尺寸为150 mm的立方体的受载特性，其承载能力应能达到30 N/m^2，相当于采深1000 m的岩层压力。

（一）充填材料

充填的主要材料是巷道掘进矸石（破碎成一定块度）、地面煤炭洗选加工后的细粒废料和电厂灰，以及一部分石膏等；再补加一些辅助材料，制备成高浓度的悬浮液。经过不同配方的试验，最后获得的悬浮液可在液力输送管道中保持27天而基本无沉淀或硬化，从而可避免在管道内发生堵塞。充填料中含水应尽可能少，以避免其与采空区矸石凝结后有水流出。

（二）材料输送

所有材料在地面混合搅拌后送入地面存储器，然后泵入管道，经过井筒、井下巷道，输送到工作面采空区。加工和输送系统如图5—27所示。

输送管道在进入巷道后与安装在掩护支架后面并被支架拖动的充填管连接。充填管再分出若干平行于巷道的分管而成为拖管，一般向采空区伸出长度为15～20 m。借助于管路控制阀，及时将充填混合液通过拖管排入采空区与矸石混合凝结，如图5—28所示。

输送充填混合液的动力来源于液体通过井筒形成的压头和混合液的重力。混合液的密度为1.7 g/cm^3。如果井筒深度1000 m，则通过井筒时形成的液柱压头为17 MPa，一般足以克服在平巷输送中的阻力。巷道较长时，应在石门或巷道设置泵站，提供必要的输送压力。

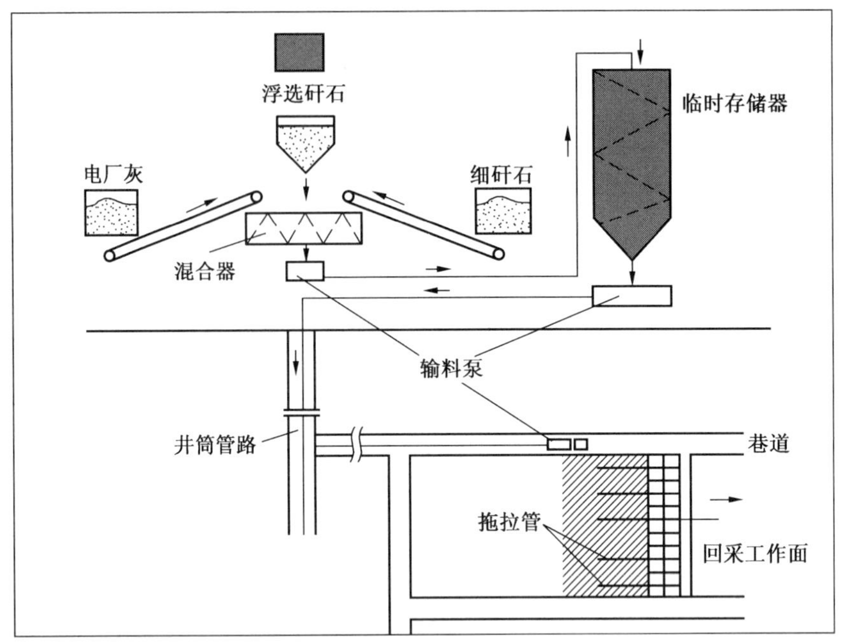

图 5—27　充填系统的加工和输送系统

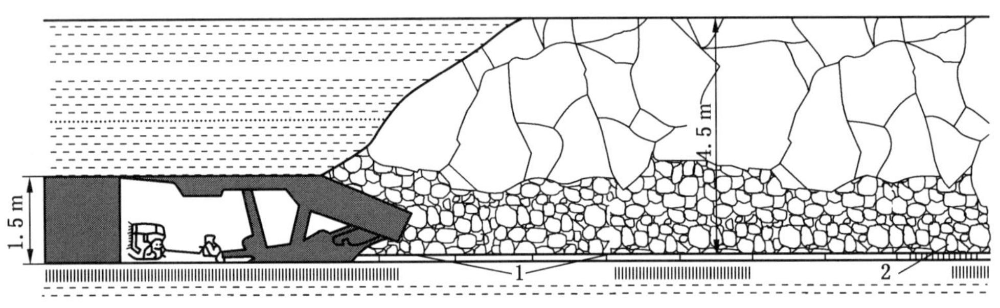

1—拖管；2—充填管

图 5—28　通过拖管将充填料排入垮落法采空区

（三）充填料的力学特性

实验室试验表明，对于轻度振动后的碎矸石，装入立方容器中，给予 27 N/mm² 的压力（相当于采深 1000 m 的岩层压力），其体积压缩率为 37%，而由破碎矸石和电厂灰制成的混合液与碎矸石混合后，在同样的压力下，仅为 6%～7%（图 5—29）。

可见，混合浆液充入采空区后，能够早期承载且压缩率较低，有利于降低采空区上方的地表下沉率。

（四）井下试验

上述充填液在德国鲁尔矿区瓦苏姆矿和莫诺普尔矿进行了试验。经过多次系统改进后，取得了成功。地表下沉率小于风力充填（风力充填约为 55%），且改善了工作面环境，增大了工作面空气湿度。充填液选取了小于 5 mm 的矸石、电厂灰和浮选矸石。泵压波动范围 1%。工作面充填拖管长度 12.5～17.5 m。工作面推进 1000 m 后，未发现管子有明显损坏或磨损。此后的改进是，将拖管不再设在底板，而是离底板 150～200 mm。

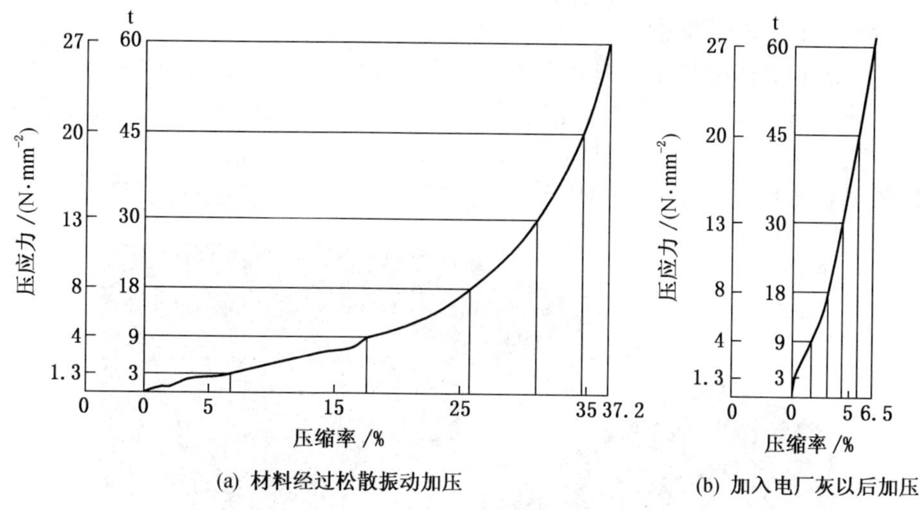

图 5-29　充填材料的力学特性（模拟采深 1000m 的岩石压力）

当时，德国鲁尔矿区每年产生有 2 Mt 浮选矸石、1 Mt 电厂灰，这样可供 12 个工作面充填使用。而巷道掘进每天产生 500 t 矸石，破碎后可供充填使用。根据已经积累的经验，可在地面提供 100 m^3/h 的充填液生产和输送能力，总体经济技术效益是可观的。

第二节　美国长壁工作面岩层控制

美国在 1950—1960 年引入先进的长壁开采技术，产量迅速增长，此后长壁工作面设备及操作水平有很大改善。1993 年长壁工作面产量已占国内煤炭产量的 40%，而 1982 年为 27%。

美国的煤炭产量，61.4%～67.3%来自于露天开采，32.7%～38.6%来自于地下开采。在地下开采中，房柱式开采的产量占 47.6%～53.7%，长壁开采占 46.3%～52.4%。截至 2013 年，美国有长壁工作面 46 个。2005—2012 年，美国的煤炭产量为：2005 年 11.31×10^8 t、2006 年 11.63×10^8 t、2007 年 11.47×10^8 t、2008 年 11.72×10^8 t、2009 年 10.75×10^8 t、2010 年 10.84×10^8 t、2011 年 10.96×10^8 t、2012 年 10.16×10^8 t。

由于长壁开采的连续性好和机械化程度高，其生产效率高于房柱法开采，并且长壁开采时通过较好的岩层控制，安全状况有很大改善，使其具有较好的发展前景。

一、美国长壁开采技术发展

（一）概况

1993 年美国长壁工作面增加到占工作面总数的 40%，平均工作面长度 240 m，走向长 2100 m。有 2 个工作面长度超过 300 m，有 5 个采区走向长度超过 3000 m。开采深度大多小于 600 m，大于 600 m 的工作面数不足 10%。个别煤矿，如 Utah 煤矿有冲击倾向，煤层开采深度达 915 m。采煤机的功率增加了 90%。年产量超过 1 Mt 的工作面数，1993 年增加到占工作面总数的 70%。

1993 年总共生产矿井 73 个，长壁工作面 85 个，其中，53 个矿井位于阿帕拉西亚（Appalachia）。西弗吉尼亚州有 21 个矿井优先使用长壁工作面开采系统。1993 年由 40%

的矿井产量来自采用长壁开采法。

长壁开采法的快速增加主要是因为其与房柱法相比有很高的劳动生产率。1993 年，西部矿井工效为 5.67 t/工班，比房柱法高约 40%。但在伊利诺伊州矿区和阿帕拉西亚，两种开采方法仅差 7%。长壁开采具有很大的提高劳动生产率的潜力。

美国长壁开采系统如图 5—30 所示。回采巷道一般采用双巷链式煤柱系统。

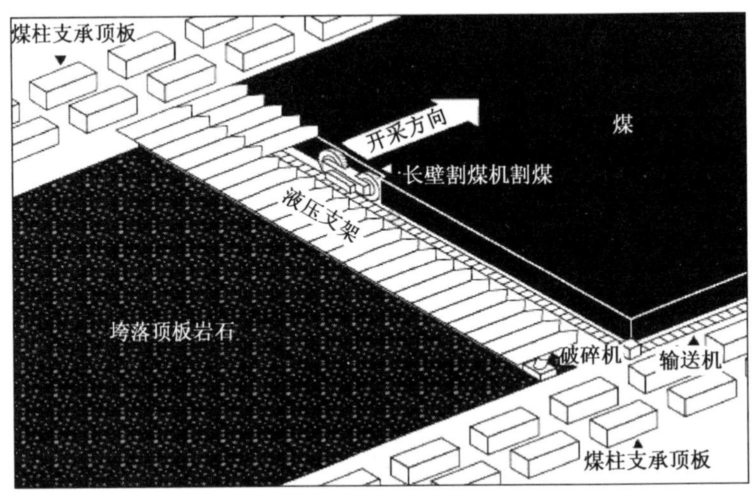

图 5—30 美国长壁开采系统

（二）开采相关技术参数

1. 开采深度

长壁工作面逐年开采深度分布见表 5—3，各矿区的分布见表 5—4。

表 5—3 长壁工作面逐年开采深度的变化

深度范围/英尺	1984 年		1988 年		1993 年	
	工作面数/个	占工作面总数的百分比/%	工作面数/个	占工作面总数的百分比/%	工作面数/个	占工作面总数的百分比/%
0～500	25	23.6	13	14.6	11	12.9
501～750	38	35.8	33	37.1	29	34.1
751～1000	13	12.3	13	14.6	21	24.7
1001～1250	5	4.7	6	6.7	6	7.1
1251～1500	4	3.8	5	5.6	3	3.5
1501～1750	7	6.6	6	6.7	5	5.9
1751～2000	9	8.5	7	7.9	7	8.2
>2000	5	4.7	6	6.7	3	3.5
合计	106	100.0	89	100.0	85	100.0

表 5—3 显示，煤层开采深度从 1984 年至 1993 年逐步增大。开采深度 751～1000 英尺（226～300 m）的比例从 1984 年的 12.3%增加到 1993 年的 24.7%。主要矿区平均采深从 916 英尺（1984 年）增加到 943 英尺（1993 年）。开采深度最大的两个矿区：弗吉尼

亚州矿区开采深度达1604英尺（1993年），乌塔矿区为1500英尺（1993年）。

2. 采高（开采厚度）

采高的分布范围和逐年变化见表5－4。

表5－4　采高的分布范围和逐年变化

工作面采高/英寸	1984年		1988年		1993年	
	工作面数/个	占工作面总数的百分比/%	工作面数/个	占工作面总数的百分比/%	工作面数/个	占工作面总数的百分比/%
<52	19	17.1	7	7.6	4	4.7
52～60	17	15.3	5	5.4	7	8.2
61～72	20	18.0	24	26.1	25	29.4
73～96	36	32.4	40	43.5	31	36.5
>96	19	17.1	16	17.4	18	21.2
合计	111	100.0	92	100.0	85	100.0

表5－4显示，平均采高也逐年增加。采高73～96英寸（1.85～2.43 m）的比例从1984年的32.4%增加到1993年的36.5%；大于96英寸的比例，从1984年的17.1%增加到1993年的21.2%。

3. 工作面长度

工作面长度的分布和逐年变化见表5－5。

表5－5　长壁工作面长度的分布

工作面长度/英尺	1984年		1988年		1993年	
	工作面数/个	占工作面总数的百分比/%	工作面数/个	占工作面总数的百分比/%	工作面数/个	占工作面总数的百分比/%
<400	8	7.2	2	2.2	0	0.0
401～500	36	32.4	9	9.8	2	2.4
501～600	54	48.6	30	32.6	13	15.3
601～700	10	9.0	20	21.7	10	11.8
701～800	1	0.9	21	22.8	32	37.6
801～900	1	0.9	8	8.7	18	21.2
901～1000	1	0.9	2	2.2	8	9.4
>1000	0	0.0	0	0.0	2	2.4
合计	111	100.0	92	100.0	85	100.0

表5－5显示，1984年工作面长度在601～700英尺（183～213 m）的工作面仅占9%，而到1993年达到11.8%；长度701～800英尺（213～244 m）的工作面从0.9%（1984年）增加到37.6%（1993年）。

4. 矿井盘区规模

矿井盘区规模也是影响开采效率和成本的重要因素。表5－6显示了一个基本事实：长壁开采是固有的大尺寸开采方法。由于长壁工作面设备投资大，工作面需要加长，工作面高效率生产时间较长，因此要求大的盘区尺寸。这成为一个关键限制因素：如果盘区尺寸过小，就不适于采用长壁开采。而这种情况在 Appalachia 矿区随处都存在，该区开采历史很长，有很多孤岛式区段。实践表明，长壁开采的进一步发展取决于是否具备大的煤层开采区块。

表 5−6　盘区尺寸分布和逐年变化

盘区尺寸/英尺	1990 年		1993 年	
	工作面数/个	占工作面总数的百分比/%	工作面数/个	占工作面总数的百分比/%
<3000	5	6.8	2	2.4
3001～4000	15	20.3	12	14.1
4001～5000	11	14.9	8	9.4
5001～6000	17	23.0	13	15.3
6001～7000	8	10.8	13	15.3
7001～8000	12	16.2	12	14.1
8001～9000	3	4.1	14	16.5
9001～10000	2	2.7	6	7.1
<10000	1	1.4	5	5.9
合计	74	100.0	85	100.0

表 5−6 表明，盘区长度逐年增大，至 1993 年，长度 8001～9000 英尺的盘区增加到 16.5%，大于 10000 英尺的盘区也从 1%（1990 年）增加到 5.9%（1993 年）。

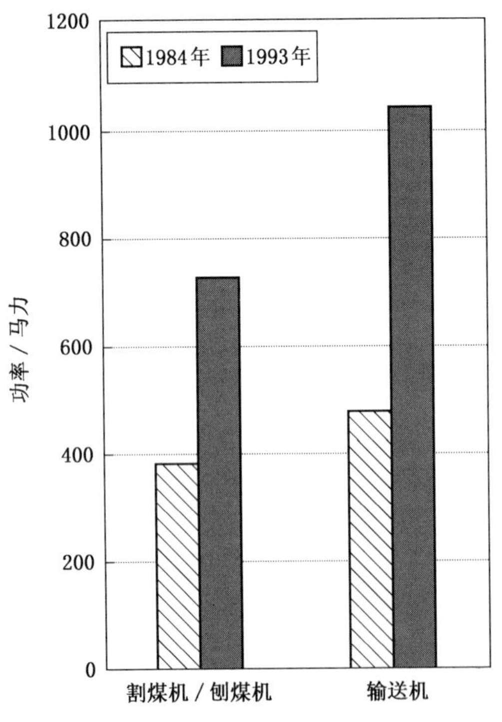

图 5−31　开采设备功率变化
（1 马力=745.7 W　）

（三）工作面开采设备

1. 采煤机和刨煤机

长壁工作面有四种割煤设备：双滚筒采煤机、单滚筒采煤机、单滚筒固定臂采煤机和刨煤机。据 1993 年的统计，美国绝大多数工作面（93%）采用双滚筒采煤机，原因之一是它对煤层厚度的适应性较强。但对于厚度小于 52 英寸（1.32 m）的煤层，双滚筒采煤机不利于清除浮煤，此条件下适宜采用单滚筒采煤机。煤层厚度与采煤设备的关系反映在各矿区选用采煤设备上。例如伊利诺斯矿区和西部煤层较厚，多采用双滚筒采煤机。而刨煤机仅限于在宾夕法尼亚州、弗吉尼亚州和西弗吉尼亚州使用。与此相关，双滚筒采煤机的使用量，1984 年为 74%，而 1993 年增加到 90%。长壁工作面设备功率显著增加，1984－1993 年采煤机功率平均增大 35%。割煤机、刨煤机及输送机功率逐年变化如图 5−31 所示。美国 JOY 公司生产的采煤机如图 5−32 所示。

2. 工作面支架

工作面支架有 3 种类型：掩护支架、垛式支架和框式支架。掩护支架作为主导支架在 1984 年已经得到确认。当时 89%的长壁工作面采用了掩护支架，9%采用垛式支架，2%采用框式支架。1988 年框式支架已经消失。

图 5-32　长壁工作面采煤机（JOY 公司）

长壁工作面支架的重要发展是采用了电液控制系统。在此条件下，工人可以在一个位置操作工作面全部支架的动作。电液控制系统的优点是：加快了开采循环时间，减少了支护操作需要的工人数。1993 年 84%的长壁工作面均使用了电液控制系统。

图 5-33 为工作面液压支架（JOY 公司）和电液系统控制器（Meco-International 产品）。

(a) 液压支架

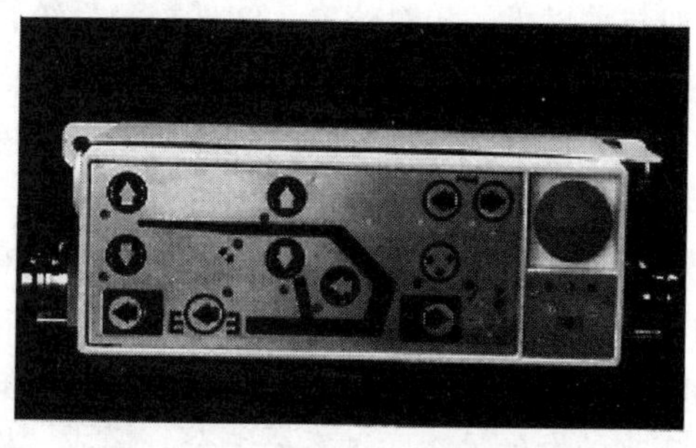

(b) 电液系统控制器

图 5-33　工作面液压支架（JOY 公司产品）和电液系统控制器（Meco-International 产品）

支架立柱为双伸缩结构，可适应较大的采高变化。大直径高强度合金钢管，有利于加快液流和工作面循环。在工作面，立柱能够近于垂直底板设置，提高了支撑效率。顶梁和底座由 4 个高质量钢铸件组成，能可靠地传递顶板载荷至立柱。支架中心距 1.75～2.05 m。

3. 工作面输送机

与采煤机相似，输送机的功率也显著增大，1993 年比 1984 年增加 1 倍。它为工作面长度的增大创造了条件，但同时要求工作面宽度增大。这引起了两个效应：直接效应为生产能力增加，间接效应为工作面宽度增加导致需要研发输送机全自动拉力调整系统。同时，输送机还需要加快速度和提高可靠性。

（四）长壁开采发展特点和趋势——生产集中化与自动化

1. 生产集中化

由于生产能力和效率的提高，美国煤矿实现了生产集中化。1993 年美国有 73 个煤矿，正在生产的长壁工作面有 85 个，而近年来进一步减小，目前大约有 40 多个。1984 年首个液压支架电液控制工作面建成；1993 年，84％的长壁工作面采用了液压支架电液控制系统，包括采煤机与液压支架联动系统、液压支架和采煤机远距离控制系统、设备的监测与自我诊断系统。改善水平控制技术（自动识别煤岩界面），实现沿煤层割煤自动化。

2. 长壁工作面自动化前景

对于长壁开采技术，其发展的驱动力是技术变革。过去一个世纪，长壁工作面设备得到显著改善，劳动生产率得到很大提高。带有强伸缩和高承载能力的液压掩护支架和电液控制支架取代了手工操作的框式和垛式支架。配有高性能链条的铠装输送机成为强力、高功率、高可靠性和快速度的设备。然而长壁开采技术还有很大的发展潜力：实现自动化。

自动化的目标是改善工人的健康和安全，进一步提高劳动生产率，但并不意味着井下不需要工作人员。至少需要工作人员在工作面维护设备的正常运行，操作连续掘进机完成生产支持工作，保证支架的正常到位。

自动化中有意义的一步是采煤机从选择的位置开始割煤运行。1980 年中期开始使用数字信号控制液压支架，由采煤机的机载计算机可从一个位置控制成组掩护支架。

下一步是实现全部掩护支架的自动控制，这可以利用由 SISA（采煤机控制的支架前移系统）发展的将带有电液控制的掩护支架与安装在采煤机上的新硬件相连接来实现。已有若干工作面安装了 SISA 系统。

SISA 系统有两个基本类型：脉冲探测系统和红外探测系统。两者均是为了探测液压支架与采煤机的相对位置。红外探测系统是在采煤机上安装红外发送装置，而在每个掩护支架上安装红外接收器。当采煤机沿工作面运行时，它发出的红外信号将被每个掩护支架接收，并传输到巷道端头的计算机，由此确认掩护支架并确定采煤机的位置，然后计算机向安装在掩护支架上的微处理机发出信号，指令支架前移。

红外探测系统确定采煤机与支架的相对位置，而脉冲探测系统则确定采煤机与运输机的相对位置。在采煤机的驱动部安装有电磁铁。链轮组的开关发送信号到采煤机的电缆，传输到巷道端头的计算机。根据这些信号，计算机可计算出采煤机至选定起始点的距离。近年来的发展是将两种系统组合，形成“检测与平衡”关系。

最后一步（可能是最难的一步）是实现全工作面自动化。首先是采煤机自动化。主要障碍是确定采煤机割煤时相对于顶板和底板岩层的位置，以不致残留较多的靠近顶底板的未割煤层。采煤机必须尽可能靠近煤岩界面。如果切割岩石过多，将导致截齿磨损，必须频繁更换，并使矸石混入煤炭中，降低了产品质量；反之，如果残留在顶底板的煤炭过多，将导致煤炭损失，并给顶板控制带来困难。

很多国家均在研究采煤机“水平控制”问题。第一种最简单的途径是“固定和强制同步控制”：采煤机割煤在其机体以上和以下固定高度，但这要求煤层厚度变化较小。第二种途径是记忆和模仿割煤：采煤机根据存储在计算机中的人工操作顺序割煤，但如果煤层厚度变化很大，则需要重新定义割煤顺序。

第三种途径是借助于传感器探测煤岩界面。传感器探测有天然伽马射线探测、雷达探测、红外探测、电磁探测、切割力探测和振动探测等，每种均有一定的适应条件。例如，天然伽马射线一般只能在低水平上探测高敏感性结构，可以探测识别大多数页岩和其他岩石。由于煤的放射性很小，可以用来探测煤层厚度和煤岩界面。不同的技术可以组合使用以实现水平控制。自动化已经在美国部分工作面进行了试验，并取得初步成果。

自动化不仅可以提高劳动生产率、降低成本、改善工人工作条件，还可以提高回采率、改善顶板控制并减少维护费用。

二、长壁工作面矿压显现与控制

（一）工作面必需支架阻力计算

针对稳定和难垮落顶板，美国彭锡登教授曾提出了以下计算工作面必需支架阻力 w 的公式：

$$
\begin{aligned}
w &= w_1 + w_2 + w_3 \\
w_1 &= \gamma_1 H \\
w_2 &= \frac{1}{2}\gamma_2 H_{mi} L_i B \\
w_3 &= k\gamma_3 H_{mu} L_u B
\end{aligned}
\tag{5-5}
$$

式中　w_1、w_2、w_3——直接顶、下位基本顶、上位基本顶传递给支架的岩重载荷；

γ_1、γ_2、γ_3——直接顶、下位基本顶、上位基本顶的岩石容重；

H_{mi}、H_{mu}——下位基本顶、上位基本顶的厚度；

L_i、L_u——下位基本顶和上位基本顶断裂步距；

B——支架间距；

k——附加系数。

有关计算思路如图 5－34 所示。计算方法考虑了直接顶载荷、上部两层基本顶铰接平

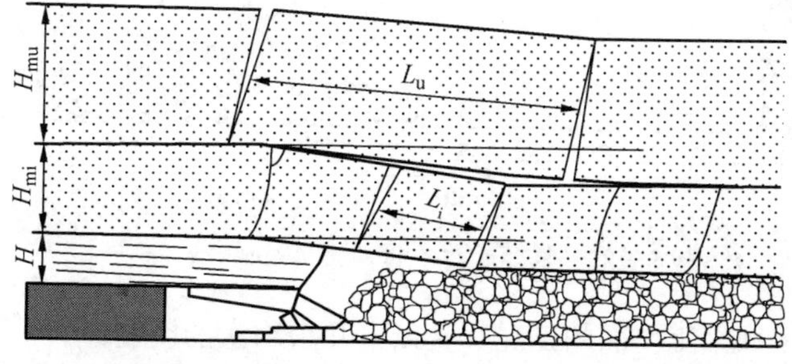

图 5－34　美国彭教授关于液压支架载荷计算力学系统图

衡和经过直接顶传递到支架的载荷，对中等稳定以上顶板有较好的适应性。

（二）工作面液压支架井下工况实验室模拟试验

美国矿山职业安全与健康研究院（NIOSH）下设的结构安全实验室（SST）重点试验煤矿井下支护设备系统。试验台底座具有 6 个自由度，可施加 300 万磅（约 13.61×10^6 N)的垂直载荷，行程可达 24 英寸（60.96 cm)，水平载荷可达 160 万磅（约 7.26×10^6 N)，行程达 16 英寸（40.64 cm)。试验台外形如图 5—35 所示。

图 5—35 SST 液压支架模拟试验台

以下简要介绍液压支架模拟试验项目。

1. 井下支架受力条件模拟

在回采工作面，掩护支架承载有两个阶段：主动支撑和伴随着顶板下沉变形过程的载荷增大。

图 5—36 为掩护支架指向煤壁的水平运动。这种运动是由于立柱的水平分力所致，它引起顶梁沿着与有裂隙的顶板接触面滑移，或者沿着支架底板滑移。

MRS（煤矿顶板模拟机构）可准确地模拟这种工况。方法是将受载框架的底板水平向前移动，以便将受载框架的水平载荷传递到支架的掩护梁上的四连杆。如果支架试验时支设在刚性框架下，则支架的顶梁和底座将受到水平约束，将不能模拟井下工况。

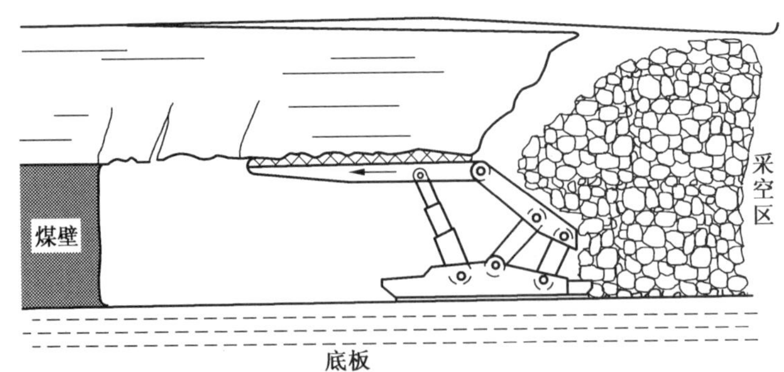

图 5—36 掩护支架支撑基本顶后的水平运动

掩护支架在井下回采工作面的工况，受以下几个因素的影响：

（1）与工作面顶底板的接触条件。

(2) 顶梁相对于底座的垂直位移。它是基本顶的挠曲变形和作用于掩护支架顶梁上破裂直接顶的自重所形成的，如图 5—37 所示。

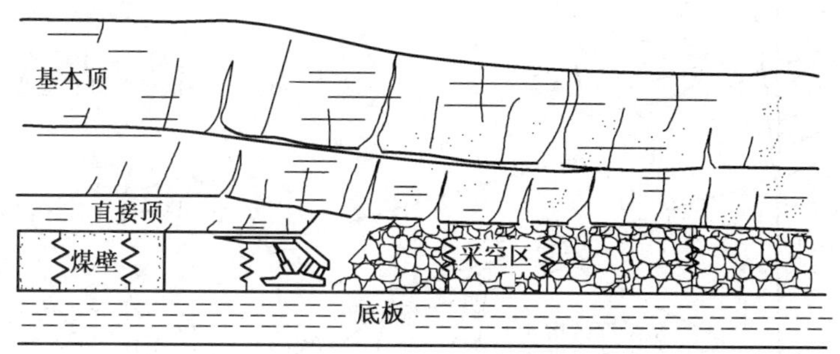

图 5—37　由基本顶挠曲下沉和破裂直接顶重量形成的支架垂直载荷

(3) 从煤壁指向采空区的水平载荷。它是由于基本顶支承压力和直接顶失去侧部约束而从煤壁指向采空区的水平运动所引起的，如图 5—38 所示。

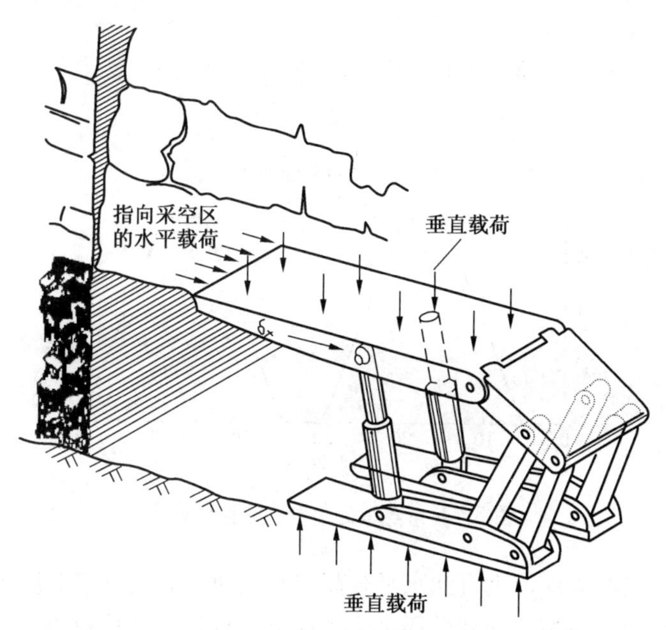

图 5—38　由于直接顶从煤壁至采空区运动引起的水平载荷

(4) 采空区指向煤壁的水平载荷。它是作用于掩护支架的垮落岩石或者掩护支架的内力所引起的，如图 5—39 所示。

2. 循环加载标准试验项目

标准试验项目主要是进行载荷循环试验。支架安装在试验台框架中，在对支架进行循环加载之前，掩护支架通过立柱液压缸加压至 17.24 MPa，主动对试验框架形成阻力。循环加载是通过使实验框架相对于静态顶板的位移来实现，包括加载、停顿和卸载的疲劳试验，如图 5—40 所示。

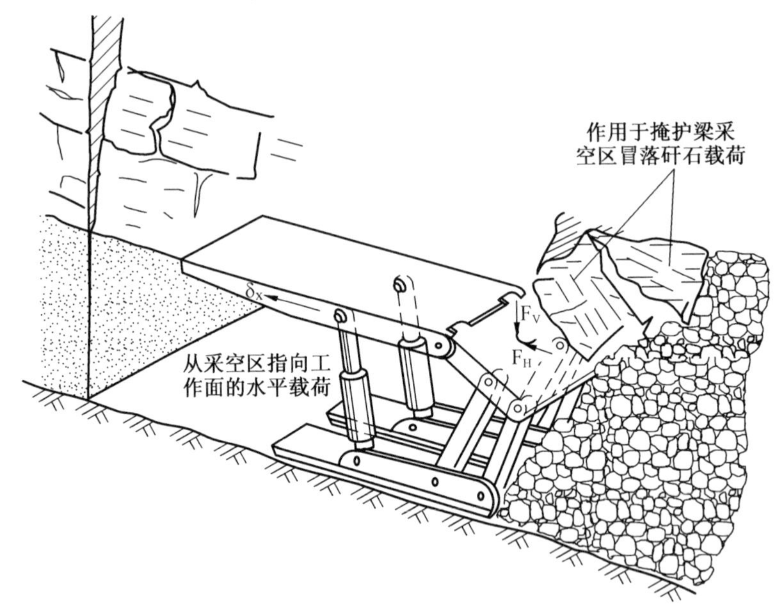

图 5—39　垮落岩石作用于掩护梁引起的水平载荷

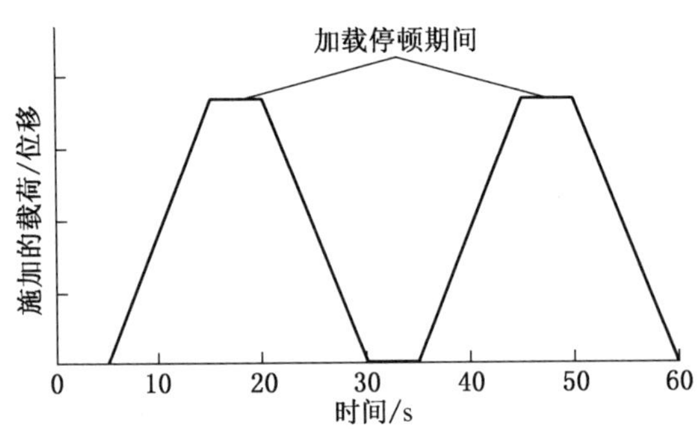

图 5—40　典型的加载疲劳循环试验

为模拟必需的受载条件，垂直和水平载荷同时施加，加载速率取决于掩护支架刚度和加载试验架载荷能力。典型的加载循环是 2 次/min。提供的载荷应等于掩护支架的额定阻力。这样的加载试验一般建议最小应做 5000 次，并要根据用户要求调整。

3. 传递水平力至掩护梁—四连杆组合结构的试验

试验目的：减小作用于掩护支架的外部载荷，以便保证立柱的水平分力传递到四连杆连接销，从而使掩护梁—四连杆组合机构承载能力最大化。

试验要求：掩护支架顶梁相对于底座下的岩石碎片移动应无限制，以便使掩护梁—四连杆组合机构在一定程度上能参与到井下支架的工况中。为此需要使试验架底板相对于顶板移动，以便使支架对顶板的水平阻力和垂直阻力的方向和数值与立柱的对顶板合力一致。

基本顶的载荷和直接顶的下沉变形可通过控制垂直位移来实现。施加的载荷和掩护支架的反应，如图 5—41 所示。

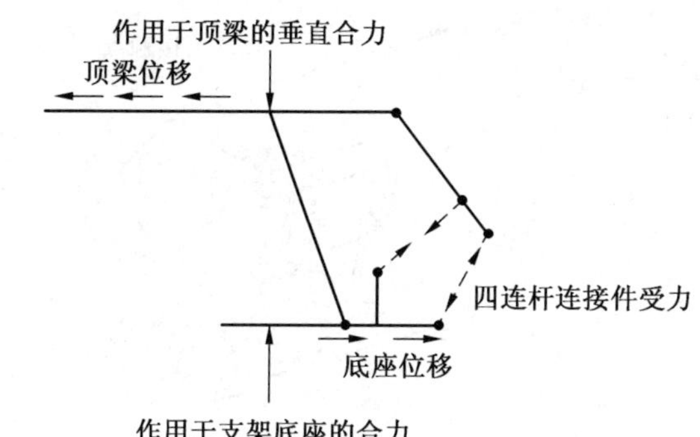

图 5－41　施加的载荷和支架的反应（试验项目 1）

4. 顶梁的偏心扭转和推压试验

试验目的是对掩护支架的不同连接件和销轴形成最大载荷。

试验要求：形成的外载合力矢量使得顶梁相对于底座从工作面向采空区推压和产生侧部扭转。

掩护梁—四连杆组合机构的设计目的是通过其吸收作用于顶梁上的水平载荷而减轻液压立柱所受的弯曲力矩。连接销的磨损是常遇到的问题，它可能导致液压支架过早报废。过大的连接销磨损是由于水平载荷增加了连接件的摩擦力所致。液压支架连接件的设计是只具有一个自由度，使其围绕中心轴旋转，类似人的膝盖。偏心加载形成的侧向扭转，引起连接销的应力增大，且销轴与销座局部接触。试验方案如图 5－42 所示。

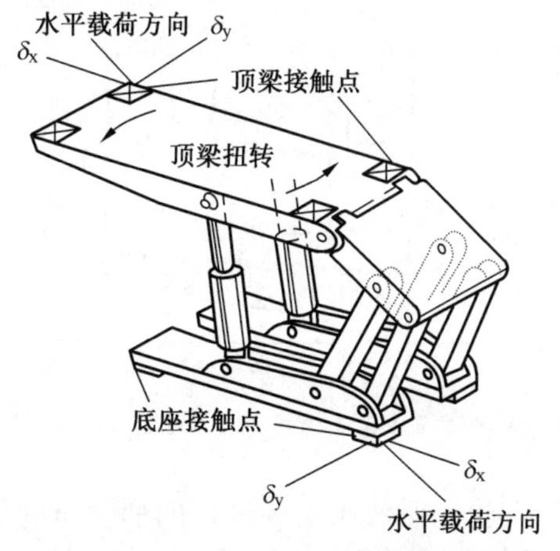

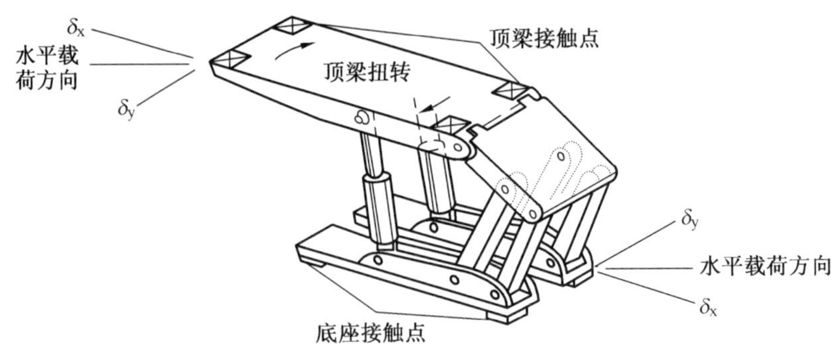

图 5—42 偏心水平加载，以形成对掩护支架不同连接件的最大载荷（试验项目 2）

试验期间首先给液压立柱施加 17.24 MPa 的压力，使支架在试验架之间主动支撑。循环加载时，试验架应当模拟液压支架底座从煤壁至采空区的水平位移和顶板垂直位移，而垂直位移量以保持水平载荷的需要而定。水平位移持续到立柱达到额定载荷为止。水平位移的方向与试验项目 1 相反，四连杆受力也相反，前连杆受拉力，后连杆受压力，如图 5—43 所示。

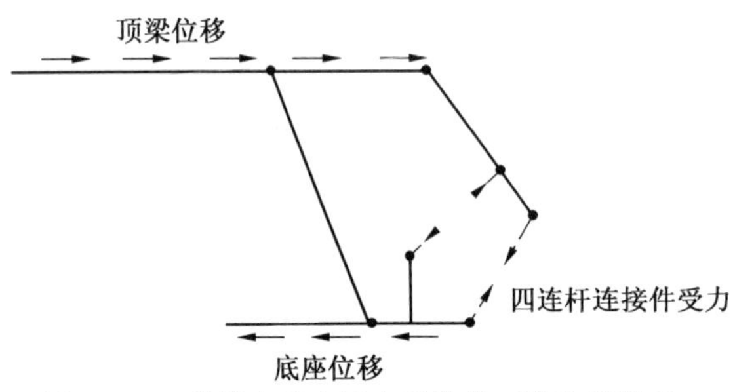

图 5—43 煤壁向采空区水平位移（试验项目 2），使前连杆受拉力，后连杆受压力

这种受力状况会形成最大的磨损和疲劳载荷。图 5—44 显示了四连杆连接销受载特征。这种偏心载荷引起连接销轴在轴套中倾斜，形成点接触，增大了轴套和销轴的局部应力。

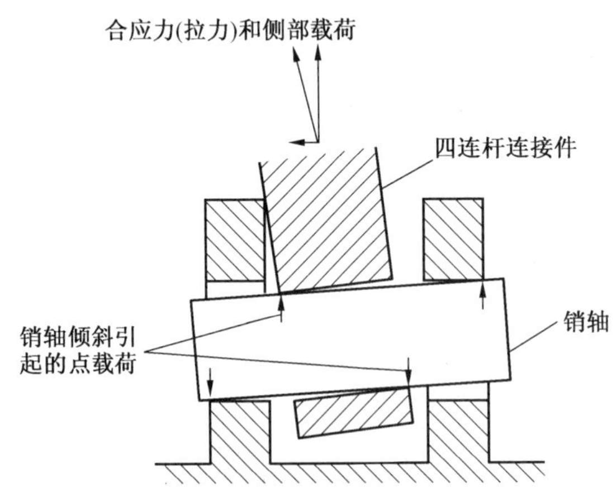

图 5—44 偏心水平载荷作用于液压支架引起的四连杆机构的点载荷

以上介绍的是美国 SST 实验室对液压支架进行的部分试验项目，实际上同时反映了美国在液压支架与围岩相互作用规律和掩护支架受力机制的深入认识。试验结果对优化支

架设计有重要参考价值。

三、工作面矿压显现监测与分析

20 世纪 90 年代，美国长壁工作面均装备了液压支架电液控制系统。工作面初阻力和工作阻力均显著高于必需支护强度的理论计算值。以下介绍美国伊枚尔德（Emerald）等矿一个长壁工作面采用德国威斯特伐利亚公司生产的液压掩护支架和 PM4 电液系统观测研究的矿压显现成果。

盘区工作面布置如图 5－45 所示。盘区分为 A、B、C 三个采区，采深为 600～850 英尺（180～255 m），煤层厚度为 72～80 英尺（2.2～2.4 m），工作面长度为 830 英尺（250 m）。采煤机为 JOY4L－56，支架为 Westfalia 2/700，支架支设数量为 169 台，工作面输送机为 HB25034DS。采区 A 为两侧采空围岩环境，采区 B 为一侧采空围岩环境。

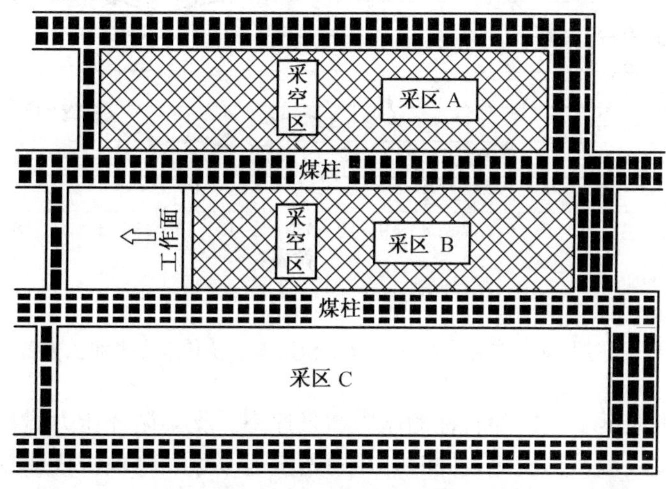

图 5－45　Emerald 煤矿盘区布置

利用电液控制系统的软件，可以实时记录和处理工作面液压支架立柱压力在移架循环内的变化，并有图形显示。移架循环是指采煤机割煤通过支架前方后，从支架前移支设（相应为初阻力 p_s）直至采煤机再次割煤后支架再前移之前（相应为循环末阻力 p_f）相应的支架支设时间，如图 5－46 所示。一个移架循环内的支架压力增量为 $p_i = p_f - p_s$。

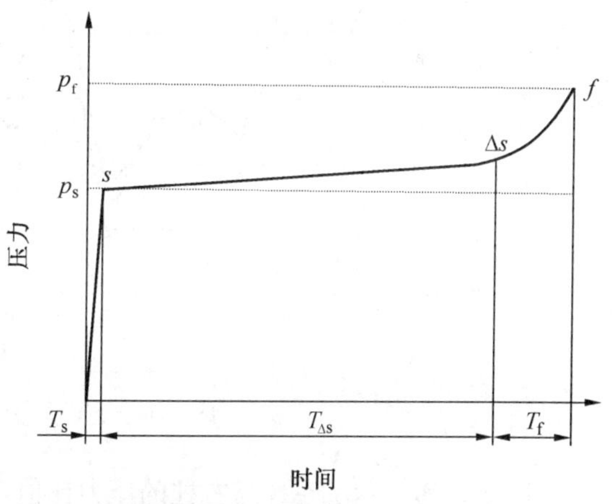

图 5－46　支护循环内的压力变化

观测研究表明，循环内的压力增量取决于顶板挠曲变形量、循环时间、支架控制阀的密封状况、支架左右柱与顶板接触状况等。

图 5－47 显示了部分循环支架压力变化（图中，Lp_i、Lp_s、Lp_f 分别为左柱循

环内压力增量、初阻力、循环末阻力；Rp_i、Rp_s、Rp_f 则分别为右柱的相应值）。显然，在本图中，左柱载荷普遍大于右柱，说明此处记录的支架左柱比右柱更好地接顶和承载，估计该支架左柱上方顶板较完整，右柱上方顶板有些破碎。推进过程中，载荷的变化也比较明显，反映了接顶状况的不同。支架初阻力取决于泵站压力、液控单向阀的开关时间和支架接顶状况。它在数值上对循环末阻力和循环阻力增量影响很大。循环末阻力较大是邻架卸载移架，使得对顶板阻力减小，顶板挠曲变形增大所致。它主要受到初阻力、循环持续时间的影响。

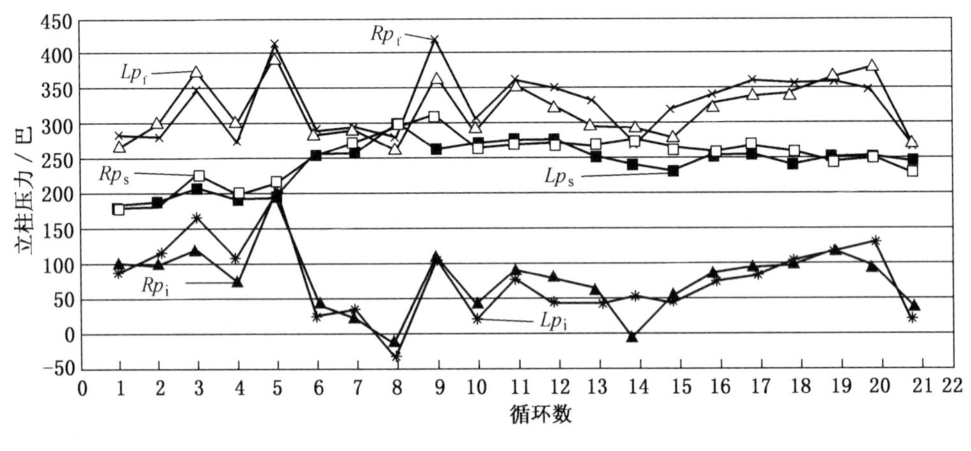

注：1 巴＝10^5Pa

图 5－47　部分移架循环支架左右立柱内的液压初压力、循环末压力和压力增量（87 号支架）

图 5－48 分别显示了左柱和右柱的压力增量速率。支架循环压力增量大小反映了顶板活动状况、顶板收敛量及其变化。同时，压力增量速率除反映顶板挠曲变形引起的载荷变化外，还与循环时间有关。

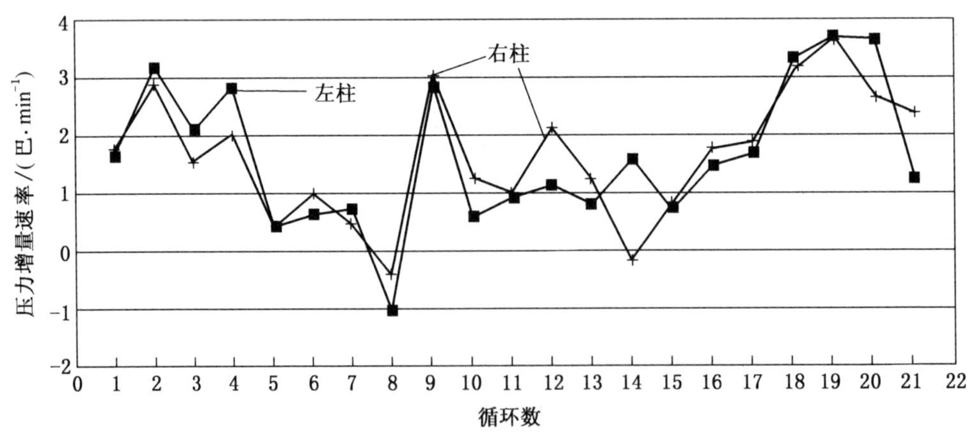

图 5－48　部分循环立柱压力增量速率（87 号支架）

图 5－49 显示了左柱与右柱的压力比值，它明显反映了支架顶梁与顶板的接触和承载

特征。如果高于或低于平均值，则表明左右柱接顶状况显著不同。

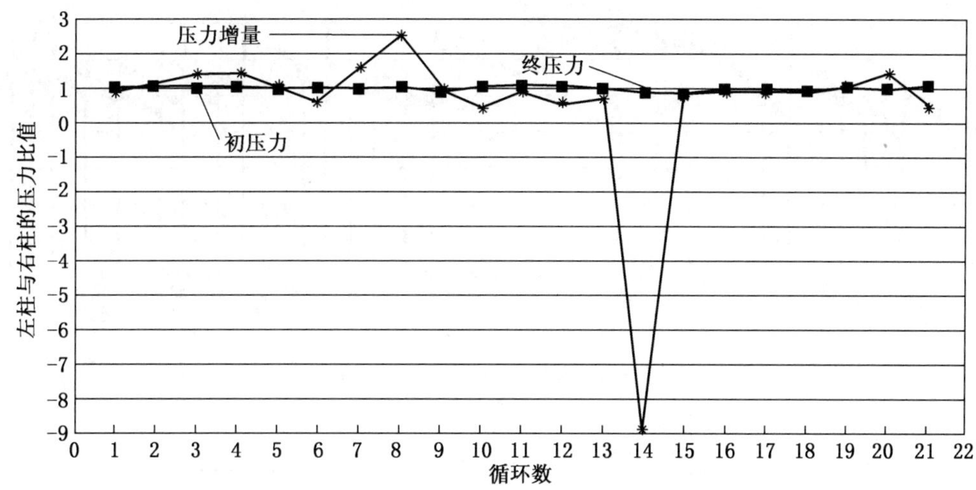

图 5—49　左柱与右柱的压力比值（87 号支架）

图 5—50 反映了循环持续时间对循环末阻力的重要影响。循环持续时间愈长，顶板挠曲下沉量愈大，因而循环末阻力愈大。

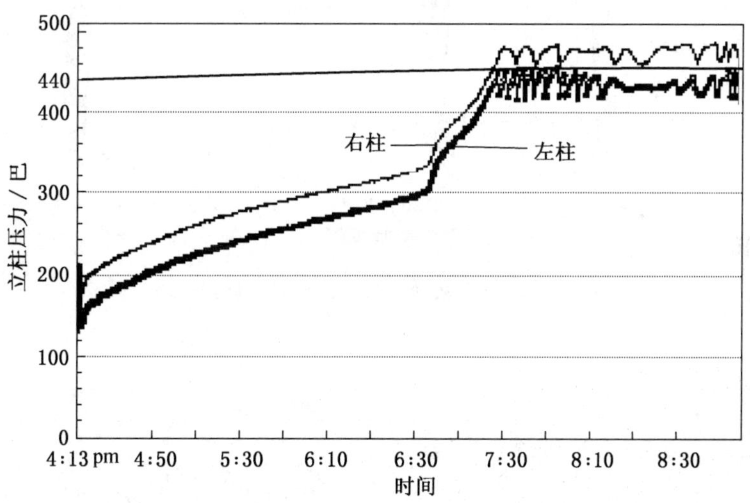

图 5—50　长时间停留引起的应力变化（115 号支架）

图 5—51 是某支架压力变化的图像显示。同样可以看出循环内支架初阻力、末阻力和循环压力变化以及循环持续时间对支架压力变化的影响。图中，时间很长的循环为周末停产时间。

图 5—52 中，支架初撑后，立柱压力下降，这反映了支设后该处顶板破碎和接触条件恶化的情况。

立柱压力可换算为支架阻力，时间加权平均阻力（TWAP）可更准确地反映循环支架阻力变化。图 5—53 为工作面推进支架末阻力和阻力增量的变化。

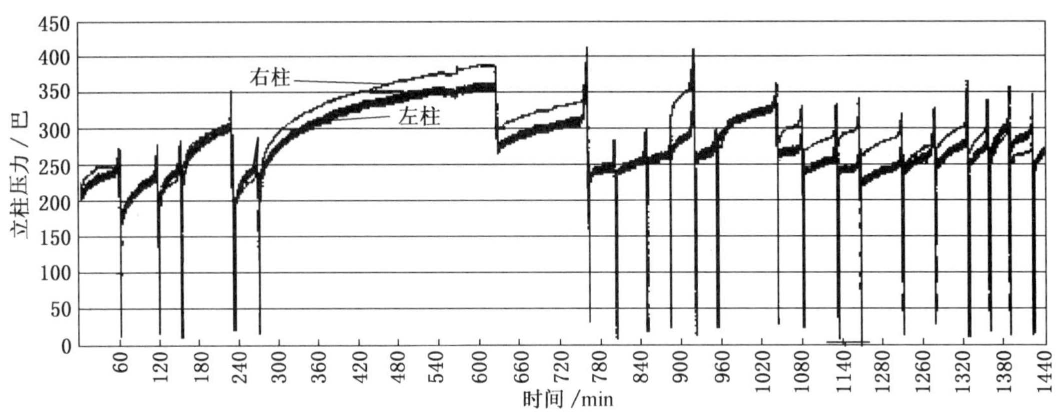

图5—51　循环压力变化（87号支架）

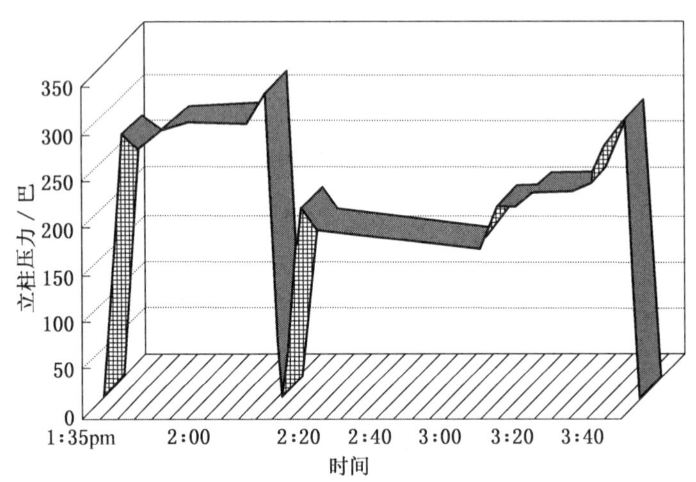

图5—52　由于顶板破碎和接触条件引起的支架压力减小

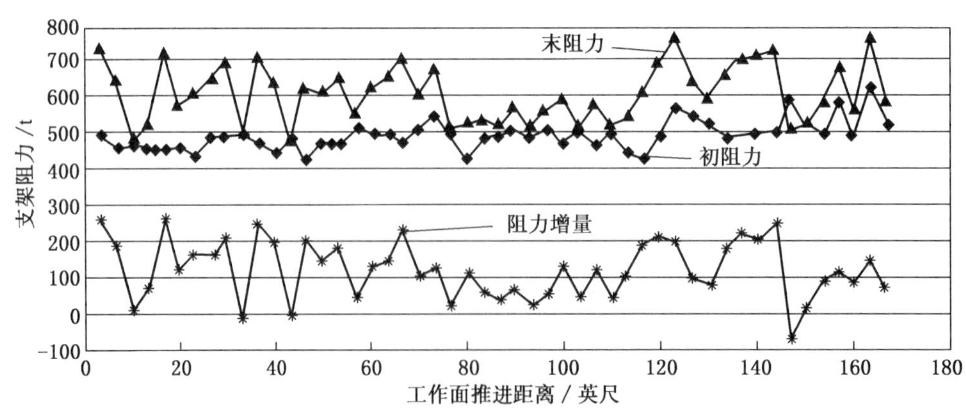

图5—53　工作面推进支架末阻力和阻力增量的变化

由图 5－53 可知，根据支架较大平均阻力的出现时间间隔，可以推算周期来压步距，在该工作面此步距为 31～48 英尺（9.5～14.6 m）。

上述结果，特别是在较高的实际初阻力和平均支护阻力条件下，较小的顶板破碎和正常的循环时间和进度，显示了由电液系统控制的液压支架可以较好地改善顶板控制，并能及时显示支架载荷工况。

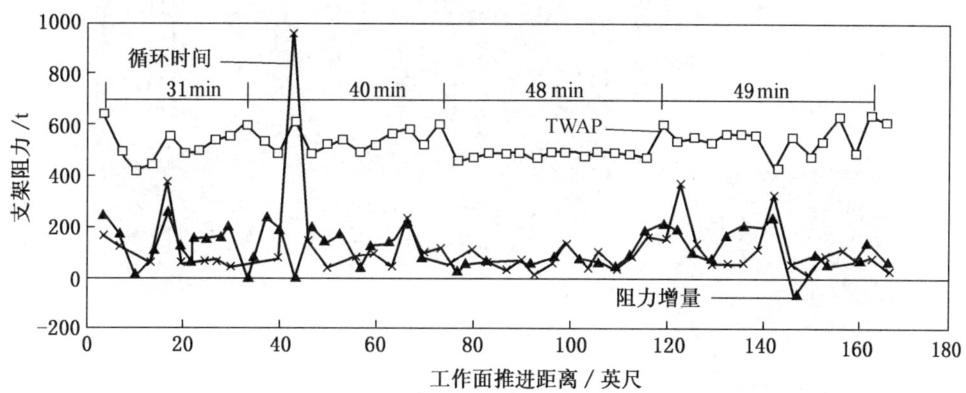

图 5－54　时间加权平均阻力和阻力增量的变化

图 5－54 为时间加权平均阻力的变化。总体来看，支架时间加权平均阻力很高，说明支架支护阻力发挥了作用，支架控制顶板是有效的。如果阻力局部减小，可能是立柱的高阻力将顶板局部压碎所致。

四、美国近距煤层开采岩层控制

（一）采区工作面顺序开采

通常在采区间留设隔离煤柱。留设采区隔离煤柱的设计目的是，使随后顺序开采的采区煤层应力与首采工作面应力相近。经验和数值模型计算表明，当第二个工作面在首采工作面相邻进行顺序开采时，其应力显著增加。但第三个和随后的工作面进行顺序开采时，其应力与首采工作面相比，增加幅度明显减小。模型计算表明，第二个工作面的风巷角部应力比首采工作面增加约 50%，而随后进行的顺序开采的工作面增加幅度仅 5%。这是由于工作面上覆岩层一旦发生垮落，即上覆岩层的最大临界跨度达到后，侧部支承压力将得到大幅度释放。

如果采空区上方冒落拱塌落后上覆岩层仍然悬垂，则侧部支承压力的释放不足。图 5－55是挤压拱保持时的应力分布，图 5－56 显示了挤压拱垮落后工作面停顿时的应力分布。该煤区（Wasatch plateau－book criffs ）上覆岩层为厚层石灰岩，在开采结束后，上覆岩层的悬垂状况仍然存在。

研究表明：①限制顺序开采的采区数量，不能减轻侧部支承压力的作用；②在未达到最大临界跨度时，应力状况难以显著改善。

应当指出，这种通过加大相邻区段煤柱减小冲击危险的措施，虽然有一定效果，但难以推广，因为由此造成的煤炭损失很大。应考虑其他更有效和合理的途径。

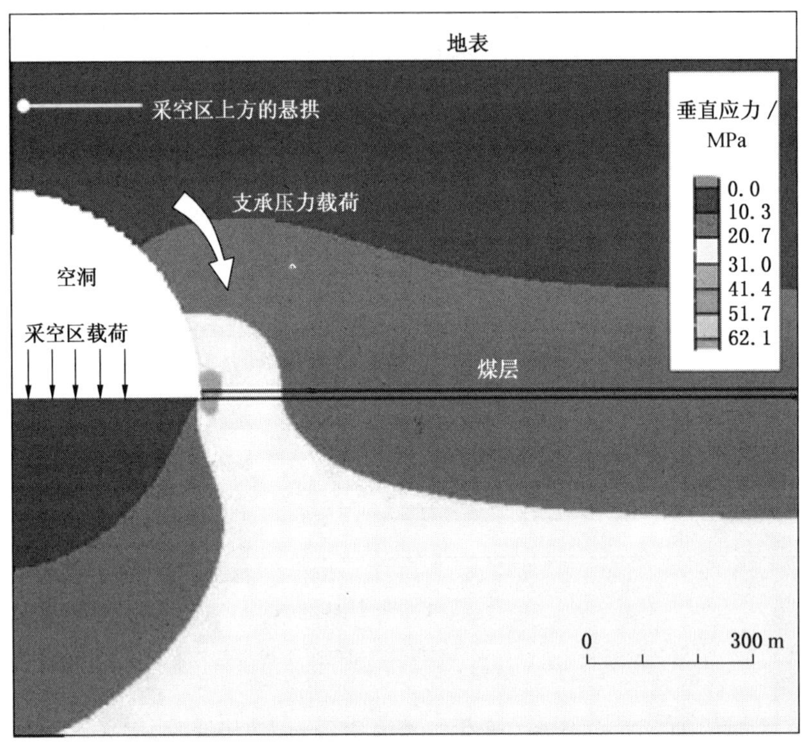

图 5-55　上覆岩层的悬拱引起的长壁侧部支承压力模拟（垂直剖面）

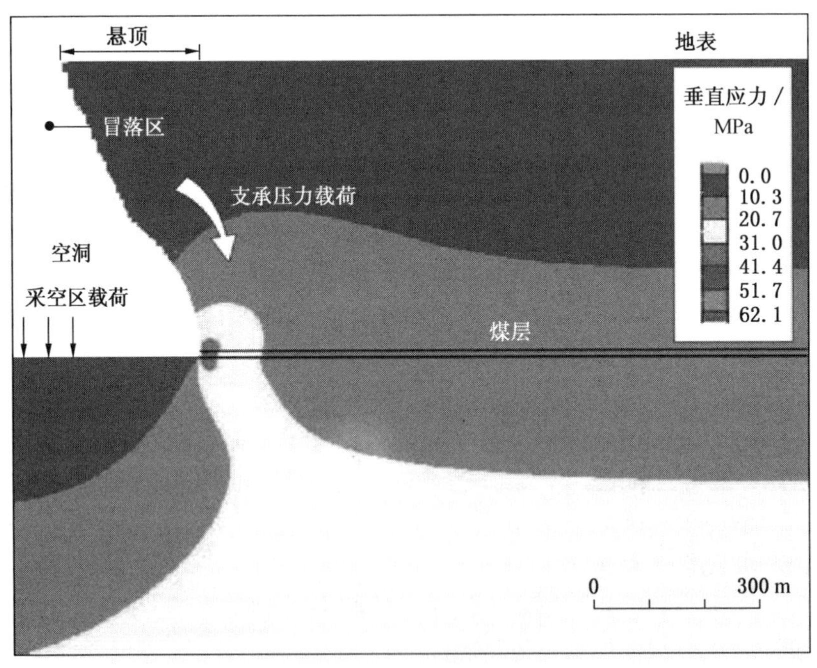

图 5-56　上覆岩层在采空区上方悬垂引起的
长壁侧部支承压力模拟（垂直剖面）

（二）多煤层开采岩层控制实践

美国有 5 个主要地下采煤矿区，其中 WV 南部 Appalachia 区、东部 KY、西南部 VA 是多煤层开采的重要矿区。阿帕拉西亚区已经开采 150 多年，目前有大约 70%的资源被采出，其上、下部煤层及相邻采空区已成蜂窝状。尽管该区的中心区长壁开采已有很长的历史，但 10 个长壁工作面的产量仍约占总产量的 20%，其中有 3 个工作面开采深度最大的煤层，其上、下部没有大的开采活动。其他工作面均处于多层煤开采环境。

美国西部是今后最主要的多煤层开采地区。在西部多煤层长壁开采区，由于覆盖层很深，顶底板岩石坚硬，出现了冲击地压而导致的伤亡事故。为了减少灾害事故，西部很多煤矿采用了塑性巷道煤柱设计。

阿帕拉西亚区的北部长壁工作面数占美国长壁工作面数的 1/3。17 个采煤工作面的年产量达到 87 Mt。目前，这些工作面几乎均在开采匹茨堡煤层。佛瑞颇尔煤层是靠近匹茨堡煤层最近的可采煤层，处于其下约 600 英尺（约 180 m）。

1. 多煤层开采相互影响类型

多层煤开采相互影响引起的岩层状况不稳定，是发生灾害的最大原因。开采相互影响可以分为 4 个类型：下部采动影响、上部采动影响、动力型相互影响和极邻近煤层的开采影响。其他潜在的灾害还与矿井水、瓦斯和空气有关。

1）下部采动影响

上部煤层已经开采，下部煤层正在开采时可能出现如图 5－57 所示的情况。在下部采动的情况下，灾害是由于上部煤层全厚度已经开采而残留煤柱所传递的高应力所引起的。

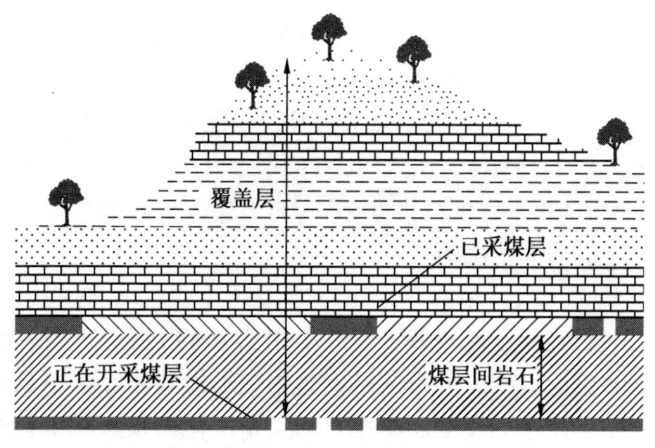

图 5－57　下部采动的相互影响

2）上部采动影响

它发生在下部煤层已经采完上部正在开采的情况下（图 5－58），其载荷传递特征与下部采动相同。简言之，采空区边缘的固定边界，即残留煤柱引起了其上下部岩层的应力集中。此外，下部煤层的全部采出将引起上覆岩层的下沉，可能形成潜在的顶板灾害。

3）动力型相互影响

在正在掘进巷道的上部或邻近处进行开采时会发生动力相互影响。若干动力型相互影响发生在下部煤层长壁或房柱法开采导致上覆岩层下沉的情况下。例如，长壁开采工作面距离正在掘进的回采巷道约 550 英尺（166 m），结果引起上部煤层较大范围的损害。

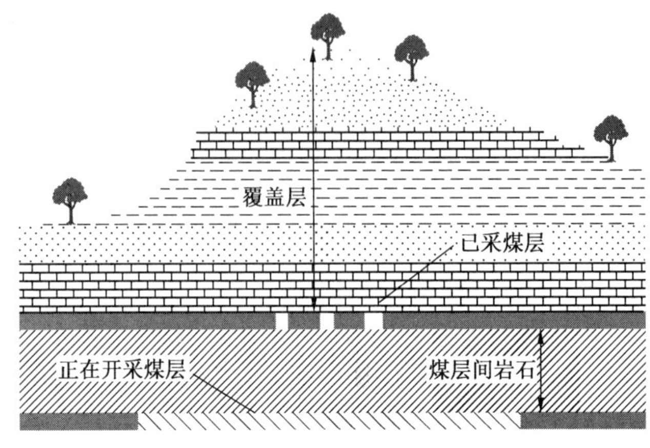

图 5－58　上部采动引起的相互影响

4）极邻近煤层的开采影响

它仅在准备开采阶段发生。这里主要涉及两个极近距煤层间岩层的破坏。当层间距大于 20～30 英尺（6～9.2 m）时，这种开采相互影响一般不会很严重。

其他危害包括上覆岩层水的侵入引起水灾，特别是当下部煤层全部采出后，形成了上下煤层采空区的直接通道。一个实例是，Kentucky 煤矿遭遇来自相距 45.5 m 的上覆煤层水流的侵入，此次灾害未导致工人伤亡，但由于水泵排水量不足，使得工作面开采拖延。在采空区上方的下沉破坏区，也可能由于上部开采的影响而导致瓦斯集聚或空气缺氧。

2. 下部已采、上部跨越开采的影响

在 Cambria 州 No. 33 煤矿采用长壁开采法开采煤层 B，其上部为煤层 C，两煤层顺序开采，下煤层 B 先采。

煤层 B 厚度 1.53 m，开采深度为 156～244 m，存在很高的水平应力，在巷道掘进和回采时，引起了回采巷道的大范围破坏。

与传统的多煤层不同，C 煤层的巷道正好重叠于下煤层 B 的巷道上方。在开采过程中，巷道和工作面的围岩实际工况较好。尾巷采用了 1.83 m 的全长锚固的锚杆，并辅以 2 排木柱，提供了适当的支护。唯一的不同是，其中主运输巷略处于下部采空区上方，该处顶板状况由于受到多煤层开采的影响而变差，而长壁工作面顶板状况良好。处于采区边缘的顶板工况与沉降区中央差别不大。

在 B 煤层未采区上方，C 煤层巷道遇到严重的围岩变形和瓦斯溢出，显然是由于下部 B 煤层的开采释放了水平应力和瓦斯。

第二个上部跨越开采的实例是：在 Greene 州新 Warwick 矿，开采 Sewickley 煤层，开采深度 152.5～450.5 m，煤层顶板为灰色砂岩，顶板类别 CMRR 值为 40。

在 Sewickley 煤层中部的长壁工作面采区，覆盖层厚度较小，开采中很少遇到困难。但应力分析发现，在采区边段的覆盖层较厚处出现了若干层间相互影响的状况，包括工作面煤壁片帮、巷道顶板不稳定等，该处顶板很复杂，迫使长壁工作面缩短 15.3 m 停采。

3. 下部开采的相互影响特征

在 Appalachia 中心区，WV 南部有两个长壁开采下部采动相互影响的实例。在过去 30 年来，Harris No. 1 矿在 Eagle 煤层已经布置了 60 个长壁工作面。该煤层开采深度 607 m，顶板由硬页岩和砂岩组成。顶板类别 CMRR 值为 45～60。Eagle 煤层为上部煤层，距下部 GAS 煤层 54.9～61 m，中间岩层大部分是厚砂岩。GAS 层已经部分采出。上部煤层采区范围比 Harris 矿采区窄很多，并有不同的推进方向，以致在很多情况下，无法设计下部煤层未采部分的工作面巷道，因此难以避免下部采动的相互不利影响。

曾经研究了在 Harris 煤矿 17 个巷道掘进通过上部煤层链式煤柱的实例。其中，60% 巷道掘进和回采是成功的，当然需要安设锚索和其他辅助支架控制围岩。但在有些情况下近距煤层开采的相互影响相当严重，即在采区掘进结束后主运输巷和尾巷（风巷）被强烈压缩变形，巷道近于封闭。还有若干实例，由于上覆岩层结构而导致围岩状况较差，产生严重底鼓，由此造成顶板失去控制。根据以往的经验，Harris 矿采取了以下基本规则：

(1) 下部煤层的采区长轴应平行于上部煤层采区的长轴。

(2) 运输巷尽可能布置在靠近上部煤层采空区下方中部区。

(3) 避免下部煤层工作面处于上部采空区与煤柱边界处。

借助于数值模型计算，下部煤层的开采设计要求尽可能减小近距煤层开采的相互不利影响。最主要的是要避免巷道掘进通过上部开采煤层形成的高应力区附近。下部煤层的主巷应靠近上部煤层采空区，而长壁工作面处于其外侧。由于下部煤层采区长度大于上部煤层，顺槽巷道将从下部通过上部煤层的开切眼煤柱和停采煤柱。在此通过区段，巷道宽度减小到 5.4 m。同时增加了交叉口段的间距，且运输巷内增加了辅助支护，包括锚杆桁架和钢立柱。

生产中，当上部煤层的煤柱处于下部煤层长壁工作面上方时，并没有出现严重的围岩变形，但在靠近上部煤柱区下方，煤壁被压酥，出现片帮，采煤机不需要割煤，只需装煤即可。另外两个采区，穿过宽度 33.5 m、采深 244 m 的上部煤层采区残留煤柱时，巷道掘进很困难。工作面推进接近此区域时，围岩破坏十分严重，以致不得不提前报废。

值得注意的是，多煤层开采有时还会遇到其他因素的影响，如残留煤柱、水平应力、成层页岩和大采深等。在预先确定残留煤柱的前提下，煤柱大小的选择、三向或四向交叉点的选择、预应力锚杆支护密度的增大、预应力锚索在交叉点的使用等都非常重要。

4. 大深度近距多煤层开采

在 Utah 矿区最大开采深度达 915 m，地表为不规则的峡谷、台地，采用塑性煤柱进行多煤层长壁开采。顶底板岩层强度较高，达到 103.5～172.3 MPa，上覆岩层主要为厚层砂岩，最大可达 155 m。经常开采两个或更多的近距煤层。

一般来说，塑性煤柱设计主要用于：

(1) 缓和强烈的煤爆（煤的动力破坏）。

(2) 缓解由于多煤层开采工作面靠近时加剧的巷道煤柱应力集中。

根据 Demarco 对塑性煤柱工况的大量研究得出结论，成功的回采巷道系统应满足：

(1) 它大多限于直接顶强度足够高，可以阻滞巷道变形的条件下（在每个成功的实例中，顶板类别 CMRR 值均大于 50）。

(2) 煤柱宽高比小于 5，可保证在第一个采区开采时，煤柱产生适度的不剧烈的塑性变形。

(3) 设置的支架起着控制岩层的主要作用。

在 Utah A 矿，近 20 个下部煤层长壁工作面靠近上部煤层采区。上下煤层间距变化在 18.3～27.5 m 之间，最大开采深度 427～640.5 m。为减小上部煤层支承压力的影响，邻近的巷道掘进必须在上部煤层开采完 3～5 年后开始。上下煤层工作面均采用两巷系统，塑性煤柱宽度 9.2 m。下部煤层顶板是典型的高强度砂岩，它直接处于煤层之上，或者处于顶板锚杆可以达到的高度，CMRR 值一般接近 70。在该矿最早的多煤层开采巷道，发生了长度达 48.8 m 的顶板冒落，巷道被迫重新掘进。此后，所有的巷道均靠近上煤层采空区掘进，一般与上部煤层巷道内错 30.5 m。下部煤层采区的开切眼和终采线均处于上部煤层的采空区下方。

一般来说，穿过上部煤层终采线掘进的巷道不需要特殊支护。但是，当采深超过 488 m时，冲击地压便可能在巷道穿过上部采区终采线中部位置处发生，而不是在终采线的角部发生，因为上部煤柱由于巷道的影响而弱化。

与房柱法链式煤柱相比，两个煤层长壁开采的最大优点是在上部煤层采空区内没有保留孤岛煤柱。在煤矿 A，上部煤层于长壁工作面开切眼与某些盲巷之间保留了一个安全煤柱。当下部煤层长壁工作面开采靠近盲巷，特别是靠近安全煤柱时，工作面长度的 80%出现了强烈的煤层冲击地压（图 5—59）。此处的开采深度超过 610 m。此后，当开采深度超过 427 m 时，下部煤层的巷道（房柱法开采）均布置在上部煤层的采空区下方。

在深部开采中，下部煤层采区开切眼处于上部煤层巷道外侧，而终采线则应处于上部煤层终采线内侧。这样，基本上长壁开采是近于在上部采空区下方进行。

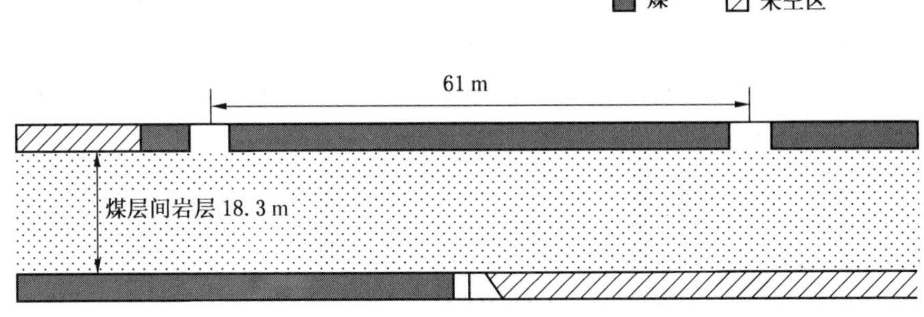

图 5—59　Utah A 矿发生大的冲击地压时采区横断面几何图形

当下部煤层开采高度为 3.1 m、间距为 18.3 m 时，由于沉降破坏在两个煤层采空区间会形成流水/渗水通道。一个实例是，大量的水从不充分脱水区进入下煤层开采区，导致停采。

在 Utah B 煤矿，两个煤层间距为 15.3～22.9 m，下部煤层采区的开切眼、工作面推进和停采均处于上部煤层采空区下方。

近距煤层相互影响的临界危险区是下部煤层的巷道通过上部煤层终采线煤柱，这时围岩变形较大，需要强力支护。通常锚索在 3 个区均用作巷道掘进的基本支护。具体的布置是：每排 4 根长度 3.7～4.9 m 的长锚索，排间距 1.2 m。长期以来，B 煤矿在开采中发现，如果采用大煤柱（中心距 30.5 m），穿过上部安全煤柱时，巷道围岩工况较好。

另一个设计是，在下部煤层布置巷道。下部煤层第一个采区巷道布置在上部煤层采空区下方一侧 12.2 m 处，如图 5－60a 所示。但围岩情况并不好，随后将巷道内错距离增加到 30.5 m，如图 5－60b 所示。

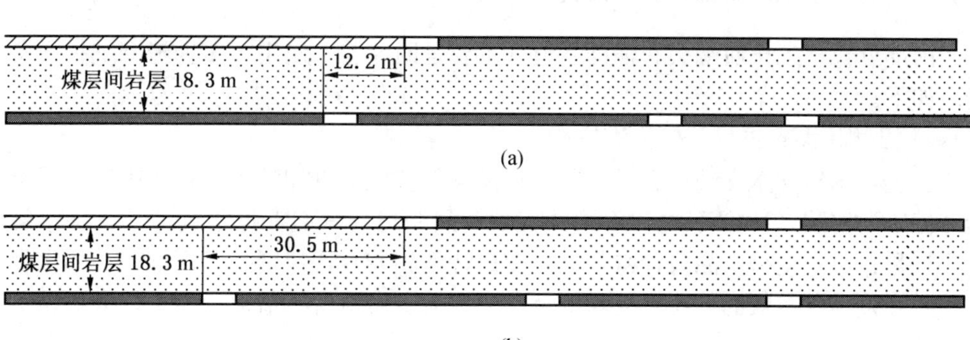

图 5－60　B煤矿下部煤层巷道内错布置（布置在上部煤层采空区下方）

观测表明，多煤层开采相互影响长期存在。一个例子是，一个长期维持的穿过上煤层采空区边缘的主巷，在 4 年后出现了底板鼓起达 1.22 m，顶板用锚索支护 3 次，最后仍发生冒顶。

B 煤矿的另一个问题是自然发火。在一个采区内，巷道与采空区内错 12.2 m，长壁工作面后方的顶板垮落形成了氧气与上部煤层盲巷系统的通道，引起煤层发热自燃。

美国近距煤层开采的教训，可总结归纳为以下几点：

(1) 上下层巷道的位置关系。

首先，考虑巷道重叠布置还是错开布置问题。大多数美国长壁工作面煤矿愿意将下部煤层巷道与上部煤层巷道内错 30.5 m 布置，也有了一些重叠布置的经验。No.33 煤矿成功地使用重叠布置很多年，Harris 煤矿也曾使用过。

如果采用巷道内错布置，则巷道掘进必须穿过上部煤层工作面终采线的采空区与未采煤体的交界处。经验表明，这些穿越处需要进行特殊的煤柱设计或特殊的顶板支护。

(2) 采区设计。

首选的采区设计是，新采区的开切眼处于相邻上部煤层或下部煤层采空区外侧，而终采线处于上部煤层已采区内侧。这可使所有长壁开采几乎处于采空区上方或下方（除靠近链式煤柱处外）。但是，也有若干实例是，工作面成功地穿过邻近煤层工作面终采线，也曾有过在停采线处布置开切眼的情况。

当下部煤层工作面在巷道链式煤柱下方开采，或穿越采空区与煤体边界线时，长壁工作面的围岩工况很少出现问题。当大尺寸残留煤柱留置在采空区，特别是安全煤柱的轴向与长壁工作面一致时，对近距煤层开采的影响最为不利。

(3) 顶板岩层强度。

经验表明，顶板岩层强度是能否成功地进行近距多煤层开采的决定性因素。例如，Utah B 煤矿的顶板岩层弱于 Utah A 煤矿，结果出现了很多问题，而 Utah A 煤矿的开采深度还较大。相似地，New Warwick 煤矿的顶板弱于 No. 33 煤矿，同样遇到较大的困难。

（4）设计经验。

从上部或下部通过长壁工作面已采区，容易使采区重叠，而使巷道错开布置，从而使长壁开采完全处于采空区的范围之内。最重要的是，保证残留煤柱不会孤立地滞留在采空区。Utah 矿的经验也表明，只要顶板条件适当，采取塑性窄煤柱的设计也可以成功。

五、美国长壁工作面辅助支护设备应用概况

美国部分长壁工作面端头和辅助巷道（主要是回风巷）使用了多种辅助支护设备，简要介绍如下。

1. 美国立柱式支护载荷—位移特性

历史上，木垛和木支柱一直是主要的辅助支护方式。20 世纪 90 年代中期，国家职业安全和健康研究院（NIOSH）和不同的支护产品制造商一起促进了创新性支护系统的发展。目标是：(1) 支护产品设计得与岩层变形特性相兼容，特别是像西部矿井的大变形条件。(2) 开发经济有效的传统木支垛的替代品，减少搬运材料造成的伤害，并提供相同或者更有效的岩层控制。

根据支柱的载荷—位移特点，立柱式支柱可以分为以下四类（图 5—61）：非屈服、恒定屈服、载荷增加屈服（应变硬化）、载荷衰减屈服（应变软化）。从结构上来说，它们可被分为：传统的木支护、经过工程设计制造的木支护、传统的水泥支柱支护、可屈服的水泥支柱支护、材质为钢的支护。

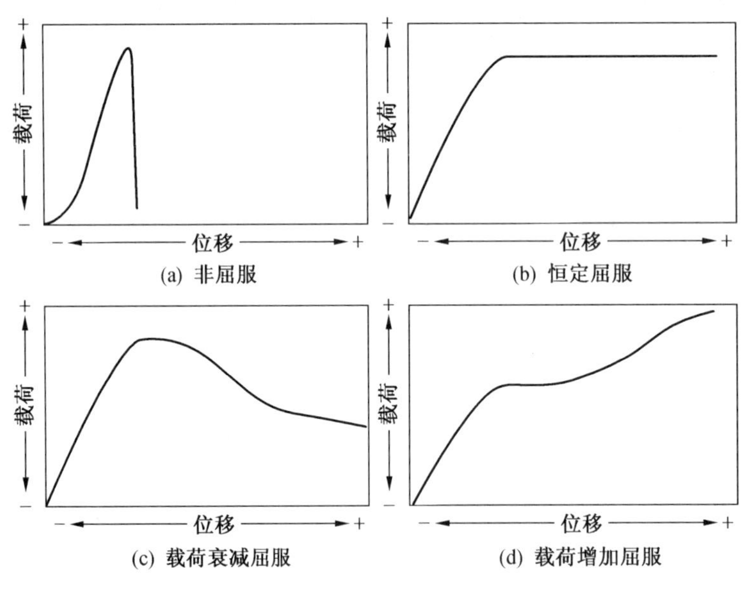

图 5—61　立柱式支护的四种基本载荷—位移特性

2. 美国长壁工作面常用立柱式支护

在美国，常用的立柱式支护有：罐头式支柱、泵送式支柱、捆绑式支柱、经过工程设计的木支护和单体柱子支护。其中，泵送式支柱支护在长壁开采中的回风巷、总回风巷、预先掘出的支架回收硐室、直接开采通过的巷道中的应用在最近几年越来越广泛。下面就

罐头式和泵送式支柱的应用和支护力学特性作一介绍。

1）罐头式支柱（Can Support）

罐头式支柱是长壁工作面回风巷常用的一种立柱式支护（图 5－62）。在稳定性和高屈服大变形方面，现在市场上的其他支护产品还没法与它匹配。它的外围是铁皮组成的罐头式圆柱体，里边是以水泥、粉煤灰等为主的材料。此种支柱是在地面提前制造的，运到地下后用专门的设备安装（图 5－63）。相对于木垛来言，由于罐头式支柱是通过机器来安装，大大减少了材料处置引起的伤害。它的直径范围是 18～36 英寸（46～91 cm），支承载荷范围是 54～181 t。它在大采高和大变形的条件下表现良好，如在底鼓达到 0.61～0.91 m 且相对于顶板产生侧向变形的情况下（图 5－64）。

图 5－62　美国长壁工作面回风巷中作为辅助支护的罐头式支柱

图 5－63　罐头式支柱的井下安装设备（制造商 J. H. Fletcher）

从设计角度来讲，此种支柱只有两大缺点：一是需要额外的接顶操作工序，以保证与顶板接触；二是由于它的大尺寸会导致运输困难，特别是在薄煤层。正常情况下，接顶可以通过木垛来完成。但是，由于木材的刚度小于罐头式支柱，会导致整个支柱支护系统的刚度和稳定性大大降低。曾从南非引进一种能起到预应力作用的充满水的金属囊安装到罐头式支柱的顶部，作为替代接顶系统和提供预应力的方法（图 5－65）。早期试用此预应力技术的一些矿，取得了积极的效果。

图 5－64　罐头式支柱在底鼓条件下的应用

图 5－65　安装在罐头式支柱顶部的预应力金属囊

图 5－66 所示为直径为 22 英寸（56 cm）罐头式支柱和直径为 30 英寸（76 cm）的泵送式支柱在 NIOSH 压力实验室得到的载荷—位移曲线。两种支柱的高度均为 6 英尺（1.83 m）。从试验曲线可以看出，尽管在变形初期罐头式支柱的支护刚度和载荷峰值小于泵送式支柱，但其允许变形量大大高于泵送式支柱。（编译者注：在近几年，随着材料技术的发展，泵送式支柱也可在保持较高的残余强度的条件下，允许超过 20 英寸（51 cm）的大变形。）

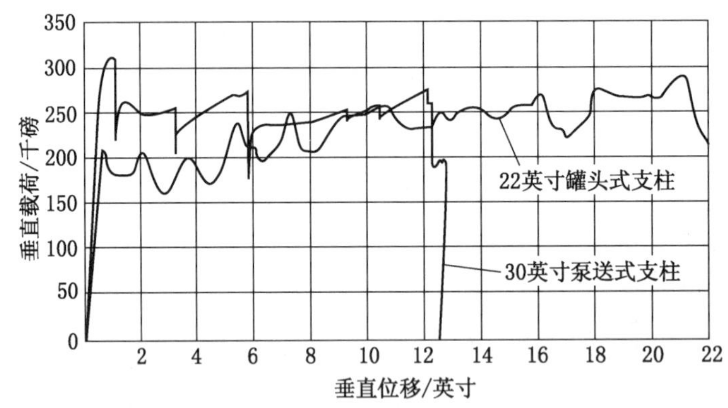

图 5－66　罐头式和泵送式支柱的载荷—位移试验曲线

2）泵送式支柱（Pumpable Crib）

泵送式顶板支护技术在 20 世纪 90 年代末得到了新的发展，如图 5－67 所示，它的主要组成是圆筒式的纤维布袋子和泵入的双组分、快凝无机材料。在美国，所有的原材料和设备安放在地面，通过地面钻孔将浆液输送到远达 4.83 km 的地下。这样远距离的管路输送大大减少了人工处置材料的时间和由此引起的伤害。在承载过程中，袋子的作用非常重要，它不仅作为材料的容器，同时在材料达到峰值后还提供一定的围压和径向约束。泵送式支柱的残余强度主要是由袋子材料的抗拉强度决定的。为提高袋子的强度，生产厂家在袋子上常常加入螺旋式的铁丝或塑料绳。塑料绳的使用主要是让此支柱变得可切割。在美国的

图 5－67　泵送式支柱主要组成示意图

长壁工作面，为满足不同的载荷条件，支柱的直径是变化的，常用的是 24 英寸（0.61 m）和 30 英寸（0.76 m）。图 5－68 所示为这两种直径的泵送式支柱的典型的载荷—位移曲线。与上面的罐头式支柱相比，泵送式支柱的支撑刚度更高，但达到峰值载荷过后，罐头式支柱在屈服阶段仍保持较高的承载能力（图 5－69）。主要原因是泵送式支柱的袋子刚度及所提供的围压大大小于罐头式支柱的铁皮。

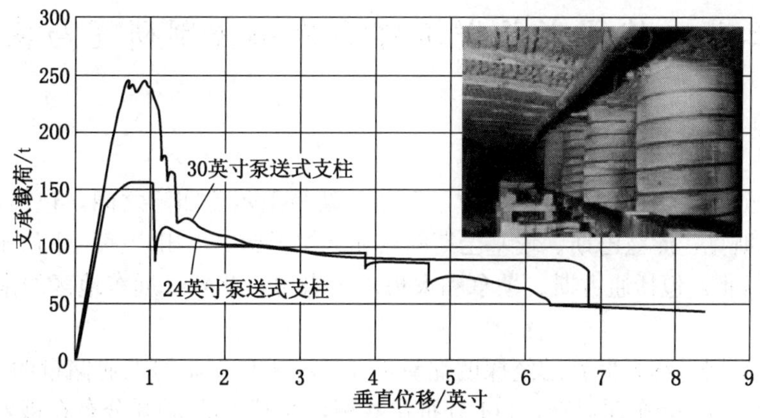

图 5－68 两种直径的泵送式支柱的载荷—位移曲线

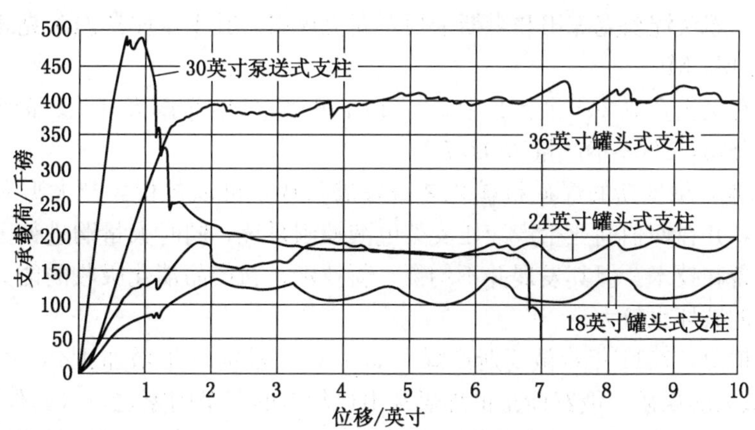

图 5－69 泵送式和罐头式支柱的载荷—位移比较

为提高泵送式支柱的支撑刚度（Support Stiffness）、承载力、残余强度及允许大变形的目的，可通过增加支柱的直径、减小铁丝加强筋的间距、增强袋子材质的强度等途径实现。表 5－7 所示为两种直径的泵送式支柱的支撑刚度比较。

表 5－7 两种直径的泵送式支柱的支撑刚度比较

试验号	刚度/（t·英寸$^{-1}$）	
	直径 30 英寸	直径 24 英寸
1	462	268
2	510	318

表 5—7 (续)

试验号	刚度/(t·英寸$^{-1}$)	
	直径 30 英寸	直径 24 英寸
均值	486	293

第三节　俄罗斯长壁工作面岩层控制研究与实践

一、概况

煤炭主要分布在两个区域：一个位于贝加尔湖与土尔盖凹陷之间，包括伊尔库茨克、坎斯克—阿钦斯克、库兹巴斯、埃基巴斯图兹和卡拉干达等煤田；另一个位于叶尼塞河以东，北纬 60°以北，包括通古斯、勒拿和太梅尔等煤田。此外，远东地区的南雅库特等煤田也很重要。

俄罗斯煤炭储量约为世界已经探明储量的 1/5，现有企业的工业储量约 19 Gt，但储量分布不均衡，3/4 分布在亚洲，1/4 分布在欧洲，而其中的 50%分布在俄罗斯中部，即库茨涅茨克煤田，其余分布在克拉斯诺雅斯克边区及罗斯托夫州和伊尔库茨克州等地。2008 年产量达到 320 Mt，位于世界第五位。目前正在开采的有四大煤田：别秋林煤田、顿涅茨克煤田、库茨涅茨克煤田和堪斯卡阿琴斯克煤田。其中，库茨涅茨克煤田的产量最大，2008 年达 185 Mt。

俄罗斯共有煤炭企业 244 个，其中 96 个地下开采，148 个露天开采。最大的企业是西伯利亚煤动力公司，2008 年产量为 92.7 Mt。

1994 年以来，俄罗斯的煤矿机械化装备发展很快，可以自行生产大型采煤机、输送机和液压支架，并在西伯利亚生产液压支架电液控制系统，同时大量购进德国和波兰以及中国的煤机装备和技术。但其发展并不均衡，新技术、新产品消化吸收的能力不足。其露天开采对环境的破坏也较大。

煤炭出口情况：2011 年，俄罗斯产煤 336.3 Mt，较前一年增加 4%，其中 90%的产量来自 18 个最大的煤矿。俄罗斯是世界煤炭出口较多的三个国家之一（其他是澳大利亚、印度尼西亚）。2009 年出口到欧盟的煤炭占其出口总量的 73.4%，但此后逐年下降，并转向亚太地区。

2010 年俄罗斯煤炭工业的总投资为 20 亿美元，其中，外国直接投资仅为 40 万美元，显然比重很小。

二、苏联的研究成果简介

苏联在工作面岩层控制理论和技术方面有全面深入的研究，包括直接顶、基本顶分类和支架选型的研究，以及难垮落顶板弱化技术的研究等。以下简要介绍有代表性并具有深远影响和重要参考价值的成果。

（一）顶板分类

对于顶板，有代表性的分类有前全苏测量研究院（VNIMI）提出的奥尔洛夫分类和多库金分类。

奥尔洛夫分类的基础是，在井下多个综采工作面将试验区段支架阻力逐步改变，观测相应的顶板下沉量变化规律，由此，根据支架与基本顶及直接顶围岩的相互作用特征，建立相应的顶板下沉与支护阻力关系的回归公式，将顶板分为三大类：轻型、中型和重型。在每类中，又根据岩性、分层厚度及容许暴露面积，将直接顶分为3级：不稳定、中等稳定和稳定，并对每类级提出了相应的工作面顶板控制方法、液压支架和单体支柱选型的建议。该分类依据充分，考虑因素全面，但较为繁琐，实用性较差。

另一位著名学者多库金提出了适应综采工作面的顶板分类，该分类将顶板分为1类（易控制）、2类（中等难控制）和3类（难控制）。每类又分为两个亚类。其分类依据是直接顶特征（岩性、分层厚度、抗压强度、层理、裂隙的特征）和基本顶特征（岩性、层理、裂隙、周期来压步距的特征等）。此分类考虑的因素较全面，且指明了顶板控制的难易程度取决于直接顶和基本顶的岩性和力学特征，理论依据可靠，实用性较好。多库金采煤工作面顶板分类见表5—8。

表5—8　多库金采煤工作面顶板分类

<table>
<tr><th colspan="2" rowspan="3">分类指标</th><th colspan="6">顶板分类</th></tr>
<tr><th colspan="2">1（易控制）</th><th colspan="2">2（中等难控制）</th><th colspan="2">3（难控制）</th></tr>
<tr><th>1a</th><th>1b</th><th>2a</th><th>2b</th><th>3a</th><th>3b</th></tr>
<tr><td rowspan="10">直接顶</td><td rowspan="3">直接顶厚度 h_{mf} 及岩石组成</td><td>$0<h_{mf}<D$，炭质黏土、泥质岩、层状粉砂岩</td><td>$h_{mf}=0$，泥质岩、层状粉砂岩</td><td>$0<h_{mf}<D$，炭质黏土、泥质岩、层状粉砂岩</td><td>$h_{mf}=0$，粉砂岩、中硬砂岩</td><td>$0<h_{mf}<D$，炭质黏土、泥质岩、层状粉砂岩</td><td>$h_{mf}=0$，层状粉砂岩、砂岩、石灰岩</td></tr>
<tr><td>$h_{mf}\geqslant D$，炭质黏土、泥质岩、层状粉砂岩</td><td>$h_{mf}>0$</td><td>$D<h_{mf}<C$，炭质黏土、泥质岩、层状粉砂岩</td><td>$h_{mf}>0$</td><td></td><td></td></tr>
<tr><td>$h_{mf}>C$，炭质黏土、泥质岩、层状粉砂岩</td><td>$h_{mf}>0$</td><td></td><td></td><td></td><td></td></tr>
<tr><td>冒落特性</td><td>易冒落</td><td>易冒落和中等难冒落</td><td>易冒落和中等难冒落</td><td>中等难冒落</td><td>易冒落和中等难冒落</td><td>难冒落</td></tr>
<tr><td>稳定性特性</td><td>不稳定或中等稳定</td><td>中等稳定</td><td>不稳定或中等稳定</td><td>中等稳定和稳定</td><td>不稳定或中等稳定</td><td>稳定</td></tr>
<tr><td>抗压强度/MPa</td><td>≥20</td><td>30～45</td><td>≥20～30</td><td>45～75</td><td>≥20～30</td><td>＞75</td></tr>
<tr><td>层理度 WC</td><td>5～15</td><td>2～5</td><td>5～15</td><td>1～3</td><td>5～15</td><td>0～2</td></tr>
<tr><td>裂隙度 WT</td><td>3～5</td><td>2～3</td><td>3～5</td><td>1～2</td><td>3～5</td><td>0～1</td></tr>
<tr><td>冒落步距 l_z/m</td><td>＜2</td><td>＜4～6</td><td>＜2</td><td>＜8～12</td><td>＜2</td><td>10～15</td></tr>
<tr><td>直接顶厚度 h_{mf} 及岩石组成</td><td colspan="2">$0<h_{mf}<D$
泥质岩、层状粉砂岩</td><td colspan="2">$0<h_{mf}<D$
粉砂岩、中砂岩</td><td colspan="2">$0<h_{mf}<D$
层状粉砂岩、石灰岩、砂岩</td></tr>
</table>

表 5－8（续）

分类指标		顶板分类					
		1（易控制）		2（中等难控制）		3（难控制）	
		1a	1b	2a	2b	3a	3b
基本顶	岩石组成	$h_{mf} \geqslant D$ 粉砂岩、中硬砂岩		$D < h_{mf} < C$ 厚层粉砂岩、砂岩石灰岩			
		$h_{mf} > C$ 厚层粉砂岩、砂岩、石灰岩					
	抗压强度 R_C/MPa	$0 < h_{mf} < D$，$R_C = 30 \sim 45$ $h_{mf} > D$，$R_C = 45 \sim 75$ $h_{mf} > C$，$R_C > 75$		$0 < h_{mf} < D$，$R_C = 45 \sim 75$ $D < h_{mf} < C$，$R_C > 75$		$R_C > 75$	
	层理度 WC	$R_C \leqslant 45$，$WC = 2 \sim 5$ $R_C = 45 \sim 75$，$WC = 1 \sim 3$ $R_C > 75$，$WC = 0 \sim 2$		$R_C = 45 \sim 75$，$WC = 1 \sim 3$ $R_C > 75$，$WC = 0 \sim 2$		$R_C > 75$，$WC = 0 \sim 2$	
	裂隙度 WT	$R_C \leqslant 45$，$WT = 2 \sim 3$ $R_C = 45 \sim 75$，$WT = 1 \sim 2$ $R_C > 75$，$WT = 0 \sim 1$		$R_C = 45 \sim 75$，$WT = 1 \sim 2$ $R_C > 75$，$WT = 0 \sim 1$		$R_C > 75$，$WT = 0 \sim 1$	
	周期来压步距 L_p/m	6～12　15～30		10～20　25～40		20～30　40～60	
	周期来压强度	缓和		缓和和强烈		强烈和极强烈	

注：D=2～4 倍采高，C=2.5～5 倍采高。

上述分类全面考虑了直接顶和基本顶岩性、几何参数和力学特征，反映了当时苏联在岩层控制基础研究方面有较高的科学水平。该分类具有较高的参考价值。

（二）难垮落顶板的控制方法简介

苏联在难垮落顶板控制工艺技术方面的研究成果丰富，包括水力压裂和注水弱化处理、深孔松动爆破及两者的结合等。这些方法至今仍有重要的实用意义。以下介绍几个实例。

1. 软化顶板的水力处理方法试验

以古科夫矿区为例，该矿区煤层顶板为很硬的难垮落岩层，当暴露面积很大时才发生垮落并对控顶区的顶板和支架带来不利影响。曾采用加强支架阻力的措施，但仍不能消除顶板滞后大面积垮落带来的风险。研究确定采取对岩体主动作用使其弱化的措施，以便加速其垮落过程，减少基本顶初次和周期来压的影响。为了弱化难垮落顶板，采用了水力处理的方法和超前钻孔爆破法。

这种方法的实质是，在水湿润和水力压裂的作用下有效地软化基本顶岩石，并扩大其裂隙和层间接触面的离层。这种方法的工艺是：沿工作面长度方向上打超前深孔，穿入基本顶岩体，之后以不同的方式压入液体。压力液体对岩层的作用特征：在支承压力带以外，主要是湿润作用；在支承压力带内既有湿润作用又有水力压裂作用。

采用水力方法处理顶板时，对每个深孔，都确定一种注水方式。注水进行到控顶区顶板发生滴水或水压急剧下降时为止。后者发生在顶板具有天然裂隙或由于水力压裂顶板时。深孔注水参数列于表 5－9。

表 5—9　深孔注水参数　m

深孔编号	孔深	深孔间距	孔底高于煤层距离	注水时孔底至工作面的距离	注水结束时孔底至工作面的距离
1	140	—	16	19	9
2	120	85	13	41	18
3	120	41	13	80	13
4	120	30	13	25	19
5	120	33	13	45	—

在 22 号工作面钻出了 5 个深孔。通过观测发现，第一个孔的注水湿润半径约 15 m（注水量 50 m^3），第二个孔为 23 m（注水量 56.4 m^3），第三个孔和第五个孔分别为 15.1 m 和 18.0 m（注水量分别为 59.2 m^3 和 42.0 m^3）。第四个孔总注水量为 14.8 m^3，由于局部地质破坏，进一步注水时出现压力急剧下降，因此未继续注水。湿润注水压力为 1.8～8 MPa。在工作面接近孔底 9～19 m 时，在 12 MPa 压力下进行顶板的水力压裂。

实验室试验中，顶板抗压强度与湿润率的关系见图 5—70a，渗水半径与注水量的关系见图 5—70b。

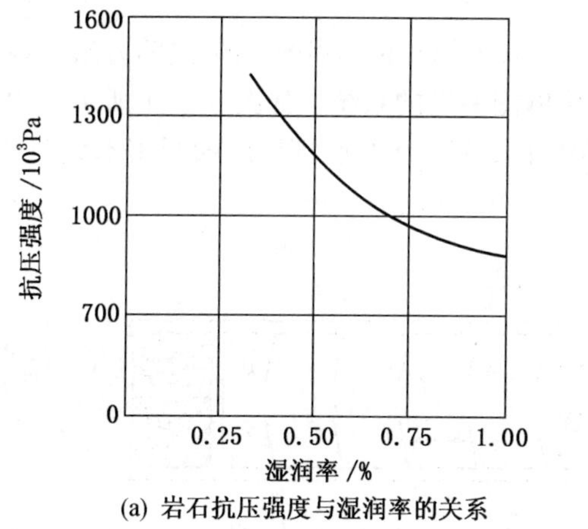

(a) 岩石抗压强度与湿润率的关系

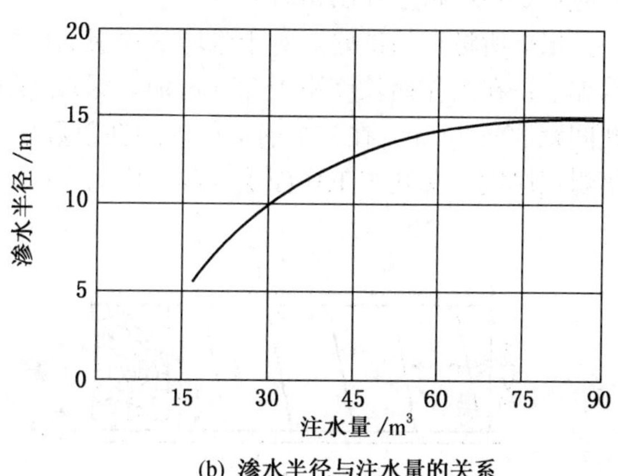

(b) 渗水半径与注水量的关系

图 5—70　顶板注水时有关参数间的关系

在采用上述方法之前，采空区的顶板砂岩通常悬顶 15～20 m，以大块形式垮落，同时使放顶支架压入底板 10～15 cm，工作面部分支架变形。在控顶区，与工作面煤壁平行的顶板每隔 1.0～1.6 m 可观察到裂口，出现岩块彼此错动，相对位移 3～5 cm。

在对顶板进行水力处理后，顶板的垮落特征有明显的变化。砂岩沿工作面全长垮落，冒落块度不大，且分为薄层，并在每次放顶支架移架之后有规律地发生垮落，仅在个别地段出现达 4～5 m 的悬顶。

由于在 22 号工作面注水效果很好，因此随后在 mg 层的其他工作面应用，深孔水压 1.2～12 MPa。

2. 超前松动爆破试验

为了预防基本顶周期来压，公司各矿井均采取了超前钻眼松动爆破方法。其方法是：在回采工作开始前或距工作面有较大的超前距离的基本顶岩层内，按一定的间距，沿采区长度用深孔爆破方法造成岩石破坏带和裂隙发育带，使基本顶预先分裂成岩块。随着工作面靠近，在超前支承压力影响下基本顶岩块被分割为更小的岩块，这就降低了难垮落顶板岩石的来压强度。

对上述方法的效果，在顿巴斯东部矿区“金刚石”矿井 501 和 502 工作面进行了检验。煤层直接顶为砂质页岩，厚达 8 m，以上为砂岩，厚达 10 m。未进行松动爆破前，基本顶初次垮落距开切眼 70～90 m，垮落是在暴露面积为 $1.5\times10^4\sim1.9\times10^4$ m^2 时发生的。此后，随着工作面的推进，周期来压步距为 20～30 m，暴露面积为 6000～8000 m^2，常有支架被“压死”（即立柱下缩量耗尽）。在 502 工作面，当基本顶周期来压时，有 45 架被“压死”，因此决定在 501 与 502 工作面对顶板进行松动爆破。

松动爆破深孔间距不要大于难垮落顶板来压步距的 2/3。考虑到长药包爆炸时岩石破坏带和主动裂隙带的半径为 1.2～1.5 m，因此应在顶板上面保留的岩层厚度为 3.0～5.0 m。孔底至煤层的距离应按防止控顶区受到周期来压有害影响选取。深孔与煤壁呈一定角度布置，可保证工作面逐渐通过松动爆破线，从而形成较好的对控顶空间的维护条件。

在工作面试验地段观察到，采用深孔松动爆破法后，支架未出现被“压死”的现象，顶板状况比较好，特别是深孔间距为 20～25 m 的地段。这证明了上述方法的效果。它的缺点是：当深孔弯曲时，爆破可能引起顶板下位岩层的整体性破坏。因此，在采用上述方法时，必须严格地控制钻眼方向。

根据所进行的试验，对于难垮落顶板的煤层，建议采用超前深孔松动爆破的方法。参数如下：在工作面长度小于 150 m 时，采取深孔从单侧钻进的系统。如图 5－71 所示，深孔间距 20～25 m，在一个扇形面内的钻眼数量不小于 2 个，从孔底到煤层的距离不大于 8 倍煤层厚度。深孔与工作面煤壁的角度为 15°～20°，深孔直径 76 mm。

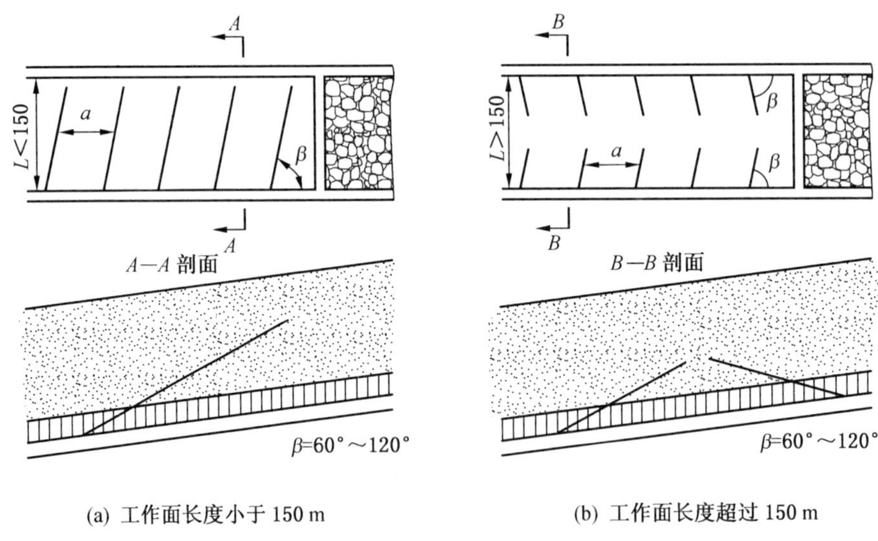

(a) 工作面长度小于 150 m　　(b) 工作面长度超过 150 m

图 5－71　顶板超前松动爆破的布置

超前深孔松动爆破法当时已广泛应用于古科夫煤炭生产联合公司的矿井。

3. 卡拉干达煤田超前爆破治理难垮落顶板

卡拉干达、顿涅茨、库茨涅兹煤田和古科夫煤炭生产联合公司广泛采用超前预爆破方法。该方法的实质是在回采工作面前方进行深孔爆破形成裂隙带，裂隙按照脆性断裂力学规律发展，裂隙的发展显著改变了基本顶岩层的应变和断裂特性。此后发生的矿山压力显现特征可能与所采用的系列液压支架的动力参数相适应，或者完全消除基本顶来压。松动基本顶的效果是由三种因素决定的：①导致黏接力降低的爆破裂隙发展；②难垮落顶板岩层挠曲时拉力带裂隙发展；③难垮落顶板岩层的横截面面积减小。

图 5－72 显示的是沿回采煤柱全长的顶板下沉量变化曲线图，是基洛夫矿 a_7 煤层装备液压支架的两个回采工作面的测量结果。它是采用超前爆破方法时顶板岩层断裂并发生急剧变化的证明。从图中可以看出，未爆破时，基本顶初次下沉显现前的下沉量为 l_a，此时，直接顶出现裂隙、岩块松动和局部冒落。基本顶初次垮落时，部分直接顶压碎，液压支柱部分损坏并出现高达 3～4 m 的超前冒落。这时回采工作面通常处于危险状态。

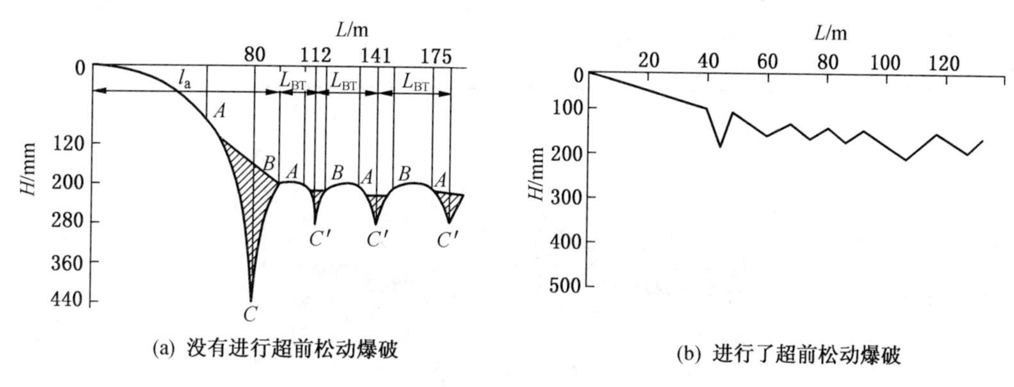

图 5－72　沿回采煤柱全长的顶板下沉量的变化

第二次来压时顶板的下沉量 L_{BT} 变化的曲线（图 5－72a）具有抛物线特征，但是顶板下沉量减少了。AC' 曲线表征基本顶来压显现的过程，而 $C'B$ 曲线表征摆脱基本顶来压影响带的过程。直接顶板具有一层厚度为 1 m 的松软煤皮和松软泥质页岩，由于回采工作面前方基本顶大岩块的断裂，造成顶板超前垮落。

图 5－72b 说明装备了 KM－8717 液压支架的基洛夫矿 a_7 煤层西 3 号采区在采用顶板超前爆破后顶板下沉量的变化。可以看出，顶板下沉值显著降低了，只观测到极不明显的初次来压显现，而二次来压几乎没有觉察到。

在平行布置钻孔和基本顶岩体具有两个弱接触面的条件下，难垮落顶板的松动近似机理如图 5－73 所示。松动爆破时，沿回采工作面顶板的这种接触面产生裂隙。随着工作面向前推进和岩体应力的增大，爆破裂隙沿着回采工作面纵向（可能向岩体一侧，以及在裂隙口剪切应力集中作用下向采空区一侧）开始发展。裂隙在岩体侧（l'_n）和采空区一侧（l_n）发展的条件是：

$$N_r \geqslant \sigma_y \tan\rho + C \tag{5-6}$$

式中　N_r——剪切应力集度；

σ_y——作用于接触面的法向压缩应力，kPa；

ρ——接触面摩擦角，(°)；

C——接触面黏着力数值，kPa。

裂隙要发展到 N_r 满足上式时为止。对于基洛夫矿 a_7 煤层，根据对松动爆破影响地带的测量，近似等于 6～8 m。

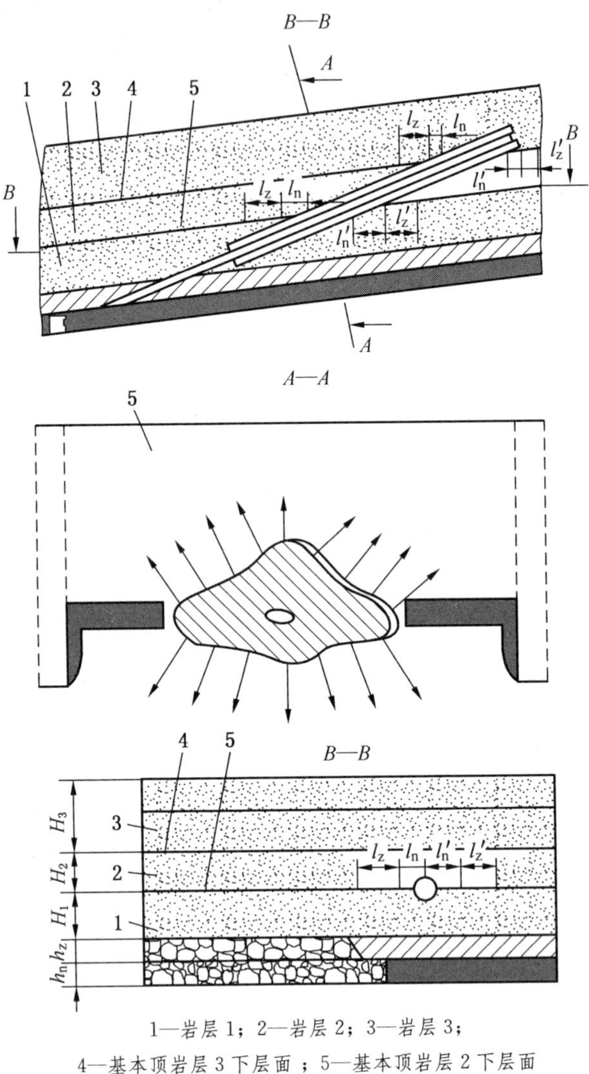

1—岩层 1；2—岩层 2；3—岩层 3；
4—基本顶岩层 3 下层面 ；5—基本顶岩层 2 下层面

图 5－73　超前爆破松动难垮落顶板的松动近似机理

因此，在支承压力区以及控顶区和采空区上方构成不规则形式的松动区，该处 $C=0$，松动接触面层 2 的形成将由断裂时极限状态条件所决定，此值也确定了顶板爆破步距。

$$\sigma=\sigma_{PL} \tag{5-7}$$

式中　σ——接触面的拉应力，kPa；

σ_{PL}——断裂时垂直于层理的强度极限，kPa。

顶板岩层 1 的垮落发生在紧靠松动爆破线前方。如果顶板岩层 1 厚度（H_1）大于顶板岩层 2 厚度（H_2），那么其垮落将在同时发生。在相反的条件下，顶板岩层 2 的垮落是在回采工作面向前推进到距离顶板岩层 1 垮落的位置不远时发生，但对控顶区支架和顶板状态没有显著影响。

1981—1985 年，由于开采难垮落顶板煤层数量的增加，每年计划有 18～20 个回采工作面采用超前爆破法开采。有关部门制定了从两个方面解决管理难垮落顶板问题的方案：制造高工作阻力的液压支架；采用超前爆破松动顶板岩层设计。

三、俄罗斯水致压裂技术在工作面的应用

在俄罗斯，矿山动力显现有两种：冲击地压和难垮落顶板突然垮落。在综采工作面，为处理难垮落顶板，俄罗斯引进了波兰的水致压裂技术，并取得良好效果。定向压裂钻孔布置在工作面和顺槽。

钻孔底部在同一层面或分别在顶板不同层位。钻孔直径为 45 mm 和 93 mm（切槽处）。钻孔和切槽完成后封孔，进行压力注水，并记录水压随时间的变化。图 5－74 为两个煤矿工作面压裂过程中钻孔水压随时间的变化。

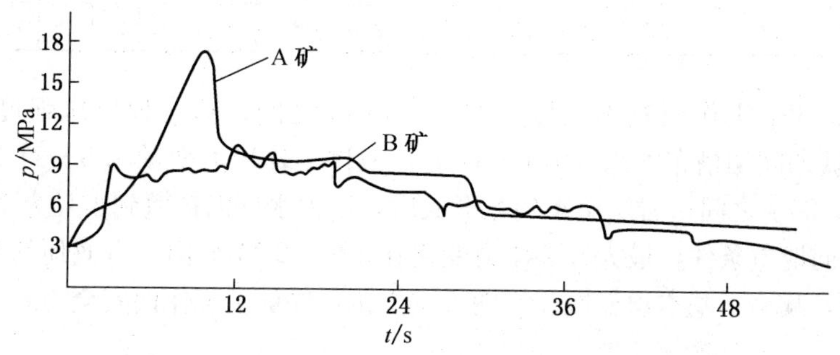

图 5－74 压裂过程中钻孔水压随时间的变化

试验表明，定向压裂在岩层中发展很快，持续时间一般在 1 min 内。压裂前压力较大，压裂后逐渐降低。

俄罗斯 6 个工作面地质技术条件和水致压裂参数见表 5－10 和表 5－11。

表 5－10 水致压裂工作面地质技术条件

工 作 面	拉斯帕兹卡娅矿 3－6－13	汤木斯卡娅 4－1－8	尤比来娜娅 No. 6 区段	达尔尼高里 56	“苏联 60 年” 6－1－4	卡木斯莫来孜 1896
开采深度/m	140～150	150～190	450	100～180	220～260	190～240
煤层厚度/m	3.8	9～9.8	2.3	2.4	8.5	2.2～2.35
煤层倾角/（°）	6～8	9～11	8～10	3～20	3～10	6
工作面长度/m	105	106	—	—	—	90
直接顶厚度/m	1.5	1.6	2.25	—	1.9	0.3～3.0
基本顶厚度/m	40	17	25	18	15～18	6～14
基本顶抗压强度/MPa	50～60	120～130	40～45	—	—	42
直接顶抗压强度/MPa	80～90	100～120	50～85	55～75	85～87	73
液压支架	4M130	2YKII	—	KM－81	KM－130	GLINIK
支护强度/kPa	720	1250	—	435	—	—

表 5－11　部分工作面水致压裂参数

工　作　面	拉斯帕兹卡娅矿 3－6－13	汤木斯卡娅 4－1－8	尤比来娜娅 No. 6 区段	达尔尼高里 56			“苏联 60 年” 6－1－4			卡木斯莫来孜 1896					
液体工作压力/MPa	6	4.5	4.8	17.5	9	8	9	3.5	6.5	6	16.5	17.6	14.5	21.5	21
压裂开始时间/s	10.8	6.8	12	2	4	2.5	2	2	3	6	17	2	6	5	10
压裂持续时间/s	52	120	90	45	52	30	10	50	35	50	40	10	20	18	35
液体扩散半径/m	15	30	56	14	18	6	12	40	20	—	27	—	15	—15	—
泵入流量/(10^{-3} $m^3 \cdot s^{-1}$)	1.17	1.5	1.8	0.58			0.58			0.58					
切槽布置深度/m	6.5	7.5	5.8	11	8.2	7	7.9	9.4	9.2	12	6	8.5	12.5	12	6
压裂时最大压力/MPa	12.5	17.5	28.5	12	12.5	20	13.5	16.5	15	27	25	21	21	32	24.5

试验表明，6 个工作面基本顶厚度在 6～40 m 之间；基本顶抗压强度变动为 40～130 MPa；试验期间切槽布置深度为 6～12 m；液体工作压力变动为 5～21 MPa；压裂持续时间在 10～120 s 之间；岩层压裂裂隙形成后，压力水可以扩散到半径为 12～56 m 的范围内。根据不同地质条件，最大开裂压力变化在 12～32 MPa 内，有效地切断工作面后方和两侧的悬顶，减小了基本顶初次和周期来压步距，保证了工作面安全。

四、俄罗斯综采工作面液压支架

（一）支架结构特点

苏联研制了多种结构形式的液压支架，包括在莫斯科近郊煤田使用的单立柱掩护支架。与采煤机联动的综合机组更多地使用支撑式支架。

俄罗斯采用的液压支架有国产的和国外引进的，国产的以支撑式支架为主。在薄煤层和中厚煤层使用的与刨煤机联动的支架的技术参数见表 5－12，它适用于长度 60 m 左右的短工作面。

表 5－12　支架技术参数

型　　号	AHЩ	2AHЩ
可采煤层厚度/m	0.8～1.3	1.1～2.2
移架步距/m	0.63	0.63
设计生产能力/（$t \cdot min^{-1}$）	1.5	1.5
支护强度/（$kN \cdot m^{-2}$）	170	240
电动机功率/kW	75	2×35

一种有代表性的综采机组 KMT，如图 5－75 所示。它采用电控系统控制采煤机和输送机的联动，以及泵站和喷水系统的启动和关闭。支架为 4 柱支撑式支架。前后排立柱可以独立控制，移架时具有主动支撑力。信号系统可以使采煤机、输送机和液压支架联动。

其主要技术参数：采煤机截割深度 630 mm；支架额定工作阻力 5200 kN；支护强度 1000 kN/m^2；在放顶排阻力 2050 kN/m，在工作面排阻力 4100 kN/m；支架中心距 1.25 m；

配套采煤机功率 461～641 kW；适用工作面长度 200 m。

近年来，俄罗斯引进波兰、中国的液压支架（主要是掩护支架，还有放顶煤支架）和德国的采煤机和电液控制系统，装备了多个高功率高产高效长壁回采工作面。

图 5—75 KMT 综采机组在工作面的状况

（二）支护阻力优化研究

为了提高综采工作面的技术经济效益，近年来，分层开采逐年减少，取而代之的是一次采全高或放顶煤开采以及其他方法。其中一种是类似放顶煤开采的工艺方法，即下层采用薄分层开采，不掘进巷道，不安设支架，用采煤机割煤并装入带有框架的输送机；而上层采用双输送机放顶煤机械化开采。分析表明，对平均的煤体强度来说，这些装备足以支承下部岩层载荷。该法适用于煤层厚度 2.5～6.5 m 的条件。

研究表明，增大开采厚度将导致工作面和采空区矿山压力强烈显现，并导致顶板频繁、强烈的垮落和下沉，从而使得分层开采时属于可“标准”控制的顶板转变为“难”控制的顶板。此外，厚煤层开采对支架提出了新的要求，不仅支架需要纵向稳定性，还要有横向稳定性。

支护阻力选择是一项很重要的任务，它需要借助于井下现场观测确定。为此目的 VNIMI 研究院曾在库茨涅茨克、卡拉干达和佩奇拉矿区回采工作面进行了支护强度分别为 0.42、0.49、0.68、0.70、0.98 MN/m² 的调压试验，以确定各种地质条件下相应的临界阻力，并避免支架性能受损害，以优化工作面支护必需的支护阻力。

观测表明，支架的循环末阻力与液压立柱的屈服收缩（即立柱下缩）有关。提高额定支护阻力将改变立柱的下缩量。但支架阻力的增加受到安全阀调定值的限制。支架过载将导致液压立柱不可控制下的屈服收缩，从而恶化支架与围岩的力学相互作用关系。对于每一种具体的支架，都有相应的立柱下收缩值和结构。可建立循环末液压立柱下缩值（达到安全阀调定值后的移架循环立柱下缩量）与最大支架阻力的关系，所获得的曲线（双曲线）与安全阀调定值的交点，将是最优支护阻力。曲线的最大曲率点对应的安全阀调定值为 0.64 MN/m²。但应注意到，随着安全阀阻力的增加，液压立柱的下缩量是比较稳定的。当顶板为难垮落岩层时，最优调定阻力应提高到 1.0 MN/m²；当顶板为易垮落时，最优额定阻力应低于 1.0 MN/m²。

总之，对于难垮落顶板，额定阻力可选取为 1.0 MN/m²，而其临界阻力选取为 0.64 MN/m²。支架阻力低于临界阻力将使得顶板控制复杂化，因为支架支设后并不会立即达到额定阻力（对应于安全阀调定阻力），而是处于初撑力水平。这意味着，初阻力应选取为额定阻力的 65%。

其他易垮落顶板的观测表明，额定阻力可以选取为 0.68 MN/m²，而初阻力则选取为 0.44 MN/m²。

为了进一步可靠地确定难垮落顶板的最优额定阻力，VNIMI 研究院在“拉斯帕斯卡亚”难垮落 7 号煤层进行了一系列支架调定阻力试验。支架阻力选定为 4 个水平，分别为 1.35、1.30、1.0、0.75 MN/m^2，通过调整液压立柱安全阀开启压力实现。位置为长壁工作面中部，每段长度 30～60 m。

试验结果建立了在典型开采条件下和难垮落顶板条件下立柱收缩量（屈服量）与支架阻力的关系。考虑到工作面顶板稳定状况，分析表明：对于典型条件（直接顶中等稳定且其厚度为采高的 2～3 倍），额定阻力不应低于 0.6～0.7 MN/m^2；而在难垮落顶板条件下，额定阻力不应低于 1.0～1.2 MN/m^2；对于下分层开采且顶板已垮落的条件下，同样的开采厚度（3.5～5 m），选取额定阻力 0.4～0.5 MN/m^2 已经足够了。

VNIMI 研究院在库茨巴斯煤矿进行了逐段改变支架额定阻力的试验。顶底板为硬粉砂岩和砂岩；煤层总厚度 10.6 m，煤层倾角 10°～12°；沿俯倾斜方向开采，工作面长度 97 m；分层开采厚度 3 m，采深 150 m；支架阻力的调整范围为 0.6～0.2 MN/m^2，是通过调整安全阀开启压力实现的；相应的立柱载荷分别为 1000、800、600、400、300 kN。

选取的位置为工作面中部 30 m 范围，该处安设了 17 台自记式数字观测仪。工作面持续推进 30～60 m，每循环时间为 5～6 h，然后对数据进行统计处理。初始记录见表 5－13。

表 5－13　支架工作阻力试验基本数据

指　标		额定阻力/kN				
		1000	800	600	400	300
初阻力/kN		332	215	264	246	233
循环平均阻力/kN		680	586	586	438	326
循环平均阻力占额定阻力的百分比/%		68	73.2	97.5	107.5	108.5
循环增阻量/kN		348	371	321	192	93
达到安全阀开启压力的循环数/%		31.5	20.7	77.1	100	100
立柱下缩量/mm	平均	3.5	5.2	5.7	13.3	44
	最大	12	15	16	35	110

观测结果建立了液压立柱下缩量与支架阻力的双曲线关系。当支架阻力下降到 400 kN 时，不会导致立柱下缩量的显著增大，但当阻力降至 300 kN 时，立柱下缩量急剧增大（平均达到 60 mm）。为使支架工况稳定，支架阻力应大于临界阻力。对于下分层开采，采高 3～3.5 m，额定阻力应达到 250～300 kN/m^2。

对于难垮落顶板，当悬顶面积达到 2000 m^2 时，采用综合机械化开采需要采取特殊的顶板控制措施，如深孔爆破或注水弱化等措施，这在俄罗斯已经广泛使用。其特点是煤层顶板钻孔深度可达 100 m，但常引起钻孔扭曲变形。实际上，钻孔深度 10 m，偏差约 1 m。对于开采 10～15 m 的煤层，VNIMI 研发了预先弱化煤层基本顶的方法（预先松动爆破或注水）。在下层开采前，从上层巷道向中部岩层钻孔。在深孔爆破工艺中，孔间距应不大于基本顶垮落步距；而在注水弱化工艺中，孔间距应根据顶板岩石的渗透率决定。

以上研究成果改善了综采工作面的岩层控制，使支架与围岩的相互作用处于有利状态。

（三）基本顶离层和来压步距研究

为了合理选择工作面支护参数、液压支架类型、难垮落顶板控制措施和不稳定顶板控制方法，必须对回采工作面周围顶板变形和破坏过程进行研究。此处介绍著名专家库兹涅佐夫等关于长壁工作面顶板破坏规律、顶板离层极限跨度和基本顶来压步距的分析计算的研究成果。

1. 回采工作面顶板岩石强度计算

在计算顶板岩石强度时，应注意到，回采工作面上方厚岩层的破坏往往在暴露较大面积时发生，而它首先开始于离层。可以认为这是工作面顶板破坏的基本规律。因此，在计算多层顶板的破坏参数时，必须从计算离层开始。

计算基于对煤系沉积岩层的岩相和分层结构的分析。在沉积过程中有一系列因素导致分层的形成，包括彼此不同的煤系和页岩系夹层、大块的植物残留体、镜面云母、细小植物残渣等。在库兹巴斯检查钻孔岩芯时发现，岩芯断裂是沿着不同的接触面，如镜面光滑面、泥质夹层、大块植物残留等。

在回采工作面上方出现的离层和沉降已被多种仪器的监测所证实。研究确认，离层仅发生在弱层面，它的位置可以根据深孔钻所获得的岩芯特征确定。在预测离层时，如果确切掌握弱接触面的位置、接触面类型和强度，则无需经过计算。而通过计算所获得的关于工作面顶板可能发生离层的岩层厚度信息，为进一步计算基本顶垮落步距提供了依据。

具体地说，在完成离层计算后，需要进行该岩层的强度计算，在此基础上，预测不同岩层（主要是基本顶）的破坏岩块尺寸。根据岩块尺寸可以判断其稳定性和垮落步距，进而可以预测顶板载荷，以确定必需的支架载荷。

因此，为完成长壁工作面顶板控制的工程任务，需要进行 3 个方面的计算工作：计算顶板离层有关参数；计算离层后的岩层组强度；计算（估计）顶板的载荷。

2. 计算顶板离层的基础和初始资料

在弱接触面条件下的极限状态，可以发生在剪切应力或拉应力作用下。决定极限状态的参数主要是层间黏结力，它关系到接触面是否破坏。接触面的破坏过程就是引起离层的过程。

在拉应力作用下的接触面离层仅仅并及时发生在工作面采空区上方，即在采空区上方下层从上层分离，层间出现空洞。在拉应力作用下的离层是较大的采空面积所引起，而在剪应力挤压区不会立即发生离层，它只会出现在工作面推进走出接触挤压破坏区之后。

应区别初次和二次离层。初次离层出现在工作面从开切眼推进后，基本顶初次沉降来压之前。

为了计算初次和二次离层，必须知道弱接触面的位置分布及其强度。弱接触面的类型和水平位置可以通过岩性柱状图了解，实例如图 5－76 所示。通过钻孔岩芯可以足够详细地掌握弱接触面的位置和类型。钻眼过程中，钻孔岩芯的断裂往往总是沿弱面发生。

为完成离层计算，必须知道接触面的强度指标。在计算弱接触面强度指标时取下列参数：$\sigma_{p\perp}$，垂直接触面的强度极限（MPa）；c'，黏结力（MPa）；ρ'，接触面的摩擦角（°）。

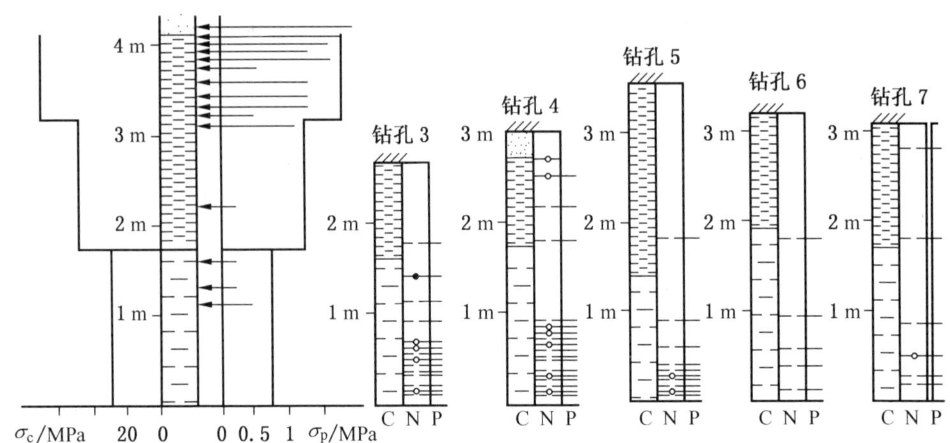

C—顶板结构；N—弱层面位置；P—实际的离层面位置；

σ_c、σ_p—岩石的抗压强度和抗拉强度极限

图 5—76 "宝列诺夫斯基"煤层顶板（由弱接触面和水平沉积层组成）结构图（基洛夫矿 No.36 工作面）

接触面的断开极限远小于邻近层岩石断裂的强度极限。接触面的摩擦角总是小于层内岩石的内摩擦角。

VNIMI 设计了在实验室条件下确定弱接触面强度的选择和计算方法。煤系地层层间弱接触面黏结力最广泛的分布见表 5—14。

表 5—14 岩层接触面黏结力

岩　石	接触面黏结力/MPa			
	镜面滑移	煤系岩石	植物化石	细小的植物化石
页岩	$\frac{0.009\sim0.027}{0.012}$	$\frac{0.006\sim0.038}{0.018}$	$\frac{0.009\sim0.048}{0.225}$	—
粉砂岩	$\frac{0.006\sim0.063}{0.015}$	$\frac{0.006\sim0.243}{0.054}$	$\frac{0.006\sim1.140}{0.450}$	$\frac{1.96\sim2.40}{2.130}$
砂岩	—	$\frac{0.027\sim1.86}{0.810}$	$\frac{0.45\sim1.80}{1.470}$	$\frac{0.93\sim4.32}{1.980}$

注：每行上面是变化范围，下面是平均值。

在计算接触面的断裂强度极限（$\sigma_{p_\perp}$）时，我们取 $\sigma_{p_\perp}=0.4c'$。

接触面的摩擦角取决于其粗糙度，在计算中：镜面滑移时，取 9°～12°；有强粗糙面的植物化石时，取 26°～30°；有弱粗糙度的煤系岩石时，取 13°～18°；大块植物化石，有粗糙面时，取 19°～25°。

由表 5—14 可知，所有接触类型的黏结力变化在很大的范围内。因此，它仅可用于预先计算。为了在具体条件下进行准确计算，必须对岩芯进行专门的试验。为了保持接触状况，在深孔钻进时，钻孔应与层面成 30°，这样在岩芯切断时，可以保持弱接触面。

3. 初次离层极限跨度的计算

为计算工作面从开切眼推进过程中的初次离层，必须计算矩形巷道围岩应力 σ_y、σ_x、

τ_{xy}分布（图 5－77）。y 轴垂直于层面，指向巷道中部。

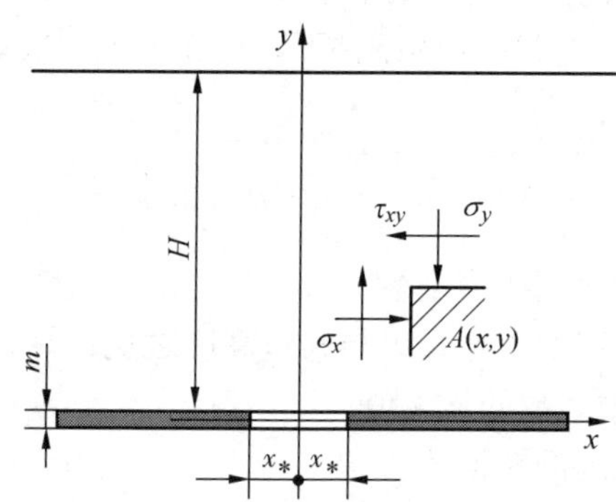

图 5－77　开切眼巷道应力计算系统（m 为煤层厚度；支座端点 A 的坐标为 x、y）

在剪应力作用下的离层条件是：

$$\tau_{xy} \geqslant C + \sigma_y \tan\rho' \qquad (5-8)$$

式中　σ_y，τ_{xy}——接触面一点的垂直压应力和剪应力。

在接触点的断裂（拉断）条件为：

$$\sigma_y \geqslant \sigma_{p\perp} \qquad (5-9)$$

但根据对应力分布的数值解的分析，在拉应力作用下的离层可能仅发生在较小的接触强度下，而大多数离层则是在剪应力作用下发生的。

为了利用接触点的断裂条件，在每一种接触情况下需要采用数值方法求解工作面开切眼巷道应力分布，这需要计算机进行。库兹涅佐夫设计了计算第一次离层的工程方法，借助于计算机获得了大多数方案中上述应力参数的无因次数值解，其中，巷道半宽度为 x_*、煤的相对强度指标为 K、岩石容重为 γ、巷道深度为 H。

由于应用的应力数值是无因次的，这意味着，应力计算值实际上是相应的应力组分集中系数，可以表示为 $k_{\tau_{xy}}$ 即 k_{σ_y}。此处，无因次剪应力集中系数 $k_{\tau_{xy}}=\dfrac{\tau_{xy}}{\gamma H}$，以此类推。

为了获得离层时条件，可根据应力组分和摩擦角，建立差值公式：

$$\Delta k_\tau = k_\tau - k_\tau \tan\rho' \qquad (5-10)$$

为了方便，此处省略了下标 xy 和 y。上述表达式中采取的是无因次层间摩擦力。为计算接触点的平衡，应利用无因次剪切力 k_τ。如果余量 $\Delta k_\tau > 0$，则意味着在该接触点剪切力超过摩擦力；如果 $\Delta k_\tau \leqslant 0$，则等于或小于无因次黏结力。这样一来，在该种情况下，我们首先考虑接触点摩擦力的平衡，然后比较剪切力的余量与该点的黏结力无因次值，以确定该处是否破坏。

由 Δk_τ 与摩擦角 12°、20°、26°、30° 和无因次巷道半宽 x_* 等于 4、6、8、10、12、16、18、20，可绘制变化曲线如图 5－78 所示。图 5－79 为无因次高度 $y=2$ 的实例。在所选参数下，无因次剪切力余量均为正值。可以看出，随着巷道半宽的增大，正值迅速增加，这意味着随开切眼巷道的推进，上部岩层接触面剪应力余量显著增大，当超过黏结力后即可能发生离层。而随接触面摩擦角的增加，Δk_τ 的正值范围减小，意味着离层的可能性减小。也可建立 Δk_τ 与巷道半宽 $x_*=10$ 和 $k_*/\gamma H=1$ 的正值范围（注：$k_*=k_{\tau_{xy}}$，当 $x=x_*$，即不同巷道半宽时，相应的剪应力集中系数），以及 σ_y、τ_{xy} 在纵坐标等于巷道高度的分布。对于所取全部 x_*，在 $k_*/\gamma H=1$ 的条件下，建立了无因次剪切力余量 Δk_τ 与巷道半宽 x_* 和摩擦角 ρ' 的线性关系式：

$$\Delta k_\tau=0.6-0.01\rho'-0.3\frac{y}{x_*} \tag{5-11}$$

式中　y——计算 Δk_τ 点的无因次纵坐标；

x_*——开切眼巷道无因次半宽，以与巷道高度之比计算；

0.6——剪应力 τ_{xy} 集中系数的最大值；

0.01——角度换算为弧度的转换值。

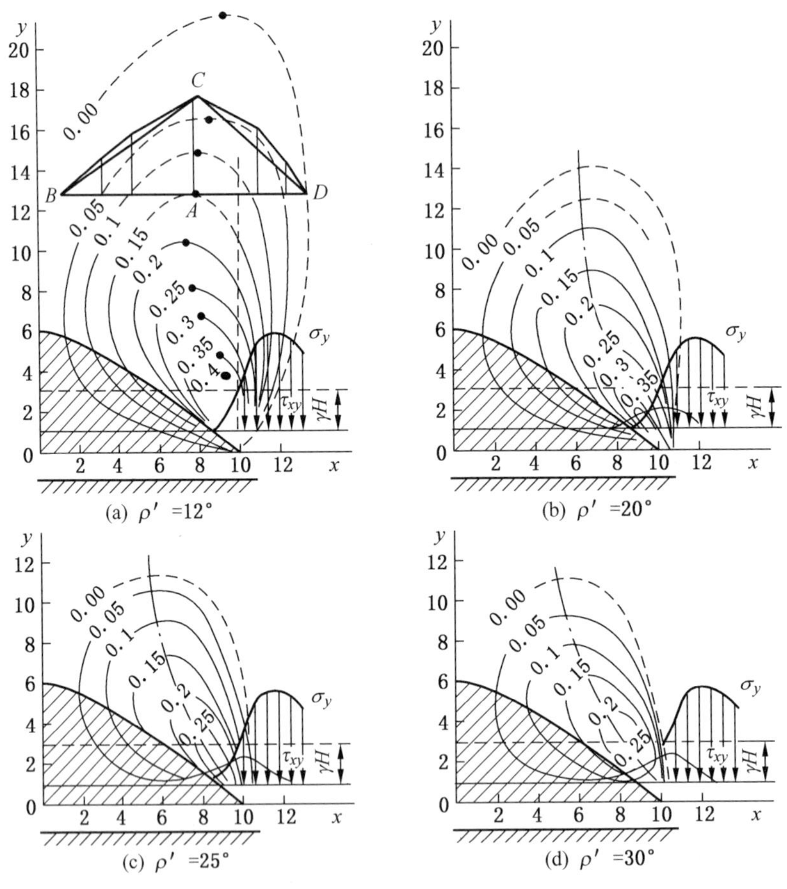

图 5—78　Δk_τ 的等值线图，矩形切眼巷道附近的无因次 σ_y、τ_{xy} 分布。

条件：$k_*/\gamma H=1$，$x_*=10$，k_* 为煤的抗压强度

计算表明，接触点处超过黏结力（给定摩擦角）的剪应力余量 Δk_τ 在接触长度上具有三角形的分布。在支座端点 A 处，则 Δk_τ 为无因次黏结力的 2 倍以上。不难看出，当 Δk_τ 在接触面长度上超过无因次黏结力（黏结力与覆盖层压力的比值 $C'_k=k_*/\gamma H$）的条件下，即会发生离层。

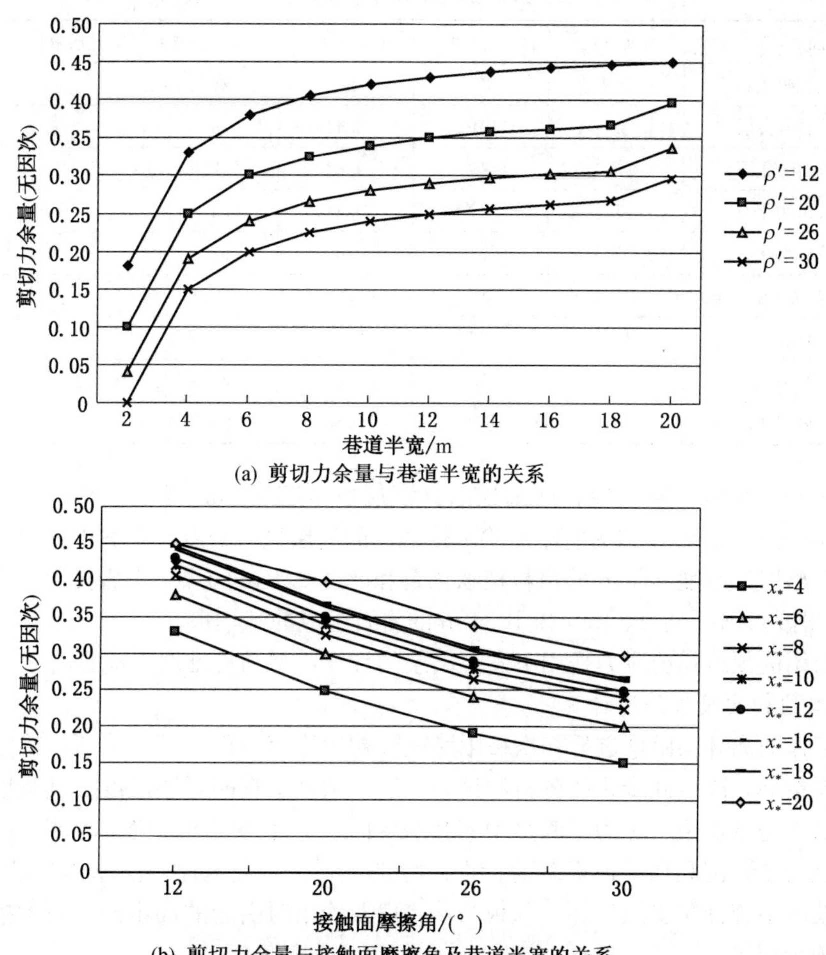

图 5—79　无因次剪切力余量与开切眼跨度半宽和接触面摩擦角的关系

因此，初次离层的基本条件是：

$$\Delta k_{\tau}=0.6-0.01\rho'-0.3\frac{y}{x_{*}}\geqslant C'_{k} \tag{5—12}$$

由式（5—12）可以导出，第 i 层接触面出现离层的基本条件是：

$$L_{pi}=60y_{i}/(60-\rho'-C'_{k}) \tag{5—13}$$

$$C'_{k}=c'/\gamma H$$

$$L_{pi}=2x_{*}$$

式中　c'——接触面黏结力；

ρ'——接触面摩擦角；

L_{pi}——离层极限跨度；

y_{i}——至接触面垂直距离。

离层首先发生在最小的计算极限跨度处，随后是跨度顺序增加处。表 5—15 给出了“杜谢格尔”矿计算跨度必需的资料和计算结果。

表 5－15 顶板岩层各接触面力学参数和极限跨度 L_{pi}

接触面类型		y_i/m	ρ'/(°)	C'_k/MPa	L_{pi}/m	接触层顺序	岩层厚度/m
1	粗粒植物化石	0.4	23	0.5	0.7	1	0.4
2	煤—页岩夹层	2.5	21	2.41	6.6	2	2.1
3	粗粒植物化石	17.0	23	0.87	32.9	4	1.4
4	粗粒植物化石	15.6	25	0.87	32.2	3	13.1
5	粗粒植物化石	19.5	22	0.40	33.2	5	2.5
6	砂页岩与砂岩接触面	20.6	38	0.24	60.8	—	—
7	煤—页岩夹层	34.0	22	2.41	97.3	—	—
8	煤炭薄层	38.1	18	0.60	60.5	6	18.6
9	页岩—砂岩接触面	38.4	32	0.88	106.0	—	—

从表 5－15 看出，第 5 接触面离层后（离层极限跨度 33.2 m），随后是第 8 接触面（离层极限跨度 60.5 m），因为它小于第 7 接触面的离层极限跨度。在表中所列直接顶条件下，第一次离层是厚度 0.4 m 的粗粒植物化石和厚度 2.1 m 的煤—页岩夹层。在其上面是 4 层厚度分别为 1.4、13.1、2.5 和 18.6 m 的岩石组成的基本顶。

以上介绍的顶板在剪应力作用下发生离层的计算，是马特维耶夫提出的。

4. 基本顶初次极限跨度计算

回采工作面离开切眼推进后初次极限跨度或初次垮落步距，是反映顶板稳定性和垮落特性的重要指标，决定此步距的分析和试验方法必须基于查明岩层厚度及其强度。确定下面薄层的初次垮落步距，是为了满足预测其暴露面稳定性的要求。确定较厚岩层的极限垮落步距，是为了预测和估计顶板载荷特性。特别重要的是完善厚岩层基本顶的预测方法，以便制定技术措施预防支架损坏、顶板垮落，以及垮落时引起的冲击波。技术措施包括弱化难垮落顶板层等。

确定初次垮落步距 L_{1i}，必需的参数：h_i 为自然分层厚度；σ_{ui} 为抗弯强度，MPa；p_i 为表征外载的参数；γ'_i 为计算层的容重，MN/m^3；d_i 为从顶板支座（未采煤体或直接顶）至外载 p_i 作用点的距离；ρ'_i 为计算层与上层接触面的摩擦角。

在计算顶板初次极限跨度时，分为 6 层（图 5－80）a，b，c，d，e，f 分别为第 3 层的计算系统，下标相应为 h_3，y_3，L_{13}，p_3，d_3。通用的计算公式则用 i 表示层号。

初次极限步距的岩层厚度是根据初次离层计算结果选取的（如果采取专门的研究来完成，则应选取由实验方法确定的岩层厚度）。岩层的抗弯强度和与上层接触的摩擦角应根据试验确定。在完成这些计算时最大的困难是确定外载的分布和数值。这是专门的岩石力学问题。我们认为，对于薄岩层，由于会产生较大的弯曲而从外载脱离，即它可能在自重作用下发生弯曲。但在一般情况下，计算岩层时忽视外载的影响将导致错误。

在计算时基于这样的假设：靠近支座处作用的外部压力按支承压力分布确定。在此情况下，分层越薄，则最大外载 q_0 越大，而施加此外载的作用区段长度 l_H 越短。随着层厚增加，施加于其上的外力将减小，而外力的受载长度则增加。在此计算方法中，p 为均布外载，d 为从支座到出现均匀外载的距离。外力分布相对于支座对称分布。在所述的计算方法中，我们假定在计算层与其上层接触点上作用着摩擦力，并产生了力矩，其符号与所

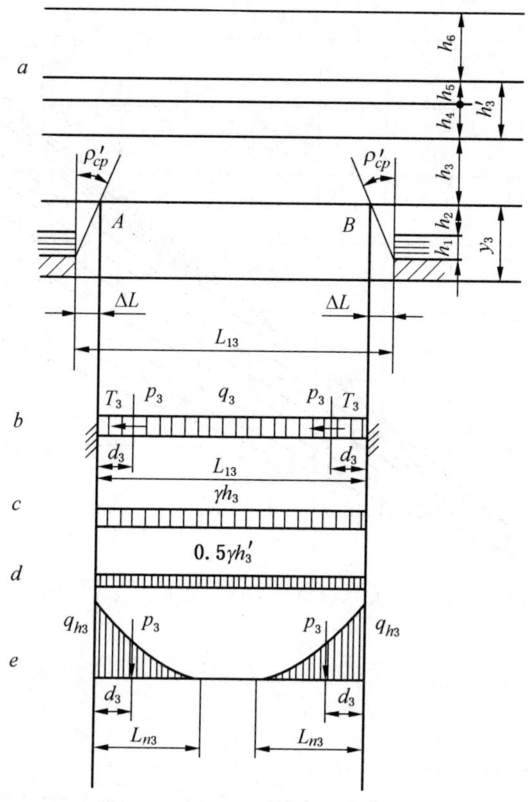

a—计算参数；b—所选计算系统；c—自重载荷；d—在计算层上覆岩层形成的外载；
e—区段边缘施加的垂直压力组分；h'_3—对第 3 层计算层形成载荷的总厚度；
ρ_{cp}—接触面摩擦角；L_{13}—第 3 层极限跨度；ΔL—工作面推进超过极限跨度的长度；
T_3—第 3 层边界的摩擦力；L_{n3}—承受外载的第 3 层的区段长度

图 5—80　初次极限跨度计算系统

作用的外力和自然分层自重力相反。考虑到上述条件，极限跨度可由下式确定：

$$L_{1i}^{3}-\frac{\sigma_{ui}h_i^2+3p_ih_i\tan\rho'_i-6p_id_i}{\gamma_ih_i}L_{1i}-\frac{4p_id_i^2}{\gamma_ih_i}=0 \tag{5-14}$$

此方程在计算机上很容易求解。p_i、d_i 可用下式求解：

$$p_i=0.5q_{oi}l_{\mathrm{H}} \tag{5-15}$$

$$d_i=0.3l_{\mathrm{H}} \tag{5-16}$$

式中　q_{oi}——靠近支座的垂直应力组分，MPa；

l_{H}——在梁的支座处的受载区段长度，m。

图 5—81 和图 5—82 是确定这些值的诺模图。

如果在计算层上面赋存着这样的岩层，它的极限跨度接近于计算层的极限跨度或更大时，折算的容重应当等于计算层的岩石容重。如果在计算层上面赋存着薄层，其极限跨度很小，则折算的容重按下式计算：

$$\gamma'_i=\gamma\ (h_i+0.5h')\ /h_i \tag{5-17}$$

式中　h'——上覆薄层的总厚度，m；

γ——计算层岩石容重，MN/m³。

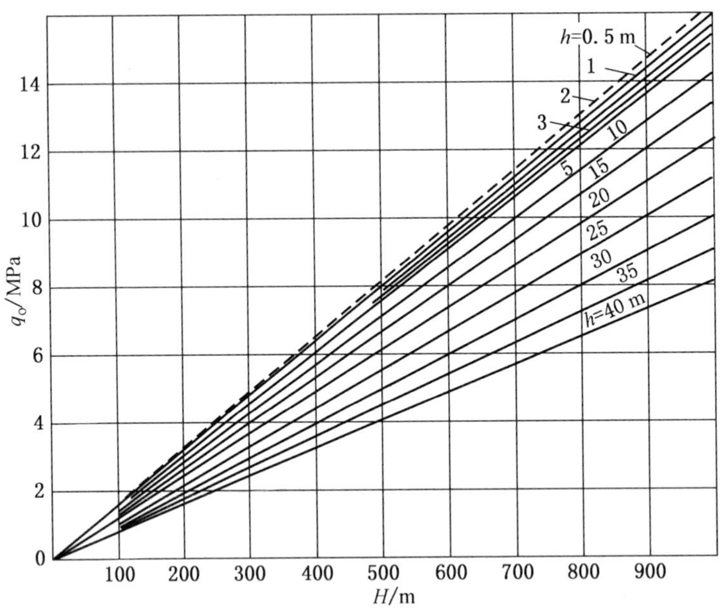

图 5-81 确定 q_o 的诺模图（H 为开采深度，h 为岩层厚度）

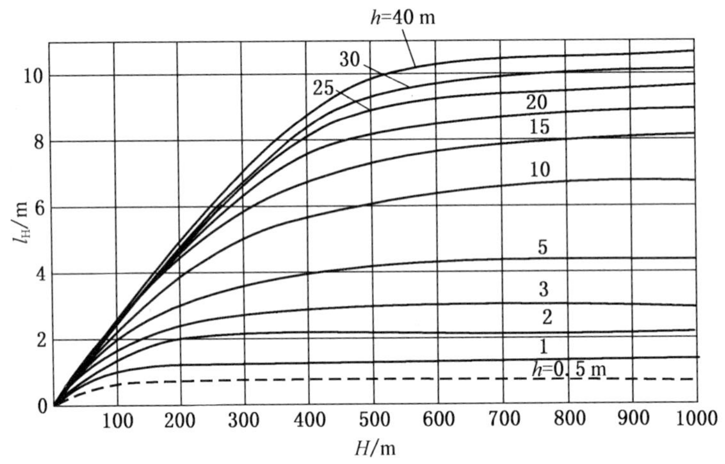

图 5-82 确定 l_H 的诺模图

近似的初次垮落极限跨度为：

$$L_{1i}=\sqrt{\frac{\sigma_{ui}h_i^2+3p_ih_i\tan\rho'_i-6p_id_i}{\gamma'_ih_i}} \tag{5-18}$$

如果岩层厚度大于 10 m，按式（5-14）与式（5-18）的计算结果通常差别不大。如果计算层厚度小于 10 m，随着开采深度的增加，两个公式的计算结果差别增大，在此情况下建议用式（5-14）计算。

在现场研究表明，“杜谢格尔”煤层开采时初次来压步距为 45～60 m。

极限跨度与相关因素的影响关系见图 5－83 和图 5－84 中，虚线为摩擦角 $\rho'=0$，实线为 $\rho'=10^{\circ}$，点划线为 $\rho'=20^{\circ}$。

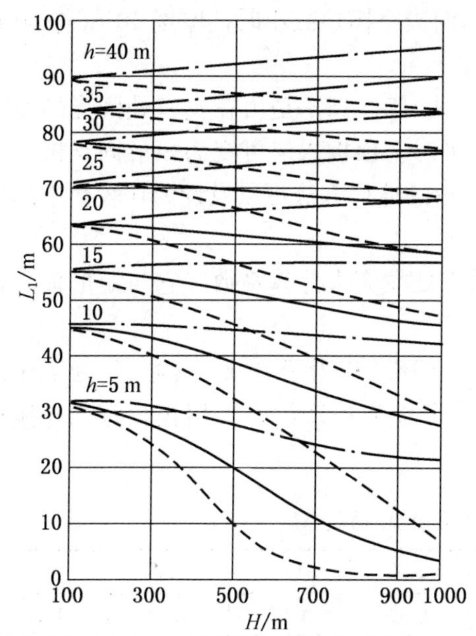

图 5－83　岩层初次断裂极限跨度 L_1 与厚度 h、开采深度 H 及与上层接触面摩擦角的关系（岩层抗弯强度 $\sigma_u=5$ MPa）

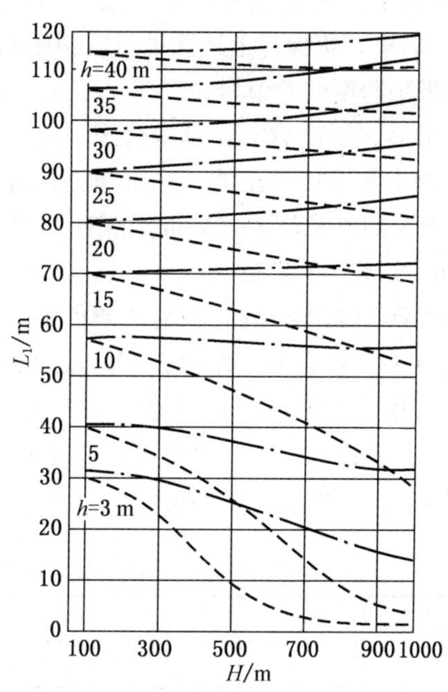

图 5－84　岩层初次断裂极限跨度 L_1 与其厚度 h、开采深度 H 及与上层接触面摩擦角的关系（岩层抗弯强度 $\sigma_u=8$ MPa）

由图 5－83 和图 5－84 可以得出下列关系：

（1）第一极限跨度随岩层厚度和岩石强度的增大而增加。这种规律在任何开采深度和与上层接触面摩擦角的条件下均适用。

（2）岩层深度的影响程度随岩层厚度和接触面摩擦角的不同而变化。

第一个结论是大多数专家的一致意见，第二个结论需要补充说明。岩层赋存深度与厚度的影响关系：当岩层越薄，则赋存深度的影响越大，而随着岩层厚度增加，赋存深度的影响减小。原因是，随着远离开采煤层，最大外载垂直应力减小且施加外载的长度增长减慢（图 5－82）。在此情况下，赋存深度的影响在很大程度上取决于计算层与上层接触面的摩擦角。如果取接触面摩擦角等于零，则对任何岩层厚度，随着开采深度的增加，其极限跨度均减小。

同时，在此情况下，岩层越薄，极限跨度随开采深度的增加而减小幅度越大。例如，当接触面摩擦角等于零，岩层厚度为 15 m，处于深度 100 m 时，极限跨度为 55 m；而深度为 1000 m 时，极限跨度为 30 m，即减小了 25 m。在其他条件相同时，当接触面摩擦角为 20°时，岩层厚度分别为 15 m 和 20 m，当赋存深度从 100 m 增加到 1000 m 时，极限跨度并未减小，而是小幅度增加，分别为 2.5 m 和 5 m。

由此可见，所提出的计算方法较全面地阐明了主要因素对基本顶来压步距的影响关系。

在计算较大厚度岩层时，有必要阐明难垮落岩层基本顶，如粉砂岩、砂岩和石灰岩顶板弱接触面的影响，这些煤系顶板岩层的厚度常常达到 40 m 或更大。在此情况下，计算这些岩层的极限跨度会产生误差。由图 5－72 和图 5－73 可以看出：在深度 100 m 时，厚度 40 m 岩层的极限跨度为厚度 10 m 岩层的 2 倍以上；当接触面摩擦角为 20°、深度为 1000 m 时，仍保持上述两种厚度极限跨度的差别；而当摩擦角减小时，厚度 10 m 与 40 m 岩层极限跨度的差值增大。

最后，应注意到，基本公式（5－14）和近似公式（5－18）是由在支座处固支的梁—板条的力学条件导出的。当工作面从开切眼巷道推进时，顶板岩层可视为矩形固支板，其 4 边均受到支承压力（采取无煤柱开采时为 3 边）。板的计算方法可以设计为在较简单的受载和固支条件下进行。

在四边固支板均布载荷的条件下，给出了危险点处拉应力计算系数，它与矩形板的长宽比有关。长边为工作面长度，短边为极限跨度 L_i。

与板的极限跨度 L_i 比较，式（5－14）和式（5－18）相当于 $l_3/L_i=\infty$（l_3 为工作面长度）。因此，在按上述公式计算极限跨度时，应当考虑换算系数 k_3。岩板长宽比与换算系数 k_3 的关系见表 5－16。

表 5－16　岩板长宽比与换算系数 k_3 的关系

l_3/L_1	1.3	1.4	1.5	1.6	1.7	1.8	2.0	∞
k_3	1.40	1.24	1.16	1.11	1.09	1.07	1.06	1.00

在其他条件相同时，系数 k_3 是按梁—板条计算的极限跨度的倍数。由此表可以看出，随着岩板长宽比的增加，系数 k_3 迅速减小。在岩板长宽比为 1.5 和 2 时，岩板的极限跨度比按梁—板条计算值分别大 16％和 6％。这是对式（5－14）和式（5－18）的补充。这种校正有实际意义，因为它可以更准确地预测工作面从开切眼推进后基本顶初次来压步距。

初次极限跨度的确定，有可能粗略地调整工作面长度，以达到控制难垮落基本顶岩层的破坏规律的目的。为此，必须选择这样的工作面长度关系，使得顶板岩层中性轴在支座（工作面周围未采煤体和直接顶）上面形成垂直长度方向的柱面形弯曲区。系数 k_3 间接反映了岩板中性轴上部纤维的拉应力随长宽比（工作面长度与极限垮落步距之比）增加的变化。这里可以得出结论，当长宽比为 1.6 时，其应力状态相当于柱面弯曲的应力。而这个范围的边界至短边的距离等于短边长度的 0.8 倍。在进一步增加岩板的长宽比时，这个范围还会增加。在长宽比等于 2 时，此范围为岩板长度的 20％；长宽比为 3 时，此范围为岩板长度的 50％。在后几种情况下，这个范围会对难垮落基本顶的破坏和垮落特征产生很大的影响，在第一种情况下也会有这种显现，但影响程度大大减小。在长宽比小于 2 时，柱面弯曲范围较小，对基本顶的破坏过程不会产生很大影响。

因此，为了保证难垮落基本顶较规律地顺序垮落，应当采取工作面长度等于由式（5－14）和式（5－18）所确定的第一极限跨度（即初次来压步距）的 3 倍以上。因为第一极限跨度主要取决于顶板岩层厚度和岩石抗弯强度，工作面长度也应与这些参数相适应。由图 5－83 和图 5－84 可以得出：

（1）顶板岩层厚度为 5 m，工作面长度应选 90～120 m；

（2）顶板岩层厚度为 10 m，工作面长度应选 185～165 m；

（3）顶板岩层厚度为 15 m，工作面长度应选 165～210 m。

但是，基本要求是，工作面长度不应小于难垮落基本顶岩层极限跨度的 2 倍。因为在工作面长度较小时，顶板的破坏是混乱的，有时甚至出现危险情况。顶板靠近巷道周边出现断裂裂隙或其断裂方向与工作面成不同角度。

特别严重的情况发生在工作面长度小于第一极限跨度（初次来压步距）的 1.5 倍以内。因此，在某些情况下，如由于机械化支架综合机组的长度限制或井田参数的限制，而使得工作面长度小于难垮落岩层第一极限跨度的 1.5 倍时，必须采取一定的措施，弱化顶板，使其及时发生初次垮落。顶板弱化的结果是，第一极限跨度减小，难垮落顶板在接触面发生离层，降低了层内岩石强度。

5. *岩层的二次垮落破坏参数计算*

我们称工作面从开切眼推进发生的顶板第一次破断为初次破断或初次来压，当工作面从开切眼推进到超过基本顶初次破断距离后发生的破断为第二次破断（初次破断后，二次破断步距俗称周期来压步距）。

悬顶岩层的离层和折断属于第二次破断。

二次离层仅仅发生在这样的条件下，从第一次离层中分离的岩层仍存在弱接触面。第二次离层是可能的，但数量有限，因为最大的弱接触面已经在第一次离层时发生分离，且分离后的岩层之间保持较强的接触力。这里，我们将在第一次离层后未再发生离层的岩层的破坏称为破断岩块。

此处，我们研究计算一边固支的悬臂岩层的强度问题。在进行岩层强度计算时，最大的困难是考虑岩层所承受的外载。这是在层状岩石力学中最复杂的问题。多数解决方法是只考虑岩层自重，但这仅适于薄岩层，而对于厚层，会带来很大误差。

实际上，很多回采工作面围岩及其上覆岩层紧邻着采空区，承受垂直支承压力的作用，且至煤层不同距离数值不同。它可用应力集中系数 $\sigma_y/\gamma H$ 表示。一般在煤壁上方或前方较短距离内，应力集中系数最大。

图 5－85 是至煤层不同距离各岩层 $\sigma_y/\gamma H$ 分布的计算实例。它相当于垂直应力 σ_y 的集中系数分布。

纵坐标原点对应于煤层具有最大应力集中系数处，而正值向采空区方向偏离。回采工作面位置用虚线表示。从工作面煤层边缘以及向左采空区向上引出的 90°垂线与 $\sigma_y/\gamma H$ 曲线的交点，显示了作用在相应位置顶板各岩层垂直应力集中系数的水平。

当计算的岩层处于刚性很大的岩层之下时，其外载仅为这些岩层自重的一部分。如果计算层上面为刚度较小的岩层时，这些岩层在自重下弯曲下沉，并传递其部分或全部载荷于刚度较大的计算层。岩层的刚度等于其弹性模数与惯性矩的乘积。这适用于条带宽度 1 m 的岩层厚度。

传统的岩石力学在计算工作面围岩悬梁岩层破坏时，是由这样的概念出发，即岩层发生柱面弯曲破坏。弯曲时的极限应力表示为：

$$M=W\sigma_u \qquad (5-19)$$

式中　M——岩层弯矩，MN·m；

W——岩层条带宽度为 1m 的阻力矩，m^3；

σ_u——岩层抗弯强度，MN/m²。

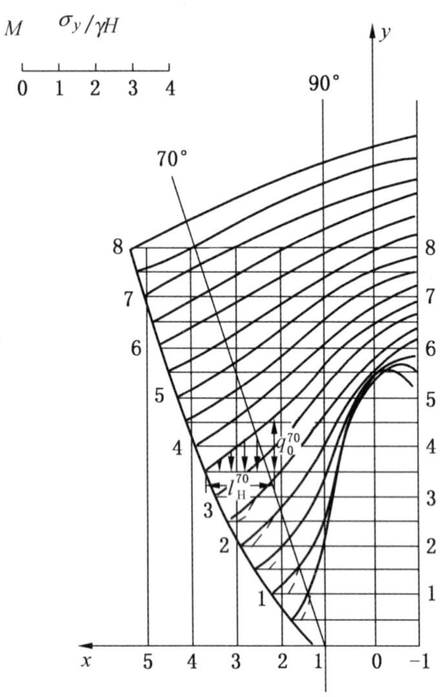

图 5—85　回采工作面上方垂直应力的无因次分布

悬梁的极限跨度表示为：

$$l_u = h\sqrt{\sigma_u / 3q} \tag{5—20}$$

$$q = [q_1] + q_2$$

式中　$[q_1]$——均布外载，MN/m²；

q_2——悬梁岩层自重分布载荷，MN/m²。

但是，由材料力学理论出发，计算悬梁弯曲时，其长度必须是其高度的 2 倍以上。因此，计算悬梁的极限跨度时必须满足这个条件。根据 VNIMI 在 50 多个矿井的观测，在煤层上方的直接顶岩层破坏时，其长高比（悬梁长度与厚度之比）很少超过 2；经常出现的情况是，中等强度的厚岩层破坏为岩块时，其长度小于厚度。更经常的是，其断块长度等于或短于采煤机割煤宽度，而且岩层越厚，其破坏后岩块长度常常越小于其厚度。在所有这些情况下，不可能通过上述岩梁的弯曲计算预测其破坏长度。

我们提出的悬臂厚岩层计算系统如图 5—74 所示。断块处于极限状态时，其弯矩由外载 Q 和岩层自重 Q_{cb}所形成。它由岩石均布阻力形成的拉应力所平衡，后者呈线性分布邻近于计算层断块的上表面。岩块的破断开始于岩层上表面的拉应力超过其瞬时沿层面抗拉强度（σ_{ph}）。形成的断裂裂隙向支点（A）侧延伸，并围绕着理想的支点发生回转，而此支点处于工作面前方煤壁压碎区边缘。在所有无例外的情况下，岩层断裂面从垂直方向偏向层理面倾斜。其断块偏转角为摩擦角 ρ'。在区段长度 l_0 的上表面（图 5—86）岩石拉伸断裂不可能发生，因为这里与其上覆岩层接触面上有较大的层间摩擦力。因此，岩层的断

裂开始于点 D，由于我们确定断裂面的倾斜角为 ρ'，则断块的极限条件可表示为：

$$\sum M=h^2\sigma_{ph}/(3\cos^2\rho') \tag{5-21}$$

式中　$\sum M$——由外力 Q 和自重 Q_{cb} 形成的总弯矩，MN · m；

σ_{ph}——岩层沿层面瞬时抗拉强度，MPa。

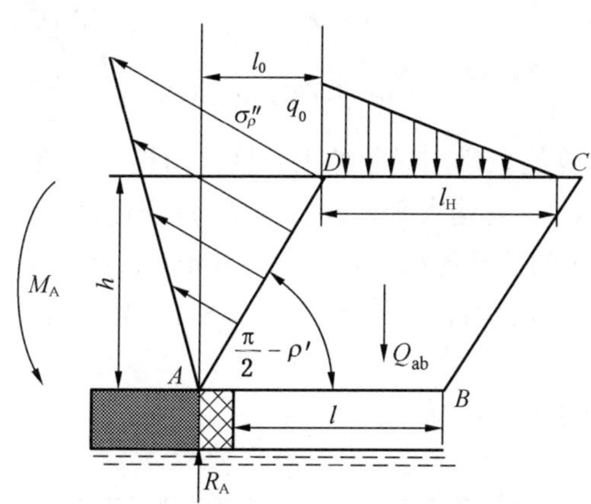

图 5－86　二次破断计算系统

根据计算系统，弯矩等于均布外载和均布自重形成的弯矩的总和。这些力形成的弯矩是相对于点 A 的，这是岩块断裂条件和岩块围绕此理想点转动所致。如前所述，此点常常不在工作面边缘，而是在其前方。在此情况下，岩层断块的下表面处于煤体挤压部分上方。

在计算悬梁岩层弯曲时，应计算由岩层外载和自重形成的相对于 D 点的弯矩。在弯曲的极限条件下，破坏发生在岩层的垂直表面。

在计算岩层拉弯断裂时，按新设计的计算方法，外载将有三个参数：q_c 为外载最大的纵坐标（MPa）；l_H 为施加外载的计算层与上层的接触区段长度（m）；$\tilde{\omega}$ 为外载强度向采空区方向衰减的比例系数（MN/m^3）。

完成计算的复杂性在于，外载强度向采空区方向衰减，这导致需要 3 阶（或更多）方程。如果极限长度大于 l_H，则施加的外载将靠近支座，而此时仅仅自重起作用。考虑到这些因素，方程的解只能是近似的。

弯矩按下列方程求解：

$$\frac{\tilde{\omega}}{3}l^3-\left(\frac{q_c+\gamma h}{2}\right)l^2+\frac{h^2\sigma_u}{6}=0 \tag{5-22}$$

$$l=h\sqrt{\frac{\sigma_u}{3(q_c+\gamma h)}} \tag{5-23}$$

或

$$l=\sqrt{\frac{h^2\sigma_u-ql_H^2}{3\gamma h}} \tag{5-24}$$

式（5－22）的缺点是有系数 $\tilde{\omega}$，由于它本身会带来附加误差，因此不可能严格地按线性近似图表求取 $\tilde{\omega}$。

式（5－23）的1级近似计算中，采用了外载最大的纵坐标 q_c，如果计算结果悬梁长度小于 l_H，则必须选取长度 l 上的平均外载来取代 q_c。作为2级近似，如果1级近似计算结果中，悬梁长度大于 l_H，则2级近似按式（5－24）进行。

拉弯断块长度通过解下列方程求出：

$$\frac{\bar{\omega}}{3}l^3-\left(\frac{q_c+\gamma h-\bar{\omega}h\tan\rho'}{2}\right)l^2-q_c h\tan\rho' l+\frac{h^2\sigma_u}{3\cos^2\rho'}=0 \tag{5-25}$$

$$\left(\frac{q_c+\gamma h}{2}\right)l^2+(q_c h+\gamma h^2)\tan\rho' l-\frac{h^2\sigma_u}{3\cos^2\rho'}=0 \tag{5-26}$$

计算表明，按弯曲计算的悬梁的极限伸出长度（由抗弯强度决定）远大于按拉弯破断计算的值（由抗拉强度决定），且均大于矿井观测结果，但按拉弯破断计算的结果与理想的观测结果较吻合。拉弯断块的长高比如下：采深200 m，长高比为0.75～1.2；采深500 m，长高比为0.2～0.6；最硬的岩石，长高比为1.3～11.8；采深1000 m，长高比为0.24～0.54。

岩层破断计算实例如图5－87所示。

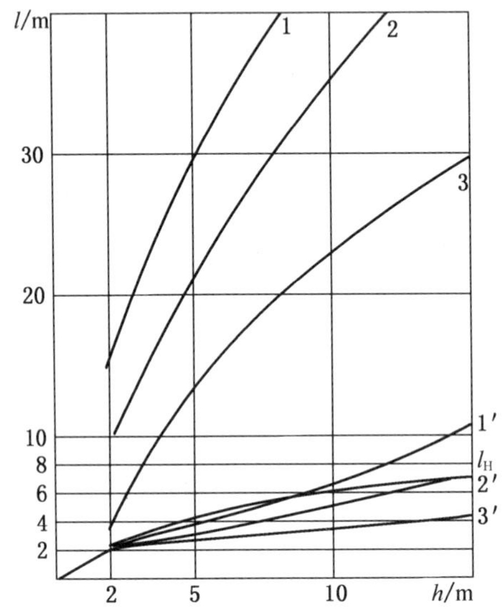

1—σ_u＝18 MPa；2—σ_u＝12 MPa；σ_u＝6 MPa；
1′—σ_{ph}＝7.2 MPa；2′—σ_{ph}＝4.3 MPa；
3′—σ_{ph}＝2.4 MPa；l_H—施加外载的岩层区段长度

图5－87　岩层破断计算实例（按弯曲计算，曲线为1，2，3；按拉弯计算，曲线为1′，2′，3′）

由此可见，岩层按拉弯破断计算在矿井观测得到证实。井下观测到顶板厚岩层断裂成短岩块的相互挤压系统，它悬垂在支架以外，造成有害于稳定性的危险。

与顶板岩体预测体系和破坏参数并列，分析计算有可能预测“顶板载荷重度”，即根据载荷特性和数值确定顶板类型。这也可以通过比较硬厚岩层相对于煤层的位置做出结论：如果厚岩层的下表面所处位置大于3/4倍的煤层厚度，则该顶板应属于轻型的；如果厚岩层的下表面所处位置较低，则该顶板应属于重型的。

这个结论也可以通过岩层的离层计算得出，因为此离层计算结果可以发现厚岩层相对于煤层的位置。岩层的弯曲和弯拉计算提供了关于岩块可能尺寸的补充信息。短岩块可能建立挤压拱力学系统，它可能形成对支架较大的载荷，在此情况下，沿掩护支架顶梁形成复杂的不稳定的外载分布。悬垂的短岩块（$l/h=1\sim2$）和长岩块（$l/h>2$）伴随对支架形成较大的载荷。

第四节　波兰长壁工作面岩层控制

一、概况

波兰在2009年保有的煤炭储量为7.5 Gt，约占世界总储量的0.9%，当年的煤炭产量约为1.35×10^8 t，是位于中国、美国、俄罗斯之后的第四大煤炭生产国。

波兰典型的煤层厚度为1.8～20 m，煤层倾斜5°～90°。主要采用长壁开采法，包括长壁垮落法、长壁水砂充填法和长壁压气充填法。

主要的煤炭基地是上西里西亚、下西里西亚和鲁宾煤田。其中，上西里西亚是最大的产煤和储量煤田。煤矿开采深度已达1500 m。采空区充填使用较广的原因是：控制地表下沉；减小采空区自燃危险；减小粉尘浓度；最大限度地提高采出率。其采用的上行和下行分层充填开采法（图5－88）、沿走向推进和仰斜推进的厚煤层放顶煤充填法（图5－89），均采用中位放煤（掩护梁设立放煤窗口）的液压支架。

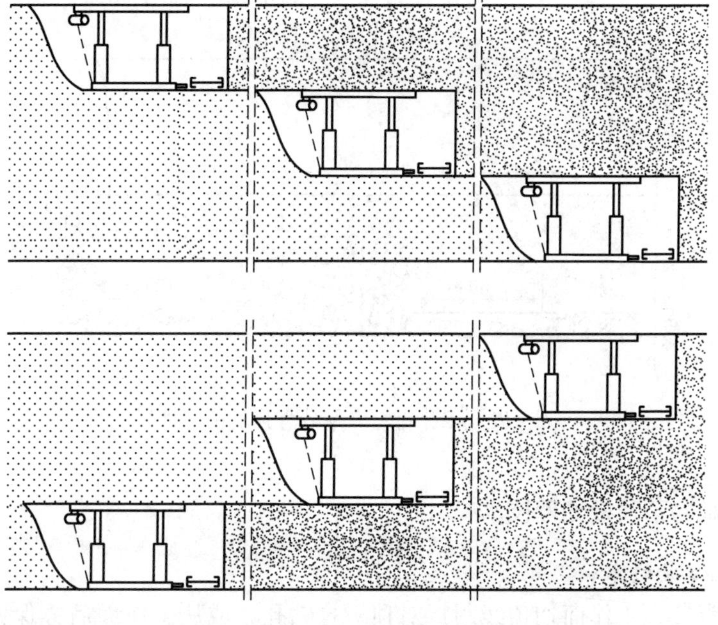

图5－88　上行和下行分层充填法

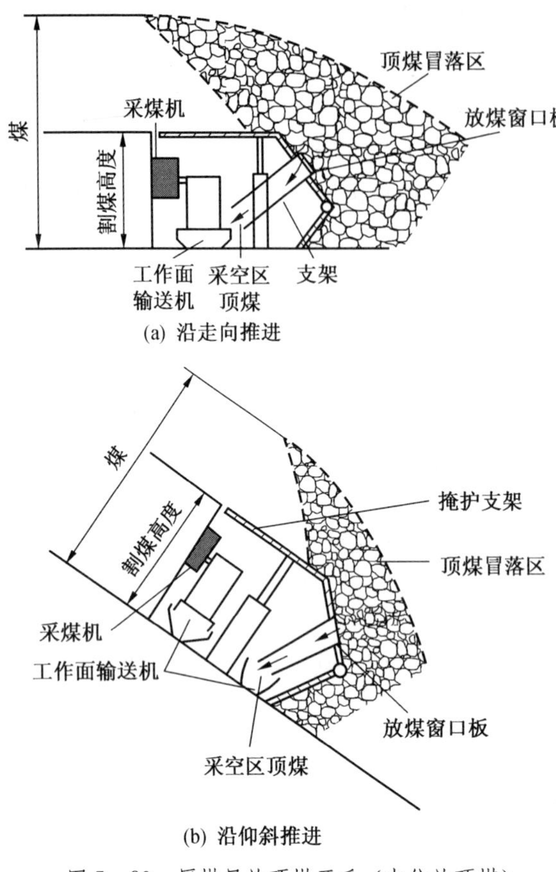

图 5—89　厚煤层放顶煤开采（中位放顶煤）

采空区煤炭自燃在波兰较频繁发生，为控制自燃采取的措施有：

（1）全煤层采出，不留巷道煤柱；广泛采用采空区充填；避免选用易燃的充填材料。

（2）减小岩层压力，并避免首先开采下部煤层，包括避免同时开采近距相邻煤层。

（3）保持快速开采。

井工开采的安全状况较好，1983 年死亡 100 人，1992 年减小到 52 人，目前的安全状况接近于德国煤矿。劳动生产率约为 2.3 t/工班。

波兰煤矿的重要特点是顶板大多为厚砂岩，工作面周期来压强烈。根据波兰的实践，坚硬致密顶板造成的悬顶和强烈周期来压，不仅给工作面和巷道支架带来动力冲击载荷，而且可能诱发冲击地压等动力灾害。为消除这些危险，使用了爆破（浅孔和深孔）和水力压裂等方法，使顶板形成裂隙。坚硬岩层强烈来压的机制如图 5—90 所示。

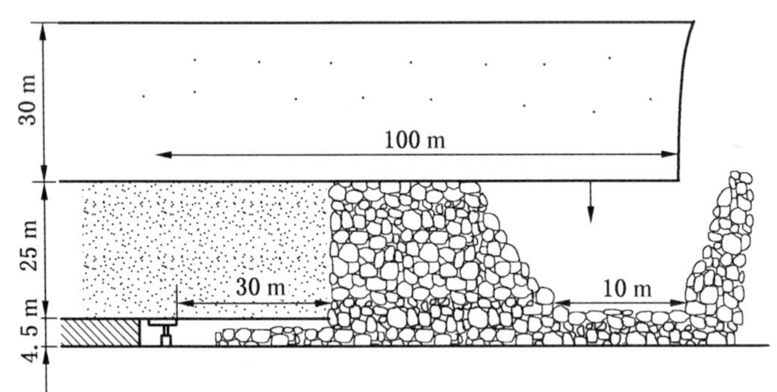

图 5—90　工作面上方厚砂岩顶板来压机制

二、坚硬难垮落顶板处理技术

（一）浅孔爆破技术

该方法是直接在工作面切顶线附近对顶板打钻孔，或从工作面后方保留的顺槽向工作面采空区顶板钻孔，孔深 2～8 m，钻孔间距 2～3 m，钻孔装药量 600～5000 g。具体参数视顶板力学条件确定。波兰处理坚硬顶板的短孔布置如图 5—91 所示。

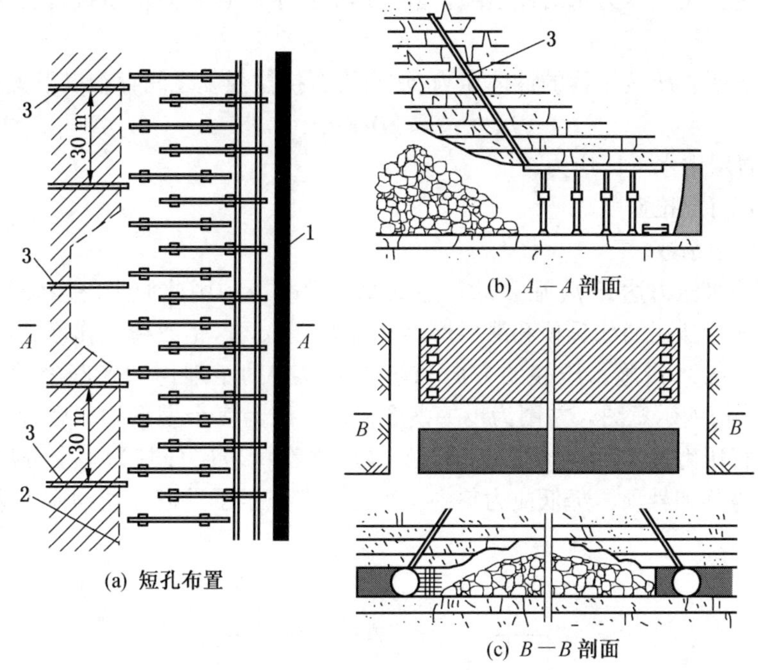

1—工作面煤壁；2—冒落线；3—顶板爆破钻孔

图 5—91 波兰处理坚硬顶板的短孔布置

波兰的经验认为，浅孔爆破可以显著改善工作面和巷道围岩的控制，但会在采煤工作面增加附加的工作量（钻孔、装药、支架加固等），干扰工作面的正规循环作业。

（二）深孔爆破技术

为避免上述缺点，采用的深孔爆破是在推进工作面前方的上下巷道中向顶板按一定间距打扇形钻孔，以使顶板形成均匀的裂隙。孔深 10～90 m，每个钻孔装药 50～150 kg。根据使用经验，巷道深孔间距不应小于 2 m（沿巷道轴线），且炸药离孔口的距离应不小于钻孔长度的一半，否则，爆破时炮泥会从孔口喷出，并损坏巷道支架。炮泥装填长度至少为钻孔长度的一半，并保证装填质量。

爆破在单孔中形成裂隙的范围难以精确确定。根据大量炸药对中等致密泥页岩的爆破经验，装药量与裂隙长度的关系大致如下：硝化甘油装药量 50 kg，钻孔破碎带范围为 9 m；装药量为 90 kg，钻孔破碎带范围为 18 m；装药量为 160 kg，钻孔破碎带范围为 30 m。

（三）水力压裂技术

对坚硬顶板采用水力定向压裂是波兰岩层控制技术的重要创新发展。该技术的实质是：在钻孔底部用特殊的钻具开出切槽封孔后注入高压水。由于切槽处应力集中，首先在该处形成压裂裂隙，裂隙在高压水作用下继续扩展，直至顶板断裂。利用此技术，迫使悬露顶板断裂，消除悬顶对支架的冲击载荷。波兰定向压裂技术已在 15 个条件适宜的煤矿和金属矿推广，也在俄罗斯进行了试验，取得了预期效果。

水力压裂的原理是：依据弹性力学孔边应力集中的原理，制作了尖锥钻头。钻头在顶板钻孔中旋转，形成环形切槽，从而造成应力集中环。当向钻孔中注入高压水后，将首先在切槽环处发生压裂，压力水沿此裂隙扩散，形成注水压裂缝而将顶板岩层切断，从而控制垮落步距。

理论研究表明，压裂过程的液体压力 p_k 与岩石抗拉强度之间存在以下关系：

$$p_k = (1-\mu)(\sigma_x + R_t) \tag{5-27}$$

式中 σ_x——岩层中水平压应力；

R_t——岩石抗拉强度；

μ——泊桑系数。

显然，当注水压力达到 p_k 后，即可造成水压致裂。利用此原理将厚硬岩层分割为若干块段和多层面，从而消除悬顶和滞后垮落及应力集中。这是改善工作面岩层控制和防治冲击地压的重要技术措施。压裂的方向和参数可以借助于理论和实践经验来加以控制。图 5—92是楔形槽的示意图，左图为单一楔形槽，右图为多个楔形槽。后者在楔形槽钻孔过程完成并进行压力注水后，沿切槽开裂的高压水将厚岩层分割为多个分层面的较薄岩层，消除滞后垮落和悬顶，降低应力集中。图 5—93 显示了沿楔形切槽应力集中和开裂的原理。

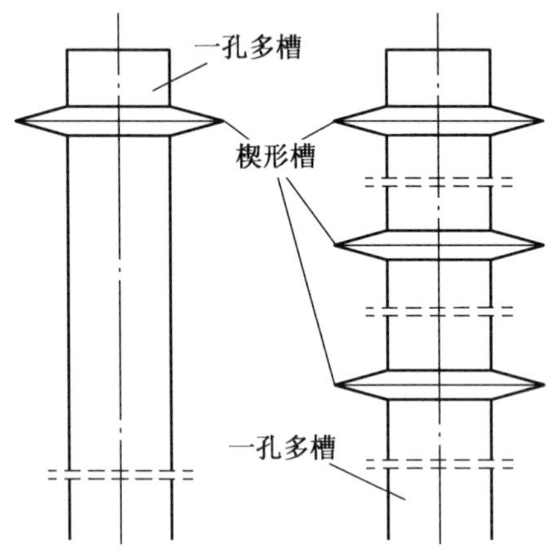

图 5—92　单个和多个楔形切槽示意图

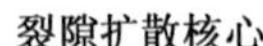

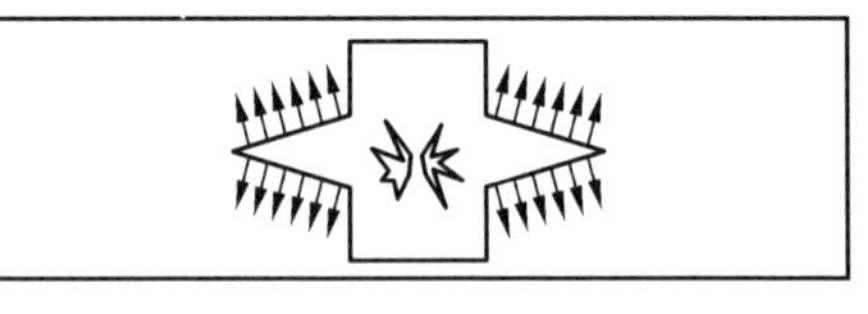

核心断裂扩散作用的概念

图 5—93　利用楔形切槽水力定向压裂原理

图 5—94 为水力压裂的系统，包括钻孔布置和注水系统。在本例中，压裂钻孔布置在中部，在切槽下端布置密封环，防止压力水在此处短路。沿切槽环开裂的裂隙沿水平方向扩展，周围的注水钻孔穿过已经开裂的裂隙，压力水沿此裂隙扩散并渗透到顶板岩层中。

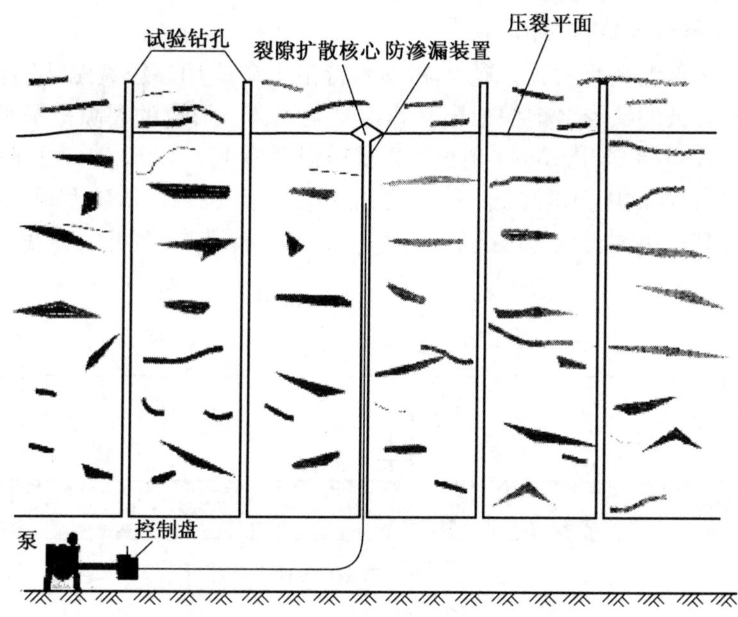

图 5－94　水力定向压裂钻孔布置和注水系统

图 5－94 实际上是厚层砂岩注水与定向压裂相结合的工艺系统，压裂面扩散使注水钻孔相导通，在压裂平面以下的顶板岩石是主要注水弱化区。切槽尖端破裂的方向决定了水力压裂形成的裂隙扩展的方向。注入钻孔的压力水使得裂隙进一步扩展并软化顶板岩层。实践中该方法适用于强度达 100 MPa 的砂岩。

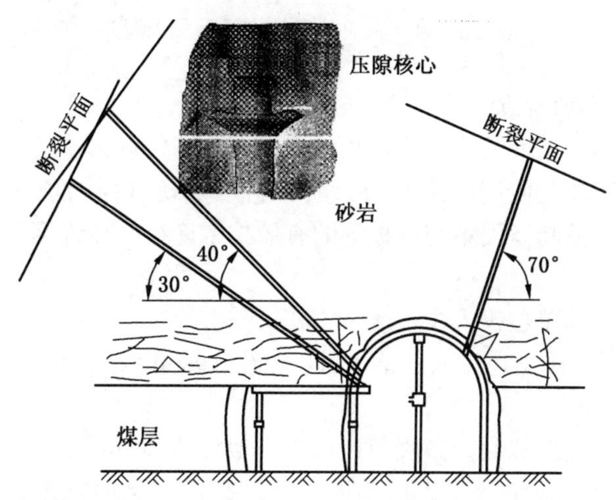

图 5－95　从回采巷道钻水力定向压裂深孔的设计

图 5－95 显示了用定向压裂切断采空区悬垂难垮落厚砂岩顶板的方法。该方法从回采巷道以 30°、40°、70°倾角分别向厚砂岩顶板钻深孔，直至在预定的断顶位置进行切槽。

定向压裂简单有效地将厚层硬顶板分割成薄的分层或块段，为有效防治冲击地压提供了重要手段，并改善了工作面支架受载工况。

（四）水力压裂技术应用实例

水力压裂技术首先在哥特瓦尔德矿和季米特洛夫矿应用。压裂工艺与注水软化相结合，可避免深孔爆破的缺点（炮泥崩出、巷道支架损坏、形成的裂隙范围小等）。最大压力为 150 MPa，流量为 55 L/min，顶板砂岩抗压强度为 40～120 MPa，孔隙率 5%～6%。压裂并注水 48 h 后，抗压强度降低 32%，抗拉强度降低 33%。试验发现，在最大拉应力集中处出现了开裂。用地音仪对压裂效果进行了监测。深孔布置如图 5—96 所示。

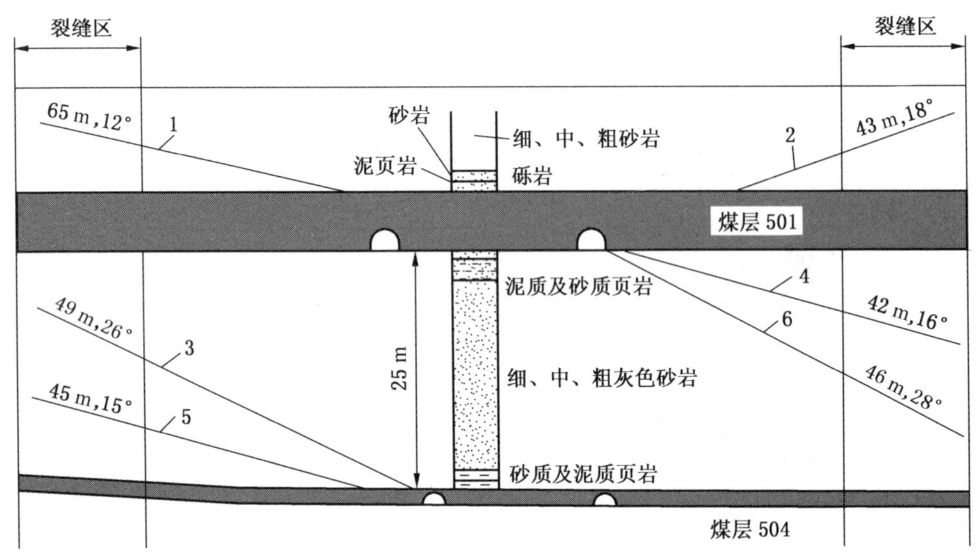

1、2、3、4、5、6—注水深孔编号

图 5—96　水力压裂的深孔布置及施工顺序

（五）水力压裂技术的特点

水力压裂技术与其他相近的成熟技术相比，具有以下特点：

（1）从作用原理和波兰使用的实际效果看，它可实现可控的顶板致裂，控顶效果显著，是防治冲击地压、控制坚硬难垮顶板等的有效技术途径，在许多条件下是其他技术不能替代的。

（2）施工设备比较简单，投入少。

（3）施工工艺简单、施工速度快；钻孔后，需注入水量 100～300 kg，仅需要几分钟的时间。

（4）可实现定位、定向致裂；致裂范围大，一般可达 20 m 以上。

（5）存在的问题是当预定致裂方向与原岩节理裂隙交叉时，致裂方位可能将受到影响；对煤体和砾岩等的致裂效果可能会差一些。

【本章小结】

（1）德国和美国关于长壁工作面开采和岩层控制自动化的研究，可能是世界各国的研究方向。特别是采煤机沿煤层自动割煤、沿煤层前移的所谓“水平控制”问题还需要进行多途径探索和多技术组合，而液压支架则应与采煤机联动，根据采煤机发出的信号自动前移。对中国来说，特厚煤层放顶煤自动化的技术难题需要努力研究解决。

（2）德国深部开采长壁工作面现代化的配套值得注意。长工作面、大断面回采巷道、强力采煤机和输送机、整体顶梁双伸缩液压支架（高工作阻力）、Y型通风系统、采空区瓦斯抽放、巷道和工作面冷却系统、巷道高效率的材料输送系统以及配套的巷旁充填等，这些合理配套可为工作面安全高效生产提供了有力的设备和系统保证。此外，采空区充填日益成为深部开采的发展趋势之一。德国试验的工作面采空区综采液压支架充填系统，应认真加以研究。

（3）长期以来，德国在工作面岩层控制方面进行了深入的相似模拟和现场观测研究。特别是顶板裂隙控制方面的技术（如支护阻力、支架与围岩合理作用点控制、机道上方无支护宽度的控制等）值得重视。支架采用电液控制系统后，工作面支护强度和对顶板工况的控制均显著改善。

（4）德国关于液压支架的标准化研究，包括支架形式、几何尺寸、部件结构、材料的通用性和可互换性，以及为满足井下长期使用进行的载荷变化寿命试验，对减小制造成本、降低维修难度和延长使用寿命，均有重要参考价值。

（5）美国长壁开采发展很快，其技术和装备均处于世界前列。美国长壁工作面设备强力化和工作面生产集中化是基本趋势。其工作面自动化研究已取得重要进展。实验室关于液压支架典型工况的试验项目，所反映的支架与围岩的相互作用和支架构件的受力特征，值得重视。

（6）美国长壁工作面电液控制系统已经普遍使用。实测的电液控制系统的液压支架载荷变化，显示了顶板控制效果显著改善。其中，高初阻力是保证支护强度和与较小顶板下沉量相关的支架阻力增量的基本因素。

（7）美国尚未进入深部开采，但近距煤层开采时上下煤层的相互影响已经很显著。应对措施主要是避免残留孤岛煤柱、合理确定上下层开采顺序和工作面相对位置等。

（8）苏联岩层控制技术值得参考，著名的多库金顶板分类，考虑的因素较全面，理论依据可靠，实用性较强。苏联率先发展了难垮落顶板处理的多种先进方法，包括高压预注水、前方松动预爆破以及二者的结合，这些技术在我国部分矿区已经成功应用。俄罗斯著名学者关于支架阻力的优化研究、顶板离层极限跨度和初次来压的研究、二次垮落步距的计算，在学术上和实践上均具有重要参考意义。

（9）波兰厚煤层水砂充填工作面较多，近年来将放顶煤开采工艺引入特厚煤层上行水砂充填系统，取得成功。同时，为处理难垮落顶板而研发的水力压裂技术，效率高，成本低，安全性好，很有参考价值。

参 考 文 献

[1] Gerhard Braoener. Gibirgsdruck und gebirgsschlaeg. Essen：Verlag Glueckauf，1991.

[2] Gerhard Braoener. Gebirgsschlaege und verhuetung. Essen：Verlag Glueckauf，1992 .

[3] N. Buscnmann，W. Guetze. Verbeserung zur ausbautechnik fuer floez und abbaustercken. Essen：Verlag Glueckauf，1985—1987.（DMT. Abschlussbericht zum Forschungsvorhaben，1992，Nr. 7220—AC—123）.

[4] O. Jacobi. Praxis der gebirgsbeherrschung. Essen：Verlag Glueckauf，1981.

[5] Dr. Ing. Peter，C. W. Stephan. Gebirgsbeherrschung von floezstrecken im deutschen steinkohlenbergbau. Essen：Verlag Glueckauf，2006 .

[6] Hanswener Huwe usw. Gebirgsschlagverhuetung—beurteilung der sicherheit erfordert sachverstand. Essen：Verlag Gluckauf ，2006（142），Nr. 7—8.

[7] Dipl. Ing. Juegen，Einghoff usw. Ankertechnik im deutschen steinkohlenbergbau. Essen：Verlag Glueckauf，2004.

[8] Ivin Krumnacker. Rationalisirung des schildausbau durch standardisierung. Essen：Glueckauf Forschungshefte ，1992，53（N5）.

[9] Dr. Zenon Pilecki，Stanislaw Granieczny，Antoni Jakubow. Example of safety exploitation of filling longwall under strong rockburst danger at coal mine . Jastrzebie：Coal Mine.

[10] Jan Drzewiecki. Coal mining in Poland in complicated geological conditions. Katowice：Central Mining Institute Session 4：Advanced Mining Coal Technology ，2007.

[11] T. Iannacchione，Stephen C. Tadolini . Coal mine burst prevention controls. Pittsburgh：The 27th International Conference on Ground Control in Mining，2008.

[12] Yves potvin，Marty Hudyma，Richard J. Jewell. Rock burst and seismic activity in underground Australian mines—An introduction to new research project. Nedlands：Australian Centre for Geomechanics.

[13] R. Heunis，P. E. Msaimm. The development of rock—burst control strategies for South African gold mines. The journal of the South African Institute of Mining and Metallurgy，1980.

[14] A. Z. Toper，R. D. Steward，D. H. Kullmann. Develop and implement preconditioning techniques to control face ejection rockbursts for safer mining in seismically hazardous areas. In：rock engineering programme，CSIR Division of mining technology. Safety in mining research advisory committee draft final project report，1998.

[15] Arild palmstrom. Characterizing rockburst and squeezing by the rock mass index. New Delhi：By Norweigian Geotechnical Institute Design and Constrction of underground Structute，1995：23—25.

[16] R. J. Durrheim and M. Nakatani. Observational studies to mitigate seismic risks in mines：a new Japanese-South African collaborative research project. Santiago：Proceedings of the 5th International Seminar on Deep and High Stress Mining，2010：6—8.

[17] J. Whyatt ，W. Blake，T. Williams . 60 years of rockbursting in the coeur d’ allene district of northern idaho USA. Lessons Learned and Remaining Issues Spokane Research Laboratory.

[18] T. Urbancic and C. Trifu. Seismic monitoring of mine environments. In：Engineering Seismology Group. Ontario：“Proceedings of Exploration 97：The Fourth Decennial International Conference on Mineral Exploration” edited by A. G. Gubins，1997：941—950.

[19] S. P. singner，H. Maleki. Evaluation of support performance in highly stressed mine. USA：The 13th Conference on Ground Control in Mining，1994.

［20］ D. Allen and G. Hendon. Cable bolting—potential applications for variable strata conditions. USA：The 13th conference on Ground Control in Mining ，1994.

［21］ Deninis R. Barratt. Extending the limits of strata bolting by the use of flexible strand rockbolts. Pittsburgh：The 16th Conference on Ground Control in Mining ，1997.

［22］ Gustavo Herrlera Rico. Implementation and evaluation of road bording in micare II. Pittsburgh：The 16th Conference on Ground Control in Mining ，1997.

［23］ Scott A. Shapkoff A.（Sam）Spearing. The development of active cable anchors for primary supports in coal mines. USA：The 25th International Conference on Ground Control in Mining，2006.

［24］ Leo J. Gilbride，Michael P. Hardy. Inter panel barriers for deep western U. S. longwall mining. USA：The 23th International Conference on Ground Control in Mining，2004.

［25］ C. Mark（NIOSH）. Multiple seam longwall mining in the U. S. —Lessons for ground control. Pittsburgh：The 27th International Conference on Ground Control in Mining，2008.

［26］ Andrew P. Schiller. Yield pillar design for coal mines based on critical review of case histories. Colorado School of Mines，2002.

［27］ G. S. Esterhuizen，D. R. Dolinar and A. T. Iannacchione. Field observations and numerical studies of horizontal stress effects on roof stability in U. S. limestone mines. USA：The 6th International Symposium on Ground Support in Mining and Civil Engineering Construction ，2008.

［28］ Om Denton. Application of bolt design criteria at Galatia mine. Pittsburgh：The 9th Conference on Ground Control in Mining，2000.

［29］ P. Altounyan，D. Taljaard. Developments in controlling the roof in South African coal mines—A smarter approach. The Journal of the South African Institute of Mining and Metallurgy，2001.

［30］ I. Canbulat，T. Dlokweni. Evaluation of roof rating systems being used in South African. The Journal of the South African Institute of Mining and Metallurgy，2003.

［31］ Leo J. Gilbride，M. P. Hardy. Inter panel barriers for deep western U. S. longwall mining. Morgantown：The 23rd International Conference on Ground Control in Mining，2004.

［32］ Christopher Mark，Gregory M. Molinda，Timothy M. Barton. New developments with the coal mine roof rating. National Institute for Occupational Safety and Health. Pittsburgh Research Laboratory.

［33］ Coal mine roadway support system handbook. Prepared by Rock Mechanics Technology Ltd for the Health and Safety Executive ，2004.

［34］ Winton J. Gale（Australia），David C. Oyler，Jinsheng Chen（USA）. Computer simulation of ground behaviour and rock bolt interaction at Emerald Mine. Mirmgate：The Minerals Industry Risk Management Gateway.

［35］ Junlu Luo. A new rock bolt design criterion and knowledge—based expert system for stratified roof. Dissertation submitted to the faculty of the Virginia Polytechnic Institute and State University in partial fulfillment of the requirements for the degree of Doctor of Philosophy in Mining Engineering.

［36］ Peter A. Gray，Andrew Sykes，Stephen C. Tadolini. New developments in self drilling rock bolt technology. Morgantown：The 29th International Conference on Ground Control in Mining，2010.

［37］ Alan Bugden，John Cassie. Temsil roof failure arising from horizontal compressive stress and geological slips. USA ：The 22nd International Conference on Ground Control in Mining.

［38］ Energy Information Administration. Longwall mining. Washington：Office of Coal，Nuclear，Electric and Alternate Fuels U. S. Department of Energy，1995 .

［39］ J. S. Spearing，B. Greer，M. Reilly. Improving rockbolt installations in U. S. coal mines. The Journal of the South African Institute of Mining and Metallurgy ，2011，Volume 111 .

[40] Shield evaluation and performance testing . USA：Pittsburgh research centers strategic structures testing laboratory.

[41] T. M. Barczak. Pumpable Roof Support：An Evolution in Longwall Roof Support Technology. International Ground Control Conference，Morgantown，WV，2008.

[42] T. M. Barczak，S. C. Tadolini. An Overview of Standing Roof Support Practices and Development in The United States. Best Practices in Rock Engineering，Proceedings of the Third Southern African Rock Engineering Symposium，10－12 October，2005.

[43] Геомеханика. подземной разработки угольных пластов В трех томах Том III ，Украины.

[44] Б. К. Мышляев. О проблемах безопасности ведения горных работ на шахтах Российской Федерации. УгольУкраины，июль，2006，Украины.

[45] П. Зборщик. Спечение устройвости участковых подготовительных выработок при отработке пологих пластов на большихглубинах. доктортехн. наук（ДонНТУ）. УгольУкраины，январь，2006，Украины.

[46] 耿宪．波兰冲击矿压技术概况［J］．煤矿开采，2008，13（5）．

[47] 冀贞文，孙春江，姜福兴．波兰煤矿冲击地压防治技术现状及分析［J］．煤炭科学技术，2008，36（1）．

作 者 简 介

史元伟，1936 年生，研究员，中国矿业大学博士生导师。曾任煤炭科学研究总院开采研究所总工程师。创建了中国煤矿采场岩层优化控制科学体系，在改善煤矿工作面岩层控制、推动支护技术进步方面做出重要贡献，是煤矿岩层控制技术方面的著名专家和学术带头人。先后完成国家和煤炭部课题 34 项，获得各种科技进步奖 10 项，包括国家科技进步奖 3 项、煤炭科技进步奖 7 项。2000 年获孙越崎能源大奖。为国务院政府特殊津贴获得者。出版著作 12 部，发表论文 107 篇（国际会议 11 篇、国内 96 篇）。

齐庆新，博士，博士后，研究员，博士生导师，国家注册安全工程师。煤炭资源高效开采与洁净利用国家重点实验室（筹）副主任，中国岩石力学与工程学会岩石动力学专业委员会副主任委员，中国煤炭学会岩石力学与支护专业委员会委员，全国青年联合会海外留学人员联谊会委员，中国煤炭工业协会煤矿安全专家委员会委员，国家“973”、“863”项目及国家奖评审专家，国家“653”工程采煤工程专业领域首席专家。是新世纪百千万人才工程国家级人选、孙越崎“青年科技奖”获得者、冲击地压理论和控制技术方面的著名专家，享受国务院政府特殊津贴。

古全忠，博士，美国注册高级工程师（Licensed Professional Engineer）。1992 年毕业于山东矿业学院（现为山东科技大学）。1992—1999 年，学习和工作于煤炭科学研究院北京开采所。此后，赴美国读研，2003 年取得采矿博士学位。现工作于美国匹兹堡，主要从事岩石力学、岩层控制、锚杆支护、煤柱设计、地质安全评估、挡水墙和密闭墙的设计研究工作和现场工程技术服务。

图书在版编目（CIP）数据

国外煤矿冲击地压防治与采掘工程岩层控制 / 史元伟，齐庆新，古全忠编译. --北京：煤炭工业出版社，2013
ISBN 978-7-5020-4254-7

Ⅰ.①国… Ⅱ.①史… ②齐… ③古… Ⅲ.①煤矿—冲击地压—防治—研究—国外 ②煤矿开采—岩层控制—研究—国外 Ⅳ.①TD32

中国版本图书馆 CIP 数据核字（2013）第 137830 号

煤炭工业出版社 出版
（北京市朝阳区芍药居 35 号 100029）
网址：www.cciph.com.cn
煤炭工业出版社印刷厂 印刷
新华书店北京发行所 发行
*
开本 787mm×1092mm 1/16 印张 21 3/4 插页 1
字数 516 千字 印数 1—1 500
2013 年 11 月第 1 版 2013 年 11 月第 1 次印刷
社内编号 7082 定价 58.00 元